BIBLIOTHÈQUE SCIENTIFIQUE-INDUSTRIELLE ET AGRICOLE
Des Arts et Métiers

EXPOSÉ

DES APPLICATIONS

DE L'ÉLECTRICITÉ

PAR

LE C[TE] TH. DU MONCEL

Officier de la Légion d'honneur et de l'ordre de Saint-Wladimir de Russie
Ingénieur-Électricien de l'Administration des lignes télégraphiques françaises

3e ÉDITION ENTIÈREMENT REFONDUE

TOME TROISIÈME

TÉLÉGRAPHIE ÉLECTRIQUE

PARIS

LIBRAIRIE SCIENTIFIQUE, INDUSTRIELLE ET AGRICOLE

EUGÈNE LACROIX, IMPRIMEUR-ÉDITEUR
Du Bulletin officiel de la Marine, et de plusieurs Sociétés savantes
54, RUE DES SAINTS-PÈRES, 54

1874

EXPOSÉ

DES APPLICATIONS

DE L'ÉLECTRICITÉ

Paris. – Imprimerie Polytechnique de E. Lacroix, 54, rue des Saints-Pères.

TROISIÈME PARTIE

TÉLÉGRAPHIE ÉLECTRIQUE

Aperçu historique sur la télégraphie électrique. — Bien que l'établissement des lignes télégraphiques, qui sillonnent maintenant le monde en tous sens, soit d'une date très-récente, l'idée première de cette magnifique application de l'électricité n'est pas nouvelle; elle était la conséquence naturelle de la découverte qu'on fit, il y a plus d'un siècle, de l'instantanéité de la transmission électrique.

Le document le plus ancien, connu jusqu'à présent, dans lequel cette question se trouve nettement posée et discutée, est une lettre écrite par un Écossais dont le nom n'est indiqué que par les initiales C. M., mais que l'on croit être celui de *Charles Marshall*, savant qui, il y a un siècle environ, passait pour *forcer la foudre à parler et à écrire sur les murs*. Quoiqu'il en soit, dans cette lettre, datée de Renfrew, le 1er février 1753, le télégraphe électrique est non-seulement indiqué, quant à son principe, mais encore décrit avec les détails les plus minutieux (1).

(1) Voici ce document tel que nous le trouvons traduit dans le Cosmos du 17 février 1854 et qui avait été publié en février 1753 dans le tome xv, page 88 *du Scot's magazine :*

« Sir... Il est bien connu de tous ceux qui s'occupent d'expériences d'électricité que la puissance électrique peut se propager, le long d'un fil fin, d'un lieu à un autre, sans être sensiblement affaiblie par la longueur de sa course. Supposons maintenant un faisceau de fils, en nombre égal à celui des lettres de l'alphabet, étendus horizontalement entre deux lieux donnés, parallèles l'un à l'autre, et distants l'un de l'autre d'un pouce.

» Admettons qu'après chaque vingt yards les fils soient reliés à un corps solide par une jointure en verre ou en mastic de joaillier, pour empêcher qu'ils n'arrivent en contact avec la terre ou quelque corps conducteur, et pour les aider à porter leur propre poids. La batterie électrique sera placée à angle droit à l'une des extrémités des fils, et le faisceau des fils à cette extrémité sera porté par une pièce solide de verre; les portions des fils qui vont du verre-support à la machine ont assez d'élasticité et de roideur pour revenir à leur position primitive après avoir été amenées en contact avec la batterie. Tout près de ce même verre-support, du côté opposé, une balle ou boule descend suspendue à chaque fil, et, à un sixième ou un dixième de pouce au-dessous de chaque balle, on place l'une des lettres de l'alphabet, écrite sur de petits morceaux de papier ou d'une autre substance quelconque assez légère pour pouvoir être attirée et soulevée par la balle électrisée; on prend en outre tous les arrangements nécessaires pour que chacun de ces petits papiers reprenne sa place lorsque la balle cesse de l'attirer.

L'histoire de la télégraphie électrique présente trois périodes distinctes, qui sont en rapport avec les trois grandes découvertes faites successivement dans la science électrique depuis un siècle.

» Tout étant disposé comme ci-dessus, et la minute à laquelle doit commencer la correspondance étant fixée d'avance, je commence la conversation avec mon ami à distance de cette manière : Je mets la machine électrique en mouvement, et si le mot que je veux transcrire est SIR, par exemple, je prends, avec un bâton de verre ou avec un autre corps électrique par lui-même ou isolant, les différents bouts de fils correspondants aux trois lettres qui composent le mot. Puis je les presse de manière à les mettre en contact avec la batterie. Au même instant, mon correspondant voit ces différentes lettres se porter, dans le même ordre, vers les balles électrisées à l'autre extrémité des fils : je continue à épeler ainsi les mots aussi longtemps que je le juge convenable ; et mon correspondant, pour ne pas les oublier, écrit les lettres à mesure qu'elles se soulèvent ; il les unit, et il lit la dépêche aussi souvent que cela lui plaît. A un signal donné, ou quand j'en ai le désir, j'arrête la machine, je prends la plume à mon tour, et j'écris ce que mon ami m'envoie de l'autre extrémité de la ligne.

» Si quelqu'un juge que ce mode de correspondance est quelque peu ennuyeux, au lieu de balles, il pourra suspendre au plafond une série de timbres, en nombre égal aux lettres de l'alphabet, et diminuant graduellement de dimension depuis le timbre A jusqu'au timbre Z. Du premier faisceau de fils horizontaux, il en fera partir un autre aboutissant aux différents timbres, c'est-à-dire qu'un fil ira du fil A au timbre A, un autre du fil B au timbre B, etc.

» Alors celui qui commence la conversation amène successivement les fils en contact avec la batterie comme auparavant, et l'étincelle électrique se déchargeant sur les timbres de dimensions différentes désignera au correspondant, par le son produit, les fils qui auront été tour à tour touchés. De cette manière, et avec un peu de pratique, les deux correspondants arriveront sans peine à traduire en mots complets le langage des carillons, sans être assujettis à l'ennui de noter ou d'écrire chacune des lettres indiquées. On peut parvenir encore au même but d'une autre manière : supposons que les balles soient suspendues au-dessus des caractères, comme dans la première expérience ; mais au lieu d'amener les extrémités des fils horizontaux en contact avec la batterie, concevons qu'un second faisceau de fils partant de l'électrificateur vienne aboutir aux fils horizontaux du premier faisceau, et que tout soit disposé de telle sorte que chacun des fils de la deuxième série puisse être détaché du fil correspondant de la première par une pression exercée sur une simple touche, et qu'il revienne de nouveau aussitôt qu'on lui rend la liberté en cessant de presser. Ceci peut être obtenu par l'intermédiaire d'un petit ressort ou de vingt autres moyens que l'on imaginera sans peine. De cette manière les caractères adhéreront constamment aux balles, excepté lorsque l'on éloignera un des fils secondaires du fil horizontal en contact avec la balle, et alors la lettre, à l'autre extrémité du fil horizontal, se détachera immédiatement de la balle, et sera par là même montrée au correspondant. Je mentionne en passant cette nouvelle disposition comme une variété intéressante.

» Quelqu'un pensera peut-être que quoique le feu ou flux électrique n'ait pas paru sensiblement diminuer d'intensité dans sa propagation à travers les longueurs de fils expérimentés jusqu'ici, on peut raisonnablement supposer, comme ces longueurs de fils n'ont pas dépassé trente ou quarante yards (mètres), que, sur une longueur beaucoup plus grande, cette intensité diminuera considérablement et sera probablement épuisée par l'action de l'air environnant, après un parcours de quelques milles.

» Pour prévenir cette objection et sans perdre le temps en arguments inutiles, je dirai, qu'il suffira de recouvrir les fils d'une extrémité à l'autre avec une couche mince de mastic de joaillier : ceci peut se faire avec une dépense additionnelle très-minime ; et comme cette couche est électrique par elle-même, c'est-à-dire isolante, elle mettra efficacement chaque partie du fil à l'abri de l'action épuisante de l'atmosphère.

» Je suis, etc. C. M. »

Jusqu'au commencement du XIXe siècle l'électricité statique, fournie par les machines à plateau de verre, était seule connue, et en conséquence la désignation des signaux télégraphiques dut être fondée sur les réactions propres à ce genre de manifestation électrique. Ce furent donc les attractions et les répulsions exercées sur les pendules électriques, l'illumination des carreaux étincelants, l'inflammation des substances détonnantes, les commotions même qui durent constituer les signaux dans ce nouveau mode de transmission de la pensée. Quand la pile fut découverte, on chercha à utiliser pour les télégraphes ses propriétés décomposantes, et c'est ainsi que furent combinés les télégraphes à gaz et autres dont nous parlerons plus tard. Enfin, quand les réactions électro-magnétiques furent connues, on put trouver en elles des éléments de signaux d'une distinction assez facile et d'une transmission assez prompte pour faire présager, dans un avenir peu éloigné, la solution définitive du problème. C'est Ampère qui, en 1821, ouvrit cette nouvelle voie aux investigations des savants; mais comme les choses simples ne se trouvent souvent qu'après avoir épuisé les combinaisons les plus compliquées, ce ne fut qu'en 1837 que le télégraphe électro-magnétique atteignit un assez grand degré de simplicité pour être expérimenté sur une grande échelle, et ce furent MM. Wheatstone et Steinheil qui eurent cette glorieuse initiative.

Jusqu'en 1837, la plupart des télégraphes électriques qui avaient été imaginés exigeaient autant de fils à la ligne que de signaux à transmettre. Pour les vingt-cinq lettres de notre alphabet, il fallait donc vinq-cinq fils, plus un fil de retour, afin de compléter ces différents circuits. M. Wheatstone, par une combinaison ingénieuse dont nous parlerons plus loin, put réduire à 6 le nombre de ces fils, et au moyen de cinq aiguilles aimantées, adaptées à son télégraphe, il put obtenir directement la désignation des vingt-cinq lettres de l'alphabet. Il avait même ajouté à son appareil une sonnerie fonctionnant *sous l'influence d'un électro-aimant*. Ce qui était une grande nouveauté pour l'époque (voir le rapport de M. Quetelet, lu à l'Académie de Bruxelles, le 10 février 1838) (1).

Les premières expériences de M. Wheatstone furent faites entre Londres

(1) Voici ce que dit ce rapport. « Il est une partie importante dans le nouveau télégraphe dont nous venons de parler, c'est l'alarme ou cloche qui appelle l'attention de l'observateur. Cette cloche sonne sous un marteau de détente qui est subitement relâché par l'action d'un aimant temporaire de fer doux sur lequel on fait agir le courant électrique. Par ce moyen très-ingénieux et qui appartient exclusivement à M. Wheatstone, l'observateur, à l'une des stations, peut appeler l'attention de l'autre observateur en faisant frapper fortement le timbre. »

et Birmingham et la réussite la plus complète couronna ses efforts. Son télégraphe marcha parfaitement bien ; la sonnerie seule fonctionna difficilement. Si nous rappelons ce détail c'est qu'il fut l'occasion d'une des plus importantes découvertes faites dans la télégraphie électrique, celle des *relais*, sans laquelle bon nombre d'applications électriques ne seraient rien.

A l'époque de l'établissement des premières lignes télégraphiques en Angleterre, les conditions de force des électro-aimants, suivant la longueur des circuits, n'étaient pas encore connues, ainsi que nous l'avons déjà dit dans notre tome II. On s'imaginait à tort que moins l'hélice magnétisante dont ces organes électriques sont entourés présentait de résistance plus leur action devait être énergique, et en conséquence ils étaient toujours entourés d'un *gros* fil. Or, M. Wheatstone ayant remarqué que des électro-aimants dans de pareilles conditions étaient moins susceptibles de fournir des réactions à distance que d'autres effets physiques des courants, s'imagina d'avoir recours à ces derniers pour obtenir une réaction intermédiaire capable de mettre en jeu l'électro-aimant de sa sonnerie, sous l'influence d'une seconde pile placée près d'elle et à laquelle il donna alors le nom de *pile locale.* Nous verrons à l'article des relais comment l'éxécution matérielle de cette idée se trouva successivement modifiée et put conduire aux relais que nous avons aujourd'hui entre les mains, mais il n'en est pas moins vrai que grâce à ce système auxiliaire M Wheatstone put faire fonctionner son appareil; et ce fut cette découverte qui, comme nous le verrons plus tard, permit à M. Morse d'appliquer pratiquement son appareil.

Pendant que M. Wheatstone faisait en Angleterre les essais en grand de son télégraphe électrique, M. Steinheil, à Munich, faisait de son côté des expériences sur une longueur de quatre lieues environ avec un télégraphe qu'il avait combiné et qui pouvait, non-seulement fonctionner avec *un seul circuit, mais encore laisser sur une bande de papier les traces de la dépêche envoyée.* Bien plus même, cet appareil put être mis en jeu *sans pile,* au moyen d'une machine magnéto-électrique. Ce furent les différentes expériences que M. Steinheil fit alors, qui l'amenèrent à ce résultat si important dont nous avons déjà parlé, à l'introduction de la terre dans le circuit, découverte qui résolut définitivement le problème de la télégraphie électrique.

Toutes ces découvertes avaient lieu en 1837. Or, c'est seulement en 1838 que nous voyons figurer pour la première fois, en France, M. Morse parmi les inventeurs de télégraphes électriques. A cette époque, en effet, M. Morse était venu faire breveter en Europe un système de télégraphe dit Américain, dans lequel un électro-aimant, réagissant sur un style, pouvait provoquer certaines marques de diverse nature sur une bande de papier, entraînée par un mouvement d'horlogerie. C'était, comme on le voit, le même système que celui de M. Steinheil, sauf qu'au lieu d'un électro-aimant, ce dernier savant employait un galvanomètre. Mais si M. Steinheil avait employé un galvanomètre, c'était précisément parce qu'il avait reconnu comme M. Wheatstone *que les électro-aimants, dans les conditions de leur construction d'alors, ne pouvaient fonctionner à distance.* Tel qu'il avait été conçu dans l'origine et tel qu'il a été brévété en 1838, le système de M. Morse ne pouvait donc pas marcher à une distance quelque peu considérable, et il serait resté sans doute dans l'oubli comme tant d'autre, si M. Morse, dans un voyage qu'il fit en Angleterre, n'eût eu révélation des relais de M. Wheatstone. Cette révélation fût, en effet, pour lui un éclair de lumière dont il sut habilement tirer parti; car aussitôt de retour en Amérique, il construisit ses appareils avec des relais, et cette fois ils purent marcher à toute distance. Nous reviendrons, du reste, sur l'histoire de cette invention avec les preuves à l'appui, à l'article des télégraphes écrivants.

Les savants qui, avant MM. Wheatstone et Steinheil, prirent le plus de part à l'invention de la télégraphie électrique, furent d'abord M. Le Sage, français établi à Genève qui, en 1774, imagina et même essaya sur une petite échelle un système analogue à celui de M. Ch. Marshall; puis MM. Lomond, en 1787; Reisen, en 1794; Salva et l'infant don Antonio d'Espagne, en 1796; Cavallo, en 1795; Betancourt, en 1798 et Ronalds, en 1823. Tous les systèmes combinés par ces savants étaient basés sur l'emploi de l'électricité statique. Avec la découverte de la pile nous voyons naître, en 1811, le télégraphe de Sœmmering, fondé sur la décomposition de l'eau, et en 1828, le télégraphe de Schweiger, fondé sur l'inflammation des mélanges détonnants par l'action du courant voltaïque. Mais ce n'est qu'après la découverte de l'électro-magnétisme que les solutions du problème devinrent réellement intéressantes. C'est alors que parurent, en 1833, le système à aiguilles aimantées du baron Schilling, de Saint-Pétersbourg; en 1835, celui de MM. Gauss et Weber, de Gœttingue; en 1837, ceux de MM. Richtie et Alexander; en 1838, ceux de MM. Amyot, Masson et Breguet.

Après les essais télégraphiques qui avaient eu lieu en Angleterre, en Amérique et en Allemagne, tous les savants et les mécaniciens les plus habiles des deux mondes se mirent à l'œuvre pour perfectionner les systèmes déjà connus et combiner d'autres applications électriques. Cette question devint la question à l'ordre du jour, et étant tombée dans le domaine de l'industrie, elle put fournir en peu d'années des résultats qui dépassèrent tout ce que l'imagination aurait pu concevoir.

En effet, non-seulement la pensée put se traduire à travers l'espace par des signaux d'une compréhension facile, mais ces signaux purent être des lettres de l'alphabet, et se trouver même imprimés sur une bande de papier comme s'ils sortaient de chez l'imprimeur. Ils purent même être la reproduction exacte de l'écriture de l'expéditeur; et chose incroyable, chose qu'il n'est pas donné à l'homme de réaliser dans l'échange ordinaire de ses pensées, des dépêches différentes purent être transmises simultanément d'une station à une autre à travers le même fil, sans se mêler, sans se nuire !..... Si de pareils résultats confondent par eux seuls l'imagination, que devra-t-on penser quand on considérera qu'ils peuvent être obtenus à travers les mers, à travers les éléments en furie, à travers les glaces, les neiges, et cela d'un bout du monde à l'autre.

CHAPITRE PREMIER

TÉLÉGRAPHES A AIGUILLES

La première idée du télégraphe électro-magnétique appartient, comme nous l'avons dit, à Ampère ; la note qu'il a publiée dans les *Annales de chimie et de physique*, le 2 octobre 1820, ne peut laisser de doute à cet égard (1). Toutefois entre cette première idée et sa réalisation pratique cette découverte devait passer par plusieurs phases différentes, et elle ne devint applicable qu'en 1837. Dans l'origine le télégraphe à aiguilles d'Ampère se composait d'autant d'aiguilles aimantées placées sur des pivots que de signaux à transmettre, et des circuits spéciaux composés de deux fils passant au-dessous de ces aiguilles, permettaient au courant qui les traversait alternativement de réagir sur l'une ou l'autre d'entre elles en les faisant dévier de leur position d'équilibre. Pour transmettre une dépêche avec ce système, il ne s'agissait donc que de fermer successivement à la station de départ ceux de ces circuits en rapport avec les signaux désignés. Plus tard, on supprima la moitié des fils des circuits dont nous venons de parler, en prenant un fil unique pour le retonr du courant ; puis, pour donner plus de sensibilité à l'appareil, on disposa les aiguilles aimantées au-dessus de multiplicateurs, de manière à ce que chacune d'elles pût constituer un galvanomètre. En faisant entrer dans l'interprétation des signaux le sens de la

---

(1) Voici le texte de la note de M. Ampère : « On doit conclure de ces observations que les tensions électriques des extrémités de la pile ne sont pour rien dans les phénomènes dont nous nous occupons ; car il n'y a certainement pas de tension dans le reste du circuit, ce qui est encore confirmé par la possibilité de faire mouvoir l'aiguille aimantée à une grande distance de la pile au moyen d'un conducteur très-long, dont le milieu se recourbe dans la direction du méridien magnétique au-dessus et au-dessous de l'aiguille. Cette expérience m'a été indiquée par le savant illustre Laplace, auquel les sciences physio-mathématiques doivent surtout les grands progrès qu'elles ont fait de nos jours. Elle a parfaitement réussi. D'après le succès de cette expérience, on pourrait, au moyen d'autant de fils conducteurs et d'aiguilles aimantées qu'il y a de lettres, et en plaçant chaque lettre sur une aiguille différente, établir à l'aide d'une pile placée loin de ces aiguilles et qu'on ferait communiquer alternativement par ses deux extrémités à celles de chaque conducteur, former une *sorte de télégraphe* propre à écrire tous les détails qu'on pourrait transmettre à travers quelques obstacles que ce soit à la personne chargée d'observer les lettres placées sur les aiguilles. En établissant sur la pile un clavier dont les touches porteraient les mêmes lettres et établiraient la communication par leur abaissement, ce moyen de correspondance pourrait avoir lieu avec assez de facilité et n'exigerait que le temps nécessaire pour toucher d'un côté et lire de l'autre chaque lettre. (Annales de chimie et de physique, t. xv, p. 72.)

déviation de l'aiguille, sens qui dépend, comme on l'a vu, de la direction du courant dans le circuit, on put encore réduire de moitié le nombre des fils du circuit télégraphique. Enfin MM. Schilling et Wheatstone, par une ingénieuse combinaison de directions simultanées données à deux aiguilles à la fois, parvinrent à réduire à cinq le nombre des aiguilles aimantées, pour exprimer les vingt-cinq lettres de l'alphabet (1). C'est ce télégraphe qui n'exigeait que six fils à la ligne qui fut essayé sur la première ligne télégraphique installée en Angleterre. Mais la pratique démontra bientôt qu'en faisant intervenir dans l'interprétation des signaux le nombre des battements des aiguilles, on pourrait, avec deux aiguilles seulement, et même au besoin avec une seule, composer un alphabet d'une interprétation assez facile et d'une transmission suffisamment prompte. Tels sont les télégraphes usités encore sur certaines lignes anglaises et de Belgique.

Le premier télégraphe à aiguille utilisé sur une assez grande longueur (3,000 pieds) fut construit en 1833, à Gœttingue, par MM. Ch. F. Gauss et W. Weber. En 1835, l'appareil fut disposé pour fonctionner avec des courants d'induction et il portait déjà un miroir. Il est curieux que ce système primitif ait été dans ces derniers temps la solution du problème de la télégraphie sur les lignes sous-marines de grande longueur.

Télégraphe à cinq aiguilles de M. Wheatstone. — Le premier télégraphe de M. Wheatstone que nous représentons fig. 1, pl. I, se composait de 5 galvanomètres, et par conséquent nécessitait 6 fils, puisqu'à cette époque on n'employait pas la terre pour le retour du courant. Ces 5 galvanomètres, représentés par les chiffres 1, 2, 3, 4, 5, étaient placés derrière un cadre en losange, sur lequel étaient tracées diagonalement entre elles les vingts principales lettres de l'alphabet, comme on le voit sur la figure : l'un des bouts du fil de chaque galvanomètre correspondait à l'un des fils de la ligne, et les autres bouts venaient se réunir à un même fil, qui complétait ainsi cinq circuits différents. Chacun de ces circuits était en rapport, à la station qui transmettait, avec un double interrupteur, et ces interrup-

(1) Après Ampère et Fechener ce fut le baron Schilling, de Kannstadt, qui s'occupa le plus fructueusement des télégraphes à aiguilles électro-magnétiques, et en 1832 il combina un télégraphe qui n'avait que cinq aiguilles et qui fut même simplifié encore avant sa mort qui eut lieu en 1837. Ce télégraphe fut montré en 1835 à Bonn et à Francfort à plusieurs savants, entre autres MM. Muncke et Cooke. Ce dernier, à partir de ce moment et sur l'invitation de M. Schilling, se voua entièrement à la télégraphie, et c'est lui que nous verrons à l'instant réuni à M. Wheatstone pour exploiter de concert avec lui le télégraphe électrique en Angleterre.

teurs, disposés comme on le voit fig 2, pl. I, constituaient le *manipulateur* ou le transmetteur du télégraphe.

Pour désigner avec ce système les différentes lettres indiquées sur le cadran, il suffisait de diriger le courant à travers deux des galvanomètres de manière que les aiguilles, dans leur déviation, pussent pointer ensemble vers la même lettre. Ainsi, pour désigner la lettre V, il fallait que le courant passât à travers les galvanomètres 1 et 4, dans un sens différent, de manière que le point d'intersection des deux directions des aiguilles se trouvât en V. Pour désigner la lettre F, il aurait fallu que les galvanomètres 2 et 4 fussent actifs. Enfin la désignation des chiffres, dans le système de M. Wheatstone, se faisait par la déviation d'un seul galvanomètre, et à cet effet les dix chiffres se trouvaient placés sur deux des côtés du cadran comme on le voit dans la fig. 1. Cette désignation était facile, car chaque galvanomètre pouvait indiquer deux chiffres, suivant la direction du courant. Ainsi le galvanomètre n° 2 pouvait indiquer le chiffre 2 et le chiffre 7, le galvanomètre n° 3 le chiffre 3 et le chiffre 8, etc.

Pour obtenir des inversions déterminées du courant et faire réagir tantôt deux galvanomètres à chaque station, tantôt un seul, il fallait un manipulateur particulier, dans lequel tous les circuits fussent fermés les uns par les autres à l'état normal, et qui n'eût pour fonction que de faire entrer la pile dans l'un ou l'autre de ces circuits, au moment de la correspondance. Voici comment ce manipulateur a été disposé par M. Wheatstone :

Six lames de ressort 6, 1, 2, 3, 4, 5, fig. 2, pl. I, fixées sur une traverse de bois D D et appuyant à l'état normal contre une traverse métallique L L, portaient fixés à l'extrémité de petits ressorts en spirale, des boutons d'ivoire 7, 9, 11, 13, 15, 17, 8, 10, 12, 14, 16, 18. Ces boutons se terminaient inférieurement par un petit cylindre métallique A B, fig. 3, évidé vers le millieu, de manière à permettre au bouton un petit mouvement de haut en bas ; au-dessous de ces boutons disposés sur deux rangées, étaient fixées deux lames métalliques N N, P P, mises en rapport avec les pôles de la pile. Enfin des boutons d'attache adaptés aux cinq lames de ressorts 6, 1, 2, 3, 4, 5, unissaient le manipulateur à son cadran récepteur, et les cadrans eux-mêmes étaient reliés entre eux par les six fils de la ligne.

Pour transmettre un signal quelconque, il fallait que deux des boutons du manipulateur fussent touchés en même temps, mais il fallait aussi que ces boutons appartinssent, l'un à la rangée supérieure, l'autre à la rangée inférieure. Les nombres suivants, représentant les boutons, indiquent ceux qu'il fallait presser pour signaler les lettres et les chiffres sur le cadran.

LETTRES.

Pour	A	boutons	10	et	17		Pour	M	boutons	9	et	12
—	B	—	10	—	15		—	N	—	11	—	14
—	D	—	12	—	17		—	O	—	13	—	16
—	E	—	10	—	13		—	P	—	15	—	18
—	F	—	12	—	15		—	R	—	9	—	14
—	G	—	14	—	17		—	S	—	11	—	16
—	H	—	10	—	11		—	T	—	13	—	18
—	I	—	12	—	13		—	V	—	9	—	16
—	K	—	14	—	15		—	W	—	11	—	18
—	L	—	16	—	17		—	Y	—	9	—	18

CHIFFRES.

Pour	1	boutons	7	et	10		Pour	6	boutons	8	et	9
—	2	—	7	—	12		—	7	—	8	—	11
—	3	—	7	—	14		—	8	—	8	—	13
—	4	—	7	—	16		—	9	—	8	—	15
—	5	—	7	—	18		—	10	—	8	—	17

Pour peu qu'on suive la marche du courant sur les figures 1 et 2 de la pl. I, on comprendra immédiatement comment les boutons du manipulateur ainsi touchés transmettront le courant à travers les galvanomètres dans le sens qui convient. En effet, si les boutons 13 et 18 par exemple sont touchés, le pôle positif de la pile aboutissant à la traverse N N, le courant ira de N au bouton 13, de celui-ci au ressort n° 3, entrera dans les galvanomètres 3 des deux cadrans, regagnera le ressort 3 du manipulateur de la deuxième station, et par la traverse L L de ce même manipulateur, contre laquelle appuie ce ressort, il ira au ressort n° 5 également en contact avec cette traverse, parviendra aux deux galvanomètres 5 par le fil 5 de la ligne; et reviendra au pôle négatif de la pile par le ressort 5 du premier manipulateur, le bouton 18 et la lame P P. La lettre désignée sera la lettre T.

D'après cette combinaison des courants, on comprend aisément la nécessité dans laquelle a été M. Wheatstone d'adapter à ses boutons un ressort spiral. En effet, s'il se fût contenté de fixer sur les lames 6, 1, 2, 3, 4, 5 les deux boutons interrupteurs, il s'en serait suivi que l'abaissement de l'un ou de l'autre de ces deux boutons aurait provoqué le contact du ressort sur lequel ils auraient été fixés avec les deux pôles de la pile. Par l'intermédiaire du ressort spiral, ce double contact n'a pas lieu, et l'on peut cependant, en abaissant l'un ou l'autre des boutons, séparer les lames 6, 1, 2, 3, 4, 5 de la traverse L L, condition indispensable pour le fonctionnement de l'appareil.

Télégraphes anglais à double aiguille de MM. Wheatstone et Cooke. — Malgré les perfectionnements remarquables que M. Wheatstone avait apportés à son premier télégraphe, lors de la prise de son brevet en 1840, la Compagnie télégraphique de Londres, à laquelle

M. Wheatstone avait vendu son invention, aima mieux conserver le premier système, en lui apportant toutefois certaines simplifications qui furent en partie réalisées par M. Cooke associé de M. Wheatstone. Au lieu de cinq galvanomètrs on n'en conserva que deux, et pour obtenir avec les deux aiguilles de ces galvanomètres un nombre suffisant de signaux, on fit intervenir dans l'interprétation de ces signaux le nombre de battements ou de mouvements qu'on pouvait faire accomplir aux deux aiguilles dans leurs différentes positions. Avec ce système, le transmetteur à clavier que nous avons décrit devenait inutile, et on lui substitua un double commutateur, à renversement de pôles que nous décrirons plus loin.

La figure 6, pl. I, représente une vue perspective de l'extérieur des télégraphes aujourd'hui en usage sur les lignes anglaises.

Fig. 1.

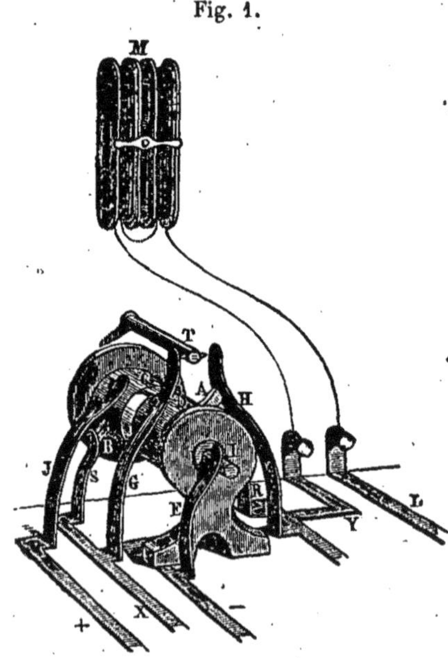

Les aiguilles indicatrices montées sur le même axe que les barreaux aimantés des deux galvanomètres se voient au milieu du cadran carré qui occupe le centre de l'appareil. Ces aiguilles sont aussi aimantées et placées de manière à constituer avec les barreaux aimantés deux systèmes compensés comme les galvanomètres de Nobili. Des deux côtés de leur extrémité supérieure se trouvent deux petites chevilles d'ivoire destinées à limiter l'étendue de l'oscillation du barreau aimanté et à faire mieux apprécier à l'oreille le nombre des battements. Pour des transmissions électriques rapides, il est important que la course accomplie par l'aiguille aimantée d'un galvanomètre soit la plus petite possible, car comme il faut un certain temps pour que cette aiguille revienne à sa position normale, la déviation pourrait rester constante sous l'influence d'un courant interrompu, si ces interruptions étaient très-fréquentes. C'est pourquoi dans les télégraphes anglais les chevilles qui limitent la déviation des aiguilles ne leur permettent que 5 ou 6 degrés de déviation à partir de la verticale. Les manches des commutateurs se voient en M, M, et nous représentons, fig. 1 ci-dessus, la disposition des commutateurs eux-mêmes.

C D est un cylindre métallique divisé en deux parties C et D isolées l'une de l'autre par un manchon d'ivoire. Ce cylindre pivote en I sur un coussinet, et les deux parties C, D sont mises en relation avec les deux pôles de la pile par l'intermédiaire de deux ressorts E et J qui pressent, l'un, E, sur le tourillon du cylindre, l'autre J, sur le cylindre lui-même.

Des deux côtés du cylindre C D se trouvent quatre ressorts R, S, G, H, fixés deux à deux sur les conducteurs X et Y, dont l'un X communique à la terre, et le second Y à la ligne par l'intermédiaire du galvanomètre M du récepteur de l'appareil. Les deux plus longs de ces ressorts G, H appuient en temps ordinaire contre un butoir métallique T qui sert à les relier métalliquement. Les deux autres R et S, dont l'un est seulement visible sur la figure, sont placés à distance de la partie C du cylindre. Enfin, deux dents métalliques A et B, adaptées sur les deux moitiés C et D du cylindre sont placées de telle sorte que l'une A peut rencontrer les ressorts G et H, et que l'autre B peut rencontrer les ressorts R et S. Or, voici ce qui arrive suivant qu'on fait tourner à gauche ou à droite le cylindre C D.

Quand le cylindre C D est tourné de gauche à droite, le ressort H est soulevé par la dent A et le ressort S par la dent B; alors le courant va de C en S, s'écoule en terre et revient par la ligne et les deux récepteurs au ressort H, puis à la pile par la partie D du cylindre C D.

Quand, au contraire, C D est tourné de droite à gauche, le courant traverse le récepteur des deux appareils en correspondance, s'écoule en terre et revient à la pile par le ressort G et la partie D du cylindre.

Le courant se trouve donc renversé dans les deux cas, et de plus, la communication du récepteur avec la terre pendant qu'on ne transmet pas est assurée par les ressorts G et H et le buttoir T.

L'alarme ou la sonnerie d'appel est renfermée dans la partie supérieure de l'instrument; elle peut être introduite dans le circuit de la ligne, ou retirée à l'aide d'une clef *m*, fig. 6, pl. I. Les ressorts T T' appartiennent au commutateur appelé à réaliser cet effet. Le cadran S' fait partie d'un appareil particulier auquel on avait donné le nom d'*appareil silencieux*, et qui est destiné à couper aux différentes stations le circuit de la ligne entière. Cet appareil est un double commutateur que l'on manœuvre à l'aide de l'aiguille indicatrice du cadran lui-même. Il se compose d'un cylindre de buis sur lequel appuient, d'un côté et de l'autre de son axe, quatre ressorts. Sur ce cylindre de buis, et suivant sa génératrice, se trouve appliquée une bande de cuivre, en rapport métallique avec le sol, et les ressorts aboutissent : les uns, ceux de droite, aux fils de la station de droite, les autres aux fils de la station de gauche, en introduisant toutefois dans les deux cas les galvanomètres de l'appareil dans les circuits ainsi complétés. Cette disposition, en confinant les signaux dans la moitié des fils, a l'avantage de laisser l'autre moitié à la disposition des autres stations.

Quand ce commutateur est dans une position déterminée, ce dont on est prévenu par l'index du cadran S qui indique alors *silence;* les deux fils des stations de droite et de gauche se trouvent réunis par l'intermédiaire des deux lames de cuivre dépendant du commutateur. Alors le courant ne passe plus par les galvanomètres de l'appareil, et la communication électrique se trouve établie d'une manière directe entre les deux stations extrêmes. Quand, au contraire, le commutateur est tourné d'un côté ou de l'autre de la division du cadran S indiquant sa position normale, la communication directe est établie entre l'appareil et l'une ou l'autre des stations. Enfin, quand le commutateur est dans sa position normale, les galvanomètres de l'appareil sont introduits dans le circuit de la ligne.

En outre des appareils précédents, les télégraphes anglais possèdent un système de commutateur auquel on avait donné le nom de *touches sonnantes*, et qui sert à régler le jeu des sonneries aux diverses stations échelonnées sur la ligne, afin qu'elles ne marchent pas toutes en même temps. Ce commutateur est représenté fig. 7, pl. I.

M. Walker, ancien directeur des télégraphes anglais, avait été conduit par l'expérience à ajouter à l'appareil que nous venons de décrire quelques petits accessoires assez insignifiants, il est vrai, au point de vue théorique, mais fort importants dans la pratique. Ces accessoires sont 1° des chevilles mobiles et en second lieu des bobines mobiles.

Les chevilles mobiles ont été introduites en vue de permettre la correspondance télégraphique dans les cas où des courants accidentels viendraient à affecter la ligne d'une manière assez énergique, pour faire buter en temps normal l'aiguille indicatrice des récepteurs contre l'une ou l'autre des chevilles d'arrêt. Dans ce cas, comme on le comprend aisément, il devient impossible de transmettre des signaux. Pour éviter cet inconvénient, M. Walker déplace les chevilles d'arrêt jusqu'à ce que la déviation de l'aiguille produite par les courants accidentels, ne puisse plus les atteindre. De cette manière, le courant envoyé à travers le récepteur peut réagir en dépit de la force perturbatrice, pourvu toutefois que la déviation accidentelle n'ait pas atteint le maximum de la déviation que le courant régulier peut produire. On comprend, par exemple, que dans ce cas le point de repère se trouve déplacé. Pour rendre le système des deux chevilles facilement mobile, on découpe dans le cadran une petite rainure circulaire ayant l'axe de l'aiguille indicatrice pour centre, et on fait circuler dans cette rainure les deux chevilles qui sont, à cet effet, montées sur un disque à poulie, placé derrière le cadran. Ce disque est mis en mouvement par une corde enroulée sur une petite poulie qui correspond au bouton *b*, fig. 6, pl. I. Ce bouton, placé entre les deux manivelles peut réagir, à la fois sur les chevilles des deux aiguilles, de sorte qu'en le tournant, d'un côté ou de l'autre on avance ou on recule d'autant les deux systèmes de chevilles d'arrêt.

Les bobines mobiles peuvent être substituées avec avantage aux chevilles mobiles, dans le cas où les déviations produites par les courants accidentels sont assez grandes, pour que les contre-poids des aiguilles tendent à les faire osciller autour de leur point d'équilibre, qui ne serait plus alors suivant la verticale. Dans ce cas, au lieu de déplacer les chevilles d'arrêt, on tourne les supports des multiplicateurs eux-mêmes, jusqu'à ce que les aiguilles dans leur déviation accidentelle soient revenues suivant la verticale; un système de poulie analogue au précédent peut produire ce résultat.

Je ne parlerai pas de l'installation et de la disposition des appareils télégraphiques anglais sur les lignes; c'est une question spéciale qui est en dehors du but que je me suis proposé dans cet ouvrage. On pourra du reste trouver tous les renseignements nécessaires à cet égard, dans l'excellent traité de télégraphie de M. l'abbé Moigno. Nous croyons plus utile pour le moment, de donner quelques renseignements sur le vocabulaire du télégraphe à deux aiguilles adopté en Angleterre.

A. Deux mouvements vers la gauche de l'aiguille de gauche.

B. Trois mouvements, *id.* *id.* *id.*

C et le chiffre 1. Deux mouvements de l'aiguille de gauche, le premier à gauche, le second à droite.

D et 2. Deux mouvements de l'aiguille de gauche, le premier à droite, le second à gauche.

E et 3. Un seul mouvement de l'aiguille de gauche vers la droite.

F. Deux mouvements à droite de l'aiguille de gauche.

G. Trois mouvements de l'aiguille de gauche vers la droite.

H et 4. Un mouvement vers la gauche de l'aiguille droite.

I. Deux mouvements vers la gauche de l'aiguille droite.

J, Est omis, on le remplace par G.

K. Trois mouvements vers la gauche de l'aiguille droite.

L et 5. Deux mouvements de l'aiguille droite, le premier à droite, le second à gauche.

M et 6. Deux mouvements de l'aiguille droite, le premier à gauche, le second à droite.

N et 7. Un seul mouvement vers la droite de l'aiguille droite.

O. Deux mouvements vers la droite de l'aiguille droite.

P. Trois mouvements vers la droite de l'aiguille droite.

Q. Est omis, on lui substitue K.

R et 8. Mouvements parrallèles vers la gauche des deux aiguilles.

S. Deux mouvements parallèles vers la droite des deux aiguilles.

T. Trois mouvements parallèles vers la gauche des deux aiguilles.

U et 9. Deux mouvements parallèles des deux aiguilles, le premier à droite le second à gauche.

V et 0. Deux mouvements parallèles des deux aiguilles, le premier à gauche, le second à droite.

W. Un mouvement parallèle des deux aiguilles vers la droite.

X. Deux mouvements parallèles des deux aiguilles vers la droite.

Y. Trois mouvements parallèles des deux aiguilles vers la droite.

Z. Est omis, on lui substitue S.

Le signe + appelé *stop* est le point final, par lequel celui qui envoie la dépêche, annonce que le mot est fini; il s'indique par un mouvement de l'aiguille gauche vers la gauche. Ce signe sert aussi à celui qui reçoit la dépêche pour indiquer qu'il ne comprend pas. Quand il comprend, il montre la lettre E. Deux fois E signifie oui.

Fig. 2.

Le télégraphe anglais à aiguilles a pu être simplifié et n'avoir qu'une seule aiguille au lieu de deux; seulement dans l'origine, les combinaisons alphabétiques étaient plus compliquées et pouvaient exiger quatre battements de l'aiguille au lieu de trois. Mais en employant le vocabulaire Morse et attribuant aux déviations dans une direction la valeur du point tandis que la déviation en sens contraire représentait le trait, on a pu rendre ce système télégraphique relativement assez prompt. La fig. 2 ci-dessus représente l'extérieur d'un appareil de ce genre, tel que les construit M. Warden, de Londres.

Modifications apportées au télégraphe à aiguilles, de M. Wheatstone, par M. Glœsener. — Pour augmenter la sensibilité des télégraphes à aiguilles, M. Glœsener a imaginé d'adjoindre au multiplicateur du récepteur, deux électro-aimants dont l'hélice magnétisante est la continuation du multiplicateur, et de faire réagir ce double organe électro-magnétique sur un système de trois aiguilles aimantées, dont deux se compensent mutuellement. Chacun des deux électro-aimants réagit sur un pôle différent de ces aimants, et leur distance d'attraction ne doit jamais être moindre d'un centimètre, afin que le magnétisme rémanent, et l'influence des aiguilles sur le fer n'empêchent pas le système magnétique de revenir au repère, après chaque rupture du courant. Cette distance du reste peut, d'après les expériences de M. Glœsener, convenir à de grandes comme à de petites longueurs de circuit, et à des forces électriques très-variables. M. Glœsener estime que cette modification au systeme primitif de M. Wheatstone augmente *du double* la force de l'appareil.

Le manipulateur de ce télégraphe, présente aussi une particularité: la manivelle, au lieu de rester fixe du côté où elle a été tournée, est ramenée toujours au repère par l'action d'un fort ressort agissant sur une coche à la manière d'une étoile d'encliquetage. Son commutateur est aussi plus simple que celui des télégraphes anglais. Il consiste simplement dans deux lames de ressort *a*, *b* (fig. 8, pl 1), appuyées contre une traverse métallique L, mise en rapport avec le pôle négatif de la pile. L'autre pôle de cette pile correspond à l'axe isolé V du manipulateur, et les deux forts ressorts *a* et *b*, sont en rapport avec le circuit de la ligne. Le jeu de ce manipulateur s'explique aisément. Quand on incline la bascule A à gauche, la dent *n* repoussera le ressort *a* qui viendra buter contre l'arrêt *r*; alors le courant ira de la bascule au ressort *a*, entrera dans le circuit de la ligne, et reviendra à la pile par le ressort *b* et la traverse L; aussitôt le ressort R appuyant sur la came *m* fera revenir le manipulateur à sa position initiale. Quand au contraire, on inclinera la bascule A à droite, le courant entrera dans le circuit par le ressort *b* et reviendra à la pile par le ressort *a* et la traverse L.

Quand on employait ce télégraphe en Belgique, on représentait la déviation vers la gauche de l'aiguille de ces télégraphes, par la lettre *l*, et la déviation vers la droite par la lettre *r*. Ces lettres répétées plusieurs fois, signifiaient qu'il fallait répéter le battement ou l'action du commutateur dans le même sens. Voici l'alphabet qui avait été adopté pour les télégraphes à une et à deux aiguilles.

ALPHABET A UNE AIGUILLE

+ = *l*	k = *lrl*	t = *rrrl*
a = *ll*	l = *lrlr*	u = *rll*
b = *lll*	m = *r*	v = *rrrl*
c = *llll*	n = *rr*	w = *rll*
d = *lr*	o = *rrr*	y = *rlr*
f = *lllr*	p = *rrrr*	x = *lrlr*
g = *lrr*	q = *lrl*	z = *rrl*
h = *llrr*	r = *rl*	
i = *rrr*	s = *rrl*	

ALPHABET A DEUX AIGUILLES

AIGUILLE DE GAUCHE		AIGUILLE DE DROITE		MOUVEMENTS PARALLÈLES SIMULTANÉS (1)		
+ = *l*	d = *lr*	h = *l*	m = *lr*	r = *l*	u = *rl*	x = *rr*
a = *ll*	e = *r*	i = *ll*	n = *r*	s = *ll*	v = *lr*	y = *rrr*
b = *lll*	f = *rr*	k = *lll*	o = *rr*	t = *lll*	w = *r*	z = *s*
c = *rl*	g = *rrr*	l = *rl*	p = *rrr*			

ALPHABET POUR CHIFFRES

1 = c	6 = m
2 = d	7 = n
3 = e	8 = r
4 = h	9 = u
5 = i	0 = v

La lettre *z* est omise, et remplacée par la lettre *s*; la lettre *q* est également omise, et remplacée par *k*. Les chiffres sont représentés par les mêmes mouvements que les lettres; seulement le passage des lettres aux chiffres s'indique par les signes *h* et +, qui sont répétés par la personne qui reçoit, afin de faire savoir qu'elle a compris. Lorsque le télégraphiste veut repasser des chiffres aux lettres, il donne les signes *m* et +, qui sont de même répétés par l'autre station.

La personne qui reçoit, transmet après chaque mot reçu, la lettre *e*, quand elle a compris, et le signe + si elle n'a pas compris, et alors le même mot est répété par celui qui transmet. Par les lettres *r* et *w* on indique les phrases, attendez, allez plus loin.

Avant l'abandon définitif des télégraphes à aiguilles, M. Gloesener avait

(1) Les lettres sont indiquées par les parties inférieures des aiguilles suspendues au-dessous de leur centre de gravité; *l* indique le mouvement vers la gauche, et *r* le mouvement vers la droite.

encore perfectionné son appareil en supprimant complétement le multiplicateur et en employant, pour mettre le barreau aimanté à portée des pôles de l'électro-aimant, un système magnétique composé de deux barreaux aimantés croisés l'un sur l'autre sous un angle dont l'amplitude pouvait être réglée suivant le degré de sensibilité qu'on voulait donner à l'appareil. De cette manière il put obtenir de la part de ces appareils une sensibilité tellement grande qu'ils étaient impressionnables aux courants telluriques.

Nous avons représenté, fig. 8, pl. II, cet appareil.

Télégraphe à aiguille de M. Bain. — Ce télégraphe, qui avait été installé, en 1846, sur la ligne d'Edimbourg à Glascow, est fondé sur un principe tout à fait différent de ceux que nous avons jusqu'à présent étudiés. Dans cet appareil, l'organe électro-magnétique consiste dans deux bobines magnétisantes B B', fig. 11, pl. I, réagissant sur deux aimants persistants, hémicirculaires, enfoncés par leurs extrémités polaires à l'intérieur de ces bobines. Ces aimants circulaires, fixés sur une traverse de cuivre A A' de manière à constituer un cercle, ne sont séparés l'un de l'autre que par un espace de quelques millimètres, et présentent d'un même côté des pôles semblables. Les extrémités polaires de ces aimants, ainsi que l'intervalle qui les sépare, ne se distinguent sur la figure que par des lignes pointillées, parce qu'elles sont, comme je l'ai déjà dit, enfoncées à l'intérieur des bobines. L'aiguille indicatrice *a a'*, qui apparaît en dehors de l'instrument, est placée sur l'axe d'oscillation de la traverse A A', et perpendiculairement à elle.

Le manipulateur de ce télégraphe est un simple commutateur à renversement de pôles que l'on manœuvre à l'aide d'une manivelle M, comme celui de M. Wheatstone. A cet effet, cette manivelle porte deux ressorts arqués, isolés l'un de l'autre, qui s'appuient chacun sur un commutateur circulaire composé de plaques de cuivre et d'ivoire. Ces plaques, au nombre de 8, se distinguent aisément sur la figure. Enfin, deux forts ressorts à boudin R et R' ramènent toujours la manivelle M suivant la verticale.

Pour comprendre le jeu de ce télégraphe, il faut savoir : 1° que les plaques extrêmes *l* et *l'* du côté gauche du commutateur communiquent avec la pile ; 2° que les deux plaques extrêmes du côté droit *h, h'* correspondent l'une et l'autre aux bobines magnétisantes B, B', et, par leur intermédiaire, au circuit de la ligne ; 3° que les plaques *i, i'* du milieu sont reliées diagonalement avec les plaques *l, l'* ; 4° que les plaques *e, e'* communiquent ensemble ; 5° que les ressorts de la manivelle ont une longueur et une position calculées pour appuyer toujours sur les plaques extrêmes du côté droit, de quelque côté qu'on incline la manivelle.

D'après cela, on conçoit que si l'on tourne à droite la manivelle, comme l'indique la figure, le courant entre dans les bobines des récepteurs de la station éloignée par la plaque h, les bobines B B' et revient à la pile par la terre et la plaque h'. Quand, au contraire, on incline à gauche la même manivelle, le courant entre dans le circuit par la terre et revient par le fil de la ligne, les bobines B B' et la plaque h. Quand la manivelle est dans la position verticale, le circuit de la ligne à travers les bobines B, B' est complet, et par conséquent le récepteur de la station peut recevoir les dépêches qui lui sont envoyées. Voici maintenant quelle est la réaction qui s'opère au moment où le courant traverse les bobines magnétiques :

Quand ce courant est dirigé de manière à marcher à travers les spires des hélices dans le même sens que le courant magnétique à travers l'aimant A, il y a attraction de cet aimant à l'intérieur des bobines et répulsion de l'autre. Ces deux aimants sont donc mis en mouvement et tendraient à tourner jusqu'à ce qu'ils aient présenté symétriquement leurs pôles aux deux extrémités des hélices? Mais ceci n'a pas lieu, d'abord, parce que le courant transmis n'est pas assez fort, et, en second lieu, parce que l'aiguille indicatrice qui suit le mouvement de ce système, a sa course limitée comme dans le télégraphe anglais. Quand le courant change de sens, c'est l'aimant A' qui est attiré et l'aimant A qui est repoussé.

L'alarme de l'appareil de M. Bain se composait simplement d'un timbre et d'un marteau dont la tige sollicitée par un ressort se prolongeait un peu au delà de son point d'articulation, et reposait sur l'axe de l'aiguille. Cet axe portait près du point d'appui de cette tige un coche qui, en temps ordinaire, se trouvait tourné de côté, mais qui se présentait sous la tige lorsque le courant faisait marcher l'appareil. Le marteau était alors dégagé et retombait avec force sur le timbre.

Ce système télégraphique avait été quelque peu modifié dans son application en Autriche par M. Ekling, de Vienne, qui avait voulu en faire un télégraphe auditif à deux timbres, comme celui de M. Steinheil. Pour cela, il avait fixé sur le prolongement de l'axe de l'aiguille indicatrice un petit levier placé entre deux timbres de sons différents. Lorsque l'aiguille était déviée d'un côté, le timbre correspondant signalait cette déviation, et quand elle était déviée du côté opposé c'était l'autre timbre qui retentissait. Le même mécanicien avait aussi substitué au manipulateur que nous avons décrit un commutateur inverseur à deux touches, que nous avons représenté fig. 11 *bis*, pl. I. Ce commutateur consiste dans deux leviers de bois ou d'ivoire IF, EG, basculant en K et L, et réagissant sur trois doubles ressorts HM, AB, CD, fixés en O, O', O'' au-dessus de lames métalliques A, B,

H, C, D, M incrustées dans la planche. Ces leviers sont maintenus à l'état normal, abaissés sur le ressort HM par l'action de deux contre-poids F, G; par conséquent, les extrémités I et E sont soulevées en l'air, et les ressorts AB, CD n'appuient pas sur les plaques correspondantes qui communiquent entre elles et avec le récepteur, comme on le voit sur la figure. Il résulte de cette disposition que quand on appuie le doigt sur la bascule I F, le courant entre dans le circuit de la ligne par la plaque B et revient à la pile par la plaque A, qui communique avec la terre; tandis que, quand on appuie sur la touche G E, le courant entre par la plaque A et revient par la plaque B; quand on n'appuie sur aucune des deux touches, le circuit se trouve fermé à travers le récepteur de la station par le ressort H M.

Télégraphe à aiguille de M. Henley. — M. Henley, qui s'est occupé spécialement avec succès, à une certaine époque, des machines magnéto-électriques, les a appliquées d'une manière avantageuse aux télégraphes à aiguille, et a combiné dans cet ordre d'idées le télégraphe représenté fig. 9 et 10, pl. I.

La fig. 10, représente le manipulateur de ce télégraphe. Il consiste dans un électro-aimant EE' pouvant tourner devant les pôles d'un fort aimant permanent en fer à cheval F. En temps ordinaire, cet électro-aimant à travers les bobines duquel naît le courant d'induction, se trouve maintenu horizontalement devant l'aimant fixe, position à laquelle tend toujours à le ramener un fort ressort à boudin. Un pédale en ivoire T, qui ressort en dehors de la boîte de l'appareil, permet, au moyen d'une simple pression, d'écarter l'électro-aimant de l'aimant fixe et de développer ainsi un courant direct d'induction à travers le circuit de la ligne. Toutefois pour permettre de couper le circuit pendant la réception, un interrupteur particulier se trouve adapté à l'appareil. Cet interrupteur se compose d'un petit appendice de platine, fixé sur la traverse C de l'électro-aimant et d'un ressort métallique maintenu à portée de cet appendice, par une petite colonne de cuivre. L'une des extrémités du fil induit aboutit à l'appendice dont nous venons de parler, tandis que la lame de ressort est en rapport avec le circuit de la ligne. Le ressort à boudin, en communication avec le sol, et les bobines de l'électro-aimant complètent le circuit. A l'état de repos, la lame de ressort et l'appendice sont en contact intime l'un avec l'autre, mais après qu'on a abaissé la touche T, la séparation de ces deux pièces a lieu, et le circuit est rompu. Dans cet intervalle de temps, un courant énergique a sillonné la ligne, et a fait fonctionner l'appareil récepteur du poste correspondant.

Le récepteur peut être à simple aiguille ou à deux aiguilles; seulement dans ce dernier cas, il faut employer deux manipulateurs distincts. Cette aiguille ou ces aiguilles, au lieu de fonctionner sous l'influence d'un multiplicateur galvanométrique est soumise à l'action plus caractérisée d'un électro-aimant, action qui est encore renforcée par une disposition particulière que M. Henley a adoptée pour les pôles de ses électro-aimants. La fig. 9, pl. I, représente cette disposition, qui consiste dans deux pièces semi-circulaires en fer, AB, CD fixées par leur milieu sur les pôles G et H de l'électro-aimant. L'aiguille aimantée N S se trouve à l'intérieur du cercle formé par ces deux pièces semi-circulaires, et est soumise à l'action de quatre pôles réagissant dans le même sens. En effet, par leur contact avec les pôles des électro-aimants les pièces A B, C D partagent l'état magnétique de ces derniers et constituent en A et B, deux pôles sud par exemple, et en C et D deux pôles nord; sous l'influence du pôle A, l'aiguille N S dont le pôle nord est en N, sera attirée vers la gauche, et sous l'influence du pôle C, elle sera repoussée vers la droite, de même qu'elle sera repoussée vers la gauche par le pôle B, et attirée vers la droite par le pôle D. Toutes ces réactions seront renversées aussitôt que le transmetteur reviendra à sa position normale, car alors un courant inverse sera créé, et ce courant n'aura d'action, en raison de son peu de durée, que pour ramener l'aiguille à sa position initiale; c'est ce qui fait que dans ces sortes de télégraphes à aiguille, on ne peut utiliser les mouvements de l'aiguille que dans un seul sens.

L'axe auquel est fixée l'aiguille aimantée, porte l'aiguille indicatrice qui répète en dehors de l'appareil les mouvements de la première. Afin de pouvoir ramener celle-ci à sa position d'équilibre quand il se manifeste des courants accidentels, une vis sans fin fait tourner l'électro-aimant sur son axe, par l'intermédiaire d'une roue dentée, et on peut changer ainsi la position des pièces semi-circulaires par rapport à l'aiguille.

Les signaux employés pour ce télégraphe, sont à peu près ceux du télégraphe Morse. Ils sont gravés sur le cadran de l'appareil. Une double oscillation correspond à un point, un temps d'arrêt correspond à une ligne. Pour produire la double oscillation de l'aiguille, on abaisse la touche du manipulateur et on l'abandonne aussitôt. Le premier courant créé dans les bobines d'induction, fait dévier l'aiguille, et le second, qui est de sens contraire, la ramène au repère. Pour faire opérer un temps d'arrêt à cette aiguille, on tient quelque temps abaissée la touche du manipulateur. Bien que le courant d'induction n'existe plus alors, la déviation de l'aiguille subsiste, parce que le magnétisme développé dans l'électro-aimant ne cesse pas instantanément, et que d'ailleurs la réaction de l'aiguille aimantée sur le fer suffit pour la maintenir inclinée. Ce n'est que lorsque la touche se relève, que le magnétisme change et que l'aiguille revient au repère.

Il est presque inutile d'ajouter que ce télégraphe, comme ceux de M. Wheatstone, est muni de deux chevilles pour limiter les écarts des aiguilles et amortir les oscillations.

En 1862, M. Henley ayant trouvé de grands avantages au système magnéto-électrique que nous avons décrit tome II, p. 205, a substitué ce dispositif à la partie magnéto-électrique du manipulateur du télégraphe précédent, qui s'est trouvé dès lors combiné comme l'indique la figure 3 ci-dessous qui en représente la coupe.

Fig. 3.

Dans cet appareil le manche M du manipulateur porte un arc de cuivre muni de trois armatures de fer doux, deux en arrière, une avant, lesquelles, suivant l'inclinaison du manche M d'un côté ou de l'autre, fait communiquer magnétiquement en sens inverse l'électro-aimant E avec l'aimant en fer à cheval C B, dont on ne voit qu'une moitié sur la figure. Quand cette inclinaison se fait à gauche, ce qui suppose l'arc de cuivre incliné vers C, l'armature de fer unique touche à la fois le pôle de l'aimant et le pôle de l'électro-aimant correspondant à cette armature, tandis que l'armature extrême de droite touche à la fois le pôle contraire de l'aimant, qui n'est pas représenté sur la figure, et le second pôle de l'électro-aimant, d'où il résulte une aimantation de l'électro-aimant dans un certain sens. Quand au contraire le manche M est incliné à droite, c'est-à-dire sur le spectateur, l'armateur unique qui avait touché C vient en contact avec le pôle invisible de l'aimant et le réunit au pôle correspondant de l'électro-aimant, tandis que l'armature extrême de gauche réunit le pôle C avec le second pôle de l'électro-aimant, ce qui entraîne une aimantation de celui-ci en sens inverse de ce qu'elle était au moment du premier mouvement du manche M. Comme de ces aimantations en sens inverse résultent des courants induits contraires qui sont d'autant plus énergiques qu'aux courants d'aimantation s'ajoutent les courants de désaimantation, on obtient avec ce système les mêmes effets qu'avec le manipulateur inverseur ordinairement employé, c'est-à-dire deux mouvements inverses de l'aiguillle.

Télégraphe à aiguille de M. Allan. — Ce télégraphe exposé en 1862 à l'Exposition universelle de Londres n'avait de nouveau que le système magnétique de son récepteur.

Pour éviter les inconvénients du magnétisme rémanant des électro-aimants, et pour avoir cependant une force électro-magnétique suffisante, M. Allan a employé des bobines magnétiques, c'est-à-dire de petits électro-aimants droits sans noyau de fer. On sait que les bobines magnétiques sont par le fait de véritables aimants, et si leur action sur le fer est peu énergique, il n'en est pas de même de leur action sur les barreaux magnétiques. Aussi, en multipliant cette réaction par la disposition que nous représentons dans la fig. 4 et en faisant en sorte que l'armature aimantée à huit branches, qui encadre les bobines, pût présenter aux extrémités de ces branches des pôles alternativement nord et sud, M. Allan a pu arriver avec quatre petites bobines de 2 centimètres seulement de longueur, à construire un télégraphe assez sensible.

Les autres appareils de ce genre ne diffèrent les uns des autres qu'en ce que chaque constructeur a voulu leur adapter un système électro-magnétique particulier; or l'effet avantageux de ces systèmes est souvent plus que contestable, mais ils donnent à l'invention un cachet de nouveauté suffisant aux yeux de certaines personnes peu au courant des effets électriques, pour la faire rechercher. Ainsi, par exemple, M. Tyer a appliqué à tous ses télégraphes une disposition électro-magnétique qui n'est autre que la disposition renversée du système de M. Henley, mais prise dans de mauvaises conditions, puisque la masse de l'armature étant augmentée et celle-ci étant disposée de manière à faire volant, ses mouvements ne peuvent pas être rapides

Fig. 4.

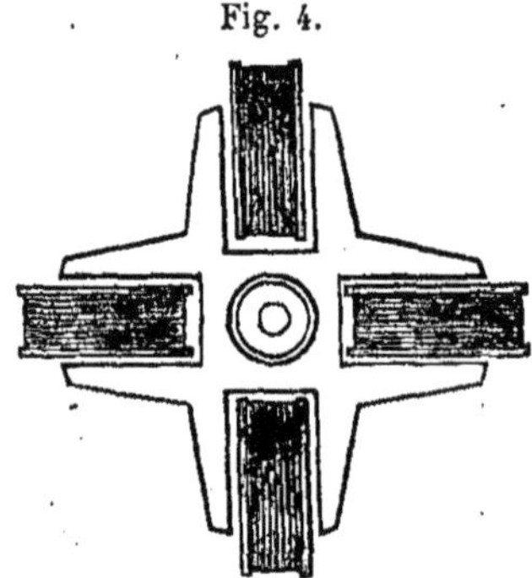

CHAPITRE II

TÉLÉGRAPHES A CADRAN

Historique. — Les télégraphes à cadran combinés pour la première fois par M. Wheatstone en 1840, ont été la première application des effets mécaniques aux effets électriques en télégraphie. Pensant qu'avec un mouvement de va et vient comme celui dont peut être animée une armature de fer doux en présence d'un aimant temporaire et d'un ressort antagoniste, on pouvait obtenir de la part d'un mobile un mouvement de rotation saccadé qui pouvait d'ailleurs résulter soit d'une action directe, soit de l'action intermédiaire d'un mécanisme d'horlogerie, il chercha à tirer parti de ce mouvement pour la désignation des différentes lettres de l'alphabet, et, à cet effet, il chercha à y soumettre, soit une aiguille mobile autour d'un cadran sur lequel étaient gravées ces différentes lettres, soit le cadran lui-même.

Pour obtenir ce résultat, il suffisait de disposer le mécanisme destiné à faire tourner l'aiguille ou le cadran, de manière que chaque attraction de l'armature fit avancer le mobile d'une distance égale à l'intervalle de deux lettres consécutives. Par ce moyen, en effet, la désignation de telle ou telle lettre pouvait être le résultat d'un nombre d'émissions de courant en rapport avec la distance séparant les différentes lettres appelées à se succéder, et, au moyen d'un transmetteur mécanique, on pouvait même effectuer ce nombre voulu d'émissions sans s'en préoccuper, en faisant en sorte que le jeu de l'appareil, quand on passait d'une lettre à une autre, eût pour effet de faire agir un interrupteur de circuit combiné en conséquence. Telle est l'origine des télégraphes à cadran, aujourd'hui il est vrai un peu délaissés, mais qui sont encore employés dans le service des chemins de fer, dans certains établissements industriels et sur le réseau de la télégraphie domestique dans certaines villes d'Angleterre.

Dans le brevet que M. Wheatstone prit à cette époque (1840) pour s'assurer la priorité de cette belle invention, plusieurs dispositions importantes se trouvent spécifiées : 1° le moyen d'utiliser le mouvement alternatif de l'armature d'un électro-aimant, pour mettre directement en mouvement une roue à rochet ; 2° le moyen de faire réagir les électro-aimants à grande distance en les enroulant de fil fin, ce qui n'avait pas été fait jusqu'alors ; 3° le moyen de substituer le courant issu des machines magnéto-électriques à celui de la pile pour le fonctionnement des télégragraphes électro-magnétiques ; 4° le moyen de faire sonner une grosse cloche avec une très-faible force électrique.

Depuis le télégraphe à cadran de M. Wheatstone, et surtout depuis son adoption par les chemins de fer, une foule de systèmes différents ont été proposés. Dans les uns le mécanisme d'horlogerie n'existe pas, et la force électro-magnétique réagit directement sur le rochet destiné à faire tourner l'aiguille. Ce système, qui n'avait été employé dans l'origine que pour les télégraphes de démonstration, a été, dans ces derniers temps, tellement perfectionné par MM. Wheatstone, Siemens, Henley, Allan et Wilde, qu'il est presque exclusivement employé en Angleterre. Dans d'autres systèmes on a cherché à éviter les inconvénients du réglage au moyen de dispositifs particuliers. De ce nombre sont les télégraphes de MM. Mouilleron, du Moncel, Digney, Gloesener, Lippens, etc. Dans d'autres encore on a substitué au manipulateur à manivelle de l'appareil primitif, des manipulateurs à clavier et à touches. Les appareils les plus perfectionnés de ce genre sont ceux de MM. Wheatstone, Gloesener, Drescher, Siemens, etc. Enfin, dans un certain nombre, on a cherché à rendre synchroniques et continus les mouvements des deux appareils en correspondance, et le signalement des lettres s'effectue alors par l'arrêt momentané des aiguilles des deux appareils, arrêt qui se produit en même temps aux deux stations sous l'influence d'un arrêt mécanique exercé sur l'un de ces appareils, précisément au moment où son aiguille passe devant la lettre à transmettre. Le premier appareil de ce genre a été imaginé par MM. Siemens et Halske, mais il a été depuis perfectionné par MM. Drescher, Gloesener, d'Arlincourt et Lippens. Nous pouvons encore signaler comme systèmes se rapportant aux appareils que nous étudions en ce moment : 1° les télégraphes à remontoir, combinés par MM. Langrenay et Breguet, dans lesquels le mécanisme du récepteur se remonte par le fait même de la manipulation, ou par le jeu de l'armature de l'électro-aimant ; 2° certains systèmes originaux dus à MM. Gloesener et Régnard, dans lesquels l'aiguille peut avancer à droite et à gauche, ou désigner sur un cadran carré, divisé en compartiments, telle lettre qui s'y trouve inscrite. Ces derniers systèmes sont plutôt ingénieux que pratiques, et n'ont en définitive aucune utilité.

Des différents systèmes de télégraphes à cadran que nous venons d'énumérer, les seuls qui soient mis en pratique sur les lignes télégraphiques, sont ceux de MM. Breguet, Siemens, Wheatstone et Lippens. Aussi concentrerons-nous sur eux les détails descriptifs que nous devons consacrer à ces sortes d'appareils ; quant aux autres nous n'en n'exposerons que le principe.

Avant d'entamer la description de ces différents appareils, examinons comment le mouvement attractif produit par un électro-aimant peut donner lieu au mouvement circulaire et saccadé d'une aiguille autour d'un cadran.

Fig. 5.

La fig. 5 ci-contre, représente le dispositif le plus simple pour arriver à ce but; il constitue même tout le mécanisme du récepteur de M. Henley, et c'est pour cela que nous le prenons pour type.

C'est une armature aimantée oscillant verticalement sur un pivot O entre les deux pôles d'un électro-aimant. Ces pôles se trouvent entaillés suivant leur ligne axiale pour donner à cette armature un jeu convenable, sans amoindrir l'action magnétique. Telle qu'elle est représentée sur la figure, cette armature est légèrement inclinée vers le pôle de droite et se trouve maintenue dans cette position, la dernière qu'elle ait prise, par l'action du magnétisme rémanant et celle de son magnétisme propre sur le fer de l'électro-aimant.

Du côté opposé à l'électro-aimant, l'armature O est entaillée de manière à présenter deux crochets, et entre ces crochets est adaptée une roue à rochets de treize dents, dont la position est telle que, quand le crochet de droite se trouve au fond d'un intervalle de dents, comme l'indique la figure, le crochet de gauche est placé un peu au-dessus d'une dent du côté opposé. Inutile de dire que l'aiguille indicatrice se trouve fixée sur l'axe même de la roue à rochet.

Cela posé, imaginons que l'armature O, par suite d'une inversion de courant à travers l'électro-aimant, soit repoussée vers la gauche : le crochet de gauche de cette armature va se déplacer vers la droite et, en appuyant sur le plan incliné constituant le dos de la dent du rochet qui se trouve en face de lui, va faire avancer cette roue d'une demi-dent. Pendant ce temps le crochet de droite se sera dégagé, et la dent qui se trouvait au-dessous de de lui, ayant avancé également d'une demi-dent, aura ce que l'on appelle *échappé*; l'aiguille indicatrice, en suivant ce mouvement, aura alors passé d'une division occupée par une lettre à la division suivante où se trouve une autre lettre, et comme les choses peuvent se renouveler de la même manière pour une oscillation contraire de l'armature, il arrivera que, pour une oscilation double de celle-ci, c'est-à-dire, pour un seul intervalle de dents, l'aiguille aura avancé de deux lettres. Pour plusieurs oscillations successives, elle accomplira donc un mouvement saccadé de rotation qui sera d'autant plus rapide que les inversions de courant se seront suivies de plus près. On comprend, d'après cela, que les roues à rochet, dans les télégraphes à cadran, n'ont besoin que de treize dents, puisque ces treize dents correspondent aux vingt-cinq lettres de l'alphabet, plus le signal de repère qu'on représente ordinairement par une croix et qui occupe sur le cadran l'extrémité supérieure du diamètre vertical. C'est de cette forme du signal de repère que vient l'exprestion usitée en télégraphie, *mettre les appareils à la croix,* ce qui veut dire : *mettre les appareils au repère, de manière que leur aiguille soit verticale.*

Dans l'appareil de M. Henley, le mécanisme que nous venons de décrire, est pour ainsi dire microscopique ; c'est en quelque sorte de l'horlogerie de montre, et dans ces conditions les frottements sont presque nuls. On comprend dès lors que ces appareils puissent fonctionner avec une force électrique excessivement minime ; mais avec des appareils plus grossiers et plus volumineux, tels que ceux qu'on fabriquait au début de la télégraphie, il était loin d'en être ainsi, et le système si simple que nous venons de décrire n'était guère appliqué qu'aux télégraphes de démonstration, dans les cours de physique. On a donc dû à cette époque chercher un moyen qui pût affranchir l'électricité du rôle de moteur, et on a eu recours pour cela, ainsi que nous l'avons déjà vu, à l'action intermédiaire de l'horlogerie. Dans ce cas, la roue à rochet est sans cesse sollicitée à tourner par l'action indirecte d'un ressort, et elle n'est arrêtée dans son mouvement que par une ancre d'échappement munie de l'armature de l'électro-aimant qui, en oscillant comme on l'a vu précédemment, lui permet d'échapper par intervalles de demi-dents. Dès lors le rôle de l'électricité se borne à produire de simples déclanchements, ce qui ne nécessite que très-peu de force.

Les systèmes d'échappement employés dans les télégraphes à cadran ont été très-variés. Tantôt l'ancre a la forme d'une fourchette et oscille normalement au plan de la roue d'échappement, qui se trouve alors munie de treize chevilles d'acier sur chacune de ses faces. Tantôt cette ancre, également en forme de fourchette, est dans le plan de cette roue d'échappement et réagit sur elle aux deux extrémités de son diamètre, comme dans la fig. 5 ; alors cette roue porte des dents de rochet légèrement effilées. Tantôt, comme on le voit fig. 13 et 14, pl. I, l'ancre d'échappement est constituée par deux petits doigts d'acier *a*, *c* montés sur un axe *d d* auquel est adapté le levier de l'électro-aimant, et qui, en oscillant devant chacune des dents du rochet, normalement au plan de celui-ci, les dégage successivement. Enfin, dans d'autres appareils, l'ancre d'échappement est constituée par un seul doigt qui oscille entre deux roues à rochet montées sur le même axe, et dont les dents s'alternent de l'une à l'autre roue. Ces deux dernières dispositions, qui sont du reste les meilleures, sont employées par M. Breguet dans les télégraphes qu'il livre aux chemins de fer français, et dont nous donnerons une description détaillée. Nous représentons encore (fig. 22, pl. 1), et fig. 6 ci-dessous deux genres d'échappements particuliers employés par MM. Drescher et Lippens. Dans l'un, les dents de la roue à rochet sont remplacées par une circonférence ondulée latéralement. Dans l'autre, fig. 6, celui de M. Lippens, le doigt d'échappement oscille entre deux roues à rochet à dents de côté qui sont disposées de manière à ce que les dents s'alternent d'une roue à l'autre. Ce système fonctionne aisément sans mécanisme d'horlogerie et a été appliqué avec succès à plusieurs télégraphes construits par cet ingénieux constructeur (1).

Fig. 6.

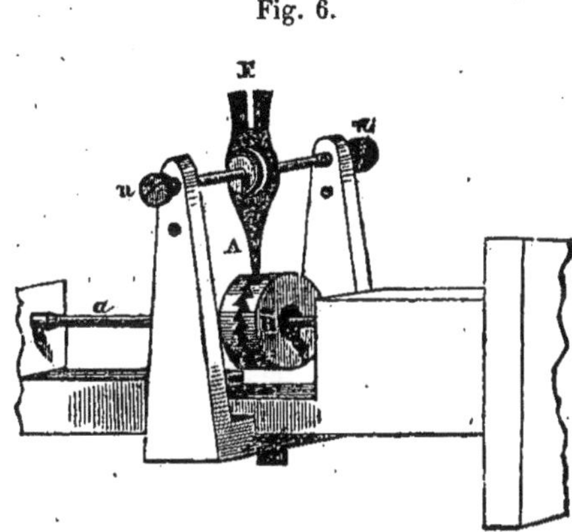

Nous allons maintenant nous occuper des différents systèmes dont nous avons parlé en les répartissant en trois classes, dont la première se rapporte aux télégraphes à courants voltaïques, la seconde, aux télégraphes à courants d'induction, la troisième, aux télégraphes à mouvements synchroniques.

I. — TÉLÉGRAPHES A CADRAN A COURANTS VOLTAÏQUES.

Télégraphes à cadran de M. Wheatstone. — Dans l'origine la partie mobile du télégraphe à cadran de M. Wheatstone était, comme nous l'avons vu, le cadran lui-même, et le repère était constitué par un guichet ouvert dans une plaque de cuivre qui constituait l'un des côtés de la boite où était renfermé l'appareil. Ce cadran était en papier pour être plus léger, et le mécanisme moteur était constitué par une roue à rochet de petit dia-

(1) Ce système a été copié en 1862, par M. Tyer, qui avait un appareil de ce genre à l'Exposition de Londres.

mètre mise en mouvement par deux ressorts d'encliquetage. L'un de ces ressorts qui était muni d'un crochet, était mis en action au moment des attractions de l'armature; l'autre, constitué par une lame droite, réagissait au moment des répulsions, et celles-ci étaient déterminées par un ressort antagoniste en acier. Il est curieux que ce dispositif qui avait été modifié dans l'origine sous prétexte de perfectionnement, soit celui que M. Siemens a appliqué dans ces derniers temps à ses télégraphes à cadran magnéto-électriques, comme fournissant les résultats les plus satisfaisants. Les dimensions des différents organes employés par M. Wheatstone à cette époque sont également dignes de remarque, car elles étaient extrêmement minimes. Pour en donner une idée, il nous suffira de dire que les branches de l'électro-aimant n'avaient que deux pouces anglais de hauteur sur un demi pouce de diamètre et étaient enroulées de fil fin recouvert de soie. Il y a loin de là aux électro-aimants que M. Morse employait à cette époque.

Le manipulateur de cet appareil que M. Wheatstone appelait *communicateur*, était formé d'un disque en cuivre se mouvant librement sur un pied aussi de cuivre. La circonférence de ce disque portait douze entailles remplies de morceaux d'ivoire, de sorte qu'elle présentait des intervalles égaux de substances conductrices et non conductrices. Un ressort en rapport avec le pôle positif de la pile appuyait sur cette circonférence, et l'axe qui la portait, communiquait par la ligne à l'électro-aimant du récepteur opposé mis d'ailleurs, par la terre, en rapport direct avec le pôle négatif de la pile. Enfin le disque de cuivre portait gravées devant les différentes divisions de sa circonférence (cuivre et ivoire) les 25 lettres de l'alphabet, et de petites tiges placées devant ces divisions, permettaient de faire tourner aisément le disque avec le doigt, de manière à amener devant un repère fixe celle des lettres qu'on voulait transmettre; un butoir d'arrêt empêchait même le disque de dépasser ce repère une fois que le doigt y était arrivé. Sous l'influence des contacts successifs produits par le frottement du ressort sur la circonférence du disque, le courant de la pile se trouvait successivement fermé et interrompu, et la roue à rochet du récepteur avançant successivement sous l'influence des actions électriques ainsi produites, faisait arriver devant le guichet du récepteur la lettre transmise, au moment même où celle-ci arrivait au repère sur le manipulateur. Pour obtenir que la transmission put être coupée de la station opposée en cas d'erreur, M. Wheatstone fit en sorte que la liaison du récepteur de chaque station avec le circuit de ligne fut faite par l'intermédiaire du manipulateur. A cet effet, un anneau d'ivoire était placé sous le disque métallique et présentait devant le point de ce disque correspondant à la croix du repère, un contact métallique en rapport avec le disque lui-même; un second ressort relié à l'électro-aimant du poste expéditeur frottait sur cet anneau et formait ainsi commutateur. Il en résultait que quand les appareils étaient à la croix aux deux stations, chacun des récepteurs ne pouvait recevoir l'action des courants transmis qu'après que ceux-ci avaient passé par leur propre manipulateur, et on pouvait de cette manière, en manœuvrant ce manipulateur, couper la correspondance. Ce dispositif a été très-simplifié depuis cette époque et se trouve représenté aujourd'hui par le contact de repos de l'interrupteur, mais il n'en n'est pas moins vrai que dès l'origine des télégraphes à cadran, on avait pensé à cette disposition accessoire très-importante, et c'est M. Wheatstone qui en cela, comme dans presque toutes les inventions se rapportant à la télégraphie, a eu l'initiative.

Le second système de M. Wheatstone avait pour organe moteur un mécanisme d'horlogerie à trois mobiles, dont l'ancre d'échappement était commandée par deux électro-aimants placées verticalement des deux côtés de son axe d'oscillation. Une traverse de cuivre fixée transversalement sur cet axe portait à ses deux extrémités les deux armatures, de sorte que quand le courant venait à animer l'un ou l'autre des électro-aimants, l'ancre se trouvait inclinée d'un côté ou de l'autre, et provoquait l'échappement d'une dent de la roue à rochet commandant le mécanisme d'horlogerie et par suite le mouvement de l'indicateur, qui était cette fois une aiguille. Dans ces conditions, le cadran portant les lettres de l'alphabet était fixe. Pour obtenir l'avancement saccadé et successif de l'aiguille, il ne s'agissait donc que de transmettre successivement le courant de l'un à l'autre des deux électro-aimants, mais pour cela, il a fallu compliquer le manipulateur dont nous avons parlé précédemment, d'un système commutateur à deux ressorts disposés de telle façon que quand l'un appuyait sur une partie conductrice du disque, l'autre appuyait sur une partie isolante, et comme ces deux ressorts communiquaient isolément aux deux électro-aimants, on les rendait, par suite de la rotation du manipulateur, alternativement actifs, et on évitait ainsi l'emploi d'un ressort antagoniste.

M. Wheatstone appliquait ce dernier système aux lignes un peu longues et sur lesquelles la force électrique développée ne pouvait être assez considérable pour faire les frais du mouvement du mécanisme moteur. C'est ce système, dans lequel la force électrique n'avait à opérer qu'un déclanchement, qui a été le point de départ de tous les appareils qui ont été mis depuis en pratique et qui ont réalisé les curieux effets que nous admirons tant aujourd'hui.

Télégraphe à cadran de M. Breguet. — Ce télégraphe, quant à son principe, n'est, à proprement parler, que celui de M. Wheatstone, mais son installation et surtout la disposition mécanique des pièces qui le constituent ont été si ingénieusement combinées par M. Breguet, qu'elles en ont fait l'appareil le plus pratique que l'on puisse employer. Aussi tous les constructeurs Français se sont-ils empressés d'adopter ce modèle, et il n'y a guère que lui qui soit usité en France en dehors du système Morse.

Récepteur. — La fig. 7 ci-dessous, représente la dernière disposition que M. Breguet a donnée au récepteur de cet appareil. Le mécanisme d'horlogerie destiné à entraîner l'aiguille est fixé en P P sur une platine

Fig. 7.

verticale *cc* en zinc, au devant de laquelle est adapté le cadran. Ce mécanisme d'horlogerie se compose de quatre mobiles, d'un barillet, de trois roues d'engrenage dont les axes sont munis de pignons et d'une double roue à rochet que l'on aperçoit dans une échancrure au bas de la platine P P et sur laquelle réagit l'ancre d'échappement, laquelle ancre se réduit à un simple doigt d'acier. L'aiguille indicatrice est, bien entendu, fixée sur l'axe de cette dernière roue.

Le système électro-magnétique se compose d'un électro-aimant E E dont l'armature se voit en A, et qui est fixé sur la planchette de l'appareil au moyen d'une traverse de cuivre serrée par deux vis à écrou. L'armature A oscille sur deux vis v, v', et porte en t, à l'une de ses extrémités, le levier qui doit réagir sur l'échappement. Celui-ci s'effectue par l'intermédiaire d'une fourchette X (fig. 8) adaptée à l'axe horizontale a a', sur lequel est fixé le doigt p. Une cheville adaptée au levier t et introduite entre les branches de cette fourchette X, permet en effet aux mouvements de l'armature A d'être répétés par le doigt p, et par conséquent, de faire échapper successivement les deux roues à rochet ; deux vis r, r' placées des deux côtés du levier t permettent d'ailleurs de régler convenablement l'amplitude de l'oscillation de celui-ci.

Dans ce système télégraphique, les mouvements de l'armature A résultent d'interruptions successives du courant ; par conséquent, les rappels de cette armature s'effectuent au moyen d'un ressort antagoniste. Dans l'origine, ce ressort était fixé à un fil de soie qu'on enroulait plus ou moins, quand on voulait le tendre, sur un petit treuil ; mais l'expérience ayant démontré que ce fil de soie se coupait promptement, M. Breguet a substitué à ce système le dispositif représenté dans la partie gauche de la fig. 7. Ce dispositif consiste dans un noyau à rebord excentrique L, contre lequel appuie une longue goupille faisant partie d'une pièce à pivot sur laquelle est fixé, par l'intermédiaire d'une tige recourbée l l', le ressort antagoniste R. Ce dispositif est représenté plus simplement fig. 20, pl. I. Quand, à l'aide d'un clef, on tourne l'axe portant le noyau L (fig. 7), la goupille qui s'y trouve appuyée glisse sur le rebord excentrique dont nous avons parlé, et suivant le sens de la rotation de ce noyau, elle repousse en avant ou ramène en arrière la tige l l', qui tend ou détend ainsi le ressort.

Quand, par une circonstance quelconque, l'appareil s'est trouvé dérangé et que les lettres indiquées au récepteur ne sont plus d'accord avec les lettres transmises, il est nécessaire, comme on le comprend aisément, de ramener l'aiguille de ce récepteur au repère, c'est-à-dire à la croix.

Dans les premiers appareils de M. Breguet, on obtenait ce résultat au moyen d'une espèce de petit piston qui ressortait en dehors de la boîte du récepteur et qui permettait à l'opérateur de communiquer à l'armature le nombre d'oscillations voulu pour remettre l'aiguille en position convenable. Ce petit piston avait reçu le nom de *pédale*. Toutefois, comme on perdait beaucoup de temps avec ce système, M. Breguet a cherché à obtenir d'un seul coup la remise à la croix en faisant réagir directement la pédale sur l'échappement lui-même. A cet effet l'axe a a' (fig. 7 et 8), qui porte le doigt p est soutenu sur une traverse M K articulée en M, et susceptible, par conséquent, d'être relevée ou abaissée. Cette traverse porte en N une petite rainure qui limite, à l'aide d'une vis, sa course angulaire et se trouve maintenue soulevée en temps ordinaire par un fort ressort à boudin U. Une tige K H appuie d'ailleurs sur l'extrémité K de cette traverse et correspond à la pédale dont nous avons parlé. Enfin, pour compléter le système, un butoir d'arrêt en forme de crochet *a*, fixé sur la traverse M K, est disposé de telle manière que, quand cette traverse est abaissée par l'action de la pédale, il peut rencontrer une petite cheville fixée sur l'un des rayons de la

Fig. 8.

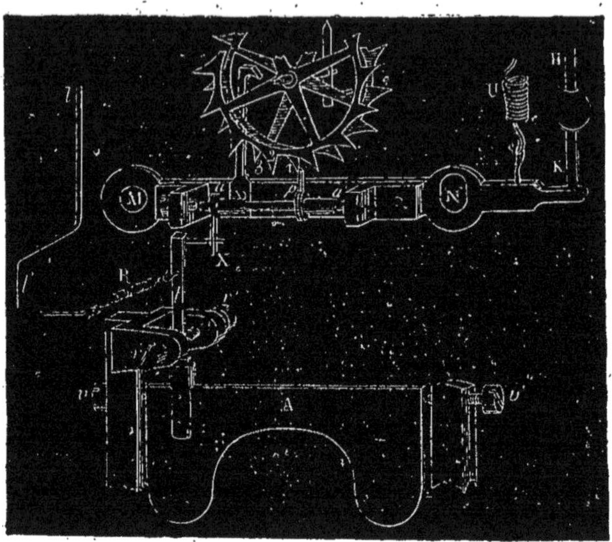

seconde roue à rochet et arrêter alors l'aiguille indicatrice sur la division qui précède la croix. Le jeu de ce mécanisme se comprend aisément.

Quand on appuie sur la pédale, la traverse M K étant abaissée, le doigt *p* dégage les roues à rochet, et celles-ci, entraînées par le mouvement d'horlogerie, se mettent immédiatement à tourner; mais ce mouvement ne dure pas longtemps, car la cheville adaptée au second rochet, en rencontrant le butoir *a* porté par la traverse M K, les arrête immédiatement, et elles ne recouvrent leur liberté que quand le doigt de l'opérateur, ayant abandonné la pédale, a permis au butoir *a* de se relever et à la cheville d'arrêt d'échapper. Toutefois, se trouvant alors de nouveau mises en prise avec le doigt *p* qui s'est également relevé, elles ne peuvent tourner que de l'intervalle d'une demi-dent. Mais cela suffit pour que l'aiguille indicatrice se trouve en cet instant exactement au repère.

Fig. 9.

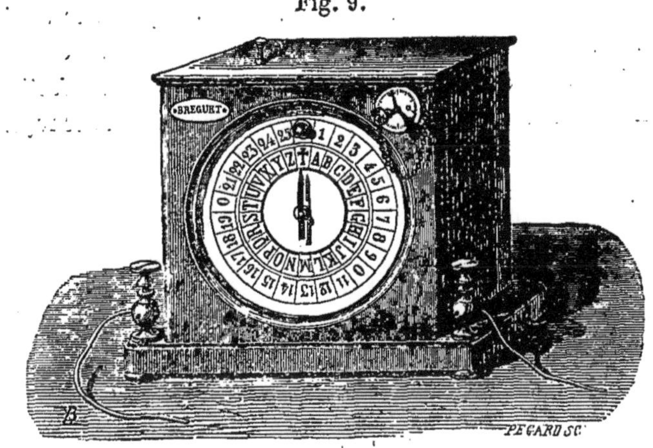

La fig. 9 ci-dessous, montre la perspective extérieure de l'appareil; la pédale pour la remise à la croix s'aperçoit à la partie supérieure de la boîte un peu vers la gauche, et à la droite du cadran, on distingue l'axe du mécanisme destiné à tendre le ressort antagoniste. La clef destinée à faire tourner cet axe est suspendue à une petite chaînette et est munie d'une aiguille qui, en se mouvant autour d'un petit cadran divisé, permet de reconnaître facilement les différents degrés de tension qu'on doit donner au ressort. Au-dessus du repère se trouve le trou pour le remontage du mouvement d'horlogerie.

Manipulateur. — Le manipulateur de l'appareil Breguet que nous représentons fig. 10, p. 35, se compose d'une planche de forme carrée sur laquelle est monté, par l'intermédiaire de trois colonnes, un plateau circulaire ou cadran en laiton autour duquel se meut une manivelle qui a la double fonction de faire réagir l'interrupteur du courant et de servir d'index aux différentes lettres qu'on veut signaler, lesquelles sont gravées sur le cadran. A cet effet, cette manivelle porte une ouverture appelée *fenêtre*, à travers laquelle se montrent ces différentes lettres, et c'est quand la lettre désignée apparaît dans la fenêtre, qu'on doit arrêter la manivelle. Pour que cet arrêt ne soit pas indécis, ce qui amènerait des dérangements dans le fonctionnement du récepteur, le cadran du manipulateur porte sur sa circonférence une série de petites entailles dans lesquelles peut s'engager, au moment où l'on abaisse la manivelle, une forte goupille en acier fixée au-dessous de celle-ci. En ayant soin de faire glisser cette goupille sur le cadran du manipulateur un peu avant l'arrivée de la fenêtre sur la lettre signalée, on est toujours certain que la manivelle se trouvera arrêtée à temps.

L'interrupteur du courant, auquel M. Breguet a donné dès l'origine une disposition tellement parfaite, qu'elle n'a jamais été perfectionnée depuis, est représenté dans le coin gauche de la fig. 10, dont une partie se trouve échancrée pour mieux en faire comprendre le dispositif. Cet interrupteur se compose essentiellement d'un levier *l l'* pivotant en *o*, sur lequel réagit par l'intermédiaire d'une goupille fixée à son extrémité recourbée *l*, une

Fig. 10.

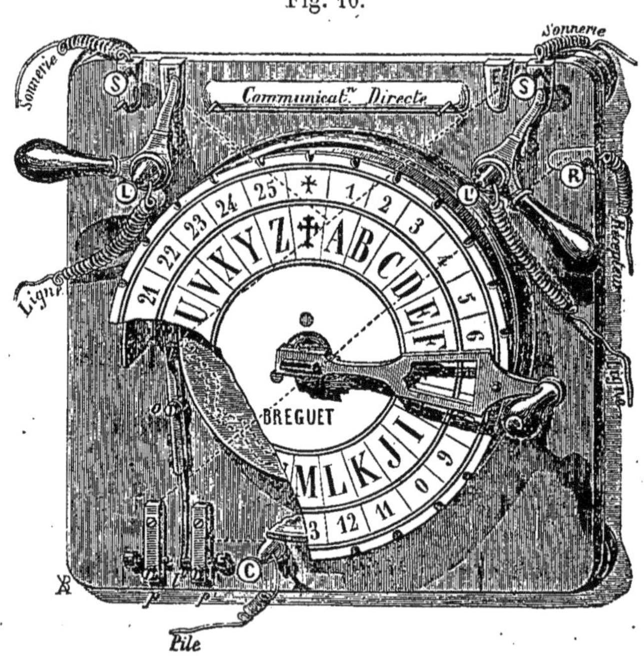

gorge sinueuse évidée dans un disque de laiton que porte l'axe même de la manivelle. Cette gorge sinueuse, en présentant successivement devant la goupille *l*, qui s'y trouve engagée, des parties alternativement creuses et bombées, repousse ou ramène le levier *l l'* et le fait finalement osciller lorsqu'on tourne la manivelle, sans qu'on ait à craindre aucune incertitude dans son jeu. Comme cette gorge sinueuse présente treize inflexions, le levier accomplit une demi oscillation chaque fois que la manivelle passe d'une lettre à l'autre. Il est facile de comprendre qu'avec cette disposition le levier $l\,l'$ n'a qu'à réagir sur un contact métallique en communication avec le circuit, pour fournir une série d'émissions de courant dont le nombre sera nécessairement en rapport avec la position de la lettre sur le cadran autour duquel se meut la manivelle, et qui devront avoir pour effet de faire avancer l'aiguille du récepteur d'une manière synchrone avec cette manivelle. A cet effet, le levier $l\,l'$ se termine par un ressort l' placé entre deux vis butoirs p, p', dont l'une p' communique au pôle positif de la pile par le bouton C, et l'autre p au récepteur de la station même où se trouve le manipulateur. Nous en verrons plus tard la nécessité. Comme le disque interrupteur est relié d'ailleurs métalliquement avec la ligne, qui elle-même est en rapport avec le pôle négatif de la pile par le sol et le récepteur correspondant, on comprend que chaque fois que levier $l\,l'$ s'approchera de p', il devra se produire une émission de courant, et que chaque fois qu'il s'en éloignera pour toucher p, une interruption surviendra, et en même temps une liaison métallique sera établie entre la ligne et la terre par le récepteur de la station qui parle.

Dans l'appareil Breguet, les fermetures de courant correspondent aux lettres A C E G I K M O Q S U X Z, les ouvertures, à la croix et aux lettres B D F H J L N P R T V Y. En rapprochant ou en éloignant l'une de l'autre les deux vis p, p', on peut augmenter ou diminuer la durée des contacts; ce qui n'est pas un des moindres avantages de la disposition du manipulateur Breguet, car, par un règlement intelligent de ces vis, on peut, suivant les circonstances du circuit, augmenter considérablement la force électrique transmise. Avec un circuit bien isolé, on peut, en effet, plus que doubler l'action électrique en ne laissant au ressort l' que juste le champ nécessaire pour interrompre le circuit.

Comme complément de cet interrupteur, M. Breguet lui a adapté deux commutateurs destinés à mettre la ligne en rapport, soit avec le récepteur du poste, soit avec la sonnerie, soit avec le second fil de ligne pour établir une communication directe entre les deux postes situés à gauche et à droite de celui où se trouve placé l'instrument. Chacun de ses interrupteurs se compose d'une manette munie d'une lame de ressort recourbée qui peut s'appliquer sur trois contacts métalliques appelés *gouttes de suif*, lesquels sont en rapport avec ces différents appareils. Nous verrons plus tard, au chapitre de l'organisation des postes télégraphiques, comment les communications électriques se trouvent établies avec ces sortes de télégraphes.

Comme on a pu le voir dans la fig. 10, le cadran du manipulateur Breguet, comme du reste celui du récepteur, porte au-dessus des différentes lettres de l'alphabet les différents nombres depuis 1 jusqu'à 25, et l'aiguille du télégraphe peut les désigner aussi bien que les lettres quand un signal particulier prévient que ce sont eux qui sont transmis.

M. Breguet a fait de ce télégraphe un appareil portatif pour les convois de chemin de fer qui est d'une grande utilité et d'un usage facile. Il peut être contenu, avec sa pile et les différents accessoires qui lui sont nécessaires dans une boîte de 37 centimètres de hauteur sur 27 de dimensions latérales. La fig. 11 le représente.

Fig. 11.

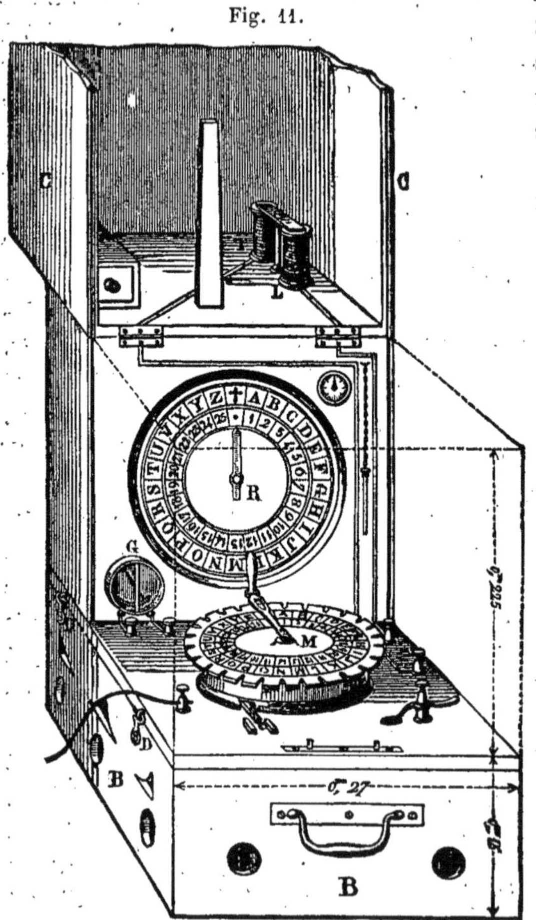

Nous ne parlerons pas ici de la sonnerie en rapport avec ce système télégraphique, nous réservant d'en parler dans un chapitre spécial consacré aux sonneries en usage dans les différentes postes.

Le dernier modèle du télégraphe Breguet que nous venons de décrire n'étant guère appliqué qu'aux appareils que ce constructeur fournit lui-même, nous avons cru devoir reproduire, fig. 17, 18 et 21, pl. I, la disposition qui avait précédé ce dernier modèle, et qui est encore adoptée, par quelques constructeurs français. Cette disposition se comprend d'ailleurs facilement rien que par l'inspection des trois figures dont nous parlons. Ainsi la fig. 17 représente le manipulateur, il ne diffère de celui que nous avons décrit que par les contacts des commutateurs. La fig. 18 représente le mécanisme du récepteur; la roue d'échappement est en r, l'électro-aimant en E et la palette réagissant sur l'encliquetage en PL. Dans ce modèle il n'y a qu'une roue d'échappement; en conséquence l'ancre, au lieu de consister dans un simple doigt, comme précédemment, est constituée par deux petits appendices formant fourchette que l'on voit dans de plus grandes dimensions en C, fig. 21. Cette figure représente, du reste, le dispositif mécanique destiné dans ce modèle à ramener d'un seul coup l'aiguille au repère. On appuie toujours sur une pédale disposée en A au-dessus de l'appareil; cette pédale étant reliée à une équerre E D G pivotant en D, repousse, par l'intermédiaire d'un doigt I, une tige P P munie d'un ressort à boudin R, et cette tige appuyant contre l'ancre C, l'écarte de la roue d'échappement en présentant devant elle un butoir P qui l'arrête un peu avant la remise de l'aiguille à la croix, par l'intermédiaire d'une cheville. Quand on retire le doigt de dessus la pédale A, l'ancre C revient à sa place, le butoir d'arrêt s'écarte de la roue d'échappement, et celle-ci après avoir fait un petit mouvement, revient à sa position normale de départ.

Dans quelques appareils qu'il a livrés, M. Breguet a établi un manipulateur mécanique à touches qui fonctionne d'une manière très-satisfaisante. Ce système de manipulateur avait du reste été imaginé il y a longtemps, et M. Drescher semble être le premier qui en ait fourni un modèle pratique. Quoiqu'il en soit nous représentons comme type, fig. 6, pl. III, le dispositif mécanique adopté par M. Breguet en 1859.

Le modèle des télégraphes à cadran du système Breguet a du reste été très-varié, non-seulement dans la disposition du mécanisme, mais encore dans celle du cadran lui-même. Ainsi, le modèle de l'administration des lignes télégraphiques est différent de celui des chemins de fer et il varie encore suivant les pays qui l'emploient. Le modèle le plus perfectionné jusqu'à présent, est celui de M. Deschiens qui réunit à une grande perfection d'exécution, une disposition très-commode pour le réglage. Ainsi dans cet appareil, le réglage peut s'effectuer par le ressort antagoniste et par l'écartement des pièces qui subissent l'attraction électro-magnétique, et, ce qui est le plus curieux, ces deux réglages peuvent s'effectuer à l'aide d'un double bouton placé en avant de l'appareil au-dessous du cadran. L'un de ces boutons correspond à une glissière sur laquelle est établi l'électro-aimant, et qui peut écarter celui-ci plus ou moins de son armature en avançant ou reculant elle-même dans une rainure adaptée à la plaque de zinc sur laquelle est monté le mécanisme. L'autre bouton qui enveloppe le premier, comme un écrou moleté, est adapté à un axe creux qui porte à son extrémité une rainure en pas de vis dans laquelle se meut l'extrémité du levier coudé appelé à réagir sur le ressort antagoniste. Le mouvement lui-même est un mouvement carré, et le mécanisme de la mise au repère est disposé d'une manière plus simple et plus solide que dans les modèles ordinaires.

Télégraphe à cadran de M. Breguet, dans lequel le mécanisme du récepteur se remonte par le jeu même du manipulateur. — Pour que les télégraphes à cadran à mouvement d'horlogerie puissent être toujours en état de fonctionner et être, par conséquent, indépendants des distractions ou des défauts de soin des employés, M. Breguet a eu l'idée de faire opérer le montage de leur mécanisme d'horlogerie par le jeu même du manipulateur. Pour cela, il place le récepteur au centre de ce manipulateur et dispose la manette de manière à laisser vide la partie centrale qui est occupée par l'aiguille indicatrice du récepteur. Il en résulte que le cadran du manipulateur sert de cadran au récepteur, et vice-versa. Le mécanisme des deux appareils est d'ailleurs toujours le même. Seulement le disque portant la gorge sinueuse destinée à faire osciller le levier interrupteur est muni de 13 chevilles qui réagissent sur un autre disque échancré adapté au barillet du mécanisme d'horlogerie. Ce disque joue le rôle de la clef destinée à remonter ce barillet; toutefois, il ne peut réaliser cet effet que jusqu'à un certain degré de tension du ressort moteur, car il n'est relié avec lui que par l'intermédiaire d'un ressort arqué appliqué fortement sur la platine mobile du barillet. Il arrive alors que quand on tourne la manette du manipulateur, on remonte continuellement le mouvement d'horlogerie, et quand la transmission est assez prolongée pour dépasser la limite du remontage, le disque remonteur tourne comme une roue folle sans produire d'effet. On comprend facilement, d'après cette disposition, que le ressort du barillet ne doit pas être très-fort pour ne pas opposer une résistance trop grande au jeu de la manivelle. Aussi a-t-on été obligé de supprimer quelques rouages au mécanisme du récepteur, qui est à trois mobiles au lieu d'être à cinq.

Télégraphe à cadran de M. Froment. — L'appareil de M. Froment se distingue principalement par son transmetteur, qui est mécanique et semblable au clavier d'un piano, et par la sûreté du jeu de son récepteur, qui peut marcher sans mouvement d'horlogerie au moyen d'un simple échappement à ancre analogue à celui que nous avons décrit page 26.

Voici en quelques mots, en quoi consiste l'ingénieux transmetteur de M. Froment.

Un axe d'acier horizontal mû par un mouvement d'horlogerie et commandé par une roue à rochet d'un nombre de dents égal à celui des signes ou lettres qui peuvent être employés, porte échelonnées les unes à côté des autres et disposées en spirale, des chevilles ou butoirs d'arrêt dont le nombre et la position sont en correspondance parfaite avec les dents de la roue à rochet. Une grande traverse horizontale dont le mouvement ne peut s'effectuer que de haut en bas, réagit par l'intermédiaire d'un cliquet sur cette roue à rochet ; mais comme à l'état de repos cette traverse est repousssée en haut par un ressort antagoniste, l'encliquetage empêche le mouvement d'horlogerie d'entraîner l'axe qui porte les butoirs. C'est sur cette traverse que viennent s'appuyer les différentes touches du clavier. Ces touches, à bascule comme celles d'un piano, sont en outre munies de butoirs susceptibles d'arrêter, quand elles sont abaissées, celles des chevilles de l'axe mobile qui leur correspondent. On conçoit alors que, si un interrupteur est placé sur cet axe mobile ou si même on se sert de la roue à rochet comme d'interrupteur, il suffira d'appuyer le doigt sur l'une ou sur l'autre des touches pour rendre libre le mouvement d'horlogerie, et pour qu'avant de se trouver arrêté de nouveau, l'axe mobile décrive un arc plus ou moins grand en rapport avec la position de la cheville qui doit venir en prise. Or, comme cet arc correspond à un certain nombre de dents de la roue à rochet, on se trouve avoir obtenu ainsi le nombre d'interruptions du courant en rapport avec le signal transmis.

La figure 23, pl. I représente le télégraphe de M. Froment, tout disposé pour une station. La caisse A B contient le mécanisme du transmetteur et le clavier. E F est un cadran dont l'aiguille marche mécaniquement en même temps que l'axe du transmetteur et sert à contrôler la marche de ce transmetteur. Enfin C D est le récepteur dont la pédale pour ramener l'aiguille, au repère se voit en G.

Télégraphe de M. Langrenay. — Comme MM. Siemens, Wheatstone, Henley, etc., M. Langrenay a voulu supprimer dans les télégraphes à cadran le mécanisme d'horlogerie, mais l'expérience lui ayant démontré qu'avec les conditions ordinaires de ces sortes de télégraphes l'action électrique aurait beaucoup de peine à produire à elle seule les mouvements de l'aiguille, il a voulu conserver le système d'échappement par déclanchement, en remplaçant le mécanisme d'horlogerie par un ressort spiral adapté à l'axe de la roue d'échappement elle-même, et terminé à son extrémité libre par une roue à rochet. Le levier de la fourchette, en oscillant sous l'influence des émissions successives de courant, réagit sur ce rochet et opère la tension du ressort spiral à mesure qu'il se détend. Il en résulte que la roue d'échappement, au lieu d'être sollicitée à tourner sous l'influence de forces indirectes, comme cela a lieu avec les télégraphes sans mécanisme d'horlogerie, reçoit directement son mouvement circulaire, ce qui théoriquement est un grand avantage. Malheureusement l'expérience a démontré qu'il fallait une force électrique assez puissante pour faire fonctionner cet appareil.

Télégraphe à manipulateur imprimeur de M. Dujardin. — Quand on expédie une dépêche par l'intermédiaire d'un télégraphe à cadran ordinaire, il n'existe aucun moyen de contrôle pour reconnaître si cette dépêche a été expédiée convenablement et si l'employé n'a pas commis quelque erreur dans sa transmission, question fort importante quand il s'agit d'ordres à donner télégraphiquement pour affaires, ou de contestations élevées entre les deux correspondants : M. Dujardin a cherché à corriger ce défaut des télégraphes à cadran en disposant le manipulateur de manière qu'il pût imprimer lui-même la dépêche tout en la transmettant.

« Le manipulateur auquel j'applique mon système, dit M. Dujardin, est celui que M. Breguet emploie pour ses télégraphes à cadran. Je n'ai fait qu'en modifier la construction pour le rendre apte à servir comme manipulateur imprimeur ou simplement comme machine typographique. Dans le premier cas, on l'emploie au poste transmettant pour imprimer les dépêches en même temps qu'on les transmet ; et, dans le second, on l'emploie au poste recevant pour imprimer les dépêches dictées par l'aiguille du récepteur au lieu de les écrire. Les dépêches sont ainsi imprimées au départ et à l'arrivée, ce qui est avantageux au point de vue du contrôle. »

La figure 1, pl. III, représente ce manipulateur. Il se compose, comme on le voit, d'un cadran BB, portant 26 divisions et 26 crans, autour duquel se meut une manivelle DD, dont l'axe creux CC porte une roue d'angle G et pivote sur un pont. Une seconde roue d'angle H, engrenant avec cette dernière, est montée sur l'axe d'une roue des types verticale JJ, contre laquelle appuie un tampon encreur K ; et au-dessous de cette roue des types passe une bande de papier XX, enroulée en provision sur un rouleau L, et tirée par un laminoir UV. Ce laminoir est mis en fonction par une roue à rochet T, sur laquelle réagit une tige à crochet S, laquelle est mise en fonction par un bras P adapté à un axe horizontal NN (fig. 12). Cet axe, qui porte encore deux autres bras dont l'un O est placé sous l'axe CC (fig. 1, pl. III) de la manivelle, est sollicité à tourner vers la gauche par l'action de deux forts ressorts antagonistes ZZ' ; mais il peut, étant incliné vers la droite, réagir, par l'intermédiaire de l'un des bras dont nous avons parlé, sur une bascule R'R (fig. 12) servant de mécanisme imprimeur. Celle-ci est, à cet effet, disposée de manière que son extrémité

Fig. 12.

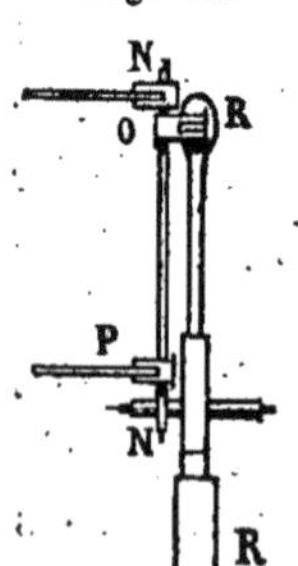

libre R, garnie de caoutchouc, se trouve placée immédiatement au-dessous de la roue des types et de la bande de papier. Enfin une tige MM (fig. 1, pl. III) traversant l'axe creux de la manivelle et articulée sur le levier DD, appuie sur le bras O (fig. 12) de l'axe NN, engagé sous le pont de l'axe CC (fig. 1, pl. III). Voici maintenant comment cet appareil fonctionne.

Quand on tourne la manivelle DD, la roue des types JJ tourne en même temps et présente devant le levier imprimeur celui des caractères devant lequel s'est arrêtée la manivelle. En appuyant alors sur cette manivelle, on abaisse la tige MM, qui, en faisant tourner l'axe NN, provoque d'une part l'abaissement du levier imprimeur et de l'autre l'échappement du crochet de la tige S. La lettre transmise se trouve donc ainsi imprimée au manipulateur, et lorsque la manivelle se relève, le rochet T, mis en action par la tige S sous l'influence des ressorts antagonistes, fait tourner le laminoir UV, qui fait avancer d'un cran la bande de papier.

M. Dujardin a, du reste, combiné plusieurs autres systèmes de manipulateurs de ce genre, dans lesquels la roue des types, au lieu d'être verticale, est horizontale, et qui peuvent fournir plusieurs bandes imprimées, l'une pour le contrôle et les autres pour les expéditeurs. Un système de ce genre a été publié dans les *Annales télégraphiques* de l'année 1859 (voir t. II, p. 405).

Manipulateur imprimeur de M. Guillot. — Ce manipulateur est à peu près semblable à celui que nous venons de décrire. Seulement, M. Guillot lui a ajouté un mécanisme destiné à forcer l'employé qui transmet de manipuler convenablement pour que l'impression ait toujours lieu. Pour cela, M. Guillot adapte sur l'axe de la manette un disque dont la surface inférieure est creusée d'une rainure en limaçon ayant pour centre celui du disque et dans laquelle s'engage l'extrémité recourbée d'un levier doublement articulé. Ce levier, ainsi engagé, se trouve entraîné, par suite de la rotation du disque, vers l'axe du manipulateur, et pourrait, en s'appuyant contre lui, former un obstacle à la marche de l'appareil, s'il n'était dégagé à temps de la rainure; or ce dégagement n'a lieu que quand on appuie sur la manivelle. Ce levier sort alors de la rainure, et, se reportant en arrière sous l'influence d'un ressort, ne s'engage de nouveau dans cette rainure qu'en son point le plus éloigné du centre. De plus, le levier en question étant disposé de manière à compléter le circuit de la ligne et à ne le fermer que sur un arc d'une longueur déterminée, il résulterait de l'oubli d'une impression de la part de l'employé, la rupture du circuit et l'arrêt du mécanisme manipulateur.

Perfectionnements apportés aux télégraphes à cadran par MM. Digney. — Pour rendre la manœuvre des télégraphes Breguet plus facile et plus sûre, MM. Digney ont eu l'idée de réduire de moitié le nombre des mouvements du levier interrupteur dans le manipulateur et d'utiliser pour la fermeture du courant les deux vis butoirs entre lesquelles oscille ce levier. Par suite de ce changement, MM. Digney ont été forcés d'adapter à ce levier un troisième contact pour correspondre à la communication à la terre au moment où le manipulateur est ramené à la croix. Or, ce troisième contact, constitué par un galet affleurant la surface de la planche-support, a été placé entre les deux vis-butoirs, précisément au-dessous de ce levier interrupteur, et a été disposé de manière à être rencontré par lui au milieu de son oscillation, c'est-à-dire au moment où le manipulateur doit fournir pour les lettres paires une interruption de courant. Pour réduire de moitié les mouvements de ce levier, MM. Digney ont réduit à 7 au lieu de 13 les ondulations de la gorge sinueuse au moyen de laquelle ses mouvements oscillatoires sont produits ; cette modification leur a fait gagner sur le cadran deux intervalles qu'ils ont utilisés à la répétition des lettres les plus usitées de l'alphabet, l'E et l'N. Grâce à ce perfectionnement, la manipulation des télégraphes à cadran est d'une douceur extrême et incomparablement plus facile qu'avec les manipulateurs ordinaires.

Télégraphes sans réglage. — Bien que les administrations télégraphiques ne veuillent pas attacher d'importance à la suppression du réglage dans les appareils télégraphiques, les avantages de cette suppression sautent tellement aux yeux, que le problème est toujours à l'ordre du jour parmi les inventeurs. Nous avons vu que depuis longtemps M. Gloesener avait résolu le problème dans ses télégraphes à armatures aimantées ; mais ce système a été appliqué depuis dans de meilleures conditions par MM. Breguet et Digney, l'un en employant le système électro-magnétique du Père Cecchi, l'autre en employant le système d'électro-aimant de M. Siemens, que nous avons déjà décrit dans notre second volume, p. 85 et 87. La substitution de ces systèmes électro-magnétiques aux électro-aimants ordinaires n'a d'ailleurs occasionné aucun changement dans le mécanisme de ces télégraphes. Les manipulateurs seuls ont dû être disposés de manière à faire fonction de commutateurs à renversement de courants. Le système de MM. Digney est représenté fig. 13, p. 44. Il ne nécessite, comme on le voit, en dehors de la disposition ordinaire, qu'un levier additionnel isolé du métal de l'appareil et communiquant métalliquement avec le fil de ligne. Les vis entre lesquelles oscillent ces deux leviers, sont en communication avec les pôles de la pile, comme on le voit sur la figure, et un troisième levier oscillant, appuyant par une de ses extrémités sur la circonférence du disque portant la gorge sinueuse, établit la communication entre la ligne et le récepteur, quand le manipulateur est à la croix. A cet effet, cette circonférence du disque porte de petites entailles qui servent en même temps à empêcher le recul de la manivelle.

Fig. 13.

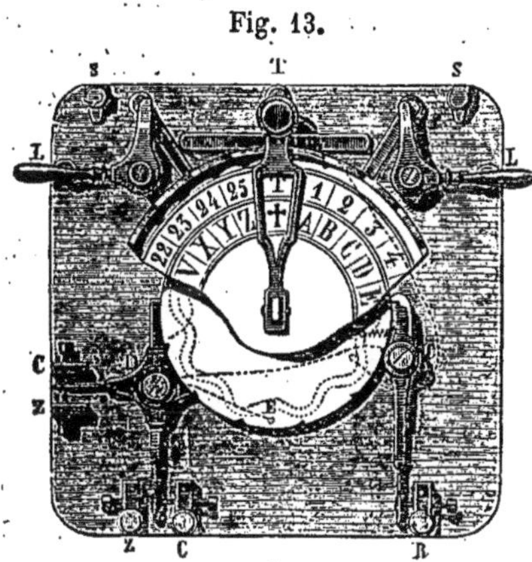

Le système de M. Breguet est aussi simple et ne diffère du précédent qu'en ce que le levier additionnel, au lieu d'être disposé en croix sur le levier ordinaire, est placé dans son prolongement, et en ce que les contacts qui doivent établir la communication de la ligne avec le récepteur, quand le manipulateur est à la croix, sont produits par un ressort spécial placé perpendiculairement au-dessous de celui qui fournit les contacts avec la pile. Ce ressort appuie alors sur une petite plaque placée entre les deux vis d'arrêt de ce dernier.

Quant aux récepteurs, nous n'entrerons dans aucuns détails relativement à leur construction; car, sauf le système électro-magnétique qui est constitué, pour l'un par l'électro-aimant du P. Cecchi et pour l'autre par l'électro-aimant de M. Siemens, la disposition est à peu près la même que celle que ces constructeurs ont adoptée pour leurs télégraphes ordinaires.

Fig. 14.

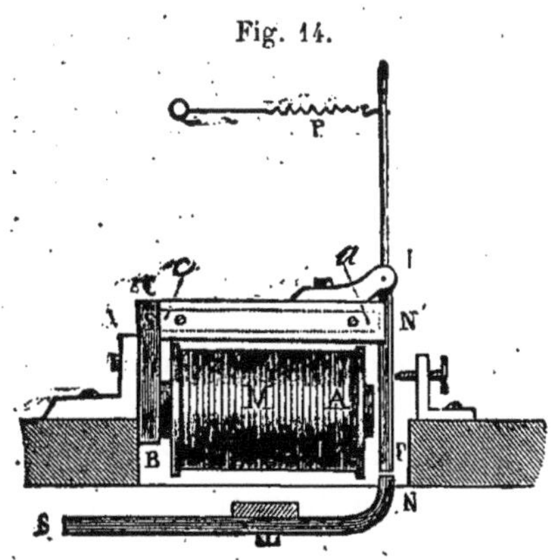

L'objection principale faite aux systèmes précédents, étant toujours la possibilité supposée de la désaimantation des armatures, désaimantation qui aurait pour effet, si elle était réelle, de mettre les appareils dans l'impossibilité matérielle de fonctionner, puisqu'il n'y aurait plus alors de ressorts antagonistes, j'ai recherché, il y a quinze ans environ, s'il n'y aurait pas moyen, tout en gardant exactement la disposition ordinaire des appareils, de leur adapter un système qui pût détruire les effets du magnétisme rémanent. J'y suis parvenu avec le système que nous avons décrit tome II, page 109, et que nous reproduisons ci-dessus, fig. 14, lequel a pu permettre à un télégraphe Breguet de fonctionner sans réglage avec un circuit variant en résistance de 0 à 500 kilomètres, et avec une pile variant de 2 à 30 éléments.

Afin d'éviter le soin de régler, suivant l'intensité du courant, la tension du ressort antagoniste dans les télégraphes de M. Breguet ou autres, M. Mouilleron a adapté au mécanisme de ces appareils, le système régulateur représenté fig. 24, pl. I.

Ce régulateur consiste dans un petit mécanisme d'horlogerie mis en mouvement par un barillet D, et commandé par un électro-aimant supplémentaire B, au moyen d'un échappement. Le fil de cet électro-aimant communique avec celui de la ligne, et partage ainsi le courant avec l'électro-aimant du télégraphe, mais sa longueur et sa grosseur sont calculées de manière à présenter une très-grande résistance.

Le mécanisme d'horlogerie a pour effet de mettre en mouvement deux petites poulies C, C sur lesquelles sont fixés les fils de soie des ressorts antagonistes des deux armatures. Si à la station qui transmet on fait faire au manipulateur un tour de cadran, l'électro-aimant B dégagera vingt-six fois l'échappement du régulateur, et par conséquent les poulies C, C auront tourné d'une certaine quantité. En tournant, elles auront serré les deux ressorts antagonistes; mais si l'un de ces ressorts, celui H correspondant à l'électro-aimant B, se trouve préalablement tendu beaucoup plus fortement que l'autre, il arrivera un moment où la force antagoniste de ce ressort surpassera la force électro-magnétique de l'électro-aimant B, et où par conséquent l'échappement ne fonctionnera plus Cette limite, comme il est facile de le comprendre, dépendra de l'intensité ou de l'énergie du courant. Mais tandis que le ressort H aura paralysé l'action électro-magnétique de l'aimant B, celui du télégraphe qui est beaucoup moins tendu, laissera parfaitement fonctionner cet appareil, et celui-ci continuera même désormais à bien fonctionner, car l'inertie de l'échappement du régulateur empêche une tension plus grande de ce dernier ressort. Si donc la différence de tension initiale des deux ressorts ou leur force a été calculée de manière que le degré de tension du ressort H correspondant à l'arrêt du régulateur réponde au degré de tension nécessaire pour le bon fonctionnement du ressort du télégraphe, l'objet du régulateur aura été rempli, car évidemment ce degré de tension dépendra toujours de l'intensité du courant.

Pour faire fonctionner ce système télégraphique, il faut : 1° que tous les soirs après le service de la correspondance, on prenne le soin de détendre le ressort, ce que l'on fait en tournant les deux poulies sur leur axe au moyen d'une clef; 2° qu'avant de transmettre, on fasse faire plusieurs tours au manipulateur, afin que la tension des deux ressorts arrive au degré suffisant.

II. — TÉLÉGRAPHES A CADRAN MAGNÉTO-ÉLECTRIQUES.

L'application la plus générale des télégraphes à cadran étant celle qu'on peut en faire aux usages domestiques et pour le service des usines ou des comptoirs de commerce, toutes applications qui n'exigent pas de longs circuits, on a cherché depuis une quinzaine d'années à rendre ces appareils les plus simples possible et leur emploi le moins assujétissant possible en supprimant les mouvements d'horlogerie et la pile destinée à les faire fonctionner; de sorte que l'on en est revenu sans s'en douter aux systèmes télégraphiques primitifs fonctionnant sous l'influence de machines magnéto-électriques. C'est encore M. Wheatstone qui a ouvert la voie dans ce nouvel ordre d'idées, et les heureux résultats qu'il avait obtenus avec ce système télégraphique appliqué par lui au réseau de la télégraphie domestique de Londres, firent surgir à l'Exposition universelle de Londres de 1862 une foule de systèmes plus ou moins ingénieux dont nous allons maintenant nous occuper.

Télégraphe de M. Wheatstone. — Ce télégraphe aujourd'hui

Fig. 15.

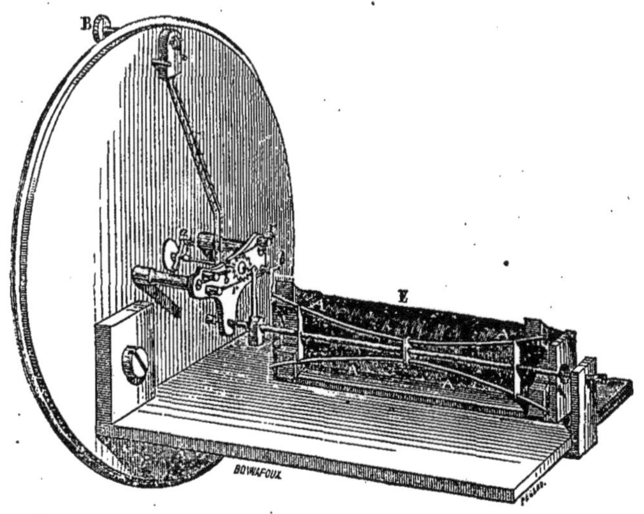

employé pour la télégraphie privée à Londres, et qui dessert les différents fils des câbles aériens, dont nous vous avons parlé tome II, p. 446, fonctionne, comme il vient d'être dit, sous l'influence de courants induits. Bien qu'il n'offre dans ses éléments rien de réellement nouveau, sauf le système électro-magnétique dont nous dirons quelques mots; il est construit avec une telle précision, une telle simplicité, qu'on peut le tenir à la main, l'agiter dans tous les sens, sans troubler sa marche, qui s'effectue avec une correction réellement surprenante. Le récepteur de ce télégraphe est de la grosseur d'une forte montre; il ne possède aucun mécanisme d'horlogerie, et l'échappement, au lieu de se faire à l'aide d'une fourchette d'encliquetage, s'effectue avec des cliquets de repos sous l'influence d'un mouvement oscillatoire communiqué à la roue d'échappement elle-même, comme on le voit fig. 15.

Le transmetteur a été combiné de plusieurs manières; mais celui que M. Wheatstone regarde comme le plus pratique est un appareil à touches combiné à une machine magnéto-électrique à mouvement de rotation continu. Il pense que l'énergie des courants induits dépendant beaucoup de la manière plus ou moins brusque dont les noyaux magnétisés se trouvent rapprochés ou éloignés de l'aimant, la transmission avec un système dont les courants résultent du fait même de la manipulation doit être forcément irrégulière; tandis qu'en créant une source électrique continue par le mouvement prolongé et régulier de la machine magnéto-électrique, on se trouve ramené dans les conditions des courants voltaïques ordinaires. Nous représentons, vu en élévation et en plan (fig. 16 et 17), ce système manipulateur.

Dans cet appareil chaque touche *g* et *h* porte un levier *e e*, F dont la pointe s'engage dans une échancrure pratiquée sur la circonférence d'un double disque B. Entre les deux pièces circulaires qui composent ce double disque, se trouve adaptée une chaîne sans fin qui s'enroule sur une série de petites poulies placées circulairement sur les bords du disque inférieur, entre les échancrures. Cette chaîne, toutefois, n'est pas complétement tendue, car quand on abaisse l'une des touches *g* de l'appareil, le levier *e e* correspondant, en s'enfonçant dans l'échancrure, doit entraîner cette chaîne avec lui. Or, il résulte de cette disposition que, quand une autre touche s'est abaissée, la première se trouve forcément relevée, car la chaîne, en s'infléchissant de nouveau, repousse le levier *e e* en dehors de l'échancrure. Avec ce système, deux touches ne peuvent donc jamais être abaissées simultanément.

La machine magnéto-électrique, dont la disposition a du reste été variée par M. Wheatstone, se trouve placée à la partie inférieure de l'appareil. K est l'une des branches de l'aimant en fer à cheval, et JJ est l'électro-aimant qui subit l'induction. Celui-ci est mis en mouvement par une courroie d'engrenage que l'on voit en V et qui correspond à une large poulie sur laquelle est fixée la manivelle. L'axe de rotation de cet électro-aimant porte à l'intérieur du disque B une roue d'engrenage qui met en mouvement l'axe creux L sur lequel est montée la roue R. L'axe I correspond à une aiguille qui se meut sur un cadran renfermé dans la boîte circulaire N, et sur cet axe sont fixés la roue A et le levier d'embrayage C; la roue A munie de coches, réagit sur un levier-bascule terminé par un ressort Q Q qui constitue l'interrupteur du circuit. Enfin la roue R, armée de crans pointus, réagit sur le levier C, dans certaines conditions que nous allons analyser.

Fig. 16.

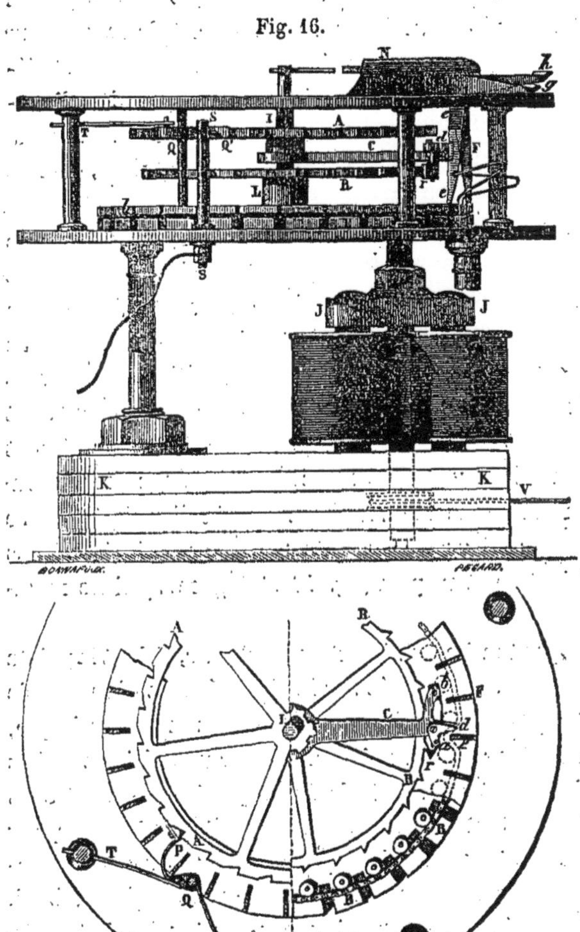

Fig. 17.

La disposition du levier C et des pièces qui le terminent se distinguent plus aisément dans la fig. 17. *b r* est une lame de ressort recourbée terminée par un crochet *r*; *a d* est un levier coudé portant en *a* une goupille réagissant sur le ressort *b r* et pouvant repousser le crochet *r* en dehors. En temps ordinaire, la roue R (fig. 16) est en prise avec le crochet *r* et entraîne, par conséquent, le levier C dans son mouvement de rotation; mais quand ce levier *c* rencontre la partie *e* d'une touche abaissée, le bras *d* (fig. 17) du levier coudé *a d* se trouve repoussée, et par suite le crochet *r* est écarté en dehors. Dès lors la roue R peut conserver son mouvement sans entraîner le levier C, la roue A et l'aiguille indicatrice, car une saillie rigide adaptée à l'extrémité du levier C, derrière le bras *d* du levier coudé *a d*, se trouve alors butée contre l'appendice *e* de la touche abaissée. Par ce mécanisme, le mouvement communiqué à la machine magnéto-électrique est donc rendu indépendant de la transmission des signaux.

Supposons maintenant qu'après avoir été averti de la complète transmission de la lettre envoyée par suite de l'arrêt de l'aiguille indicatrice, on ait abaissé une nouvelle touche; la première touche abaissée, celle qui avait motivé l'arrêt du levier C, va se trouver relevée ainsi que nous l'avons déjà vu. En se relevant, elle va dégager le bras *d* du levier coudé *ad* (fig. 17), et la dent *r* va se trouver de nouveau en prise avec la roue R; le levier C va donc être de nouveau entraîné jusqu'à un nouvel arrêt, et les choses se passeront de la même manière jusqu'à l'entière transmission de la dépêche.

Pour transmettre une dépêche avec ce système télégraphique, il ne s'agit donc que de tourner avec une main et le plus régulièrement possible la machine magnéto-électrique et d'appuyer de l'autre sur les différentes touches correspondantes aux lettres qu'il s'agit de transmettre. La rotation de la machine magnéto-électrique s'effectue, d'ailleurs, à l'aide d'une manivelle et d'une poulie placée sur le côté de l'appareil, laquelle réagit sur l'électro-aimant JJ par l'intermédiaire d'une courroie ou d'une chaîne.

Dans la fig. 16, la machine magnéto-électrique représentée, est une machine de Clarke. C'était effectivement une machine de ce genre que M. Wheatstone avait adaptée à ses premiers appareils. Mais pensant qu'avec ce système, les courants successivement produits ne pouvaient atteindre immédiatement leur maximum d'intensité et devaient fournir, comme courant définitif, un courant dont l'intensité pouvait être représentée par une ligne ondulée, condition qui était loin de réaliser l'effet qu'il s'était proposé par la rotation continue de la machine, M. Wheatstone s'est décidé à modifier la machine magnéto-électrique elle-même et l'a combinée de la manière suivante.

D'abord, au lieu d'une machine de Clarke, il a employé une machine dans la disposition de celle que nous avons décrite tome II, p. 211. Seulement, au lieu de placer les bobines d'induction sur les extrémités polaires de l'aimant fixe, il les a disposées sur des noyaux de fer adaptés à une semelle de fer recouvrant ces extrémités. De plus, au lieu de n'avoir que deux bobines, il en a employé quatre disposées de manière que les noyaux de fer puissent former les quatre coins d'un carré parfait, comme on le voit

fig. 18. En employant avec ce système une armature large IJ, pivotant en O, et en ayant soin d'enrouler d'une manière inverse le fil des deux bobines fixées sur le même pôle de l'aimant, il put résoudre complétement le problème. Il résulte, en effet, de cette disposition, que quand l'armature I J quitte les noyaux magnétisés E et H pour couvrir les noyaux F et G, les courants de désaimantation produits par les premiers commençent à naître alors que les courants d'aimantation produits par les seconds sont presque à leur maximum, et que quand ces derniers sont sur le point d'être annihilés, les premiers sont au contraire à leur maximum, Comme les courants de désaimantation des noyaux E et H sont de même sens que les courants d'aimantation des noyaux F et G, en raison de l'enroulement inverse du fil qui les recouvre, ces courants s'additionnent et maintiennent toujours à peu près constante l'intensité du courant effectif destiné à réagir sur le récepteur.

Fig. 18.

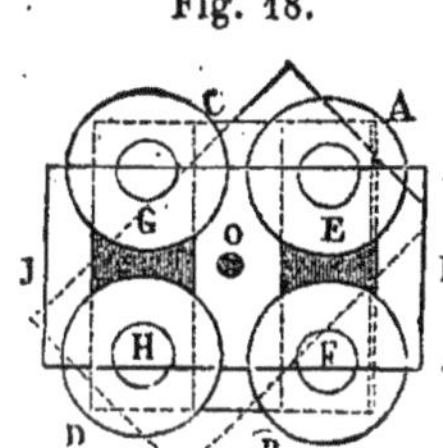

L'organe électro-magnétique du récepteur dont nous représentons seulement une moitié en AAAA (fig. 15), se compose de deux électro-aimants droits de très-petit diamètre, disposés parallèlement l'un à côté de l'autre, les pôles contraires en regard. Ces électro-aimants ont pour armature commune un système magnétique composé de deux petits barreaux aimantés AA. AA, légèrement arqués et fixés entre les pôles des électro-aimants sur un axe commun d'oscillation. L'un des bouts de cet axe porte un levier qui réagit sur la roue à rochet du récepteur en servant de pivot à l'axe de celle-ci; cet axe d'ailleurs, terminé en pointe, pivote sur une pièce *a* à laquelle est adaptée l'aiguille indicatrice et qui est mise en mouvement de rotation par l'intermédiaire d'une fourchette et d'un doigt fixé sur l'axe du rochet. Par cette disposition, ce dernier axe peut être déplacé latéralement pour présenter alternativement le rochet aux cliquets *rr*, *bb* sans que la marche rotative de l'aiguille en soit altérée. Avec la disposition électro-magnétique que nous avons décrite, on comprend facilement que le faisceau aimanté, subissant de la part des pôles des électro-aimants, pour chaque émission de courant, huit influences effectives conspirantes dans un même sens, et n'ayant d'ailleurs par lui-même qu'une inertie très-faible, puisque son centre de gravité est très-rapproché de l'axe d'oscillation du système, se trouve dans les meilleures conditions possibles de force et de vitesse.

Quant à la forme extérieure du récepteur, M. Wheatstone l'a souvent variée : tantôt elle représente une espèce de pupitre ou porte-montre, qui peut être séparé du manipulateur; tantôt elle représente une espèce de petit tonneau suspendu par deux tourillons sur deux colonnes de cuivre, ce qui permet d'incliner plus ou moins le cadran. Ces différentes formes n'ont du reste rien de bien intéressant et peuvent être variées indéfiniment. Le petit bouton B, qui se trouve au haut du cadran de ces télégraphes et, qui correspond à la longue fourchette que l'on aperçoit sur la fig. 15, est destiné à ramener l'aiguille indicatrice à la croix. En tournant ce bouton de gauche à droite et de droite à gauche, on transmet à cette fourchette un mouvement d'oscillation qui, en réagissant sur l'axe du rochet, reproduit mécaniquement l'effet déterminé par le système électro-magnétique.

Fig. 19.

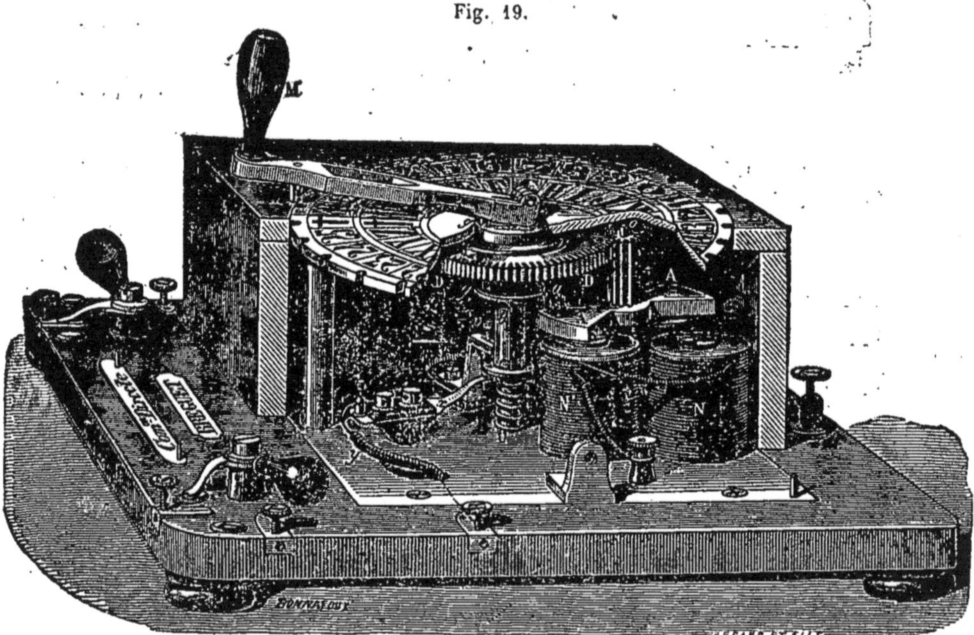

Télégraphe de MM. Guillot et Gatget. — La disposition de cet appareil, quant au système électro-magnétique d'induction, ressemble beaucoup à celle du télégraphe que nous venons de décrire; seulement comme le manipulateur est à manivelle, la disposition générale est plus simple. Nous représentons fig. 19 ci-dessus, ce manipulateur dont le cadran a été brisé ainsi que sa boîte pour montrer le système magnéto-électrique. Celui-ci se voit d'ailleurs plus nettement fig. 20 qui le représente vu en-dessous. Il se compose comme on le voit d'un fort aimant en fer à cheval N P Q S sur les pôles duquel sont fixés 4 noyaux de fer NN, N' N', SS, S' S' qui forment les quatre coins d'un carré parfait comme dans l'appareil de Wheatstone, et l'armature A A qui tourne au-dessus d'eux est assez large pour être toujours en présence de deux de ces noyaux magnétiques quelque soit sa position. Il en résulte que la somme des courants induits recueillis est toujours égale à elle-même pour un même sens du courant, et comme les bobines qui recouvrent les noyaux magnétiques sont enroulées de manière à fournir des courants de sens inverse pour chaque quart de révolution de l'armature, c'est-à-dire pour les positions où cette armature passe d'une diagonale à une autre, on se trouve avoir ainsi des courants renversés d'une intensité toujours uniforme.

Fig. 20.

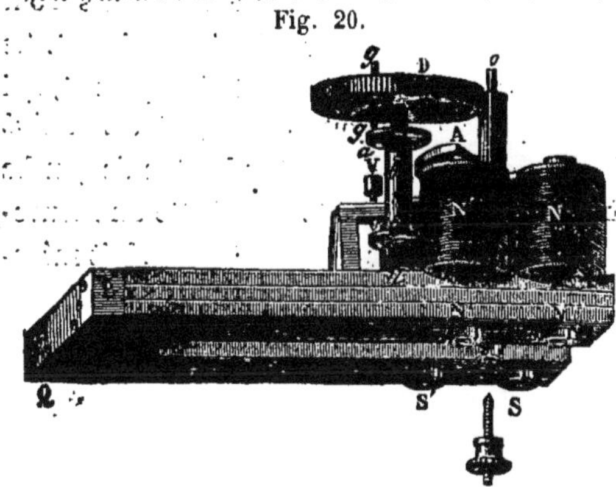

Le mouvement est donné à l'armature AA par un pignon de 20 dents fixé sur un axe *o* qui est conduit par une roue D de 130 dents sur l'axe de laquelle est montée la manivelle M entièrement semblable à celle des appareils ordinaires. Quand cette manivelle passe d'une lettre à une autre après avoir fait $\frac{1}{26}$ de tour (5 dents de la roue D), l'armature fait un quart de tour; ce qui détermine l'envoi d'un courant positif, par exemple, lequel se trouvera suivi d'un courant négatif, si la manivelle ayant encore avancé de $\frac{1}{26}$ de tour a passé à la lettre suivante. Pour le tour complet de la manette il y aura donc 13 émissions de courants positifs et 13 émissions de courants négatifs.

Afin que la transmission puisse être coupée par le poste de réception quand elle est défectueuse, l'axe de la manette est muni d'une sorte de bobine *abc* qui est mobile et à frottement doux sur lui. Cette pièce est sollicitée à s'élever sous l'effort d'un ressort à boudin U qu'on voit à la partie inférieure; mais quand la manivelle M s'abaisse, une goupille *gg* (fig. 20), qu'elle porte, appuie sur la rondelle supérieure de cette bobine et fait descendre celle-ci; il en résulte un contact entre la rondelle inférieure et un ressort *x* (fig. 19) en communication avec le récepteur du poste et la terre, et par suite une communication directe entre la ligne et ce récepteur. Comme cette position de la manette est celle qui correspond à l'arrêt de l'aiguille indicatrice du récepteur correspondant, on comprend que le poste transmetteur peut recevoir sur toutes les lettres du cadran, ce qui n'a pas lieu avec les manipulateurs ordinaires où la réception ne peut se faire que de deux en deux lettres.

Fig. 21.

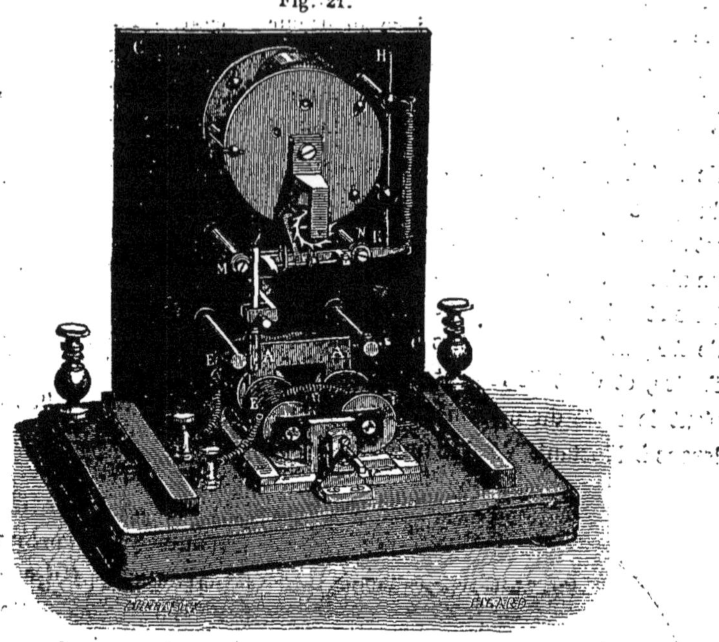

D'un autre côté comme par suite du soulèvement de la manette la rondelle inférieure de la bobine *abc* vient en contact avec une vis *v* qui est en rapport avec l'un des bouts du fil enroulé sur les bobines, la communication est établie entre la ligne et le générateur électrique, et tous les courants produits sont envoyés sur la ligne sans commutateur, ce qui empêche toute déperdition électrique.

Le récepteur de cet appareil est un récepteur à cadran ordinaire du système Breguet que nous représentons fig. 21, mais dont le système électro-magnétique est combiné pour fonctionner avec des courants renversés. Il est constitué par deux électro-aimants E, E' dont les pôles sont opposés et entre lesquels oscille une armature aimantée A A découpée en fer à cheval. Le courant passe simultanément dans les deux électro-aimants et produit par suite de son changement de sens les effets oscillatoires nécessaires au fonctionnement de l'appareil. Cet appareil n'ayant pas de ressorts antagoniste est naturellement sans réglage.

Télégraphe de M. Siemens. — Cet appareil qui fonctionne de la manière la plus remarquable à une distance de près de 500 kilomètres, avec le simple courant d'une machine magnéto-électrique, est depuis longtemps employé en Allemagne.

La figure 22 en représente le récepteur : x est une roue d'échappement à rochet de très-petit diamètre, munie de treize dents et portant sur son axe l'aiguille indicatrice qui se meut sur le cadran M, placé derrière la planche sur laquelle est monté le mécanisme ; DCBE est une fourchette d'échappement oscillant en G, et portant deux cliquets à ressort, I, J, qui réagissent sur la roue à rochet, et dont le recul se trouve limité par deux vis butoirs, K, L ; enfin TT est un système électro-magnétique particulier, du genre de celui que nous avons décrit page 87 de notre tome II, et qui est composé d'un électro-aimant TT, sur la culasse duquel se trouve adapté un aimant en fer à cheval VU, que l'on voit sur la figure du côté de sa courbure et qui présente ses deux pôles en V et en U. W et Z sont deux pièces de fer placées sur les pôles de l'électro-aimant pour les rapprocher l'un de l'autre, et dont l'une peut être avancée ou reculée à l'aide de la vis R. Tout le reste du mécanisme se rapporte à la sonnerie et nous en parlerons à l'instant. Voici maintenant le jeu de ce récepteur.

Fig. 22.

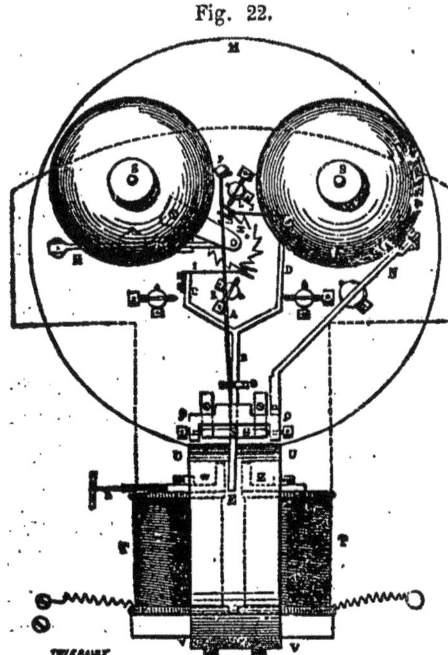

Quand le courant envoyé à travers la ligne passe dans l'électro-aimant TT, dans un certain sens, l'armature GE, sur laquelle est fixée la fourchette DBEC, s'incline vers l'un des pôles de l'électro-aimant TT ; car étant polarisée par le pôle UU de l'aimant fixe, elle doit être attirée par l'un des pôles de l'électro-aimant, et en même temps repoussée par l'autre pôle : ce sera, je suppose, vers W. Sous l'influence de ce mouvement, le cliquet J aura fait avancer d'un cran la roue x, mais une dent seulement aura pu sauter, car le butoir L, par sa réaction sur le bec du cliquet, s'opposerait au passage d'une seconde dent Quand le courant aura cessé de circuler à travers l'électro-aimant, l'armature G E restera inclinée du côté où elle aura été attirée, car, le pôle VV de l'aimant fixe polarisant alors uniformément les deux pôles de l'électro-aimant, la réaction se trouve maintenue; mais aussitôt que le courant sera envoyé en sens contraire, le pôle VV, qui avait d'abord attiré, va exercer maintenant une action répulsive, et le pôle Z va attirer à son tour l'armature GE, de telle sorte que la fourchette DBCE, étant inclinée en sens contraire, fera réagir le cliquet I, qui fera à son tour avancer d'une dent le rochet. Ainsi, pour chaque émission de courant dans un sens ou dans l'autre, le rochet x saute d'une dent, et pour 26 émissions alternatives de ce courant, l'aiguille dont est munie ce rochet peut occuper sur le cadran 26 positions correspondantes aux 26 lettres de l'alphabet. Sans doute, au moyen d'un électro-aimant ordinaire, on aurait pu résoudre le problème de la même manière; mais comme l'appareil précédemment décrit est destiné à fonctionner avec des courants induits qui *sont instantanés*, il fallait nécessairement une disposition électro-magnétique particulière qui pût maintenir l'effet produit par chaque courant après sa disparition.

Pour obtenir la mise au repère de l'appareil, M. Siemens place sur la roue à rochet une cheville x qui, en rencontrant l'extrémité d'une bascule à ressort H, que l'on abaisse du dehors, empêche le fonctionnement de la roue x, malgré les mouvements de la fourchette BCDE.

Quant à la sonnerie, elle se compose de deux timbres S, S, sur lesquels frappe le marteau P, lorsque la fourchette O, fixée sur le levier BG de l'armature, peut saisir la tige de ce marteau. Or, cette fourchette ne peut remplir cette fonction que quand une bascule N, que l'on manœuvre du dehors, incline convenablement la pièce QQ.

La figure 23 représente la coupe du manipulateur. AAA, etc; sont une série d'aimants droits placés à distance les uns des autres et réunis par leurs pôles de mêmes noms au moyen d'une semelle de fer CC; ils sont vus par le bout sur la figure. BB' est un cylindre de fer doux sur lequel l'hélice magnétisante est enroulée dans le sens de sa longueur. A cet effet, une large rainure se trouve évidée dans ce cylindre de fer, suivant ses génératrices opposées, de manière à former tout autour de lui comme un cadre de galvanomètre, et c'est dans cette rainure que se trouve enroulée l'hélice induite, qui se trouve par précaution recouverte d'une lame de cuivre. Il résulte de cette disposition que le cylindre ne présente en dehors que deux lames de fer séparées par deux lames de cuivre, et les extrémités de ces quatre lames sont solidement réunies par deux viroles de cuivre sur lesquelles sont fixés les pivots constituant l'axe de rotation du cylindre. Nous avons déjà décrit cette disposition de bobine tome II, p. 203. L'axe de cette bobine porte en B un pignon qui engrène avec une roue R, dont l'axe correspond à une manivelle qui se meut autour d'un cadran. En B' se trouve un anneau muni d'une came qui, dans une certaine position du cylindre, provoque un contact métallique entre le levier DD et la pièce E où aboutit le fil de ligne, et qui est d'ailleurs isolée de la plaque support P par une semelle en caoutchouc durci. Enfin un anneau sur lequel appuient deux ressorts H, fixés sur la pièce E, communique avec l'une des extrémités de l'hélice magnétisante, tandis que l'autre extrémité de cette hélice aboutissant à la virole B' se trouve mise en rapport avec la plaque P, laquelle communique à la terre.

Fig. 23.

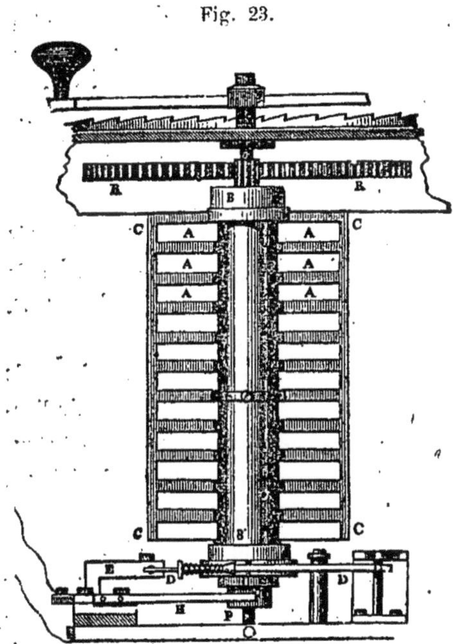

Le rapport des dents de la roue R avec le pignon B est tel que, quand la manivelle avance, sur le cadran autour duquel elle se meut, d'un 26e de sa circonférence, c'est-à-dire de l'intervalle d'une lettre à l'autre, le cylindre BB' a fait une demi-révolution sur lui-même. Or, comme pour chaque demi-révolution de ce cylindre, une des lames de fer dont il est muni s'approche de l'une des séries d'aimants AAA, alors que l'autre lame s'éloigne de l'autre série, et cela d'une manière opposée pour deux demi-révolutions successives, il arrive que deux courants induits de sens contraire prennent naissance pour chaque révolution du cylindre, et par conséquent pour chaque intervalle de deux lettres. Il suffit donc de tourner la manivelle autour du cadran, et de l'arrêter successivement devant les lettres qu'il s'agit de transmettre, pour obtenir la rotation saccadée de l'aiguille du récepteur qui doit désigner les lettres de la dépêche. C'est pour introduire le récepteur du poste dans le circuit de ligne, alors que le manipulateur est au repère, qu'a été adapté le levier interrupteur DD.

Si on analyse avec soin la disposition du télégraphe que nous venons de décrire, on voit que tout y est combiné de manière à ce que l'action électrique s'effectue avec son maximum de force. Ainsi les cliquets I, J, exerçant leur action normalement au rayon de la roue à rochet, exigent moins de force, pour produire un effet donné, que quand la rotation du rochet doit s'effectuer par suite du glissement des becs de la fourchette sur le dos des dents de ce rochet, effet dans lequel la force est obligée de se décomposer. D'un autre côté, des lames aimantées, placées à distance les unes des autres, comme dans l'aimant du manipulateur, donnent au faisceau aimanté une plus grande force que des lames réunies au contact; car, quoi qu'on fasse, ces lames ne pouvant jamais être aimantées à saturation, la réaction réciproque de leurs pôles magnétiques sur leur magnétisme libre s'effectue au détriment de la force magnétique du faisceau.

Dans ses derniers appareils, M. Siemens s'est appliqué à réduire considérablement les dimensions du récepteur, qu'il a séparé du transmetteur et de la sonnerie, et il a adapté au manipulateur un mécanisme qui empêche la manivelle de rétrograder. La précision de ce mécanisme est telle qu'il est impossible d'obtenir de la part de cette manivelle un jeu de plus de 1/2 millimètre. Cet effet est obtenu à l'aide de trois pièces arquées qui appuient sur la circonférence d'un disque métallique adapté sur l'axe de la roue R et qui forment arc-boutant quand le mouvement du disque s'effectue en sens contraire de son mouvement normal. Ces freins jouent en quelque sorte le rôle d'un encliquetage Dobo. Enfin, au moyen d'engrenages à dents inclinées, M. Siemens a rendu la manipulation de ce télégraphe relativement assez douce.

Ce système télégraphique a été et est encore employé en Allemagne, surtout en Bavière, où on en est très-satisfait. Essayé devant la commission de l'exposition de Londres de 1862, il a fonctionné admirablement sur une ligne d'une résistance de 468 milles Anglais (868 kil. en fil de fer ordinaire de 4 millimètres de diamètre). Il est employé en Russie entre Saint-Pétersbourg et Moscou.

Télégraphe de M. Henley. — Le nouveau télégraphe magnéto-électrique de M Henley dont nous avons déjà parlé page 26 est peut-être encore plus simple que le précédent, en ce sens que c'est l'armature elle-même de l'électro-aimant du récepteur qui constitue la fourchette d'échappement destinée à faire tourner l'aiguille. A cet effet cette armature, qui est aimantée, oscille en O (fig. 24), autour d'un pivot qui la maintient suspendue entre les pôles prolongés d'un électro-aimant E, et se trouve taillée à l'une de ses extrémités en forme de fourchette.

Le manipulateur consiste dans un fort aimant persistant NS (fig. 25), entre les branches duquel est fixé un électro-aimant E, qui reçoit son aimantation par l'intermédiaire d'armatures A, B, C, etc., disposées autour d'un cylindre R que fait tourner une manivelle. Ces armatures sont disposées sur deux rangées, de manière à correspondre aux deux pôles de l'électro-aimant,

Fig. 24.

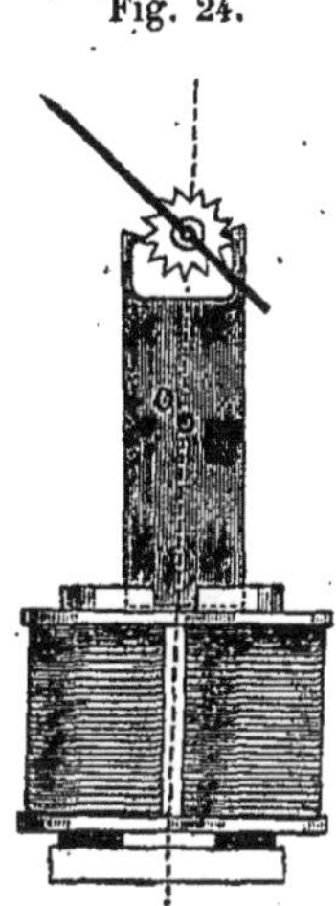

Fig. 25.

et sont au nombre de 13 pour chaque rangée; seulement elles s'alternent d'une rangée à l'autre, afin que quand l'une d'elles, A (fig. 26), par exemple, transmet à la branche supérieure I de l'électro-aimant le magnétisme du pôle S, l'armature C de la rangée du dessous (qui est indiquée en pointillé sur la figure) puisse transmettre à la branche inférieure J de l'électro-aimant le magnétisme du pôle N. Il résulte de cette disposition que chaque couple d'armatures, en passant devant l'électro-aimant E, détermine dans celui-ci une aimantation et une désaimantation qui ont pour effet la création de deux courants induits inverses, qu'on peut utiliser pour faire accomplir à la fourchette d'échappement du récepteur une double oscillation, et par conséquent pour faire tourner l'aiguille indicatrice de l'intervalle de deux lettres. Un tour complet du cylindre portant les 13 paires d'armatures peut donc faire accomplir à cette aiguille un tour complet du cadran.

Fig. 26.

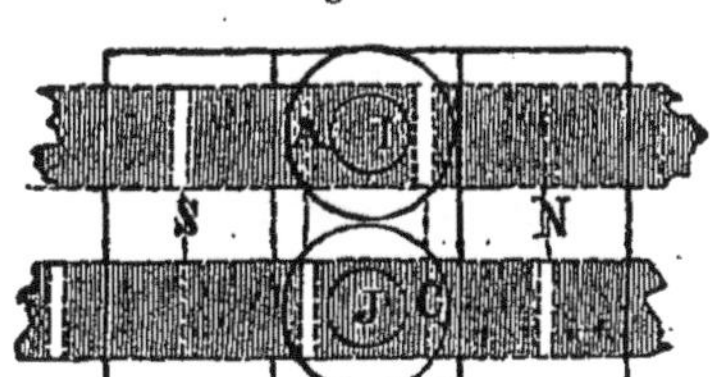

Dans le système de M. Henley, les récepteurs des deux stations en correspondance doivent être introduits en même temps dans le circuit de ligne, et il pourrait dès lors être inutile de placer sous la manivelle du manipulateur un cadran, car l'aiguille du récepteur du poste suit exactement tous les mouvements de cette manivelle; néanmoins M. Henley a cru devoir ajouter ce cadran à son appareil, et pour que les indications des lettres fussent plus faciles, il l'a placé au-dessus de la manivelle, laissant à une aiguille indicatrice, établie sur l'axe du cylindre tournant, le soin de désigner les lettres successivement transmises. Néanmoins, comme avec ce système il n'y a pas de crans pour servir d'arrêt à la manivelle, il faut une certaine habitude pour ne pas la laisser dépasser la position qu'elle doit avoir pour le signalement de la lettre qu'on veut transmettre.

Ce télégraphe, comme celui de M. Siemens fonctionne sans réglage et avec une vitesse aussi grande ou aussi petite qu'on peut le désirer. Avec des circuits sans résistance, il n'est même pas possible de tourner le manipulateur assez vite à la main pour faire dévier les aiguilles de la position qu'elles doivent avoir. C'est certes un résultat qu'on n'aurait guère osé espérer dans l'origine, et qui est dû à la perfection de l'ajustement, à la diminution de volume des pièces mobiles du récepteur et à l'emploi mieux entendu des courants. Essayé devant la commission de l'Exposition universelle de 1862 il a pu fonctionner d'une manière très-satisfaisante sur une ligne de 185 milles (343 kil. en fil de fer de 4 millimètres de diamètre).

Télégraphe de M. Wilde. — Ce télégraphe, décoré pompeusement du nom de *télégraphe du globe*, parce que le récepteur est renfermé dans une petite sphère représentant le globe terrestre, n'est qu'une variation du télégraphe précédent, qui n'a d'autres avantages qu'une assez grande simplicité de construction dans le transmetteur. Ce transmetteur, en effet, se compose de deux faisceaux aimantés NS, N'S' (fig. 27) placés parallèlement l'un à côté de l'autre et sur les pôles desquels sont fixés les électro-aimants droits A,B,C,D. Deux systèmes d'armatures EF, GH, composés chacun de deux lames de fer doux disposées en croix, sont fixés aux extrémités d'un axe X muni d'un pas de vis allongé et qui peut tourner sur deux coussinets. Un écrou I mobile, engagé dans le pas de vis de cet axe, et que l'on peut faire manœuvrer du dehors de l'appareil au moyen d'un manche passant à travers une rainure, peut, étant poussé à gauche ou à droite, communiquer un mouvement de rotation à l'axe X, et par suite, aux armatures EF, GH, qui déterminent dans les bobines A,B,C,D une série de courants induits inverses dont le nombre est en rapport direct avec la distance dont l'écrou I s'est déplacé. Il en résulte que si les différentes lettres de l'alphabet sont disposées les

Fig. 27.

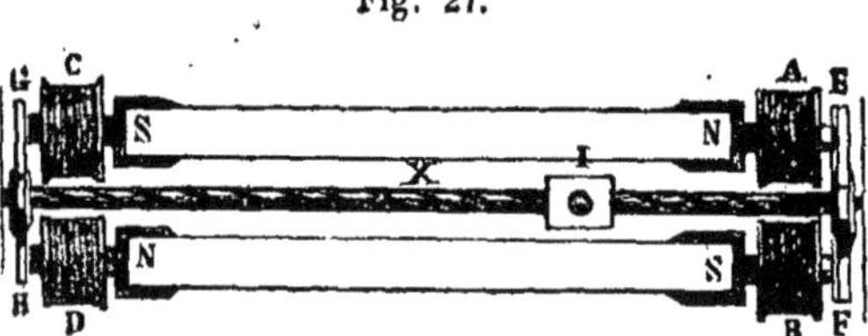

unes à la suite des autres le long de la rainure par laquelle sort le manche de l'écrou I, et sont distantes les unes des autres de la longueur voulue pour que chaque armature au passage de l'écrou I d'une lettre à la suivante accomplisse un quart de révolution, on pourra, en faisant voyager le manche de cet écrou devant ces différentes lettres, obtenir le nombre de courants induits nécessaire à leur transmission, à la condition toutefois que l'écrou sera toujours poussé dans le même sens. Mais comme cette marche de l'écrou ne peut être indéfinie, et qu'après avoir passé devant toutes les lettres de l'alphabet, il est obligé de revenir sur ses pas, ce qui détermine un mouvement en sens contraire de l'axe X, et par suite, l'émission de nouveaux courants induits, les différentes lettres de l'alphabet se trouvent répétées de l'autre côté de la rainure dont nous avons parlé, dans un ordre inverse à leur ordre primitif, et il en résulte que si un tour de l'aiguille sur le cadran du récepteur a été la conséquence du voyage de l'écrou de gauche à droite, un nouveau tour de la même aiguille sera la conséquence du retour de l'écrou à son point de départ; par conséquent, les différentes lettres de l'alphabet entrant dans une dépêche devront être choisies dans l'un ou l'autre des deux alphabets, suivant qu'elles précéderont ou suivront la dernière lettre transmise. Pour rendre cette manœuvre plus facile, de petits trous ont été faits devant ces différentes lettres, et on introduit une petite tige métallique munie d'un manche dans celui de ces trous qui correspond à la lettre que l'on veut transmettre. Cette tige ainsi placée sert de butoir d'arrêt à l'écrou voyageur, qui peut alors accomplir ses déplacements sans hésitation.

Fig. 28.

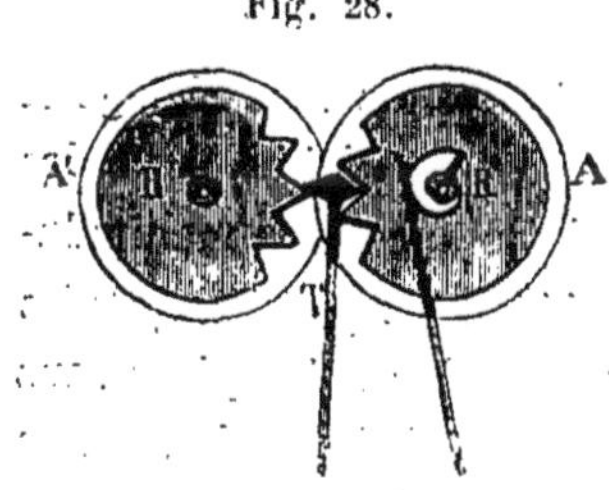

Le récepteur correspondant à ce manipulateur se compose de deux roues à rochet R et R' (fig. 28), sur lesquelles réagit une tige T munie d'un double bec à biseau, et qui portent sur leur axe même de rotation deux roues A, A' engrenant l'une dans l'autre; l'aiguille indicatrice est fixée sur l'un de ces axes, et le mouvement de rotation est communiqué au système par l'action sur les dents des rochets, du double bec de la tige T, lequel est mis en mouvement de va-et-vient par un électro-aimant à armature aimantée.

Ce système télégraphique essayé devant la Commission de l'Exposition universelle de Londres de 1862, a pu fonctionner régulièrement sur un circuit de 140 milles (260 kil. en fil télégraphique ordinaire). (Voir le rapport de M. Fleeming-Jenkin, *Annales télégraphiques*, tome 7, p. 345).

Télégraphe de M. Lippens. — M. Lippens (de Bruxelles) est, comme on le sait, un des premiers constructeurs qui se sont occupés de télégraphie électrique, et ses appareils, justement recherchés, sont employés depuis longtemps en Belgique pour le service des chemins de fer, soit sous la forme de télégraphes à courants renversés, soit sous la forme de télégraphes magnéto-électriques. Ces deux sortes d'appareils sont d'ailleurs établis sur le même modèle et ne diffèrent l'un de l'autre que par le mécanisme magnéto-électrique qui remplace chez l'un le commutateur à renversement de pôles qui existe chez l'autre.

Dans l'appareil de M. Lippens, le mécanisme moteur de l'aiguille est, comme dans les appareils de M. Breguet, un petit mécanisme d'horlogerie commandé par un échappement à roue à rochet; seulement ce mécanisme est disposé horizontalement et les oscillations de la tige destinée à faire fonctionner la fourchette d'échappement sont commandées par une palette aimantée oscillant entre deux électro-aimants, comme dans le système de M. Gloesener. De cette manière l'appareil fonctionne sans ressorts antagonistes, et par suite sans réglage.

L'appareil magnéto-électrique se compose de deux aimants en fer à cheval disposés comme on le voit dans la fig. 29, et devant les pôles desquels tournent deux systèmes d'armatures disposées en croix et montées sur un même axe vertical de fer doux terminé par une manivelle. La bobine induite est placée sur cet axe entre les deux systèmes d'armatures, qui en forment comme un électro-aimant droit à pôles épanouis. Ce système, en tournant devant les pôles des deux aimants, reçoit donc pour chaque révolution huit aimantations et huit désaimantations qui, en produisant huit courants inverses et huit courants directs, peuvent faire prendre à l'aiguille du récepteur seize positions différentes.

Fig. 29.

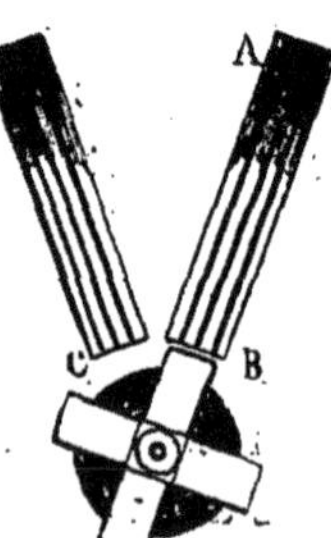

Comme ce nombre ne correspond pas à celui des lettres du cadran, la manivelle du manipulateur ne pourrait jamais avec ce système, désigner par sa position sur un cadran indicateur, les lettres successivement transmises. Aussi M. Lippens n'a pas adapté de cadran à son manipulateur; il s'est contenté, en introduisant les deux récepteurs dans le circuit de ligne, de prendre pour indicateur le cadran du récepteur de la station lui-même. Cette disposition n'est pas, nous devons l'avouer, très-commode pour le service, car de cette manière on n'est jamais sûr de la quantité dont il faut tourner la manivelle pour faire pointer telle ou telle lettre, et sans une grande habitude de ces sortes d'appareils, on doit tâtonner longtemps avant de pouvoir arriver à signaler promptement les différentes lettres qui doivent être transmises.

On peut faire le même reproche à l'autre système télégraphique de M. Lippens, qui exige 3 tours 1/2 de manivelle pour un tour de l'aiguille sur le cadran. Pourtant, comme ces télégraphes sont d'un emploi habituel en Belgique, il faut que l'inconvénient dont nous venons de parler ne soit pas bien sérieux. Il paraît du reste que les employés belges arrivent promptement à une manœuvre facile de ces appareils, en contractant l'habitude de faire parcourir à la manivelle, d'une manière saccadée, des angles de 45°.

Fig. 30.

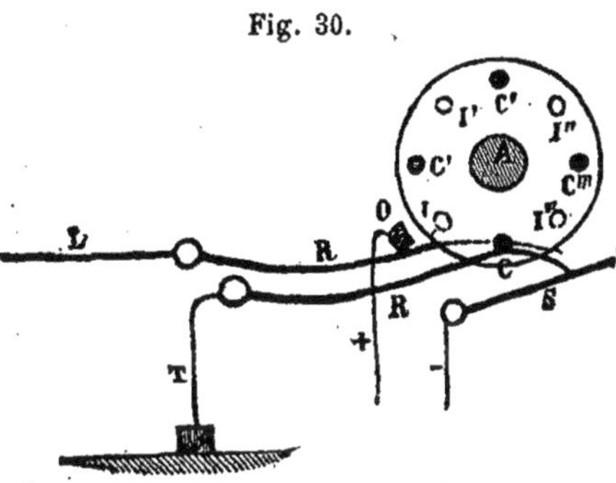

Dans ce dernier télégraphe, le commutateur destiné à fournir les courants alternativement renversés qui doivent faire fonctionner les récepteurs consiste, comme on le voit sur la fig. 30, dans huit chevilles métalliques CC'C'' C''', II'I''' placées des deux côtés d'un disque adapté à l'axe vertical A de la manivelle. Ces huit chevilles sont alternées sur les deux faces du disque; par conséquent, quatre sont au-dessus et quatre sont au-dessous. Sur les chevilles supérieures CC'C''C''' appuie une lame de ressort R mise en rapport avec la ligne. En face de ces deux ressorts se trouvent une pièce rigide O contre laquelle ils butent alternativement, et une lame de ressort S, sur laquelle viennent appuyer les mêmes ressorts quand ils sont abaissés par les chevilles CC'C'', etc. Ces deux dernières pièces sont en rapport avec les deux pôles de la pile. Or, voici ce qui arrive quand en tournant la manivelle on fait tourner le disque A : Lorsque la cheville supérieure C repousse le ressort R contre le ressort S, le ressort R' se trouve entre les deux chevilles I, I''' et appuie contre le contact O; le courant va alors à travers la ligne de R' en L. Quand au contraire la cheville I soulève le ressort R, celui-ci vient en contact avec la lame S, et le ressort R touche le contact O, d'où il résulte un courant traversant la ligne de L en R'.

Suivant M. Lippens, chacun des contacts opérés de la manière précédente étant à peu près instantané et la ligne ne se trouvant parcourue par aucun courant pendant un huitième de tour de la manivelle, entre la transmission de deux lettres voisines, il serait facile d'arrêter la manivelle au moment où l'aiguille arrive à la lettre qui doit être indiquée, sans donner un faux contact qui fasse passer les aiguilles des récepteurs sur la lettre suivante.

Des pédales habilement combinées permettent du reste, avec les instruments de M. Lippens, de remettre au repère les appareils, d'arrêter le mouvement de l'un sans compromettre la marche de l'autre, et de décharger la ligne en temps convenable. Nous n'entrerons dans aucuns détails à ce sujet, car cela nous entraînerait beaucoup trop loin. Nous ne ferons également que signaler pour mémoire une nouvelle disposition du manipulateur précédent dans laquelle a été appliquée la disposition à gorge sinueuse des transmetteurs à signaux Chappe de Breguet.

Télégraphe de M. Allan. — Pour obtenir avec des courants simplement interrompus les effets d'inversion nécessaires au fonctionnement de récepteurs à armatures électro-magnétiques polarisées, récepteurs qui, ainsi qu'on l'a vu précédemment, présentent des avantages réels, M. Allan a eu recours au système d'induction électro-magnétique que nous avons décrit, tome II, p. 218 et 545.

Il dispose à cet effet à côté du récepteur télégraphique un système électro-magnétique composé de quatre bobines adaptées à 4 noyaux de fer qui sont soudés entre eux de manière à former un carré parfait, comme on le voit fig. 31. Deux de ces bobines qui sont à fil fin sont en rapport avec le circuit de ligne, et les deux autres placées perpendiculairement à ces dernières et enroulées de plus gros fil, correspondent aux bobines du système électro-magnétique du récepteur qui du reste ressemble un peu à celui de M. Wheatstone. Sous l'influence des alternatives d'aimantation et de désaimantation produites par les émissions successives du courant effectuées à la station de départ, il se produit dans les bobines du système d'induction en communication avec le récepteur, des courants induits de sens contraire qui produisent sur le système électro-magnétique de celui-ci l'effet de courants alternativement renversés.

Fig. 31.

Le système électro-magnétique du récepteur est d'ailleurs disposé comme celui de l'appareil à aiguille que nous avons décrit page 23. Seulement les bobines ont un noyau de fer afin de rendre l'appareil plus sensible. Le mécanisme moteur de l'aiguille n'a d'ailleurs rien de particulier, et le manipulateur est un simple manipulateur à manette.

On remarquera que la disposition électro-magnétique d'induction de M. Allan est dans les meilleures conditions possibles pour obtenir des courants induits de quantité, car l'armature et la culasse de l'électro-aimant constitué avec les bobines à fil fin sont de même dimensions que les noyaux magnétisés, et de plus cet électro-aimant est fermé (Voir tome II, p. 20 et 149.)

Cette disposition magnétique a pu être encore utilisée d'une autre manière par son auteur, mais cette fois chaque bobine a deux hélices superposées; l'une en fil un peu gros reçoit le courant d'une pile locale, l'autre en fil plus fin fournit les courants induits. Un interrupteur mécanique envoie de cette manière, pour 13 émissions du courant voltaïque, 26 courants renversés qui parcourent la ligne et mettent en action le récepteur.

M. Allan a reconnu que cette disposition magnétique en carré fournissait une action électrique moitié plus forte que quand les bobines étaient disposées sur une tige de fer droite, ce qui est du reste conforme à mes expériences (Voir le rapport de M. Fleeming-Jenkin, *Annales télégr.* t. VII, p. 345).

Le récepteur de cet appareil, comme celui de M. Wheatstone, a pour organe moteur une petite roue à rochet qui, en se déplaçant entre deux butoirs fixes sous l'influence de l'électro-aimant, avance à chaque mouvement d'un vingt-sixième de tour. Ce déplacement n'est pas suffisant pour troubler les indications de l'aiguille qui est fixée sur son axe.

M. Allan prétend que ce système avait précédé celui de M. Wheatstone, mais n'ayant eu aucunes preuves entre les mains, nous ne pouvons que signaler les prétentions de cet inventeur.

III. — TÉLÉGRAPHES A MOUVEMENTS SYNCHRONIQUES.

Plusieurs inventeurs pensant que si on pouvait parvenir à déterminer le synchronisme de marche des deux appareils en correspondance (récepteur et manipulateur) par l'action électrique elle-même, on obtiendrait des appareils qui auraient leur vitesse de transmission réglée automatiquement suivant l'état d'isolement de la ligne, ont cherché à combiner ces appareils de manière à fonctionner sans manipulation et sous la seule influence du mouvement oscillatoire produit par les alternatives d'aimantation ou de désaimantation. En un mot, ils ont cherché à disposer ces appareils de manière à fonctionner comme les sonneries trembleuses.

Le premier système de ce genre a été imaginé par M. Siemens, et son appareil fort admiré à l'époque où il a été exécuté, c'est-à-dire en 1850, a même été l'objet d'un rapport très-élogieux à l'Académie des Sciences fait par M. Pouillet. Mais les effets de mouvement dans cet appareil étant produits exclusivement par l'électricité, et ces mouvements exigeant une certaine force en raison des frottements exercés sur les roues d'échappement, ce système n'avait pu offrir de résultats satisfaisants. Il exigeait d'ailleurs, pour fournir un mouvement vibratoire assez accusé et assez précis, l'intermédiaire d'une pièce très-délicate à laquelle M. Siemens avait donné le nom de *navette* et qui fonctionnait imparfaitement.

Depuis cette invention plusieurs chercheurs et en particulier MM. Kremer d'Arlincourt, Lippens, Trintignan, Leuduger-Fortmorel, Lelandais, etc., ont repris le même problème en le compliquant même d'un mécanisme d'impression, et sont arrivés à des résultats beaucoup plus satisfaisants en employant un mouvement d'horlogerie pour faciliter l'action électrique. Ne pouvant décrire tous ces systèmes, nous ne parlerons que de ceux de MM. Siemens et d'Arlincourt qui sont les plus connus, encore ne décrirons-nous ce dernier qu'au chapitre des télégraphes imprimeurs, car il a été surtout employé pour fournir des dépêches imprimées.

Télégraphe à mouvements synchroniques de MM. Siemens et Halske. — La disposition de ce système est représentée fig. 2 pl. III, et pour qu'on puisse s'en faire une idée bien nette dès l'origine, nous dirons que dans ce système le manipulateur fait partie intégrante du récepteur, que celui-ci est sans cesse en mouvement, qu'il fait fonctionner l'interrupteur du courant qui l'anime, et que le signalement des lettres ne se fait que par l'arrêt momentané du mécanisme. Conséquemment le manipulateur n'a d'autre fonction à remplir que de faire obstacle au mouvement de l'aiguille à la station de transmission, précisément au moment où cette aiguille passe devant la lettre que l'on veut transmettre.

Dans la fig. 2 pl. III, la roue d'échappement qui est un rochet à dents de côté se voit en V, et son cliquet de retient en *t'*; les deux cliquets d'impulsion et d'arrêt sont en *t* et *t'* à l'extrémité d'un long levier LL, et celui-ci est adapté à l'armature AA de l'électro-aimant EE qui a une disposition particulière que nous avons décrite, tome II, p. 81. L'action du cliquet *t* sur la roue d'échappement s'effectue, dans ce système, sous l'influence de la force antagoniste, et celle-ci, constituée par un ressort à boudin R dont la tension peut être réglée à volonté par une pièce courante sur un pas de vis, est appliquée au système d'encliquetage par l'intermédiaire d'un second levier, afin de ne pas embarrasser la partie supérieure du levier L qui, comme on va le voir, a des fonctions importantes à remplir.

Ce levier, en effet, oscille entre deux appendices *a,a* portés par une bascule NN' qui pivote en N et dont les mouvements sont limités par deux vis butoirs P, P'. C'est cette pièce à laquelle M. Siemens a donné le nom de *navette* et qui a pour fonction de prolonger l'action du courant assez longtemps pour obtenir de la part du cliquet des vibrations d'une amplitude suffisante. A cet effet le levier LL porte une petite traverse en matière isolante *m* qui peut rencontrer aux deux extrémités de son oscillation les deux appendices ou rebords métalliques *a.a*, et la navette elle-même porte à son extrémité libre un petit goujon N' qui frotte sur la platine de l'appareil.

Enfin les communications électriques sont établies de manière que l'électro-aimant E E, communique d'un côté à l'un des pôles de la pile, et de l'autre au butoir P, tandis que le second pôle est en rapport avec le support S. Pour peu que l'on considère la marche du courant, on comprendra immédiatement, que toutes les fois que le levier L L sollicité par le ressort antagoniste R, mettra en contact l'appendice *a* avec butoir P, le courant sera fermé dans l'électro-aimant E E et l'armature A A cédant à l'attraction magnétique fera basculer le levier L L. Celui-ci étant soulevé, rencontrera bientôt l'appendice *a'*, et par son intermédiaire, repoussera la navette contre le butoir P'. Pendant ce mouvement, le crochet *t* sera remonté au-dessus d'une dent du rochet, et le cliquet d'arrêt *t"* aura dégagé le rochet lui-même qui ne sera plus maintenu que par le cliquet de retient *t'*; mais lorsque la navette aura été ainsi entraînée, le courant sera rompu à travers l'électro-aimant, et le levier L L, cédant à l'action de ressort antagoniste, reportera l'appendice *a* contre le butoir P, mouvement qui aura pour effet l'échappement de la dent du rochet qui était en prise, l'arrêt forcé du rochet par le cliquet *t"*, et une fermeture nouvelle du courant. Cette fermeture provoquera de nouveau le soulèvement du levier L L, et les effets que nous avons étudiés se reproduiront ainsi indéfiniment, tant que l'appareil restera en rapport avec la pile. Si donc une aiguille est fixée sur le prolongement de l'axe de la roue à rochet, elle accomplira un nombre indéfini de révolutions autour du cadran, révolutions qui seront exactement répétées aux mêmes instants par les aiguilles de tous les autres appareils interposés dans le même circuit.

La sonnerie en rapport avec ce télégraphe, est exactement fondée sur le même principe que le télégraphe lui-même. Comme lui, elle possède un électro-aimant B B, dont l'armature porte deux leviers, l'un H, soumettant le système à la réaction d'un ressort antagoniste, l'autre G réagissant sur une seconde navette *n n'*; seulement cette navette qui a la forme d'un compas est disposée de manière à n'accomplir qu'un très-petit mouvement. En outre de ces deux leviers, cette armature en porte un troisième K (terminé par une espèce de crosse) qui se trouve à portée d'un timbre T, et qui frappe sur le timbre lorsque l'armature de l'électro-aimant entre en vibration.

Le transmetteur de cet appareil consiste dans une série de touches à ressort placées circulairement autour du cadran, et dont les extrémités inférieures portent une palette susceptible, étant abaissée, d'arrêter une forte aiguille fixée parallèlement à l'aiguille indicatrice sur l'axe du rochet V. Par cet arrêt, la navette N N' ne peut plus toucher le butoir P, et le courant se trouve ainsi rompu sur toute la ligne, ce qui empêche les autres appareils interposés dans le même circuit de continuer leur marche. Comme cette marche est synchronique pour tous ces appareils, il suffira donc, pour envoyer un signal, d'arrêter à la station qui transmet l'aiguille indicatrice du télégraphe, au moment où elle va arriver devant ce signal. Or, l'on obtient ce résultat en poussant la touche à ressort correspondante au dit signal.

Dans la disposition qu'ont adoptée MM. Siemens et Halske, la sonnerie de l'appareil est interposée dans le même circuit que le télégraphe lui-même, et pour l'empêcher de marcher lorsque le télégraphe fonctionne, il suffit de la retirer du circuit au moyen d'un commutateur.

Quand l'une des stations veut parler, le stationnaire retire donc la sonnerie du circuit et lui substitue son télégraphe et sa pile, ce qu'il fait à l'aide d'un simple commutateur à double contact. L'appareil télégraphique se trouve mis alors en mouvement conjointement avec la sonnerie de la station correspondante. Quand l'aiguille du télégraphe se trouve avoir ainsi accompli un tour ou plusieurs tours de cadran, on arrête l'aiguille au repère, et on interrompt la communication avec la pile en complétant le circuit de la ligne à travers la terre, opération qui se fait d'un seul coup à l'aide d'un second commutateur à double contact. Alors l'employé de la station qui doit recevoir la dépêche, averti par sa sonnerie, la retire du circuit et lui substitue son télégraphe et sa pile. Par cette substitution, le télégraphe de la première station est mis en mouvement, et celle-ci est prévenue dès lors qu'elle peut envoyer sa dépêche.

Avec ce système de correspondance, la station qui parle réagit sur le courant de la station qui reçoit et réciproquement.

La marche normale du télégraphe de M. Siemens est celle où l'aiguille parcourt par seconde la demi-circonférence du cadran ou passe en une seconde devant 15 signaux. « On obtient cette vitesse, dit M. Siemens, avec « une pile de 5 couples de Daniell ; une pile de 25 couples avec des fils sou- « terrains fait très-bien marcher les appareils sur une longueur de 400 kilo- « mètres environ. » Quoi qu'il en soit, ce système était susceptible de nombreux dérangements et il a du être abandonné même en Allemagne où il avait été tant vanté, même en Prusse où on l'avait établi sur plusieurs lignes.

M. Siemens a cherché à rendre ce télégraphe plus sensible au moyen de relais. Ces relais se trouvaient reliés aux appareils télégraphiques et aux sonneries, de manière que les contacts opérés par les navettes, au lieu de réagir directement sur les électro-aimants qui en commandaient la marche, ne réagissaient sur eux que par l'intermédiaire du relais. Cette disposition était très-simple à effectuer, puisqu'il ne s'agissait pour cela que de réunir le pont S à l'électro aimant du relais, en interposant d'ailleurs ce même électro-aimant, ainsi que le butoir P dans le circuit de la ligne, et de mettre en rapport l'électro-aimant E E avec la pile locale et les contacts du relais.

Télégraphe du docteur Kramer. — Le télégraphe du docteur Kramer, comme celui de M. Siemens, est à mouvements électro-synchroniques; seulement c'est un mécanisme d'horlogerie qui fait les frais du mouvement, et un échappement à chevilles qui commande ce mécanisme. L'organe rhéotomique qui interrompt et ferme successivement le courant, au lieu de dépendre du système électro-magnétique, est mis en action par une roue à rochet montée sur le même axe que la roue d'échappement, et cette roue, au moment de chaque échappement de dent, sépare une lame de ressort d'un butoir de contact pour rétablir cette communication aussitôt après. Il résulte de cette disposition une série de vibrations, de la part de l'armature de l'électro aimant commandant l'échappement, qui permet le mouvement continu et saccadé de l'aiguille indicatrice autour du cadran. Pour signaler telle ou telle des lettres qui sont inscrites sur ce cadran, il ne s'agit donc que d'arrêter cette aiguille devant cette lettre, précisément au moment où la disjonction du courant est effectuée. Comme les appareils des diverses stations sont interposées dans des circuits locaux dépendant d'un circuit principal sur lequel réagit l'interrupteur rhéotomique; cette rupture du courant suffit pour arrêter tous ces appareils devant le même signe. Pour obtenir cet arrêt de l'aiguille indicatrice, des touches à ressort ont été placées, comme dans le télégraphe Siemens autour du cadran et devant les différentes lettres ou signaux qu'il s'agit de transmettre.

Dans ce système télégraphique, le cadran et ses touches au lieu d'être placés horizontalement comme dans le système précédent, sont disposés verticalement.

Télégraphe à mouvements synchroniques de M. Gloesener. — M. Gloesener a aussi combiné un système télégraphique à mouvements synchroniques dont le principe est à peu près le même que celui du télégraphe précédent. La seule particularité que présente ce télégraphe par rapport à ceux du même genre que nous avons décrits, c'est qu'il marche sous l'influence d'attractions électro-magnétiques sans réaction secondaire de ressorts antagonistes. A cet effet, les deux lames de l'ancre d'échappement qui commande le mouvement d'horlogerie, sont isolées l'une de l'autre et sont reliées séparément avec deux électro-aimants dont les pôles sont placés en regard les uns des autres, et qui ont une armature commune dont les mouvements réagissent sur l'ancre d'échappement lui-même. Le courant est distribué dans ces électro-aimants par la roue d'échappement et les branches de l'ancre qui la commande. Par conséquent, quand c'est la branche *a* qui se trouve en contact avec cette roue, c'est l'électro-aimant A qui réagit et qui tend à dégager cette dernière : quand cette roue échappe, le courant se trouve rompu, mais bientôt elle se trouve mise en contact avec la branche *b* de l'ancre, qui reporte le courant dans l'électro-aimant B. Celui-ci réagit en sens contraire de l'électro-aimant A, de sorte qu'il se produit une vibration rhéotomique qui imprime à l'appareil une très-grande vitesse de rotation et permet, en interposant deux ou plusieurs appareils dans un même circuit, de les faire marcher synchroniquement.

Pour arrêter les aiguilles devant un signal convenu, il suffit, comme on le comprend aisément, de disposer les leviers d'arrêt de l'aiguille de manière que celle-ci soit butée au moment où la roue d'échappement abandonne la palette qui la retenait. De cette manière, en effet, le courant se trouve forcément coupé. Sans doute, à la station qui reçoit, l'aiguille ne se trouve pas ainsi arrêtée au milieu d'un échappement ; mais lorsque celui-ci est accompli, le courant qui, sans l'arrêt de l'aiguille à la station qui transmet, aurait continué à entretenir la marche du récepteur, se trouve coupé et ne peut plus réagir.

Comme principe, cet appareil est extrêmement simple, mais dans l'application il doit présenter de graves inconvénients en raison des mauvais contacts du système Rhéotomique.

Pour obtenir une plus grande force électrique avec ce système télégraphique à mouvements synchroniques, M. Gloesener a combiné une autre disposition consistant à placer sur l'axe de la roue d'échappement des récepteurs un petit commutateur à renversement de pôles, et à conduire le courant transmis par celui-ci à une armature électro-aimant, réagissant au lieu et place de l'armature commune aux deux électro-aimants dont nous avons précédemment parlé. Alors l'interruption du courant s'effectue par le soulèvement du ressort qui amène le courant au commutateur, soulèvement qui est la conséquence de l'abaissement de la touche à l'aide de laquelle on arrête le mouvement de l'aiguille.

IV. — SYSTÈMES PARTICULIERS.

Télégraphe à écran de M. Régnard. — Ce système assez curieux dans sa conception est fondé sur la direction qui peut être communiquée à une même aiguille par deux mouvements rectangulaires effectuées successivement dans un même sens ou alternativement dans un sens différent, sous l'influence de deux mécanismes d'horlogerie indépendants, commandés par deux électro-aimants. Le seul avantage pratique qu'il pourrait présenter serait de diminuer le nombre des mouvements saccadés que doit accomplir l'aiguille d'un télégraphe ordinaire pour désigner un signal, et cette diminution pourrait s'effectuer dans un rapport tel, que chaque lettre n'exigerait plus pour être signalée qu'un mouvement $+ \frac{77}{100}$.

La fig. 8, pl. III représente le dispositif imaginé par M. Régnard pour réaliser cette idée. R et R' sont les deux roues d'échappement des deux mécanismes d'horlogerie, lesquelles sont commandées par deux ancres C. C' adaptés à deux électro-aimants à armatures aimantées. A est l'aiguille indicatrice qui est reliée aux axes de ces deux roues par trois bielles articulées B', D, B. MM est une détente à balancier qui a pour fonction de mettre en jeu un système mécanique auquel M. Régnard donne le nom de gouverneur et qui doit ramener l'aiguille au repère après chaque désignation de lettre.

La disposition de ces organes sur la figure permet d'en saisir facilement le jeu. Dans la situation où ils sont représentés, l'appareil est au repos ; mais si nous admettons que l'émission d'un courant positif ait déterminé l'échappement de la roue R, la bielle B entraînée par l'axe de cette roue élèvera l'aiguille A qui, étant embridée par le bras D, viendra prendre position sur l'écran en s'arrêtant sur la lettre E. Une nouvelle émission de ce courant positif portera cette aiguille en A, et celle-ci s'élèvera successivement suivant la ligne EAOLB sous l'influence de 5 émissions de courant successives.

Admettons maintenant que des courants négatifs soient envoyés : Ce sera alors la roue R' qui échappera successivement et qui, pour une position donnée de l'aiguille fixée par la roue R, prendra des positions successives dans le sens horizontal, lesquelles pourront désigner par exemple les lettres N, R, C, O, K, pour 5 émissions de courants négatifs, si la position de départ de l'aiguille indicatrice a été en A. On comprend déjà d'après ce simple exposé, qu'en alternant convenablement le sens du courant et en réglant le nombre des émissions de ce courant, l'aiguille A pourra aller chercher sur l'écran la lettre qu'on voudra transmettre et qui s'y trouve gravée comme on le voit sur la figure. Nous verrons plus tard pourquoi les différentes lettres sont disposées sur cet écran dans un ordre qui n'est pas alphabétique. Nous allons maintenant examiner les fonctions du mécanisme gouverneur.

Les roues R et R' portent, mobiles sur leur axe, des bras E, E' articulés à des leviers courbes d'encliquetage, disposés au-dessous des chevilles des deux roues. Ces bras et par suite les leviers F, F' sont sollicités à être ramenés à une position fixe, qui est celle du repos, par de forts ressorts à boudin X, X'. Mais comme les leviers F, F' sont munis à leur extrémité libre d'un bec d'encliquetage qui est toujours en prise avec une des chevilles des roues R et R' sous l'influence d'un ressort, le système est entraîné toutes les fois que ces roues sont mises en mouvement et malgré l'action des ressorts X, X'. Or, c'est en cette circonstance qu'intervient le mécanisme gouverneur, et cela par l'intermédiaire de la bascule M M dont les extrémités terminées par des palettes inclinées peuvent agir sur les leviers F et F' pour les désencliqueter.

A cet effet la bascule MM est sollicitée à tourner sous l'influence d'un mécanisme d'horlogerie à ailettes par l'intermédiaire d'un rochet N et d'un cliquet Z. Les palettes terminales de MM en appuyant sur les leviers F, F' peuvent les désencliqueter; mais cet effet ne peut se produire que sous certaines conditions, car à l'état de repos ces palettes viennent se loger dans une encoche pratiquée aux extrémités des leviers F, F', et comme elles sont soutenues par l'une des chevilles x des roues R et R', elles ne peuvent réagir. D'un autre côté, quand l'une ou l'autre de ces roues tourne avec une certaine rapidité, les palettes retombent d'une cheville sur l'autre et ne peuvent pas davantage produire le désencliquetage du système; de sorte qu'il n'y a qu'après un temps d'arrêt suffisant que la pression pouvant s'exercer sur le dos des leviers F, F', entre deux chevilles, détermine le désembrayage du système qui entraîne en même temps la mise au repère de l'aiguille A, car les bras B, B' sont montés sur le même axe creux que les bras E, E'. Ainsi, après chaque indication de lettre, l'aiguille vient au repère comme un doigt qu'on avancerait et qu'on retirerait après avoir montré la lettre.

On remarquera que les palettes du balancier M M ne sont soulevées qu'au moment où les roues R et R' échappent par l'action du courant électrique, et qu'elles ne sont plus relevées lorsque ces roues échappent par son interruption. Il résulte de cette disposition, que lorsqu'on soutient l'activité du courant pour arrêter l'aiguille sur certains signaux, la palette du balancier retombe derrière la cheville qui l'a soulevée, et qu'elle glisse entre les chevilles lorsqu'on interrompt le courant pour reprendre un autre signal. Dans ce dernier mouvement, qui replace le mécanisme dans sa position première, les cliquets F et F' reviennent simplement buter contre la cheville suivante pour être prêts à partir avec elle au premier mouvement.

Voici maintenant le tableau des mouvements nécessaires pour porter l'aiguille sur chacune des lettres de l'écran. Le courant positif est indiqué par P, le courant négatif par N; P et N désignent ces courants quand ils sont soutenus pour arrêter l'aiguille sur certaines lettres au temps d'activité.

A	P	*N*	P N
B	P P P	*O*	P P
C	N P N	*P*	P P N
D	N N	*Q*	N N P
E	P	*R*	P N
F	N N N	*S*	N
G	N P N	*T*	N P
H	P N P N	*U*	N N
I	N	*V*	P N P
J	P P P	*X*	N N N
K	N N P N	*Y*	P P N P
L	P P	*Z*	N P N P
M	P N P		

Ainsi, les lettres *b, e, m, o, p, q, t, y* et *z*, sont données par le courant positif soutenu; les lettres *c, f, h, k, n, p, s, u*, par le courant négatif; et les autres lettres par le temps de repos de l'un et de l'autre courant. Il suffit d'envoyer une seule fois le courant pour les quatre lettres *a, e, i, s*; deux fois pour les sept lettres *d, l, n, o, r, t, u*; trois fois pour les dix lettres *b, c, f, g, j, m, p, q, v, x*; et quatre fois pour les quatre lettres *h, k, z, y*. En tenant compte de l'emploi fréquent des lettres que j'indique par un ou deux mouvements, et de la rareté de celles que j'indique par trois ou quatre, on trouve, par un calcul facile, qu'il suffit, en moyenne, de 1 mouvement 77 centièmes pour la transmission de chacune des lettres d'une dépêche.

L'appareil qui vient d'être décrit peut être considéré comme le principe du télégraphe à écran; mais on peut lui faire subir dans l'application un certain nombre de modifications avantageuses. Ainsi, ces trois mouvements d'horlogerie distincts qui en font mouvoir les diverses parties, peuvent être réduits à deux, et même à un seul.

A la place des deux roues à chevilles, mises en mouvement par des appareils d'horlogerie, on dispose deux rochets R et R' (fig. 9, pl. III) qui tournent librement sur leurs axes ; on remplace, d'un autre côté, les deux cliquets arqués qui s'articulent à l'extrémité des bras E et E' par deux cliquets ordinaires *v* et *v'*. Les ressorts X et X' agissent en sens inverse ; au lieu de ramener les bras B, B', lorsque le signal est indiqué, ils leur donnent, au contraire, le mouvement qu'ils doivent suivre pour porter l'aiguille sur les signaux de l'écran. Mais, comme les cliquets *v* et *v'* transmettent aux rochets le mouvement des bras E et E', ceux ci n'avancent que chaque fois qu'une oscillation des ancres produit un échappement.

Il ne s'agit plus que de ramener le système dans sa position première, après l'observation du signal, et c'est l'objet du *tourniquet remonteur* T. Ce tourniquet est mis en mouvement par un appareil d'horlogerie. Il échappe l'ancre O P après chaque signal et fait un demi-tour. Les cames placées à ses deux extrémités atteignent dans ce mouvement les bras E, E', et les font ainsi remonter dans leur position première.

Cet effet se produit de la manière suivante : L'ancre O P porte une longue tige L, dont l'extrémité s'engage entre les branches de la petite ancre d'un double échappement *m n* qui reçoit les mouvements du balancier MM par la tige *t*, et par la tringle S. Le balancier M M oscille librement sur l'axe du tourniquet T ; il se termine par deux palettes qui s'engagent entre les dents des rochets. Ces dents le repoussent en arrière et le tiennent relevé pendant la succession des mouvements rapides qui forment les signaux et il ne revient dans sa position première qu'après le temps nécessaire pour leur observation. Son mouvement est réglé, à cet égard, par un *gouverneur hydraulique*, semblable à celui que M. Brett a employé dans son télégraphe imprimeur, ou par un *gouverneur atmosphérique*, construit d'après le principe ; ou bien encore par un simple volant à ailes très-larges et très-légères, qu'il faut faire mouvoir en poussant un rochet d'encliquetage, à son mouvement de retour.

Quand l'appareil est au repos, le tourniquet T s'appuie sur le plan incliné P de l'ancre O P. Le premier mouvement du rochet, en repoussant le balancier M, fait échapper la branche *n* de l'ancre *m n*, et par contre-coup le plan incliné P de l'ancre O P ; le tourniquet T vient alors s'arrêter contre le plan incliné O. Lorsque le balancier est revenu dans sa position première, en suivant le mouvement réglé par le *gouverneur*, la branche *m* de l'ancre *m n* échappe à son tour ; le plan incliné O échappe par suite du mouvement, et le tourniquet fait un demi-tour, en entraînant avec lui les bras E et E' qu'il replace dans leur position première.

Lorsque le signal est indiqué par un temps d'activité du courant électrique, le rochet doit encore faire un mouvement pour revenir au temps de repos, après que le tourniquet a fait remonter les bras E, E'. Pour éviter que ce mouvement ne déplace le système de la position qu'il doit prendre, il suffit de faire remonter les bras E, E', à un demi-intervalle au-delà de la position dans laquelle ils doivent être arrêtés définitivement. Si le signal est donné par un temps d'activité, le cliquet rencontre, en cet endroit, la dent qui doit l'entraîner d'un demi intervalle dans la position voulue, dès que le courant est interrompu. Si le signal est donné par le temps de repos du courant, le cliquet étant remonté à l'endroit qui forme le milieu de l'intervalle de deux dents, retombe naturellement contre celle de ces dents sur laquelle il doit définitivement s'arrêter.

Télégraphes à chiffres combinés. — Le télégraphe à chiffres combinés ne diffère du télégraphe à écran que par le mode de réception des signaux. A l'extrémité des bras B et B', qui sont placés vis-à-vis l'un de l'autre, sont fixés deux arcs de cercle, ayant chacun dix divisions, sur lesquelles sont écrits les chiffres 0, 1, 2, 3, 4, 5, 6, 7, 8, 9. Quand l'appareil est au repos, les deux zéros sont en présence l'un de l'autre ; ils apparaissent ensemble par une ouverture pratiquée pour l'observation des signaux. On comprend qu'on peut former tous les nombres jusqu'à 99, en combinant les chiffres d'un arc avec ceux de l'autre. Le système qui est à droite donne le chiffre des unités, celui qui est à gauche donne le chiffre des dizaines : le premier est commandé par le courant positif, le second par le courant négatif ; les chiffres pairs apparaissent pendant le temps de l'interruption du courant ; les chiffres impairs pendant le temps d'activité. Comme on ne peut animer les deux courants à la fois, il n'est possible que d'indiquer les nombres composés de deux chiffres impairs comme 11, 23, 37 ; au lieu de 99 signaux, on ne peut donc en former que 74. Cette perte d'un quart est inévitable, à moins qu'on n'emploie deux piles et deux fils conducteurs.

M. Régnard à cherché encore plusieurs combinaisons mécaniques pour rendre la marche des télégraphes à cadran plus prompte, en employant les deux effets que peuvent fournir les inversions du courant. Ainsi il a pensé qu'on pourrait faire réagir l'une de ces inversions sur un cadran mobile portant six grandes divisions, par exemple, et l'autre sur une étoile ayant un pareil nombre de rayons. Par ce moyen, la division du cadran qui contiendrait la lettre qu'on voudrait indiquer serait portée dans une position déterminée où l'une des pointes de l'étoile viendrait la chercher. On pourrait encore disposer deux étoiles, l'une à cinq rayons et l'autre à six, sur un cadran fixe ayant trente divisions, et indiquer chacune de ces divisions par la coïncidence d'un rayon de l'une des étoiles avec un rayon de l'autre.

Système télégraphique de M. Gloesener au moyen duquel les signaux peuvent être distribués sur deux ou trois circonférences concentriques. — Ce système qui permet de réduire à huit les positions différentes que prend l'aiguille d'un télégraphe à cadran, pour la désignation des lettres de notre alphabet, nécessite deux mécanismes : un récepteur à mouvement d'horlogerie ordinaire et un timbre électro-magnétique marchant sous l'influence d'une armature aimantée. La disposition de ce système se comprend aisément. Si la lettre qu'on a voulu transmettre se trouve placée sur la circonférence intérieure du cadran, sa désignation s'effectue comme à l'ordinaire, c'est-à-dire par l'arrêt momentané de l'aiguille indicatrice; mais si elle se trouve sur la circonférence moyenne ou sur la circonférence extérieure, l'action du manipulateur qui doit réagir sur elle, doit faire intervenir en ce moment le mécanisme du timbre, et en conséquence renverser le sens du courant. Un seul coup frappé sur le timbre indiquera que le signal pointé appartient à la circonférence moyenne; deux coups indiqueront que le signal doit être lu sur la troisième circonférence. Pour obtenir cet effet, M. Gloesener emploie deux appareils : un manipulateur ordinaire et un commutateur à renversement de pôles.

Il est inutile de dire que le timbre peut être remplacé par un index quelconque, pourvu que son apparition soit provoquée par une réaction électrique inverse à celle qui détermine la marche normale du télégraphe.

Système de télégraphe à cadran dans lequel l'aiguille peut avancer, rétrograder et osciller à la volonté du télégraphiste — de M. Gloesener.— Ce système marche sous l'influence seule de l'action mécanique du courant; en conséquence, il n'est guère susceptible d'application sur les lignes télégraphiques un peu longues. C'est à proprement parler un télégraphe de démonstration à cadran dont l'axe portant les aiguilles se trouve pourvu de trois rochets au lieu d'un. Sur deux de ces rochets réagissent des encliquetages mis en mouvement par des électro-aimants à armatures aimantées, interposés dans un même circuit. Ces électros sont disposés de manière que quand l'une des armatures est attirée pour un certain sens du courant, l'autre soit repoussée, et réciproquement. C'est sur le troisième rochet que réagissent les cliquets de retient nécessaires pour assurer la marche du système ; seulement les dents de ce rochet, au lieu d'être pointues, sont carrées. Avec cette disposition, on comprend que si deux biseaux rigides se trouvent disposés au-dessus des cliquets d'impulsion de manière à les écarter de leurs rochets respectifs lorsqu'ils sont en repos, il suffira de faire réagir sur les électro-aimants un manipulateur à renversement de pôles, pour que toutes les fermetures de courant opérées dans un même sens fassent successivement tourner l'un des rochets, et pour que toutes les fermetures de ce même courant opérées en sens contraire réagissent sur l'autre rochet. Un pareil manipulateur est, du reste, assez simple à construire.

Télégraphe silencieux de M. Breguet. — Quand on veut correspondre directement d'une station à une autre, sans que les stations intermédiaires prennent part à la dépêche, et sans employer d'appareils silencieux (appareils que nous décrirons plus tard), il devient essentiel de faire intervenir une action physique telle, que le moyen propre à faire marcher l'un des télégraphes ne puisse convenir aux autres. Or, le moyen d'arriver à ce but est fourni directement par les armatures aimantées. Supposons, en effet, que sans rien changer au mécanisme des appareils actuels, on substitue seulement aux armatures de fer doux des armatures aimantées, dont les pôles soient disposés dans les appareils d'une manière diamétralement opposée aux stations extrêmes et aux stations intermédiaires, on comprendra que si le courant marche dans le circuit, de manière à attirer les armatures des appareils des stations extrêmes, ce courant, réagissant sur les appareils des stations intermédiaires, n'aura d'effet que dans le sens de la répulsion. Or, comme les armatures se trouvent alors butées sous l'influence de leur ressort antagoniste, elles ne bougent pas. Donc, les deux stations extrêmes seules peuvent alors parler; mais si on change le sens du courant, les réactions magnétiques devenant immédiatement opposées, le contraire

Fig. 32.

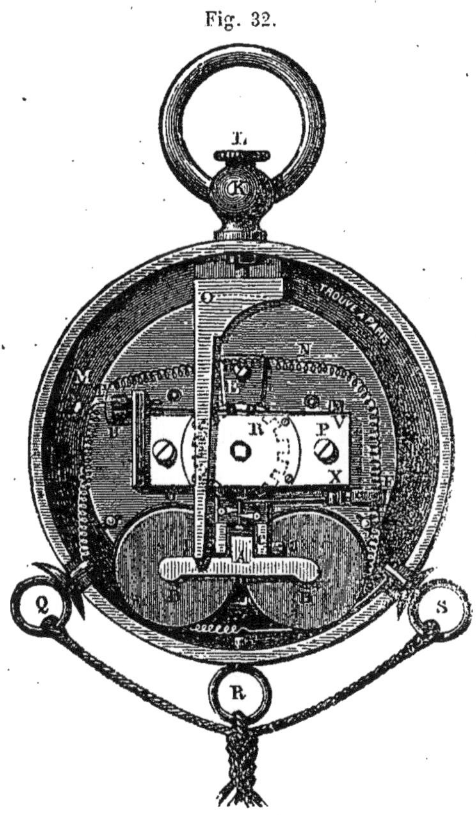

a lieu, et ce sont les stations intermédiaires qui se trouvent en relation avec l'une ou l'autre des stations extrêmes.

Télégraphe militaire de M. Trouvé. — Quand il ne s'agit que de télégraphie volante de campagne, il importe qu'on ait des appareils les plus portatifs possibles et d'une disposition telle qu'ils puissent fonctionner sans aucune installation préalable, par exemple, comme une simple montre qu'on porterait dans sa poche et qu'il suffirait de mettre dans la main pour l'échange des correspondances. M. Trouvé a résolu ce problème au moyen du télégraphe à cadran que nous représentons de grandeur naturelle fig. 32 et 33.

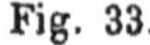
Fig. 33.

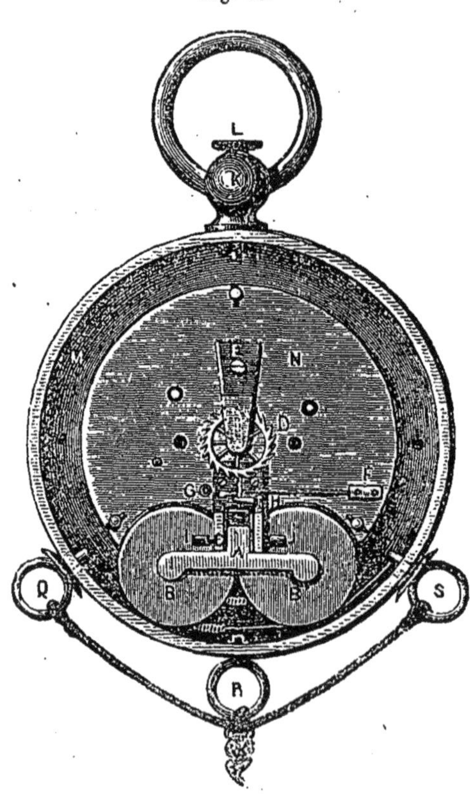

Ce télégraphe n'est autre chose qu'un télégraphe à cadran qui fonctionne sous l'influence d'un simple mouvement de montre et par l'action d'un tout petit électro-aimant qui agit sur un échappement à déclanchement d'une simplicité extrême. Dans cet appareil le manipulateur et le récepteur sont disposés l'un au-dessus de l'autre comme le montre la fig. 32. Mais pour peu qu'on suppose enlevé le pont P qui sert d'appui aux différentes pièces du manipulateur, lesquelles consistent en une roue à cames R, en un ressort interrupteur V et en un ressort d'encliquetage X, on retrouve le récepteur dans toute sa simplicité comme l'indique la fig. 33.

Les fonctions du manipulateur dans cet appareil consistent à faire osciller, à la manière de la godille des télégraphes ordinaires, le ressort V dont l'extrémité se meut entre deux pointes de vis isolées, en rapport l'une avec la pile, l'autre avec la ligne; et ce mouvement d'oscillation est produit par l'intermédiaire des cames de la roue R et d'une sorte de clef de montre que l'on introduit sur un carré pratiqué sur l'axe de cette roue et qui peut la faire tourner dans un sens déterminé. Le ressort X empêche, en effet, son recul; de sorte que la manipulation dans ce système télégraphique s'effectue comme quand on remet une montre ordinaire à l'heure. Les diverses pièces du récepteur se voient distinctement dans la fig. 33. D est la roue d'échappement dont l'axe est dans le prolongement de celui de la roue R du manipulateur. BB' est l'électro-aimant; C l'équerre sur laquelle est articulée l'armature A; F le ressort antagoniste de cette armature; G,H des pieds de biche servant à régler la course de celle-ci; N la platine de l'appareil; M la boîte de la montre; enfin L un bouton pour la mise au repère. Cette mise au repère s'effectue par l'intermédiaire d'un levier articulé O fig. 32 qui, en appuyant sur l'armature A, réagit sur la roue d'échappement comme si l'électro-aimant était actif.

Fig. 34.

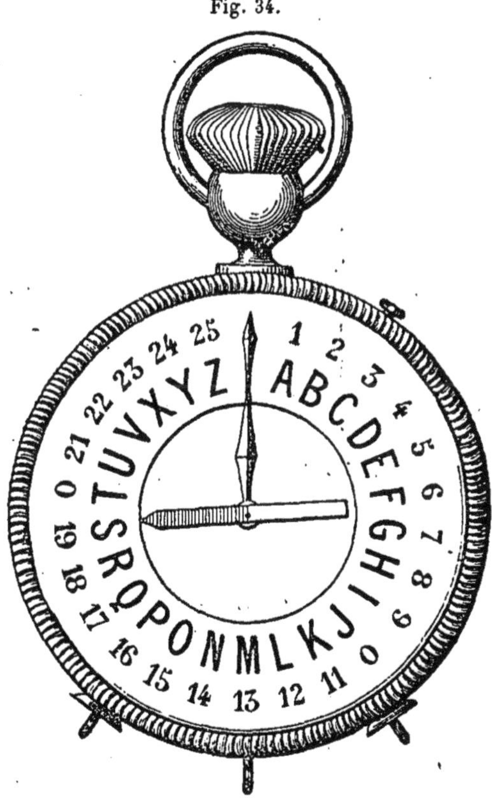

Les anneaux Q et S que l'on voit au bas des deux figures sont les points d'attache des fils conducteurs qui correspondent aux deux fils de ligne et aux vis de contact T et U du manipulateur par l'intermédiaire de l'électro-aimant. Le troisième anneau qui est au milieu correspond à la pile.

Dans l'appareil dont nous venons de donner le dessin, le cadran du récepteur et le cadran du manipulateur occupent les deux faces opposées de la montre et sont recouverts d'un verre comme une montre ordinaire. Au centre de chaque cadran se trouve une aiguille montée sur l'axe des roues D et R, et le verre du cadran correspondant au manipulateur est percé à son centre pour qu'on puisse passer la clef avec laquelle on envoie les signaux. Mais dans un perfectionnement récent

M. Trouvé a disposé sur un même cadran les deux aiguilles, comme on le voit fig. 34, et a fait en sorte, au moyen d'un remontoir de montre, de faire fonctionner le manipulateur à la manière des montres à remontoir, c'est-à-dire en tournant un bouton moleté fixé sur l'anneau de la montre. De cette manière ce télégraphe est devenu une véritable montre qui ne dépasse pas de beaucoup en grandeur celle des ouvriers. Toutefois M. Trouvé a fait plus encore, car en employant deux cadrans superposés dont l'un était mobile, il a pu faire de cet appareil un véritable cryptographe pour les dépêches secrètes, appareil dont il pouvait faire varier la clef en modifiant la position respective des lettres sur les deux cadrans.

Fig. 35.

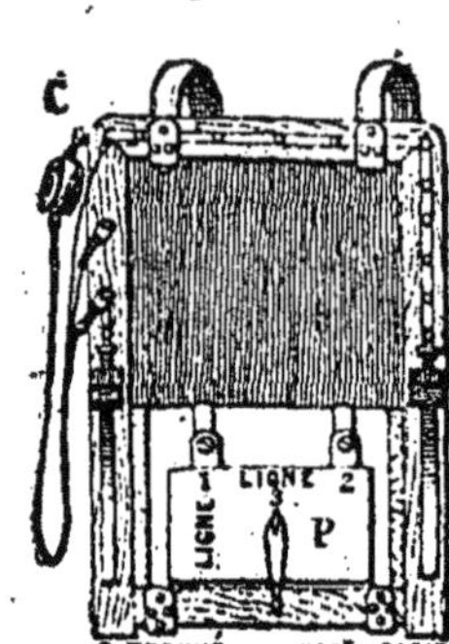

Les accessoires de cet appareil sont : 1° une boîte à piles du système Trouvé qui se porte en sautoir ou comme une cartouchière, et qui est munie d'anneaux et de crochets pour la fixation des fils de transmission et des fils du télégraphe de poche que nous venons de décrire (1). Cette boîte contient 6 éléments de pile; 2° un crochet de commissionnaire en bois (fig. 35) avec brassières pour être porté à dos d'homme et sur lequel est disposée la bobine où sont enroulés les deux fils de transmission. Cette bobine pivote sur deux tourillons et peut facilement se prêter au déroulement ou à l'enroulement des fils. Ce crochet est d'ailleurs muni des anneaux et jointures nécessaires pour mettre les fils en communication électrique avec la pile et le télégraphe.

Quand le poste est fixe, la pile est portée en sautoir, comme nous l'avons dit plus haut, par le militaire qui doit transmettre et recevoir, et celui-ci n'a rien autre chose à porter que l'appareil télégraphique qu'il peut mettre dans sa poche. Le bruit de l'échappement peut suffir comme signal d'avertissement. Quand le poste est mobile, la pile est disposée sur le crochet lui-même en P au dessous de la bobine. La montre télégraphe y est suspendue également sur le côté et s'y trouve reliée convenablement avec la pile et les fils conducteurs. Le tout est chargé sur les épaules du porteur qui laisse défiler le câble en marchant.

Quand le poste mobile ayant déroulé tout son fil veut prendre une autre bobine, il n'a qu'à décrocher le fil de la première pour l'ajouter à celui de la

(1) Voir la description de cette pile, tome I, p. 269.

seconde, ce que l'on opère de la manière la plus simple à l'aide d'un système de jointure à porte-mousqueton qui n'est pas une des pièces les moins ingénieuses des divers appareils de M. Trouvé.

Ce système n'est bien entendu qu'un télégraphe volant de campagne destiné aux opérations militaires d'un simple corps d'armée en mouvement, et les fils conducteurs n'ont guère plus de 4 à 5 kilomètres de longueur, mais on comprend facilement que pour relier entre eux les divers corps d'armée et les derrières de l'armée elle-même à la base des opérations, un système télégraphique à poteaux fixes ou volants devient indispensable. Toutefois dans le but que s'est proposé M. Trouvé, son système est réellement un des plus simples et des plus portatifs que l'on ait proposés.

Moyens proposés pour augmenter la vitesse de transmission des dépêches avec les télégraphes à cadran. — Si l'on considère que la rotation du manipulateur des télégraphes à cadran ne peut se faire que dans un seul sens, et que pour transmettre une lettre qui en précède une autre déjà transmise il faut faire accomplir à la manivelle un tour entier du cadran; si l'on considère, d'autre part, que plus le nombre des émissions de courant est considérable, plus la transmission présente de chances d'erreur, on comprendra facilement que toute disposition qui permettra de réduire le nombre de ces émissions de courant, et par conséquent l'étendue de la course de la manivelle, présentera des avantages réels, tant pour la célérité que pour la sureté des transmissions. Or, pour arriver à ce résultat, il est un moyen bien simple, c'est de changer l'ordre des lettres sur les cadrans et de les disposer de manière que les lettres qui se répètent le plus souvent ou qui se groupent le plus fréquemment ensemble, nécessitent le moins d'émissions de courant et se suivent de plus près. Des recherches consciencieuses, faites par M. Lemoyne, inspecteur des lignes télégraphiques, ont prouvé que l'ordre le plus avantageux était, pour les télégraphes à cadran, le suivant :

+ d c m p v g b f h j q k
t s n r z x y u i o e a l

et pour les télégraphes imprimeurs :

(1) i u y d c p m v g n s b f
+ w q o k e a x z j h t r l

M. Lemoyne a, du reste, publié sur cette question un intéressant mémoire dans les *Annales télégraphiques* (t. V, p. 46).

M. Astier a proposé également, pour arriver au même but, de composer les cadrans d'une partie mobile portant à des intervalles inégaux les consonnes, et d'un cadran fixe, emboîtant le premier, portant à intervalles égaux les cinq voyelles, plus l'*e* muet qui constitue le repère, ou le zéro. Mais ce système, d'ailleurs peu étudié par son auteur est plutôt théorique que pratique.

Télégraphe mixte à cadran et à aiguilles de MM. Foy et Breguet. — Désirant conserver les signaux usités dans le service télégraphique déjà établi et le personnel attaché à ce service, l'Administration des télégraphes du gouvernement français avait voulu dans l'origine établir ses télégraphes électriques dans le système Chappe, qui avait fourni jusque-là de si heureux résultats. Pour atteindre ce but, MM. Foy et Breguet eurent l'ingénieuse idée d'appliquer le principe du télégraphe à cadran au télégraphe à double aiguille, afin d'obtenir de celles-ci huit positions angulaires différentes qui pussent représenter les diverses inclinaisons que doivent prendre les ailettes terminales des télégraphes aériens pour exprimer les différents signaux du vocabulaire Chappe. De cette manière, ces aiguilles, réunies d'ailleurs par une traverse horizontale, constituaient un véritable télégraphe aérien en miniature. La disposition électro-mécanique d'un pareil télégraphe ne présentait, du reste, rien de difficile, car il suffisait d'adapter à chacune des aiguilles un mécanisme d'horlogerie analogue à celui des télégraphes à cadran, et dont la roue d'échappement, au lieu de porter treize dents, n'en eût que quatre. Tel est effectivement en principe le télégraphe dont nous parlons, et que nous représentons fig. 12, 13, 14, pl. I.

La fig. 12 représente l'extérieur de l'appareil. Les deux aiguilles, réunies par la traverse horizontale, se voient au milieu du cadre ABCD, et au-dessus d'elles se distinguent deux petits cercles divisés destinés à indiquer le degré de tension des ressorts antagonistes; les deux clefs propres à opérer cette tension se voient à côté, suspendues à de petites chaînettes de cuivre; enfin, au-dessous des aiguilles se trouvent les trous des deux barillets des mécanismes d'horlogerie.

La fig. 14 montre le mécanisme à quatre mobiles de l'une des deux aiguilles, et le détail de l'échappement est indiqué fig. 13 et 14 *bis*.

Le manipulateur du télégraphe Foy-Breguet est comme le récepteur composé de deux parties indépendantes et semblables; chacune d'elles, représentée fig. 15, est en rapport avec un des côtés du récepteur par un fil spécial. Ordinairement ce double manipulateur est placé en avant de la boîte de l'appareil.

Comme on le voit sur la fig. 15, cet appareil se compose de deux disques D et R, l'un fixe, l'autre mobile, montés sur une colonne, et qui réagissent sur un levier L constituant un interrupteur.

Le disque D, qui est fixe, porte sur sa circonférence huit échancrures, dans lesquelles peut être introduite une dent adaptée sous le bras de la manivelle M. A cet effet, celle-ci peut céder à un petit mouvement autour d'un centre placé à l'extrémité de l'axe de rotation, de sorte que l'on peut la tirer à soi pour faire sortir la dent du cran dans lequel elle se trouve engagée pour la remettre dans un autre ; un ressort la pousse continuellement dans ce sens, afin qu'elle ne puisse changer de position qu'à la volonté de l'employé.

A l'aide de ces crans on peut fixer la manivelle dans huit positions différentes, et ces positions correspondent exactement à celles que prend l'aiguille correspondante sur le cadran du récepteur. Voici comment s'opère la transmission.

Le disque R est mobile avec l'axe sur lequel est fixée la manivelle M, et qui tourne dans la douille DR. Sur la face postérieure du disque est creusée une rainure carrée dans laquelle est introduite une forte cheville portée par le levier C, et ce levier C est fixé sur un axe horizontal CC', qui porte en C' une tige L, terminée par une lame de ressort. Enfin, des deux côtés de cette lame de ressort se trouvent deux dés métalliques isolés K, K', l'un en rapport avec la pile, l'autre en rapport avec l'appareil récepteur de la station. Une communication établie entre la colonne du support et le fil de la ligne complète l'interrupteur, qui fonctionne de la manière suivante :

Quand la manivelle est au repos, c'est-à-dire dans une position horizontale, le levier L touche le contact K. Dans cette position, si un courant est envoyé de l'autre station, il vient par le fil de la ligne, entre dans la base de la colonne, passe par l'axe C', suit la tige L, puis sort par K pour aller au récepteur par un fil conducteur. Ce récepteur est alors mis en jeu ; l'aiguille avance d'un pas, et un signal est produit. Pour cela, il a fallu que l'employé de la station éloignée fît avancer la manivelle M d'un cran ou d'un huitième de tour. Dans ce mouvement le disque R a fait mouvoir le levier L et lui a fait quitter le contact K pour le porter sur le contact K', qui est relié à la pile. Aussitôt le courant passe de K' en L, par la colonne, arrive au fil de la ligne, et l'effet ci-dessus expliqué est produit. On voit, d'après cela, que le levier L est disposé pour recevoir le courant envoyé tous les deux crans à partir du point de départ.

Dans le bas du récepteur on voit passer deux petites tiges de cuivre : on leur a donné le nom de *pédales*. Elles donnent à l'employé la facilité de corriger les erreurs qui peuvent survenir pendant la transmission. Ces erreurs peuvent être causées, soit par un mauvais état momentané de la ligne, soit par les courants accidentels, soit par l'employé, et l'appareil aussi peut manquer. Mais la correction est si facile et si rapide, qu'un petit coup de doigt donné sur cette pédale ne fait pas perdre de temps. Cette correction se fait toujours en faisant avancer l'aiguille, car, d'après la construction du mécanisme, les erreurs ne peuvent exister que dans le sens du retard.

La fig. 16, pl. I, représente les différents signaux du télégraphe Foy-Breguet correspondant aux différentes lettres lettres de l'alphabet, On voit qu'ils sont très-simples et très-nets. En n'employant qu'une seule aiguille, ces signaux deviennent plus compliqués, car ils se font alors en deux temps, et l'on est obligé de figurer successivement les deux angles télégraphiques que contient le signal. Pourtant la vitesse de transmission n'est pas diminuée autant qu'on le croirait, et certains employés parviennent, avec une seule manivelle, aux deux tiers de la vitesse que l'on atteint ordinairement avec deux.

On a beaucoup réclamé, surtout dans le public peu au courant des manœuvres télégraphiques, contre ce système. Pourtant il avait de grandes qualités, et, sous le rapport de la vitesse de transmission, bien des appareils employés depuis n'ont pas donné de résultats aussi satisfaisants (1). D'ailleurs les deux fils qu'il nécessitait, et qui pouvaient au besoin transmettre isolément, étaient une garantie pour le service continu d'une ligne.

Télégraphe à aiguilles de M. Breguet à signaux anciens — Pour obtenir le jeu de la barre horizontale unissant les deux aiguilles du télégraphe précédent et rendre ainsi le télégraphe électrique entièrement semblable au télégraphe aérien, M. Breguet avait imaginé dans l'origine d'ajouter au mécanisme que nous avons décrit, ou du moins au mécanisme qui en tenait lieu (car les échappements étaient différents) un troisième électro-aimant de la forme indiquée fig. 20, pl. I, tome II. Une palette aimantée oscillant entre les pôles de cet électro-aimant se terminait à son extrémité libre par un secteur denté engrenant avec un pignon, de telle manière que pour chaque mouvement exécuté par la palette, ce pignon pût tourner d'un quart de révolution. C'était sur l'axe de ce pignon qu'était montée la traverse ou plutôt la troisième aiguille qui unissait les deux autres, et son jeu dépendait uniquement du sens du courant traversant l'électro-aimant additionnel. Comme cet électro-aimant

(1) Certains employés ont été jusqu'à faire 240 signaux par minute, ce qui équivaut à 50 mots.

était en communication avec les deux autres, suivant qu'on envoyait de la station éloignée le courant dans un sens ou dans l'autre, on faisait placer cette troisième aiguille dans une position horizontale ou verticale, sans que pour cela la marche des autres aiguilles en fût troublée. Cette inversion facultative s'obtenait au moyen d'un commutateur à renversement de pôles adapté aux manipulateurs dont nous avons parlé.

CHAPITRE III

TÉLÉGRAPHES ÉCRIVANTS

Les télégraphes écrivants dont l'appareil Morse est le spécimen le plus connu et le plus frappant, ont sur les télégraphes à aiguilles l'avantage de conserver les traces des dépêches transmises. Il est vrai que ces traces ne sont que des signaux de convention, c'est-à-dire des combinaisons plus ou moins compliquées de lignes et de points qu'il faut une certaine étude pour comprendre et un temps assez long pour transmettre, mais ce système offre pour les chefs de service des lignes télégraphiques un moyen de contrôle tellement infaillible, qu'on a dû passer par dessus tous les inconvénients qui lui sont inhérents. D'ailleurs, l'appareil est très-simple en lui-même, il n'entraîne pas l'accumulation des erreurs dans la transmission des signaux et n'exige qu'un seul fil à la ligne.

S'il faut en croire M. Morse, ce serait lui qui aurait le premier combiné ce système télégraphique, et pour donner à cette invention plus de couleur et d'intérêt, cet inventeur et ses amis ont bâti tout un petit roman qui a été souvent reproduit dans les publications télégraphiques et qui, quand bien même il serait vrai, ne prouverait pas grand'chose. Sans entrer dans les débats de priorité qu'a soulevés cette invention et qui remplissent inutilement plusieurs ouvrages, notamment celui de M. Vail sur le télégraphe électro-magnétique américain et une brochure publiée en France sur l'histoire de cette invention, par M. Morse lui-même, nous dirons qu'on a peut-être un peu exagéré le mérite de cet inventeur. Il a mis au jour un système télégraphique comme tant d'autres qui se sont occupés avant lui de la question; et d'après la manière même dont ce système avait été conçu, on peut reconnaître que son auteur avait fait moins preuve d'érudition dans la science électrique que de hardiesse dans les déductions qu'il émettait et que rien ne pouvait alors justifier, si on se rapporte à l'état de la science à l'époque de cette invention, époque qu'il fixe à l'année 1832. C'était alors une idée plutôt jetée en l'air qu'une idée réellement sérieuse et je n'en veux pour preuve que la manière même dont elle prit naissance. Examinons, en effet, l'origine de cette invention.

Il se trouve qu'à bord du vaisseau *le Sully*, qui ramenait M. Morse en Amérique, quelques passagers, entre autres M. Jackson, parlent d'électricité et des effets surprenants des électro-aimants, sortes d'aimants qui pouvaient acquérir et abandonner instantanément leur pouvoir magnétique. M. Morse en est frappé, et dans un premier élan, il dit ingénuement qu'avec une pareille propriété il n'est pas difficile de faire un télégraphe. Il y réfléchit quelque temps, établit dans sa tête certaines combinaisons déjà réalisées dans les enregistreurs mécaniques, dans les maréographes, par exemple, et annonce bientôt que le problème de la télégraphie électrique est définitivement résolu. C'est alors qu'il dit au capitaine du navire ces paroles que l'on a souvent invoquées dans les divers procès qui se sont produits à ce sujet : « Rappelez-vous, capitaine, quand mon télégraphe » sera la merveille du monde, que c'est à bord du *Sully* qu'il aura été dé- » couvert. » Cette exclamation ne prouvait pas déjà en faveur de la modestie de M. Morse, mais pour la faire, il fallait qu'il fut peu familiarisé avec les effets électro-magnétiques, car les lois des électro-aimants étaient alors complétement inconnues et le peu qu'on savait à leur égard était qu'ils ne pouvaient produire d'effet à une certaine distance, comme le disait fort nettement M. Daniell dans un passage de son livre que nous reproduisons plus loin, et qui ayant été invoqué maladroitement par M. Morse pour sa défense, a prouvé juste l'inverse de ce qu'il voulait démontrer. C'est pour cette raison que tous les physiciens qui se sont occupés avant M. Morse de télégraphes n'avaient jamais voulu avoir recours à de pareils organes électriques et s'étaient bornés à n'employer que des aiguilles aimantées. M. Morse qui était moins qu'eux au courant de ces effets a été plus hardi, et c'est là tout le secret de sa réussite.

Audaces fortuna juvat.

Toutefois, ce ne fut que quand une disposition particulière des électro-aimants, imaginée par M. Wheatstone, eut permis de les faire réagir à grande distance, que le télégraphe Morse put fonctionner d'une manière convenable, comme le démontre une lettre de M. Page que nous reproduisons plus loin; et certes on ne peut accuser M. Page d'être favorable aux Européens: nous en avons eu la preuve dans notre second volume au chapitre des appareils d'induction électro-magnétiques.

Or, ce point étant établi, que reste-t-il à M. Morse?.... 1° l'idée d'avoir employé un organe électrique qui, pour être utile, exigeait une disposition particulière qu'il n'avait pas trouvée ; 2° l'application à cet organe d'un système enregistreur qu'il n'avait pas davantage imaginé, et qui était appliqué au maréographe et à tous les enregistreurs employés depuis longtemps en physique et en mécanique ; 3° un système de transmetteur automatique qui existait dans toutes les vielles organisées ou les boîtes à musique. Je le répète, rien d'original ne se rencontre dans l'invention de M. Morse, et tout individu qui aurait admis qu'un électro-aimant devait fournir à distance une réaction mécanique suffisante, aurait imaginé une combinaison analogue, peut-être même dans de meilleures conditions, comme le donneraient à supposer tous les perfectionnements qui ont été apportés successivement à cet appareil. Voici, maintenant la lettre de M. Page, datée de Washington (d. c.) le 26 mars 1860.

« De grandes félicitations doivent être adressées au professeur Morse pour la part qui lui revient réellement dans l'invention du télégraphe écrivant; mais il n'en est pas moins vrai que sans l'appoint fourni à cette découverte par d'autres inventeurs, le télégraphe Morse serait resté sans doute jusqu'à ce jour une invention d'une valeur inférieure, et vraisemblablement même, il *n'aurait pas été du tout employé.*

« La vie, l'âme du télégraphe électrique est ce merveilleux petit instrument appelé *électro-aimant récepteur* imaginé par le professeur Wheatstone d'Angleterre (1). Le professeur Morse se servait bien aussi, il est vrai, d'un électro-aimant récepteur, mais d'une construction telle qu'il était inapplicable pour un long parcours. L'électro-aimant qu'il employa sur la première ligne télégraphique essayée aux frais du gouvernement entre Washington et Baltimore, était formé d'une très forte barre de fer recourbée (*crowbar*) dont les bobines magnétisantes étaient faites avec du fort fil de cuivre n° 16 ou 17) (2), recouvert sans soin de coton commun. Cet électro-aimant et ses bobines étaient renfermés dans une énorme boîte qui pour être soulevée exigeait la force de deux hommes. Le fil des bobines était du reste de la même grosseur que celui du circuit de ligne, et en raison de cette circonstance aussi bien que par l'effet du magnétisme rémanant, résultant de la grande dimension et de la longueur de l'électro-aimant, aucun courant n'aurait été capable de fournir des résultats satisfaisants avec le télégraphe Morse. Les premiers essais d'un fil de plus petit diamètre que le fil de ligne, pour l'enroulement des électro-aimants du télégraphe Morse, furent faits par moi pendant que le professeur Morse était en Europe. J'avais, en effet, substitué à l'électro-aimant encombrant de l'appareil un petit électro-aimant récepteur qui occupait à peu près la moitié d'un pied cube comme espace. Je n'avais pas eu connaissance alors des essais entrepris par le professeur Wheatstone en Europe. C'est seulement à son retour en Amérique, que le professeur Morse ayant introduit dans son appareil un petit électro-aimant

(1) La première combinaison d'un électro-aimant récepteur sur un circuit de ligne avec un électro-aimant et un circuit local pour produire des effets magnétiques appréciables à distance, fut employée et brevetée par M. Davy, en Europe, en 1838.

(2) Ces numéros correspondaient à des fils de 1m/m,65 ou 1m/m,47 de diamètre.

de Wheatstone qu'il avait apporté avec lui, obtint des résultats véritablement avantageux de son système télégraphique, et c'est seulement de cette époque que date son succès. Mais je le répète, non-seulement le principe de l'électro-aimant de Wheatstone lui était inconnu avant son voyage en Europe, mais encore il ne mit à profit les travaux de Wheatstone que parce qu'ils pouvaient lui donner le moyen de produire des effets magnétiques à grande distance; ce qui ne l'a pas empêché de publier, avec une outrecuidance qui ne s'est jamais vue, dans l'ouvrage de Vail sur le télégraphe américain (page 53) (1) et en s'appuyant, soit disant, sur un livre du professeur Daniell intitulé *Introduction à l'étude de la philosophie chimique*, que *Wheatstone n'avait jamais pu produire des effets électriques à grande distance*. Or dans la partie concluante de ce livre on trouve non-seulement les moyens employés par M. Wheatstone pour atteindre ce but, mais encore un dessin de grandeur naturelle de l'instrument dont il s'était servi pour ses expériences et d'après lequel il fut construit. Ainsi l'électro-aimant receveur de Wheatstone, n'est en définitive que le fac simile de celui que le professeur Morse rapporta d'Europe et il explique parfaitement la théorie de celui-ci et son mode d'action.

« La cause principale de cette triste sortie contre le travail du professeur Wheatstone est le résultat du peu d'intelligence dont le professeur Morse a fait preuve dans l'interprétation du passage du livre de Daniell auquel il fait allusion, et que M. Daniell lui-même explique de la manière la plus claire dans la page suivante de son livre. Voici ce passage :

« *Les aimants électriques du plus grand pouvoir, même lorsqu'on emploie* « *des batteries les plus énergiques cessent d'agir lorsqu'ils sont unis à la* « *batterie par des conducteurs d'une longueur considérable* (2). » Il semblerait que MM. Morse et Vail auraient fermé le livre après cette déduction et que, mettant dans leur poche l'électro-aimant de Wheatstone, ils n'eussent plus eu à se préoccuper que de l'action exercée sur des barreaux magnétiques par les électro-aimants qu'ils avaient décrits.

La remarque de Daniell citée précédemment étant ainsi isolée dans la contestation et prise dans son sens littéral, était réellement par trop absurde

---

(1) Voir l'édition française, p. 60.

(2) Ce passage est précédé de ces quelques lignes : « *quelqu'ingénieuses que soient les inventions du professeur Wheatstone, elles n'auraient pu servir en rien au but télégraphique sans les recherches qu'il fut le premier à faire sur les lois des aimants électriques lorsqu'ils agissent sur de grandes étendues de conducteurs.* » Or le passage cité précédemment explique précisément, pourquoi les inventions de Wheatstone auraient été stériles sans son électro-aimant receveur.

pour être employée par le professeur Morse dans sa réclamation contre le professeur Wheatstone, car cette assertion était en contradiction flagrante avec les découvertes du professeur Henry faites bien des années avant le télégraphe Morse, et qui démontraient qu'un électro-aimant de grande force réuni à la batterie par une grande longueur de fil, peut parfaitement réagir dès lors qu'on emploie des moyens semblables à ceux mis à contribution par le professeur Morse dans son télégraphe. »

Ch. G. Page.

Washington (d. c.), le 26 mars 1860.

On remarquera que jusqu'à présent nous n'avons raisonné que dans l'hypothèse, où l'on admet pour l'invention de M. Morse la date qu'il réclame, c'est-à-dire 1835 ; mais entre une invention aussi peu étudiée que l'était alors celle de M. Morse et celle de M. Steinheil qui avait été expérimentée sur une ligne relativement considérable pour l'époque et pour laquelle il avait fait preuve de la plus grande sagacité, il y a tout un monde; de sorte qu'on peut réellement regarder M. Steinheil comme le véritable inventeur des télégraphes écrivants.

Nous nous sommes étendu un peu sur cette partie de l'histoire de la télégraphie, car cette question, à cause de l'indemnité de 400000 francs accordée à M. Morse par les différents gouvernements d'Europe faisant usage de son télégraphe, est une question d'actualité dans laquelle on peut voir, une fois de plus, que ce ne sont pas les véritables inventeurs qui recueillent le fruit de leurs inventions. La France surtout devait plus à M. Wheatstone qu'à M. Morse, car si elle a emprunté à ce dernier le principe de son appareil, M. Wheatstone lui a apporté dans l'origine, c'est-à-dire en 1844, ses propres instruments, l'a mise au courant de tous les secrets de la télégraphie électrique alors inconnus, et a fait lui-même les premières expériences sur les lignes de Versailles et d'Orléans qui ont décidé l'adoption de la télégraphie électrique chez nous, malgré l'épithète qu'on lui donnait de *sublime utopie.*

Télégraphe de M. Steinheil. — Bien que ce télégraphe n'ait jamais été mis en usage sur les lignes télégraphiques en raison des avantages considérables que présentait pour ces sortes d'appareils l'emploi de l'électro-aimant et de la possibilité qui fut donnée, lors de l'établissement de ces lignes, de faire fonctionner ces organes électriques dans de bonnes conditions, comme l'appareil de M. Steinheil est en quelque sorte un monument historique de l'art télégraphique, nous croyons devoir en donner une description rapide.

Ce télégraphe se composait d'un simple galvanomètre AA, fig. 4, pl. I, à l'intérieur duquel pivotaient sur pointes, autour d'arbres verticaux, deux barreaux aimantés DD. Ces barreaux portaient chacun une tige métallique terminée par un bec tubulaire K, H, dans lequel était versée de l'encre. En face de ces deux becs était disposée une bande de papier EE, fig. 5, que pouvait entraîner avec une vitesse uniforme un mouvement d'horlogerie M. Enfin deux barreaux aimantés N, S, susceptibles d'être éloignés ou rapprochés suivant l'intensité du courant, pouvaient rappeler les barreaux DD dans leur position normale, suivant l'axe du galvanomètre.

Quand le courant était dirigé à travers le galvanomètre, dans un certain sens, les deux barreaux déviant du même côté, l'un des deux becs chargés d'encre s'approchait de la feuille de papier et y déposait un point noir, tandis que l'autre bec tendait à s'en éloigner. Mais quand le courant venait à changer de direction, ce dernier bec se trouvait rappelé et laissait à son tour un point dont la position sur le papier était différente de celle de la première trace. Ces points pouvant être combinés les uns par rapport aux autres de mille manières différentes par suite du mouvement du papier, il devenait facile de composer un alphabet conventionnel à l'aide duquel des signaux pouvaient être échangés.

En adaptant à la partie de son télégraphe, opposée à celle où se trouvait le mouvement d'horlogerie, deux timbres sonores dont les sons différaient d'une sixte, et les disposant de manière à ce qu'ils pussent être frappés par les barreaux aimantés au moment de leur déviation, M. Steinheil a pu faire de son télégraphe un télégraphe auditif d'un usage facile et qui avait l'avantage de ne pas exiger une surveillance continuelle de la part des employés.

Comme M. Steinheil employait pour le fonctionnement de son télégraphe les courants résultant d'une machine magnétique, l'appareil transmetteur de ce télégraphe consistait dans la machine magnéto-électrique elle-même, qu'il suffisait de tourner dans un sens ou dans l'autre pour changer le sens du courant. A cet effet, la manivelle des machines à rotation était remplacée par un balancier horizontal analogue à celui des presses à timbre, et comme ce balancier était manœuvré à la main, l'on pouvait, en variant la longueur des intervalles de temps entre les transmissions électriques, obtenir des écartements plus ou moins grands des points sur la bande de papier, ce qui permettait de simplifier considérablement le vocabulaire télégraphique.

Dans l'alphabet que M. Steinheil avait choisi, les lettres qui, dans la langue allemande, sont les plus fréquentes, correspondent aux signes les plus simples. De plus, M. Steinheil s'était arrangé de manière à établir une sorte de similitude entre les lettres latines et les groupes de signes, afin qu'ils pussent se fixer mieux dans la mémoire. Grâce aux trois modes de combinaisons dont nous avons parlé, les signaux les plus compliqués n'exigeaient que quatre points ou quatre sons distincts.

Comme on le voit d'après la description précédente, le télégraphe de M. Steinheil présentait deux innovations bien grandes pour l'époque, innovations qui, à elles seules, pouvaient faire entrevoir dans un avenir prochain la solution complète du problème de la télégraphie électrique. Ces innovations étaient d'abord la possibilité de la transmission d'un nombre indéfini de signaux à l'aide d'un seul circuit; en second lieu la possibilité d'avoir un langage télégraphique parlé ou écrit sans combinaisons trop compliquées de signaux; mais l'innovation la plus importante, celle qui attache au nom de M. Steinheil une gloire impérissable, ce fut l'application qu'il fit dans ce télégraphe (établi sur une longueur d'une lieue trois quarts d'Allemagne), de la faculté de transmission du sol. Dès lors un seul fil suffisait pour la transmission électrique, et la dépense la plus élevée, celle de l'installation de la ligne, se trouvait réduite de moitié.

Télégraphe Morse. — Quoique nous ayons toujours été le premier à défendre les droits de M. Steinheil contre les prétentions de M. Morse dans l'invention des télégraphes écrivants, nous ne pouvons ne pas convenir que le système de ce dernier, en raison de sa simplicité, du peu de délicatesse de ses organes électriques et de sa disposition peu encombrante, présentait de réels avantages, qui devaient un jour le faire adapter partout, et c'est en effet, ce qui a eu lieu ; mais comme la vitesse de transmission avec ce système est assez restreinte, on dût demander à la science un appareil plus expéditif, et aujourd'hui le télégraphe Morse a dû céder le pas sur les lignes surchargées de dépêches, à un nouvel appareil également d'origine américaine qui peut expédier dans le même temps trois fois plus de dépêches. Néanmoins en raison de son bon marché et de sa simplicité, on cherche toujours à perfectionner le Morse, et nous verrons bientôt plusieurs appareils ingénieux qui ont permis de résoudre le problème de la célérité des transmissions avec ce système.

Un télégraphe Morse se compose de quatre éléments distincts : 1° d'un système électro-magnétique qui reçoit l'impression électrique transmise à distance ; 2° d'une bascule armée d'un style qui traduit par un mouvement mécanique les réactions électriques exercées sur le système magnétique; 3° d'un système mécanique ou mouvement d'horlogerie qui, en déroulant une bande de papier devant le style, permet à celui-ci de laisser une trace durable des différents mouvements qu'il accomplit; 4° enfin d'un appareil transmetteur réagissant sur le courant électrique.

Dans l'appareil primitif de M. Morse, le système électro-magnétique se composait d'un électro-aimant (de la forme décrite page 78, tome II), dont les branches étaient placées verticalement les pôles dirigés en haut, et dont les rondelles étaient, pour un motif dont je ne me suis pas rendu compte, réunies par des traverses métalliques. Enfin le rapprochement des pôles de cet électro-aimant permettait de rendre l'armature d'un petit volume, condition comme nous l'avons vu, essentielle pour la célérité de la marche de l'appareil.

La bascule porte-style fixée horizontalement au-dessus de l'électro-aimant, se terminait d'un côté par une petite tige cylindrique de fer doux qui constituait l'armature de l'électro-aimant, de l'autre par une pointe émoussée d'acier qui constituait *le style*. Cette bascule, dont les mouvements étaient limités par deux vis butoirs placées des deux côtés de son point d'articulation, était maintenue dans une position fixe par une lame de ressort très-flexible et très-longue, fixée en dehors de l'électro-aimant sur une équerre de cuivre. Cette lame de ressort appuyant sur une attache adaptée à la bascule du côté du style, tenait lieu des ressorts antagonistes à boudin qu'on a employés depuis.

Le système mécanique destiné à conserver les traces des mouvements du style se composait d'un mécanisme d'horlogerie à trois mobiles dont le mouvement était communiqué à un système composé de deux cylindres parallèles appuyant l'un contre l'autre, et formant laminoir. Une bande de papier sans fin, enroulée en provision sur une grande roue d'un jeu un peu difficile, passait entre les deux cylindres du laminoir et se trouvait par conséquent entraînée, lorsque le mécanisme d'horlogerie était dégagé ; enfin un troisième cylindre, placé précisément au-dessus du style et portant entaillée perpendiculairement à son axe une petite rainure, forçait la bande de papier à passer devant ce style. Pour que cette bande ne pût se déranger dans son mouvement, ce cylindre se terminait par deux rondelles saillantes.

Avec cette disposition on comprend que quand l'électro-aimant, en devenant actif, attirait la bascule porte-style, celui-ci appuyait contre la bande de papier et y laissait son empreinte. Mais comme en même temps cette bande de papier se trouvait entraînée par le mouvement d'horlogerie, cette empreinte s'allongeait et formait des lignes d'autant plus longues que le courant était resté fermé plus longtemps à travers l'électro-aimant. Quand ce courant venait à cesser, la bascule porte-style se relevait, et son empreinte finissait. Pour une nouvelle fermeture de courant, de nouvelles traces étaient imprimées, et comme on pouvait faire varier la longueur de ces traces par le plus ou moins de temps qu'on maintenait le courant fermé, on pouvait, en combinant entre elles de différentes manières, les traces longues et les traces courtes (qui pouvaient être des points), composer un alphabet et un vocabulaire aussi complets que possible.

Comme l'appareil que nous venons de décrire est entièrement sous le contrôle de l'employé qui transmet, puisque dans ce système les dépêches se trouvent imprimées et qu'au besoin, on peut même se passer de la présence d'un employé à la station qui reçoit, M. Morse dans l'origine, avait pensé à faire déclancher le mécanisme d'horlogerie commandant le monvement de la bande de papier par l'électro-aimant lui-même. Pour cela, il avait articulé à la bascule porte-style et au-dessous d'elle, une tige métallique A B (fig. 36, ci-dessous), soutenant un levier coudé de détente C B D. Ce levier était fixé sur l'axe d'une poulie isolée Q, qui recevait son mouvement du barillet du mécanisme d'horlogerie au moyen d'une corde très-faiblement tendue. A l'état normal, ce levier était appuyé contre la circonférence d'un disque d'arrêt E appartenant au dernier mobile du mécanisme moteur, et pouvait facilement en arrêter le mouvement ; mais quand il était soulevé, ce qui avait lieu quand l'électro-aimant devenait actif, ce mécanisme était mis en mouvement et ne s'arrêtait qu'au bout de quelques instants après même que l'électro-aimant était redevenu inerte, car le levier de détente C B D étant commandé par la poulie Q reliée au barillet du moteur, et cette poulie ne tournant que très-lentement, il fallait un certain temps pour que ce levier pût redescendre à portée du disque d'arrêt E. Par l'intermédiaire de ce mécanisme, la bande de papier se trouvait donc entraînée dès le commencement de la correspondance et ne s'arrêtait que quand une interruption de courant suffisamment prolongée, avait permis au levier de détente d'être redescendu complétement.

Fig. 36.

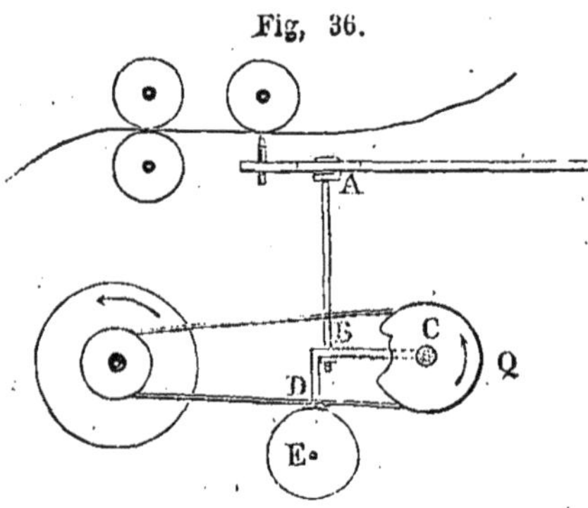

Ce mécanisme peut-être ingénieux pour l'époque, présentait plusieurs inconvénients qui en ont empêché l'adoption ; d'abord à l'époque où les premiers télégraphes de Morse ont été construits, les relais n'avaient pas encore été imaginés, et par conséquent la force réagissant sur la bascule porte-style, n'était pas suffisante pour vaincre le frottement de la corde sur la poulie du levier de détente, frottement qui devait être assez considérable, puisque cette poulie recevait son mouvement par cette corde. En second lieu, un tel système d'embrayage ne présentait aucune sûreté et exigeait un réglage continuel. Nous verrons bientôt que ce problème a été résolu dans de meilleures conditions par plusieurs inventeurs et en particulier par M. Sortais. Du reste, on ne semble pas avoir attaché une grande importance à ce système de déclanchement, et dans tous les télégraphes de ce système qui sont en ce moment en exploitation dans presque tous les pays, c'est l'employé lui-même qui déclanche le mécanisme moteur après avoir été averti par l'alarme ou simplement par le bruit du relais.

Dans le premier système de M. Morse, c'était la tige réagissant sur le levier de détente du mécanisme précédent qui faisait fonctionner le marteau de la sonnerie; mais on a depuis adapté à ces sortes d'appareils des sonneries spéciales dont nous parlerons plus tard.

Le transmetteur du télégraphe Morse consistait, dans l'origine, dans un simple ressort terminé par une touche munie d'une pièce métallique et placé au-dessus d'une autre pièce également métallique que l'on avait appelée enclume. Un des pôles de la pile aboutissait à cette dernière, et le circuit de la ligne correspondait au ressort. Depuis, M. Morse a adopté pour ce transmetteur, la forme que nous représentons un peu plus loin au chapitre du télégraphe Digney; c'est un levier articulé sur un petit support de cuivre, et muni de deux fortes vis. Au-dessous de ces vis, se trouvent deux contacts, solidement fixés sur le bâti de l'appareil et tenant lieu, l'une de l'enclume, l'autre de butoir d'arrêt. De cette manière, l'appareil peut être facilement réglé et avoir le jeu nécessaire pour une manipulation prompte et facile. Ainsi disposé, cet interrupteur a été nommé *levier-clef* ou simplement *clef* du télégraphe Morse.

M. Morse a cherché pendant longtemps les combinaisons de points et de traits les plus simples et les plus faciles pour les appliquer aux différentes lettres de l'alphabet et aux chiffres; après bien des essais, voici l'alphabet auquel il s'est arrêté.

· —	— · · ·	· · ·	— · ·	·	· — ·	— — ·	· · · ·	· ·	— · — ·	— · —	———	— —
A	B	C	D	E	F	G	H	I	J	K	L	M

— ·	· ·	· · · · ·	· · — ·	· · ·	· · ·	—	· · —	· · · —	· — —	· — · ·	· · · ·	· · · ·	· · · ·
N	O	P	Q	R	S	T	Ü	V	W	X	Y	Z	etc

· — — ·	· · — · ·	· · · — ·	· · · · —	· · · · ·	· · · · · ·	— — · ·	— · · · ·	— · · —	———
1	2	3	4	5	6	7	8	9	0

et que la pratique a fait modifier de la manière suivante :

· —	— · · ·	— · — ·	— · ·	·	— ·	— · ·	· · · ·	· ·	· — — —	— · —
A	B	C	D	E	F	G	H	I	J	K
· — · ·	— —	— ·	— — —	· — — ·	— — · —	· — ·	· · ·	—	· · —	· · · —
L	M	N	O	P	Q	R	S	T	Ü	V
· — —	— · · —	— · — —	— — · ·							
W	X	Y	Z							

Après avoir ainsi arrêté son alphabet télégraphique, M. Morse imagina, pour rendre la manipulation de la clef plus facile, de composer un commutateur alphabétique, dans lequel le nombre et la durée des fermetures et interruptions de courant, représentant les différents signaux, pouvaient être immédiatement obtenus sans aucune contention d'esprit, et par la simple friction d'une lame de ressort à travers plusieurs séries de plaques métalliques combinées convenablement. Pour obtenir ce résultat, il suffisait que les plaques correspondant aux fermetures longues du courant fussent plus larges que les autres, et que les espaces séparant ces plaques fussent plus ou moins étendus, suivant qu'ils devaient représenter des espaces larges ou étroits. En incrustant dans une planche de bois ces différentes combinaisons de plaques, on avait donc un commutateur alphabétique à l'usage des plus ignorants.

En donnant plus d'extension à cette idée, M. Morse imagina d'entailler de petits morceaux de cuivre de même hauteur, de manière à leur faire représenter les diverses combinaisons qui devaient reproduire la désignation de chaque lettre. Ces entailles formaient, sur chacun de ces caractères, des espèces de dents de scie plus ou moins larges, plus ou moins multipliées, plus ou moins écartées les unes des autres suivant qu'elles devaient fournir un ou plusieurs points, un ou plusieurs traits, un grand ou un petit intervalle de séparation sur l'appareil récepteur. Tous ces caractères pouvaient être ensuite groupés, comme un composition d'imprimerie dans un composteur; et il suffisait ensuite de faire passer, à l'aide d'une machine, le composteur sous un ressort en connexion avec le courant, pour opérer mécaniquement toutes les fermetures et interruptions de courant, nécessaires pour transmettre la dépêche.

Enfin dans un autre système, également combiné par M. Morse, le commutateur alphabétique dont nous avons parlé en premier lieu pouvait être disposé sur un cylindre de bois mû par un mouvement d'horlogerie. Alors, des touches à ressort, échelonnées le long du cylindre et portant à leur partie postérieure des galets métalliques, pouvaient, étant abaissées, rencontrer les différentes combinaisons de plaques conductrices voulues et produire les réactions électriques, en rapport avec la disposition de celles-ci.

Tous ces systèmes et plusieurs autres encore sont longuement décrits, et avec figures, dans l'ouvrage de M. Vail sur le télégraphe électrique américain, imprimé en 1847 ; ce qui n'a pas empêché plusieurs personnes d'*imaginer*, dans ces derniers temps, des moyens exactement semblables, et même de se disputer une priorité que ni les uns ni les autres n'étaient en droit de faire valoir. Nous verrons plus tard ceux de ces appareils qui ont fourni les résultats les plus avantageux, toutefois aucun d'eux n'est encore entré jusqu'ici dans la pratique télégraphique.

Télégraphe magnéto-électrique de M. Dujardin, de Lille. — M. Dujardin a été un des premiers à s'occuper de télégraphie électrique, et avant qu'on ait pensé, en France, à employer le télégraphe Morse, il avait combiné un système de ce genre qui, non-seulement a pu fonctionner d'une manière satisfaisante en ligne comme l'a prouvé le rapport de M. Leverrier à l'Assemblée législative en 1851, mais qui a pu fournir des signaux sous l'influence seule d'une machine magnéto-électrique, disposée d'après son système, c'est-à-dire avec les bobines placées sur les pôles d'un aimant permanent. Comme la transmission de ces signaux était le résultat de mouvements saccadés imprimés à cette machine, et que les courants induits sont instantanés, il ne pouvait composer ses lettres que par des combinaisons particulières de points, ce qui entraînait un alphabet particulier et assez compliqué ; néanmoins il a pu transmettre par ce système 82 lettres par minute sur un circuit double de la distance de Paris à Lille. C'est, du moins, ce qu'indique le rapport de M. Leverrier.

Le récepteur de cet appareil était constitué d'une part par un cylindre mis en mouvement de rotation sur une vis sans fin par un mouvement d'horlogerie, et d'autre part par un second cylindre de très-petit diamètre, placé parallèlement au-dessous de l'autre sans être animé d'aucun mouvement. Une feuille de papier enveloppait ces deux cylindres à la manière d'une courroie, et l'électro-aimant enregistreur, muni de son style traceur qui était un bec à encre, était placé au bas du système, de manière à ce que le bec vint buter à chaque attraction électro-magnétique contre le petit cylindre normalement à sa surface. Il résultait de cette disposition que les traces laissées sur le papier se succédaient comme dans le système Morse ordinaire et de plus, en raison du mouvement de translation du cylindre, elles constituaient dans leur ensemble une ligne en hélice, qui pouvait remplir une grande partie de la surface du papier.

Le transmetteur employé par M. Dujardin était dans l'origine une machine magnéto-électrique du genre de celle que nous avons décrite dans notre tome II p. 212 et il suffisait d'abaisser la poignée mettant en mouvement l'armature un plus ou moins grand nombre de fois pour transmettre telle ou telle lettre. Dans ce cas, l'armature de l'électro-aimant du récepteur devait être aimantée afin que les courants induits de sens contraire qui se produisaient à chaque mouvement, pussent fournir une oscillation unique dans des conditions déterminées. Mais dans un autre système, M. Dujardin a eu recours à un transmetteur automatique dans lequel on composait d'avance la dépêche avec des contacts métalliques découpés, et il suffisait alors de passer par-dessus tous ces contacts un style mis en rapport avec la ligne pour fournir toutes les émissions de courants nécessaires.

Perfectionnements successifs de l'appareil Morse. — En raison de son adoption par les différents États d'Europe et d'Amérique, le télégraphe Morse a été celui de tous les télégraphes qui a le plus exercé la sagacité des mécaniciens et des télégraphistes. Aujourd'hui plus d'une centaine de systèmes perfectionnés ont été mis au jour et l'on n'a plus que l'embarras du choix. Toutefois le système qui a été le plus généralement adopté est celui de MM. Digney que nous décrirons avec détails un peu plus loin. Parmi les différents inventeurs qui se sont occupés de cette question, les uns ont eu pour but d'obtenir sans relais la marche de l'appareil; ce sont MM. Hipp, Teyler, Achard, etc. Pour cela, ils ont fait en sorte que l'action du style sur la bande de papier fut produite par le mécanisme d'horlogerie destiné à entraîner celle-ci, et alors l'action électro-magnétique se bornait à faire réagir le mouvement d'horlogerie sur le style. Les autres ont voulu obtenir plus de célérité dans les transmissions des dépêches et, pour y parvenir, ils ont disposé l'appareil de manière à obtenir un alphabet moins compliqué ou exigeant des signaux de moindre durée. Ce problème a été résolu de diverses manières, soit en adaptant à l'appareil deux styles écrivants sur deux lignes parallèles comme l'ont fait MM. Wheatstone, Régnard, Stœhrer, Gloesener, Renoir, Hipp, soit en n'employant que des points, ou en introduisant dans l'organe traçant un mouvement latéral qui permit d'utiliser comme éléments de signaux les positions différentes des traits à l'égard d'une ligne horizontale imaginaire, comme cela a été pratiqué par MM. Allan et Garapon. D'autres inventeurs encore ont voulu rendre les traces fournies par le style plus facilement lisibles en les reproduisant à l'encre, au crayon ou par des réactions électro-chimiques. Ce sont MM. Thomas John, Digney, Viney, Cacheleux, Froment, Bain, Dujardin, Gloesener, Siemens, etc. Quelques autres ont cherché à obtenir de la part de ce système télégraphique et avec les courants induits, les traces longues et courtes qu'on obtient avec les courants voltaïques; ce sont MM. Siemens et Varley.

D'autres encore ont voulu appliquer le système Morse au télégraphe à cadran, comme moyen de contrôle et pour réunir dans un même appareil les deux systèmes télégraphiques; ce sont MM. Tremeschini et Glover. Enfin d'autres ont voulu, pour augmenter la rapidité de la transmission, préparer d'avance les dépêches et les faire transmettre automatiquement par l'appareil lui-même, avec une vitesse et une régularité que ne pouvait avoir la manipulation d'un employé. Un grand nombre de systèmes de ce genre ont été proposés par MM. Wheatstone, Siemens, Digney, Renoir, etc., etc.

Dans quelques systèmes, on a voulu aussi remplacer le mouvement d'horlogerie destiné à l'entraînement du papier par un moteur électro-magnétique, afin d'obtenir une mise en action automatique de l'appareil, mais ces systèmes sont tellement défectueux, que nous ne les rappelons ici que pour mémoire.

Pour mettre de l'ordre dans la description de tous ces appareils, nous les rangerons en trois grandes catégories, savoir : 1° les télégraphes ordinaires à enregistration mécanique; 2° les télégraphes à transmission automatique; 3° les télégraphes électro-chimiques. Ceux de la première catégorie eux-mêmes ont été répartis en cinq classes, comprenant : 1° les télégraphes ordinaires à un style; 2° les télégraphes à enregistration mécanique; 3° les télégraphes à deux styles; 4° les télégraphes à déclanchement automatique; 5° les télégraphes à manipulateurs mécaniques.

I. — TÉLÉGRAPHES A ENREGISTRATION MÉCANIQUE.

1° Télégraphes ordinaires à une seule pointe traçante.

Dans les télégraphes Morse construits jusqu'en 1854 en Amérique, en Allemagne et même en France par MM. Laumain et Bricquet, le mécanisme d'horlogerie, le mécanisme entraîneur de la bande de papier et le mécanisme imprimeur étaient confondus ensemble et placés entre les deux platines de l'appareil; de plus, n'étant pas renfermés dans une boîte, ils étaient exposés à la poussière, à l'humidité et à tous les inconvénients qui pouvaient en résulter. M. Mouilleron, ancien contre-maître de la maison Breguet, qui, vers 1853, s'était établi à son compte, fut le premier en France qui construisit d'une manière régulière ces appareils et leur donna la forme que nous voyons aujourd'hui. Il commença d'abord par isoler complètement le mécanisme enregistreur du mouvement d'horlogerie en le plaçant en dehors de l'une des platines de l'appareil, puis il forma avec ces platines et des lames de verre dont les bords étaient taillés en biseau et qui pouvaient glisser dans des rainures, une sorte de boîte transparente hermétiquement fermée qui renfermait le mécanisme d'horlogerie. Il imagina aussi le premier la disposition qui permet d'introduire facilement la bande de papier dans le laminoir par le soulèvement facile du rouleau supérieur, et ce fut lui qui disposa le premier cet appareil, de manière à constituer, sans complication, un système translateur. Cet appareil, admirablement construit, a été longtemps le type le plus perfectionné des télégraphes Morse, et tous les appareils de l'administration télégraphique française jusqu'en 1858, étaient établis sur ce modèle. Toutefois les inconvénients qu'entraînait la lecture difficile des dépêches reproduites par un gauffrage souvent incomplet de la bande de papier, et la nécessité d'avoir des relais pour obtenir ce gauffrage, fit rechercher s'il n'y aurait pas moyen de substituer à la pointe émoussée des appareils Mouilleron, un style imprimeur à l'encre ou au crayon. Bien des essais furent tentés pour arriver à ce but. Tantôt on employait à cet effet des becs à encre à ouverture capillaire ; tantôt des tire-lignes toujours imprégnés d'encre par un moyen ou par un autre; tantôt des styles ou petits tampons plongeant dans l'encre à leur état normal et venant présenter au papier un point fraîchement imprégné d'encre au moment de leur réaction; tantôt des becs de pierre ponce imprégnés d'acide sulfurique et réagissant sur du papier teint au tournesol; tantôt enfin un style d'acier exerçant une action électro-chimique sur du papier préparé au cyanure de potassium; mais tous ces systèmes ont tour à tour été abandonnés, et on en était toujours revenu au système à pointe sèche de Morse.

Quels étaient les obstacles qui s'opposaient au fonctionnement des appareils établis d'après ces différents systèmes ?... les voici : quand on employait des becs à encre, des tire-lignes, etc., l'encre destinée à les alimenter et qui ne contenait pas à cette époque de glycérine, venant à se sécher ou à s'épaissir précisément vers leur extrémité traçante, ne pouvait plus couler et fournir les traces nécessaires à l'impression de la dépêche. Les tampons plongeant dans l'encre éclaboussaient de liquide la bande de papier, et les becs de pierre ponce imprégnés d'acide formaient des traces qui, en s'étalant, finissaient par se confondre. Enfin le papier électro-chimique, quoique préparé avec de l'azotate d'ammoniaque, n'était jamais assez hygrométrique pour être dans un état d'humidité convenable, surtout par les temps chauds. L'emploi du crayon fut également tenté, et M. Froment, construisit même un télégraphe dans lequel le problème était résolu d'une manière très-ingénieuse, car il avait fait en sorte, que le crayon par le fait même de son usure, pouvait maintenir toujours sa pointe suffisamment aiguë. Ce résultat était obtenu au moyen d'une roue à rochet dont était muni le porte crayon et qui tournait d'un cran à chaque mouvement de l'armature électro-magnétique. Comme le crayon était couché sur le papier, son usure s'effectuait suivant une surface conique, et sa pointe se trouvait de cette manière toujours taillée. Néanmoins ce système était trop délicat pour être confié à des employés peu soigneux et il ne pouvait devenir pratique; aussi n'a-t-il pas été plus employé que les autres, et ce ne fut que quand M. Thomas John, inventeur Hongrois, eût conçu sa molette tournante dans l'encre, que l'on pût voir dans un avenir prochain la solution pratique du problème si longtemps cherché. C'est en effet, à partir de cette découverte, c'est-à-dire en 1856, et surtout après que MM. Digney frères, contructeurs français, eurent donné à ce système, en 1857, toutes les conditions de solidité et de stabilité désirables, que les signaux à l'encre commencèrent à se faire voir sur les bandes sortant des appareils Morse. Nous ne parlerons pas du procès important qui eût lieu à cette occasion entre MM. Thomas John et Digney; mais, d'après le jugement qui a été rendu, on peut reconnaître une fois de plus qu'il est plus avantageux, à tous les points de vue, de rendre pratique une invention que de la concevoir. Ce qui est certain, c'est que le malheureux inventeur Hongrois a succombé à la peine, et son nom peut être ajouté au nombre déjà si grand de ceux qui composent le martyrologe des inventeurs. Nous avons dit ces quelques mots, non pour rabaisser en quoi que ce soit le mérite de MM. Digney, qui par leur invention ont rendu un réel service à la télégraphie, mais pour rendre un juste hommage à la mémoire du malheureux inventeur dont nous avions patroné l'invention dès l'origine et auquel nous avions fait accorder une médaille de platine en 1859, par la Société d'encouragement.

Télégraphe de M. Thomas John. — Dans le télégraphe de M. Thomas John l'organe traçant est, comme nous l'avons vu, une molette tournant toujours dans l'encre, et présentant par conséquent à l'impression un point fraîchement imprégné d'encre. Avec cette disposition l'on n'avait plus à craindre les conséquences du séchage et de l'épaississement de l'encre, et l'appareil pouvait fonctionner à des intervalles plus ou moins éloignés sans être mis en train. De plus, comme l'impression résultait du simple rapprochement de la molette et de la bande de papier, il n'était plus nécessaire d'employer de relais. Le double problème était donc ainsi résolu.

Nous représentons fig. 1, pl. II, la disposition de l'appareil de M. Thomas John comme il l'a apporté en France en 1856. Dans ce modèle la molette imprimante est en M ; elle est mobile à l'extrémité d'un long levier coudé M l h sur lequel réagit par l'intermédiaire d'une bielle B et d'une tige articulée A C, l'armature D de l'électro-aimant E. Cette molette plonge par sa partie inférieure dans un réservoir fixe R rempli d'encre de chine délayée, et comme elle est reliée par un système de poulies de renvoi PP' avec un galet Q qui reçoit son mouvement du glissement de la bande de papier, elle tourne dans l'encre tout le temps que l'appareil fonctionne et présente toujours devant le point S, où doit se faire l'impression, une partie de sa circonférence fraîchement imprégnée d'encre.

Afin que les traces noires laissées par cette molette sur la bande de papier, pussent être assez courtes et assez nettes, pour former les points qui entrent dans les combinaisons de l'alphabet Morse, la bande de papier, guidée par une gouttière SO qui avance presqu'au contact de la roue traçante, se replie brusquement sur elle-même, et se trouve maintenue dans cette situation par trois galets I, H, Q, dont l'un Q sert à faire tourner la molette traçante ainsi que nous l'avons dit précédemment. Cette disposition présente un avantage ; c'est celui de tenir tendue sur une longueur O L, d'environ 20 centimètres, la bande de papier aussitôt après son impression, ce qui facilite beaucoup la lecture des dépêches.

Si l'on réfléchit maintenant que l'appareil, pour fonctionner, n'a d'autre effet à produire, que d'approcher la roue encrée de la bande de papier, rapprochement qui ne nécessite pas une distance d'attraction plus grande qu'un demi millimètre, on comprendra facilement pourquoi un pareil système n'a pas besoin de relais ni de mécanismes d'horlogerie autres que celui qui fait avancer la bande de papier. J'ai pu, en effet, constater que malgré les mauvaises conditions de résistance de l'électro-aimant de l'appareil qui m'avait été présenté, malgré un temps humide et de la pluie, une dépêche a pu être transmise directement et avec 25 éléments Daniell seulement, à la pile, de Rouen à la gare Saint-Lazare.

Je n'insisterai pas sur les détails d'exécution de cet appareil qui ont du reste été considérablement simplifiés et modifiés comme nous allons le voir à l'instant. Je dirai seulement, pour compléter ma description, que toutes les pièces mobiles de l'appareil étaient munies de vis de rappel pour en régler l'écart et le jeu, pour assurer un frottement suffisant au galet qui met en mouvement les poulies de la molette traçante, enfin pour tendre à un degré convenable la corde qui réunit ces poulies.

Les perfectionnements apportés au télégraphe Morse, par M. Thomas John, ne concernant que l'impression des dépêches, tous les transmetteurs, clefs, etc., déjà en usage, étaient applicables à l'appareil que nous venons de décrire.

Depuis la présentation de son appareil à la Société d'encouragement, M. Thomas John lui avait donné une autre disposition qu'il regardait comme très-supérieure à celle dont nous venons de parler, et M. Breguet lui-même, qui avait acheté l'invention, en a fait un télégraphe tout à fait pratique que nous représentons fig. 37 ci-dessous, et qui a été employé par certaines administrations télégraphiques.

Dans cette nouvelle disposition la molette traçante est en m ; elle est adaptée à l'extrémité du levier l qui porte l'armature A de l'électro-aimant E et reçoit son mouvement d'une petite roue montée sur le même axe qu'elle et qui engrène avec une autre roue de plus grand diamètre adaptée au rouleau R. Comme ce rouleau est mis en mouvement à la suite du déroulement du papier par le laminoir N N', la molette m tourne par la même occasion, et un tampon encreur t disposé comme ceux de la roue des types

Fig. 37.

des télégraphes imprimeurs, en appuyant sur la circonférence de la molette, fournit l'encrage qui lui est nécessaire. L'écart de cette molette de la bande de papier se règle d'ailleurs à l'aide des deux vis butoirs p, p' entre lesquelles oscille le levier de l'armature, et le contact anguleux nécessaire à la netteté des impressions est fourni par un appendice i placé devant la bande de papier en face du rouleau R. La vis B sert à régler la force antagoniste, le levier H à déclancher le mouvement d'horlogerie, le levier Q à relever le rouleau supérieur du laminoir, et la vis *k* en appuyant sur un ressort serre convenablement l'un contre l'autre les deux rouleaux de ce laminoir.

Télégraphe de MM. Digney et Beaudoin. — Le but que s'était proposé M. Thomas John dans le perfectionnement important qu'il avait apporté à l'appareil Morse, était de placer l'organe traçant des télégraphes ordinaires dans les meilleures conditions possibles, et, pour obtenir ce résultat, il avait été conduit, comme on l'a vu, à adapter aux pièces mobiles de ces sortes d'appareils un système mécanique, sans doute très-ingénieux, mais un peu compliqué, qui était la conséquence forcée de la nécessité dans laquelle il se trouvait de faire tourner une roue soumise à un mouvement de va et vient. Naturellement cette complication devait entraîner un accroissement de résistance et, par suite, enlevait à l'appareil un peu de sa sensibilité. D'un autre côté une roue mobile dans l'encre n'était pas complètement exempte des inconvénients qui avaient fait échouer les divers essais tentés jusque-là ; nous avons même vu que M. Breguet avait été lui-même obligé de renoncer à l'encrier et de le remplacer par un tampon encreur.

Malgré les résultats avantageux qu'avait fournis cet appareil, on pouvait donc désirer encore quelques nouveaux perfectionnements, qui le rendissent plus simple dans sa construction, moins délicat dans sa manœuvre et plus sûr dans ses effets. Or ces conditions se sont trouvées réalisées dans l'appareil de MM. Digney et Beaudoin qui a suivi de quelques mois seulement celui de M. Thomas John.

MM. Digney et Beaudoin, ayant considéré les difficultés que présentait la rotation d'une roue à encre mobile à l'extrémité d'un levier oscillant, telle qu'elle était du reste spécifiée dans le brevet de M. Morse, crurent qu'il était plus simple de renverser les données du problème accepté jusque-là et d'affranchir cette roue de tout mouvement oscillatoire en la faisant tourner sur un axe fixe et en faisant en sorte que ce fut la bande de papier qui s'approchât d'elle. Cette idée, une fois acceptée, sa réalisation devenait extrêmement simple, puisque le problème se trouvait ramené à celui des télégraphes imprimeurs. Il suffisait donc : 1° de placer la roue traçante de manière qu'elle reçut directement son mouvement du mécanisme d'horlogerie appelé à faire marcher la bande de papier ; 2° de faire frotter contre cette roue un rouleau imprégné d'encre grasse ; 3° de terminer le levier mis en mouvement par l'électro-aimant par un couteau placé exactement au-dessous de la roue encrée ; 4° de faire passer au-dessus de ce couteau la bande de papier destinée à recevoir l'impression de la dépêche. Avec un pareil système, en effet, chaque mouvement provoqué par l'électro-aimant avait pour effet d'approcher le papier de la molette encrée, et comme le corps

Fig. 38.

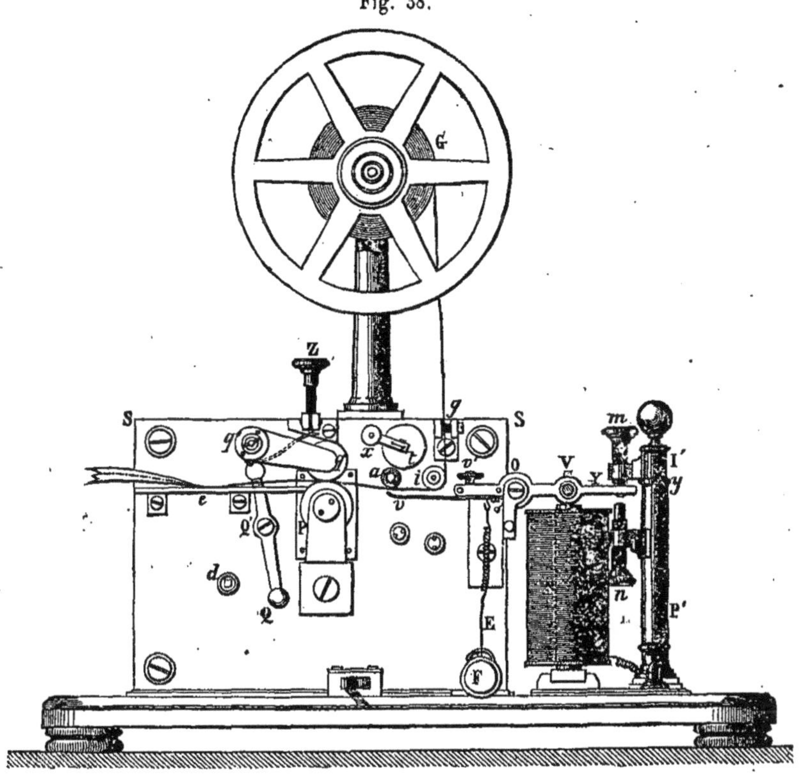

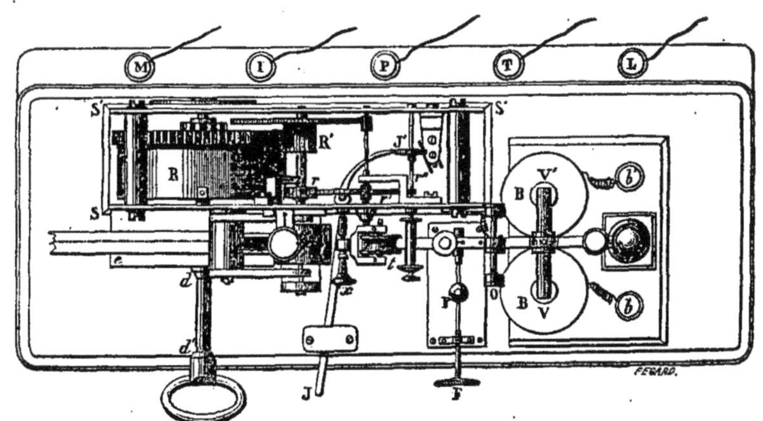

Fig. 39.

dur qui appuyait ainsi le papier contre cette roue était taillé en couteau, c'est-à-dire présentait un angle aigu, un point seulement pouvait être imprimé pour un mouvement rapide accompli par l'armature de l'électro-aimant, tandis qu'un long trait était la conséquence d'une attraction prolongée de cette même armature. Le problème se trouvait donc complètement résolu, et cela de la manière la plus simple, puisque les pièces mécaniques nécessitées pour cette opération n'étaient pas en plus grand nombre et plus compliquées que dans les télégraphes Morse perfectionnés. Aussi l'administration des télégraphes a-t-elle immédiatement adopté cette disposition, et c'est ainsi que sont établis les télégraphes Morse aujourd'hui en usage en France. En raison de son importance, nous allons étudier cet appareil dans tous les détails de sa construction et avec tous ses perfectionnements récents, qui sont nombreux comme on pourra en juger.

Récepteur. — Les fig. 38 et 39 ci-contre représentent le plan et l'élévation du récepteur de cet appareil. Il se compose, comme on le voit : 1° d'une boîte rectangulaire en bronze SS dans laquelle est renfermé le mécanisme d'horlogerie destiné à l'entraînement du papier; 2° d'un système imprimeur et encreur placé sur le côté de la boîte SS et complétement en dehors du mécanisme d'horlogerie; 3° d'un électro-aimant B également placé en dehors du mécanisme d'horlogerie; 4° d'un rouleau à papier G.

Fig 40.

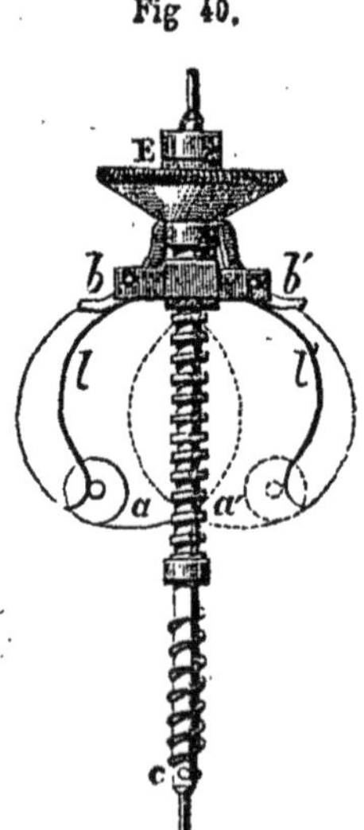

Mécanisme d'horlogerie. — Ce mécanisme est composé de cinq mobiles, d'un barillet R muni d'un très fort ressort que l'on remonte à l'aide d'une clef par le trou *d* (fig. 38 et 39), de quatre roues engrenant l'une dans l'autre au moyen de pignons, et d'un volant vertical à ailettes que nous représentons vu de face (fig. 40). Ce volant est mis en mouvement au moyen d'une vis sans fin. Il se compose essentiellement de deux disques munis de contrepoids *a a'* et articulés à une pièce *b b'* qui est mobile le long de l'axe du volant mais qui est maintenue repoussée vers le haut par un ressort à boudin. Deux lames de ressort *l*, *l'*, adaptées à cette pièce et appuyant sur les ailettes par l'intermédiaire de deux goupilles, tendent à maintenir abaissées ces deux ailettes; mais quand le volant tourne, ces lames cèdent bientôt à la force centrifuge qui anime les ailettes, et celles-ci, en s'écartant les font infléchir. Pour une force médiocre telle que celle que possède le ressort du barillet vers la fin de sa détente, ce système régulateur pourrait avoir ainsi sa marche suffisamment réglée, mais pour une force plus grande l'écart des ailettes ne pourrait plus être limité, si la pièce *b*, en s'abaissant sous l'influence de la même action, ne refoulait pas le ressort à boudin qui la sollicite et ne rendait pas l'action des ressorts *l l'* plus énergique. Ainsi, par le fait, ce système de volant a sa marche tempérée par un double régulateur à force centrifuge. Comme le volant en question constitue le dernier mobile du mécanisme d'horlogerie, c'est sur son axe que se trouve placée la cheville de détente de l'appareil, que l'on aperçoit du reste en *c'*, et que l'on dégage à l'aide du levier articulé J (fig. 38 et 39).

Dans une disposition récente, MM. Digney ont pu à l'aide d'un bouton mobile sur l'axe du volant modifier considérablement la vitesse du mécanisme, au point de lui faire débiter, en plus ou en moins, une longueur de 50 centimètres de la bande de papier en une minute. Pour obtenir ce résultat la pièce *b b'* (fig. 40) sur laquelle sont articulées les deux ailettes et qui sert de support aux deux ressorts *l*, *l'*, porte à ses deux extrémités deux leviers circulaires qui appuyent sur les ressorts *l*, *l'*. Les extrémités supérieures de ces leviers sont soutenues par un écrou conique E qui se visse sur la pièce *b b'*, et cet écrou étant plus ou moins serré tend par sa surface conique à presser plus ou moins les ressorts *l*, *l'*. Or cet écrou peut être aisément serré ou desserré à la main puisqu'il occupe la partie supérieure de la pièce.

Mécanisme entraîneur de la bande de papier. — C'est sur l'axe d'un petit pignon engrenant avec la troisième roue du mécanisme précédent que se trouve adapté le cylindre mobile P (fig. 38) du laminoir qui doit provoquer l'entraînement de la bande de papier. L'autre cylindre *q* est adapté à l'extrémité d'une bascule *q q'* sur l'axe de laquelle se trouve fixé un fort ressort. Une vis Z appuyant sur ce ressort permet de régler la pression que le cylindre *q* doit exercer sur le cylindre P, pour que l'entraînement de la bande de papier soit assuré d'une manière régulière. Pour qu'on puisse facilement introduire la bande de papier entre les deux cylindre *q* et P du laminoir, un levier QQ', articulé en Q' et muni d'un manche Q, se trouve placé sous la bascule du cylindre *q* et peut soulever cette bascule au moyen d'une portée, lorsqu'on repousse vers la gauche le levier QQ'. La bande de papier en provision sur le rouleau G, après avoir été introduite entre les deux cylindres *q* et P, est ensuite placée derrière un guide à poulie *i* afin qu'elle se présente horizontalement devant le mécanisme imprimeur, et elle glisse sur un support horizontal *e* afin que l'employé, en la tirant de haut en bas vers la gauche, puisse facilement lire les signaux qu'elle porte.

La roue G, sur laquelle est enroulée la bande de papier en provision, se compose de deux joues circulaires adaptées à un axe de gros diamètre au moyen d'un pas de vis. Quand on veut placer le papier, on dévisse une de ces joues et on introduit sur l'axe, mis à découvert, le rouleau de papier qui a un trou ménagé en conséquence; on revisse ensuite cette joue, et l'appareil se trouve ainsi en état de fonctionner.

Mécanisme imprimeur. — Ce mécanisme se compose essentiellement d'une *molette tournante a*, adaptée sur l'axe d'un pignon engrenant avec la roue du troisième mobile et sur laquelle appuie un rouleau en flanelle *t* imprégné d'encre oléique. La bande de papier passe au-dessous de cette molette, et une lame de ressort *v*, adaptée au levier O Y de l'électro-aimant, peut, au moment des attractions provoquées par celui-ci, approcher et serrer la bande de papier contre la molette, qui laisse alors forcément une trace sur le papier. Cette trace, on le comprend aisément, est d'autant plus longue que l'attraction de l'électro-aimant a duré plus longtemps, puisque la bande de papier se trouve entraînée d'un mouvement uniforme ; par conséquent, en variant la durée des attractions, on peut obtenir les traits et les points nécessaires à la composition des lettres de l'alphabet Morse. Pour que ces traces soient nettement arrêtées, le ressort *v* se recourbe un peu sous la molette, de manière à fournir un angle aigü devant le point où doit s'effectuer la pression du papier.

Comme la pression qui doit être exercée par le ressort *v* (auquel on a donné le nom de *couteau*) doit être réglée afin de ne pas présenter de résissistance inutile au mécanisme entraîneur de la bande de papier et à l'action de l'électro-aimant, une vis de rappel *v'* a été adaptée au levier O Y de l'électro-aimant, dans le voisinage du point où le ressort *v* s'y trouve fixé. Cette vis traverse le levier, et, en appuyant plus ou moins sur le ressort, l'éloigne ou le rapproche de la molette *a*.

Le tampon encreur a reçu de MM. Digney dans ces derniers temps (1872) un perfectionnement important dont la nécessité avait été révélée par la pratique. On avait constaté que souvent ce tampon ne tournait pas et que la partie toujours en contact avec la roue des types, non-seulement finissait par s'user assez promptement, mais encore se trouvait le plus souvent dépourvue d'encre, alors que les parties latérales en étaient amplement fournies. Il fallait en conséquence arroser fréquemment d'encre le tampon et même le changer assez souvent. Pour éviter cet inconvénient, MM. Digney ont adapté à leur mécanisme d'horlogerie un nouveau mobile s'engrenant avec la deuxième roue et ayant pour effet, au moyen d'un dispositif représenté fig. 41, p. 108, de communiquer à l'axe portant le tampon un mouvement de va et vient tel que les différentes parties de celui-ci fussent forcées de se présenter successivement au-dessus de la molette traçante. Pour obtenir ce résultat, l'axe A, sur lequel est articulé le support du tampon T, porte au dedans des platines de l'appareil une pièce G maintenue par un guide et se termine par deux chevilles *v*, *v'* entre lesquelles se meut un disque à surfaces gauches *b b'* monté sur l'axe du nouveau mobile B. Ce disque est disposé de manière que pour chaque demi révolution qu'il accomplit, ses surfaces se trouvent inclinées dans un sens différent et d'une quantité suffisante pour correspondre à la largeur du tampon. Comme le passage d'une position à l'autre est successif, puisque l'inclinaison des surfaces joue par rapport aux chevilles *v*, *v'*, le rôle de coins qu'on enfonce successivement, ces

Fig. 41.

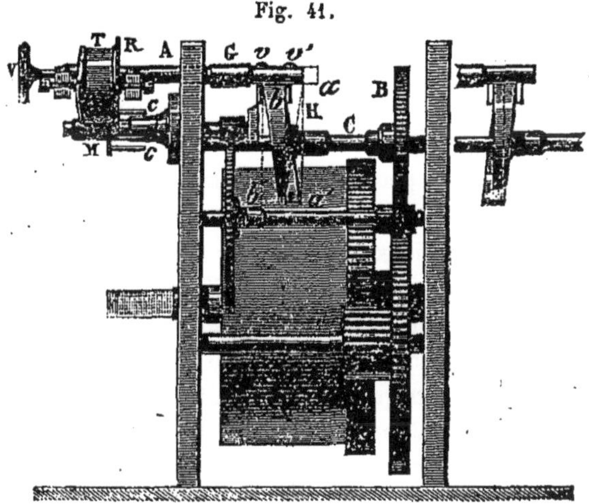

chevilles se déplacent horizontalement, entraînant avec elles l'axe A et le tampon T, jusqu'à ce que l'inclinaison du disque, ayant changé de sens, provoque un mouvement en sens contraire et par suite un mouvement rétrograde du tampon. Il y a donc ainsi un mouvement de va et vient continu produit par le seul fait d'un mouvement circulaire parallèle et sans l'intermédiaire de bielles ni d'excentriques. Les deux positions extrêmes des surfaces latérales du disque *b b'* sont indiquées sur la figure, l'une en *b b'*, l'autre dans une annexe à droite de la figure, et leur action se comprend aisément.

Quant au mécanisme destiné à faire tourner le tampon il est des plus simples, car ce tampon porte latéralement une roue R dont les dents larges et pointues peuvent rencontrer quatre broches *c c c* fixées sur la molette M; et comme celle-ci est forcée de tourner sous l'influence du mécanisme d'horlogerie, il faut bien que le tampon entre en mouvement quand bien même il n'appuirait pas suffisamment sur la molette.

Le tampon encreur peut du reste être remplacé facilement par un autre, et à cet effet, on a adapté à l'extrémité de l'axe creux qui le supporte, une espèce de petit verrou qui vient s'enclancher dans une entaille pratiquée sur le pivot servant d'articulation à cet axe. Un pas de vis adapté à l'axe creux lui-même permet d'ailleurs de changer les points d'application de la surface du rouleau sur la molette quand l'appareil ne possède pas le dispositif précédent. M. Siemens a voulu rendre ce système plus complet en remplaçant le tampon en question par un tampon de flanelle formant le bouchon d'une bouteille d'encre renversée, comme on le voit fig. 42. Ce bouchon est toujours imprégné d'un excès d'encre par capillarité et le communique à la molette. Nous croyons toutefois ce mode de communiquer l'encre moins sûr que celui de MM. Digney, car le frottement produit doit, par suite de la rotation, essuyer une partie de l'encre déposée.

Système électro-magnétique. — Le système électro-magnétique de l'appareil Digney se compose d'un électro-aimant à deux bobines, dont l'armature cylindrique V (fig. 38) est portée par le levier OY, qui oscille par son extrémité libre entre deux vis butoirs *m*, *n*, adaptées à une colonne I′ P′. Cette colonne est séparée en deux tronçons par une bague d'ivoire *y* qui isole l'une de l'autre les deux vis, afin de constituer avec le levier O Y, un système de relais connu sous le nom de translateur, et dont nous verrons plus tard l'usage. En conséquence, ces vis fournissent des contacts électriques tout en limitant le jeu du levier O Y et de l'armature de l'électro-aimant; le ressort antagoniste est d'ailleurs placé en E, et se manœuvre à l'aide de la vis F.

Fig. 42.

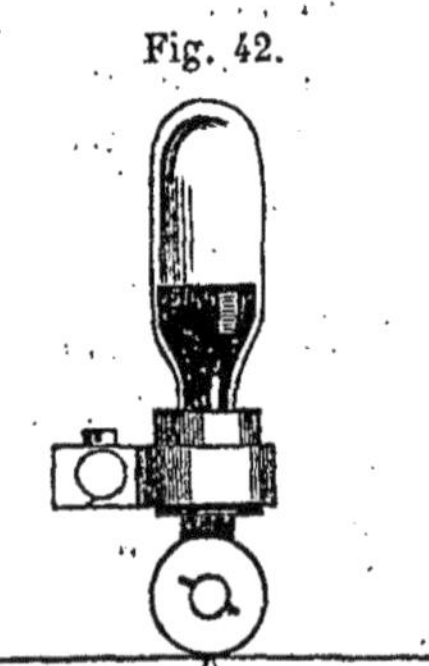

Dans l'origine, MM. Digney avaient substitué aux pivots qui terminent l'axe d'oscillation du levier O Y des couteaux de balance afin de rendre moindres les effets du frottement; mais le défaut de fixité de pièces ainsi montées a déterminé ces constructeurs à revenir aux pivots, et même à recouvrir les trous de ces pivots d'une rondelle métallique, afin que les employés ne puissent y toucher et pour les maintenir toujours convenablement huilés. Il en a été de même pour les autres trous de pivots, et c'est ce qui explique l'utilité des rondelles que nous avons figurées sur notre dessin.

Mécanismes accessoires. — Nous verrons plus tard que dans la plupart des bureaux télégraphiques où les employés doivent se trouver constamment à leur poste, l'appel ne se fait que par les battements du levier de l'armature de l'électro-aimant contre le contact du relais. Il était donc important, avec ce système d'appel, que ces battements pussent produire le plus de bruit possible. Or, comme avec le système simple de Digney les coups, résultant de ces battements, se trouvent considérablement amortis par la résistance du couteau imprimeur contre la molette, il était important, dans ce but aussi bien que dans celui d'assurer de bons contacts pour la translation, de modifier un peu le système imprimeur, et le moyen qui s'est présenté naturellement à l'esprit a été d'éloigner, après chaque transmission, le couteau de la molette imprimante à l'aide de la vis *v'*. Ce moyen, d'ailleurs, n'avait aucun inconvénient puisque quand les appareils ne transmettent plus, il est inutile que le couteau vienne appuyer contre cette molette.

Au premier abord, la solution du problème paraît simple, et l'on pourrait croire qu'il suffirait, pour l'obtenir, de serrer la vis régulatrice du couteau de manière à éloigner celui-ci de la molette, car alors une seconde vis butoir pourrait servir de repère pour rétablir le couteau dans sa position primitive. Cette manière de résoudre la question avait même été proposée par M. Sortais; mais il est facile de voir que ce moyen exige du soin, et ne peut être appliqué pendant le temps que l'électro-aimant fonctionne; il entraîne donc une perte de temps et n'est même pas d'une disposition commode pour les employés. Le problème est plus complexe; car il arrive souvent, dans les transmissions télégraphiques, que tous les avis envoyés n'ont pas besoin d'être imprimés, et si, pour passer d'un simple avis à l'impression d'une dépêche, qui peut suivre immédiatement, il fallait arrêter le jeu de l'armature de l'électro-aimant et régler la vis dont nous avons parlé, non-seulement on perdrait beaucoup de temps, mais on s'exposerait encore à couper la dépêche et à nécessiter sa répétition. Le même défaut peut être reproché au système proposé par MM. Digney, qui consistait à articuler sur le levier O Y la lame du couteau imprimeur et à l'enclancher dans deux positions différentes au moyen de deux cames appuyant contre un ressort à la manière des lames de canif. En écartant la lame de la molette imprimante, on rendait, il est vrai, le levier portant l'armature de l'électro-aimant parfaitement libre dans ses mouvements, mais l'inconvénient signalé précédemment n'en aurait pas moins existé. Le problème a été résolu d'une manière préférable dans les ateliers de l'administration des lignes télégraphiques, au moyen d'une disposition que nous représentons fig. 43 et qui a pour effet de relever la molette imprimante I, en soulevant verticalement, au moyen d'une excentrique E F, une partie de la platine de l'appareil sur laquelle sont montées les différentes pièces qui sont en rapport avec elle. Pour obtenir cet effet, cette partie de la platine C A glisse dans une double rainure à biseau, et se trouve sollicitée en sens contraire de l'action de l'excentrique au moyen d'un fort ressort. L'excentrique E F étant pourvue d'un manche O, il est aussi facile à l'employé de disposer son appareil pour l'impression ou la translation que de soulever un des rouleaux du laminoir de la bande de papier ou de déclancher le mouvement de son appareil. Cette disposition est maintenant adaptée aux télégraphes à molette de l'administration, qui doivent fonctionner en translation.

Communications électriques de l'appareil. — Dans les récepteurs simples de MM. Digney, comme du reste dans tous les récepteurs Morse employés dans les administrations télégraphiques, il existe cinq bornes d'attache marquées M, I, P, T, L. La première de ces bornes M communique au massif de l'appareil, c'est-à-dire, à la masse métallique; la seconde I correspond à la pièce isolée I', fig. 38 et 39, c'est-à-dire au contact du repos, et doit être reliée au bouton L d'un second appareil ainsi qu'à un commutateur, quand l'appareil est monté en translation. La troisième borne P correspond à la partie P' de la colonne I' P', c'est-à-dire au contact de translation qui est constitué par la vis n; elle doit être d'ailleurs reliée au pôle positif de la pile de ligne. Ces trois bornes ne sont utilisées que pour la translation. Dans une transmission ordinaire la borne T qui est en rapport avec la terre et la borne L qui est en rapport avec la ligne par l'intermédiaire du transmetteur suffisent, car ces deux bornes aboutissent aux deux extrémités b et b' du fil de l'électro-aimant. Dans les appareils à relais l'une de ces bornes L correspond à la manette du commutateur qui établit ainsi la communication entre la ligne et l'un ou l'autre des deux électro-aimants, et l'autre borne leur correspond directement.

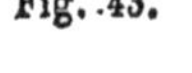
Fig. 43.

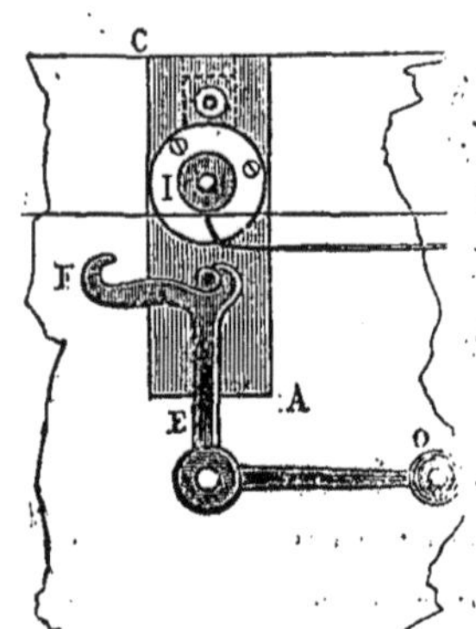

Transmetteur. — Le transmetteur de l'appareil Morse, désigné vulgairement sous le nom de *clef* n'a rien de particulier dans le système Digney. C'est, comme on le voit, fig. 44, un levier basculant I E, muni, à l'une de ses extrémités, d'un manche aplati F, et qui, à l'état de repos, appuie par l'intermédiaire d'une vis M (et sous l'action d'un ressort a) sur un contact métallique D. Un appendice métallique R, rencontrant un second contact P quand on abaisse la bascule, établit les fermetures et ouvertures de courant destinées à réagir sur l'appareil du poste de réception.

La ligne télégraphique communique au support sur lequel pivote le levier I E, et les deux contacts dont nous avons parlé sont en relation, l'un P avec le pôle positif de la pile de ligne, l'autre D avec le récepteur du poste, afin de mettre cet appareil en état de recevoir les dépêches quand la clef est au repos.

Fig. 44.

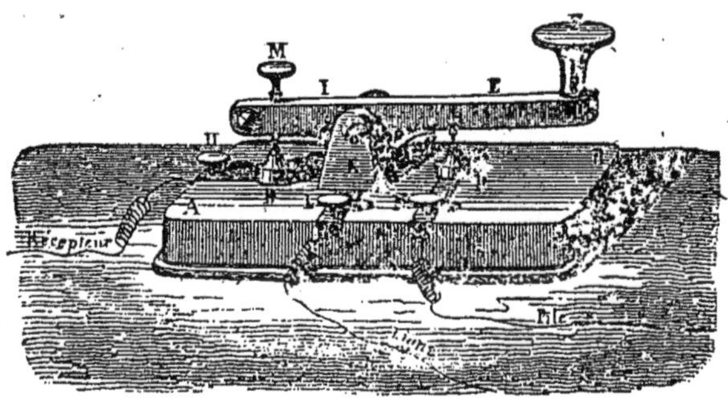

Nous devrons maintenant dire quelques mots des différentes modifications que MM. Digney ont dû apporter à leurs modèles pour satisfaire aux demandes de plusieurs administrations télégraphiques étrangères.

Ces modifications se rapportent principalement au système électro-magnétique et à certaines dispositions accessoires pour la commodité de la manœuvre.

Quant au système électro-magnétique, tantôt il se compose d'un électro-aimant à quatre bobines et à quatre armatures rayonnant autour d'un axe commun auquel est adapté le levier imprimeur; tantôt il est muni d'un électro-aimant ordinaire dont l'armature est constituée par un petit électro-aimant; tantôt les électro-aimants sont munis de deux hélices qu'on peut disposer en quantité ou en tension, de manière à en faire soit une seule et même hélice de grande résistance, ayant un nombre de spires double de celui de l'hélice simple, soit une hélice d'un nombre de spires moitié moins grand et d'une résistance moindre, soit une hélice double dont les courants marchant en sens contraire laissent inerte, dans certaines conditions, l'électro-aimant. Cette dernière disposition peut servir dans beaucoup de cas, notamment pour les transmissions simultanées à travers un même fil télégraphique, comme on le verra plus tard.

Pour les dispositions accessoires dont nous avons parlé, elles peuvent être regardées comme de véritables perfectionnements de détails qui devront figurer un jour dans le modèle de l'administration française, car elles n'entraînent aucune complication et peuvent avoir leur utilité suivant les cas où se trouve placé l'appareil.

Le premier de ces perfectionnements, réclamé par la Suède et le Danemark, a eu pour effet de faire disposer le barillet de manière à pouvoir être remplacé facilement par les employés eux-mêmes quand le ressort vient à se casser. En conséquence, les appareils se trouvent accompagnés d'un barillet de rechange disposé à cet effet.

Le second perfectionnement, demandé par la Hollande, concerne l'armature de l'électro-aimant qu'on désirait pouvoir approcher plus ou moins des pôles de celui-ci sans toucher aux vis de réglage de la translation et de l'impression.

Le troisième perfectionnement se rapporte au tendeur du ressort antagoniste. Il a été réclamé pour les postes n'ayant qu'un seul appareil pour desservir plusieurs lignes d'inégale résistance; dans ce cas il importe que la tension du ressort soit effectuée rapidement, et avec le tendeur rapide de MM. Digney, on peut avec un seul tour de vis obtenir le maximum de tension.

Le quatrième perfectionnement concernant l'imbibition du tampon a été réclamé pour le service des postes dont les appareils fonctionnent jour et nuit; il a eu pour conséquence de faire établir au-dessus du tampon encreur une sorte d'encrier pompe sur lequel il suffit d'appuyer le doigt pour fournir une imbibition complète du tampon sans que la transmission en soit pour cela arrêtée.

Nous ne parlons pas du bouton de réglage du volant du mécanisme d'horlogerie, ni du mécanisme pour le déplacement continu du tampon sur la molette, car nous avons déjà indiqué ces deux perfectionnements qui font maintenant partie essentielle de l'appareil.

La fig. 2, pl. II, représente la première disposition que MM. Digney ont donnée à leur appareil. Elle ne diffère de celle qui est employée aujourd'hui, que par la disposition des contacts pour la translation et la forme du levier de l'armature.

Télégraphe de M. Siemens. — M. Siemens appréciant toute l'importance du système Digney, ne tarda pas à traiter avec la maison Digney et Cie, pour exploiter conjointement avec elle ce système télégraphique, et comme il le destinait principalement aux lignes sous-marines, il disposa les appareils de manière à fonctionner sous l'influence de courants renversés et par l'intermédiaire de son électro-aimant à armature polarisée que nous avons décrit tome II, page 87. Cette substitution de l'organe électro-magnétique entraîna une modification dans la disposition de l'appareil qui prit alors la forme que nous représentons fig. 45; mais quoique cette forme soit assez différente de celle du récepteur Digney, il est facile d'y retrouver les organes principaux, et dans la fig. 45, il n'y a en somme de changé que la partie de droite qui représente le système électro-magnétique vu par la partie supérieure. Les bobines de l'électro-aimant sont donc placées à l'intérieur de la boîte renfermant le mécanisme d'horlogerie et qui est toute en cuivre. Comme l'électro-aimant Siemens peut fonctionner sous l'influence de courants simples ou de courants renversés, cette disposition peut être appliquée aux lignes aériennes comme aux lignes sous-marines, seulement dans ce dernier cas, l'appareil contient un mécanisme pour le déclanchement automatique de l'appareil, mécanisme dont nous parlerons plus tard.

Fig. 45.

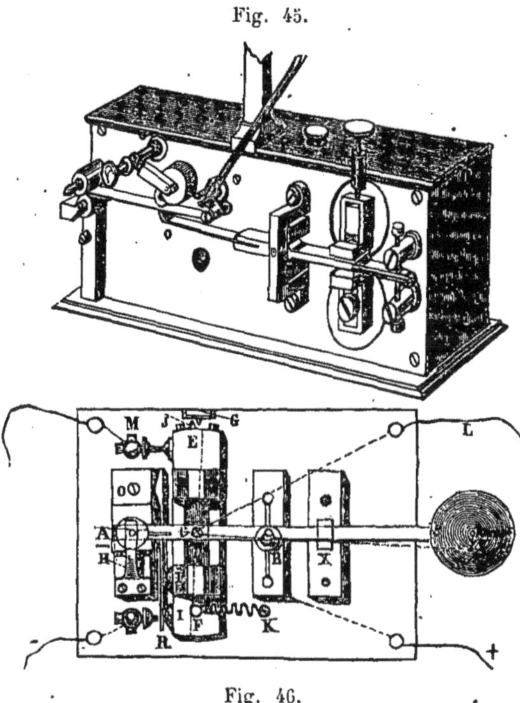

Fig. 46.

Le manipulateur lui-même pour son application à la télégraphie sous-marine, a dû avoir aussi une disposition particulière que nous représentons fig. 46, et que nous décrirons avec détails au chapitre de la télégraphie sous-marine.

A l'Exposition de 1867, M. Siemens avait fait figurer parmi les différents appareils envoyés par lui, une clef Morse agissant mécaniquement sur une pièce oscillante qui plongeait des appendices métalliques dans deux godets pleins de mercure : deux de ces godets étaient affectés à la liaison de la ligne avec le récepteur du poste expéditeur, les deux autres fournissaient les fermetures de circuit. Je n'ai pu savoir dans quel cas M. Siemens employait ce genre de manipulateur.

Systèmes divers de télégraphes à signaux encrés. — La molette imprimante ayant été brevetée, soit dans le système Thomas John, soit dans le système Digney, les anciens constructeurs qui se trouvaient, par suite de cette découverte, dépossédés de leur privilège de fourniture aux différentes administrations télégraphiques, cherchèrent pendant quelque temps à lutter, soit en perfectionnant les procédés anciens, soit en prenant des systèmes intermédiaires. Ils construisirent de cette manière des appareils dont plusieurs fonctionnèrent très-bien, mais comme ils étaient toujours plus compliqués que les appareils si simples de Digney, ils ne furent guère employés ; de sorte que par le fait, MM. Digney purent avoir tout le temps de leur brevet, le monopole des télégraphes Morse à signaux encrés. Quoique nous ne puissions pas considérer les appareils dont nous venons de parler comme un progrès réalisé, quelques-uns présentent des dispositions tellement ingénieuses que nous croyons devoir en dire quelques mots.

Système à tire-ligne de MM. Cacheleux et Mouilleron. — Nous commencerons par l'appareil à tire-ligne de M. Cacheleux, auquel M. Mouilleron avait donné la forme que nous représentons fig. 7, pl. II. Il présente à peu près la même disposition mécanique que les télégraphes Morse de M. Mouilleron, seulement à la place du style qui, dans ces derniers, est fixé sur le prolongement du levier A B de l'armature, se trouve adapté le mécanisme écrivant C D E qui se compose : 1° d'un tire-ligne C D ayant une forme particulière que l'expérience avait indiquée ; 2° d'une fourchette E F composée d'une lame de ressort et d'une tige rigide, et qui est fixée sur le levier A B ; 3° d'un contre-poids P dont la position est voisine du point d'équilibre instable ; 4° d'un encrier pompe M dans le réservoir N duquel plonge le tire-ligne.

Le jeu de cet appareil s'effectue de la manière suivante. A l'état normal, le tire-ligne C D plonge entièrement dans l'encre du réservoir N, et cette encre, au moyen de la tête de vis X de l'encrier, peut toujours atteindre un niveau constant ; mais aussitôt que l'électro-aimant réagit sur le levier A B, la fourchette E F appuie sur la queue du tire-ligne, le contre-poids incliné favorise cette action, et la pointe du tire-ligne imprégnée d'encre rencontre la bande de papier, qui se déroule devant le cylindre V du laminoir qui l'entraîne. Comme la pression exercée sur le tire-ligne résulte de l'effet d'un ressort, on n'a pas à craindre de déchirures de la bande de papier, et l'impression se trouve faite d'une manière suffisamment nette.

Le timbre qu'on remarque à la droite de la figure a été adapté pour la réception au son, quand l'appareil doit agir comme parleur.

Système de M. Hermann. — A côté du télégraphe à tire-ligne de MM. Cacheleux et Mouilleron, nous devrons ranger le télégraphe à tube capillaire de M. Hermann, de Lisbonne, qui a figuré à l'Exposition universelle de 1867 (1), et dont les marques se produisent au moyen d'un tube capillaire adapté sous un encrier. Ce système présente un dispositif ingénieux qui évite quelques-uns des inconvénients reprochés à ce genre d'appareils. Ce dispositif consiste dans une solidarité de mouvement établie entre l'encrier à tube et le levier de détente du mécanisme d'horlogerie. En temps ordinaire, cet encrier est élevé au-dessus de la bande de papier, et de cette manière l'encre ne s'étale pas sur cette dernière, soit par imbibition, soit par endosmose; mais aussitôt qu'on déclanche l'appareil pour recevoir la dépêche, l'encrier et le tube prennent la place qu'ils doivent avoir, et les marques se produisent par le rapprochement du papier comme dans le système Digney.

Système de MM. Vinay et Gaussin. — A la molette traçante qu'ils ne pouvaient pas employer, ces constructeurs ont eu l'idée de substituer une chaîne sans fin enroulée sur deux poulies, et, nous devons le dire, ce système a produit de bons résultats; mais comme il était une contrefaçon déguisée du système Digney il n'a guère été employé. Nous le représentons fig. 47 ci-dessous. A et B sont deux poulies d'égal diamètre sur lesquelles est enroulée la chaîne sans fin que vient sans cesse imprégner d'encre un rouleau encreur R. La poulie B est montée sur une pièce qui oscille autour d'un pivot C et qui étant repoussée par un ressort I, tient toujours la chaîne convenablement tendue. Un levier D E articulé en E porte en D une cheville sur laquelle vient passer la bande de papier et se trouve maintenu dans une position convenable par rapport à la chaîne, à l'aide d'un butoir et d'un ressort G appuyant sur une came excentrique E. Deux poulies au-

Fig. 47.

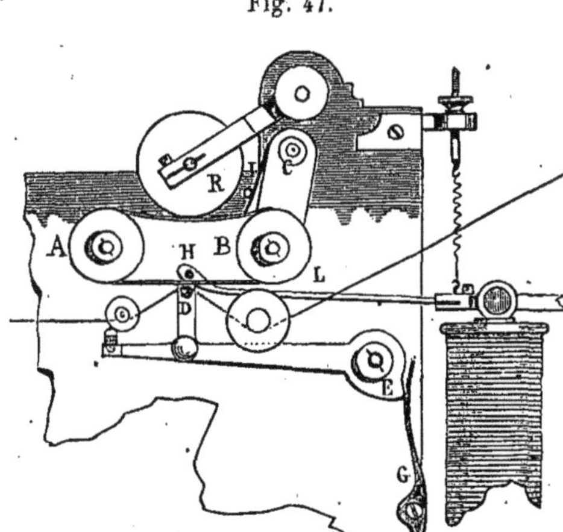

(1) Voir la description et les dessins de cet appareil dans les *Annales télégraphiques*, tome 8, page 92.

dessous desquelles circule la bande de papier, maintiennent celle-ci repliée sur la cheville D; enfin le levier imprimeur L est terminé par une cheville H qui, en appuyant sur la chaîne la met en contact avec la bande de papier et lui fait produire l'impression.

Une idée analogue avait, du reste, été émise quelque temps avant par MM. Pradines et Tondeur qui avaient imaginé d'enrouler sur le rouleau moteur de la bande de papier dans les appareils ordinaires, un ruban de toile fine passant sur un second rouleau et formant chaîne sans fin, à la manière des courroies d'engrenage. Ce ruban était recouvert d'une encre d'imprimerie épaisse jusqu'à la consistance du savon et qui pouvait aisément être renouvelée. En raison de sa consistance cette encre, bien que pressée contre la bande de papier destinée à recevoir la dépêche, ne laissait pas d'empreintes sur le papier, mais lorsque le style du télégraphe tendait à opérer le gaufrage de ce papier, l'encre s'attachait aux traces produites absolument comme dans les tracés pantographiques à pointe sèche.

Dans un appareil qu'il a exposé en 1867, M. Vinay a employé comme organe encreur un système composé de deux molettes dont une, celle destinée aux impressions est fixe, et l'autre qui est de grand diamètre et qui plonge dans un encrier, tourne tangentiellement à la première pour lui fournir l'encre. On a prétendu que cet appareil fonctionnait bien et qu'il avait l'avantage d'éviter les inconvénients résultant du renouvellement de l'encre sur les rouleaux dans les systèmes ordinaires.

Système de MM. Rault et Chassan. — L'une des plus importantes solutions qui aient été données du problème de l'encrage des signaux Morse depuis la molette de Thomas John, est bien certainement celle qu'ont présentée l'année dernière MM. Rault et Chassan et qui a été remarquée à l'Exposition de Vienne de 1873. Avec ce système c'est l'encrier qui sert lui-même d'organe encreur, et l'encrage se fait à la manière d'une molette ou d'un tire-ligne. La fig. 48, p. 118, représente l'ensemble de l'appareil, et la fig. 49 montre le dispositif du système encreur qui est placé au-dessus de la cage de l'appareil, ainsi que le système entraîneur de la bande de papier et le levier imprimeur, comme on le voit sur la fig. 48. Cette disposition est plus commode dans la pratique et permet de réduire les dimensions et le prix de l'appareil.

Le système encreur de MM. Rault et Chassan se compose de deux réservoirs cylindriques A et B fig. 49, placés dans le prolongement l'un de l'autre et disposés de manière à ne laisser entre eux qu'un intervalle assez étroit pour qu'un liquide introduit entre les diaphragmes qui les terminent se trouve maintenu par l'action capillaire à la manière de l'encre dans un tire-ligne. L'un de ces réservoirs cylindriques A est fixe et muni d'une ouverture O par laquelle on introduit l'encre. L'autre B est mobile sous l'influence du mécanisme qui entraîne le papier, et les deux diaphragmes qui les terminent sont percés de trous pour permettre à l'encre de circuler d'un réservoir dans l'autre, tout en remplissant l'espace compris entre eux,

Fig. 48.

lequel espace est calculé de façon *qu'il ne passe* que *la quantité de liquide nécessaire* pour l'encrage.

Pour obtenir des traces parfaitement nettes, les deux diaphragmes dont nous venons de parler dépassent la surface cylindrique des réservoirs et forment deux lèvres *a*, *b* qui pourraient constituer un tire-ligne circulaire si elles étaient semblables, comme du reste MM. Rault et Chassan les avaient disposées dans l'origine, mais qui, par suite de l'excentricité donnée à l'une d'elles *a*, celle du réservoir fixe, constituent un système encreur dans lequel la lèvre mobile *b* réagit à la manière d'une molette encrée. En effet, au moment ou la partie découverte de cette lèvre mobile vient à s'approcher de la partie excentrique de la lèvre fixe, l'encre vient s'étaler à sa surface, et, quand elle a accompli sa révolution, c'est-à-dire quand elle se trouve en face de la bande de papier, elle présente à celle-ci une partie fraîchement imprégnée d'encre, et cela d'autant mieux que les parties desséchées ou épaissies de ce liquide se trouvent broyées entre les deux diaphragmes par le fait de la rotation de l'un d'eux. De plus, pour éviter les bavochures et forcer le bord extérieur de la lèvre tournante à partager l'encrage, une sorte de frotteur C, appuie au-dessus des deux lèvres et les emboîte sur la moitié de leur circonférence. Grâce à ce dispositif, on obtient des traces très-nettes. Les impressions s'effectuent d'ailleurs comme dans le système Digney, par l'intermédiaire d'une lame de ressort recourbée vers son extrémité et dont la tension n'a besoin que d'être réglée une fois pour toutes, grâce à un dispositif dont nous allons parler à l'instant.

Fig. 49.

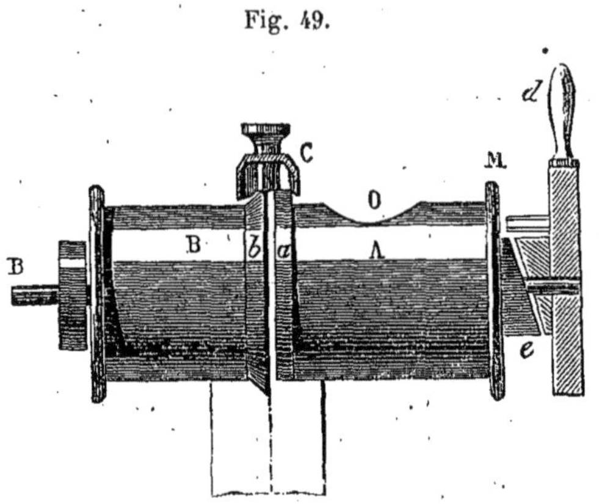

Quant au système entraîneur de la bande de papier, il se compose d'un laminoir comme dans les autres systèmes télégraphiques; mais il est de plus petites dimensions et le cylindre inférieur est muni de deux roues à dents pointues, comme dans le télégraphe Hughes, qui donnent à la traction du papier une plus grande puissance.

Dans ce système le ressort antagoniste du levier imprimeur est une lame de ressort dont on règle la tension au moyen d'un axe à excentrique, mais cette tension n'a besoin que d'être réglée une fois pour toutes, car on préfère opérer le réglage de l'appareil par l'accroissement ou la diminution de la force magnétique. Pour obtenir ce résultat, MM. Rault et Chassan employent pour noyaux magnétiques de l'électro-aimant des tubes de fer, à l'intérieur desquels peuvent se mouvoir deux tiges de cuivre, munies à leur extrémité supérieure de deux bouchons de fer, qui constituent par le fait les deux pôles de l'électro-aimant. On a vu t. II, p. 36, que d'après mes expériences un électro-aimant creux peut avoir la même force qu'un électro-aimant plein, à la condition d'avoir ses extrémités remplies par un bouchon de fer. MM. Rault et Chassan ont appliqué avantageusement ce principe à leur appareil, car ils ont pu de cette manière rapprocher plus ou moins près de l'armature, les pôles de l'électro-aimant, sans nuire à sa force et sans toucher aux noyaux magnétiques, par conséquent sans leur faire perdre l'avantage de l'aimantation plus énergique résultant de la plus grande proximité du fer des spires de l'hélice magnétisante.

Ce réglage de la distance attractive est d'ailleurs obtenu au moyen d'un bouton placé à l'extrémité de la colonne qui porte les vis de contact de la translation, lequel bouton étant tourné à gauche ou à droite a pour effet de soulever ou d'abaisser par l'intermédiaire d'une tige mobile à l'intérieur de la colonne, une bascule articulée placée au-dessous de l'appareil et sur laquelle sont fixées les deux tiges portant les appendices polaires.

Le déclanchement du mécanisme s'effectuait dans les premiers appareils de MM. Rault et Chassan, au moyen d'un bouton adapté sur l'axe de la partie mobile du cylindre, en avant du système, et qui pouvait enrayer le mouvement par la pression d'un excentrique ; mais dans les derniers appareils, on en est revenu au système de déclanchement ordinaire.

Nous devons encore signaler, dans l'appareil de MM. Rault et Chassan, un dispositif ingénieux pour faire varier d'une manière extrêmement facile et entre des limites considérables, la vitesse du mouvement de l'appareil. Ce dispositif consiste dans un tube adapté à frottement doux, sur l'axe du volant modérateur, et qui est muni à sa partie inférieure de deux bagues à rebord sur lesquelles peuvent agir, à la façon d'un engrenage, une came fixée sur l'axe d'un bouton régulateur, placé en dehors de l'appareil. Deux ressorts arqués, chargés de limiter l'amplitude du jeu des ailettes sont adaptés au tube en question, et se trouvant plus ou moins arqués suivant que le tube est plus ou moins abaissé, ils laissent aux ailettes un développement plus ou moins considérable, qui fait par conséquent varier la vitesse du moteur. Or ce mouvement du tube est commandé, comme nous l'avons vu, par un bouton de réglage, et comme le tube porte deux bagues, la came peut réagir deux fois successivement, comme si les rebords de ces bagues constituaient deux dents ; elle peut par suite fournir deux vitesses différentes au moteur.

Les essais faits à l'administration des télégraphes français, avec cet appareil, ont été très-favorables, et déjà plusieurs lignes sont ainsi desservies. Il est probable que l'usage s'en répandra de plus en plus, car il est d'un prix moins élevé que les autres, et il est dans de meilleures conditions de solidité.

2° Télégraphes Morse dont la pointe traçante réagit sous l'influence du mouvement d'horlogerie.

Nous avons vu qu'avant la réussite complète de l'impression des signaux à l'encre, on avait cherché, dans les appareils Morse à pointe sèche, à éviter les inconvénients des relais en faisant réagir sur la pointe traçante elle-même le mécanisme d'horlogerie destiné à entraîner la bande de papier : plusieurs systèmes ont été imaginés dans ce but par MM. Hipp, Theyler et Achard, et ils ont généralement bien réussi. C'est M. Hipp, l'habile constructeur Suisse, qui a eu l'initiative de ce perfectionnement.

Système de M. Hipp. — Pour obtenir de la part du mécanisme entraîneur de la bande de papier l'action mécanique nécessaire pour faire réagir le style, M. Hipp construit les deux dernières roues du mouvement d'horlogerie des appareils ordinaires de manière qu'elles aient la même vitesse; ces roues portent sur leur axe deux autres roues taillées en roues de rencontre ou à rochet, que le moindre mouvement de l'armature fait engrener, quand elle est attirée par l'électro-aimant, avec la partie supérieure d'un double râteau, dont l'axe est le même que celui de l'armature; ce râteau en marchant jusqu'à son extrémité, communique le mouvement de la roue supérieure au style qui presse alors sur la bande de papier. Dès que l'aimantation cesse, le mouvement de l'armature fait engrener le dessous du râteau avec la roue inférieure de l'appareil, ce qui remet le style dans sa position primitive. Comme ces mouvements ne durent qu'un instant très court pour écrire chaque signe télégraphique, point ou trait, le râteau peut ne présenter qu'un petit nombre de dents, soit pour conduire le levier, soit pour être ramené lui-même quand l'électro-aimant n'exerce plus d'attraction sur l'armature. La vitesse du mouvement dépend de celle des deux roues, et on peut la régler de manière à être en rapport avec une transmission à la fois prompte et fidèle de la dépêche. M. Hipp, à la suite d'une expérience de deux années d'application de ce système dans plusieurs des bureaux de la Suisse, assure qu'il présente, outre l'avantage de supprimer les relais et les piles locales, celui d'avoir pour l'impression un mouvement parfaitement régulier indépendant de l'adresse de l'employé et dont la vitesse ne dépend que de la volonté du constructeur.

C'est sur le même principe que M. Hipp a construit son télégraphe militaire portatif.

Système de M. Theyler. — Dans ce système, le style traçant se trouve fixé normalement sur un axe tournant qui reçoit son mouvement du mécanisme d'horlogerie lui-même par l'intermédiaire d'un pignon et d'une roue formant un troisième mobile. Cette roue est folle sur son axe et peut, par conséquent, être arrêtée sans que le rouage qui la met en mouvement participe à son arrêt. Quant à l'axe tournant lui-même, il est construit de manière à avoir assez de jeu entre ses deux supports pour permettre à un ressort qui le termine d'appuyer ou non contre une rondelle fixe placée à portée. En face de l'autre extrémité de cet axe se trouve l'armature de l'électro-aimant, qui, à l'état normal, appuie assez contre le bout libre de cet axe pour que le ressort dont nous venons de parler s'applique à frottement sur la rondelle fixe placée en face de lui. Le frottement de ce ressort est alors suffisant pour arrêter dans son mouvement la roue folle qui tend à le faire tourner avec l'axe lui-même. Mais lorsque l'armature cesse d'appuyer sur l'axe en question, la roue folle devient libre, et cet axe se trouve entraîné. Toutefois, ce mouvement n'est que de courte durée, car le style, une fois abaissé sur le papier, empêche bientôt la roue folle de se mouvoir, mais ce mouvement a suffi pour que ce style ait pu produire sur le papier le gaufrage nécessaire pour laisser une marque visible.

M. Theyler a employé pour cet appareil une disposition particulière d'électro-aimants qui se rapproche, du reste, de celle de MM. Cecchi, de Lafollye, Régnard, etc. Il fait osciller l'armature qui est en fer doux par son centre entre les quatre pôles de deux électro-aimants, et place au-dessous de cette armature un aimant persistant destiné à la polariser. Il en résulte alors que, suivant la direction du courant, cette armature oscille dans un sens ou dans l'autre, et peut réagir d'autant mieux sur le mécanisme que nous avons précédemment décrit, que son magnétisme lui permet d'attirer plus efficacement l'axe tournant au moment du débrayage.

Système de M. Achard. — M. Achard a voulu appliquer le principe de son embrayeur à hélice aux télégraphes Morse, afin de les mettre dans la possibilité de marcher sans relais à toutes distances, et sous l'influence d'une force électrique très-minime; mais les résultats qu'il a obtenus ne sont pas assez satisfaisants pour qu'on puisse affirmer si ce système présente quelques avantages sur les télégraphes actuellement en usage. Au premier abord, on pourrait croire même que ces derniers devraient avoir l'avantage par rapport à la célérité des mouvements. Quoi qu'il en soit, comme ce système constitue une idée nouvelle, nous devons dire quelques mots sur sa disposition.

L'embrayeur à hélice de M. Achard que nous décrirons aux applications industrielles de l'électricité, est constitué par un écrou mobile dans les deux sens opposés sur une vis sans fin à filets croisés et qui porte un électro-aimant; le mouvement est communiqué à cette vis par un moteur quelconque, et l'électro-aimant, après chaque allée et venue, est mis en contact avec une armature de fer doux qui n'est entraînée par lui que quand un courant le traverse. Or, que l'on suppose monté sur un bâti approprié au télégraphe un mécanisme de ce genre de très-petites dimensions mis en mouvement rapide par le mécanisme d'horlogerie qui doit entraîner la bande de papier, on comprendra facilement que si le pas de la vis de l'embrayeur est excessivement petit, le porte-style porté par l'armature de l'électro-aimant et mis en mouvement par l'écrou mobile de cet embrayeur, pourra avancer d'une certaine quantité contre le cylindre sur lequel se déroule le papier. Si ce porte-style est très-rapproché de ce cylindre et qu'il puisse se replier sur lui-même au moyen d'un ressort-boudin, il devra arriver que pour une fermeture instantanée du courant, le style avancera seulement contre le papier et y marquera un simple point, tandis que pour une fermeture de courant plus prolongée il appuiera un temps plus long et laissera par suite une trace plus longue. Dans ce dernier cas, il est vrai, le style sera obligé de se replier sur lui-même, mais comme le pas de la vis de l'embrayeur est très-petit, ce refoulement n'occasionnera pas une tension du ressort-boudin assez forte pour déchirer le papier et arrêter le mouvement des cylindres. D'ailleurs, après être refoulé d'un ou de deux millimètres environ, le chariot du style abandonne mécaniquement l'embrayeur comme étant au point le plus éloigné de sa course. On gagne à cette disposition, suivant M. Achard, que les attractions électro-magnétiques, au lieu de se faire à distance, se font au contact et par conséquent que leur action se trouve grandement augmentée.

Maintenant, comment les transmissions promptes s'arrangeront-elles d'un système d'attraction intermittent?... C'est une question que la pratique seule peut trancher, mais il semble que si la fermeture du courant est instantanée et qu'elle surprenne l'appendice oscillant de l'embrayeur dans sa position la plus éloignée du pas de vis, l'attraction n'aura plus lieu au contact et pourra ne pas se faire sentir suffisamment pour motiver le jeu de l'embrayeur. On nous répondra qu'on a fait en sorte de rendre les mouvements oscillatoires de l'embrayeur tellement prompts qu'ils soient toujours plus instantanés que ceux produits par la main de l'homme ; mais pour obtenir un pareil résultat, il faut des mécanismes d'horlogerie très-puissants et, partant, assez dispendieux.

3° Télégraphes Morse à deux pointes traçantes.

Afin d'obtenir des combinaisons alphabétiques moins compliquées que celles qui constituent le vocabulaire de Morse, on a cherché à différentes époques depuis MM. Stheinhel et Stœhrer, à produire l'impression des signaux sur deux lignes parallèles, à l'aide de deux styles fonctionnant sous l'influence de deux effets électriques opposés. Comme cette double action pouvait ne pas entraîner un surcroit de dépense pour l'établissement des lignes, puisqu'à l'aide d'armatures aimantées ou polarisées, on peut obtenir deux effets différents à travers un même fil, on aurait pu croire qu'on saisirait avec empressement ce moyen d'augmenter la vitesse de transmission; mais il n'en a rien été parce qu'il aurait fallu pour cela former un nouveau personnel, établir avec les autres pays d'autres conventions, en un mot, remanier toute l'organisation télégraphique. On a reculé devant de pareilles conséquences, et on a en définitive bien fait, car les télégraphes imprimeurs sont venus résoudre d'une manière inattendue, il est vrai, la question de la célérité de transmission des dépêches. Néanmoins nous devons dire quelques mots de ces systèmes qui auraient pu être les meilleurs s'ils étaient venus les premiers.

Système de M. Gloesener. — M. Gloesener est un des premiers qui se sont occupés de cette question; les effets des électro-aimants à armatures aimantées qu'il avait le premier employés lui en donnaient un moyen facile, et nous le voyons, depuis l'année 1851 jusqu'en 1867, perfectionner successivement un système établi dans ce but. Ne pouvant le suivre dans tous les perfectionnements successifs qu'il a combinés, nous nous arrêterons à l'appareil qu'il avait fait figurer à l'Exposition universelle de Londres, en 1862.

Le récepteur de cet appareil se compose de deux armatures aimantées A et C (fig. 50), suspendues verticalement l'une à côté de l'autre entre deux électro-aimants d'une forme particulière, et réagissant sur deux tiges T, T' portant des styles ou des molettes d'impression. Un aimant en fer à cheval, placé au-dessus de ces palettes et dans le même plan qu'elles, tend à les ramener toujours dans le plan de la verticale quand elles en sont déviées.

Fig. 50.

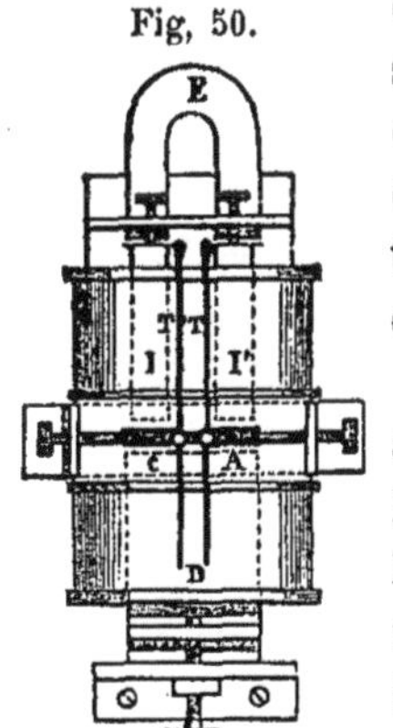

L'un des électro-aimants, composé d'une bobine aplatie, à l'intérieur de laquelle se trouve une large palette de fer doux D, est placé de manière que cette palette corresponde aux pôles inférieurs (de noms contraires) des deux palettes aimantées. L'autre électro-aimant, à bobine également aplatie, est constitué par deux palettes I, I', également de fer doux, placées parallèlement à l'intérieur de la bobine et réunies extérieurement à celle-ci par un aimant E qui communique à l'une une polarité sud et à l'autre une polarité nord. Ces deux palettes sont, bien entendu, disposées devant les deux extrémités des armatures aimantées, et peuvent être reculées ou avancées à l'aide de vis de rappel.

Le transmetteur consiste dans une clef disposée de façon à renverser alternativement le courant, suivant qu'elle est poussée d'un côté ou de l'autre, et à fournir des interruptions pour chaque sens du courant. Cette disposition, qui se devine aisément, peut être combinée de bien des manières différentes, et M. Gloesener en indique deux qu'il regarde comme également bonnes (1). Or voici comment fonctionne ce système télégraphique.

Si on envoie un courant positif à travers l'appareil, l'une des deux palettes de fer de l'électro-aimant double se trouve dépolarisée et prend même un excès de magnétisme contraire à celui qui lui est communiqué par l'aimant fixe, tandis que la polarité de l'autre palette se trouve renforcée. Celle-ci peut alors réagir sur l'armature aimantée suspendue devant elle et provoquer l'abaissement du style correspondant, tandis que l'autre restera inerte. Toutes les interruptions faites sur ce courant positif n'auront par conséquent d'action que sur le même style. Quand on renversera le courant, les effets seront nécessairement renversés, et ce sera le second style qui deviendra actif. C'est pour assurer l'inertie de l'une des palettes de l'électro-aimant double et renforcer l'action de l'autre qu'a été ajouté le second électro-aimant à palette unique.

Système de M. Hipp. — Le télégraphe à deux styles de M. Hipp est fondé sur un principe analogue à celui de M. Hughes, c'est-à-dire sur la mise en action des leviers imprimeurs sous l'influence d'une répulsion des armatures des deux électro-aimants destinés à réagir sur eux. A cet effet ces armatures, qui se trouvent d'ailleurs fortement polarisées par de petits aimants en fer à cheval placés à portée, sont adaptées au mécanisme d'horlogerie qui doit entraîner la bande de papier, de telle manière qu'après avoir été momentanément détachées des électro-aimants sous l'influence électrique, elles se trouvent immédiatement et mécaniquement ramenées en contact avec eux. De cette manière, l'action électrique s'effectue dans ses conditions de maximum, et les impressions, qui ne sont alors il est vrai que des points, se trouvant déterminées par le mécanisme d'horlogerie lui-même, sont indépendantes de l'intensité électrique.

L'alphabet de M. Hipp est, du reste, exactement le même que celui que M. Wheatstone avait adopté pour son télégraphe rapide, appareil dont nous parlerons plus tard, et pour en obtenir la reproduction des différentes lettres avec l'appareil dont nous venons de parler, il a suffi à ce savant de disposer les électro-aimants de telle manière que l'un fût actif pour un certain sens du courant, alors que l'autre ne pouvait l'être que pour le sens opposé du

(1) Voir son *Traité général des applications de l'électricité*, tome I, pages 147 et 149.

même courant. M. Hipp, comme M. Wheatstone, voit d'ailleurs dans ce système alphabétique de grands avantages sous le rapport de la célérité des transmissions.

Le manipulateur de ce nouvel appareil est à clavier et peut transmettre, suivant l'auteur, environ 180 lettres par minute. Inutile de dire que l'on peut appliquer à ce système les courants induits ou les courants de pile.

Système de M. Renoir. — Ce système n'est à proprement parler, qu'un télégraphe Digney, ayant deux leviers imprimeurs au lieu d'un. L'appareil fonctionne sous l'influence de courants traversant, soit dans un sens, soit dans l'autre, deux électro-aimants dont les armatures, placées dans le prolongement des leviers imprimeurs, se trouvent polarisées par deux électro-aimants droits, animés par le courant d'une pile locale

Système de M. Régnard. — Dans ce système le mouvement des styles est déterminé par deux mécanismes d'horlogerie, commandés par un échappement, qui n'est mis en action, pour chacun d'eux, que pour un sens déterminé du courant. A cet effet, ces styles constituent des bascules à ressort dont les mouvements s'effectuent dans le sens de la génératrice du cylindre entraîneur de la bande de papier, sous l'influence des roues d'échappement elles-mêmes, et les chevilles de ces roues, en rencontrant l'extrémité de ces bascules, leur fait accomplir un petit mouvement pour chaque échappement. La trace fournie par le style, par suite de ce mouvement, étant combinée avec le mouvement de rotation du cylindre, donne lieu à des jambages qui se détachent de deux lignes parallèles et qui peuvent composer un alphabet très-simple. C'est pour obtenir la mise en mouvement du mécanisme entraîneur de la bande de papier que M. Régnard a employé, dès l'année 1854, un système de déclanchement automatique assez perfectionné, qui a précédé tous ceux dont on a parlé depuis et que nous décrirons plus loin.

Système de M. Morenès. — A l'Exposition universelle de 1867, M. Morenès, constructeur espagnol, avait envoyé un télégraphe à deux marqueurs, combiné un peu dans le système de M. Gloesener. Il avait, en effet, pour organe traçant, deux molettes portées par deux bascules sur lesquelles réagissait, par l'intermédiaire de la pointe d'une vis, une traverse portée par une armature verticale en forme de fer à cheval. Cette armature oscillait autour d'un point fixe situé au milieu de sa courbure et présentait ses deux pôles entre les trois pôles d'un électro-aimant placé horizontalement. Il résultait de cette disposition que suivant le sens du courant, les battements de l'armature aimantée se faisaient à droite ou à gauche, et par suite l'une ou l'autre des molettes fournissait des marques sur la bande de papier. Comme complément à cet appareil, M. Morenès avait adapté à l'armature dont nous venons de parler un marteau pouvant frapper suivant le sens du courant sur deux timbres de sons différents afin de recevoir un son.

Des différents systèmes à deux styles qui ont été présentés, celui qui a fourni les résultats les plus satisfaisants est sans contredit celui de M. Wheatstone que nous étudierons plus tard au chapitre des télégraphes automatiques; eh bien! malgré la notoriété de M. Wheatstone, malgré les transmissions rapides que cet appareil avait fournies, on n'a pu le faire adopter par les administrations télégraphiques, ni en Angleterre ni en France, et pour qu'on se décidât à l'employer sur une ligne anglaise, il a fallu qu'il fût transformé de manière à fournir des signaux Morse. On peut voir d'après cela qu'il n'y a pas lieu pour les inventeurs de s'engager dans cette voie.

4° Télégraphes à déclanchement automatique.

Il y a quelques années, en 1859, l'administration des lignes télégraphiques françaises avait proposé aux inventeurs, comme problème important à résoudre pour le service télégraphique, de faire opérer automatiquement le déclanchement des appareils-Morse. Ce problème avait été déjà, il est vrai, résolu par M. Morse lui-même, et depuis par plusieurs inventeurs, entre-autres M. Régnard ; mais les solutions proposées n'avaient pas paru sans doute satisfaisantes, puisque le problème avait été de nouveau mis à l'étude. Une foule d'inventeurs répondirent immédiatement à l'appel de l'administration, et de nombreux systèmes (plus de quarante), parmi lesquels nous citerons ceux de MM. Sortais, Siemens, Flouard, Régnard Carbonel, Bourseul, Berty, Sambourg, Brassart, Besse-Bergier, Guyot, Anfonso, Ailhaud, Alexis, Cuche, Mazet, Beaunis, Latour-Dubreuil, Pety, Faure, Gramaccini, Salus, Leclercq, Davy, Miège, Meyer, Dheu, Joly, Fulcrand, Brisson, Vasseur, Mairesse, Sauvage, Bastien, Coustou, Mouilleron, Genty, Bizot, Gillet, etc., etc., furent présentés; mais bien que toutes les conditions voulues aient été remplies dans la plupart de ces systèmes, l'administration des lignes télégraphiques d'alors, ayant réfléchi davantage sur l'opportunité de la question, et pensant sans doute qu'un moyen si facile d'imprimer les dépêches pourrait endormir la vigilance des employés ou provoquer de leur part des absences qu'on ne pourrait pas contrôler, trouva qu'il valait mieux en rester là, et l'essai de tous les systèmes proposés fut ajourné indéfiniment, au grand désappointement de leurs auteurs. Quoiqu'il puisse y avoir un peu de vrai dans les craintes de l'administration, nous ne pouvons admettre que ces motifs soient suffisants pour faire renoncer aux avantages qui peuvent résulter de l'introduction dans les appareils d'un semblable système, et dont le moindre serait de permettre de confier à un même employé le service de plusieurs lignes dans les bureaux de médiocre importance. Il ne faut pas, d'ailleurs, toujours prévoir le mal, et je ne sais jusqu'à quel point une trop grande défiance a entraîné plus de résultats heureux qu'une trop grande confiance. Quoi qu'il en soit, étant convaincu qu'un jour ou l'autre les systèmes de déclanchement automatique seront introduits dans les appareils écrivants, nous allons décrire ceux de ces systèmes qui présentent les dispositions les plus originales, et nous commencerons par celui de M. Sortais, qui paraît être le meilleur de tous.

Système Sortais. — Le problème à résoudre pour obtenir dans de bonnes conditions le déclanchement automatique des télégraphes écrivants ne laisse pas que d'être assez complexe; il faut, en effet, que le déclanchement puisse

Fig. 51.

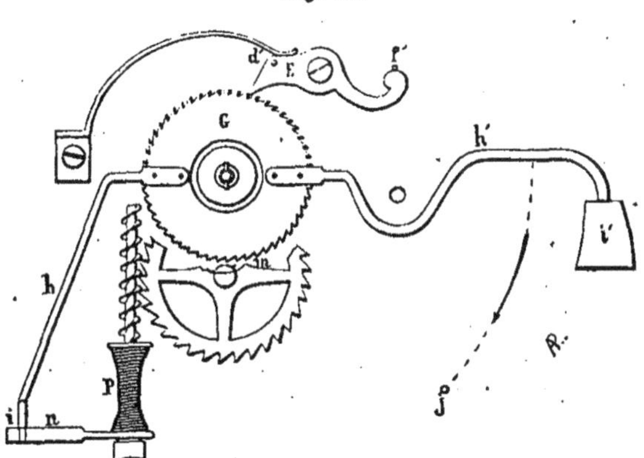

s'opérer instantanément sous l'influence même de l'action électro-magnétique qui met en jeu le style écrivant, et il faut de plus que ce déclanchement ne se maintienne que pendant le temps seulement que dure la transmission de la dépêche ; par conséquent, le mécanisme destiné à le produire doit être susceptible de fournir un enclanchement quelques instants après que l'appareil électro-magnétique a cessé de fonctionner. Enfin, il faut que ce même mécanisme puisse fonctionner avec une force excessivement minime, car il ne doit pas être un obstacle à l'action de l'électro-aimant de l'appareil qui, dans les récepteurs perfectionnés actuellement en usage, doit fonctionner sans relais, par conséquent, avec le courant de ligne.

Ces différentes conditions ont été résolues dans le mécanisme proposé par M. Sortais, que nous représentons ci-dessus, fig. 51. Il consiste essentiellement dans une roue à rochet G portant un levier d'embrayage h, et sur laquelle réagit l'un des mobiles du mécanisme d'horlogerie de l'appareil télégraphique, et dans un cliquet de retient E mis en action par le levier de l'électro-aimant imprimeur, par l'intermédiaire de la goupille d'. Le levier embrayeur h est équilibré par un contre-poids i' qui tend à l'entraîner en dehors du volant modérateur, sur lequel il doit réagir pour produire l'arrêt du mécanisme; mais à l'état normal il ne peut céder à ce mouvement à cause du cliquet de retient E qui maintient la roue à rochet dans une position déterminée; alors il bute contre un doigt d'arrêt n adapté à l'axe du volant. Le mouvement transmis par le mécanisme d'horlogerie à la roue à rochet s'effectue par l'intermédiaire d'une dent m fixée à l'axe de l'avant-dernier mobile, laquelle à chaque révolution de celui-ci, fait avancer d'un cran le rochet. Or, voici ce qui se passe quand l'appareil est mis en action.

Sous l'influence de l'électro-aimant, le cliquet de retient du rochet se trouve écarté, et comme celui-ci ne se trouve plus soutenu, le levier h qu'il porte est entraîné par son contre-poids et le déclanchement est effectué. Si l'action mécanique ne se prolonge pas, le cliquet de retient du rochet se trouve en prise avec lui, et à chaque tour de l'avant-dernier mobile du mécanisme d'horlogerie, le rochet remonte d'une dent; le levier d'embrayage s'abaisse, rencontre bientôt, après un certain nombre d'impulsions du rochet, le doigt n de l'axe du volant modérateur et arrête le mouvement de l'appareil. Maintenant si plusieurs attractions provoquées par l'électro-aimant se succèdent à des intervalles assez rapprochés, le rochet, sans cesse dégagé de son cliquet de retient, ne peut remonter à la hauteur voulue pour produire l'enclanchement, et le mécanisme continue à marcher malgré les interruptions de l'action magnétique. Ce n'est que quand ces interruptions durent un temps suffisant que l'arrêt a lieu. Le problème se trouve donc ainsi résolu.

Quoique cette disposition paraisse bien simple en elle-même, il était nécessaire cependant, pour assurer le bon fonctionnement de l'appareil, de tenir compte de certaines réactions qui auraient pu entraver sa marche régulière: il fallait faire en sorte : 1° que la dent m, appelée à réagir sur le rochet, ne pût jamais être en prise avec cette roue au moment de l'arrêt du mécanisme ; 2° que le cliquet de retient pût se dégager de la dent du rochet de la manière la plus douce possible ; 3° que l'électro-aimant ne pût réagir sur ce cliquet qu'au moment de sa plus grande force. M. Sortais a satisfait à ces différentes conditions en plaçant le doigt d'arrêt du volant n sur un ressort en spirale P fixé sur l'axe de ce volant, en donnant peu de surface frottante au bec du cliquet de retient du rochet et en ne faisant réagir le levier de l'électro-aimant que vers la fin de sa course.

Avec cette disposition, le déclanchement automatique de l'appareil, qui n'exige pas un gramme de force électro-magnétique pour se produire, peut s'effectuer facilement et l'appareil fonctionner sans relais comme les télégraphes ordinaires.

Système Siemens. — Le système de déclanchement automatique de M. Siemens consiste essentiellement dans une bascule d'embrayage en fer doux CD (fig. 52), terminée d'un côté par un ressort arqué BD qui peut embrayer un disque D fixé sur l'axe du volant, et terminée de l'autre côté par une petite palette A servant d'armature à un petit électro-aimant supplémentaire E introduit dans le circuit de la ligne. Une tige IH, articulée au premier des deux bras de cette bascule, porte une petite pièce arquée H en ivoire, qui peut rester librement suspendue ou être mise en contact avec un disque O adapté sur l'axe d'un des mobiles du mouvement d'horlogerie, suivant que l'électro-aimant qui agit sur la bascule est actif ou inerte.

Fig. 52.

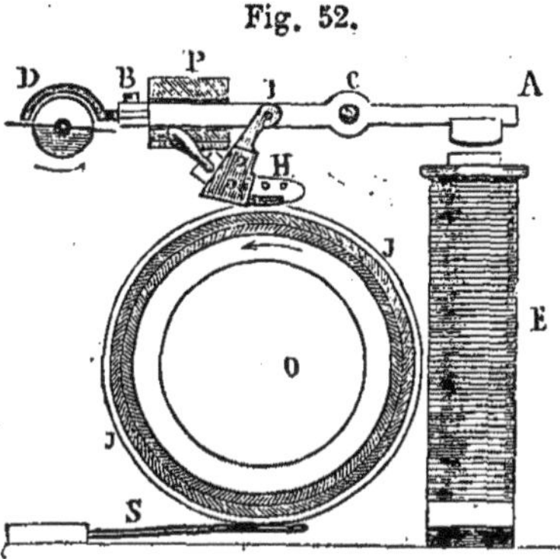

Quand on transmet, ce qui suppose un envoi successif de courants à de courts intervalles, cette pièce arquée danse continuellement sur la circonférence du disque placé au-dessous d'elle sans qu'elle puisse le suivre dans son mouvement, et la bascule DC ne peut jamais descendre assez bas pour embrayer le disque du volant. Mais quand le circuit reste interrompu pendant quelques instants, cette pièce arquée s'engrène par frottement avec le disque sur lequel elle repose et se trouve repoussée de côté avec la tige qui la supporte; celle-ci ne forme plus alors arc-boutant, et la bascule, devenue libre de s'abaisser, embraye le mouvement de l'axe du volant.

Voici maintenant comment M. Siemens a appliqué ce mécanisme au jeu du translateur dans l'appareil que nous avons décrit page 114.

Sur l'axe C il fixe en dehors des platines de l'appareil un long levier formant bascule et pouvant appuyer, soit d'un côté, soit de l'autre, sur deux butoirs réglés de manière à correspondre aux écarts extrêmes du levier CA. L'un de ces butoirs correspond au relais, l'autre au levier imprimeur du récepteur, et la bascule elle-même est mise en rapport avec le fil de ligne qui doit fournir la translation. Comme les deux butoirs entre lesquels oscille le levier imprimeur sont mis en rapport, l'un (fig. 45, page 114) avec le pôle positif de l'une des piles, l'autre avec le pôle négatif de l'autre pile, on comprend facilement que ce levier imprimeur puisse fournir les courants alternativement renversés à travers la ligne qui doivent produire la transmission par translation, quand le mécanisme déclancheur sera mis en action. De plus, si une pièce métallique est adaptée sur l'arc H, de manière à rencontrer un peu avant l'arrêt du mécanisme un anneau métallique J fixé sur le tambour O et mis en communication avec la terre, on pourra obtenir, comme avec les manipulateurs à déchargeurs, la neutralité de la ligne avant la transmission de chaque signé.

Ce système de déclanchement par l'addition d'un second électro-aimant a été combiné de diverses manières par MM. Sauvage, Miége, Davy, mais dans des conditions si peu favorables que nous nous dispenserons d'en parler.

Nous en dirons autant des systèmes de MM. Bastien et Coustou, qui, pour éviter les frais de ce second électro-aimant, adaptent à celui du levier imprimeur une seconde armature dont l'action opère le déclanchement ou le renclanchement du mécanisme, soit sous l'influence de courants dans des directions opposées, soit sous l'influence du courant simple, mais avec addition d'une roue de débrayage marchant assez lentement. Ces messieurs semblent ignorer qu'avec deux armatures la force magnétique se divise, et que le levier imprimeur est plus affecté par cette division de l'action magnétique que par la réaction mécanique qu'il aurait à produire pour déterminer le même résultat.

Les systèmes de MM. Guyot et Anfonso, qui sont très-analogues, sont fondés sur l'action d'une détente adaptée au levier imprimeur, qui peut, par l'intermédiaire d'un bras ou d'une roue à cran montée sur l'axe de l'un des mobiles du mécanisme d'horlogerie, arrêter ou dégager le mouvement de celui-ci. Toutefois, comme ce bras ou cette roue à cran ne tient à l'axe du mobile que par l'intermédiaire d'un ressort spiral, le mécanisme d'horlogerie ne peut être arrêté instantanément, et il faut, pour que cet arrêt ait lieu, que la tension du ressort spiral, qui se replie sur lui-même sous l'influence d'un renclanchement prolongé de la détente, soit suffisante pour contre-balancer la force motrice du mobile sur lequel il est fixé. Il résulte donc de cette disposition que, tant que les interruptions du courant qui met en jeu le levier imprimeur se succèdent avec rapidité, la détente, en se relevant, n'exerce qu'un arrêt momentané sur le bras ou la roue adaptée au spiral, et celui-ci se détend toujours au moment où il commence à se tendre, de sorte que le mécanisme continue toujours à marcher; mais quand l'interruption se prolonge, le spiral atteint bientôt la tension suffisante pour provoquer l'arrêt du mécanisme.

L'inconvénient de ce système est d'apporter à l'uniformité du mouvement d'horlogerie certaines perturbations quand il est adapté sur le dernier mobile, ou de nécessiter une certaine force pour mettre en jeu la détente quand il est appliqué sur l'un des premiers mobiles.

Le système de M. Cuche consiste à adapter à l'axe de l'avant-dernier mobile du mécanisme d'horlogerie une vis sans fin dans le pas de laquelle s'engage une tige d'acier très-flexible maintenue par une de ses extrémités sur une pièce rigide ; le levier imprimeur, au moyen d'une petite traverse, peut réagir sur cette tige de telle manière que quand il est soulevé la tige appuie sur le pas de vis, et que quand il est abaissé elle se trouve rejetée en dehors. Cette tige, d'ailleurs, étant conduite par le pas de vis, peut rencontrer, après un certain nombre de tours du mobile, les ailettes du volant modérateur du mécanisme, lequel se trouve ainsi arrêté. Or, on comprend facilement qu'avec cette disposition une fermeture du courant doit avoir pour effet le débrayage du mécanisme, puisque la tige flexible qui produit l'embrayage se trouve repoussée, et vient se reporter sur la vis au point opposé d'où elle était partie primitivement. Plusieurs fermetures successives du courant n'ayant pour effet que de replacer sans cesse cette tige à son point de départ, l'embrayage ne peut avoir lieu ; mais une interruption prolongée du courant permettant à la vis de conduire sans conteste la tige jusqu'à l'extrémité de sa course, celle-ci doit finir par rencontrer le volant et arrêter le mécanisme. Ce système a été exécuté dans les ateliers de l'administration des lignes télégraphiques ; mais l'expérience a démontré que pour pouvoir fonctionner convenablement il fallait : 1° que la tige d'embrayage fût maintenue appuyée sur la vis au moyen d'un ressort-boudin ; 2° qu'une bascule servît d'intermédiaire entre cette tige et le levier imprimeur.

Les systèmes de MM. Mazet, Beaunis, Latour-Dubreuil et Doumergue sont fondés sur le jeu d'une crémaillère qui, étant dégagée par l'action du levier imprimeur, peut, sous l'influence du mécanisme d'horlogerie, pousser un ressort jusqu'au complet arrêt de celui-ci, ou faire avancer un butoir jusqu'à l'axe du volant qu'il embraye après un certain temps de parcours de la crémaillère, lequel temps est limité par la vitesse de rotation du mobile avec lequel cette crémaillère engrène. Ce dernier moyen se rapproche en principe de celui de M. Sortais.

Le système de M. Leclerc est basé sur l'emploi d'un petit soufflet, dont l'une des joues portant la détente est soulevée par le levier imprimeur, et qui ne peut retrouver sa première position que quand l'air aspiré a été complétement évacué, ce qui demande un certain temps si l'orifice d'écoulement est très-étroit. Ce système est plutôt théorique que pratique, car il faut toujours une assez grande force pour faire fonctionner un soufflet.

Le système de M. Renoir produit le déroulement du papier et l'arrête au moyen d'un courant d'une durée de cinq à huit secondes; de plus, son mécanisme avertit l'employé qui transmet que le papier se met en mouvement; et en outre, il permet d'appeler à volonté par une sonnerie un bureau correspondant quelconque entre plusieurs consécutifs. On comprendra sans peine qu'un système aussi complet soit très-compliqué; nous dirons seulement qu'il se compose d'une crémaillère qu'un électro-aimant fait rapprocher d'un mouvement d'horlogerie spécial; tant que le courant passe, cette crémaillère engrène avec une des roues de ce mouvement; si elle se dégage après un contact de cinq à huit secondes, en revenant à sa première position par l'action d'un ressort, elle fait tourner d'un cran une roue à rochet qui dégage ou arrête alternativement le mouvement d'horlogerie de

Fig. 53.

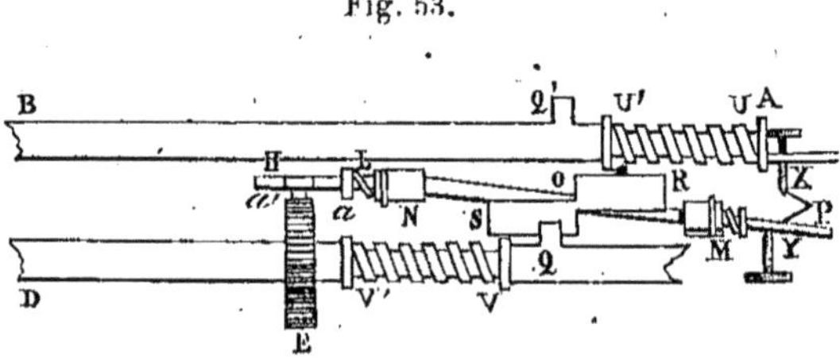

l'appareil Morse. Si elle le dégage avant cinq ou après huit secondes, elle ne produit aucun effet.

Le système de M. Meyer a pour effet de produire le déroulement du papier, tout en permettant son arrêt à la volonté de l'employé expéditeur. A cet effet, l'arbre AB (fig. 53) de la dernière roue du mouvement d'horlogerie porte six pas de vis UU' et un doigt d'arrêt Q'. Un second arbre QD, parallèle au premier, porte également un doigt Q et six pas de vis; il reçoit son mouvement d'un second barillet à ressort d'une faible puissance, et qu'il suffirait de remonter une fois par jour. Cet arbre porte, en outre, une roue E en rapport de mouvement avec une petite roue à échappement *aa'*, placée entre les deux arbres.

PL est une tige non cylindrique mobile sur un pivot vertical O; les vis X et Y limitent son mouvement; à l'état de repos, un léger ressort la presse contre celle-ci, et l'extrémité L, s'engageant dans la roue *aa'*, arrête le mouvement de Q*D*. Deux écrous M et N, munis chacun d'une saillie destinée à engrener dans le pas de vis UU' et VV', sont fixés aux deux extrémités de la tige par des ressorts qui les ramènent sans cesse dans cette position si quelque force les a déplacés.

Une double palette RS, placée au-dessus de la tige LP, peut glisser horizontalement de R en S, sous l'action des écrous M ou N, et arrête, suivant sa position, le doigt Q ou le doigt Q'. Supposons d'abord qu'elle touche l'écrou Q; dans ce cas Q est libre et Q' est arrêté. C'est la disposition inverse de la fig. 53.

Quand le courant passe, le levier-style pousse en s'abaissant le bras P de Y en X, et L vers VV'; *aa'* est dégagé et QD tourne; quand le courant cesse, PL revient à sa première position et arrête de nouveau QD; l'écrou N s'est engagé un instant dans la vis VV', mais pas assez longtemps pour changer la position de RS; donc Q' est toujours arrêté et AB n'a pas pu bouger. Les signaux Morse étant tous trop brefs pour permettre un mouvement sensible à RS, on poura, si l'on veut, transmettre toute une dépêche, sans faire dérouler la bande. Mais si nous envoyons un courant prolongé et égal, approximativement à quatre traits Morse, N, s'engage dans la vis V V', avance de V' en V, et repousse R S, vers M, alors Q est arrêté, comme on le voit sur la figure, mais Q' devient libre; A B tourne et le papier se déroule avec régularité. Pendant le cours de la transmission, chaque courant pousse M, dans la vis U U', mais tous ces contacts sont également trop peu durables pour déplacer sensiblement R S, d'autant plus que chaque interruption du courant dégage M du pas de vis, et cet écrou, sous l'effort constant du ressort, revient instantanément à sa première position. Le papier se déroulera donc constamment jusqu'à ce qu'un second contact prolongé vienne conduire M en U' et repousser R S vers N.

MM. Dheu, Joly, Fulcrand, Brisson, Vasseur et Miriesse ont voulu résoudre le même problème, en faisant réagir sur la détente un système électromagnétique capable de fournir deux actions différentes, soit sous l'influence de courants renversés succédant l'un à l'autre, soit sous l'influence de courants issus de piles différentes et dirigés de manière à se combattre ou à s'additionner, soit au moyen de courants qui se trouvent renforcés dans un cas et livrés à eux-mêmes dans l'autre. Tous ces systèmes n'ont réellement rien de bien sérieux, et sont bien loin de valoir le mécanisme si simple de M. Sortais (1).

---

(1) Voir les deux articles de M. Lemoyne sur ces déclancheurs, insérés dans les *Annales télégraphiques*, t. II, p. 117 et 597.

5° Télégraphes à manipulateurs mécaniques.

Bien que tous les essais entrepris par M. Morse et une foule d'autres inventeurs dans le but de substituer au jeu si simple de la clef des télégraphes écrivants, l'action automatique des transmetteurs mécaniques, n'aient pas encore convaincu les praticiens, beaucoup d'inventeurs cherchent encore à résoudre ce problème, et ont présenté dans ces derniers temps plusieurs systèmes assez ingénieux. Tout en pensant que ces systèmes ne détrôneront pas encore la simple clef actuellement en usage, je ne puis cependant les passer sous silence, car à force d'être circonspect, je manquerais le but que je me suis proposé d'atteindre.

Porte-crayon manipulateur de M. Ailhaud. — L'un des plus simples manipulateurs de ce genre, et aussi l'un des plus nouveaux quant à son principe, est le *porte-crayon manipulateur* de M. Ailhaud qui permet de transmettre une dépêche à mesure qu'on l'écrit.

Ce nouveau système de manipulateur consiste dans un simple porte-crayon dont la tige est mobile dans un étui et peut réagir par l'intermédiaire d'un petit levier coudé sur un interrupteur de courant analogue à ceux des télégraphes Breguet. Deux petits fils assez longs, facilement extensibles, adaptés à cet interrupteur, établissent les communications électriques, et un ressort-boudin pousse toujours vers l'extrémité du porte-crayon la tige mobile qui le soutient. Il résulte de cette disposition que toutes les fois que l'on appuie sur le papier pour marquer un trait, le courant électrique se trouve fermé par l'interrupteur, et cette fermeture dure d'autant plus longtemps que le trait qu'on trace est lui-même plus long. Ce moyen a permis à M. Ailhaud de faire intervenir la longueur des traits dans les combinaisons de l'alphabet Morse pour les rendre plus nets et plus faciles à distinguer. On comprend, en effet, qu'il faudra toujours plus de temps pour tracer à la main un double crochet qu'un simple trait, quelque irrégulière que soit la vitesse qu'on imprime d'ailleurs au porte-crayon. Or, cette différence de temps suffit pour rendre parfaitement distinctes les marques produites. Ces appareils, bien exécutés par M. Mouilleron, ont été en usage dans plusieurs bureaux télégraphiques et ont fourni, paraît-il, d'assez heureux résultats. Le même inventeur a aussi imaginé d'employer au même usage des plumes métalliques qui, étant promenées sur une planche de cuivre, serviraient directement d'interrupteur au courant, tout en laissant les traces de la dépêche sur la plaque de cuivre ; mais ce moyen est, ce nous semble, moins sûr que le premier dont nous avons parlé.

Manipulateur de M. Joly. — On a parlé dans un temps des

manipulateurs alphabétiques de M. A. Joly : mais avec la meilleure volonté du monde, il m'est bien difficile de voir ce qu'ils présentent de réellement nouveau sur les appareils du même genre imaginés par M. Morse. Voici ce que dit le *Cosmos* à leur égard dans le numéro du 20 mars 1857 :

« Dans le premier de ces manipulateurs, chaque touche portant une lettre fait partie d'une tige verticale en acier faisant fonction de came, c'est-à-dire portant sur toute sa longueur des saillies ou dents longues et courtes représentant exactement, par leur longueur et leur nombre, la lettre correspondante ; de telle sorte qu'en faisant descendre la tige par une pression exercée sur la touche, on détermine le nombre de contacts ou de fermetures du circuit plus ou moins prolongés nécessaire pour l'impression par le récepteur de la lettre dont il s'agit. Il n'est besoin ici d'aucune force motrice étrangère, la pression du doigt produit l'effort suffisant, et la réaction d'un ressort tendu par la pression ramène la tige à sa position normale. M. Joly avait fait à ce manipulateur très-élégant une addition importante dont tôt ou tard on sentira la nécessité ; chaque tige, en s'abaissant, faisait avancer d'une division l'aiguille d'un compteur arithmétique pouvant marquer les dizaines, les unités, les centaines, les mille, voire même les dizaines de mille ; de sorte qu'à la fin de chaque journée on connaissait, en lisant sur ce compteur, le nombre des lettres transmises. En comparant ce nombre à celui qu'annonçait l'ensemble des bulletins de dépêches, on s'assurait qu'aucune infidélité n'avait été commise, qu'aucune correspondance de contrebande n'avait été échangée.

» Mais en raison même de sa complication et du travail qu'exigeaient la taille à la main des tiges d'acier, leur ajustement mécanique, etc., etc., ce manipulateur eût coûté assez cher, 200 ou 300 francs peut-être. M. Joly a donc dû en imaginer un autre accessible à toutes les bourses, et qui coûtât à peine plus cher que la clef ordinaire ; il y est parvenu en écrivant les lettres de l'alphabet Morse sur un cylindre de bois dur, en cuivre galvanoplastiqué ou en fonte, à l'aide de reliefs longs et courts correspondant aux traits qui composent les lettres. Les trente signaux primitifs sont ainsi distribués sur des cercles concentriques perpendiculaires à l'axe du cylindre, absolument comme un air est écrit en relief sur le cylindre des orgues de Barbarie ou des boîtes à musique ; des tiges verticales en cuivre uni, en nombre égal à celui des signaux, sont, comme dans le premier appareil, terminées par des touches formant clavier sur lesquelles les lettres ou les signaux sont écrits ou représentés en caractères ou en signes très-visibles. On fait tourner incessamment, à l'aide d'une manivelle mue à la main ou par un mouvement d'horlogerie, le cylindre du manipulateur divisé en deux moitiés sur sa circonférence par une ligne ou rainure longitudinale parallèle à l'axe faisant séparation entre le commencement et la fin de toutes les lettres ou de tous les signaux. Si alors on presse sur l'une des touches, elle pénétrera dans la rainure au moment où cette rainure se présentera au-dessous d'elle, et le mouvement de rotation continuant, elle suivra tous les reliefs qui sur le cylindre dessinent la lettre ou le signal dont il s'agit. Ses dépressions et ses élévations successives détermineront des contacts de même durée qui, sur le récepteur, seront transformés en traits longs et courts dessinant la lettre ou le signal à transmettre. Le premier tour du cylindre achevé, ou pourra presser sur une seconde touche pour transmettre un second signal et ainsi de suite. Il n'y a pas d'erreur possible parce qu'on ne peut abaisser à la fois qu'une seule touche, et le nombre des signaux transmis par seconde pourra être égal au nombre des tours du cylindre qu'on peut faire tourner très-vite. L'expérience a prouvé que la vitesse de ce manipulateur pouvait même dépasser la vitesse possible du récepteur actuel. »

Manipulateur de M. Régnard. — M. Régnard a aussi imaginé en 1855 un manipulateur du même genre que celui que nous venons de décrire

Fig. 54.

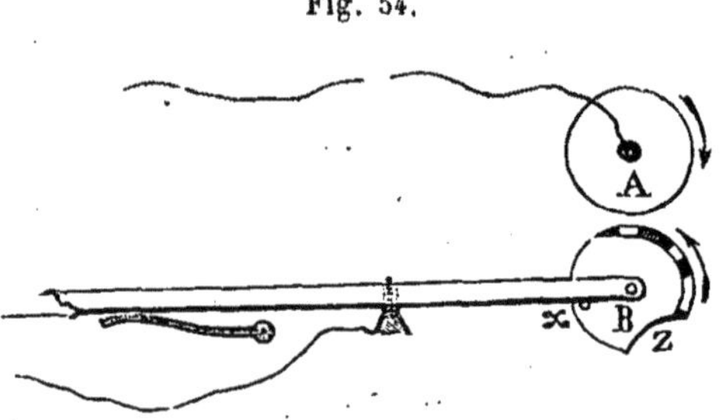

et qu'il a appelé transmetteur à cylindre, mais je doute que ses fonctions soient plus simples que celles des appareils primitifs. Quoi qu'il en soit, voici en quelques mots en quoi il consiste.

Un clavier composé de 26 touches horizontales basculant comme les touches d'un piano, est placé sous un cylindre métallique A, fig. 54 ci-dessus, mis en rapport avec le fil de ligne et animé lui-même au moyen d'un mécanisme d'horlogerie d'un mouvement de rotation continu. Chaque touche est terminée par un disque de cuivre B, sur la circonférence duquel sont entaillées plusieurs coches de manière à produire une sorte de relief plus ou moins large, représentant un des signaux de l'alphabet Morse. Les intervalles de ces reliefs sont garnis d'ivoire, et les disques eux-mêmes sont ramenés à une position initiale fixe par un ressort spiral. Tous ces disques sont placés au-dessous du cylindre métallique tournant A de telle sorte que, quand on abaisse l'une des touches, mises d'ailleurs en rapport avec le circuit, on met le disque correspondant en contact avec le cylindre. Comme celui-ci se trouve animé d'un mouvement de rotation pendant lequel les parties alternativement cuivre et ivoire, se présentent tour à tour au point de tangence, il en résulte des fermetures de courant plus ou moins longues, plus ou moins multipliées, qui déterminent sur le récepteur les traits et les points, en rapport avec telle ou telle lettre de l'alphabet. Quand le signal est terminé, le disque présente au cylindre une échancrure Z qui l'empêche de tourner davantage, et quand on relève la touche, le ressort spiral le ramène immédiatement à sa position initiale.

Comme il importe que le circuit de la ligne soit fermé en temps de repos du manipulateur à travers le récepteur de la station, qui doit toujours être prêt à recevoir les signaux des postes éloignés, il importe de disposer le manipulateur pour produire lui-même cet effet, et pour cela M. Régnard adapte à l'appareil précédent une tringle qui traverse le clavier dans toute sa longueur, et qui opère naturellement les fermetures du circuit quand toutes les touches sont soulevées.

M. Régnard croit qu'en combinant deux à deux ou trois à trois les différents signaux de l'alphabet Morse, et cela en frappant ensemble des touches correspondantes comme on frappe les accords sur le piano, on pourrait simplifier considérablement le manipulateur précédent, et réduire à 12 ou 13 le nombre des touches nécessaires pour l'alphabet Morse.

Manipulateur mécanique de M. Ailhaud. — Le transmetteur de M. Ailhaud est fondé sur le même principe que celui de M. Régnard, que nous venons de décrire ; seulement il est combiné d'une manière plus pratique et dans des conditions infiniment plus avantageuses pour la sûreté des contacts. Il se compose essentiellement d'une série de bascules correspondant aux différents signaux de l'alphabet Morse, et pivotant sur un axe commun. Ces bascules se terminent, d'un côté, par un arc de cercle vertical, sur la partie inférieure duquel sont découpés les différents signaux, et qui est muni à sa partie supérieure d'une série de dents engrenant avec un long pignon horizontal occupant toute la longueur de l'appareil. De l'autre côté, ces mêmes bascules, que nous appellerons *bascules aux types*, appuient, au moyen de taquets à vis de réglage, sur une autre série de bascules constituant les touches d'un clavier analogue à celui des pianos. En face de la partie des arcs verticaux, découpée de façon à reproduire les signaux Morse, est adaptée une longue pièce horizontale rectangulaire occupant toute la longueur de l'appareil et pouvant osciller suivant son axe. Cette pièce porte d'abord vers le milieu un petit levier muni d'un ressort, qui, en oscillant avec elle entre deux butoirs d'arrêt, peut former interrupteur du courant et jouer, par conséquent, le rôle de la clef ordinaire; en second lieu, cette même pièce est munie, suivant sa longueur, de deux tringles horizontales placées dans le prolongement l'une de l'autre et pivotant séparément selon leur axe. Ces tringles, qui portent autant de dents en biseau qu'il y a de bascules à types, sont disposées de manière à pouvoir tourner d'un angle de quelques degrés quand on appuie de haut en bas sur les dents qu'elles portent, mais à rester fixes quand cette pression s'exerce en sens contraire. Enfin un mécanisme d'horlogerie, avec volant modérateur, est adapté au long pignon horizontal qui réagit, d'autre part, sur une bascule verticale portant inférieurement une tringle destinée à permettre l'abaissement simultané de deux touches, sans qu'il y ait trouble dans la transmission. Il va sans dire que de forts ressorts à boudin dont on peut régler à volonté la tension, à l'aide de vis de réglage, soulèvent en temps ordinaire les différentes bascules à types. Voici maintenant comment cet appareil fonctionne :

Quand on abaisse une des touches du clavier, la bascule à types correspondante se trouve abaissée ; les différentes saillies constituées par la découpure du caractère, en rencontrant la dent de la tringle mobile qui se trouve en face d'elles, font céder cette dernière, mais sans faire bouger la tige rectangulaire qui la porte ; de sorte qu'aucun courant n'est envoyé par le levier interrupteur. Ce n'est que quand la bascule à types se relève sous l'effort du ressort antagoniste qui la sollicite, que la dent en question fait obstacle et provoque, à chaque saillie du caractère découpé qui se relève alors, une oscillation du levier interrupteur, lequel fournit une fermeture du circuit plus ou moins prolongée, suivant la largeur de la saillie. Comme le relèvement de cette bascule est tempéré par le mécanisme d'horlogerie auquel elle est reliée par le long pignon horizontal dont nous avons parlé, les contacts sont effectués d'une manière uniforme et indépendante de la manière plus ou moins brusque dont on abaisse la touche.

Il nous reste maintenant à parler du mécanisme destiné à régler la succession des transmissions pour que deux touches abaissées à la fois exercent leur effet en temps opportun. Ce mécanisme se compose, comme nous l'avons vu, d'une bascule verticale portant inférieurement une tringle sur laquelle viennent reposer les arcs des bascules à types. A sa partie supérieure cette bascule porte une cheville qui appuie sur la circonférence d'un disque muni d'une échancrure. En temps ordinaire, cette cheville est placée dans l'échancrure en question ; par conséquent, la tringle portée par la bascule verticale ne peut faire obstacle à l'abaissement des arcs portant les types ; mais quand l'une des touches est abaissée, le pignon horizontal, en tournant sous l'influnce des dents que portent les arcs, écarte la cheville de la bascule verticale, repousse celle-ci de côté et place la tringle au-dessous de tous ces arcs, sauf au-dessous de celui qui a été abaissé et qui a pu ainsi échapper ; il en résulte que toutes les touches abaissées postérieurement à la première ne peuvent produire d'effet sur l'interrupteur qu'après le relèvement complet de cette première touche, car ce n'est qu'alors que le pignon horizontal, en tournant en sens contraire de sa première rotation, ayant replacé la cheville de la bascule verticale dans l'échancrure du disque dont il a été question, permet la transmission du caractère correspondant à la seconde touche abaissée.

Cet appareil a été habilement construit en 1862 par MM. Vinay et Gaussin.

MM. Rizet, Minié et autres ont également cherché à perfectionner le manipulateur Morse, mais les moyens qu'ils ont employés sont plus ou moins compliqués et ne présentent réellement pas d'avantages sérieux. Ainsi M. Rizet reproduit les fermetures de courant longues et courtes en rapport avec chaque lettre de l'alphabet au moyen d'une gorge sinueuse dans laquelle glisse un galet adapté à un levier-bascule, comme dans les manipulateurs Breguet ; cette gorge, dont les sinuosités se trouvent par cela même forcément irrégulières, est pratiquée dans une règle de cuivre qui glisse longitudinalement, et chaque lettre exige une règle particulière. Pour que la transmission puisse se faire le plus vite possible, l'inventeur dispose ces règles sur trois lignes en gradins, de telle manière que tous les mouvements produits par les leviers-bascules correspondant à ces règles viennent converger à un levier central, qui constitue alors le véritable interrupteur. Chaque règle ainsi étagée correspond à une touche qui, étant abaissée, rend libre le mécanisme d'horlogerie destiné à l'entraîner ; de telle sorte qu'il suffit d'appuyer le doigt sur telle ou telle touche pour faire passer telle ou telle lettre qu'on veut transmettre.

Manipulateur de MM. Hefner-Alteneck et Siemens. — Des différents systèmes de manipulateur Morse à clavier, celui de MM. Hefner-Alteneck et Siemens qui a figuré à l'exposition de Vienne de 1873 paraît être le meilleur et le plus pratique. Voici la description qui en a été publiée par le Journal télégraphique de Berne le 25 mars 1874.

« Le manipulateur est intercalé directement dans le circuit de la ligne, et la transmission d'une dépêche s'effectue en abaissant des touches dont chacune correspond à un des signes, lettres ou chiffres usuels dans la télégraphie. La rapidité moyenne avec laquelle les touches peuvent être successivement abaissées ne dépend que de la vitesse pour laquelle est réglé le mécanisme, qui est lui-même indépendant du jeu des touches. La différence de longueur des divers signaux Morse n'a pas besoin d'être prise en considération lors de l'abaissement des touches, pas plus que l'espace blanc réservé entre deux signaux, lequel se produit de lui-même, quelque soit le temps que le télégraphiste laisse écouler entre l'abaissement successif des touches. Les espaces blancs plus prolongés (entre deux mots par exemple) sont produits en abaissant une touche particulière, appelée touche des blancs.

» Afin qu'il occupe le plus petit espace possible, le clavier est disposé en forme de gradins sur sept lignes dont chacune comprend sept touches. Les lettres sont distribuées sur ces touches de telle façon que, dans la position naturelle des mains sur le clavier, les lettres qui se présentent le plus fréquemment soient atteintes le plus commodément. L'appareil entier couvre une surface de 21 centim. sur 33, dont environ 20 centim. sur 20 sont occupés par le clavier. Sa plus grande hauteur est d'environ 29 centim.

» Le manipulateur de MM. Hefner-Alteneck et Siemens peut être disposé pour l'émission de courants dirigés dans le même sens ou de courants en sens contraires, avec ou sans décharge à la terre, selon la nature de la ligne qu'il doit desservir. Dans le premier cas, l'appareil récepteur peut être un simple Morse à encre, et si l'on veut appliquer ce manipulateur dans une station correspondant avec un appareil de ce genre, il suffit de l'intercaler à la place du manipulateur ordinaire.

» La vitesse de transmission de cet appareil n'est limitée en définitive que par la vitesse avec laquelle le télégraphiste est en état d'abaisser successivement les touches correspondant aux différentes lettres, en admettant toutefois que l'état de la ligne n'impose pas une limite plus restreinte. Un télégraphiste exercé peut facilement abaisser cinq touches à la seconde, ce qui, à la condition que le mécanisme soit réglé en conséquence, produit 300 signaux à la minute, y compris les intervalles entre les mots. En admettant qu'il faille en moyenne 200 signaux pour la transmission d'une dépêche (33 mots), le manipulateur à clavier transmettrait ainsi 90 dépêches à l'heure, soit environ le double de ce que produit pratiquement en moyenne l'appareil Hughes. Cet appareil présente donc les avantages de la télégraphie automatique (augmentation de vitesse et exclusion des défauts de manipulation) sans ajouter au service des difficultés particulières.

» La figure 11, pl. III, représente la disposition des organes principaux de l'appareil.

» La partie caractéristique du mécanisme consiste dans un tambour cylindrique D mobile autour de son axe, et dont la surface cylindrique extérieure est entourée de petites tiges *ss*, placées les unes à côté des autres parallèlement à l'axe du tambour. Ces tiges, sous l'action des touches, peuvent se déplacer à frottement doux dans le sens de leur longueur et dans des limites déterminées ; mais étant déplacées de manière à constituer entre elles des groupes convenablement combinés, elles peuvent composer les types destinés à la transmission automatique des signaux. Trois tiges juxtaposées, déplacées ensemble, représentent un trait ; une seule tige déplacée entre deux qui ne le sont pas, un point ; une tige ou plusieurs tiges juxtaposées non déplacées, un intervalle blanc plus ou moins grand.

» Lorsqu'une touche est abaissée, les tiges correspondant au signal sont déplacées simultanément, et le tambour D sous l'action du poids P (ou d'un ressort d'horlogerie) qui le sollicite en ce moment là, tourne de la quantité voulue pour franchir l'espace réservé au signal donné ainsi qu'à l'intervalle qui doit le suivre, et présente une nouvelle série de tiges non déplacées au jeu des bras *n n*, qui produisent leur déplacement sous l'influence du mouvement résultant de l'abaissement des touches.

» La liaison mécanique entre ces bras et les touches est d'ailleurs semblable à celle qu'avait appliquée déjà le Dr Werner Siemens à son perforateur à clavier pour les transmissions automatiques. Chacune des touches T (il n'y en a qu'une de représentée dans la figure) est en rapport avec une lame de tôle verticale S dont l'arête antérieure également verticale est découpée. Lorsque la touche est abaissée, cette lame fait un mouvement en avant, et il y a autant de ces lames S que de touches (49). Elles sont placées les unes à côté des autres, et lors de leur mouvement en avant, leur arête antérieure peut repousser par les parties saillantes dont elles sont pourvues, les arêtes d'une autre série de lames de tôle QQ situées dans une position perpendiculaire aux premières, c'est à dire horizontalement.

» Chacune de ces lames Q (au nombre de 19), est elle-même reliée mécaniquement, par un levier basculant en tôle H, avec l'un des 19 bras *n*, de façon que le mouvement de la lame Q ait pour effet de déplacer de sa position normale celle des tiges *s* qui se trouve vis-à-vis du bras *n* correspondant. Pour plus de clarté, la figure ne représente qu'un seul des leviers H.

» Afin d'obtenir par le simple abaissement d'une touche le groupement des tiges *s* nécessaire pour reproduire une lettre déterminée, l'arête antérieure de la lame S est entaillée de façon à n'atteindre que celles des lames Q qui doivent amener ce groupement.

» Le mouvement de rotation du tambour D qui suit immédiatement le groupement des tiges, effectué comme il vient d'être dit par l'abaissement d'une touche, est produit par l'action d'un poids mouflé et d'une série d'engrenages correspondant au pignon M.

» Le cliquet *a* qui à l'état normal retient ce tambour, est déclanché par le mouvement même des tiges *s*, qui, étant déplacées par l'abaissement de la touche, pressent la surface oblique *f* du cliquet et mettent ainsi le tambour en liberté. Le cliquet *a* est d'ailleurs combiné de telle sorte qu'il arrête de nouveau le tambour aussitôt que celui-ci, par un mouvement très rapide, a comme sauté l'espace nécessaire au groupement correspondant au signal donné et à l'espace blanc qui le suit. Des dispositions sont en outre prises pour que les bras *n'* ne gênent pas la rotation du tambour. A cet effet, ils reçoivent une certaine mobilité, et leur extrémité est disposée de façon à s'écarter obliquement des tiges *s* aussitôt qu'ils ont produit l'action voulue sur ces dernières.

» Pour la touche des blancs qui ne déplace aucune des tiges *s*, le mouvement de rotation du tambour est déterminé d'une autre manière, c'est-à-dire par une action mécanique directe de la touche.

» Après avoir ainsi expliqué le mécanisme *compositeur*, nous allons passer au mécanisme *transmetteur*.

» Celui-ci doit avoir pour effet, sous l'action des tiges *s* déplacées, de déterminer le mouvement oscillatoire du levier interrupteur C qui, dans sa forme la plus simple, représente un manipulateur Morse ordinaire à deux contacts, et qui doit réagir de manière à transmettre sur la ligne les signaux Morse correspondant à la composition préalable effectuée sur le tambour. Dans ce but, tourne sur la surface antérieure du tambour et concentriquement avec celui-ci, une aiguille *i* terminée obliquement par une pointe souple émoussée, qui rencontre dans sa rotation les tiges *s* rendues proéminentes par leur déplacement, et qui glisse pardessus, tout en recevant d'elles des mouvements oscillatoires. Or ces mouvements oscillatoires se transmettent par un levier coudé *o* et une tige *v* au levier de contact C. Le levier coudé *o* est à cet effet fixé à l'aiguille elle-même et pénètre par une fente pratiquée dans l'axe de rotation du système de manière à appuyer l'un de ses bras contre la tige *v*, qui repose dans un trou percé au centre du dit axe depuis son extremité jusqu'à la fente dont nous venons de parler. Comme l'autre bout de la tige *v*, en dehors de l'axe, touche l'extrémité inférieure du levier de contact C qui appuie sur elle sous l'action d'un ressort, ce levier obéit à tous ses mouvements et réalise l'effet de la godille dans les télégraphes à cadran. Lorsque l'aiguille *i* rencontre une tige saillante isolée au pourtour du tambour, le contact en C est très court et produit un point ; quand elle en rencontre au contraire trois juxtaposées, le contact en C est plus prolongé et produit un trait.

» Mais pour obtenir ce résultat, il est nécessaire que l'aiguille *i* chemine devant les extrémités des tiges *s* avec une vitesse constamment égale, et cela quoique le tambour (et avec lui les tiges) ait lui-même un mouvement de rotation intermittent, se produisant par sauts sous l'action des touches.

» A cet effet le tambour D, ainsi que la roue dentée M qui fait corps avec lui, tourne librement sur l'axe *m*, tandis que l'aiguille *i* y est au contraire fixée, ainsi que la roue dentée K placée à l'intérieur du tambour, et qui communique par l'intermédiaire d'autres roues dentées fixées aux parois du tambour avec un régulateur à volant W. Enfin, à l'axe *m* est, en outre, fixée l'une des extrémités d'un ressort de pendule F convenablement tendu, dont l'autre extrémité est solidement arrêtée à la cage de l'appareil. A l'état de repos ce ressort tient l'aiguille *i* appuyée contre l'arrêt A, lequel se trouve en arrière et tout près de la place où le déplacement des tiges *s* s'effectue sous l'action des touches. La rotation par sauts du tambour éloigne l'aiguille *i* de l'arrêt A et tend en même temps le ressort F ; mais la réaction de ce dernier ne peut se faire sentir sur l'axe *m* qu'avec une vitesse relativement faible et régulière, car tout en rapprochant l'aiguille *i* de l'arrêt A, elle doit donner au volant W, à l'intérieur du tambour, un mouvement rotatoire très rapide autour de son axe. L'aiguille accomplit donc ainsi avec le tambour les mouvements saccadés décrits plus haut, indépendamment de son mouvement propre qui s'effectue dans un sens contraire, et qui est relativement régulier, eu égard aux tiges *s*, en raison du mécanisme d'horlogerie qui tempère l'action du ressort F. Une disposition spéciale permet, du reste, de régler à volonté la vitesse de rotation du volant W.

» Selon que le télégraphiste abaissera successivement les touches avec plus ou moins de rapidité, ce sera le mouvement saccadé en avant du tambour ou bien au contraire le mouvement en arrière de l'aiguille, qui l'emportera; de sorte que, l'aiguille tendra dans le premier cas à s'éloigner de plus en plus de l'arrêt A et dans le second cas à s'en rapprocher ; autrement dit, l'approvisionnement des signaux composés entre la pointe de l'aiguille et l'arrêt ira en augmentant ou en diminuant. En fait, le mouvement en avant de l'aiguille pourrait être porté par un jeu rapide des touches à un maximum qui n'atteindrait pas tout à fait une révolution entière, mais une disposition mécanique très simple a pour effet de faire sonner une alarme au moment où le télégraphiste serait près de dépasser l'avance permise entre la composition des signes et la transmission automatique qui la suit.

» Les tiges déplacées, après avoir agi sur l'aiguille, sont ramenées à leur position normale avant de se présenter de nouveau dans la position où leur déplacement a lieu, par le moyen d'un plan incliné fixe contre leque elles frottent dans leur mouvement de rotation. »

II. — TÉLÉGRAPHES A TRANSMISSION AUTOMATIQUE

Au premier abord, quand on considère la vitesse avec laquelle peut vibrer une armature sous une influence électro-magnétique, vitesse qui est telle qu'elle peut donner lieu à des sons très-aigus, on est porté à croire que la rapidité de transmission des dépêches dépend uniquement de la promptitude avec laquelle l'interruption du courant est produite, et l'idée des transmetteurs mécaniques naît à l'instant dans l'esprit. Aussi avons-nous vu que dès l'origine M. Morse avait combiné à cet effet un certain nombre d'appareils qui sont longuement décrits dans l'ouvrage de M. Vail sur le télégraphe électro-magnétique Américain. Mais pour peu qu'on réfléchisse quelque temps sur cette question, on ne tarde pas à reconnaître que le problème est beaucoup plus complexe qu'il ne paraît l'être tout d'abord, et on arrive à cette conclusion, que non-seulement ces sortes d'appareils doivent avoir une vitesse très-limitée, mais qu'ils ne peuvent présenter d'avantages réels que sur des lignes très-encombrées de dépêches, et cela seulement par la possibilité qu'ils donnent d'utiliser sans perte de temps la ligne télégraphique qu'ils desservent.

Nous avons vu en effet qu'avant d'atteindre la force maximum qu'il doit avoir pour faire fonctionner convenablement les appareils télégraphiques, le courant envoyé par le transmetteur doit passer par une période variable dont la durée se trouve considérablement augmentée par l'introduction à l'extrémité du circuit d'une résistance considérable (celle des électro-aimants). De plus, il faut un certain temps pour que la magnétisation se produise et un temps plus grand encore pour que la désaimantation s'effectue, soit par suite de la condensation magnétique et du magnétisme rémanent, soit surtout par la prolongation du temps de la décharge du fil qui est, comme on l'a vu, environ quatre fois plus long que celui de la charge, soit enfin par le temps matériel nécessité pour la vibration. Si on joint à ces causes d'affaiblissement de l'intensité électrique celles qui résultent des courants accidentels, des dérivations et des mélanges qui se manifestent sur les lignes, on arrive à se convaincre que le problème à résoudre dans les transmetteurs télégraphiques n'est pas tant de rechercher la promptitude des émissions produites, que de trouver une disposition qui parviendrait à empêcher toutes les réactions contraires que nous venons de signaler. Nous savons déjà que la mise en contact de la ligne avec la terre au poste de réception, après chaque émission de courant, et l'envoi à certains moments d'un faible courant contraire peut augmenter dans une proportion notable la vitesse des transmissions : mais on pourrait faire mieux encore, et nous verrons au chapitre de la télégraphie sous-marine que l'on est en bonne voie de ce côté. Dans tous les cas, il résulte des expériences que nous avons rapportées dans notre tome II p. 439, que les transmetteurs automatiques, si on les emploie, devront être disposés de manière à permettre de varier à volonté le rapport de la durée des contacts aux intervalles de temps qui les séparent.

Si l'on considère maintenant que les transmetteurs automatiques exigent une opération préalable avant la transmission, celle de la composition de la dépêche sur des appareils de rechange, et que cette opération préalable exige toujours plus de temps, quoi qu'on fasse, que la simple expédition de la dépêche avec la clef ordinaire, on comprendra immédiatement que ce système ne peut avoir d'avantages sous le rapport de la célérité de la transmission, qu'en ce qu'il permet de faire composer d'avance un certain nombre de dépêches par plusieurs employés, et de ne laisser jamais la ligne inactive. Les transmetteurs automatiques seraient donc une erreur sur des lignes peu chargées de dépêches.

Comme nous l'avons dit, l'invention des transmetteurs automatiques remonte à celle du télégraphe Morse lui-même. Les systèmes qui ont été proposés depuis n'en sont que des modifications ou des complications plus ou moins bien entendues. Ceux dont on s'est le plus occupé jusqu'ici ont été présentés par MM. Bain, Wheatstone, Paul Garnier et Marqfoy, Digney, Siemens, Breguet, Degors, Baggs, Allan, Mouilleron et Guérin, Renoir, Humaston, Chauvassaignes et Lambrigot, etc. Comme ceux de MM. Wheatstone, Siemens et Digney sont les plus pratiques, nous commencerons par eux la description que nous devons faire de ces sortes d'appareils quoiqu'ils ne soient pas les premiers en date.

Télégraphes automatiques de M. Wheatstone. — Il y a déjà longtemps, en 1858, M. Wheatstone avait combiné un système de télégraphe écrivant automatique, qui avait fourni des résultats très-remarquables pour l'époque et dont les combinaisons extrêmement ingénieuses avaient fait l'admiration des savants et des hommes du métier. Toutefois cet appareil ne fut pas adopté dans la pratique à cause de la délicatesse des organes du récepteur, et surtout parce que les impressions se rapportaient à un système d'alphabet particulier et mettaient à contribution un mode de pointage à l'encre regardé comme défectueux par les praticiens. Par suite d'une modification très-simple apportée au transmetteur de l'appareil, M. Wheatstone était parvenu cependant à appliquer son système aux appareils Morse en usage et avec l'alphabet adopté ; mais les avantages pratiques de ce nouveau système furent encore méconnus, et ce ne fut que quand M. Wheatstone, par une nouvelle disposition plus pratique, eut démontré qu'on pouvait de cette manière expédier sur une ligne de 800 kilomètres de longueur plus de 110 dépêches à l'heure, qu'on commença à se préoccuper sérieusement de cet appareil. Aujourd'hui il est en fonction sur plusieurs lignes anglaises et il fait depuis le mois d'octobre 1873 le service de Paris à Marseille. Ce qui est le plus étonnant selon moi c'est qu'il ne se répande pas davantage, car c'est celui de tous les systèmes automatiques dont les résultats ont été les plus avantageux.

Comme les œuvres de M. Wheatstone sont des œuvres monumentales dans lesquelles le génie inventif de cet illustre savant se retrouve jusque dans les moindres détails, nous allons décrire successivement ses différents systèmes et nous commençerons par celui de 1858.

1er **Système.** — Ce système, comme du reste presque tous ceux de ce genre, comporte, en dehors du récepteur qui comme nous l'avons dit peut être un télégraphe Morse ordinaire, deux appareils : un transmetteur automatique qui est mécanique et un compositeur de la dépêche.

Compositeur de la dépêche. — Cet appareil que nous représentons vu en plan fig. 57 et en élévation fig. 56, a pour effet de découper sur une bande de papier une série de trous dont le groupement est disposé de manière à

Fig. 55.

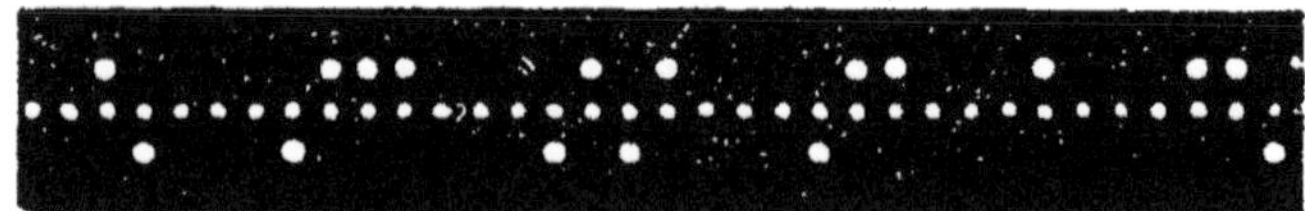

reproduire les différentes lettres de la dépêche. Ces trous que nous représentons fig. 55 sont à la vérité disposés sur trois lignes et ne représentent guère, à première vue les signaux Morse, mais nous verrons que, grâce à une disposition très-simple du transmetteur, ils peuvent reproduire très-nettement ces signaux sans aucun changement. Par suite de sa fonction d'emporte-pièce M. Wheatstone a donné à cet appareil le nom de *perforateur*.

Le perforateur de M. Wheatstone est d'une simplicité merveilleuse et avait dans l'origine des dimensions pour ainsi dire microscopiques : il n'avait guère que 18 centimètres environ de longueur sur 8 de largeur. Il se compose essentiellement de trois clefs A, B, C, fig. 57, placées parallèlement les unes à côté des autres et dont les extrémités opposées aux touches se contournent de manière à se trouver en E, F, D, fig. 56, sur la même ligne droite. Chacune de ces extrémités soutient le bout d'une aiguille d'acier G, H, I, et peut, en réagissant sur une pièce rectangulaire KLOP et une traverse OP, produire une triple action mécanique que nous allons analyser. Pour qu'on puisse la comprendre, nous dirons tout d'abord que les trois aiguilles d'acier G, H, I sont reliées, par des traverses trouées qui leur servent de guide, à deux montants que l'on aperçoit un peu en X et en Y, et qui font partie d'un système oscillant pivotant autour des vis N et M. Ces deux

Fig. 56.

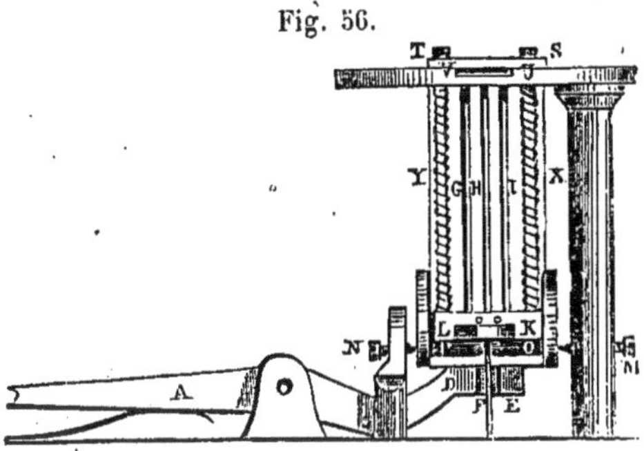

Fig. 57.

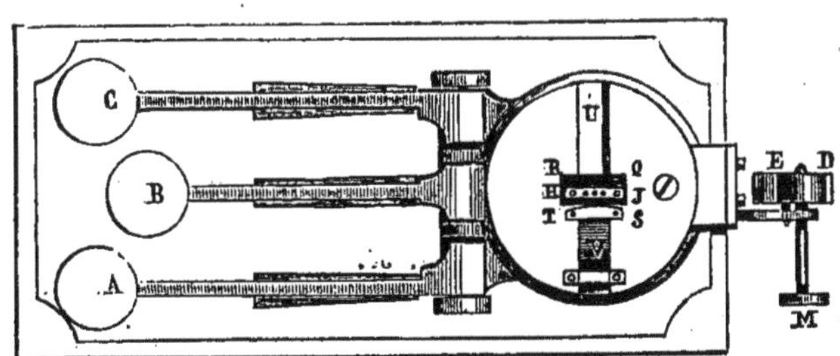

montants se terminent supérieurement par une traverse d'acier également trouée que l'on distingue en JH, fig. 57, mais à travers laquelle les aiguilles G, H, I ne passent pas quand elles sont dans leur position normale. Cette traverse correspond à l'ouverture UV, fig. 56, par laquelle on introduit la bande de papier. Pour que le système oscillant dont nous venons de parler puisse être mis en action, il suffit que la traverse OP, qui est en avant des vis M et N, soit un peu soulevée. Alors le système entier des trois aiguilles se trouve incliné et reporté de ST en QR, fig. 57;

mais il se trouve bientôt ramené à sa position initiale par l'action des ressorts à boudin qui entourent les tiges UK, VL, fig. 56, et qui, en repoussant la pièce KLOP, repousse également la traverse OP par l'intermédiaire de la pièce avancée KL. Nous devons dire, toutefois, que cette pièce KLOP n'est pas seulement destinée à produire cette action; étant reliée par les tiges UK, VL, avec une pièce ST, et appuyant directement sur les trois leviers, chaque mouvement de ceux-ci a pour effet le soulèvement de la pièce ST. Or, cette pièce sert en quelque sorte de presse pour maintenir la bande de papier introduite dans l'ouverture UV et la serrer près du point où doivent être percés les trous. Voici maintenant le jeu de cet appareil :

Au moment où l'on appuie le doigt sur l'une ou l'autre des touches A, B, C, l'aiguille correspondante à la tige touchée est soulevée; elle rencontre le papier, qu'elle perfore, et, aussitôt la perforation effectuée, la pièce ST est soulevée; le papier se trouve donc libre dans l'ouverture UV et n'est plus maintenu que par l'aiguille qui a passé au travers ; mais bientôt le levier touché rencontre la traverse OP, et alors le système oscillant étant mis en jeu, la bande de papier se trouve entraînée de l'intervalle d'un entre-trou ; quand le levier revient à sa position primitive, l'aiguille, en s'abaissant, se dégage du trou qu'elle a fait ; la pièce ST serre de nouveau le papier, et les ressorts à boudin des tiges UK, VL, réagissant sur la traverse OP, ramènent le système oscillant à sa position normale, jusqu'à ce qu'une nouvelle impulsion donnée à l'un ou à l'autre des trois leviers A, B, C, provoque un nouveau trou.

Un coup sec et ferme donné aux touches de cet appareil suffit pour obtenir les trous en question, quelque promptitude d'ailleurs qu'on mette à cette action ; et telle est la perfection de l'appareil que les intervalles des trous sont égalisés comme s'ils avaient été déterminés à l'aide d'une machine à diviser.

Dans l'appareil de M. Wheatstone, le poinçon de l'aiguille du milieu est affecté au trous qui correspondent aux espaces blancs. Ces trous sont plus petits que les autres, pour ne pas troubler la lecture de la dépêche, et doivent être au nombre de trois consécutifs entre chaque lettre pour fournir un espace suffisamment large.

Les deux cylindres formant laminoir que l'on aperçoit en ED, fig. 57, sont destinés à servir de support et d'organe de repère à la bande de papier imprimée lorsqu'il s'agit de reproduire une dépêche reçue que l'on doit expédier plus loin. De la main gauche on fait avancer la bande de papier à l'aide du bouton M, à mesure que les diverses combinaisons de points qui composent la dépêche se trouvent découpées à l'aide de la main droite.

Transmetteur. — Le principe mécanique du transmetteur de M. Wheatstone est exactement le même que celui de l'appareil précédent, et son jeu n'est autre chose que celui des aiguilles dans une jacquart ordinaire. Il se compose de quatre parties : 1° d'un système moteur représenté, dans la fig. 58 ci-contre, par la roue A, mise en mouvement à l'aide de la manivelle M, par le pignon B et le volant V, monté sur l'axe même de ce pignon; 2° d'un système interrupteur et inverseur représenté par une vis-butoir C, sur laquelle réagit une bielle coudée F, et par quatre ressorts commutateurs qui se voient par le bout en D, D' et en E, E'; 3° d'un système traducteur qui sert d'intermédiaire entre la bande de papier percée et le système inverseur pour faire exprimer électriquement à celui-ci les combinaisons fournies par cette bande de papier; 4° d'un système pour faire avancer la bande de papier.

Fig. 58.

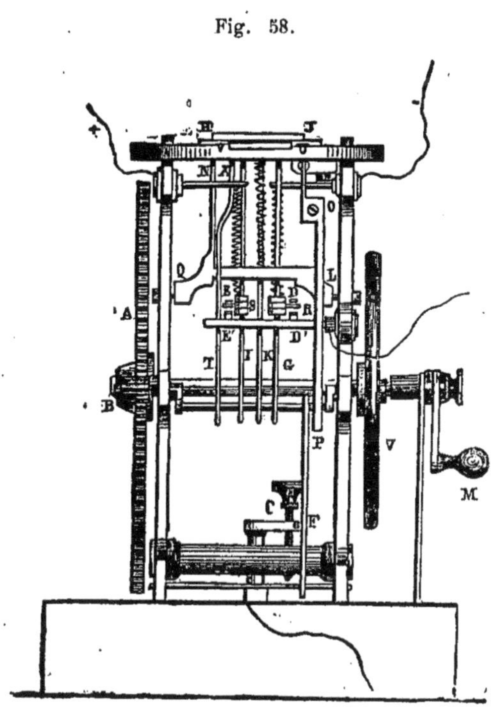

Ces deux derniers systèmes, constitués par les trois aiguilles G, K, I et le système oscillant PLONQ, ne sont, comme on peut le reconnaître aisément, que la reproduction du mécanisme perforateur, dans lequel le mouvement de bas en haut des aiguilles et le mouvement de côté du mécanisme oscillant, au lieu d'être produits par des leviers, sont obtenus par l'intermédiaire d'un axe excentrique adapté à l'axe du pignon B. A cet effet, le levier OP est terminé en P par une fourchette placée à cheval sur cet axe excentrique, et les aiguilles G, K, I sont terminées par des crochets sans cesse appuyés contre cet axe par l'intermédiaire de ressorts à boudin, comme on le voit sur la figure. Comme dans le mécanisme perforateur encore, la pièce JH est soulevée par une tige XT un peu après l'ascension des aiguilles G, K, I, afin de laisser libre la bande de papier une fois qu'elle a été traversée par les aiguilles. Enfin, les aiguilles G, K, I elles-mêmes, conduites par la pièce LQ, à travers laquelle elles passent, se trouvent dirigées devant une traverse trouée, tout à fait semblable à la pièce JH de la fig. 57, et qui est supportée par les tiges OU, NQ, du système oscillant. (Nous avons augmenté sur la figure l'espace entre les aiguilles, afin de ne pas embrouiller le dessin.)

C'est au moyen de deux petites goupilles R, S, isolées sur des manchons d'ivoire et adaptées aux aiguilles G et I, que s'opère la réaction du système traducteur sur le système inverseur. Ces goupilles, en suivant le mouvement des aiguilles G et I, peuvent opérer un contact alternatif avec les ressorts D, D', E, E' dont nous avons parlé, et qui sont en rapport avec le circuit de la ligne dans lequel se trouve interposé déjà l'interrupteur constitué par la vis C. Or, ces goupilles étant mises elles-mêmes en rapport avec les pôles de la pile de ligne par l'intermédiaire des ressorts à boudin qui soutiennent les aiguilles I et G, il arrive que, suivant que celles-ci sont élevées ou abaissées, le courant traverse la ligne dans un sens ou dans l'autre ; mais il faut pour cela que l'une d'elles soit abaissée, alors que l'autre sera élevée. Dans tous les cas, le courant ne se trouve interrompu qu'en C, et cela à chaque tour du pignon B, car l'axe excentrique de ce pignon, qui réagit déjà sur les aiguilles G, K, I et sur les tiges TX, PO, exerce aussi son action sur le levier coudé F qui porte le ressort interrupteur destiné à être mis en contact avec la vis C.

Si l'on a bien saisi cet exposé, on comprendra facilement qu'en introduisant par l'ouverture UV la bande de papier découpée par le perforateur, ainsi qu'on l'a vu précédemment, cette bande de papier, une fois mise en prise avec les aiguilles G, I, K au moment de leur ascension à travers les trous de la pièce JH, devra être repoussée à chaque tour du pignon B par suite de l'introduction de l'une ou l'autre des aiguilles G, K, I dans les trous du papier ; car l'oscillation de la pièce JH. fig. 57, ayant dans cet appareil exactement la même amplitude que dans l'appareil perforateur, les aiguilles G, K. I jouent en quelque sorte, par rapport aux trous du papier, le rôle de cliquets d'impulsion à l'égard d'une crémaillère, Mais comme ces aiguilles ne subissent la réation de l'axe excentrique du pignon B, fig. 58, que par l'intermédiaire d'un ressort flexible, il arrive qu'elles ne réagissent sur le papier qu'alternativement, suivant qu'un trou se présente devant l'une ou l'autre d'entre elles. Aussi, quand un trou se présente devant l'aiguille G, celle-ci passe à travers le papier et la pièce JH ; alors la goupille R entre en contact avec la lame D ; un courant se trouve envoyé à travers la ligne dans une direction donnée ; la pièce qui serre le papier se trouve soulevée, et lorsque la bascule OPLQN s'incline, l'aiguille G, qui a passé au travers du papier ainsi que l'aiguille K qui y passe toujours, repoussent celui-ci de l'intervalle d'un *entre-trou*. Pendant ce temps, l'autre aiguille I, qui n'a pas rencontré de trou en face d'elle, est restée abaissée, et complète le circuit. Quand l'aiguille K, seule, rencontre un trou devant elle, ce qui suppose un intervalle de lettres, les deux aiguille G et I restent abaissées ; par conséquent aucun courant n'est envoyé, mais le papier se trouve alors trois fois de suite repoussé par la même aiguille, ce qui fournit un intervalle blanc sur la bande de papier du récepteur. Enfin, quand le trou se présente devant l'aiguille I, le contact de la goupille S a lieu avec le ressort E, et une émission de courant se manifeste comme dans le premier cas, mais avec une direction inverse. Le jeu de ce mécanisme est, comme on le voit, celui d'une jacquart ordinaire.

Le transmetteur que nous venons d'étudier est disposé pour s'adapter aux courants voltaïques, mais il peut également s'adapter aux courants d'induction, en établissant entre la roue A et l'axe de rotation des bobines de la machine magnéto-électrique une solidarité de mouvement convenable. Dans les machines magnéto-électriques destinées à cet usage, M. Wheatstone n'emploie pas de commutateur à renversement de pôles : il utilise seulement les courants directs en ayant soin d'éliminer les courants inverses.

Dans la description précédente nous avons parlé du mécanisme constitué par les pièces C, F mais sans en préciser l'usage. Ce mécanisme constitue l'interrupteur du circuit qui relie la ligne au recepteur du poste. Il se compose d'une tige rigide F adaptée à un bras métallique horizontal muni d'un ressort de contact qu'on devrait apercevoir vu par le bout sur la figure et qui appuie contre une vis butoir C, quand l'excentrique du pignon B est dans la position horizontale ; c'est en quelque sorte un levier coudé articulé qui, étant relié au fil de ligne alors que la vis C communique au récepteur, joue le rôle du contact d'attente dans les manipulateurs ordinaires.

Récepteur. — Pour obtenir une grande sensibilité et une grande vitesse de la part des appareils télégraphiques, il faut, ainsi que nous l'avons déjà dit plus d'une fois, que les pièces mobiles soient le plus légères possible, que les électro-aimants soient le plus petits possible, et que l'on se trouve affranchi des temps de pause par des combinaisons simples de signaux ne demandant que des courants d'une durée instantanée. Ce sont ces résultats que M. Wheaststone a cherché à obtenir dans le récepteur écrivant que nous représentons fig. 59.

Dans cet appareil, le système électro-magnétique est combiné comme nous l'avons indiqué page 89, tome II. Il se compose de deux faisceaux de quatre électro-aimants droits de très-petit diamètre disposés parallèlement les uns à côté des autres, les pôles contraires en regard. Les armatures de ces électro-aimants sont constituées par quatre petits barreaux aimantés AB, CD, etc., légèrement arqués, et fixés entre les pôles des électro-aimants sur un axe commun d'oscillation EF, E'F', dont l'un des bouts porte une aiguille de platine FG, F'G' recourbée en S, et tenant lieu de style. Une vis aimantée P, P', réagissant sur l'un de ces barreaux aimantés, rappelle toujours chaque système à une position fixe. Avec cette disposition, on comprend facilement que chaque faisceau aimanté, subissant de la part des pôles des électro-aimants, pour chaque fermeture de courant, seize influences effectives conspirantes dans un même sens, et n'ayant d'ailleurs par lui-même qu'une force d'inertie très-faible, puisque son centre de gravité est très-rapproché de l'axe d'oscillation du système, il se trouve dans les meilleures conditions possibles de force et de vitesse, et permet en outre d'obtenir une réaction différente dans chaque système. Le mécanisme entraîneur de la bande de papier est représenté en X ; il se compose toujours de deux cylindres S et O formant laminoir, et entre lesquels glisse la bande de papier, qui est introduite en R dans l'appareil. Les traces fournies par cet appareil sont faites à l'encre, et, à cet effet, une cuvette métallique se trouve placée en N entre les deux systèmes électro-magnétiques ; deux trous G, G', dans lesquels s'engagent les extrémités libres des fils GF, G'F', permettent à l'encre d'imprégner toujours ces extrémités, mais, en raison du petit espace qui existe entre le fil et les bords du trou, ce liquide ne peut jamais s'écouler librement. Il en résulte donc que chaque fois que les aiguilles GF, G'F s'enfoncent plus profondément dans les trous, elles se recouvrent d'encre fraîche et viennent déposer un point coloré sur la bande de papier qui défile au-dessous.

Fig. 59.

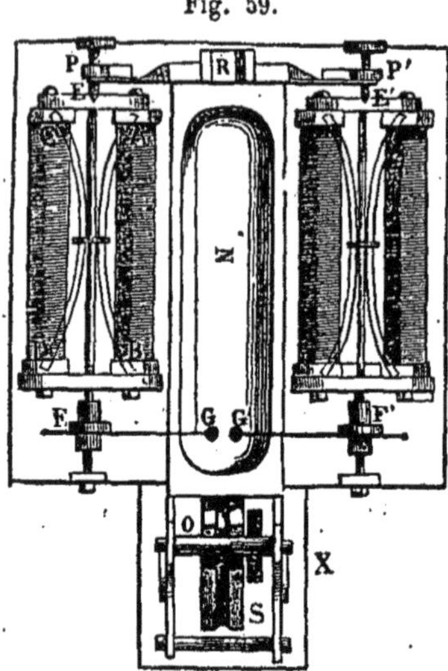

Ce système de récepteur est, comme on le voit, excessivement simple, et, en raison du peu de résistance qu'il rencontre, il peut se passer de relais. Le seul inconvénient qu'il présente est le soin qu'il faut lui donner pour empêcher l'encre de se sécher ou de s'épaissir dans les trous G, G'; mais, en le combinant avec deux molettes encrées, comme dans le système Digney, le problème pourrait être résolu d'une manière tout à fait pratique.

Traducteur des dépêches. — Pour obtenir l'impression en caractères ordinaires d'une dépêche envoyée dans le langage alphabétique qu'il avait adopté, M. Wheatstone a combiné deux appareils différents excessivement ingénieux, mais un peu compliqués, qui réalisent néanmoins, tels qu'ils sont, le problème de la manière la plus complète. Le plus curieux de ces appareils est fondé sur une propriété particulière des nombres, qui rend possible la reproduction de trente combinaisons différentes avec l'emploi de neuf touches seulement.

L'appareil montre donc au dehors neuf touches, dont huit sont disposées sur deux rangées parallèles, quatre dans chaque rangée; la neuvième touche est placée séparément. La partie principale du mécanisme est une roue portant à sa circonférence trente types placés à des distances égales, représentant les lettres et autres caractères de l'alphabet. Un second mécanisme est tellement disposé et uni au premier, que, si l'on abaisse les touches de la rangée supérieure, la roue s'avance de 1, 2, 4 ou 8 pas ou lettres, et que si l'on abaisse de la même manière les touches de la rangée inférieure, la roue avance respectivement de 2, 4, 8 ou 16 pas ou lettres. Par cette disposition, lorsque les touches sont abaissées successivement et dans l'ordre dans lequel les points sont imprimés sur le papier, c'est-à-dire si l'on abaisse la première touche pour un point, la première et la seconde pour deux points, et que l'on choisisse les touches de la rangée supérieure ou de la rangée inférieure, suivant que le point est sur la ligne supérieure ou sur la ligne inférieure de la bande de papier imprimée, la roue à types ou à lettres sera amenée dans la position convenable pour montrer la lettre correspondante à la succession ou à l'ensemble des points tracés sur la bande. La neuvième touche, lorsqu'elle est abaissée, agit pour imprimer le type ou la lettre sur la bande, pour la faire avancer de manière à offrir une place libre à la roue à types, et pour ramener la roue à types à sa position première.

D'après la description précédente, il est facile de comprendre comment le transmetteur de ce système télégraphique peut être transformé pour fournir avec un récepteur Morse ordinaire les signaux de l'alphabet Morse. Il suffit en effet pour cela que les aiguilles G et I (fig. 58) soient mises en contact avec le fil de ligne et que les ressorts E et D sur lesquels elles appuient soient disposés de façon que le contact opéré sur l'un deux, E par exemple, soit plus prolongé que sur l'autre. De cette manière les contacts effectués par l'aiguille I peuvent reproduire les traits allongés de l'alphabet Morse alors que ceux opérés par l'aiguille G reproduisent les points ou les traits courts. Comme ces fermetures de courant sont alternatives et opérées alors à travers un même électro-aimant, les traces qui en résultent se trouvent nécessairement reproduites au récepteur sur une même ligne droite. De plus, les deux ressorts D', E', mis dès lors en relation avec la terre, permettent de décharger la ligne après chaque émission de courant et de la placer dans les conditions voulues pour une transmission rapide.

2° **Système dit Télégraphe rapide de M. Wheatstone.** — Le nouveau système de M. Wheatstone est fondé sur le même principe que le

Fig. 60.

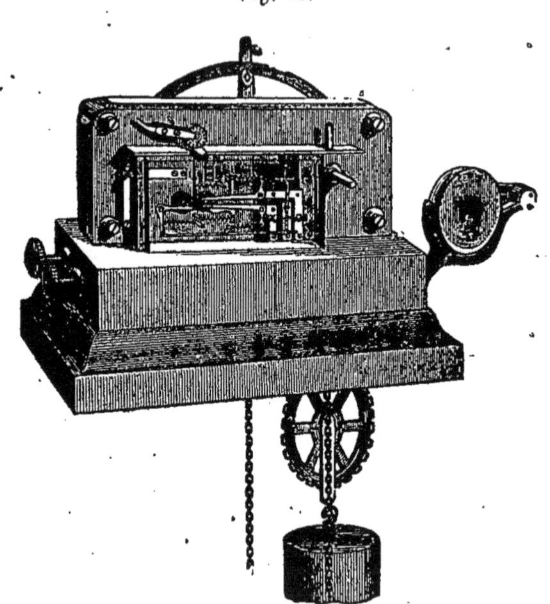

premier; seulement pour satisfaire aux réclamations qui lui avaient été faites, M. Wheatstone a combiné son récepteur de manière à fournir des impressions au moyen d'une molette tournante, comme dans le système Thomas John, et a disposé son transmetteur de manière que les courants renversés utilisés, dans son premier système, à fournir des points supérieurs et inférieurs, pussent fournir des signaux Morse ordinaires placés les uns à la suite des autres sur une même ligne droite. Les fig. 60, 64 et 67 représentent les différents appareils qui composent ce système.

Transmetteur. — Le transmetteur du télégraphe de M. Wheatstone que nous représentons fig. 60 et dont l'organe électrique est placé en avant de l'appareil dans une petite boîte carrée recouverte d'une glace, n'est en somme qu'un inverseur de courant mis en action sous l'influence de la bande de papier perforée, et auquel a été adapté un *système compensateur* destiné à égaliser l'action des courants envoyés, malgré l'inégalité des effets auxquels ils donnent lieu, afin de fournir une vitesse de transmission plus grande. Avant de décrire cette partie de l'appareil de M. Wheatstone il est important que nous expliquions en quelques mots l'importance de ce système *compensateur*.

On a vu tome II, p. 439, que les courants renversés fournissent une vitesse de transmission plus grande que les courants simples, et cette vitesse est beaucoup plus grande encore quand les signaux qui se succèdent sont de durée égale et également espacés. Comme avec le nouveau système de M. Wheatstone on doit reproduire les signaux de l'alphabet Morse, il était donc nécessaire pour obtenir une transmission rapide de faire en sorte que les courants brefs et les courants prolongés eussent une même vitesse de transmission, et c'est dans ce but qu'a été adapté le système compensateur

Fig. 61.

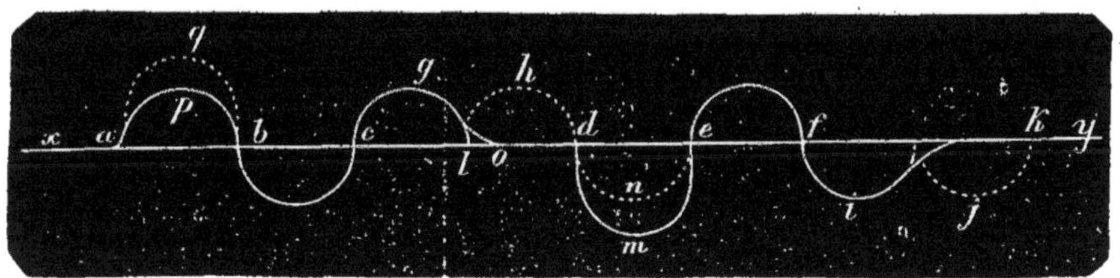

qui est placé à la droite du commutateur et qui a pour effet, au moment des ruptures du circuit qui suivent l'émission d'un trait ou d'un espacement prolongé, d'envoyer sur la ligne un courant de compensation, afin de maintenir celle-ci dans les mêmes conditions électriques qu'après les ruptures du circuit succédant aux points et aux espacements de signes. La fig. 61 ci-dessus pourra donner une idée nette de l'importance de cette disposition ; mais pour la comprendre, il faut d'abord savoir que dans le système de M. Wheatstone toutes les émissions de courants sont égales et que les effets inégaux qui sont produits sont le résultat de l'action électro-magnétique qui, par suite d'une réaction propre de l'armature de l'électro-aimant du récepteur sur les noyaux magnétiques et des effets d'induction déterminés sur la ligne, maintiennent les effets produits par le courant, même après son interruption et jusqu'à ce qu'une inversion dans sa direction change diamétralement les conditions magnétiques de l'électro-aimant. C'est du reste une réaction analogue à celle des électro-aimants Siemens dont nous avons parlé plus d'une fois. Or il résulte de ce système de transmission que l'état de charge électrique de la ligne pendant la transmission d'une lettre, de la lettre *r* par exemple, pourra être représenté, en supposant la ligne *x y* comme indiquant les tensions neutres, par une ligne sinueuse à contours très inégaux *a b c g d e f i k* qui montre que le circuit se trouve alors dans de mauvaises conditions, pour la célérité des transmissions, puisque, ainsi que nous l'avons dit, ces contours devraient être égaux et symétriques pour obtenir le maximum de vitesse. La forme de ces contours s'explique d'ailleurs facilement si l'on réfléchit qu'au moment de la formation du trait, le circuit étant interrompu sans inversion de courant, la courbe de décharge positive, au lieu de descendre de *g* en *l* comme dans le signal précédent, va de *g* en *o*, et comme par suite de la décharge *complète* de la ligne qui a eu lieu en *o d* l'émission du courant négatif qui suit peut produire une charge négative plus grande que de *b* en *c*, où la tension négative communiquée primitivement à la ligne affaiblit un peu la tension positive de l'onde *a b*, la courbe descend en *m*, comme elle était descendue de *q* en *p* pour l'onde *a b*. Il en est naturellement de même pour la portion *f i k* de la courbe qui représente un blanc prolongé. C'est, comme nous l'avons déjà dit, pour rectifier cette courbe à contours irréguliers qu'ont été introduits les courants de compensation, et pour en obtenir l'effet voulu, il suffit de disposer les contacts du transmetteur de manière que, un peu après l'émission de courant qui a produit la partie de la courbe *c g*, puisse succéder un courant supplémentaire d'une intensité suffisante pour compenser la perte de tension résultant du prolongement de la décharge. Il arrivera alors que la courbe *c g o d* se relèvera en *h* et fournira une courbe de décharge *h d* qui se trouvera dans les mêmes conditions qu'en *p b*, si l'intensité du courant de compensation est convenablement calculée. Par suite la courbe *d m e* deviendra *d n e*, et la courbe entière ne présentera plus que des sinuosités régulières et symétriques. Nous verrons à l'instant comment la disposition du transmetteur de M. Wheatstone permet de réaliser ce problème, mais on devra observer que puisque la ligne en *o d* est complétement déchargée alors qu'elle ne l'a pas été complétement en *a b*, il faudra, pour que la courbe *h d* soit la même que *p b*, que le courant de compensation soit un peu plus faible que le courant de ligne, ce que l'on obtient en lui faisant traverser une résistance qui doit être calculée suivant la longueur du circuit. Sur la ligne de Paris à Marseille cette résistance doit être le quart de celle de la ligne, et son intervention, en abaissant le sommet de la courbe positive, réalise alors le même effet que celui qui avait été produit en *a b* par la charge négative du fil, laquelle avait fait tomber primitivement la courbe *a b* de *a qb* en *a p b*.

La pièce principale du transmetteur de M. Wheatstone est une bascule oscillante en ébonite R (fig. 62) qui pivote sur sa partie centrale et qui est mise en mouvement continu d'oscillation par un fort mécanisme d'horlogerie. Cette pièce porte trois chevilles métalliques sur lesquelles peuvent appuyer, dans des conditions données, quatre leviers coudés à ressorts A, B, Z, O en rapport plus ou moins direct avec la pile. Les chevilles elles-mêmes, du moins celles qui sont voisines des extrémités de la bascule, sont en rapport direct, l'une R avec la ligne, l'autre, celle de droite, avec la terre, et celle du milieu qui est isolée n'a d'autre effet à produire que d'établir une liaison électrique entre les leviers Z, O et B, quand dans certains moments ils appuient en même temps sur elle. Les pôles de la pile aboutissent aux deux équerres F et G, sur lesquelles sont articulés les leviers O et Z, et ces équerres portent en même temps deux vis de contact F et G, entre lesquelles oscille un levier basculant N, qui fait fonctionner le *système compensateur* et dont le pivot est monté sur une pièce mise en rapport avec la ligne par l'intermédiaire d'un Rhéostat d'une grande résistance. Par suite de cette disposition, les leviers coudés O et Z représentent les deux pôles de la pile et les leviers articulés A et B la ligne elle-même, quand toutefois ils sont en contact avec les chevilles qui leur correspondent. Ces deux derniers leviers portent chacun à leur extrémité la plus longue une aiguille verticale V, V' qui appuie, sous l'influence des ressorts H, H' qui sollicitent les leviers, sur la bande de papier perforée L placée au-dessus deux. Cette bande est conduite par une roue W, dont les dents s'engagent dans les trous du milieu de la bande et qui fait passer successivement au-dessus des deux aiguilles V, V' les différents trous représentant les signaux. Quand c'est un vide qui se présente au-dessus d'elles, elles s'y enfonçent sous l'influence des ressorts H et H' au moment où le bras de la bascule qui les porte s'élève; mais quand au contraire c'est la surface non percée du papier qui se montre, elles restent abaissées, et les leviers qui les conduisent ne suivent plus la bascule dans son mouvement oscillatoire. On remarquera ici en passant que l'une des aiguilles s'élève quand l'autre s'abaisse; or comme pour une double oscillation de la bascule R, c'est à-dire pour l'ascension successive des deux aiguilles, la bande de papier a été entraînée sur une longueur égale à un intervalle de deux trous de la bande perforée, les extrémités des deux aiguilles doivent être séparées par un même espacement, si l'on veut que la bande perforée laisse passer les aiguilles par deux trous situés sur la même ligne droite. C'est pour cette raison que les deux aiguilles paraissent inclinées l'une sur l'autre sur la figure 62, et qu'elles sont munies de ressorts antagonistes et de butoirs d'arrêt différemment placés. On remarquera encore que l'une des aiguilles V' sert aux inversions du courant tandis que l'autre sert aux ruptures du circuit.

Les leviers A et B communiquent métalliquement entre eux par l'intermédiaire des ressorts H et H', mais il sont reliés mécaniquement aux deux extrémités d'un levier basculant N par l'intermédiaire de deux tringles E et D, qui leur permettent de faire accomplir à ce levier un petit mouvement oscillatoire dans deux sens différents. Toutefois ce mouvement n'étant produit que par l'intermédiaire d'une pièce isolante à rebord adaptée aux extrémités des tiges E et D, l'action des leviers A et B n'est effective que dans le sens de la poussée, et comme le mouvement communiqué par ces

Fig. 62.

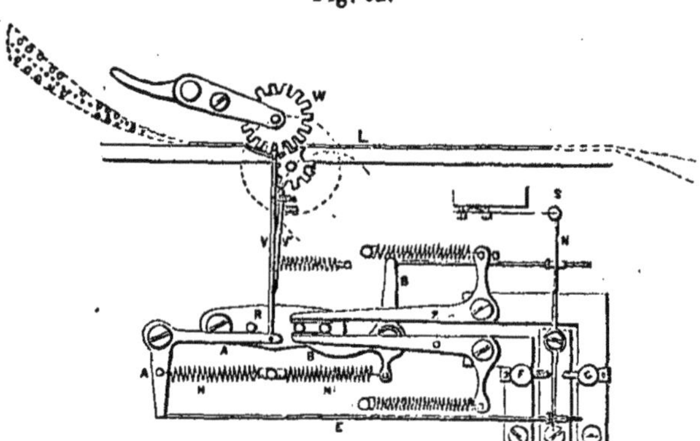

tiges est continué dans un sens ou dans l'autre par un galet à ressort *S* qui appuie à l'extrémité de la bascule ou godille N, à la manière d'un encliquetage à étoile, il arrive qu'au moment des oscillations rétrogrades des leviers A et B, la godille N reste inclinée, pendant un intervalle de temps plus ou moins court et qui a été calculé, dans la direction que lui avait fait prendre les oscillations de sens opposé des leviers, et se trouve mise ainsi en contact prolongé avec l'une ou l'autre des vis de contact F et G. Or voici ce qui résulte de cette disposition.

Dans la situation de la bascule oscillante R sur la fig. 62, aucun courant n'est envoyé sur la ligne ; c'est la position *neutre.* Un petit butoir en ébonite adapté au levier Z empêche en effet son contact ainsi que celui du levier *O* avec les deux chevilles de droite de la bascule, qui se trouvent ainsi isolées de la pile ; la godille N de son côté est placée entre les deux vis F et G, ce qui l'empêche également d'envoyer aucun courant de compensation sur la ligne. Mais si nous supposons que la bascule R s'élève du côté droit en s'abaissant du côté gauche, les leviers A et B, en suivant les chevilles contre lesquelles ils butent, soulèveront d'une part l'aiguille V' contre la bande perforée et abaisseront d'autre part l'aiguille V, tout en réagissant sur la godille N, qui se trouvera de cette manière mise en contact avec la vis F. De plus le levier O sera mis en contact avec la cheville intermédiaire, et le levier Z touchera la cheville extrême de la même bascule qui communique à la terre. Le levier A de son côté aura été abaissé et aura retiré de l'extrémité inférieure de la godille N le butoir de poussée de la tige E. Toutefois ces effets ne seront complets que si l'aiguille V' correspondant au levier B peut pénétrer par un trou à travers la bande de papier. Dans ces conditions le courant de la pile prenant le chemin le moins résistant ira directement de O en B et de B en A par les ressorts H H', puis de A à la ligne par la cheville R, et enfin il reviendra par la terre à la cheville-extrême de droite de la bascule R et le levier Z. Il est vrai que sans la résistance considérable du Rhéostat intercalé dans le circuit du système compensateur, il pourrait regagner la ligne par le contact F, la godille N et ce Rhéostat, mais nous verrons à l'instant qu'il pourra suivre cette route au moment ou le levier A, abandonnant la cheville R, coupe le circuit de ligne le plus court. Or, c'est précisément ce courant établi au moment des coupures de la ligne, qui constitue le courant de compensation dont nous avons analysé les effets précédemment.

Si après cette émission de courant, l'aiguille V, dans l'oscillation rétrograde de la bascule R, rencontre un trou de la bande perforée qui sera alors au-dessous de celui que nous avons vu à l'instant traversé par l'aiguille V', elle passera à travers sous l'influence du ressort H ; mais en ce même moment les deux leviers O et Z auront changé de contacts ; le premier O touchera maintenant la cheville extrême, c'est-à-dire la cheville de terre, et le second Z sera en contact avec la cheville intermédiaire qui, en abaissant le levier B avec lequel elle reste en contact, a retiré le butoir de poussée qui avait primitivement porté la godille N sur le contact F. En même temps, cette godille se trouve repoussée sur le contact G par le levier A sous l'influence du ressort H. Or, il résulte de cette action l'envoi sur la ligne d'un courant de sens contraire au premier qui avait été transmis, et qui traverse le levier O, la terre, la ligne, le levier A, le levier B et le levier Z. Sans la résistance de Rhéostat il aurait pu traverser également le circuit constitué par le le levier O, la terre, la ligne, le Rhéostat, la godille et le contact ; mais dans le cas en question il n'en est pas ainsi, et l'armature du récepteur se trouve ramenée par ce courant inverse à sa position de repos après une durée de courant égale à une oscillation complète de la bascule R. Or, cette durée a été calculée de manière à représenter un point du vocabulaire Morse.

Admettons maintenant que lors de l'oscillation vers la gauche, l'aiguille V au lieu de rencontrer un trou à travers lequel elle a pu passer, ait été arrêtée dans sa course par la surface non perforée de la bande de papier : le levier A en se séparant alors de la cheville R coupe le circuit direct et, au lieu de provoquer l'envoi d'un courant inverse à travers la ligne, il permet au courant de compensation de passer à travers le Rhéostat, qui devient alors la seule issue par laquelle il puisse s'écouler. Dès lors, l'armature polarisée du récepteur restant dans la position qui lui avait été donnée, continue l'action du courant jusqu'à la prochaine oscillation, qui cette fois provoque les effets qui ont été analysés précédemment ; mais alors l'action produite sur le récepteur aura duré un temps double, et aura par conséquent déterminé la formation d'un trait sur le récepteur, sans que la ligne ait eu ses conditions de charge modifiées.

Fig. 63.

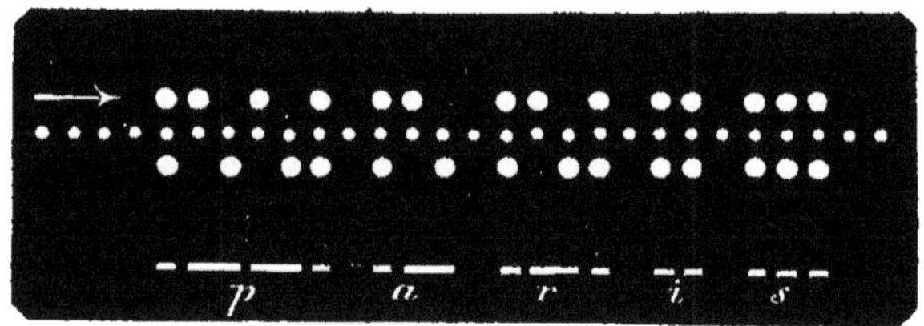

Il en sera de même, mais en sens inverse, quand l'aiguille V' au lieu de rencontrer un trou se trouve arrêtée dans sa course ; alors aucun courant positif n'est envoyé à travers la ligne, et l'armature du récepteur reste à sa position de repos pendant une oscillation entière de la bascule B, ce qui répond à un espace blanc ou à un intervalle de lettres d'une longueur égale à celle d'un trait ; et si après deux oscillations l'aiguille V' ne rencontre pas encore de trou, l'espace blanc s'augmente d'un intervalle de points et fournit un intervalle de mots.

La figure 63 ci-dessus représente, de grandeur naturelle, la bande perforée pour le mot Paris et la traduction de ce mot reçu à Paris venant de Marseille avec une vitesse de transmission de 85 mots par minute. On voit que la dépêche est très-facilement lisible puis que, avec cette vitesse, les traits ont en moyenne 5 millimètres de longueur et les points 2 millimètres et demi.

Perforateur. — Le perforateur, dans le nouvel appareil de M. Wheatstone, bien que fondé sur le même principe que celui qui a été décrit p. 147, a dû se compliquer d'éléments nouveaux pour se prêter aux espacements inégaux des trous correspondants aux signaux. La figure 64 représente la

Fig. 64.

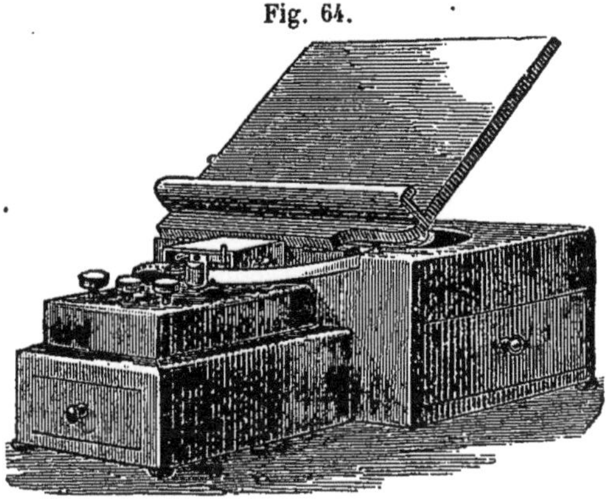

vue extérieure de cet appareil. Les trois touches se voient en avant, et le mécanisme perforateur est renfermé dans la petite boîte carrée que l'on aperçoit en arrière des touches. La bande de papier se présente comme on le voit verticalement devant ce mécanisme, et un pupitre placé au-dessus, permet à l'opérateur de lire facilement la dépêche qu'il doit composer.

Fig. 65.

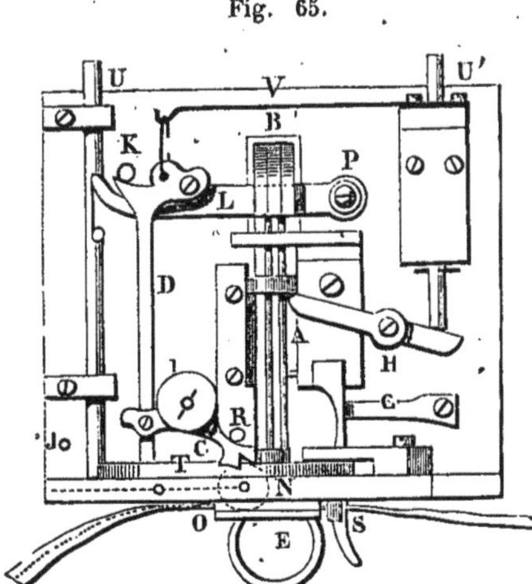

Quant au mécanisme perforateur lui-même que nous représentons fig. 65 et 66, il se compose essentiellement de cinq aiguilles horizontales à poinçon disposées verticalement en A l'une au-dessus de l'autre sur deux rangées ; trois pour la rangée de gauche, deux pour la rangée de droite. Les trois premières correspondent à la touche de gauche et fournissent les perforations correspondant aux points de l'alphabet Morse, plus le trou du milieu destiné à l'entraînement du papier. Celui-ci est produit par l'aiguille intermédiaire sur laquelle réagit non-seulement la touche de gauche, mais encore la touche du milieu qui correspond aux blancs. Les deux autres aiguilles sont mises en action ainsi que les deux premières de la première rangée, par la touche de droite qui doit fournir les trous en rapport avec les traits de l'alphabet Morse. L'action des touches sur ces aiguilles s'effectue par l'intermédiaire de trois leviers à bascule terminés par des becs d'acier recourbés en B dont la partie antérieure appuie sur le bout des aiguilles auxquelles ils correspondent ou sur des tiges faisant partie de leur support, et en même temps sur un levier articulé L P qui passe devant eux et qui réagit sur le mécanisme qui doit faire avancer le papier Ce sont d'ailleurs des ressorts à boudin adaptés au support de ces aiguilles (voir fig. 66), qui les ramènent à leur position initiale.

Le mécanisme pour faire avancer le papier est, comme nous venons de le dire, commandé par un levier articulé horizontal L P à l'extrémité duquel pivote un levier à cliquet D ou plutôt un levier muni d'un arc denté C, qui réagit sur une roue à dents rondes N engagée dans les trous du milieu de la bande perforée, laquelle bande passe à travers la presse O. Ce levier cliquet assez compliqué dans sa construction et d'une disposition fort ingénieuse, est combiné de manière à faire accomplir un mouvement d'une amplitude différente à la roue N, engagée dans la bande perforée, suivant qu'on abaisse la touche des points ou des blancs et celle des traits. Dans le premier cas, le mouvement du cliquet est limité par le bec d'un levier d'arrêt recourbé T qui est articulé à son extrémité de droite et qui ne se soulève que quand on abaisse la touche des traits. Dans le second cas, c'est-à-dire quand on abaisse cette dernière touche, le soulèvement du levier d'arrêt T ayant lieu par l'action d'une tige articulée qui le relie à la touche, le cliquet parcourt un arc de cercle double du premier et a sa course limitée par un butoir fixe J. Il en résulte que la roue directrice de la bande de papier entraîne alors celle-ci d'une quantité correspondante à deux intervalles de trous. Comme cette roue fait saillie dans l'espace où circule la bande de papier, puisque les dents de cette roue doivent s'engager dans les trous du milieu de cette bande, il devient nécessaire, pour introduire la bande de papier dans l'appareil, de refouler un peu en arrière la roue N, et à cet effet une tige U sortant extérieurement de l'appareil, est disposée auprès du levier cliquet D et réagit par son extrémité sur une bascule à ressort sur laquelle est montée la roue directrice N. En même temps une entaille qu'elle porte et dans laquelle est engagée l'extrémité du levier L P, permet à cette tige de faire mouvoir celui ci de manière à dégager l'arc denté C du butoir R contre lequel il appuie. Il suffit donc d'appuyer sur l'extrémité de cette tige U pour permettre l'introduction de la bande de papier dans la presse O. Un ressort antagoniste V et un butoir d'arrêt K rappellent d'ailleurs toujours le levier D à une position déterminée, et la pression du cliquet C sur la roue directrice s'effectue par une poulie I dont l'axe vertical est constitué par une lame de ressort et qui appuie sur le dos du cliquet. Une seconde tige U', placée à droite du mécanisme, réagit par l'intermédiaire d'une bascule H sur le mécanisme perforateur pour dégager les aiguilles A des trous qu'elles ont produit, dans le cas où elles y resteraient engagées. Enfin un système de ressort particulier G réagit sur le guide papier S pour maintenir celui-ci dans une position parfaitement fixe pendant l'opération de la perforation.

Pour qu'on puisse comprendre la manière dont les becs B peuvent réagir sur les aiguilles A, il est nécessaire que nous représentions l'appareil vu de côté et en coupe dans le plan des aiguilles. La fig. 66 ci-dessous peut en

Fig. 66.

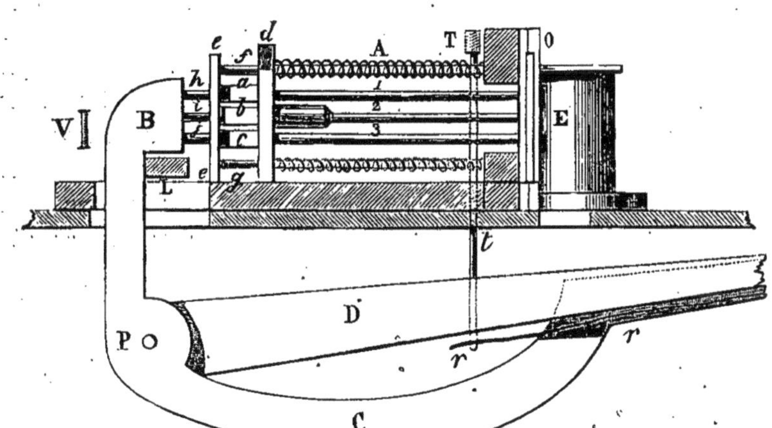

donner une idée exacte; seulement une seule des deux rangées d'aiguilles est représentée ; c'est celle de gauche ; l'autre rangée est derrière celle-ci et ne compte que deux aiguilles au lieu de trois. Dans la fig. 66, B représente l'un des becs qui doivent agir sur les aiguilles; il fait partie d'une bascule B P C articulée en P et correspond à la touche du milieu du perforateur; le second bec exactement semblable est placé derrière B et correspond par la bascule P D à la touche de gauche; enfin le troisième bec placé encore en arrière correspond, par une bascule disposée de la même manière que P D, à la touche de droite. C'est sur cette dernière bascule que se trouve articulée par l'intermédiaire d'un ressort *r r* une tige *t* qui fait réagir le levier butoir T fig. 65. Le levier qui fait réagir le cliquet C se voit en L fig. 66, et les aiguilles de la première rangée, en 1, 2, 3. Enfin les tiges *f* et *g* fixées sur la plaque *e e* et sur le bâti de l'appareil, servent de guide au support *d* qui se trouve sans cesse poussé vers les becs B par deux ressorts à boudin. Le papier est introduit dans l'espace vide formé par les deux plaques juxtaposées O, et le cylindre E recouvre l'orifice du trou par lequel tombent les copeaux résultant de la perforation. Voici maintenant comment réagissent les becs B sur les aiguilles.

Le premier bec à gauche qui correspond à la touche du milieu agit sur une goupille *i* parallèle aux aiguilles, laquelle fait partie de leur support commun *d*. Cette pièce *d* est traversée par les deux aiguilles 1 *h*, 3 *j* qui fournissent les trous du haut et du bas de la bande de papier, mais elle porte fixée sur elle l'aiguille 2 qui doit fournir les trous du milieu de la bande, trous qui servent à l'avancement régulier de la bande de papier. Le second bec, celui du milieu, qui correspond à la touche de gauche, appuie sur les deux aiguilles 1 *h* et 3*j*, fournissant les trous du haut et du bas de la bande ; mais comme ces aiguilles sont munies d'une portée *a* et *c* entre leur support commun *d* et la lame *e e* qui leur sert de guide dans le voisinage des becs B, leur abaissement simultané entraîne celui du support *d* et par suite celui de l'aiguille des blancs 2 ; par conséquent trois trous placés sur la même ligne verticale, sont percés en même temps. C'est ce qui doit fournir les points sur le recepteur. Enfin le troisième bec à droite qui correspond à la touche des traits appuie à la fois sur les deux aiguilles de la seconde rangée à droite, sur l'aiguille des blancs et sur l'aiguille du dessus de la première rangée à gauche. Voici comment : La portée *a* de cette dernière aiguille est plus large que celle des autres et porte au-dessus de la première aiguille de la rangée de droite, qu'on ne voit pas sur la figure, une goupille munie d'une portée, comme nous l'avons déja vu, en *b* pour le bec de gauche. Cette goupille peut être rencontrée par le bec de droite en même temps que les deux aiguilles qui lui correspondent, et comme elle fait partie du système *a* de la première aiguille 1 *h* de la rangée de gauche, elle fait abaisser cette dernière et par suite l'aiguille des blancs 2 ; de sorte que quatre trous sont percés d'un même coup par suite de l'abaissement de la touche des traits.

Afin de rendre plus facile et plus prompte la manœuvre de ce système perforateur, M. Wheatstone l'a disposé de manière à fonctionner sous l'influence de l'air comprimé, qui agit alors comme force motrice et effectue la perforation. Avec cette disposition l'employé n'a plus qu'à faire manœuvrer du bout des doigts les trois touches, dont le jeu est aussi facile que celui des touches d'un piano. Cet effet est réalisé au moyen de trois petits corps de pompe dans lesquels se meuvent des pistons, et ces pistons tiennent lieu des touches dans l'appareil que nous avons décrit précédemment. L'air comprimé arrive à ces trois corps de pompe par l'intermédiaire d'un tuyau qui aboutit à un petit réservoir dans lequel ils s'ouvrent, et les touches, qui sont alors constituées comme celles d'un piano, n'ont d'autre office à remplir que de soulever les soupapes qui établissent la communication de l'air entre le réservoir et les corps de pompe, ce qui n'exige qu'un effort extrêmement minime.

Comme avec le manipulateur représenté fig. 64, la manipulation est assez fatigante pour les doigts de l'opérateur, on frappe sur les touches avec des petits manches en bois terminés par des tampons en caoutchouc.

Pour obtenir de bons résultats et maintenir toujours l'appareil en bon état, il est nécessaire d'employer pour la bande qui doit être perforée du papier fin, de bonne qualité et ayant subi une préparation à l'huile de lin. De cette manière il acquiert plus de consistance et de raideur, et en passant à travers le perforateur, il empêche la rouille des aiguilles qui a toujours lieu avec le papier ordinaire, toujours plus ou moins hygrométrique.

D'un autre côté comme ce papier est très mince on peut superposer plusieurs bandes et obtenir d'un seul coup leur perforation, ce qui permet de fournir des transmissions d'une même dépêche dans plusieurs directions. On peut en perforer ainsi jusqu'à cinq sans aucune difficulté. Cet avantage est très-important en Angleterre où le télégraphe expédie simultanément à beaucoup de journaux les mêmes nouvelles.

Récepteur. — Le récepteur est représenté fig. 67 et on peut en voir le détail du mécanisme fig. 68. C'est comme on le voit un récepteur Morse du système Thomas John fonctionnant sous l'influence du système électro-magnétique de M. Wheatstone que nous avons décrit tome II, page 89, et qui avait déjà été employé dans le premier appareil du même auteur. Ce système du reste peut être modifié, à la condition qu'il comporte une disposition, d'armatures polarisées telle, qu'elles puissent rester, au moment des interruptions du courant, dans la dernière position qu'elles ont prises. Dans ses derniers appareils, M. Wheatstone a même employé un système se rapprochant de celui de M. Siemens. Il se compose en effet de deux électro-aimants droits placés parallèlement l'un à côté de l'autre et entre les pôles, desquels, oscillent deux armatures montées sur le même axe devant les deux pôles d'un aimant en fer à cheval placé derrière le système. L'organe encreur est au centre de l'appareil, mais il présente une disposition particulière dont nous devons dire quelques mots. Dans ce système, l'encrage de la molette s'effectue par l'intermédiaire d'un disque plongeant dans un encrier, et ce disque en tournant dans l'encre se trouve assez recouvert de ce liquide pour le communiquer à la molette sans la toucher. Il se produit alors, par l'effet de la capillarité, une goutte d'encre entre les deux roues qui maintient toujours et sans éclaboussures l'encrage de la molette. La cuvette à encre où plonge le disque encreur se distingue aisément au centre de la fig. 67, et le capuchon qui surmonte cette cuvette recouvre ce disque et la molette; une longue vis verticale placée à droite de l'encrier sur son support, permet de le retirer aisément de l'appareil. Le laminoir qui entraîne la bande de papier se voit à la gauche du capuchon de l'encrier, et un disque denté portant des divisions permet, au moyen d'une vis micrométrique qui engrène avec lui, de régler la tension du ressort antagoniste de l'armature

Fig. 67.

pour maintenir celle-ci plus ou moins fortement attirée au moment des ruptures du circuit. Le levier déclancheur est à la gauche de l'appareil et réagit en même temps sur un commutateur qui établit la communication de l'appareil avec la ligne aussitôt l'appareil déclanché, et qui la rétablit avec la sonnerie aussitôt l'appareil renclanché. La manette que l'on aperçoit au-dessous de l'encrier fait fonctionner, à l'aide d'une petite fourchette, l'armature de l'électro-aimant afin de pouvoir manœuvrer l'appareil à la main et reconnaître s'il est dans de bonnes conditions de marche.

Le système électro-magnétique a été disposé, comme nous l'avons dit, de manière à ce que l'armature reste dans la position où l'a fait arriver le dernier courant qui l'a impressionné. L'extrémité de cette armature composée de deux arcs aimantés se voit en MM fig. 68. La bande de papier qui doit recevoir la dépêche est en PP'; les deux rouleaux du laminoir en AA', et le premier de ces rouleaux dont le support pivote en B, peut être relevé et abaissé facilement à l'aide du levier articulé B'. La molette imprimante portée par l'axe de l'armature MM est en R; le disque encreur en R' et la cuvette en S. Enfin le régulateur de la tension du ressort antagoniste de l'armature avec sa chaîne enroulée sur 3 poulies et sa vis micrométrique TT' se voit en N. La tension de ce ressort s'exerce, comme on le voit sur la figure, dans le sens de l'impression afin de permettre le réglement de la longueur des signaux encrés. Si cette tension est forte les traces s'allongeront; si au contraire, elle est faible, ces traces se raccourciront.

Fig. 68.

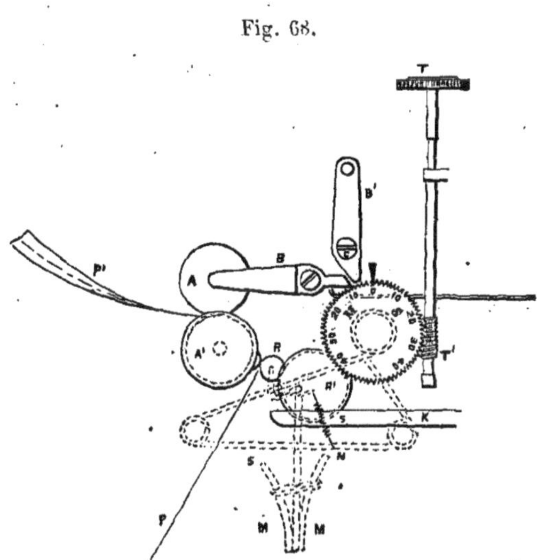

Il ne nous reste plus, pour en finir avec la description de l'appareil de M. Wheatstone, que de parler du régulateur de mouvement des mécanismes d'horlogerie qui mettent en marche le transmetteur et le récepteur. Ce régulateur se manœuvre à l'aide d'une manette qui surmonte ces deux appareils et qui se meut comme on le voit fig. 60 et 67, autour d'un grand arc gradué. Le dispositif de cette partie de l'appareil est fondé sur un principe tout à fait nouveau. L'axe du volant à aillettes qui est appelé à modérer la vitesse du mécanisme et qui est monté sur un axe indépendant, porte un disque d'un assez grand diamètre sur lequel appuie légèrement, dans un plan perpendiculaire à celui du disque, un autre disque qui lui communique le mouvement du mécanisme d'horlogerie. Ce second disque, du moins pour le transmetteur, peut être déplacé sur son axe de rotation et peut réagir, par conséquent, aux différents points d'un même rayon du premier disque. Or on conçoit facilement que plus le point de ce rayon occupé par le disque frotteur sera éloigné du centre du grand disque, plus le mouvement qu'il tendra à lui communiquer sera facile à produire, et plus par conséquent la marche de l'appareil sera prompte. Comme la longueur du rayon du disque du volant permet de nombreuses stations du disque frotteur, on conçoit que, par ce système, on peut régler la vitesse de l'appareil d'une manière beaucoup plus précise et entre des limites plus étendues qu'avec les autres systèmes régulateurs. La manette que l'on aperçoit au-dessus des appareils n'a d'autre effet à produire que ce déplacement plus ou moins grand du disque frotteur le long de son axe, et le déclanchement du mécanisme s'effectue lui-même sur le disque du volant.

Le mécanisme que nous venons de décrire est particulièrement appliqué au transmetteur. Celui qui est adapté au récepteur, quoique fondé sur le même principe, est un peu différent dans sa disposition afin de permettre le réglage pendant la marche de l'appareil. Dans ce système, le dernier mobile du mécanisme d'horlogerie est muni d'un disque de même diamètre que celui du volant, et ces deux disques sont placés parallélement à une assez grande distance l'un de l'autre pour qu'un troisième disque, en rapport avec le levier de la manette régulatrice, puisse circuler entre eux deux normalement à leur plan. C'est ce troisième disque qui sert d'organe intermédiaire de transmission de mouvement, et l'on comprend aisément que sa position plus ou moins éloignée du centre de rotation des deux autres disques rend cette transmission plus ou moins facile, comme dans le premier système.

Fig. 69.

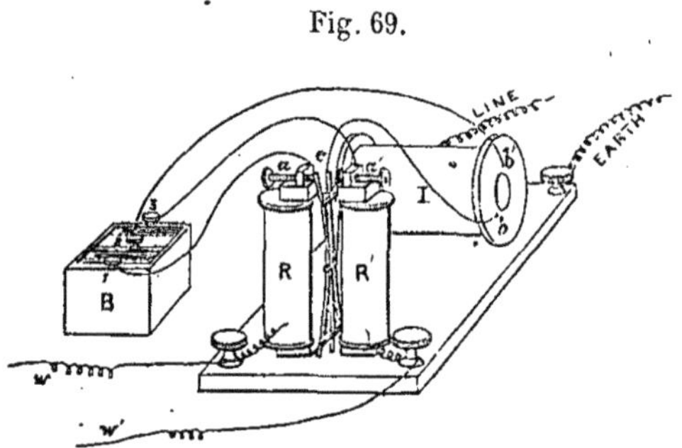

La figure 69 montre un système de relais qui a été proposé pour faire usage des courants d'induction électro-magnétiques ; mais ce système a été rarement mis en pratique. R R' sont les bobines de l'électro-aimant; *a, a'* les vis de contact; B la batterie qui est divisée en deux parties pour fournir à volonté le circuit local ou le circuit de ligne; I est la bobine d'induction électro-magnétique. Le courant entrant dans le relais par les fils *w,w'* provoque par l'action du relais l'envoi du courant local dans le premier fil de la bobine I, et le courant secondaire de cette bobine est envoyé sur la ligne.

Les expériences faites en Angleterre avec le nouvel appareil de M. Wheatstone ont montré qu'il pouvait transmettre de 100 à 120 mots par minute; mais cette vitesse dépend beaucoup de la longueur de la ligne, car on est obligé de régler la vitesse de déroulement de la bande de papier suivant cette longueur. D'un autre côté le nombre de mots que l'on peut expé dier par minute dépend aussi beaucoup de la longueur des mots employés, et la langue anglaise étant plus brève que la langue française et surtout que la langue allemande, on devait s'attendre à ce que cette vitesse de 120 mots pourrait ne pas être obtenue en France. C'est en effet ce qui a été démontré, et d'après les expériences faites à l'administration des télégraphes français sur la ligne de Paris à Marseille, expériences qui se poursuivent avec succès depuis le mois d'octobre 1873, il est resté démontré qu'on ne peut transmettre guère plus de 80 à 85 mots par minute en langage français ordinaire. Quand la dépêche est donnée en langage télégraphique, c'est-à-dire avec suppression des articles et des signes, cette vitesse de transmission ne dépasse pas 65 mots. C'est une vitesse de transmission à peu près double de celle du Hughes et cinq fois plus grande que celle du Morse ordinaire. Il est vrai que pour faire fonctionner cet appareil il faut cinq employés à chaque station, ce qui, au point de vue économique, semblerait rendre les avantages de cet appareil un peu illusoires; mais il faut se rappeler que sur les lignes très-chargées de dépêches, ce que l'on doit considérer avant tout est la vitesse de transmission, et cette vitesse ne pourraît être obtenue, avec les appareils ordinaires et les 5 employés dont nous avons parlé, qu'avec 5 lignes différentes, qui seraient un surcroit de dépense d'entretien et de premier établissement d'autant plus onéreux, que les lignes les plus chargées ne le sont qu'à certaines heures. Du reste, on ne peut considérer cet appareil comme avantageux que sur les lignes surchargées, et c'est en Angleterre surtout que ce cas se présente le plus fréquemment. Aussi, est-ce en ce pays que ce système télégraphique est le plus employé. Nous verrons, du reste, plus tard, un système télégraphique combiné par M. Meyer qui réalise les mêmes avantages; mais un mérite du télégraphe Wheatstone, que nous ne devons pas omettre, c'est qu'il peut être disposé pour fonctionner en double transmission, avec l'une des combinaisons dont nous parlerons plus tard, au chapitre des transmissions simultanées. Dans ces conditions, il pourrait transmettre 200 dépêches à l'heure, et l'on peut voir par ce résultat que M. Wheatstone, qui le premier a rendu pratique la grande idée de la télégraphie électrique, est arrivé à avoir le dernier mot comme résultat obtenu.

Le système de M. Wheatstone est employé en Angleterre non-seulement sur les lignes aériennes, mais encore sur les lignes avec câbles sous-marins. Six de ces dernières lignes appartenant au réseau télégraphique qui relie l'Angleterre au nord de l'Europe sont en effet desservies par cet appareil, et la longueur des câbles qui y sont introduits varie de 266 à 877 milles nautiques (environ de 500 à 1600 kilomètres). Sur la ligne de Newcastle à Frédericia, en Danemark, avec un circuit de 460 milles dont 334 sont en câble, on obtient un travail effectif de 20 mots par minute. Cette vitesse de transmission pourrait même être dépassée, mais on préfère ne pas l'augmenter pour la sûreté des transmissions. Dans ces conditions de vitesse on n'emploie qu'un opérateur, ce qui place l'appareil dans les conditions ordinaires de transmission sur les lignes aériennes; mais l'on a l'avantage d'avoir des dépêches beaucoup plus correctes, car non-seulement les signaux sont plus régulièrement formés, mais encore l'employé qui découpe la bande de papier peut les contrôler en perforant, puisque la bande passe devant ses yeux au sortir de l'instrument.

Télégraphe automatique de MM. Digney. — MM. Digney ont rendu leur télégraphe écrivant automatique, en employant un moyen

Fig. 70.

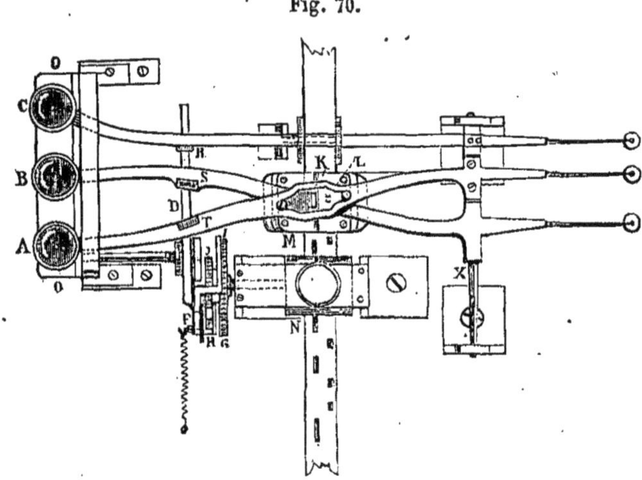

analogue à celui que nous venons de décrire. Comme le système de M. Wheatstone, en effet, le système de MM. Digney se compose de trois appareils : d'un récepteur, d'un transmetteur et d'un perforateur ayant pour effet de découper une bande de papier; mais ces appareils sont combinés d'une façon différente, et la bande de papier, au lieu d'être découpée de manière à ne présenter que des trous ronds, est percée d'entailles carrées de diverses longueurs, de manière à représenter les traits et les points des signaux Morse.

Le perforateur que nous représentons fig. 70, ci-dessus (1), se com-

(1) Par une inadvertance du dessinateur, cette figure est représentée à l'envers.

pose de trois leviers, terminés par des touches A, B et C, qui peuvent réagir au moyen de tiges verticales T, R et S, munies de galets, sur une bascule D, qui, en faisant décrire à la pièce I F un arc de cercle, repousse, par l'intermédiaire d'un cliquet H, une ou deux dents du rochet J, suivant que c'est la tige S ou T qui réagit sur elle. Ce mouvement du rochet J est assuré au moyen d'une roue à dents pointues IG et d'un cliquet d'arrêt I. Les leviers A et B portent en L et K deux emporte-pièce d'acier de largeur différente, destinés, en passant à travers la boîte M, à produire la perforation du papier ; mais comme ces deux pièces sont forcées d'être placées l'une derrière l'autre, cette perforation s'effectue par le fait, comme dans l'appareil Wheatstone, sur deux lignes différentes, de telle sorte que les trous longs ne se sont jamais placés à côté des trous courts. Cette disposition du reste n'a aucun inconvénient pour la transmission, comme on pourra le voir à l'instant. Un laminoir N, placé devant la boîte de l'emporte-pièce M et monté sur le même axe que la roue à rochet J, détermine l'avancement du papier après chaque perforation, et complète l'appareil. Toute la complication de cet appareil provient de ce que les inventeurs ont voulu obtenir d'un seul coup la découpure des trous longs destinés à fournir les traits des signaux Morse. il est résulté, en effet, de cette disposition mécanique, que la quantité dont la bande de papier se trouve entraînée après chaque perforation doit être plus grande pour les trous allongés que pour les trous courts, et pour obtenir ce résultat il a fallu croiser le levier A au-dessus du levier B, afin que la tige T, appuyant sur la bascule D, plus près de son axe d'oscillation, pût, avec une même course, produire un échappement de deux dents du rochet J au lieu d'une.

Le troisième levier C n'agit que sur la bascule D pour fournir les espacements des lettres et des mots. Enfin la plaque OO sert de point d'appui à la main quand on fait marcher les leviers A, B, C.

Le transmetteur qui est adapté sur la platine du récepteur opposée à celle où est le système imprimeur, consiste essentiellement dans deux tiges oscillantes A, B (fig. 71 et 72,) articulées en A et portant deux becs C et D, appuyant dans des rainures circulaires adaptées à un rouleau R. Ces tiges sont repoussées sans cesse contre deux vis T par des ressorts antagonistes S ; mais quand on veut transmettre, la bande de papier perforée doit être engagée entre les becs C et D et le rouleau R, de telle sorte que les tiges en question ne peuvent toucher ces vis T que quand l'un ou l'autre des becs C et D rencontre les parties trouées de la bande de papier. Comme cette bande est entraînée d'un mouvement uniforme par un laminoir EF, on comprend aisément que les contacts des tiges A, B avec T seront d'autant plus longs que les trous de la bande seront eux-mêmes plus longs ; et si l'on admet que ces tiges et les vis T soient en connexion avec le circuit de la pile de ligne, on comprendra facilement que les combinaisons obtenues sur la bande de papier à la station de réception pourront être reproduites électriquement, absolument comme si elle était transmises avec un manipulateur ordinaire.

La tige qui est reliée au bec C est représentée sur la fig. 72 avec un prolongement diagonal dont nous n'avons pas encore expliqué l'usage. Ce prolongement est une espèce de fourchette qui emboîte avec un certain jeu la tige en rapport avec le bec D. Cette disposi-

Fig. 71 Fig. 72.

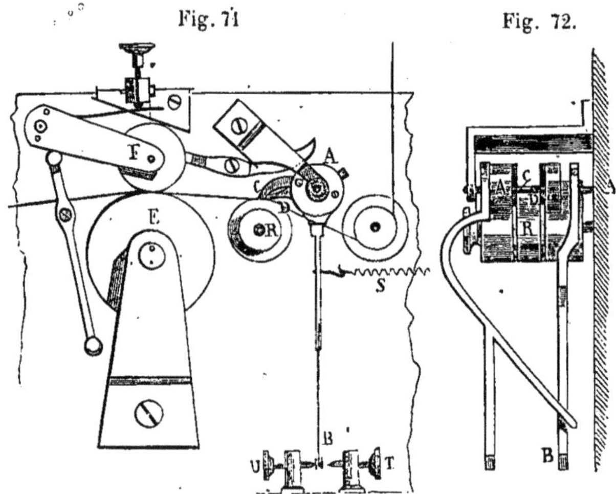

tion a été adoptée pour empêcher un contact permanent entre la ligne et le récepteur du poste-expéditeur, contact qui, en s'effectuant par les vis U, aurait pour effet de dériver le courant à travers ce récepteur au lieu de l'envoyer entièrement sur la ligne.

MM. Digney ont, du reste, combiné un perforateur plus simple à deux touches, avec lequel les trous longs sont faits en deux fois, et un transmetteur à un seul style ; mais nous ne voyons aucun avantage à l'emploi de ces derniers appareils, qui exigent de la part de l'employé un plus grand soin et une plus grande habitude.

S'il faut en croire M. Ed. Zetzsche, qui a publié récemment dans le journal télégraphique de Berne un aperçu historique de la télégraphie allemande, à propos de l'Exposition de Vienne, M. Siemens aurait été le premier (en 1853) à avoir employé les bandes de papier *perforées mécaniquement* à l'aide d'un perforateur à trois touches pour les transmissions automatiques. MM. Wheatstone et Digney ne seraient venus qu'après. D'après le même auteur M. Siemens aurait même considérablement perfectionné son système, en 1868, en transformant son perforateur à trois touches en un véritable compositeur à touches fournissant d'un seul coup la perforation d'un signal entier. « Pour obtenir ce résultat, dit M. Zetzsche, » chaque touche abaissée, soulève une plaque de tôle munie d'entailles » disposées de telle manière que sur les 20 petits poinçons en présence, il » n'y a que ceux nécessaires pour produire les signes voulus qui peuvent » perforer la bande. » Il est probable que le dispositif de ce système de perforateur doit avoir quelque analogie avec celui que nous représentons fig. 11, pl. III et qui appartient au manipulateur à clavier que nous avons décrit page 140.

Télégraphe automatique de M. Little. — Ce système télégraphique, appliqué sur une ligne américaine, ne diffère guère de ceux que nous avons décrits précédemment que par l'action électrique qui résulte de deux piles différentes mises en rapport avec le circuit de ligne d'une manière diamétralement opposée, et qui peuvent envoyer, par conséquent, des courants de sens opposé suivant la manière dont s'effectue leur réunion à la ligne. Cette réunion se produit par l'intermédiaire d'une bande perforée en deux points différents de sa largeur et dont les trous correspondent à deux leviers articulés qui constituent interrupteurs comme dans le système Digney. L'un de ces interrupteurs fournit les courants nécessaires aux impressions, l'autre ceux qui doivent rappeler l'armature de l'électro-aimant et par suite la pointe traçante à sa position de repos; ce qui suppose, par conséquent, à l'électro-aimant une armature polarisée.

Dans ce système on interpose un rhéostat entre la ligne et la terre, avant le récepteur, pour écouler l'excès de charge, et l'action de l'électro-aimant sur l'organe traçant s'effectue par la flexion de la tige qui le porte, sous l'influence d'une pièce intermédiaire sur laquelle réagit l'armature. Cet organe paraît être une sorte de tire-ligne auquel parvient, par un tuyau, de l'encre que l'inventeur dit *inséchable* et sans action corrodante.

Le récepteur et le transmetteur sont du reste disposés de la même manière, comme dans les télégraphes électro-chimiques, et peuvent se transformer de l'un en l'autre. Ils consistent dans un simple laminoir mu par un mouvement d'horlogerie et dont le rouleau supérieur, adapté à un levier articulé, peut être soulevé à volonté avec le pinceau métallique destiné à fournir les contacts.

Le perforateur, dans ce système, est moitié mécanique, moitié électrique; il constitue une sorte de clavier composé de 22 touches qui, par leur abaissement sous la pression du doigt, peuvent fournir le nombre voulu de trous en rapport avec le signal que l'on veut désigner, et c'est l'action de deux électro-aimants qui rappelle les poinçons perforateurs à leur position normale (voir le *Télégraphic journal,* tome II, p. 84).

Télégraphe automatique de M. Siemens. — Si le problème de la reproduction des signaux Morse, par un télégraphe fonctionnant avec les courants induits d'une machine magnéto-électrique, était difficile à résoudre, celui de la transmission automatique de ces signaux avec les mêmes courants soulevait encore bien d'autres difficultés ; pourtant M. Siemens, non-seulement a triomphé de tous ces obstacles, mais est parvenu à créer avec ces éléments un système de télégraphe automatique des plus parfaits, qui a fait l'admiration des connaisseurs à l'exposition de Londres de 1862.

Quant à son principe en lui-même, ce système n'a, il est vrai, rien de bien nouveau. Le transmetteur est une espèce de composteur mobile dans lequel on assemble les unes à la suite des autres les diverses lettres, qui sont découpées d'avance en signaux Morse, et qui, en passant sous un frotteur interrupteur, peuvent fournir les fermetures et ouvertures du circuit nécessaires pour les transmissions. C'est donc, en principe, l'un des moyens proposés dès l'origine par M. Morse lui-même. Mais si l'on considère qu'avec des courants induits non redressés une fermeture prolongée du courant ne peut exister, et que des courants inverses se succèdent alternativement; si l'on réfléchit, d'un autre côté, que ces courants ne prennent naissance que pour une certaine position des bobines d'induction par rapport à l'aimant générateur, on comprendra aisément les difficultés du problème, et on verra que pour le résoudre il faut : 1° que les mouvements de la bobine induite soient dans un rapport intime avec la marche des lettres sous l'interrupteur; 2° que la position de ces lettres sur le composteur soit déterminée par rapport à la course produite; 3° que les signaux soient découpés de manière à correspondre à des courants instantanés alternativement renversés. Pour qu'on puisse se faire une idée de l'influence de la forme de ces signaux, supposons qu'un caractère ayant la forme représentée fig. 73, page 176, nécessite, pour faire sa course sous le frotteur interrupteur I (fig. 76), quatre tours complets de la vis motrice portant la bobine induite. Ces quatre tours auront produit quatre courants induits inverses et quatre courants induits directs, et comme l'interrupteur I se sera toujours maintenu sur la sommité du caractère, le circuit de ligne aura toujours été fermé, et par conséquent les huit courants auront déterminé sur le récepteur quatre petits traits qui représenteront un H, tandis que le caractère, par sa forme, semblerait indiquer un T. Si les intervalles compris entre les lignes ponctuées tracées sur la figure représentent les périodes pendant lesquelles les courants induits agissent positivement ou négativement sur le circuit, et si nous admettons que le courant envoyé au commencement du passage de la lettre ne soit pas dirigé dans le sens convenable pour la production d'une marque sur le récepteur, les courants correspondant aux intervalles marqués + produiront les points, et les courants correspondant aux intervalles marqués — représenteront les intervalles blancs. Maintenant nous allons examiner les conséquences qui résultent de la largeur plus ou moins grande du dernier intervalle +; mais auparavant il est nécessaire que nous disions que l'électro-aimant du récepteur, construit comme celui représenté p. 87, tome II, maintient après la rupture du circuit son armature dans sa dernière position. Si l'intervalle dont nous parlons a la largeur des autres, le point marqué sur le récepteur a d'abord la longueur des points primitifs; mais comme l'effet magnétique déterminé se trouve maintenu au moment de l'ouverture du circuit, ce point se trouve continué après l'abaissement du frotteur I, et au lieu d'un point sur le récepteur on a un trait. Si, au contraire, l'intervalle + en question a beaucoup moins de largeur que les autres, comme dans la fig. 73, le courant qui en résulte n'a que juste le temps d'incliner convenablement l'armature de l'électro-aimant du récepteur, et la marque est produite sous l'influence de l'inertie magnétique due à la rupture du circuit; on n'obtient alors qu'un trait court sur le récepteur, et voilà pourquoi le caractère de la fig. 73 transmet l'H.

Fig. 73. Fig. 74. Fig. 75.

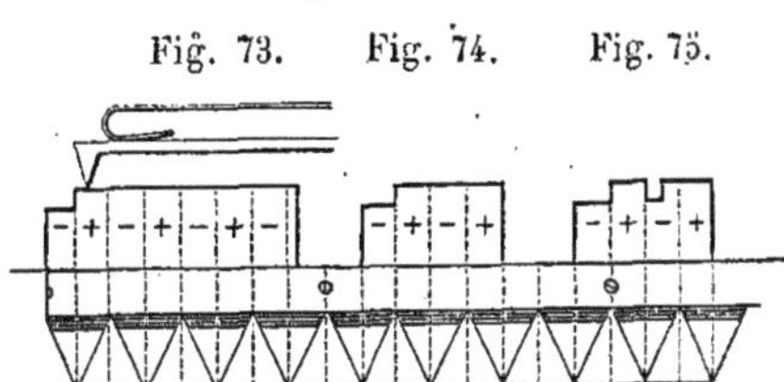

Par les mêmes raisons, le caractère représenté fig. 74 transmet l'A, car le trait provoqué par le courant de la dernière tranche + est continué par suite de la rupture du circuit et de l'inertie magnétique de l'électro-aimant du récepteur. Le caractère de la fig. 75 transmet l'M, parce que les deux saillies fournissent deux traits allongés, à cause des deux ruptures de circuit qui résultent de l'entaille du caractère. Ce que nous venons de dire suffit pour montrer que la position des caractères sur le composteur n'est pas indifférente et doit être reliée intimement au mouvement de la bobine d'induction. Pour obtenir sans tâtonnements ce résultat, M. Siemens dispose son appareil de la manière suivante :

Sous le plancher d'une table solidement établie (fig. 76), il fixe son système magnéto-électrique disposé d'ailleurs comme celui de son télégraphe à cadran; l'axe commandant le mouvement de la bobine induite AU, et mis

Fig. 76.

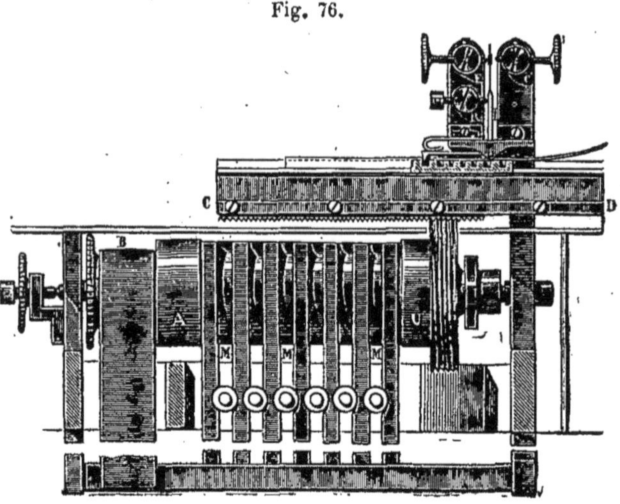

en mouvement au moyen d'une courroie B, d'une bielle et d'une pédale, porte une large vis sans fin (ayant seulement quelques pas), qui engrène avec une crémaillère à dents pointues CD, fixée sous le composteur; les dents de cette crémaillère sont tellement combinées, que la largeur de chacune d'elles correspond exactement à un tour complet accompli par la bobine induite. Le composteur lui-même est composé d'une espèce de tringle en bois contre laquelle appuie une lame métallique un peu flexible qui est sillonnée sur toute sa longueur par une série de raies quelque peu profondes, lesquelles correspondent exactement aux sommets des différentes dents de la crémaillère, et par suite aux diverses positions que doit avoir la bobine induite pour fournir un courant n'ayant pas action sur le récepteur. Les caractères, découpés d'avance, ainsi qu'on l'a vu, et déposés dans des cases comme des caractères d'imprimerie, doivent être introduits entre la lame dont nous venons de parler et la tringle rigide; mais comme ils sont tous pourvus du côté droit d'un petit rebord de cuivre, ils ne peuvent être introduits que quand ce rebord a glissé dans l'une ou l'autre des raies dont il a été question plus haut et qui leur assurent une position convenable. Comme tous ces caractères ont une largeur parfaitement calculée, ils peuvent s'adapter les uns contre les autres et s'emboîter en même temps dans les raies de repère; de sorte qu'ils forment un tout compacte qui ne court pas risque de se déranger sous l'influence du frotteur placé en I. Ces composteurs peuvent d'ailleurs se succéder indéfiniment, sans qu'il soit besoin de rien changer à l'appareil, car ils se trouvent maintenus par des coulisses, et une fois mis en prise avec la vis sans fin de l'axe de la bobine induite, ils sont forcés de continuer leur marche jusqu'au bout.

Le récepteur correspondant à ce système de transmetteur automatique n'est autre chose qu'un récepteur ordinaire auquel a été adapté l'électro-aimant que nous avons déjà vu employer par MM. Siemens et Digney pour d'autres télégraphes (voir pages 54, et 114). L'expérience a montré que sur une ligne de 200 miles allemands on pouvait facilement transmettre avec ce système 60 mots par minute.

Télégraphe automatique de M. Allan. — Préoccupé de l'idée de réduire le temps de la transmission des dépêches et de faire fonctionner automatiquement les appareils, M. Allan a cherché à combiner un système télégraphique dans lequel les traits allongés des signaux Morse seraient supprimés, et dont le mécanisme entraîneur de la bande de papier, tout en entrant en mouvement sous l'influence du courant transmettant la dépêche, se remonterait également de lui-même par l'action seule du levier imprimeur. A cet effet, son récepteur se compose d'un système oscillant, constitué par une armature de fer doux placée entre les quatre pôles de deux électro-aimants, et qui réagit, d'une part, sur le levier articulé portant le style traceur, et d'autre part sur un système d'encliquetage qui a pour effet de remonter sans cesse, à l'aide d'une roue à rochet, un barillet fixé sur l'axe du cylindre entraîneur de la bande de papier, et dont un système de rouages (réglé par un volant à ailettes) modère l'action. Un relais distribue alternativement et en temps opportun pour fournir des attractions différemment espacées, le courant d'une pile locale entre les deux électro-aimants, et sous cette influence l'armature de fer doux oscille de manière à produire les effets que nous venons de mentionner.

Fig. 77.

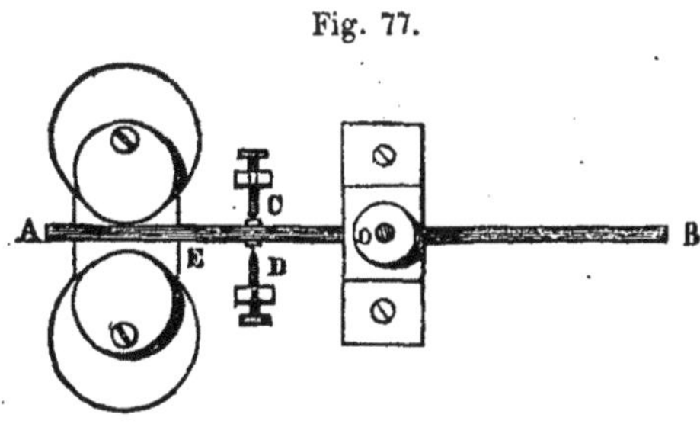

L'alphabet de M. Allan ne se composant que de points différemment espacés, comme on le voit ci-dessous,

A	B	C	D	E	F
———	– —————	—— ———	—— ——	–	——— ——
G	H	I	J	K	
—— ————	– ———	——	– ——————	———— ——	
L	M	N	O	P	
———— –	– ————	– ——	————	————— –	
Q	R	S	T	U	
—— —————	——— –	—— –	– –	—————	
V	W	X	Y		
————— ——	——— ———	——— ————	——————		
Z					
———— ———					

il a voulu rendre la production de ces points complètement indépendante du temps de fermeture du courant sur le transmetteur, en faisant en sorte que l'armature, avant la fin de sa course, soit d'un côté, soit de l'autre, coupât elle-même le circuit correspondant, et ne pût le rétablir que lors d'une oscillation contraire. Cette disposition lui fournissait, en outre, l'avantage d'empêcher les étincelles d'oxyder les contacts du relais, avantage assez grand, à cause de l'énergie considérable que doit avoir avec ce système la pile locale, pour faire marcher l'appareil récepteur.

Le relais destiné à faire fonctionner l'appareil précédent est composé, comme on le voit fig. 77 ci-contre, d'un électro aimant E, entre les pôles duquel oscille un levier aimanté AB. Suivant le sens du courant transmis à travers la ligné, ce levier va buter contre la vis C ou la vis D et ferme le courant de la pile locale à travers l'un ou l'autre des électro-aimants du récepteur, ainsi qu'on l'a vu plus haut; mais quelque soit le côté où il a été poussé, ce levier reste toujours dans la dernière position qu'il a prise, en raison de l'action du magnétisme rémanent de l'électro-aimant; ce qui n'exerce, du reste, aucun effet sur la transmission, puisque le courant ainsi fermé se trouve coupé sur le récepteur.

Le manipulateur-clef consiste dans une bascule placée à l'une des extrémités du récepteur, et qui est disposée de manière à former commutateur à renversement de pôles. Cette bascule est inclinée en temps ordinaire sous l'influence d'un ressort, de manière que le courant de la pile de ligne incline le relais convenablement pour maintenir l'armature oscillante du récepteur contre celui des deux électro-aimants qui ne doit pas produire d'impressions. Quand cette bascule est abaissée, un courant de sens contraire sillonne la ligne et détermine l'impression d'un point; quand elle se relève, l'armature du récepteur se relève également et se trouve disposée de manière à fournir l'impression d'un nouveau point qui pourra être plus ou moins rapproché du premier, suivant que les abaissements de la bascule se seront suivis plus ou moins promptement.

M. Allan préfère néanmoins à ce transmetteur-clef un transmetteur automatique qu'il a adapté également à son appareil, et qui consiste dans une roue à dents rondes qui entraîne une feuille de papier découpée d'une manière analogue à celle du télégraphe automatique de Wheatstone, mais qui n'a qu'une seule rangée de trous. Le commutateur à renversement de pôles est alors mis en action sous l'influence du passage successif de ces trous, et reproduit mécaniquement les mouvements que ferait la clef pour transmettre les mêmes signaux. Un appareil perforateur, muni d'autant de touches qu'il y a de lettres dans l'alphabet, permet de découper d'un seul coup chacune des combinaisons qui représentent ces différentes lettres; de sorte que la composition des dépêches est extrêmement facile avec ce système.

Télégraphe automatique de M. Renoir. — Ce système ne diffère de celui de MM. Digney, que nous avons décrit précédemment, qu'en ce que le perforateur, au lieu de fournir des éléments de signaux de l'alphabet Morse, découpe d'un seul coup ces signaux dans leur entier, par l'effet de l'abaissement d'une touche particulière correspondant à chacun d'eux. Ce perforateur n'est donc, par le fait, qu'un manipulateur à clavier disposé de manière à fournir une découpure des signaux au lieu d'une transmission.

Pour obtenir ce résultat, M. Renoir adapte à l'extrémité de quatorze longs leviers articulés sur le même axe et soulevés à l'aide de ressorts à boudin, quatorze lames d'acier dont l'extrémité inférieure, taillée en biseau, peut former emporte-pièce. Ces lames ou couteaux sont disposées transversalement par rapport aux leviers qui les supportent et sont serrées suffisamment les unes contre les autres pour qu'étant toutes abaissées en même temps, elles puissent fournir sur une bande de papier placée au-dessous d'elles une rainure continue égale en longueur à la somme de leurs largeurs respectives, c'est-à-dire à 56 millimètres (chacune d'elles ayant 4 millimètres de largeur). Inutile de dire que ces lames sont guidées par deux rainures, de manière à s'appliquer exactement sur le papier, qui se trouve lui-même pris entre deux plaques munies de rainures.

Avec cette disposition on comprend facilement que, si on appuie sur le premier levier, par exemple, on pourra obtenir sur la bande de papier dont nous venons de parler un trou de 4 millimètres. Ce trou pourra représenter la lettre E. En abaissant à la fois le premier et le troisième levier on obtiendrait un I, c'est-à-dire deux trous de 4 millimètres séparés par un intervalle de même largeur. De même, si l'on avait abaissé le levier n° 1 et les leviers 3 et 4, on aurait obtenu un A, car on aurait eu un trou de 4 millimètres, suivi de deux autres trous contigus l'un à l'autre et ne formant qu'un seul et même trou de 8 millimètres. Suivant donc l'ordre et la quantité des leviers qu'on abaisse en même temps, on peut obtenir d'un seul coup la perforation des différentes lettres et signaux employés dans la télégraphie Morse. Or, pour obtenir mécaniquement et sans contention d'esprit ces combinaisons, M. Renoir a placé en croix, au-dessus du système de leviers décrit précédemment, un second système composé de quarante-sept lames très-minces également articulées sur le même axe et très-rapprochées les unes des autres. Chacune de ces lames porte une série irrégulière de dents en correspondance avec les différents leviers du premier système et disposées entre elles de manière à composer les différents signaux; elle se trouve, en outre, munie d'une touche sur laquelle est inscrite la lettre ou le signal qu'elle représente et qui fait partie du clavier dont nous avons parlé précédemment. On comprend facilement qu'avec une pareille disposition il suffit d'appuyer le doigt sur l'une ou l'autre de ces touches pour qu'immédiatement les leviers contre lesquels viennent appuyer les dents de cette touche se trouvent abaissés, et pour que les couteaux correspondants entaillent la lettre ou le signal demandé.

La grande difficulté à résoudre dans le problème que s'était proposé M. Renoir, n'était pas tant de produire d'un seul coup la perforation des différents signaux de l'alphabet Morse que d'obtenir automatiquement un recul convenable de la bande de papier après chaque découpure. On comprend, en effet, que la lettre L, par exemple, qui occupe un espace de 32 millimètres, exigera un recul de papier huit fois plus grand que la lettre E, qui n'occupe qu'un espace de 4 millimètres. Or, pour obtenir ce résultat, M. Renoir avait, dans l'origine, adapté à son appareil un système de double laminoir commandé par une roue à rochet sur laquelle réagissait une crémaillère arquée portée par un levier articulé; la partie supérieure de ce levier était inclinée par rapport à la ligne des couteaux, de façon que ceux-ci, dans leur course, ne pussent l'abaisser que d'une quantité en rapport avec celle dont le laminoir devait tourner pour faire avancer convenablement le papier. Comme parmi les couteaux abaissés en même temps celui qui était placé le plus près de l'axe de rotation du levier était celui qui déterminait la réaction, il était facile, en faisant partir tous les signaux du levier correspondant au premier couteau, de résoudre le problème. Toutefois, M. Renoir, par des motifs qu'il est facile de deviner, a dû renoncer à rendre le laminoir directement dépendant de l'action mécanique provoquée par l'abaissement des couteaux, et il a préféré avoir recours pour cela à un mécanisme d'horlogerie commandé par un échappement. De cette manière quand, après avoir pressé une touche quelconque, on relève le doigt, l'échappement fonctionne, et le laminoir, obéissant au mouvement d'horlogerie, tourne de la quantité nécessaire en entraînant la bande de papier.

Système de M. Humaston. — M. Humaston a voulu résoudre le même problème que M. Renoir, et il y est arrivé par des moyens sinon analogues quant aux effets mécaniques produits, du moins semblables quant aux résultats fournis. Ainsi M. Humaston, comme M. Renoir, découpe sur la même ligne et d'un seul coup les différents signaux Morse (sur une bande de papier), à l'aide d'un manipulateur à clavier. J'ignore lequel des deux systèmes a précédé l'autre, mais ce qui est certain, c'est que celui de M. Humaston a été breveté en 1857.

Dans le système de M. Humaston une série de poinçons, tous égaux à celui devant produire un point simple, se trouvent juxtaposés sans laisser aucun intervalle entre eux, afin que si deux, trois, quatre de ces poinçons contigus venaient à agir, ils pussent produire des trous longs, égaux à deux, trois ou quatre fois la longueur d'un point simple. Une roue dite des types est placée en regard de cette série de poinçons, de manière à présenter en creux, comme les cartons d'une jacquart, les divers groupes de traits et de points correspondants aux caractères Morse. Cette roue est manœuvrée à l'aide d'un système de rouages, de cordons et de ressorts, combinés de telle sorte, que lorsqu'on abaisse la touche du clavier affectée à telle lettre ou à tel chiffre, la roue des types vienne présenter à l'action des poinçons les creux correspondants aux groupes de signaux de la dite lettre.

En conséquence, les poinçons qu'actionne un mécanisme particulier assez compliqué lui-même, pénètrent à travers le papier dans tous les endroits correspondants à ces creux, et l'épargnent partout ailleurs. Cela fait, le papier se déplace d'une quantité en rapport avec la longueur de la lettre perforée à l'aide d'un autre mécanisme commandé par la roue des types. Mais toutes ces actions diverses ne s'obtiennent qu'à l'aide d'agents multiples, délicats et très-faciles à déranger.

Système de MM. Digney. — MM. Digney ont considérablement simplifié le système précédent en supprimant le clavier à touches et en disposant l'appareil d'une manière très-analogue au manipulateur des télégraphes à cadran ordinaires.

Au lieu de l'enchevêtrement de cordons, de ressorts, de mouvements de toutes sortes reliant, dans le système Humaston, le clavier au mécanisme perforateur, le cadran porte lui-même les agents qui, sous la pression d'un levier, doivent produire la perforation des signaux Morse correspondant aux caractères alphabétiques inscrits sur ce cadran. Pour obtenir cette perforation, il suffit de tourner la manivelle jusqu'à ce qu'on ait amené vis-à-vis d'un repère fixe la lettre à perforer ; on appuie alors sur un levier qui abaisse lui-même et fait pénétrer à travers le papier un groupe de poinçons représentant la dite lettre dans la langue Morse. On laisse le levier se relever de lui-même, et on appuie ensuite sur une petite manette qui, en décrivant un arc de cercle proportionnel à la longueur de la lettre qu'on vient de perforer et en retournant elle-même à son point de départ, fait avancer le papier de la quantité nécessaire.

MM. Digney ont disposé cet appareil de deux manières différentes : dans l'une de leurs dispositions, la perforation de chaque caractère est obtenue par un groupe particulier de poinçons qui lui est exclusivement réservé et qui étant fixé sur le cadran mobile se déplace avec lui. Dans l'autre, cette perforation s'effectue à l'aide d'un système unique de poinçons qui ne se déplace pas et avec lequel se trouvent mis successivement en rapport, par suite du mouvement de rotation du cadran, certains groupes de saillies ou de doigts correspondant aux caractères à perforer, lesquels viennent choisir en quelque sorte ceux des poinçons qui conviennent à cette perforation.

Dans les deux cas, les emporte-pièces sont espacés entre eux d'une quantité égale à l'intervalle qui doit séparer deux signaux successifs (point ou trait dans une même lettre, et le papier passe entre les poinçons et les matrices dans lesquelles ceux-ci doivent pénétrer.

Transmetteur automatique de MM. Mouilleron et Guérin. — Cet appareil est représenté fig. 14, pl. II; il se compose d'une espèce de rainure à ressort AB dans laquelle on introduit le composteur, et au centre de laquelle tourne une petite roue en rapport avec une manivelle. Le composteur étant muni (par-dessous) d'une crémaillère, se trouve mis en mouvement par la roue, et un ressort R, qui appuie sur les caractères du composteur, fournit les fermetures et interruptions du courant nécessaires pour la transmission de la dépêche. Si un seul composteur ne suffit pas, on en place successivement deux, trois, quatre, à la suite les uns des autres sans que la dépêche soit interrompue. Comme complément à leur appareil, MM. Mouilleron et Guérin lui ont ajouté un système récepteur excessivement simple, fondé sur le principe des télégraphes électro-chimiques et qui fonctionne sans mouvement d'horlogerie sous l'influence seule de la rotation de la manivelle du mécanisme transmetteur. Avec cet appareil et un système organisé pour les transmissions simultanées en sens contraire, on peut donc envoyer et recevoir une dépêche sans avoir à s'occuper de deux instruments. On peut aussi utiliser ce récepteur à contrôler la dépêche que l'on envoie.

Dans la figure 14, pl. II, ce récepteur est représenté en XY ; T et S sont les deux cylindres du laminoir destinés à entraîner la bande de papier, U est le ressort en fer destiné à réagir sur le papier chimique. On comprend facilement qu'un pareil système est beaucoup plus économique que les télégraphes Morse ordinaires.

Transmetteur de MM. Paul Garnier et Marqfoy. — Le transmetteur de M. Paul Garnier, est représenté fig. 6, pl. II. Dans cet appareil, qui est, du reste, fondé sur le même principe que celui de Morse, le tambour composteur, tout en tournant, avance parallèlement à son axe, de telle sorte que le ressort appelé à frotter sur les caractères dont il est muni décrit une hélice dont le pas est d'environ 2 centimètres. Or, c'est sur cette hélice que sont groupées les parties métalliques qui doivent fournir les combinaisons de courant appelées à transmettre la dépêche. Pour obtenir d'une manière prompte et facile la composition de ces combinaisons, M. Paul Garnier a découpé sur tout le parcours de l'hélice en question une série de petites rainures transversales *a*, *b*, *c*, *d*, fig. 80 ci-dessous, échelonnées les unes à la suite des autres, et dans chacune desquelles se trouve adapté un petit prisme métallique *a'*, *b'*, *c'*, etc., susceptible d'être déplacé d'un bout à l'autre de cette rainure. A cet effet, ce petit prisme, plus fort dans sa partie supérieure que la rainure, se trouve évidé à sa partie inférieure, de manière à pouvoir circuler aisément à travers celle-ci, et porte un ressort arqué *r*, figure 79, qui, en s'appuyant contre la paroi intérieure du tambour, le maintient à frottement dur en tel point de la rainure qu'on le désire. Ces petits prismes se touchent tous, de telle sorte que, quand ils sont repoussés d'un même côté, ils constituent sur le tambour un véritable filet de vis, parfaitement continu, d'une hauteur uniforme, qui, étant placé sous le frotteur de l'appareil, fournirait une fermeture prolongée du courant, et, par suite, une ligne continue au récepteur. Toutefois, ce filet de vis, par les éléments mêmes de sa constitution,

Fig. 78. Fig. 79. Fig. 80.

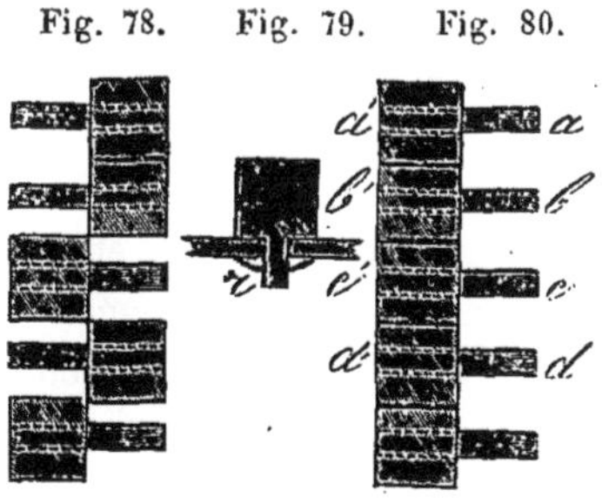

pouvant se trouver interrompu de mille manières différentes, suivant que les petits prismes sont repoussés de côté de deux en deux, de trois en trois, ou de trois en deux, etc., il devient possible de lui faire fournir toutes les combinaisons voulues pour la composition télégraphique d'une dépêche. En effet, en laissant deux petits prismes l'un à côté de l'autre, comme dans la figure 78, on pourra avoir le *trait long* de l'alphabet Morse, tandis que le petit prisme isolé représentera le *point* du même alphabet ; de même, trois petits prismes contigus l'un à l'autre, étant repoussés à la fois, représenteront l'intervalle des mots, alors que deux représenteront l'intervalle des lettres, et un seul l'intervalle des éléments des signaux. Or, comme chaque cylindre présente un développement de 6 mètres environ de longueur d'hélice, il peut transmettre à lui seul une dépêche déjà assez longue qui peut encore être continuée sur plusieurs autres cylindres pendant le temps de la transmission. La substitution d'un appareil à l'autre n'offre d'ailleurs aucune difficulté, car chaque cylindre porte avec lui son axe et la vis qui doit le faire mouvoir ; de sorte qu'il suffit de le poser simplement par son axe sur deux coussinets appartenant à l'appareil moteur, pour qu'il soit mis immédiatement en action.

Nous ne décrirons pas ici avec détails le mécanisme moteur de cet appareil qui d'ailleurs se devine aisément, et qui est analogue, sauf quelques perfectionnements mécaniques que M. Paul Garnier sait toujours apporter aux appareils qu'il construit, à ceux dont nous avons déjà parlé.

Les avantages qu'on a fait valoir en faveur du transmetteur de M. Paul Garnier sont faciles à saisir. En effet, avec ce système, les signaux et les éléments de signaux n'ont pas besoin d'être déplacés, d'être triés et d'être assemblés, trois opérations qui exigent un certain temps et un étalage de matériel très-incommode ; chaque cylindre porte ses éléments de composition télégraphique, et un simple petit bâton d'une largeur double de son épaisseur suffit pour produire immédiatement toutes les combinaisons voulues. On peut, d'ailleurs, au moyen d'une plaque circulaire munie de dents et conduite par une plate-forme à vis de rappel, comme un chariot de tour, remettre en place d'un seul coup tous les petits cubes déplacés, une fois le travail du cylindre effectué.

Voici, du reste, la légende explicative de la figure 6, pl. II, qui représente l'élévation de ce transmetteur, et celle de la fig. 81, page 186, qui représente le frotteur conjoncteur qui, étant placé en arrière du cylindre, ne se distingue pas dans la figure 6, pl. II.

LÉGENDE DE LA FIGURE 6, PL. II

A, cylindre transmetteur, portant la vis V ;

B, écrou à filet de vis intérieur, reposant dans la fourchette du support C et y demeurant fixé ;

C, support ou montant en laiton ;

D, deuxième montant de l'appareil ;

E, douille cylindrique tournant à travers les deux platines DD, et portant un tenon entrant dans l'entaille longitudinale L ;

G, disque embrayeur, avec cliquet, etc.;

H, roue folle sur la douille E, et pouvant être mise en mouvement par l'embrayeur G ;

I, poulie supportant le poids moteur et fixée sur la douille E ;

J, pignon engrenant avec la roue H et communiquant son mouvement à un volant à ailettes par l'intermédiaire d'une roue engrenant avec une vis sans fin ;

K, volant à ailettes ;

VV', axe à vis du cylindre A, engagé du côté gauche dans l'écrou B, de l'autre dans la douille E ; de ce dernier côté, l'axe VV' ne porte pas de filet de vis, mais se trouve entaillé de manière à présenter une rainure longitudinale L.

LÉGENDE DE LA FIGURE 81

A, frotteur articulé en G, et appuyant contre le cylindre transmetteur ;

Fig. 81.

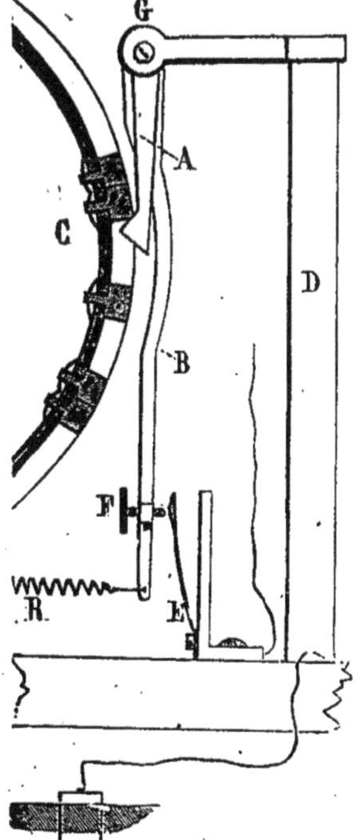

B, levier monté sur le même axe que le frotteur A, et oscillant avec lui ;

C, cylindre transmetteur ;

D, support métallique du frotteur A et du levier B en communication avec le fil de terre ;

E, ressort mis en rapport avec le fil de ligne, et contre lequel vient battre le levier B, à chaque oscillation, par l'intermédiaire d'une vis F. C'est ce contact qui produit les fermetures de courant appelées à réagir sur les appareils télégraphiques ;

R, ressort de rappel pour appuyer le frotteur A, contre le cylindre C et les types que celui-ci lui présente.

Ce système exécuté dans de grandes proportions à l'administration des lignes télégraphiques sous la direction de M. Marqfoy, a été plusieurs fois mis en essai ; mais les avantages qu'il a fournis n'ont pas été assez manifestes pour le faire adopter ; de sorte que les énormes appareils qui avaient été construits à grands frais sont restés au musée de l'administration comme un des monuments de l'histoire de l'art.

Système de M. Breguet — M. Breguet a encore proposé, il y a longtemps, il est vrai, de composer les dépêches en collant sur une bande de papier les différents signaux de l'alphabet Morse, imprimés séparément et en provision sur de petits morceaux de papier avec un mordant rendu métallique par les procédés de la chromo-lithographie. Ces impressions, étant effectuées dans le sens de la largeur du papier, donnent la facilité d'adapter deux styles au transmetteur et d'opérer la fermeture du courant, non plus par un contact seul avec les parties conductrices des signaux composés, mais par le contact simultané de deux pièces métalliques, faisant partie d'un circuit interrompu, avec un conducteur métallique. Des essais ont été faits, dit on, avec ce système, et ils auraient, à ce qu'il paraît, bien réussi. Bien plus, même, il paraîtrait que pour composer les dépêches on aurait mis moitié moins de temps que pour les transmettre directement au moyen de la clef, attendu que les morceaux de papier sur lesquels se trouvent imprimés les signaux se collent comme des timbres-poste. Nous croyons, toutefois, que ce système est plutôt théorique que pratique.

Systèmes télégraphiques particuliers

Télégraphe contrôleur de M. Tremeschini. — Ce système imaginé dans le but d'obtenir le contrôle écrit des dépêches transmises par le télégraphe à cadran est principalement destiné aux chemins de fer et il est représenté fig. 3, 4 et 5, pl. II. C'est comme on le voit une combinaison du télégraphe à cadran et du télégraphe écrivant de Morse, mais il est disposé de manière à pouvoir être employé sous une forme moins complexe, soit comme télégraphe écrivant, soit comme télégraphe à cadran. En conséquence il se compose de trois genres de mécanismes : 1° d'un mécanisme à échappement pour faire tourner l'aiguille indicatrice des signaux autour d'un cadran; 2° d'un mécanisme pointeur avec ses accessoires pour l'entraînement de la bande de papier qui doit être imprimée ; 3° d'un mécanisme transmutateur pour transformer un télégraphe dans l'autre. Tous ces mécanismes doivent être, bien entendu, commandés par un même électro-aimant, par le même mécanisme d'horlogerie, et reliés de telle façon les uns avec les autres qu'une de leurs fonctions leur soit commune.

Le premier mécanisme est placé à l'intérieur de la boîte ABCD du mouvement d'horlogerie qui, dans les télégraphes Morse ordinaires, entraîne la bande de papier. Nous le représentons séparément fig. 5, pl. II. Il se compose d'une roue d'échappement à chevilles R, commandée par un levier d'encliquetage AB et sollicitée à tourner par un système d'engrenages composé de trois roues, dont l'une S est placée sur l'axe du deuxième mobile du mécanisme d'horlogerie. Comme la marche de cette roue dépend de l'échappement et qu'elle ne doit pas faire obstacle par son arrêt au mouvement d'horlogerie qui fait défiler le papier, on a dû en faire une roue folle en la faisant tourner librement sur son axe et en ne la faisant participer au mouvement de celui-ci que pour une pression exercée sur elle par un fort ressort boudin, pression ayant pour effet de l'appuyer contre une assiette fixée sur l'axe lui-même.

D'après cette disposition on comprend aisément que si on fait réagir sur la bascule AB le levier de l'électro-aimant terminé par un coude ADC, on pourra faire fonctionner la roue R comme dans les télégraphes ordinaires, et par conséquent obtenir le mouvement saccadé d'une aiguille indicatrice sans pour cela empêcher le mécanisme moteur de défiler.

Le mécanisme destiné au pointage des dépêches est représenté fig. 4 pl. II. On le voit en partie au centre du cadran dans la fig. 3. Il est fixé sur l'axe même de la roue d'échappement, et se compose d'un petit cylindre *a b* sur lequel se trouvent fixées transversalement trois petites roues à dents pointues *d*, *c*, *e*, dont il ne ressort que les dents au-dessus de la surface du cylindre. L'une de ces roues *c* a treize dents, les deux autres *d* et *e* n'en ont que trois et quatre. Mais ces dents doivent se correspondre d'une manière particulière, de façon que pour un tour complet du cylindre, elles puissent fournir, sur une bande de papier qui passerait devant ce cylindre, les traces suivantes :

Pour faciliter ce pointage, un petit cylindre *g h*, placé devant *a b*, se trouve évidé en gouttière en face des trois roues, et ce cylindre est porté par un levier mobile que l'on voit en X dans la fig. 3. C'est entre ce cylindre et le cylindre *a b* que passe la bande de papier dont la pression contre les roues traçantes peut être réglée au moyen d'une glissière CD, fig. 3 que l'on manœuvre au moyen de la manivelle M, et qui a pour effet de repousser plus ou moins le ressort *r* qui termine le levier X. Quant au mouvement de la bande de papier, il s'obtient comme dans tous les autres appareils écrivants, au moyen des deux cylindres E, F formant laminoir ; seulement, en raison du mode de pointage, la bande de papier est obligée d'être repliée à angle aigu devant la roue traçante, et de passer par conséquent par une poulie G qui la dirige sur la roue où elle se trouve en provision.

Les autres parties de l'appareil n'ont rien de particulier et se comprennent aisément. Ainsi H est l'électro-aimant, I son armature, J le translateur, K le ressort antagoniste, L la pédale pour ramener l'aiguille au repère (cette pédale réagit d'ailleurs sur l'échappement absolument comme dans les télégraphes à cadran) ; Enfin O, la manivelle pour déclancher ou arrêter le mouvement d'horlogerie. Voici maintenant quel est le jeu de cet appareil : mais pourqu'on puisse bien le saisir, nous ferons remarquer tout d'abord que les engrenages de l'échappement sont disposés de telle manière que, pour chaque fermeture de courant opérée à travers l'électro-aimant H, une dent de la roue c (fig. 4) de l'appareil pointeur doit passer et fournir son point sur la bande de papier. D'un autre côté, comme l'échappement fournit deux mouvements saccadés pour une seule fermeture de courant, l'aiguille indicatrice peut, pour chaque point tracé, indiquer deux signaux différents ; de telle sorte que pour un tour complet du cylindre pointeur, elle aura passé devant les vingt-six signaux de l'alphabet. Supposons maintenant que l'appareil soit mis en mouvement continu par un manipulateur de télégraphe à cadran ordinaire, l'aiguille indicatrice tournera autour du cadran, et le pointage s'opérera sur la bande de papier de manière à reproduire la disposition de points que nous avons représentée précédemment ; mais au moment où l'on arrêtera l'aiguille devant la lettre signalée, le point marqué par le pointeur s'allongera et pourra se distinguer facilement des autres, et il en sera de même des intervalles des points. Pour plusieurs lettres signalées, les impressions formées sur la bande de papier pourront donc avoir l'aspect suivant :

Or, si l'on considère que tous les points longs ou courts représentent des lettres de l'alphabet ainsi que les espaces blancs qui les séparent, et, d'un autre côté, que les points situés en dehors de la ligne de la dépêche peuvent servir de points de repère faciles à distinguer de six en six lettres, on comprendra aisément qu'il devient possible de savoir quelles lettres ont été transmises, surtout en admettant comme point de départ de l'alphabet le repère fourni par les trois points placés sur la même verticale. Ainsi, dans la dépêche figurée précédement, les lettres transmises sont A, B, R, U, Z, E. On peut donc, par ce moyen, conserver l'expression imprimée d'une dépêche fournie par le télégraphe à cadran, et par conséquent obtenir un contrôle automatique des dépêches envoyées.

Maintenant si, à l'aide de la manivelle M, on repousse assez la glissière

CD pour que le levier X du cylindre conducteur du papier n'appuie plus contre le cylindre pointeur, il arrivera qu'aucune trace ne sera laissée sur la bande de papier, et le télégraphe marchera comme un télégraphe à cadran ordinaire. Mais si, au lieu d'employer le manipulateur des télégraphes à cadran, on fait marcher l'appareil avec une clef de Morse sans se préoccuper des signaux indiqués par l'aiguille, on obtient sur la bande une dépêche imprimée dans le système alphabétique de Morse et qui sera en tous points semblable à celle qu'on aurait obtenue avec un appareil spécial. En effet, nous avons vu que, pour chaque fermeture de courant, une dent du cylindre pointeur échappait après avoir laissé sa trace ; mais cet échappement ne peut avoir lieu qu'à la suite d'une interruption du courant. Or, tout le temps que le courant reste fermé, le pointage continue ; et comme la bande se déroule toujours, la dent qui marque laisse une trace plus ou moins longue en rapport avec les durées de fermeture du circuit, comme cela a lieu dans les télégraphes Morse ordinaires.

Un système du même genre que le précédent, mais beaucoup moins complet et beaucoup moins perfectionné, avait été combiné vers la même époque par MM. Bain et Glover, dans le but de conserver pendant quelques instants les indications si fugitives fournies par les télégraphes à cadran. A cet effet, le mécanisme d'horlogerie dont ces appareils sont munis est disposé de manière à mettre en mouvement une courroie de caoutchouc enroulée sur deux poulies et se développant horizontalement d'un bout à l'autre de l'instrument. Un traceur mû par l'électro-aimant commandant le mécanisme du télégraphe vient, à chaque mouvement, déposer sur la courroie une goutte d'un liquide coloré pris dans un réservoir voisin, et par la plus grande longueur de la trace ainsi laissée, on reconnaît la lettre qui a été transmise. Dans ce système, les points de repère deviennent inutiles, car les quatorze points tracés pour chaque tour complet de l'aiguille sur le cadran et qu'il est facile d'ailleurs de distinguer puisqu'ils se trouvent confinés dans la partie la plus visible de la courroie, peuvent servir eux-mêmes de repères, et se trouvent effacés après chaque révolution de l'aiguille au moyen d'un rouleau de papier buvard, contre lequel frotte la courroie.

Télégraphe à signaux fugitifs de M. Wheatstone. — M. Wheatstone, se fondant sur le principe de son photomètre à perles d'acier, a cherché à transformer à la vue le mouvement produit par l'armature d'un électro-aimant fonctionnant d'après le système Morse, pour faire apparaître pendant quelques instants des signaux entiers tous formés et facilement lisibles.

Pour obtenir ce résultat, M. Wheatstone place sur une plaque peinte en noir deux petites perles d'acier dont l'une est fixe et l'autre forme la terminaison d'une armature d'électro-aimant placée derrière la plaque. Sous l'influence du courant transmis, cette dernière perle danse sur la première à des intervalles plus ou moins espacés et pourrait fournir des traces dans le langage Morse, si elle pouvait laisser une empreinte sur une bande de papier. Mais comme ces traces n'existent pas, M. Wheatstone a cherché à les faire apparaître à la vue en profitant de la persistance des impressions lumineuses sur la rétine, et pour cela il place devant ces perles un prisme de *flint* rectangulaire, dont la face hypoténuse est disposée de manière à produire la réflexion totale des deux perles dans une direction un peu excentrique par rapport à la perle fixe. Ce prisme, placé dans un disque noirci, qui lui-même est soutenu verticalement par trois galets à gorge, peut être

Fig. 82.

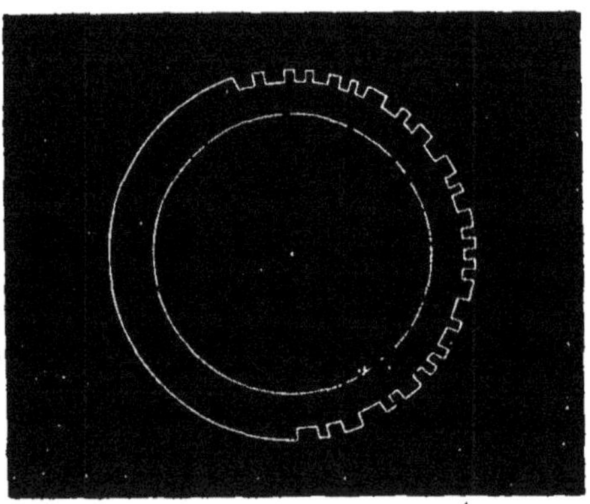

mis en mouvement de rotation assez rapide par l'un de ces galets au moyen d'un engrenage à manivelle, et il en résulte que l'image des deux perles d'acier décrit deux cercles lumineux concentriques, dont l'un, le plus petit, reste toujours parfaitement régulier, mais dont l'autre dessine, par suite du mouvement de la perle de l'armature, des sinuosités qui représentent précisément les signaux transmis. Avec une énorme vitesse de transmission électrique, on pourrait lire de cette manière, les unes à la suite des autres, plusieurs lettres, comme on le voit sur la figure 82 ci-dessus; mais par le fait on ne peut jamais en distinguer plus d'une à la fois, et elles se succèdent dans la même partie du cercle.

Ce système est, il est vrai, plutôt théorique que pratique, mais il n'en constitue pas moins une brillante invention qui pourra être utilisée dans d'autres applications.

Télégraphes Morse militaires. — Plusieurs constructeurs et en particulier MM. Hipp, Siemens et Digney ont construit des appareils Morse portatifs pour être employés dans les opérations militaires. Celui de M. Hipp qui figurait à l'exposition de 1855 et qui était établi dans le système de celui que nous avons décrit p. 121, avait des dimensions assez restreintes pour pouvoir être porté en bandoulière dans un étui de peau, et ne pesait pas plus de 6 kilog. Dans cet appareil la clef du manipulateur était constituée par l'armature elle-même de l'électro-aimant du recepteur, qui se prolongeait à cet effet en dehors de la boîte contenant l'appareil et se terminait par un bouton à poignée. En outre du télégraphe, la boîte qui le contenait était munie d'un assortiment d'outils pour le montage et le démontage de l'appareil, d'une alarme et de deux tiroirs renfermant dans des auges en gutta-percha à 12 compartiments une pile à charbon et à zinc amalgamé, qui se chargeait en remplissant les interstices de verre pilé imbibé d'eau acidulée.

Ce système télégraphique essayé avec succès dans les camps fédéraux Suisses mesurait 9 pouces en longueur, 4 pouces 1/2 en largeur et 5 pouces en hauteur.

Le télégraphe militaire de M. Siemens a été disposé de plusieurs manières, mais il se rapporte toujours plus ou moins au type que nous avons décrit p. 113. Généralement il fonctionne sous l'influence d'une machine magnéto-électrique combinée d'après son système et qui ne nécessite pas une grande installation, puisqu'il peut être renfermé avec tous ses accessoires dans une caisse de petites dimensions. Dans ce système le manipulateur-clef est adapté directement au cylindre renfermant la bobine d'induction, laquelle n'ayant pas besoin de tourner, est terminée par deux masses de fer carrées. Bien qu'un peu plus dur à manœuvrer que les clefs ordinaires, ce manipulateur est mis facilement en action. MM. Digney construisent également cet appareil et celui qu'ils ont exposé en 1862 et en 1867 ne semble laisser rien à désirer.

Pour obtenir un télégraphe plus économique, M. Siemens a construit un modèle plus simple dans lequel le mécanisme d'horlogerie est supprimé et qu'on manœuvre en tirant simplement à la main la bande de papier. L'appareil magnéto-électrique est également plus simple ; il se compose de deux aimants en fer à cheval placés l'un au dessus de l'autre, les pôles contraires en regard ; une armature de fer portant la bobine d'induction, est placée transversalement à travers ces quatre pôles et se trouve articulée de manière à basculer. Il en résulte que quand on abaisse et qu'on relève cette armature, elle s'aimante successivement dans deux sens différents et donne lieu à deux courants induits inverses qui réunissent à la fois les courants d'aimantation et les courants de désaimantation et qui ont relativement une grande énergie.

Dans ces derniers temps (1873), M. Breguet a construit un très-bon télégraphe militaire magnéto-électrique, dont le manipulateur n'est autre que l'appareil d'induction du même auteur que nous avons décrit tome II, p. 212, et dont le récepteur n'est qu'un diminutif, pour les dimensions, de l'appareil ordinaire de Digney. Cet appareil fonctionne parfaitement et est admirablement construit.

En Belgique les télégraphes militaires, d'après la brochure intéressante publiée par le capitaine Van den Bogaert en 1873, ne sont autre chose qu'un récepteur Digney du modèle que nous avons représenté fig. 38, mais de dimensions plus petites, et qui porte sur la même planche un galvanomètre vertical, la clef, le parafoudre et un second rouleau pour l'enroulement de la bande imprimée. Un commutateur à 4 directions, une sonnerie rembleuse, un galvanomètre de passage et une pile de 10 éléments, soit de Marié Davy, soit de Devos, complètent l'attirail télégraphique. Nous n'insisterons pas en ce moment sur ce genre de télégraphes qui constituent une application à part, nous en parlerons avec plus de détails quand nous en serons aux applications de la télégraphie.

Autres appareils. — A l'exposition de Vienne de 1873, les télégraphes écrivants ont fourni de nombreux spécimens chez les différentes nations. Sans nous occuper des systèmes français dont nous avons déjà plus ou moins parlé, nous devrons mentionner ceux de l'exposition Allemande qui ont été exposés par MM. Siemens, Lewert, Schaffler, Wernicke, Stohrer, Jaite, Gurlt et Meller, Brabender etc.

On sait que c'est M. Siemens qui, le premier en 1849, a perfectionné le télégraphe Morse, lors de son importation en Europe, et qui le disposa de manière à fonctionner rapidement lorsqu'il eut, en 1853, à organiser les lignes Russes. Dans les appareils qu'il construisit alors, le noyau de l'électro-aimant auquel se rattachait le levier écrivant était muni d'un appendice recourbé qui, dans ses oscillations verticales, mettait ce noyau à proximité de l'autre noyau, de façon à obtenir par leur effet simultané une action plus rapide que celle obtenue avec un électro-aimant ordinaire. Cette disposition a été imitée un peu plus tard, en 1856, par M. Frischen, pour les électro-aimants de ses appareils à translation, et on voyait dans la partie historique de l'exposition Allemande des modèles de ces deux systèmes. On y trouvait également des modèles du système Thomas John et du système Digney modifié par M. Siemens, ainsi que les différents appareils construits par M. Siemens pour les lignes de la mer rouge, de Malte et de Corfou, qu'il avait été chargé d'organiser.

Les deux appareils de M. Lewert étaient disposés pour fournir des signaux encrés. Dans l'un, qui se rapprochait du système Digney, la molette recevait son mouvement du tampon encreur lui-même, et celui-ci était alimenté par un récipient rempli d'encre et muni d'un ventilateur. L'autre appareil était pourvu d'une disposition pour le déclanchement automatique et d'un levier écrivant, susceptible d'être utilisé aussi bien avec les courants de travail qu'avec les courants de repos. L'appareil de M. Schaffler était un appareil du même genre que ce dernier, du moins quant au levier écrivant qui, pour se prêter à la double fonction qu'on exigeait de lui, était muni à sa partie antérieure et sur ses deux faces opposées d'une lame de platine et d'une lame d'ivoire, et il suffisait de tourner ce levier pour le faire agir d'une manière ou d'une autre.

Le système de M. Wernicke avait une certaine analogie avec celui de M. Herman, de Lisbonne, que nous avons décrit p. 115. Dans cet appareil l'encre vient d'un petit récipient fixé sur le levier écrivant, et se mouvant avec lui, elle arrive sur le papier par un petit tube capillaire.

Les autres appareils exposés par MM. Stohrer, Jaite etc., étaient des appareils à double style, disposés pour l'alphabet de M. Steinheil. La plupart, marchant avec des courants induits positifs et négatifs, étaient disposés en conséquence, et quelques-uns d'entre eux, ceux de MM. Jaite et Gurlt, fournissaient les dépêches perforées sur une bande de papier afin de pouvoir être réexpédiées de nouveau automatiquement.

III. Télégraphes électro-chimiques

Les réactions électro-chimiques produites sous l'influence des courants pouvant fournir des traces colorées, on a dû naturellement songer à les mettre à contribution pour la télégraphie, et on a obtenu de cette manière des télégraphes écrivants d'un genre particulier qui ont produit des effets très intéressants, surtout au point de vue de la célérité des transmissions. Nous verrons en effet que les transmissions automatiques, dans ces conditions, ont donné des résultats étourdissants. Mais le soin qu'il fallait apporter aux manipulations chimiques que ce système entraînait, la nécessité d'avoir du papier préparé et légèrement humide pour les réceptions, constituèrent des obstacles suffisants, pour empêcher la mise en pratique de ce système; de sorte qu'aujourd'hui malgré les résultats obtenus par

MM. Chauvessaigne et Lambrigot, on en est encore aux systèmes ordinaires.

La première idée des télégraphes électro-chimiques appartient à M. Coxe qui, dès l'année 1810, avait songé à utiliser à la transmission des signaux télégraphiques les effets de la décomposition de l'eau par le courant. Une année plus tard, en 1811, M. Sœmmering conçut la même idée, mais il fit plus que M. Coxe ; il construisit à Munich un modèle de ce système télégraphique qui put fonctionner d'une manière satisfaisante. L'appareil se composait de deux châssis de bois montés sur pieds et correspondant l'un au récepteur, l'autre au transmetteur. Ce dernier portait sur une traverse de bois horizontale une série de trous garnis de petits tubes de cuivre, qui étaient chacun en rapport avec un fil particulier et en nombre égal aux lettres de l'alphabet ou aux signaux composant le vocabulaire télégraphique.

Deux chevilles métalliques, communiquant aux deux pôles de la pile par des fils extensibles, pouvaient être introduites alternativement dans ces différents trous, et pouvaient ainsi compléter, avec les fils correspondant à ces trous, un circuit à travers l'appareil récepteur. Celui-ci se composait uniquement d'une longue auge de verre remplie d'eau acidulée et au fond de laquelle étaient rangées, les unes à côté des autres, une série de pointes d'or mises en rapport avec les différents fils de l'appareil transmetteur. Lorsqu'on voulait parler, il suffisait, à la station où était le récepteur, d'implanter l'une des chevilles polaires (celle correspondant au pôle négatif) dans le trou correspondant à la lettre qu'on avait à signaler, et de placer l'autre dans un trou voisin afin de diminuer la résistance apportée à la transmission du courant. Sous l'influence du courant ainsi fermé à travers cette espèce de voltamètre, l'eau se trouvait décomposée : des bulles de gaz hydrogène se dégageaient à la pointe négative, et de petites bulles de gaz oxygène se montraient à la pointe positive. Toutefois, comme le dégagement de ces gaz est bien différent, il était facile de distinguer celle de ces pointes qui correspondait à la lettre signalée.

L'alarme de ce télégraphe était réellement très-ingénieux pour l'époque ; il consistait dans une sonnerie à détente mise en tintement par la chute d'un poids tombant sous l'influence électro-chimique. A cet effet, une petite bascule à bras coudé, oscillant très-librement sur sa partie moyenne, était disposée verticalement à l'intérieur du voltamètre récepteur, de manière que l'un des bras, terminé par une espèce de cuiller et plus lourd que l'autre, fût placé au-dessus de deux des pointes d'or. Ce bras était maintenu horizontalement en équilibre par un contre-poids qu'on faisait courir sur le second bras (le bras extérieur de la bascule), jusqu'à ce que l'équilibre ait eu lieu. Devant ce dernier bras se trouvait un entonnoir placé immédiatement au-dessus de la détente de la sonnerie. Lorsqu'à la station qui devait transmettre, on faisait passer le courant à travers les pointes du voltamètre récepteur placées sous la cuiller, celle-ci se trouvait soulevée, et le bras supérieur de la bascule étant considérablement incliné, laissait glisser le contre-poids qui tombait dans l'entonnoir, et, par suite, sur la détente de la sonnerie ; celle-ci setrouvait alors dégagée.

Après Sœmmering, Edward Davy chercha à utiliser les réactions chimiques des courants, non plus pour la simple désignation des signaux télégraphiques, mais pour leur impression sur une feuille de papier ou d'étoffe préparée à cet effet.

Ce système télégraphique, imaginé en 1839, exigeait 3 fils à la ligne et comportait trois sortes d'appareils:

1° Un récepteur électro-chimique composé de deux cylindres placés l'un contre l'autre, dont l'un, métallique, était commandé par un mouvement d'horlogerie et un électro-aimant, et dont l'autre, construit en matière isolante, portait 6 anneaux de platine en rapport avec 6 ressorts. Le mouvement communiqué au premier faisait tourner le second par suite de leur adhérence réciproque. Pour plus de clarté, nous désignerons le dernier de ces deux cylindres sous le nom de *cylindre traçant*, et le premier sous le nom de *cylindre enregistreur* ;

2° Un système de relais composé de 6 multiplicateurs à barreaux aimantés ;

3° Un système de manipulateur composé de 6 clefs formant commutateurs à renversement de pôles.

La substance chimique impressionnable à l'action du courant électrique était une dissolution d'hydriodate de potasse et de muriate de chaux dont on imprégnait un tissu très-mince, comme du calicot par exemple. Ce tissu était fixé sur le cylindre enregistreur du récepteur au moyen de deux anneaux mobiles, et lorsque le courant le traversait en passant par l'un ou l'autre des 6 anneaux de platine du cylindre traçant de ce même récepteur, une trace suffisamment visible était marquée à sa surface.

D'après cette disposition du système, on peut facilement en comprendre le jeu et les fonctions.

Quant à la station d'où l'on parlait, on touchait l'une des clefs du manipulateur, la clef n° 2, je suppose, le courant était dirigé à travers le fil n° 1, de manière à faire dévier le barreau aimanté du multiplicateur relais n° 2 dans le sens nécessaire pour établir un contact avec le ressort-relais placé à portée : ce contact avait pour effet de diriger le courant de la pile locale sur l'anneau n° 2 du cylindre traçant du récepteur en même temps que sur l'électro-aimant commandant le mouvement du cylindre enregistreur. Celui-ci avançait donc d'un demi-échappement en même temps qu'une trace était marquée sur le tissu préparé. Après l'interruption du courant, le cylindre enregistreur tournait de nouveau sous l'influence de l'inertie de l'électro-aimant et complétait ainsi son échappement. Or, la position de cette trace sur le cylindre pouvait entrer comme élément de combinaison dans la désignation des signaux transmis, comme nous le verrons à l'instant.

Quand une autre touche était abaissée, supposons la touche n° 1, le courant était dirigé à travers le même fil n° 1, que celui correspondant à la touche n° 2, mais, étant renversé par la touche même, ce n'était plus le multiplicateur-relais n° 2 qui devenait actif, mais bien le multiplicateur-relais n° 1, interposé d'ailleurs dans le même circuit. Sous l'influence de ce relais, le courant local se trouvait transporté à travers l'anneau n° 1 du cylindre traçant, imprimait une nouvelle marque sur le tissu préparé, à côté et au-dessous de celle qui avait été déjà marquée, et le cylindre enregistreur se trouvait de nouveau avancé d'un pas.

On comprend maintenant qu'en employant une pile différente pour chaque fil, on pouvait imprimer à la fois plusieurs signes différents. Or, la combinaison simultanée de ces différentes marques pouvait donner lieu à de nouveaux signes et compléter le vocabulaire télégraphique.

Voici, du reste, les signaux adoptés par M. Davy pour représenter les différentes lettres de l'alphabet (1).

Télégraphe électro-chimique de M. Bain. — Si le télégraphe précédent renferme en lui le principe des télégraphes électro-chimiques qui, dans ces derniers temps, ont fourni des résultats si remarquables, on ne peut

(1) Voir pour les détails, l'ouvrage de M. Vail sur le télégraphe électro-magnétique américain.

se dissimuler qu'il était d'une telle complication, d'une telle délicatesse de manœuvre, qu'il n'était guère susceptible d'être appliqué. D'ailleurs, le composé chimique adopté par M. Davy n'avait pas toute la sensibilité désirable pour les transmissions promptes. M. Bain, en passant en revue et en expérimentant les différents composés chimiques dont la décomposition par le courant pouvait fournir un nouveau composé fortement coloré, trouva que c'était le cyanure de potassium qui possédait cette propriété au suprême degré, et, dès lors, il se mit à l'œuvre pour exécuter un télégraphe électro-chimique, basé sur ce principe, qui fût réellement pratique. Il y arriva assez promptement, car, dès l'année 1851, à l'Exposition universelle de Londres, tout le monde était dans l'extase des merveilleux effets de ce télégraphe qui imprimait jusqu'à 1500 signaux par minute. Cette découverte était immense, non-seulement par son application dans la télégraphie, mais encore dans une foule d'autres applications électriques qu'elle a permis de réaliser. Nous pourrons en juger par la suite.

Le télégraphe électro-chimique de M. Bain est combiné à peu près de la même manière que les télégraphes écrivants que nous avons étudiés précédemment; seulement pour éviter l'emploi d'une bande continue de papier qu'on se procurait à cette époque assez difficilement et qui, d'ailleurs, présentait des diffiultés pour sa préparation, M. Bain a cherché à faire décrire au style traçant une spirale très-serrée sur une feuille de papier ordinaire. A cet effet, cette feuille de papier se trouvait fixée sur un plateau métallique horizontal mis en mouvement très-rapide de rotation sur lui-même par un fort mécanisme d'horlogerie, et ce mécanisme se trouvait relié au style, ou du moins, au porte-style par une vis sans fin dont l'engrènement était calculé de manière à faire reculer d'un pas celui-ci pour chaque tour complet accompli par le plateau tournant. Il résultait, comme on le comprend, de ce double mouvement, une volute très-nettement déterminée sur l'étendue de laquelle les signaux pouvaient aisément être tracés les uns à la suite des autres. Telle était d'ailleurs toute la disposition de l'appareil récepteur de ce genre de télégraphe.

L'appareil transmetteur était au moins aussi simple et se rapprochait considérablement de celui que M. Froment avait appliqué à cette époque à son télégraphe écrivant. Comme dans ce système télégraphique, en effet, la dépêche était traduite d'avance par des combinaisons de trous longs et courts découpés sur une bande de papier. Cette bande était enroulée sur une poulie où elle était en provision, et se trouvait tirée quand l'appareil marchait, par deux cylindres métalliques entre lesquels elle était forcée de passer. L'un de ces cylindres était en relation avec l'une des branches du circuit, et pouvait fermer le courant par l'intermédiaire d'un petit ressort en pointe qui appuyait sur sa circonférence. Comme la bande de papier passait entre ce petit ressort et le cylindre, la continuité du courant ne pouvait avoir lieu dans tous les moments, et les fermetures ne se faisaient que quand le ressort s'engageait dans les trous de la bande.

D'après la disposition des deux appareils, on comprend aisément que si le plateau de l'appareil récepteur était recouvert d'une feuille de papier préparée au cyanure de potassium et en rapport avec le pôle [négatif de la pile, tandis que la pointe d'acier était en rapport avec la branche positive, chacune des combinaisons de trous de la bande de papier de l'appareil transmetteur devait être reproduite en traits bleus sur la feuille de l'appareil récepteur ; et comme cette impression, qui ne nécessitait pas une action mécanique, était instantanée, la transmission des signaux pouvait se faire aussi vite que l'on voulait. Elle ne dépendait que de la vitesse de déroulement de la bande sur l'appareil transmetteur, déroulement qui s'opèrait sous l'influence du mouvement d'horlogerie lui-même, car chaque appareil était double et portait à la fois l'appareil transmetteur et l'appareil récepteur.

On s'était fait à l'époque de l'apparition de ce système beaucoup trop d'illusions sur sa valeur, car, disposé tel que nous venons de l'indiquer, il ne pouvait être appliqué que quand les distances de transmission étaient extrêmement petites. Il faut, en effet, pour obtenir les traces électro-chimiques dues à la décomposition du cyanure de potassium une certaine énergie électrique ; or, cette énergie n'existe pas sur les longs circuits. Il faut donc dans ce cas avoir recours à un relais, et alors la vitesse d'impression, réellement merveilleuse, dont nous avons parlé, se trouve subordonnée à l'action du relais. C'est sans doute cette raison, jointe à la difficulté d'entretenir le papier suffisamment humide pour conduire le courant, qui a fait que cette invention, accueillie d'abord avec une faveur sans égale, s'est trouvée abandonnée jusqu'à ce que l'on ait imaginé le papier chimique hygrométrique dont nous avons parlé tome II p. 138.

Système de M. Mouilleron. — A partir de l'invention du papier hygrométrique, mise pour la première fois au jour par M. Pouget-Maisonneuve, vers 1855, on chercha à appliquer l'enregistration électro-chimique aux appareils Morse alors existants, et M. Mouilleron établit à cette époque un modèle dont j'ai donné le dessin dans le tome II de la deuxième édition de cet ouvrage (voir fig. 17 pl. II). Ce modèle ne différait, d'ailleurs, guère de celui qu'il avait combiné, pour les télégraphes Morse ordinaires qu'il livrait à l'administration des lignes télégraphiques ; l'électro-aimant seulement était supprimé, et le rouleau où était enroulée la bande de papier en provision, était renfermé dans une boîte afin d'empêcher le dessèchement du papier humidifié ; une soucoupe remplie d'eau était même disposée au-dessous de ce rouleau pour entretenir cette humidité et saturer l'air renfermé dans l'espace clos. La boîte était placée au lieu et place de l'électro-aimant, et la pointe de fer traçante était constituée par une lame de ressort d'acier, que l'on pouvait avancer plus ou moins sur la bande de papier à l'aide d'une pince à vis de serrage. Un relais et un galvanomètre placé sur le haut de la boîte pour indiquer l'intensité du courant local destiné à produire l'action chimique complétaient l'appareil.

Une disposition analogue fut essayée à différentes reprises, tantôt pour les transmissions manuelles, tantôt pour les transmissions automatiques, mais ce ne fut guère qu'en 1867, à la suite de l'établissement du télégraphe Caselli sur la ligne de Lyon à Paris, que M. Lambrigot, chargé de la direction de ce télégraphe, fit conjointement avec M. Chauvasseigne inspecteur des lignes télégraphiques, de nombreuses expériences qui le conduisirent à un système de télégraphe automatique électro-chimique très-rapide qui aurait pu être très-pratique, si on n'avait pas eu en horreur, dans les administrations, les manipulations électro-chimiques.

Système de MM. Chauvasseigne et Lambrigot (1). — Dans ce système, la dépêche est d'abord composée en signaux Morse sur une bande de papier métallique, à l'aide d'un vernis isolant. On se sert à cet effet d'un manipulateur Morse ordinaire. Le papier passe dans les rouages d'un mécanisme Morse où la molette à encre est remplacée par un petit godet plein d'une résine chaude. Une température convenable est entretenue dans ce petit récipient au moyen d'une tige métallique que chauffe une lampe à alcool. Le godet porte à sa partie inférieure un orifice fermé seulement par un linge à travers lequel filtre lentement la résine chaude. C'est contre ce linge que le levier de l'appareil vient appuyer le papier métallique, de façon qu'il y reçoive en points et en traits de petits dépôts de résine. Cette résine sèche instantanément. La dépêche se trouve donc imprimée de la façon ordinaire, seulement les traces sont isolantes et le papier conducteur.

La bande ainsi préparée sert à la transmission automatique. On la porte sous un mécanisme de déroulement dont la vitesse est réglée par un

(1) La description qui suit est extraite du rapport que l'administration télégraphique a publié sur la télégraphie à l'exposition de 1867 (voir ce rapport p. 170.)

système d'ailettes. Un style qui appuie sur le papier envoie le courant de la pile à la terre, tant qu'il touche la partie conductrice, et le fait passer par la ligne quand il rencontre les points et les traits isolants, comme dans le système Caselli.

A l'arrivée, la dépêche est tracée chimiquement par une pointe de fer sous laquelle se déroule un papier imprégné d'une solution de cyanure jaune de potassium. Cette impression chimique se fait dans des circonstances spéciales qui constituent un progrès sur les méthodes employées jusque là. On se servait autrefois de papier préparé à l'avance, et on obtenait difficilement qu'il fut toujours impressionnable au moment où il fallait s'en servir. On l'humectait quelquefois pour l'employer, mais alors il n'avait plus la consistance nécessaire pour être bien guidé par le laminoir. M Chauvasseigne a résolu la difficulté en se servant d'une bande Morse ordinaire non préparée à l'avance. La bande étant placée dans l'appareil et se déroulant, un tampon imprégné de la solution chimique l'humecte légèrement en son milieu sur une largeur d'un ou de deux millimètres seulement, et le papier conserve ainsi sa raideur par les deux bords ; il est guidé de manière que la zône humide reste toujours sous la pointe de fer.

On conçoit que, dans un pareil système, on puisse régler le transmetteur automatique et le récepteur de façon à obtenir une très-grande vitesse de transmission, si on dispose d'un assez grand nombre de dépêches composées d'avance. Les procédés qui viennent d'être indiqués présentent encore un avantage. Au lieu de produire toujours une impression chimique à l'arrivée, on peut se réserver de produire dans certains cas une impression par points et traits isolants sur une bande métallique, et la dépêche ainsi reçue se prête à une réexpédition automatique. On peut trouver là un dispositif utile pour la solution générale du problème de la réexpédition des dépêches de passage (1).

Système de M. Renoir. — Avec ce système, la transmission s'effectue avec une bande de papier découpée par un système de perforateur analogue, quant au principe, à celui de MM. Digney que nous avons décrit p. 171 et disposé de manière à fournir les découpures des signaux sur deux lignes. Une particularité du système de M. Renoir, c'est que toutes les lettres

(1) Pour être juste nous devons dire que l'idée de MM. Chauvasseigne et Lambrigot, en ce qui concerne la bande métallique appelée à fournir la transmission automatique, avait été brevetée par MM. Digney le 7 août 1858 ; seulement la nature du dépôt isolant n'y est pas spécifiée.

alphabétiques sont constituées par des points, tous les chiffres par des traits et les autres signes par des traits combinés avec des points ; de sorte que du premier coup d'œil il est facile de distinguer quel genre de lecture on a à faire. Le nombre d'émissions de courant ne dépasse pas d'ailleurs quatre pour les différentes lettres de l'alphabet.

M. Renoir a cherché à adapter ce système d'écriture des signaux Morse, sur deux lignes, aux récepteurs électro-chimiques, et voici la manière simple et ingénieuse dont il a résolu ce problème :

Tout le secret du procédé consiste à isoler le rouleau métallique sur lequel appuie la bande de papier préparée au cyano-ferrure de potassium, à faire appuyer sur cette bande deux styles de fer ou de cuivre, et à mettre l'un en rapport avec la terre, alors que l'autre communique avec la ligne. On comprend, en effet, qu'il doit advenir de cette disposition que, quand on envoie des courants positifs, le style en rapport avec la ligne marque des traits ou des points, tandis qu'en envoyant des courants négatifs c'est le style en rapport avee la terre qui remplit cette fonction, puisqu'il représente alors l'électrode positive.

Système de M. W. C. Barney. — Afin d'éviter dans les télégraphes électro-chimiques les effets de l'induction et rendre les traces électro-chimiques plus nettes et plus arrêtées, M. W. C Barney a combiné un système à contre-courant analogue à celui que MM. Caselli, Bonelli et Lenoir ont employé dans leurs appareils autographiques, et qui résout du reste le même problème que les systèmes usités de nos jours dans la télégraphie sous-marine pour accélérer la vitesse de transmission et rendre les dépêches plus facilement lisibles.

Dans ce système, la pile, au poste de transmission, est réunie par son pôle positif à la fois à la ligne et à la pointe destinée à établir les contacts automatiques à travers la bande perforée, et le pôle négatif correspond, par l'intermédiaire d'un rhéostat, à la pièce métallique sur laquelle se déroule la bande perforée et, en même temps, à la plaque de terre.

Au poste de réception le pôle positif de la pile de ligne est en rapport direct avec la ligne, et le pôle négatif communique d'un côté avec la pièce métallique sur laquelle glisse la bande de papier préparé et de l'autre avec la terre par l'intermédiaire de deux rhéostats, dont l'un est relié, d'autre part, avec la pointe traçante. Ces rhéostats étant convenablement réglés voici les effets qui sont produits au moment de la transmission au poste A :

Lorsque la pointe traçante appuie, à cette station, sur un plein du papier perforé, le courant de la pile du poste tend à passer à travers la ligne ; mais comme il rencontre le courant de la pile du poste de réception qui lui est opposé, il se trouve annihilé ainsi que l'autre, et aucune trace n'est produite à la station de réception. Quand au contraire la pointe traçante, à la station de transmission, est dans un vide de la bande perforée, le courant de la pile de la station B passe presqu'en totalité par le circuit le plus court, qui sera celui correspondant à la pointe traçante, et le courant de la pile de la station de réception B pouvant dès lors circuler, passe en partie à la station A par le même chemin que celui de la pile de cette station et revient à la station B par la terre et le circuit correspondant à la pointe traçante, qui pourra dès lors produire son action électro-chimique sur la bande préparée. (Voir le *Télégraphic Journal,* tome II, p. 44.)

Système de M. Little. — Ce système employé en Amérique n'a en réalité rien de nouveau : c'est un télégraphe électro-chimique à bande, analogue à ceux que nous avons décrits précédemment et auquel a été ajouté un condensateur pour diminuer les effets électro-statiques de la transmission. Dans ce système, l'action du transmetteur s'effectue par l'intermédiaire d'une bande de papier perforée comme dans le système de M. Wheatstone, et les pièces destinées à réagir électriquement, c'est-à-dire, la pointe traçante et le pinceau métallique destinés à établir les contacts, sont disposées sur un même levier à manette qui est articulé à l'une de ses extrémités et qui porte en même temps le rouleau supérieur du laminoir destiné à entraîner la bande de papier. Le condensateur est en relation, d'un côté avec ce levier, de l'autre avec la terre, et un Rhéostat est interposé sur une dérivation établie entre la ligne et la terre avant l'appareil récepteur, c'est-à-dire sur le fil qui fait communiquer celui-ci avec la ligne. (Voir la description et les dessins de cet appareil dans le *Télégraphic Journal,* tome II, p. 84.)

Système de M. Garapon. — M. Garapon préoccupé comme les différents inventeurs dont nous venons de parler d'accélérer la vitesse des transmissions télégraphiques avec les appareils écrivants, a cherché à éviter les temps perdus dans les transmissions ordinaires avec la clef Morse, en disposant l'appareil récepteur de manière à fournir les indications en ligne brisée, comme on le voit fig. 83, p. 204. D'après M. Garapon, on gagnerait à ce système une accélération de 43 pour cent, et cette accélération serait due :

1° A un moindre temps pour l'émission des lettres, 0",32 au lieu de 0",51.

2° A la suppression des entre-lettres, représentées dans le système usité par des ouvertures de courant, et qui peuvent être indiquées, dans le système nouveau, par la forme même des signaux.

3° A l'avantage résultant de la possibilité de représenter 26 assemblages de doubles ou triples lettres par un seul signal. La figure 83 montre, du reste, l'alphabet de M. Garapon tel qu'il l'a compris pour son appareil.

Pour obtenir de la part d'un style de pareils signaux, il fallait qu'il pût accomplir lui-même un mouvement perpendiculaire à celui de la bande de papier : or ce mouvement est déterminé, dans l'appareil de M. Garapon, par une excentrique adaptée au mécanisme d'horlogerie, et le mécanisme imprimeur réagit en rapprochant la bande de papier du style et en lui oppo-

Fig. 83.

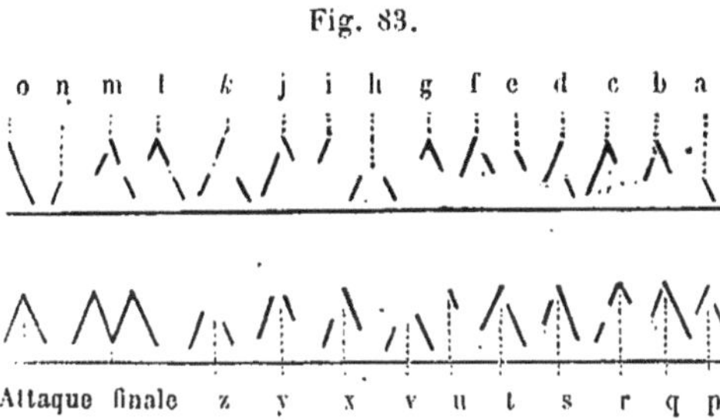

sant, comme pièce de résistance, une surface plane. Le style lui-même est constitué par un fil de platine replié sur lui-même, et dont les extrémités sont mises en rapport avec une pile locale d'assez grande surface pour provoquer son échauffement. Cette disposition a été prise pour fournir des signaux colorés sur du papier sec; mais il faut pour cela que ce papier ait été imprégné préventivement d'une solution capable de le faire passer au noir sous l'influence de la chaleur; or les chlorures et oxydes de cobalt, l'hydrochlorate d'or, le nitrate d'argent, le lait, le suc d'oignon même, peuvent produire ce résultat.

La disposition du manipulateur dans ce système n'est pas arbitraire, car pour profiter des avantages dont il a été question, il faut que les émissions de courant surprennent le style du récepteur dans des positions déterminées, qui ne peuvent être indiquées que par un mouvement synchronique. Or pour que la manœuvre d'un pareil télégraphe fût facile, il fallait nécessairement un manipulateur mécanique. Ce manipulateur pouvait n'être, du reste, qu'un manipulateur à clavier dans le genre de ceux de MM. Joly et Régnard que nous avons déjà décrits, mais disposé de telle manière que la transmission d'une lettre ne put se faire que quand celle de la lettre qui avait précédé s'était elle-même effectuée. Le mécanisme moteur devait d'ailleurs être réglé de façon que les émissions de courant, produites par l'abaissement de l'une ou de l'autre des touches pussent s'effectuer en temps opportun, pour surprendre le style du recepteur dans les positions voulues pour reproduire la forme du signal envoyé. Le mouvement de ce mécanisme et celui du récepteur devaient donc être solidaires l'un de l'autre, et c'est pour régulariser cette solidarité que le récepteur doit être muni d'une vis régulatrice. La manipulation de cet instrument peut être rendue facile au moyen d'une aiguille placée au-dessus de l'appareil et qui indique quand le signal est transmis en totalité.

CHAPITRE IV

TÉLÉGRAPHES IMPRIMEURS

Les dépêches télégraphiques ayant pu être obtenues au moyen d'une aiguille indiquant successivement sur un cadran les différentes lettres qui les composaient, on s'est demandé naturellement si on ne pourrait pas profiter du petit temps d'arrêt nécessaire à la désignation de ces lettres pour en produire matériellement l'impression sur une bande de papier, et fournir ainsi au destinataire une dépêche facilement lisible sortant de l'appareil télégraphique lui-même. Cette idée était la conséquence de l'invention du télégraphe à cadran : aussi la voyons-nous non-seulement conçue, mais encore réalisée dès l'année 1840, par M. Wheatstone. S'il faut en croire M. Vail, cette invention remonterait même à l'année 1837, et ce serait à lui qu'il faudrait en rapporter l'honneur. Mais n'ayant pas été à même de vérifier l'exactitude de cette assertion, nous nous contenterons de la signaler en renvoyant le lecteur à l'ouvrage de M. Vail, publié en 1848, et intitulé : le *Télégraphe électro-magnétique américain.*

Comme résultat produit, le télégraphe imprimeur est bien certainement fait pour être un sujet d'étonnement. Pourtant, en principe, rien n'est plus simple qu'un semblable appareil. Supposons, en effet, que l'axe portant l'aiguille indicatrice d'un télégraphe à cadran soit muni d'une roue sur la circonférence de laquelle seront gravées en relief les différentes lettres de l'alphabet. Admettons que, devant un repère fixe qui représentera la croix du télégraphe à cadran, soit placé un petit mécanisme ayant pour effet, à un moment donné et sous une influence électrique provoquée à la station de départ, de presser une bande de papier contre la circonférence de cette roue : on comprendra aisément que, par une manipulation analogue à celle des télégraphes à cadran, on pourra faire arriver facilement telle ou telle lettre qu'on voudra devant le repère et obtenir, par une action subséquente, le jeu du mécanisme imprimeur. Cette réaction subséquente pourra d'ailleurs avoir pour résultat complémentaire de faire avancer la bande de papier, après chaque impression, de manière à placer les unes à côté des autres les différentes lettres imprimées.

On comprend, d'après ce simple exposé, que les télégraphes imprimeurs doivent se composer de quatre mécanismes différents : 1° d'un *mécanisme compositeur* destiné à faire arriver devant le repère fixe, celui des caractères de la roue gravée ou *roue des types* qui a été désigné; 2° d'un *système encreur* pour recouvrir d'encre ces différents caractères; 3° d'un *mécanisme imprimeur* destiné à presser la bande de papier sur laquelle doit être imprimée la dépêche contre le type ou caractère placé devant le repère; 4° d'un *gouverneur de la bande de papier* propre à la bien diriger et à la faire avancer, après chaque impression de lettre, d'une quantité suffisante pour que les impressions ne se superposent pas.

La grande difficulté du problème était d'obtenir le fonctionnement de ces divers organes mécaniques avec un même circuit, et c'est principalement par les moyens employés pour vaincre cette difficulté que les différents systèmes qui ont été proposés se distinguent les uns des autres.

Les télégraphes imprimeurs, eu égard à leur mode de fonctionnement, peuvent se diviser en trois catégories bien distinctes : Les télégraphes à *mouvements synchroniques*, les télégraphes à *échappement*, et les télégraphes à *mouvements électro-synchroniques* qui sont une combinaison des deux premiers systèmes. A la première catégorie se rapportent les télégraphes de MM. Vail, Bain, Theiler, Desgoffe, Donnier, Hughes; à la seconde, les appareils de MM. Wheatstone, Brett, Digney, Mouilleron, du Moncel, Rousse, Giordano, House, Thompson, Joly, Morénès, Chambrier, Hayet, Dujardin, Freitel; à la troisième catégorie les télégraphes de MM. Siemens, d'Arlincourt, Trintignan et Lelandais. Ne pouvant entrer dans de grands détails sur tous ces appareils, nous n'insisterons que sur les plus importants d'entre eux, nous contentant d'exposer seulement le principe des autres.

Les avantages des télégraphes imprimeurs ont été longtemps contestés, et il faut le dire aussi, jusqu'au moment de l'invention de l'appareil Hughes, ces avantages, sur les longues lignes, étaient plus que contestables, et comme à cette époque les petits bureaux municipaux n'existaient pas, on se trouvait avoir en eux des appareils compliqués, marchant lentement, très-délicats dans leurs fonctions et susceptibles de se déranger facilement. Avec les employés habiles dont les administrations télégraphiques disposent dans les postes importants, ces appareils n'avaient donc pas leur raison d'être, et on ne pouvait changer le matériel télégraphique, alors en usage, qu'à la condition d'une vitesse de transmission beaucoup plus grande; or c'est ce problème qu'a résolu la découverte de Hughes, et encore ce système, malgré sa perfection, n'est pas exempt d'inconvénients, car il nécessite l'adjonction de mécaniciens dans les principaux postes où ces appareils sont employés. Plus tard, quand l'ouverture des petits bureaux municipaux a été demandée et alors qu'il fallait employer pour le service de ces bureaux des personnes peu familiarisées avec les manœuvres télégraphiques, on put penser aux télégraphes imprimeurs dont la manipulation était généralement assez facile et qui pouvaient fournir des transmissions facilement lisibles. Dans ces conditions, la vitesse de transmission n'était plus qu'une question accessoire, et le but que les administrations devaient se proposer était de tâcher d'obtenir, de la part des constructeurs, un appareil à bon marché et d'une construction solide. Les télégraphes imprimeurs à échappement résolvaient parfaitement le problème, et c'est ainsi que les appareils d'Arlincourt et Dujardin ont été successivement employés, mais la pratique qu'on en a faite n'a que médiocrement répondu aux espérances qu'on s'en était promises; de sorte, qu'un type éminemment pratique manque encore aujourd'hui, et il y aura encore, sans doute, beaucoup à faire pour que le problème soit parfaitement résolu.

I. Télégraphes a échappement.

La plupart des appareils appartenant à cette catégorie sont organisés d'une manière analogue, quant à la disposition du mécanisme compositeur : c'est toujours un échappement commandé par un électro-aimant qui permet à un mécanisme d'horlogerie d'entraîner sur un arc plus ou moins étendu, en rapport avec le nombre des émissions produites, la roue des types, absolument comme dans un télégraphe à cadran ordinaire. La disposition des pièces, le nombre des rouages et les organes électro-magnétiques varient seuls. Mais il n'en est plus de même du dispositif destiné à faire fonctionner le mécanisme imprimeur au moment de l'arrêt du mécanisme compositeur.

Dans le télégraphe de M. Bain, la fonction de ce mécanisme imprimeur est déterminée par un régulateur à force centrifuge (analogue à ceux des machines à vapeur), sous l'influence d'un temps d'arrêt de la roue des types suffisamment prolongé. Dans l'appareil de M. Brett, cette fonction s'accomplit par l'intermédiaire d'un appareil hydraulique dont les mouvements ascendants s'opèrent avec facilité, et dont les mouvements descendants s'effectuent avec lenteur. Cette lenteur est suffisante pour empêcher le déclanchement du mécanisme imprimeur quand les lettres passent rapidement, mais elle devient impuissante à maintenir ce mécanisme, quand la transmission de la lettre s'effectue avec un temps d'arrêt. Dans le système de M. Siemens, c'est la force d'inertie magnétique des gros électro-aimants qui a été utilisée dans ce but. Dans le télégraphe de MM. Freitel et Giordano, le problème a été résolu par la tension inégale des ressorts antagonistes des armatures commandant les deux mécanismes compositeur et imprimeur; alors ce sont deux piles d'inégale puissance qui déterminent la double réaction. Dans le télégraphe que j'ai imaginé en 1853, comme dans ceux de MM. Digney, Mouilleron, Quéval, etc., les fonctions du mécanisme compositeur se font sous l'influence du courant dirigé dans un certain sens, tandis que les fonctions du mécanisme imprimeur s'effectuent sous l'influence du même courant dirigé en sens contraire. Enfin, dans les systèmes télégraphiques de MM. Dujardin et Régnard, le mécanisme compositeur est mis en action sous l'influence d'inversions successives du courant, tandis que l'impression résulte de l'interruption complète de ce dernier.

Quant au mécanisme imprimeur lui-même, il se compose d'un piston élastique mis en mouvement, soit directement par l'armature d'un électro-aimant spécial, soit par une excentrique, faisant partie d'un second mécanisme d'horlogerie déclanché sous l'influence de l'une des réactions dont nous avons parlé précédemment.

Le mécanisme gouverneur de la bande de papier consiste généralement dans un laminoir entre lequel passe la bande de papier et sur lequel réagit un encliquetage à roue à rochet mis en jeu par le piston imprimeur lui-même au moment de son recul. Les dents du rochet sont alors calculées de manière à faire avancer les cylindres du laminoir d'une quantité suffisante pour que les différentes lettres puissent se juxtaposer convenablement les unes à côté des autres.

Le mécanisme encreur des télégraphes imprimeurs a été disposé de plusieurs manières; mais le système le plus généralement usité est celui dont nous avons déjà parlé p. 107, au sujet du télégraphe de MM. Digney. On a aussi employé le système des bandes de papier plombaginé interposées entre la roue des types et le piston imprimeur.

Sans vouloir discuter en aucune manière la valeur relative des différents systèmes d'appareils dont nous venons de parler, nous devrons faire observer que, dans la plupart, la mise en action du mécanisme imprimeur étant le résultat d'une action physique souvent très-capricieuse, et étant déterminée à la suite d'un temps d'arrêt livré à l'appréciation de l'expéditeur, on ne peut avoir une grande confiance dans la sûreté des transmissions ainsi effectuées, et, suivant moi, il n'y a de véritablement pratiques que les systèmes qui mettent à contribution, pour cette fonction si délicate, une action électrique déterminée sous l'influence d'une manipulation définie. C'est donc dans les impressions produites sous l'influence de renversements ou d'interruptions de courants que l'on devra chercher la solution pratique des télégraphes imprimeurs à échappement, et nous verrons que plusieurs des systèmes que nous allons décrire, entr'autres celui de M. Dujardin et celui de M. d'Arlincourt, se trouvent precisément dans ces conditions.

Pour qu'on puisse se faire une idée bien nette de ces sortes d'appareils, nous allons en décrire un avec détails, et nous prendrons pour type, en raison de sa simplicité, le système de MM. Digney que je décrivais de la manière suivante dans un rapport fait à la société d'encouragement en 1859.

« Le système imprimeur de MM. Digney a été combiné de manière à s'adapter aux télégraphes à cadran actuellement en usage sur les chemins de fer, sans nécessiter pour son installation aucun changement dans leur mécanisme déjà existant et dans leur disposition ; ce qui est un grand avantage, puisque la manipulation de ces télégraphes n'exige plus dès lors une étude particulière.

« Le récepteur du télégraphe à cadran des chemins de fer se compose, comme on le sait, d'un mouvement d'horlogerie à cinq mobiles, dont le dernier porte une roue d'échappement que commande, par l'intermédiaire d'une ancre et d'un levier muni d'une armature de fer doux, un électro-aimant. C'est sur l'axe de cette roue d'échappement que se trouve fixée

Fig. 84.

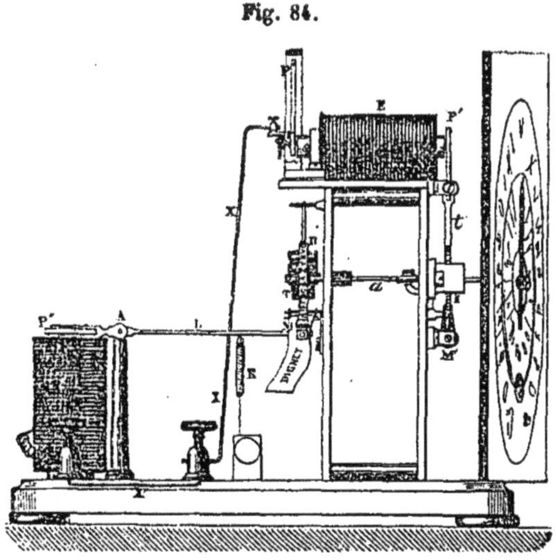

l'aiguille indicatrice. Tout le mécanisme d'horlogerie est, d'ailleurs, monté entre deux platines verticales de cuivre, terminées par une plate-forme sur laquelle se trouve installé l'électro-aimant, dont les fers peuvent être avancés plus ou moins près de l'armature au moyen d'une vis de rappel qui les fait glisser dans les bobines. Dans le télégraphe de MM. Digney, même disposition, seulement le mécanisme imprimeur est en plus, et il est placé en dehors de l'une des platines servant de supports à l'appareil, comme on le voit fig. 84 ci-contre. Ce dernier mécanisme est donc entièrement indépendant du récepteur télégraphique, et celui-ci ne diffère de celui des télégraphes ordinaires qu'en ce que, au lieu d'un échappement de treize dents, il y a un échappement de vingt-six dents, et que, au lieu d'un électro-aimant ordinaire à deux bobines, on a employé deux électro-aimants droits, accouplés par leurs pôles contraires et reliés ensemble par une traverse de cuivre. Ces changements étaient commandés d'une part, parce que, l'impression des lettres ne pouvant se faire que sur une ouverture ou une fermeture du courant, il fallait que les lettres arrivassent au repère dans les mêmes conditions ; d'autre part, parce qu'un système double d'électro-aimants droits, présentant quatre pôles libres, pouvait produire deux effets magnétiques différents, condition nécessaire pour le jeu distinct du mécanisme compositeur et du mécanisme imprimeur.

« Pour obtenir ce dernier résultat, il suffisait, en effet, de placer aux deux extrémités de ce système magnétique deux armatures aimantées P et P' disposées d'une manière diamétralement opposée, par rapport aux pôles de l'électro-aimant, et gouvernant, l'une P' l'échappement du télégraphe, l'autre P le mécanisme imprimeur. Toutefois, par une raison de simplification de construction qu'il est facile d'apprécier, MM. Digney ont fait en sorte que cette dernière fonction ne se fît pas directement ; de sorte que l'armature appelée à réagir sur le mécanisme imprimeur ne joue, par le fait, que le rôle d'un relais pour fermer le courant d'une pile locale à travers un électro-aimant spécial E' dont nous allons voir le rôle. Avant de décrire cette partie du mécanisme, je dois faire remarquer que la disposition des armatures, dans l'appareil de MM. Digney, est tout à fait particulière. Au lieu d'être mises en jeu par attraction, elles ne fonctionnent que sous l'influence de la répulsion ; d'où il résulte que leur ressort antagoniste, au lieu de réagir contrairement à la force électro-magnétique, réagit dans le même sens qu'elle et tend à détruire la réaction trop énergique de l'armature sur l'électro-aimant, réaction qui provoque le rappel de cette armature à sa position initiale lorsque le courant est interrompu. Cette disposition d'armature et d'électro-aimant présente cet avantage que toute la force magnétique développée par l'hélice magnétisante (dont la longueur est une quantité donnée) est utilisée intégralement et concentrée sur le même fer d'électro-aimant, de manière à lui faire produire deux effets différents ; or, ceci n'a pas lieu quand on emploie, dans ce but, deux électro-aimants distincts en communication l'un avec l'autre. La force de l'électro-aimant, d'ailleurs, n'est pas diminuée, car ces armatures, en réagissant sur les pôles de celui-ci, se comportent à tour de rôle comme le ferait la traverse de fer qui réunit les deux branches des électro-aimants en fer à cheval ordinairement employés.

« Le mécanisme imprimeur, dans l'appareil de MM. Digney, se compose : 1° d'une roue des types D montée sur l'axe même qui porte la roue d'échappement N, et qui se prolonge, à cet effet, au delà de la platine interne de l'appareil ; 2° d'un tampon T imprégné d'encre grasse, adapté à l'extrémité d'une fourchette articulée, et appuyant de son propre poids sur la roue des types ; 3° d'un système de laminoir pour la traction de la bande de papier, lequel est composé de deux rouleaux, dont l'un, le supérieur, est placé à l'extrémité d'un petit châssis articulé muni d'un contre-poids, et dont l'autre porte sur son axe deux roues à rochet destinées à le faire mouvoir ; 4° d'un électro-aimant imprimeur E', qui réagit sur une bascule d'encliquetage P''L (avec cliquets de sûreté), appelée à faire mouvoir les roue à rochet du laminoir. Ces différents organes, très-bien entendus dans leur disposition, prennent très-peu de place et donnent toute facilité pour le maniement de la bande de papier qui s'imprime.

« Le jeu de cet appareil se comprend aisément : Sous l'influence du courant dirigé dans un certain sens, la roue des types est mise en mouvement, et la lettre indiquée par l'aiguille du télégraphe se trouve amenée devant le marteau de l'électro-aimant imprimeur ; mais en ce moment, et cela par l'effet d'un jeu du manipulateur que nous allons analyser à l'instant, le courant se trouve renversé ; l'armature relais entre en fonction et ferme le courant de la pile locale à travers l'électro-aimant imprimeur ; l'armature de celui-ci porte la bande de papier, qui passe au-dessous de la roue des types, contre celle des lettres (dont est munie cette roue), qui est placée en ce moment en face d'elle. Cette lettre s'imprime, et, lorsque le levier redescend, il réagit sur la bascule d'encliquetage qui fait avancer d'un cran les roues à rochet du laminoir et, par suite, la bande de papier.

Fig. 85.

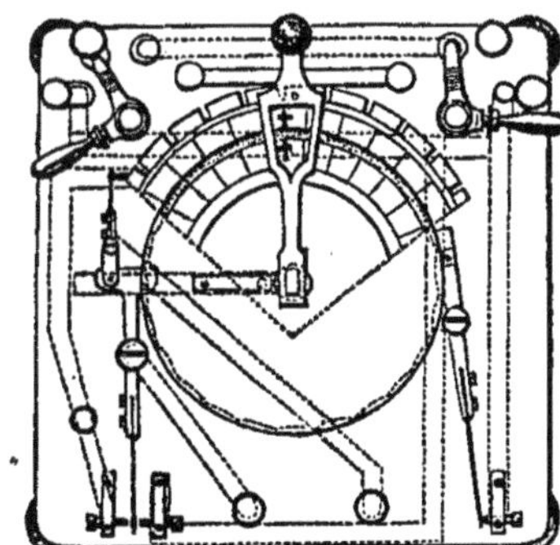

« Le manipulateur du télégraphe de MM. Digney, représenté fig. 85, est exactement le même que celui des télégraphes à cadran des chemins de fer ; seulement le nombre des fermetures du courant qu'il produit est double de celui des manipulateurs ordinaires, et comme il doit fournir des inversions de courant, plusieurs pièces accessoires ont dû lui être ajoutées. Sans nous arrêter à ces accessoires, qu'il serait trop long de décrire, je dirai que tous les mouvements du levier interrupteur produits par la rotation de la manivelle sur le cadran, ont pour résultat deux contacts, dont l'un, celui qui correspond à la position de la manivelle sur la lettre, réalise l'inversion du courant à travers ce même récepteur, quand toutefois la manivelle se trouve abaissée sur le cadran ; encore faut-il, pour cela, que la dent dont elle est munie s'enfonce dans l'une ou l'autre des coches du diviseur qui correspondent aux différentes lettres de ce cadran. Quand cet abaissement n'a pas lieu, l'inversion ne s'effectue pas, et par conséquent aucune impression n'est produite au récepteur. Il ne s'agit donc, pour faire manœuvrer cet appareil, que de promener la manivelle au-dessus du cadran quand on cherche la lettre, en ayant soin de la maintenir un peu élevée, et de l'abaisser, au moment où elle est arrivée devant la lettre. Cette manœuvre, du reste, ne diffère en rien de celle des télégraphes ordinaires. D'un autre côté, comme la dent de cette manivelle est munie d'une plaque d'ivoire, le degré d'élévation de cette manivelle au-dessus du cadran est sans importance pour le fonctionnement régulier de l'appareil. »

Pour rendre l'appareil précédent susceptible de fonctionner sans réglage, MM. Digney ont adapté au récepteur l'électro-aimant de M. Siemens, que nous avons si souvent décrit, et ont employé pour manipulateur celui de leur télégraphe sans réglage dont nous avons parlé p. 44. Avec ce système, l'impression ne peut plus se produire sous l'influence d'un renversement de sens du courant ; mais au moyen d'un relais disposé toujours d'après le système de M. Siemens et à travers lequel le courant de ligne peut se dériver une fois que l'armature de l'électro-aimant du récepteur se trouve attirée (soit d'un côté, soit de l'autre), le problème peut se trouver résolu. Il résulte en effet de cette disposition que le courant qui anime l'électro-aimant du relais est d'une durée beaucoup plus courte que celui qui anime l'électro-aimant du récepteur, et de plus il est infiniment plus faible ; il arrivera donc que, quand les émissions de courant se succéderont rapidement dans celui-ci, le relais ne pourra pas fonctionner, et que le contact appelé à fermer le courant de la pile locale à travers l'électro-aimant imprimeur ne pourra être dans les conditions voulues, que quand l'armature de l'électro-aimant du récepteur s'arrêtera pendant quelques instants, c'est-à-dire au moment où la lettre signalée devra être imprimée.

Télégraphe imprimeur de M. Wheatstone. — Comme nous l'avons déjà dit, c'est en 1840, que M. Wheatstone a fait breveter son premier télégraphe imprimeur qui était extrêmement ingénieux pour l'époque, et il est réellement surprenant que l'on n'en trouve aucune description dans les traités spéciaux. Pourtant cet appareil n'est pas demeuré à l'état de simple conception : il a été exécuté, et j'ai pu le voir parmi tous les appareils du savant physicien anglais ; sa description est même parfaitement claire dans la patente supplémentaire prise par M. Wheatstone en 1841.

Dans le premier appareil de ce savant, le mécanisme compositeur était combiné d'une manière tout à fait semblable à celui des récepteurs à cadran mobile du même auteur que nous avons décrits dans le chapitre II, p. 28 ; seulement le cadran (ou l'aiguille indicatrice) était remplacé par un disque muni de lames flexibles, en nombre égal à celui des lettres de l'alphabet, et portant chacune à leur extrémité libre, l'une des lettres de l'alphabet en relief. L'une de ces lames, pourtant, ne portait aucune lettre et était, en conséquence, réservée pour les blancs ; c'était celle correspondant à la croix. Cet ensemble de lames, qui constituait une sorte de *roue des types*, était monté sur un axe plus long que celui qui portait l'aiguille indicatrice du télégraphe à cadran ordinaire, car il devait se trouver à portée du mécanisme imprimeur qui était placé en avant de l'appareil sur un bâti spécial.

Ce dernier mécanisme consistait d'abord dans un cylindre monté sur un axe taillé en pas de vis, lequel étant mis en mouvement par un pignon de même longueur que lui et par une roue adaptée à l'une de ses bases, pouvait, en tournant, avancer le long de son axe et présenter devant la roue des types un point toujours nouveau.

Le mouvement de ce cylindre était commandé par un mécanisme d'horlogerie soumis à l'influence d'un électro-aimant qui, au moment d'une fermeture du courant, dégageait une détente. Le mécanisme devenu libre provoquait, à l'aide d'un doigt adapté à la roue du troisième mobile, d'abord le mouvement saccadé du cylindre, et en second lieu l'écart du levier du marteau imprimeur, qui, après l'échappement de ce doigt, venait frapper, par derrière, celle des lames de la roue des types en ce moment devant lui. Si le cylindre était recouvert d'une feuille de papier et que celle-ci fut à son tour enveloppée d'une feuille de papier plombaginé, ce choc devait avoir pour conséquence l'impression de la lettre.

Dans ce premier système de M. Wheatstone, le mécanisme compositeur et le mécanisme imprimeur fonctionnaient sous l'influence de deux circuits différents, et, en conséquence, on faisait arriver le type à imprimer devant le cylindre à l'aide du manipulateur déjà employé pour les télégraphes à cadran, puis on imprimait à l'aide d'une clef spéciale, analogue à la clef Morse, qui faisait fonctionner le mécanisme que nous avons décrit précédemment; mais dans le second appareil qu'il construisit en 1841, il put imprimer avec un seul circuit, en employant l'intermédiaire d'un rhéotome qui fut, du reste, employé depuis dans plusieurs autres de ses inventions. Ce rhéotome consistait dans un frotteur métallique mis en mouvement de rotation autour d'un disque d'ivoire, par le mécanisme d'horlogerie de l'appareil imprimeur au moment de sa détente. Ce disque portait, en un certain point de sa surface, deux secteurs métalliques mis en rapport l'un avec l'électro-aimant du mécanisme imprimeur, l'autre avec l'électro-aimant du mécanisme compositeur, et comme ces deux électro-aimants communiquaient d'ailleurs avec la ligne, tandis que le frotteur du rhéotome communiquait à la terre, il en résultait qu'au moment de la transmission, et, alors que le premier courant était envoyé à travers le circuit, le mécanisme imprimeur se trouvait déclanché et le rhéotome était mis en mouvement. Le frotteur de ce rhéotome qui, au moment du déclanchement, était en contact avec le secteur de l'électro-aimant imprimeur, quittait alors ce secteur pour se porter sur le second, et comme son contact avec ce dernier pouvait durer quelques instants, on avait tout le temps de faire fonctionner le mécanisme compositeur, alors introduit dans le circuit, et d'amener devant le cylindre imprimeur la lettre qu'on voulait transmettre. Pendant ce temps le mécanisme imprimeur réagissait sur le cylindre et sur le marteau, de manière à les disposer convenablement pour fournir l'impression; après quoi le frotteur du rhéotome ayant accompli sa révolution, se trouvait de nouveau placé sur le premier secteur et en position de permettre au mécanisme imprimeur de fournir une nouvelle action.

Sans doute, ce système devait entraîner beaucoup de pertes de temps et une transmission très-lente; mais il renfermait en lui les éléments physiques et mécaniques de tous ceux qui ont été imaginés depuis, et qui n'en sont que des perfectionnements.

Les fig. 86 et 87 représentent les deux faces du télégraphe imprimeur de M. Wheatstone, tel que je l'ai vu, en 1862, dans son laboratoire. C'est la réalisation matérielle de celui qui a été représenté dans le brevet pris en 1841. Il m'a paru curieux, comme histoire de l'art, de reproduire ce premier type pour qu'on puisse voir par quels perfectionnements successifs une première idée, dans l'origine peu applicable, peut finir par devenir pratique, quand chacun lui a apporté sa part de lumières. La figure 86 représente la partie du mécanisme qui détermine l'impression; le cylindre enregistreur est en avant de la figure, et comme il aurait pu cacher les mécanismes, nous l'avons supposé brisé, mais une ligne ponctuée indique sa longueur. Le long pignon qui donne le mouvement à ce cylindre est en P P, et son axe porte une roue à rochet r (retenue par un ressort d'encliquetage), qui avance d'un cran après chaque impression, sous l'influence d'une cheville adaptée à un disque a. Ce disque reçoit son mouvement du mécanisme d'horlogerie par l'intermédiaire d'un engrenage rectangulaire G et d'une tige horizontale f. La vis sans fin du cylindre enregistreur qui le fait avancer suivant sa génératrice se voit en V.

La roue des types avec ses lamelles flexibles se voit en R, et la roue d'échappement qui la commande en U. L'échappement est à chevilles, et

Fig. 86.

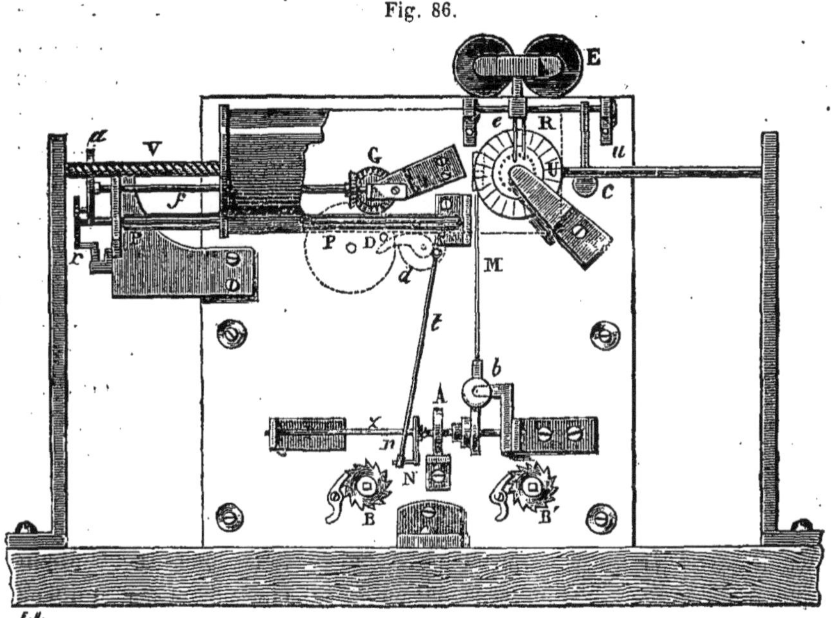

l'ancre e qui le commande est constituée, comme dans les télégraphes Breguet, par deux doigts qui enfourchent la roue. L'électro-aimant qui met en action cette ancre est en E et son ressort antagoniste en u ; la tension de ce dernier peut être réglée par une vis dont on voit la tête en c.

Le marteau imprimeur est derrière la roue des types à l'extrémité d'une longue tige M ; il est ponctué sur la figure, et sa tige est adaptée à un axe horizontal z qui porte d'abord un ressort enroulé A, tendant à le pousser énergiquement contre la roue des types, en second lieu une excentrique N reliée à l'un des mobiles du mécanisme d'horlogerie, et qui réagit, un peu avant l'impression, pour écarter la tige M et provoquer le coup de marteau. Cette action s'effectue par l'intermédiaire d'une tige t adaptée au bras N de cette excentrique et qui, étant articulée en un certain point d'un disque *d*, peut être soulevée par l'abaissement d'une came D sous l'influence d'une roue P, montée sur l'axe du rhéotome. Quand la came a échappé, le marteau imprimeur tombe sur la roue des types comme le marteau d'un timbre à échappement. Une vis de réglage *b* permet de régler convenablement la position du marteau à l'état normal.

Les roues à rochet B et B' sont les encliquetages pour le remontage des deux mouvements d'horlogerie.

La figure 87 représente l'autre face de l'appareil ; on aperçoit dans le coin

Fig. 87.

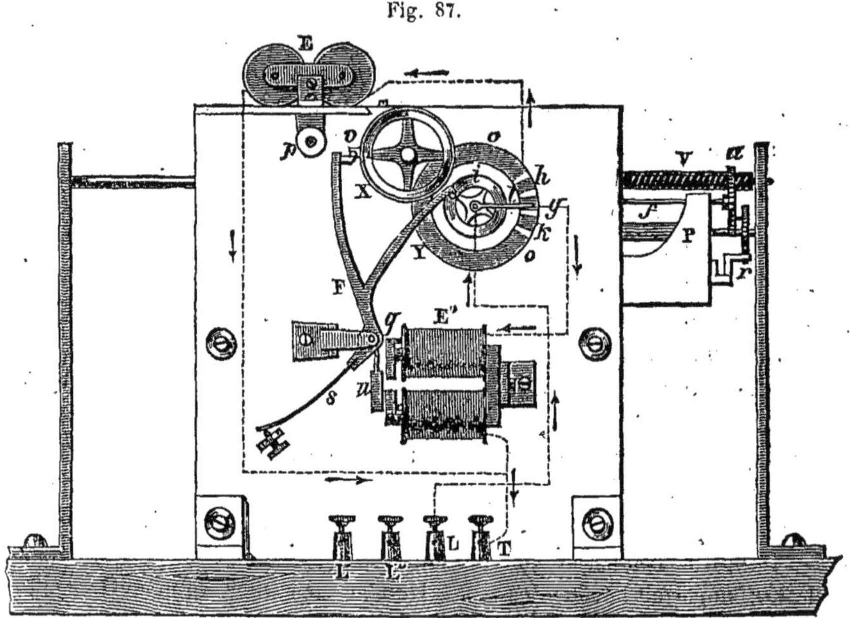

à droite la vis V du cylindre enregistreur, le bout du pignon P et les roues *a* et *r* qui donnent au cylindre son mouvement de rotation. L'électro-aimant qui commande l'échappement de la roue des types est en E ; l'électro-aimant du mécanisme imprimeur en E'. L'armature *u* de ce dernier est fixée sur une pièce articulée en *q*, qui porte une fourchette F à deux bras de détente, pour le double dégagement du mécanisme d'horlogerie commandant le jeu du rhéotome Y. Le premier dégagement est effectué en *v* sur la roue X qui appartient au dixième mobile de ce mécanisme ; le second se produit en *i* sur la roue du rhéotome adaptée au troisième mobile. Cette roue ainsi que l'aiguille frottante *l* est en rapport avec le fil de ligne, et les contacts *g* et *o* avec les deux électro-aimants, qui communiquent d'autre part à la terre par le bouton T. Les contacts *h* et *k* n'ont pas de destination pour le récepteur dont nous nous occupons, mais ils pourraient être employés pour mettre en action d'autres appareils, deux alarmes par exemple ; ils communiquent, à cet effet, avec deux boutons d'attache particuliers L' L'.

Le ressort antagoniste de la pièce F et de l'armature *u* est constitué par la lame de ressort *s* dont la pression peut être réglée au moyen d'une vis. La vis *p* sert à régler la position de l'électro-aimant E par rapport à son armature. A cet effet, cet électro-aimant est monté sur une plaque métallique qui glisse dans une rainure en queue-d'aronde adaptée à la couverture de l'appareil.

Le jeu du rhéotome Y se comprend aisément. En temps de repos l'aiguille *l* est sur le contact *g*, et, sous l'influence du courant envoyé, le mécanisme d'horlogerie qui doit produire l'impression est mis en action, et par suite le rhéotome Y fonctionne. Quand l'aiguille *l* passe sur le contact *k*, une sonnerie peut être mise en marche, puis quand elle arrive sur le long contact *o o*, le courant est renvoyé dans l'électro-aimant E qui fait marcher la roue des types jusqu'à ce que la lettre transmise soit arrivée devant le marteau imprimeur. Alors, quand le rhéotome est sur le point d'avoir accompli sa course, l'impression est effectuée par suite du déclanchement du marteau imprimeur.

Télégraphe imprimeur de M. Brett. — Le télégraphe imprimeur de M. Brett paraît être le premier type pratique des télégraphes à échappement. Ceux que nous voyons naître tous les jours n'en sont que des dérivations plus ou moins heureuses, et sa disposition générale a toujours été plus ou moins conservée. A l'époque où il a été présenté, c'est-à-dire en 1850, il se composait d'un mécanisme d'horlogerie à trois mobiles dont le dernier portait la roue des types, laquelle constituait en même temps la roue d'échappement. En face de cette roue se trouvait le rouleau imprimeur muni d'une roue à rochet et dont l'axe était relié par une traverse à une excentrique faisant partie d'un second mécanisme moteur. Ce mécanisme était lui-même commandé par une détente, qui était reliée à un système hydraulique analogue au piston de la pompe des prêtres, lequel avait pour effet de permettre aux mouvements de bas en haut de s'effectuer avec facilité et d'opposer une résistance à ceux qui s'effectuaient en sens opposé. Comme cet appareil était relié à un long cliquet qui appuyait sur les chevilles de la roue d'échappement, il arrivait que quand celle-ci tournait avec une certaine vitesse, les dépressions de ce cliquet dans les intervalles entre les chevilles étaient trop peu accentuées pour agir sur la détente du mécanisme imprimeur, et ce n'était que pour un temps d'arrêt suffisant, que le mécanisme hydraulique laissait tomber le cliquet assez bas pour dégager cette détente et provoquer l'impression, par le rapprochement du rouleau imprimeur de la roue des types. Quand cette impression se produisait, la tige de l'excentrique, en réagissant sur un encliquetage, faisait avancer la bande de papier de l'intervalle d'un entre-lettre, comme du reste cet effet est produit dans la plupart des télégraphes imaginés depuis.

Le transmetteur de ce télégraphe a été combiné de plusieurs manières par M. Brett. D'abord il était à clavier, comme celui de M. Froment que nous avons décrit p. 39, puis il s'est trouvé transformé en manipulateur à cadran mobile, analogue à ceux que M. Breguet avait adoptés primitivement pour ses télégraphes à cadran.

Télégraphe imprimeur de MM. Mouilleron et Gaussin. — Pour éviter les inconvénients résultant de la multiplicité des mouvements de la fourchette d'échappement, du temps perdu par suite des distances souvent très-grandes qui séparent les différentes lettres qu'on a à transmettre, enfin de la nécessité de la remise au repère après l'impression de chaque lettre, MM. Mouilleron et Gaussin se sont imaginé de répartir les 25 lettres de l'alphabet sur cinq roues des types indépendantes, laissant au manipulateur le soin mécanique de faire marcher telle ou telle de ces roues suivant le caractère désigné. De cette manière, chaque lettre n'exigeait au plus, pour arriver au repère, que cinq doubles échappements, ce qui accélérait la vitesse de transmission télégraphique dans le rapport de 1 à 5. Comment obtenir une pareille réaction par l'intermédiaire d'un seul fil? Telle était la grande difficulté du problème, difficulté d'autant plus sérieuse que le manipulateur devait avoir trois fonctions à remplir : 1° de faire placer devant le repère celle des cinq roues portant le caractère désigné; 2° de faire tourner cette roue de la quantité voulue pour y faire arriver la lettre; 3° de solliciter en ce moment-là le mécanisme imprimeur.

Pour résoudre ce problème, MM. Mouilleron et Gaussin ont rendu les cinq roues des types du récepteur mobiles dans deux sens différents, c'est-à-dire, susceptibles d'être déplacées latéralement dans leur mouvement de rotation. Cet effet pouvait être obtenu à l'aide d'un axe creux mobile, dans le sens longitudinal, sur une broche, et muni à ses deux extrémités de tiges portant des dents de rochet. Ces tiges, en effet, pouvaient subir de cette manière, dans une position déterminée, la réaction d'un encliquetage mécanique commandé par un électro-aimant. La broche portant cet axe creux pouvait d'ailleurs porter une roue d'échappement de cinq dents commandée également par un électro-aimant, et être mise en mouvement par un mécanisme d'horlogerie analogue à celui des autres télégraphes. Quant au mécanisme imprimeur, il devait se trouver confiné en face de l'une des roues extrêmes et rester fixe, pour être soumis seulement à l'électro-aimant destiné à réagir sur lui.

Avec une pareille disposition, supposons que le courant envoyé d'abord par le manipulateur dans un sens déterminé traverse les électro-aimants des deux premiers mécanismes que nous avons décrits, de telle manière qu'il fasse marcher seulement l'encliquetage réagissant sur l'axe creux des roues des types, il arrivera que pour une seule fermeture du courant cet axe creux avancera d'un cran, et alors la deuxième roue des types se présentera devant le mécanisme imprimeur; pour deux fermetures, la troisième roue se substituera à la seconde; pour trois fermetures, ce sera la quatrième roue qui sera substituée; enfin, pour quatre fermetures, ce sera la cinquième. Ainsi, suivant que le manipulateur fermera 1, 2, 3 et 4 fois le courant dans le sens voulu, pour faire marcher le mécanisme en question, on pourra faire avancer devant le mécanisme imprimeur celle des cinq roues des types qu'on désirera. Maintenant, en inversant le courant, on pourra faire réagir le manipulateur sur le mécanisme commandant la rotation des roues des types, et suivant que ce courant sera fermé 1, 2, 3, 4 ou 5 fois, on pourra faire avancer devant le repère la lettre désignée. Pour obtenir l'impression de la lettre, MM. Mouilleron et Gaussin ont usé d'un artifice assez ingénieux. Ne pouvant plus disposer de l'inversion directe du courant, puisque cette inversion était utilisée à la marche du premier mécanisme, ils ont eu recours à une pile locale, et pour la mettre en action ils ont fait en sorte (au moyen d'un rhéotome) de couper le circuit à travers l'électro-aimant du premier mécanisme au moment de la rotation des roues des types. Par ce moyen, une nouvelle inversion du courant de ligne pouvait exercer son effet sur un électro-aimant relais, et celui-ci pouvait mettre en jeu, avec une pile locale, le mécanisme imprimeur. Ce mécanisme, à son tour, par une réaction secondaire qu'il est facile de deviner, pouvait repousser la fourchette d'échappement, et tout en ramenant les roues des types à leur position initiale, il pouvait rétablir la communication du circuit de ligne avec l'électro-aimant du premier mécanisme.

Le manipulateur appelé à réagir mécaniquement sur le récepteur précédent d'une façon aussi complexe, se compose de 5 leviers à manche, articulés à l'intérieur d'une boîte en quart de cercle à travers laquelle ils ressortent par des rainures. Le couvercle circulaire de cette boîte porte gravées sur cinq lignes verticales à mi-longueur des rainures, les 25 lettres de l'alphabet, et chacun des leviers est muni d'une bascule à ressort qui, en se promenant dans des entailles sinueuses pratiquées sur des cloisons métalliques, séparant la boîte en cinq compartiments, réalise trois effets différents. D'abord, avant que chaque levier atteigne la première lettre du compartiment auquel il appartient, il opère suivant son numéro d'ordre 1, 2, 3, 4 fermetures de courant dans le sens voulu pour faire marcher le mécanisme du récepteur commandant la pose des roues des types. Le premier levier n'opère, il est vrai, aucune fermeture du courant, mais le deuxième levier en opère une, le troisième en opère deux, enfin le cinquième en opère quatre. Quand ces leviers arrivent à la hauteur des lettres gravées sur la boîte, le courant se trouve renversé et fermé une fois pour la première lettre, deux fois pour la deuxième, trois fois pour la troisième, etc. Aussitôt que l'on ramène ces leviers à leur position initiale, la bascule dont ces leviers sont armés échappe les entailles des cloisons de manière à renverser de nouveau le courant, et c'est cette dernière inversion qui détermine l'impression, ainsi que nous l'avons expliqué précédemment.

Le second appareil de MM. Mouilleron et Gaussin se rapproche davantage des télégraphes imprimeurs ordinaires et particulièrement de celui que j'ai imaginé en 1853. Dans cet appareil, le mécanisme compositeur fonctionne comme celui des télégraphes à cadran sous l'influence du courant dirigé dans un certain sens, et le mécanisme imprimeur fonctionne sous l'influence du courant renversé. Seulement, après l'action de ce dernier mécanisme, la roue des types se trouve repoussée sous l'influence du retour du marteau imprimeur, en dehors de la fourchette d'échappement, et revient au repère, sollicitée qu'elle est par un ressort boudin.

Le manipulateur de cet appareil est analogue aux manipulateurs des télégraphes à cadran construits par M. Breguet : c'est un disque mobile qui porte la roue à gorge sinueuse qui réagit sur le levier interrupteur (voir la description des télégraphes à cadran, page 35). La manivelle qui met en mouvement ce disque tourne comme à l'ordinaire au centre du cadran fixe sur lequel sont gravées les lettres de l'alphabet, mais elle doit être toujours ramenée au repère après chaque signalement de lettre. Dans le premier mouvement de la manivelle, le disque opère le nombre voulu de fermetures et d'interruptions de courant pour la marche de l'appareil récepteur, et ce n'est que quand on ramène la manivelle au repère, que celle-ci réagit sur un commutateur particulier qui, en renversant le courant, fait marcher le mécanisme imprimeur.

Cette disposition télégraphique a été reproduite avec quelques variantes par MM. Grimaux, Queval, Thompson, etc.

Télégraphe imprimeur de M. Rousse. — Ce télégraphe, comme plusieurs autres du même genre, a la disposition d'un Morse ordinaire, et il fonctionne par échappement. A cet effet, une roue à rochet de treize dents est fixée sur l'avant-dernier mobile; mais contrairement aux dispositions ordinaires, l'axe de cette roue ne porte pas la roue des types. Celle-ci est fixée sur un axe particulier qui reçoit son mouvement par l'intermédiaire d'une roue engrenant avec une autre roue d'égal diamètre et d'assez grande épaisseur, fixée sur l'axe de la roue d'échappement. C'est pour pouvoir ramener facilement la roue des types au repère que cette disposition a été adoptée. Effectivement, par ce moyen, il suffit de pousser un peu l'axe de cette roue d'échappement à l'aide d'une pédale, pour que l'effet en question soit réalisé; car alors la roue à rochet peut se trouver dégagée de son encliquetage, et comme la roue qui communique le mouvement à la roue des types est épaisse, celle-ci ne cesse pas pour cela d'être engrenée.

Le système électro-magnétique qui produit l'échappement est le système sans réglage que j'ai imaginé et qui a été décrit p. 44; mais il constitue en même temps un interrupteur du courant de la pile locale destiné à faire fonctionner le mécanisme imprimeur. Celui-ci consiste d'ailleurs dans un mécanisme analogue à ceux dont nous avons précédemment parlé; c'est un électro-aimant dont le levier portant l'armature pousse un tampon élastique contre la roue des types, et a pour effet secondaire de faire avancer, après chaque impression, la bande de papier conduite par un laminoir. En outre de cette double fonction, ce levier a encore pour effet de faire réagir un rhéotome disjoncteur disposé de manière à couper le circuit de la pile locale immédiatement après l'impression de la lettre, c'est-à-dire aussitôt que l'électro-aimant devient inerte. De cette manière, l'action mécanique de l'impression est nettement produite et se trouve indépendante des circonstances extérieures. Pour refermer le circuit après qu'il a été ainsi ouvert, une roue à cames a été adaptée à l'axe de la roue des types, et les cames de cette roue réagissent sur le rhéotome en sens inverse du levier. Voici maintenant comment le jeu du mécanisme imprimeur se trouve déterminé.

Le courant de la pile locale qui doit animer l'électro-aimant imprimeur passe, comme on l'a vu, par le levier de l'électro-aimant commandant l'échappement et son butoir d'arrêt; mais il passe en outre par l'encliquetage et la roue d'échappement elle-même. Il en résulte que pendant la transmission il se produit une série de fermetures de courant qui, en raison de leur courte durée, ne peuvent faire fonctionner l'électro-aimant imprimeur; mais lors de chaque arrêt momentané de la roue d'échappement, cette fermeture devient assez longue pour que l'électro-aimant imprimeur puisse agir, et celui-ci est mis en action ainsi qu'on l'a vu précédemment. En définitive, ce système d'impression, comme celui de MM. Siemens,

Breguet, etc., est fondé sur la paresse des électro-aimants imprimeurs.

Le manipulateur de l'appareil de M. Rousse est à clavier circulaire, comme ceux de MM. Siemens, Renoir, Breguet, Wheatstone et autres, et n'offre d'ailleurs rien de particulier.

Télégraphe imprimeur de M. Giordano. — M. Giordano, ancien interprète du génie militaire français à Constantinople, a construit un télégraphe imprimeur, qui, comme ceux de MM. Dujardin et Digney, fonctionne avec des courants alternativement renversés. La disposition du récepteur, quant à sa forme, se rapproche de celle du télégraphe Morse : mais elle n'offre rien de particulier quant aux effets mécaniques produits. C'est toujours un mécanisme d'horlogerie qui met en mouvement une roue des types en aluminium, sous l'influence d'un échappement commandé par un système électro-magnétique analogue à celui du père Cecchi, et c'est un second électro-aimant réagissant sur un mécanisme d'horlogerie particulier qui fournit les impressions, sous l'influence du courant transmis.

Le manipulateur, comme ceux de MM. Digney, Dujardin, etc., n'est autre chose qu'un manipulateur de télégraphe à cadran ordinaire, disposé de manière à transmettre des courants alternativement renversés, quand on promène la manivelle d'une lettre à l'autre, mais qui est susceptible de fournir le renforcement du courant transmis, par l'addition du courant d'une seconde pile, quand on abaisse la manivelle. Pour obtenir ce résultat, qui ne laisse pas que d'être assez difficile à réaliser, en raison du sens variable des courants envoyés, M. Giordano a adapté au noyau portant la manivelle, deux contacts métalliques en rapport, l'un l'inférieur, avec le pôle positif de la pile de ligne (qui doit être plus forte que les piles ordinaires), l'autre, avec celle des lames positives des éléments de cette pile, qui divise celle-ci en deux parties à peu près égales. Une bascule adaptée au levier de la manivelle, et qui est presque en contact, par l'une de ses extrémités, avec le cadran du manipulateur, porte à son autre extrémité, une lame de ressort susceptible de frotter sur les deux contacts dont nous venons de parler, mais qui en temps ordinaire, n'appuie que sur le contact supérieur, c'est-à-dire sur le contact correspondant à la pile réduite de moitié. Or, le courant de cette pile, en passant par ce frotteur, se trouve transmis à deux leviers basculants, conduits par la rainure sinueuse du manipulateur, et ceux-ci, comme dans le système Digney (voir page 44), peuvent le renverser, à chaque mouvement de la manivelle d'une lettre à l'autre. De cette manière la roue des types du récepteur est mise en mouvement. Quand on abaisse la manivelle, la bascule du ressort frotteur qui lui est adaptée, rencontre la surface du cadran, et le ressort frotteur, au lieu de rester sur le contact supérieur, se trouve abaissé sur le contact inférieur qui est en relation avec la pile tout entière ; alors le courant envoyé, se trouvant presque doublé, fait fonctionner l'électro-aimant du mécanisme imprimeur réglé en conséquence.

Télégraphe imprimeur de M. House.— Ce télégraphe est d'une date déjà ancienne, et nous n'en aurions pas parlé s'il n'avait été employé sur certaines lignes télégraphiques américaines, et si on ne s'était pas entêté en Amérique à le mettre en parallèle avec le bel appareil de M. Hughes.

Ce système, qui d'ailleurs se rapproche beaucoup de celui de M. Brett, quant au jeu des diverses pièces mécaniques qui le composent, se fait remarquer par une particularité très-admirée en Amérique, mais dont nous avouons humblement ne pas reconnaître encore toute l'importance, qui consiste dans l'emploi d'un agent gazeux pour servir d'intermédiaire entre l'action électro-magnétique développée dans l'appareil, et la fonction mécanique qui doit en être la conséquence. Cet agent gazeux est de l'air condensé, et la condensation de cet air s'effectue à l'aide d'une pompe de compression mise en mouvement par la pédale qui sert elle-même à la marche du transmetteur de l'appareil. Le rôle de cet intermédiaire est-il de soulager et de régulariser l'action électro-magnétique en permettant l'amplification du jeu des pièces mécaniques? ou bien est-il d'éviter les inconvénients du réglage? Aucune des descriptions publiées ne l'indique; tout ce que l'on sait, c'est que le jeu de la fourchette d'échappement du mécanisme compositeur, est commandé par l'action d'une espèce de piston qui se trouve mis en mouvement de va-et-vient, comme celui d'une machine à vapeur, par des courants d'air condensé, distribués à gauche et à droite du cylindre dans lequel il se meut, par une espèce de tiroir, et sous l'influence du système électro-magnétique.

A cet effet, ce système électro-magnétique se compose d'une bobine, à l'intérieur de laquelle sont fixés, à une certaine distance les uns des autres, cinq ou six anneaux de fer légèrement évasés par le haut. Une série de petits tubes de fer en forme de cloche, et fixés sur une même tige verticale en cuivre, sont suspendus au milieu du canon de cette bobine, de manière que chacun des tubes se trouve entre deux des anneaux de fer. Cette suspension est faite par l'intermédiaire d'un fil de cuivre flexible placé horizontalement en travers de la bobine, et que l'on peut tendre plus ou moins à l'aide d'une vis de rappel. Sous l'influence du courant traversant la bobine, ces différentes pièces de fer s'aimantent, et les tubes mobiles étant attirés par les anneaux de fer à l'intérieur de la bobine, déterminent de la part de la tige qui les traverse, un mouvement de haut en bas, auquel succède immédiatement un mouvement de bas en haut (sous l'influence du ressort de suspension), dès que le courant a cessé d'agir. Or, c'est ce mouvement de va-et-vient qui a été utilisé au fonctionnement du tiroir dont nous avons parlé précédemment. Pour cela la partie supérieure de la bobine magnétique est munie d'une espèce de goulot cylindrique, dans lequel se meut à frottement doux et avec la tige portant les tubes de fer, une boîte cylindrique. Des rainures arrondies et pratiquées circulairement à l'intérieur du cylindre fixe et à l'intérieur du cylindre mobile, sont disposées de telle manière, qu'en se superposant d'un cylindre à l'autre elles peuvent constituer, pour certaines positions seulement du cylindre mobile, des conduits annulaires, par lesquels l'air condensé introduit dans les rainures du cylindre fixe, peut être dirigé vers des orifices en communication avec le tube du piston de l'échappement, et produire, par suite, un mouvement de celui-ci, absolument comme dans les machines à vapeur.

On voit, d'après cela, comment la roue d'échappement du mécanisme compositeur est mise en mouvement. Il nous reste à indiquer maintenant le jeu des divers autres organes de la machine.

Le transmetteur est à clavier, et se compose comme celui de M. Froment, que nous avons décrit p. 39, d'un cylindre horizontal, muni de vingt-huit butoirs d'arrêt disposés régulièrement en hélice autour de lui, et correspondant aux leviers des différentes touches. Ce cylindre porte à son extrémité un cercle métallique vertical, sur lequel sont entaillés quatorze espaces remplis de matière isolante, et qui constitue l'interrupteur. Il peut d'ailleurs tourner indépendamment de l'axe qui le porte, étant monté à frottement dur sur ce dernier. Il résulte de cette disposition que pour transmettre, il suffit de mettre cet axe en mouvement continu à l'aide d'une pédale, et d'abaisser successivement celles des touches du clavier qui correspondent aux lettres qu'on veut transmettre. Par suite de cet abaissement, le cylindre portant le commutateur se trouve toujours arrêté en temps convenable pour produire le nombre d'émissions de courant voulu pour le signalement de chaque lettre, et son mouvement est toujours uniforme, puisque l'axe qui doit le produire n'est jamais arrêté.

Le mécanisme compositeur se compose d'un mouvement d'horlogerie sur lequel réagit l'échappement dont nous avons parlé, et dont la roue des types, montée sur le même axe que cette dernière roue, est disposée horizontalement. Cette roue des types, en outre des vingt-huit caractères en relief, gravés sur sa circonférence, porte vingt-huit dents contre lesquelles appuie un petit bras d'acier adapté au système déclancheur du mécanisme imprimeur.

Ce système, très mal défini dans les descriptions américaines, se compose, d'après ce que j'ai pu comprendre, d'une espèce de disque disposé presque tangentiellement à la roue des types, et sollicité en sens contraire du mouvement de cette roue, par un ressort spiral. Deux petites saillies fixées aux deux extrémités d'un même diamètre de ce disque, servent de butoirs d'arrêt à un levier de détente, qui, faisant partie du mécanisme imprimeur, tend à tourner avec lui, et le bras d'acier engagé entre les dents de la roue des types est relié à ce disque. Si la roue des types tourne vite, le bras en question reste soulevé au-dessus des dents de cette roue, et le levier de détente est maintenu embrayé par la première saillie du disque; mais lorsqu'il y a arrêt de la roue des types, le bras d'acier peut s'abaisser, et il permet alors au levier de détente, de se dégager pour venir buter contre la seconde saillie du disque. Toutefois cet arrêt n'est que passager, car aussitôt que la roue des types a repris son mouvement, le levier de détente se dégage de cette seconde saillie pour reprendre sa première position. Il résulte de ce double dégagement du mécanisme imprimeur, la mise en mouvement d'une excentrique qui, en réagissant par l'intermédiaire d'une longue tige, sur une espèce de petite poulie octogonale placée devant la roue des types, peut approcher de cette roue la bande de papier destinée à recevoir la dépêche, et déterminer à chaque impression de lettre l'avancement de cette bande, par la rotation saccadée de la poulie. Celle-ci est munie à cet effet de deux rangées de petites dents aiguës qui s'enfoncent dans la bande de papier sous l'influence de la pression d'un ressort, et d'une roue à rochet, qui, en oscillant entre deux butoirs fixes sous l'influence du mouvement produit par l'excentrique, détermine sa rotation.

Avec ce système, l'impression ne peut se faire que par l'intermédiaire de bandes de papier noircies à la manière de celles qui sont employées pour les pantographes.

Comme complément de son système, M. House a adapté à l'axe vertical de la roue des types, une roue à rebord sur laquelle sont peintes les différentes lettres de l'alphabet. Cette roue est placée sous une espèce de toit en forme de cloche, dans lequel est percée une petite fenêtre, et l'on peut voir ainsi quelles sont les différentes lettres qui s'impriment. Enfin certaines dispositions mécaniques faciles à concevoir, permettent de mettre les appareils à la croix, et d'empêcher le mécanisme imprimeur de fonctionner, alors que le mécanisme compositeur marche toujours.

Si on a bien saisi la description qui précède, on peut comprendre que l'appareil de M. House est d'une délicatesse extrême, et exige une force électrique considérable; il est de plus très-compliqué, très-difficile de réglage, et nous sommes en vérité étonné que les Américains aient pu l'adopter de préférence à tant d'autres qui lui sont souvent supérieurs. Il ne transmet d'ailleurs dans les meilleures conditions, que deux mille mots par heure, alors que le morse peut en transmettre quinze cents, et entraîne six fois plus de dépense que ce dernier télégraphe.

Il n'a été du reste employé qu'entre New-York et Washington (226 milles). Quand le temps est sec, et c'est le cas général dans ce pays, il fonctionne bien, mais l'humidité rend tout travail à peu près impossible.

Pour éviter les inconvénients qui résultent d'une trop grande fréquence dans les émissions du courant, on a cherché à modifier le télégraphe précédent, de manière à n'exiger qu'une seule émission de courant pour chaque impression de lettre. On s'est trouvé dès lors conduit à établir des appareils avec des mécanismes à mouvements synchroniques. Pour obtenir ce synchronisme, on a eu recours à un mécanisme intermédiaire auquel on a donné le nom de gouverneur, et qui a pour effet de faire réagir sur le cylindre du transmetteur un électro-aimant embrayeur, quand la vitesse de l'appareil est trop grande. Ce mécanisme est fondé sur les effets de la force centrifuge, et n'a d'ailleurs rien de bien intéressant. On a conservé du reste le système à air condensé, ainsi que le système magnétique qui le commande; seulement au lieu de le faire réagir sur la roue d'échappement, on l'a appliqué à la détente du mécanisme imprimeur en employant une espèce de mécanisme correcteur, qui rétablit toujours la roue des types dans sa véritable position après chaque impression de lettre.

Ce système télégraphique, qui est bien inférieur à celui de M. Hughes, est employé sur la ligne de New-York à Boston (236 milles), sous le nom de COMBINATION-SYSTEM. Il ne marche pas d'ailleurs mieux que celui de House (1).

Télégraphe imprimeur de M. Thompson. — Ce système télégraphique construit par M. Breguet en 1861, est très-compliqué, et bien qu'il n'ait pas été mis en pratique, il renferme quelques dispositions assez intéressantes que nous devons signaler.

Son manipulateur qui est à touches et à mouvement d'horlogerie est la partie la plus intéressante de l'appareil. Il se compose de trois mécanismes

(1) Voir les détails concernant ces deux télégraphes dans les *Annales télégraphiques*, tome V, pages 173 et 179.

différents, d'un mouvement d'horlogerie réglé par un échappement qui forme interrupteur, d'un mécanisme de déclanchement et d'un mécanisme d'enclanchement qui correspond aux diverses touches et à une pédale de remise à la croix. Nous verrons que le même problème a été résolu, mais d'une manière plus simple, par M. Chambrier dans son manipulateur à manette.

Le mécanisme d'enclanchement du manipulateur de M. Thompson se compose d'une roue horizontale à chevilles mobiles, montée sur l'axe de la roue d'échappement du mécanisme d'horlogerie, et sur laquelle réagit un système de leviers à bascule correspondant aux diverses touches et que nous représentons fig. 88 et 89.

La roue à chevilles n'est rien autre chose qu'une roue à rebord C C (fig. 89), sur laquelle on a évidé une rainure II, et qui porte trente chevilles mobiles

Fig. 88. Fig. 89.

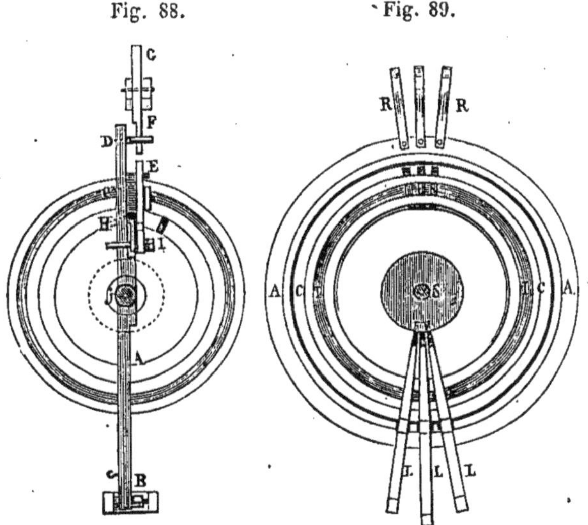

dans le sens du rayon, lesquelles sont, par conséquent, susceptibles de dépasser le rebord CC pour s'avancer vers le centre S. Trois de ces chevilles sont indiquées au haut de la figure 89. Une couche de graisse déposée dans la rainure II empêche que ces chevilles ne cèdent à des actions mécaniques autres que celles qui doivent agir directement sur elles. Enfin, trente dents en cuivre, fixées sur la circonférence de la roue et alternant avec les chevilles, complètent cette partie du mécanisme.

Au-dessus de la roue à chevilles que nous venons de décrire, et suivant son diamètre, est adapté un triple système de leviers, dont l'un BD (fig. 88), pivotant en B, porte en C et en D une palette et une cheville sur lesquelles peuvent réagir les deux autres leviers E I et F G. Ce dernier n'est rien autre chose qu'une bascule, qui, étant inclinée en G, soulève la cheville D, et par suite le levier B D. L'autre est aussi une bascule terminée à son extrémité I par un coude tombant verticalement et portant en ce point une cheville sur laquelle appuie, de bas en haut, un ressort adapté à la palette C E. Ce ressort est destiné à relever cette bascule après qu'elle a été abaissée. Enfin une cheville H, munie d'un ressort à boudin, est adaptée au-dessous de la palette C E, pour servir de butoir d'arrêt, et le boudin a pour fonction de permettre au levier B D de s'abaisser et de se relever sans que cette cheville quitte sa position d'arrêt. Quant au levier B D, il porte en J, au-dessus des systèmes précédents, une pièce munie d'un pas de vis sur laquelle s'adapte une rondelle circulaire que nous avons indiquée en pointillé sur le dessin.

Si l'on suppose que l'une des chevilles de la roue à chevilles soit poussée vers le centre, cette roue, étant entraînée par le mouvement d'horlogerie (et aussi par le barillet de la roue d'échappement qui est montée sur le même axe), tournera jusqu'à ce que la cheville avancée arrive en H; mais rencontrant là un obstacle au passage de cette cheville, elle se trouvera arrêtée jusqu'à ce que l'on appuie sur la pédale F G. Alors celle-ci, en s'inclinant, soulèvera le levier B D, et, par l'intermédiaire de la palette C E, fera incliner la bascule E I, qui, à l'aide de son coude, repoussera la cheville dans son trou. La roue se trouvant alors libre continuera sa marche jusqu'à ce qu'une nouvelle cheville avancée se présente et provoque un nouvel arrêt.

Nous ferons toutefois remarquer que le jeu de la pédale F G n'est pas du tout une conséquence de la transmission électrique ; nous n'en avons parlé que pour faire comprendre le jeu du mécanisme d'enclanchement. Cette pédale n'a été établie que pour remettre l'appareil à la croix en cas de dérangement.

Le mécanisme de déclanchement qui correspond aux touches du clavier, et qui constitue le transmetteur proprement dit, consiste dans une circonférence ou bague métallique A A (fig. 89), dans laquelle a été pratiquée une rainure circulaire, et sur laquelle sont articulés trente leviers-bascules L L, etc., de la forme représentée fig. 90, auxquels correspondent les différentes touches du manipulateur, et qui convergent tous vers le centre de la bague. Cette

Fig. 90.

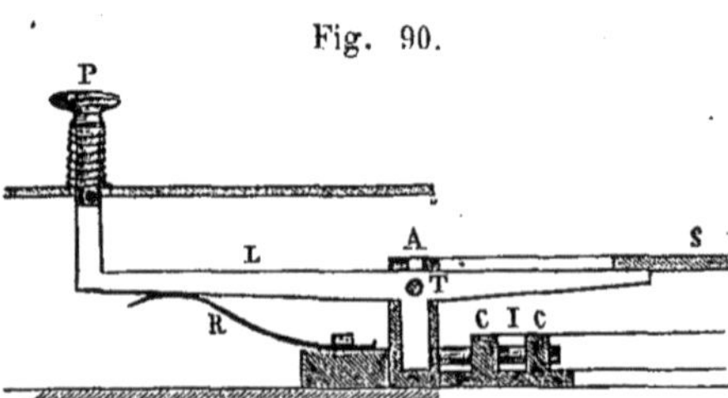

articulation de tous ces leviers est faite à l'aide d'un fil recourbé en cercle qui passe à travers un trou T pratiqué dans ces différents leviers, et qu'on introduit dans la rainure A A. Les figures 89 et 90 représentent la disposition de quelques-uns de ces leviers, mais pour en comprendre le jeu, il faut savoir : 1° que la bague qui les porte emboîte la roue à chevilles de telle manière qu'à l'état de repos chacun des bras verticaux qui les terminent inférieurement se trouve placé vis-à-vis une cheville ; 2° qu'une seconde bague armée de trente lames de ressort R, fig. 89, emboîte à son tour l'autre bague de manière à maintenir toujours les touches soulevées à l'état normal ; 3° que les bouts des leviers-bascules, réunis circulairement au-dessous du disque S de l'appareil d'enclanchement, peuvent réagir indistinctement sur cet appareil et produire par le soulèvement de ce disque le même effet que quand on abaisse la pédale GF (fig. 88).

Avec ces différents renseignements, le jeu du manipulateur s'explique aisément : au moment où l'on abaisse une touche, le mécanisme d'enclanchement se trouve soulevé ; la cheville avancée, qui avait provoqué l'arrêt de la roue des chevilles contre le butoir H (fig. 88), se trouve repoussée par le levier coudé E, et la roue tourne en faisant réagir l'interrupteur. Mais la touche qui a été abaissée, tout en provoquant ce déclanchement, a poussé, au moyen de son bras vertical, une nouvelle cheville qui, en rencontrant le butoir H du mécanisme d'enclanchement, entraîne un nouvel arrêt, et ainsi de suite pour les différentes touches abaissées ; de sorte que les transmissions s'opèrent, avec ce système, comme dans les anciens manipulateurs à cadran mobile qu'on manœuvrait en faisant arriver les différentes lettres que l'on avait à transmettre devant un repère fixe. Nous ferons en même temps remarquer que, contrairement à ce qui se fait avec les autres manipulateurs à touches, il faut, avec celui dont nous parlons, n'appuyer qu'instantanément sur les touches.

Le récepteur de cet appareil fonctionne sous l'influence de deux mouvements d'horlogerie, l'un à cinq mobiles, qui est destiné à faire marcher le système imprimeur, et qui exige un poids de 35 kilogr. ; l'autre qui doit faire marcher le système télégraphique proprement dit. Ce dernier mécanisme n'a que quatre mobiles, mais le dernier, qui porte la roue d'échappement, est muni de deux petits barillets destinés à rendre instantané le départ de cette roue et celui de la roue des types. Celle-ci, ainsi que tout le mécanisme imprimeur, est placée en dehors des platines de l'appareil, tandis que tous les mécanismes moteurs sont montés entre les deux platines.

Nous avons décrit avec détails, tome V, page 397, de notre seconde édition, le dispositif de ce système récepteur, mais comme il ne présente rien de réellement particulier, nous n'en parlerons pas ici davantage. Il est d'ailleurs très-compliqué et a été depuis perfectionné par son auteur. Je ne sache pas qu'il ait été essayé en ligne.

Télégraphe imprimeur de M. Joly. — Le télégraphe de M. Joly exposé en 1867, se rapproche beaucoup pour sa forme extérieure de celui de Morse de Digney. Dans cet appareil qui fonctionne par échappements successifs comme les télégraphes à cadran, l'axe de la roue des types porte une deuxième roue d'échappement à dents pointues destinée à agir sur un interrupteur spécial affecté au mécanisme imprimeur, et une seconde roue des types portant les chiffres. L'interrupteur dont nous venons de parler se compose de deux lames de ressort isolées l'une de l'autre, dont une plus longue et légèrement recourbée à son extrémité antérieure, rencontre les dents de la roue à dents pointues. Ces deux lames portent chacune un appendice ou contact en platine qui ferme un courant local à travers le mécanisme imprimeur, quand le long ressort ne se trouve pas soulevé par la roue à dents pointues.

Le manipulateur n'est d'ailleurs qu'un manipulateur de télégraphe à cadran, et le mécanisme imprimeur un mouvement d'horlogerie qui approche mécaniquement le guide de la bande de papier de la roue des types. Or, voici ce qui se passe quand on transmet :

Lorsque l'appareil manœuvre avec une vitesse suffisante pour faire passer sans arrêt sensible les différentes lettres qui ne doivent pas être imprimées, la roue à dents pointues repousse le ressort recourbé, et celui-ci vibre sans pouvoir se rapprocher assez de l'autre ressort pour produire un contact; mais quand un arrêt se produit, la partie recourbée de ce ressort s'introduit entre deux dents de la roue en question et détermine le contact, et, par suite, l'impression.

Pour passer de l'impression des lettres à celle des chiffres, M. Joly adapte entre les deux pôles de l'électro-aimant du recepteur une ancre aimantée qui réagit sur le guide du papier, et qui, en le plaçant sous la roue des chiffres, fait en sorte que les impressions soient effectuées par cette roue. Il suffit, en conséquence, d'ajouter au manipulateur un commutateur à renversement de courant et d'appuyer sur ce commutateur, au moment où l'on veut faire le changement d'impression, pour que celle-ci s'opère.

M. Joly a encore ajouté à l'axe de la roue des types, du côté opposé à l'impression, une aiguille qui se meut autour d'un cadran à lettres, pour faire en même temps de cet appareil un télégraphe à cadran. Un miroir se trouve placé devant ce cadran, pour que l'employé puisse suivre facilement, par la marche de l'aiguille, les impressions qu'il envoie.

Télégraphe imprimeur de M. Morénès. — Cet appareil n'a rien de nouveau comme principe : il se rapproche des appareils primitifs imaginés par MM. Bain, Brett, etc. C'est un appareil à échappement, dans lequel les transmissions sont d'autant plus lentes que les chiffres ont été placés sur la roue des types à la suite des lettres, ce qui augmente de près du double le nombre des émissions de courant, quand il s'agit de revenir d'une lettre à sa voisine en arrière.

L'impression se fait sous l'influence d'un mécanisme d'horlogerie, par suite d'un déclanchement opéré directement par un électro-aimant interposé dans un circuit local. C'est une excentrique qui est appelée à produire cet effet, comme dans la plupart des premiers télégraphes; seulement, afin d'amortir le contre coup de la détente, celle-ci s'effectue sur une pièce articulée, maintenue dans une position fixe par une lame de ressort.

Le fonctionnement du mécanisme imprimeur est déterminé, comme dans l'appareil de M. Joly, par deux lames vibrantes qui oscillent des deux côtés d'une tige verticale adaptée à l'armature de l'électro-aimant du mécanisme de la roue des types. Quand celle-ci marche avec une certaine vitesse, ces deux ressorts, armés de pointes, se trouvent écartés de cette tige ; et ce n'est qu'après un temps d'arrêt, que le contact nécessaire à la fermeture du courant local est produit. Toutefois, il est facile de comprendre combien une pareille disposition est défectueuse, car, outre les mauvais contacts qui se trouvent établis de cette manière, il doit arriver souvent que les vibrations produites, n'étant pas complétement amorties, doivent fournir plusieurs contacts successifs au lieu d'un. Une pédale analogue à celle des télégraphes à cadran de Breguet permet de mettre l'appareil au repère d'un seul coup.

Quant au manipulateur, il est à touches et n'offre rien de particulier. Cet appareil a figuré à l'exposition de 1867.

Télégraphe imprimeur de M. Chambrier. — Le télégraphe imprimeur de M. Chambrier exposé en 1867, se fait principalement remarquer par son manipulateur qui, étant à manivelle comme ceux des télégraphes à cadran, permet de transmettre sans qu'il soit besoin de tourner la manette dans un même sens. Ainsi on peut conduire celle-ci sur la lettre qu'on veut imprimer par le plus court chemin, qu'elle soit en avant ou en arrière ; on peut même hésiter dans la manipulation, sans résultat préjudiciable pour la transmission, et cet avantage n'est pas le partage exclusif de l'appareil dont nous parlons actuellement, car ce manipulateur peut être adapté à tous les télégraphes à cadran ou même imprimeurs qui fonctionnent par échappements successifs. Nous aurions pu en conséquence décrire cet appareil au chapitre des télégraphes à cadran, mais comme son auteur l'a adapté spécialement à un télégraphe imprimeur, nous avons cru devoir n'en parler qu'au chapitre des télégraphes imprimeurs.

Pour obtenir les résultats que nous venons de signaler, il fallait nécessairement que le système mécanique appelé à fournir les interruptions et les fermetures du courant, fut indépendant de l'action manuelle, et que celle-ci n'intervint que pour mettre en jeu ou arrêter ce système ; il fallait de plus, que le mouvement de la manette ne pût influer sur la marche de celui-ci.

M. Chambrier a résolu ce double problème en employant un mécanisme d'horlogerie pour faire fonctionner l'interrupteur du courant, en isolant la manette de ce mécanisme, et en ne reliant ces deux organes que par l'intermédiaire d'un mécanisme mixte, ayant pour fonction de déclancher et d'embrayer en temps opportun le mécanisme d'horlogerie.

Ce mécanisme mixte consiste dans une roue horizontale à dents de côté dont le centre enveloppe l'axe de la manette sans en être solidaire, et dont les dents pointues, disposées comme celles d'un rochet, présentent d'un côté un plan très incliné comme les aubes d'une turbine horizontale. Cette roue est maintenue en temps de repos dans une position déterminée, sous l'influence d'un ressort qui la sollicite et qui la pousse contre un butoir d'arrêt; mais elle peut être déplacée de côté, sur un petit arc cercle, quand un doigt vient à appuyer sur la partie inclinée de l'une ou l'autre de ses dents. Or si cette roue, par son déplacement, met en action la détente du mécanisme d'horlogerie et que ses dents correspondent exactement, en nombre et en position, aux signaux ou lettres du cadran du manipulateur, on pourra obtenir par le fait de l'abaissement de la manette dans l'une ou l'autre des coches placées devant chaque signal, un déclanchement du mécanisme commandant le jeu de l'interrupteur et même son arrêt ultérieur, si la manette est elle-même munie d'un doigt d'arrêt. A cet effet la roue à contour sinueux qui doit réagir sur la godille de l'interrupteur, godille placée exactement dans les mêmes conditions que dans les télégraphes à cadran (1), est montée sur un axe vertical qui traverse la partie centrale du pivot

(1) Dans ses nouveaux appareils M. Chambrier a substitué à la godille un système de ressorts frotteurs qu'il regarde comme plus efficace. Ces ressorts, au nombre de deux, sont assez larges pour appuyer à la fois sur la roue à contour sinueux dont il a été question et sur une pièce métallique arrondie dont la courbure est concentrique avec la circonférence de cette roue, mais d'un plus faible rayon et qui communique au pôle positif de la pile. Ces ressorts sont disposés de manière à être soulevés et abaissés en

sur lequel tourne la manette. Cet axe qui constitue le 5e mobile du mécanisme d'horlogerie, porte deux aiguilles, une supérieure qui apparaît dans une ouverture pratiquée dans la manivelle et dont l'arrêt indique la fin de la transmission, une seconde placée au dessous de la grande roue de déclanchement, et qui peut rencontrer le doigt de la manette quand celle-ci est enfoncée dans la coche correspondante au signal transmis. Or c'est cette seconde aiguille qui, étant ainsi butée par le doigt de la manette, arrête le mécanisme d'horlogerie, et cet arrêt se trouve maintenu quand, après avoir soulevé la manette, la grande roue de déclanchement est revenue à sa position normale sous l'influence du ressort qui la sollicite.

On comprend maintenant facilement que l'on peut sans inconvénient hésiter dans la manipulation de la manette et même la reculer pour chercher la lettre à transmettre par le plus court chemin, puisque ce n'est que quand on enfonce la manette dans la coche correspondante à la lettre transmise, que l'interrupteur est mis en jeu et arrêté, après avoir fourni le nombre d'émissions de courant en rapport avec la distance séparant dans un même sens deux lettres consécutives.

Dans cet appareil, le mécanisme d'horlogerie est à cinq mobiles, et le volant à ailettes ou l'échappement à ancre qui en régularise la marche est adapté au quatrième. Ce mécanisme est commandé par un barillet placé de côté, et comme sa position sous la circonférence du cadran du manipulateur pourrait embarrasser pour le remonter, on a adapté à son axe, une roue de renvoi qui engrène avec une autre de même diamètre sur l'axe de laquelle est fixée la clef. Un levier articulé muni à une extrémité d'un butoir d'arrêt et d'une came biseautée pour agir sur la roue de déclanchement, et à l'autre extrémité d'une pédale, permet de ramener d'un seul coup à la croix le système sans l'intervention de la manette. Cette pédale a son utilité quand on veut passer immédiatement de la dernière lettre d'un mot à la première du mot suivant, et quand on passe des lettres aux signaux conventionnels ou aux chiffres.

---

même temps par la roue sinueuse, et ils correspondent l'un à la ligne, l'autre au récepteur du poste ; ce dernier toutefois n'a de contact métallique qu'avec la roue sinueuse, et il en résulte que, dans son abaissement sur la pièce arrondie, le courant du poste ne traverse pas le récepteur. L'autre ressort, au contraire, à chacun de ses contacts avec la pièce en question, transmet un courant à travers la ligne, et ce n'est que quand les deux ressorts sont soulevés en même temps par la roue sinueuse et sont en contact métallique avec elle, que la ligne est réunie directement au récepteur du poste.

Ce système de manipulateur réalise en somme avec une seule manette les effets qui sont produits avec les transmetteurs à touches, seulement la disposition en est plus simple, puisqu'au lieu de 26 butoirs d'arrêt correspondant aux différentes touches, il n'y en a qu'un seul. Quant à la possibilité que ce système donne de pouvoir transmettre les lettres en rétrogradant, elle n'est pas non plus une propriété exclusive de l'appareil que nous venons de décrire, car on la retrouve également dans le transmetteur à touches du télégraphe imprimeur de M. Thomson que nous avons décrit avec détails, page 227. Il est vrai que ce dernier appareil était tellement compliqué qu'il n'a pu être appliqué dans la pratique.

Le récepteur imprimeur de M. Chambrier a subi depuis sa présentation à la société d'encouragement d'importants perfectionnements sur lesquels nous devrons un peu insister, en raison des résultats avantageux qui en ont été la conséquence.

Comme forme cet appareil se rapproche un peu du Morse ; sa roue des types est de petit diamètre et mue par un mécanisme d'horlogerie à double effet, dont le déclanchement s'opère à la manière des télégraphes à cadran ordinaires, c'est-à-dire à l'aide d'un électro-aimant rendu périodiquement actif par le manipulateur. L'impression s'opère par un second électro-aimant placé sous la dépendance d'une pile locale, et son action est déterminée par une tige vibrante horizontale disposée de manière à former rhéotôme conjoncteur et disjoncteur. La fig. 10, pl. III, représente ce dispositif qui est ingénieux et qui fonctionne très-régulièrement. T est une tige articulée en C qui se termine d'un côté par un pas de vis sur lequel court un contre-poids P, de l'autre par une tête à écrou munie d'une vis *v*. Une pièce E armée d'une cheville *c* adaptée à cette tige se trouve disposée au-dessus d'une roue à rochet R montée sur l'axe de la roue des types, de manière à ce que les dents de celles-ci, en passant au-dessous de la cheville *c*, fassent osciller la tige. Le contre-poids P sert à régler l'excès de poids de cette tige du côté de *v* pour que cette oscillation se fasse dans des conditions convenables, c'est-à-dire pour qu'avec la vitesse ordinaire de rotation de la roue R, quand la roue des types passe d'une lettre à une autre, la tige T reste soulevée et ne puisse s'abaisser que sous l'influence d'un arrêt d'une durée suffisante. La vis *v*, en temps ordinaire appuie sur l'extrémité d'un ressort *r* adapté à une pièce rigide A qui porte au-dessous de ce ressort un appui A B. Cet appui limite la flexion du ressort *r* et sert en même temps de butoir à la vis *v*. Enfin au-dessus du ressort *r* et près de la vis *v* se trouve une autre vis isolée V en rapport avec le pôle positif de la pile locale, et où se produisent les effets électriques nécessaires pour l'impression. A cet effet, la pièce

A est réunie métalliquement au fil de l'électro-aimant imprimeur qui communique d'autre part avec le pôle négatif de la pile locale. Or voici les effets qui se produisent pendant la transmission d'une dépêche :

En temps ordinaire, la vis v appuyant sur le ressort r le sépare de la vis V et, par conséquent, le courant ne passe pas à travers l'électro-aimant imprimeur ; mais aussitôt que la roue des types et la roue R viennent à tourner, la vis v est soulevée, et l'électro-aimant imprimeur devient actif. Comme l'appareil est disposé de manière à ne fournir les impressions que sous l'influence d'une rupture du courant, aucune impression n'a lieu pendant la rotation de ces deux roues, puisque la vis v n'a pas eu le temps de s'abaisser ; ce n'est que par suite d'un arrêt de la roue R, que la vis v en tombant opère la disjonction de V et de r, et détermine l'action du mécanisme imprimeur. L'expérience a montré que ce système d'impression, sous l'influence d'une ouverture du courant local, était préférable à celui fondé sur l'action contraire.

Quant au mécanisme d'impression, il ressemble assez à celui du télégraphe Brett. Le levier de l'armature de l'électro-aimant imprimeur réagit sur un système de déclanchement représenté fig. 12, pl. III, et qui a pour effet de permettre à un second mécanisme d'horlogerie : 1° de soulever le tampon imprimeur T contre la roue R fig. 91 ci-dessous, par l'intermédiaire

Fig. 91.

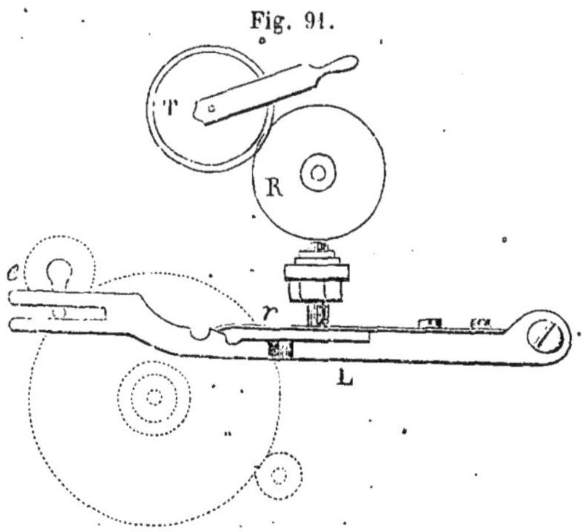

d'une excentrique c agissant à l'extrémité d'un levier articulé L sur lequel appuie le tampon par l'intermédiaire d'un ressort r ; 2° de faire avancer la bande de papier au moyen d'un doigt à ressort D (fig. 12, pl. III) agissant, par suite d'un mouvement oscillatoire, sur le rochet M qui commande le jeu du laminoir d'entraînement. Ce mouvement est déterminé par un limaçon L monté sur l'axe qui porte la bascule du déclanchement B, et ce limaçon tourne dans une échancrure pratiquée dans une pièce articulée en A, laquelle porte en même temps le doigt à ressort D.

Nous représentons fig. 7, pl. III, les détails de l'échappement de cet appareil et du mécanisme de la remise au repère. La fourchette sur laquelle réagit le levier de l'électro-aimant est en F; les doigts de l'échappement en *a* et *b*; la roue d'échappement en R. Le doigt *c* et la cheville *d* constituent le dispositif de la remise au repère, remise qui se produit par l'abaissement d'une pédale correspondante au levier L. Quand on abaisse cette pédale, une partie anguleuse *f* qui termine le levier L se soulève et donne au système portant l'échappement, lequel est articulé en A, un petit mouvement de côté qui écarte les doigts *a* et *b* de la roue R, et vient présenter devant la cheville *d* le doigt *c* qui arrête la roue R au repère.

Cet appareil a, du reste, été construit avec un grand soin par M. Deschiens qui peut le livrer avec tous ses accessoires pour 800 francs.

Télégraphe imprimeur de M. Hayet. — Le télégraphe de M. Hayet est d'une construction extrêmement simple. Il se rapproche beaucoup, quant à la forme, des télégraphes Morse ordinaires, et, quant au principe, des télégraphes Bain, Thompson, Joly, etc.

Dans ce système, tout le mécanisme appelé à déterminer les impressions est disposé sur la roue des types elle-même. A cet effet, l'axe de cette roue au lieu d'être commun avec celui de la roue d'échappement, n'en est que le prolongement, mais un prolongement complétement distinct, et le mouvement de la roue des types ne se produit que par l'intermédiaire d'un doigt et d'une cheville de rencontre, qui fait elle-même partie d'un système interrupteur que nous allons décrire; c'est, en quelque sorte, une transmission de mouvement par l'intermédiaire d'une boîte d'engrenage à ressort, dont la partie élastique se trouve déprimée et bute contre un arrêt pendant le mouvement des deux mobiles, et qui en se détendant lorsque l'un des mobiles est arrêté, disjoint les deux pièces butées l'une contre l'autre.

Pour obtenir ce résultat, l'extrémité de l'axe de la roue d'échappement est munie d'un disque en matière isolante sur lequel sont fixés deux appendices métalliques et un compas articulé. A l'un de ces appendices métalliques est adapté un ressort en col de cygne qui appuie sur l'un des bras du compas, et c'est l'autre bras de ce compas qui constitue le doigt entraîneur de la roue des types. Comme ce doigt n'est pas rigide et qu'il peut se déverser en arrière d'une quantité qui peut être limitée par un butoir d'arrêt, il peut constituer avec ce butoir, qui n'est autre que le second appendice métallique, dont nous avons parlé, un interrupteur de courant, et cet interrupteur peut avoir pour effet d'ouvrir un circuit de pile locale lorsque l'appareil est en marche, et de le fermer, au contraire, quand il y a arrêt de ce mouvement. Cet arrêt d'ailleurs peut être la suite de l'inertie de la roue des types qui passe subitement, de cette manière, de l'état de mouvement à l'état de repos. Or ce circuit pouvant correspondre à l'électro-aimant du mécanisme imprimeur, le problème de la mise en action de ce mécanisme se trouve résolu par l'effet même du choc qui se produit forcément dans ces sortes de télégraphes, et dont on n'avait pas jusque là tiré parti. Cette idée était d'autant plus heureuse, dans les conditions où s'est placé M. Hayet, qu'après l'impression, le ressort du compas en réagissant sur la cheville de rencontre de la roue des types, alors en contact avec le doigt entraîneur, peut communiquer à cette roue un accroissement de vitesse, accroissement dont elle a besoin en ce moment là pour se mettre plus facilement en route sous l'influence du mécanisme moteur.

Dans l'appareil de M. Hayet, la roue des types peut fournir l'impression des chiffres aussi bien que l'impression des lettres. A cet effet, cette roue qui, comme dans l'appareil de M. Hughes, porte les lettres et les chiffres alternés, est disposée à frottement doux sur l'axe qui doit la mettre en mouvement, et une longue traverse ou verrou d'acier qui dépasse des deux côtés le diamètre de cette roue, glisse, à frottement à travers une sorte de disque adapté à cet axe contre la roue des types. Cette traverse porte vers l'une de ses extrémités une entaille angulaire dans laquelle entre une cheville rivée sur la roue des types, et un fort ressort adapté à cette roue appuie sur la traverse de manière à la maintenir butée contre la cheville en question. Ces deux pièces sont d'ailleurs tellement disposées par rapport aux lettres et aux chiffres gravés sur la roue des types, que quand on fait marcher le mécanisme imprimeur sur le blanc qui doit correspondre aux chiffres, l'extrémité de la traverse opposée à celle où est l'entaille se trouve placée précisément en face du tampon imprimeur. Or le levier qui porte ce tampon est muni d'un second tampon, qui a précisément pour mission, au moment de l'impression, de soulever de bas en haut cette extrémité de la traverse mobile, alors placée verticalement, et de repousser la roue des types, par l'intermédiaire du plan incliné, de l'entaille et de la cheville qui s'y trouve butée, précisément de la distance d'un demi intervalle de lettre. Dès lors, ce sont des chiffres qui se présentent à l'action du mécanisme imprimeur au lieu de lettres. Quand, au contraire, on fait fonctionner le mécanisme imprimeur sur le blanc des lettres, c'est l'autre bout de la traverse qui se trouve à portée du piston imprimeur, et se trouvant soulevé, la roue des types tourne sous l'effort du ressort qui la sollicite, jusqu'à ce que la cheville de rencontre soit entrée dans l'entaille, c'est-à-dire, jusqu'à ce qu'elle ait replacé les lettres en face du piston imprimeur.

Afin que la roue des types ne rétrograde pas pendant l'action de la traverse sur la cheville de cette roue, une petite roue à rochet à dents fines est fixée sur l'axe de cette dernière, et un cliquet de retient adapté au pont qui soutient le système, maintient toujours la position de cet axe. Suivant l'auteur cette disposition accessoire aiderait beaucoup l'action mécanique produite en cette circonstance. Du reste, l'idée de ce recul de la roue des types pour la permutation des lettres et des chiffres n'appartient pas à M. Hayet; elle avait été appliquée bien avant lui, par M. Hughes à son télégraphe imprimeur; le dispositif des arrangements mécaniques seul est différent, et il ne pouvait en être autrement, puisque M. Hayet n'avait pas à sa disposition les mêmes organes de mouvement que M. Hughes.

Le reste de l'appareil de M. Hayet n'offre rien de particulier : l'échappement qu'il a adopté est l'échappement ordinaire des télégraphes à cadran, et l'impression se fait directement par un électro-aimant sans mécanisme d'horlogerie intermédiaire. L'entraînement du papier est également confié à cet électro-aimant.

Les expériences faites en 1870 avec cet appareil devant la commission de perfectionnement à travers un circuit de 30 kilomètres, ont montré qu'il pouvait transmettre 20 mots par minute.

Télégraphes imprimeurs de M. Dujardin. — M. le docteur Dujardin de Lille est, comme on l'a vu, un des savants qui se sont occupés les premiers de télégraphie électrique, et son nom est attaché à l'histoire de cette science d'une manière inséparable. C'est lui qui, le premier, a employé pour les appareils magnéto-électriques la disposition dans laquelle les bobines induites sont placées directement et à demeure sur les pôles mêmes des aimants, et son télégraphe écrivant dont nous avons parlé page 96, était des plus ingénieux pour l'époque. On comprend d'après cela, que M. Dujardin ne pouvait rester longtemps simple spectateur des progrès accomplis tous les jours dans la télégraphie, et qu'il devait un jour ou l'autre entrer en lice pour apporter à la science un nouveau contingent. Aussi depuis l'année 1861, le voyons-nous poursuivre avec une persévérance des plus louables le perfectionnement des télégraphes imprimeurs, et produire plusieurs systèmes qui ont tous été essayés en ligne, et qui ont tous plus ou moins bien réussi. Étant limité par l'espace, nous ne pourrons dire que quelques mots de ces différents systèmes, mais nous nous arrêterons un peu sur le dernier, parce qu'il a été l'objet d'un rapport favorable à l'administration des lignes télégraphiques françaises, et qu'il a été essayé avec succès, et à la satisfaction de cette administration, en 1869.

1er **Système.** — Le 1er système de M. Dujardin qui a été expérimenté pendant quatre mois sur la ligne de Paris à Lille, en 1861, comporte trois genres d'appareils : un récepteur, un manipulateur et un relais d'une disposition particulière, que nous décrirons avec détails au chapitre des relais.

Le récepteur se compose, comme celui de tous les appareils de ce genre, d'un mécanisme compositeur et d'un mécanisme imprimeur. Le premier fonctionne sous l'influence d'un mécanisme d'horlogerie, mais le second est mis directement en action par un électro-aimant puissant ; toutefois, ce dernier mécanisme n'opère pas directement le recul de la bande de papier sur laquelle s'imprime la dépêche, et c'est un second mouvement d'horlogerie, commandé, il est vrai, par le mécanisme imprimeur, qui est chargé de cette fonction. L'électro-aimant qui met en action la roue d'échappement a une forme particulière ; il se compose d'un électro-aimant droit dont le noyau de fer est mobile à l'intérieur du canon de la bobine et oscille autour d'un axe entre les pôles d'un aimant persistant en fer à cheval placé verticalement. Une tige de fer qui continue ce noyau en renforce le magnétisme développé, et porte elle-même la fourchette d'échappement. Sous l'influence des courants alternativement renversés traversant la bobine électro-magnétique, le noyau qui la traverse prend des polarités différentes qui ont pour effet, comme dans les électro-aimants du père Cecchi et de M. de Lafollye, de le faire osciller, ainsi que la fourchette d'échappement ; et la force avec laquelle s'effectue ce mouvement de va-et-vient peut être réglée au moyen de deux garnitures de fer qui terminent les pôles de l'aimant fixe, et qui peuvent être plus ou moins rapprochées. Ce système électro-magnétique a été représenté page 87, tome II.

La roue des types elle-même est construite d'une manière toute nouvelle et réellement très-ingénieuse. Au lieu de porter les caractères gravés en relief sur sa circonférence, elle est composée d'un disque très-mince d'aluminium écroui sur la surface duquel sont brodés en quelque sorte les différents caractères de l'alphabet, qui se trouvent d'ailleurs disposés circulairement. Cette broderie est faite avec du fil de coton non tordu qui est introduit dans de petits trous pratiqués dans la plaque elle-même et dessinant les lettres. Les avantages de cette disposition sont que, quand ces lettres ainsi brodées se trouvent imbibées d'encre oléique, elles peuvent toujours se charger facilement de ce liquide, et on n'a pas à craindre, comme avec les autres systèmes, les empâtements. Pour obtenir les impressions il suffit qu'une bande de papier passe au-dessous de la surface de la roue, et qu'un tampon

T, imprégné d'encre, vienne appuyer sur les différents caractères qui se présentent au-dessous de lui ; la roue flexible s'infléchit alors, le caractère brodé chargé d'encre laisse son empreinte sur le papier, et le tampon lui-même, en imbibant par derrière le coton du caractère imprimé, le rend apte à fournir une nouvelle impression.

Le mécanisme imprimeur se compose d'un électro-aimant qui est mis en action par le courant d'une pile locale sous l'influence d'une interruption du courant de la pile de ligne, et dont l'armature, par l'intermédiaire de plusieurs leviers articulés, fait appuyer le tampon T sur la roue des types. En même temps, un déclanchement du mécanisme entraineur de la bande de papier s'opère, et celle-ci se déplace d'un intervalle de lettre. Cette disposition du mécanisme entraîneur de la bande de papier était commandée par la nécessité dans laquelle on se trouvait, avec ce système, de maintenir fortement tendue sous le tampon d'impression la bande de papier, à l'aide de deux lames de ressort. Un simple encliquetage adapté aux cylindres entraineurs n'aurait pu suffire, en effet, pour vaincre la résistance ainsi produite.

Le manipulateur n'est autre chose qu'un manipulateur ordinaire de télégraphe à cadran, dont la manette est disposée de manière à produire deux effets : d'abord la rotation du disque à gorge sinueuse destiné à mettre en mouvement le levier commutateur et, en second lieu, l'inflexion d'une bascule ayant pour effet de couper le circuit quand la manette se trouve abaissée dans l'une ou l'autre des coches correspondant aux différentes lettres, abaissement qui doit déterminer les impressions par l'intermédiaire du relais. (1)

2e **Système.** — Ce système ou plutôt ces systèmes, car M. Dujardin en avait exposé deux modèles différents à l'exposition de 1867, appartiennent à une classe de télégraphes imprimeurs intermédiaire entre celle des télégraphes à simple échappement et celle des télégraphes à mouvements synchroniques. Dans ces appareils, en effet, la roue d'échappement qui commande la roue des types, est commandée par une ancre, mais cette ancre a ses deux becs disposés en plans inclinés de telle manière qu'au lieu de faire arrêt au mouvement de la roue, elle se trouve au contraire sollicitée par celle-ci à accomplir des oscillations, comme dans l'appareil imprimeur de Theyler. Toutefois, ces oscillations ne sont pas complètement libres, car les deux pôles d'un électro-aimant réagissent sur la tige de cette ancre, et, en la maintenant inclinée d'un côté ou de l'autre, peuvent fournir un arrêt complet de la roue d'échappement. On comprend d'après cette disposition que si les

(1) Voir pour les détails la 2e édition de cet ouvrage tome V, p. 385.

deux appareils en correspondance soit directement, soit par l'intermédiaire d'un relais, sont disposés de manière à ce que chaque échappement produit par l'un des deux appareils ait pour effet secondaire une fermeture de courant réagissant sur l'électro-aimant de l'échappement de l'autre appareil, la marche synchronique sera sans cesse rétablie, non pas après chaque impression, comme dans le Hughes, non pas après chaque tour de la roue des types, comme dans l'appareil Desgoffe, mais à chaque échappement; et, dans cette fonction, l'action électrique pourra être très-minime, car elle n'aura à vaincre aucune résistance, le moteur se chargeant lui-même d'approcher presque au contact des pôles de l'électro-aimant la tige vibrante. Cette disposition a encore cela d'avantageux qu'un contact du relais manquant, la marche des appareils pourrait ne pas être altérée, le synchronisme mécanique des échappements étant suffisant de lui-même pour remplir cette condition pendant quelques instants.

L'impression s'effectue dans l'un des appareils, qui est à clavier et qui fonctionne toujours en relais sans jamais rompre le courant, par la durée des contacts, au moyen de la même pile locale qui règle la rotation des roues des types.

Dans le second appareil qui est à manipulateur à cadran, cette impression s'effectue, comme dans le premier système de M. Dujardin, par rupture du circuit, chaque fois que l'on enfonce la manivelle dans les crans du cadran, la rotation des roues des types étant toujours déterminée par l'action mécanique décrite précédemment, mais sans relais.

L'encrage, dans ce système, s'effectue au moyen d'une bande de velours agissant par l'intermédiaire de son poil comme brosse très douce et capillaire. Ce moyen permet, suivant l'inventeur, de déposer l'encre très-régulièrement sur la roue des types et avec très peu de frottement. Cette bande est disposée à l'extrémité d'une petite pompe chargée d'encre et munie d'un piston permettant de régler à volonté l'écoulement du liquide. Avec ce système, suivant M. Dujardin, on peut imprimer deux ou trois cents dépêches sans renouvellement d'encre.

Quant au mécanisme de permutation des lettres aux chiffres, il s'effectue dans l'un des appareils au moyen d'une seconde roue des types et du déplacement du papier, comme dans l'appareil de M. Joly, soit au moyen de deux roues croisées l'une dans l'autre et montées sur un diamètre commun normal à l'axe de rotation. Quand la roue des lettres imprime, elle est dans un plan vertical, celle des chiffres dans un plan oblique, et cette obliquité empêche les chiffres de toucher la bande de papier. En touchant au manipulateur, le blanc des chiffres, une petite lame de ressort mise en mouvement par le mécanisme imprimeur vient appuyer sur la roue croisée, la fait osciller, et alors la roue des lettres devient oblique pendant que la roue des chiffres prend la position verticale. Cette disposition toute nouvelle produit d'excellents effets.

Le télégraphe de M. Dujardin, celui à clavier, a fonctionné pendant deux ans sur diverses lignes anglaises, entre autres sur celle de Londres à Edimbourg (distance 700 kilomètres), pendant deux hivers. Cette ligne était très mal isolée et les appareils Dujardin marchaient alors que les appareils Morse ne pouvaient plus fonctionner. La vitesse de la transmission a pu atteindre quarante mots par minute avec des courants renversés à chaque lettre, jamais interrompus et reçus par un relais sensible. Un changement survenu dans l'administration de la compagnie qui exploitait cette invention ayant désorganisé ce service, cet appareil a dû céder le pas à ceux que préconisait la nouvelle administration, et c'est sans doute là, le véritable motif qui a empêché le télégraphe Dujardin de continuer à être employé.

3° **Système.** — Le système que nous allons maintenant décrire avait, comme on l'a vu, reçu l'approbation de l'administration des lignes télégraphiques françaises et avait même été adopté en principe, en 1870, sur la proposition de la commission de perfectionnement du matériel télégraphique. Il n'est, du reste, qu'un perfectionnement des systèmes précédents, et nous le représentons fig. 14, pl. III.

Dans ce nouvel appareil, M. Dujardin en revient, pour l'action électromagnétique, au principe de son premier système, mais en supprimant le relais et en disposant les électro-aimants de manière à produire les mêmes effets. Il emploie pour cela deux électro-aimants tubulaires droits maintenus parallèlement l'un à côté de l'autre comme dans le système de MM. Digney, et ces électro-aimants portent de chaque côté, à leurs pôles, des prolongements polaires destinés, les uns, ceux du côté de la palette de l'échappement, à faire osciller cette palette qui est polarisée, les autres, ceux du côté opposé, à constituer sous certaines conditions avec les deux électro-aimants droits, un système d'électro-aimant double qui ne se complète qu'au moment du passage des courants à travers le système électromagnétique. Cet effet est produit par l'action d'une petite armature de fer doux placée au-dessus des prolongements polaires de ce côté et qui est maintenue à distance par un ressort antagoniste. Cette armature forme en même temps relais. Quand l'appareil fonctionne et fait tourner la roue des types avec une vitesse suffisante, cette armature reste toujours attirée et constitue, par conséquent, avec les deux électro-aimants droits, un électro-aimant à deux branches qui agit avec toute la force inhérente à ces sortes d'électro-aimants, mais quand le circuit est interrompu, l'armature se détache et, par sa rencontre avec un butoir de contact en rapport avec une pile locale qui, dans ces conditions, peut être la pile de ligne elle-même du poste de réception, fait fonctionner l'électro-aimant du mécanisme imprimeur.

Pour faire fonctionner ce double système, il suffit d'un manipulateur analogue à ceux des télégraphes à cadran. La manette agit sur une godille qui, en touchant deux ressorts en rapport l'un avec la terre, l'autre avec la ligne, forme en même temps inverseur de courant, et en abaissant la manette au moment où elle se trouve au-dessus de la lettre à transmettre, on rompt le circuit en appuyant sur un disjoncteur placé sous l'appareil. Cette partie du système est, comme on le voit, à peu près semblable à celle du manipulateur du premier système de M. Dujardin.

Le mécanisme d'échappement de la roue des types n'a, du reste, rien de particulier que le dispositif qui permet de passer des lettres aux chiffres. C'est, comme dans tous les télégraphes à échappement, une longue fourchette A B qui réagit sur une roue d'échappement à chevilles et qui se termine par l'armature polarisée dont nous avons parlé.

Le dispositif pour passer des lettres aux chiffres, que nous représentons à part fig. 15, pl. III, se compose comme dans les télégraphes dont nous avons précédemment parlé, de deux roues des types en aluminium R R, R'R' croisées l'une sur l'autre dans des plans différents, de manière à former comme deux méridiens. Les points de croisement de ces deux roues qui sont d'égal diamètre sont réunis par un axe qui pivote sur une pièce A adaptée à l'axe A E de la roue d'échappement, et l'une des deux roues R R est reliée, par l'intermédiaire d'une bielle C, à une traverse *ab* qui est articulée en *o* sur le même axe A E. Une lame D conduite par une tige verticale I K qui accomplit un mouvement d'oscillation à chaque impression, peut réagir sur les extrémités *b* et *a* de cette traverse *ab* quand ces extrémités se présentent devant elle ; mais ceci n'a lieu qu'au moment où la roue des types présente devant l'imprimeur le blanc du repère, ou bien le point de sa circonférence diamétralement opposé. Or ce point pouvant être également un blanc, on peut obtenir de cette manière deux réactions mécaniques en sens contraire sur le système des roues R R, R'R' qui peuvent, sans déterminer d'impression, placer l'une ou l'autre de ces roues dans le plan de l'impression, c'est-à-dire, dans le plan parallèle à celui de la roue d'échappement, et cette position se trouve maintenue par deux lames de ressorts *r*, *r'* adaptées à la pièce A et qui appuient sur la traverse *ab*. Pour obtenir l'impression des lettres, il suffira donc de placer la manette du manipulateur sur le repère en déterminant la formation d'un blanc, lequel blanc s'appellera le *blanc des lettres*, et pour obtenir l'impression des chiffres, il suffira de porter la manette sur le point diamétralement opposé qui se trouvera au milieu des lettres de l'alphabet et qui représentera, par conséquent, le *blanc des chiffres*. Le mouvement de la lame D s'effectue, comme nous l'avons dit, au moyen de la tige verticale I K qui constitue un levier coudé articulé en K, et dont le bras inférieur introduit dans une entaille L adaptée au levier imprimeur O P M E, suit tous les mouvement de celui-ci. Ce bras est vu en bout sur la figure. Cette disposition a permis de rendre la roue des types très-légère et sans inertie, ce qui est un immense avantage pour ces sortes de télégraphes, où cette roue est obligée sans cesse de subir des arrêts et des remises en marche.

Le mécanisme imprimeur n'a rien de nouveau dans son dispositif, c'est une excentrique N mue par un mécanisme d'horlogerie qui fournit les impressions en soulevant le levier imprimeur O P M L, et un échappement à détente U à deux temps d'arrêt qui l'embraye et le désembraye; seulement pour éviter les secousses provoquées par ces arrêts, le doigt S qui les produit est muni d'une lame de ressort en spirale qui reçoit les premiers chocs. C'est ce mécanisme qui entraîne en même temps le papier; mais différent, en cela, de la plupart des systèmes jusqu'ici imaginés, cet entraînement ne s'effectue pas par saccades, mais bien d'une manière continue à chaque impression.

Le système d'encrage, dans quelques-uns des appareils que M. Dujardin a construits, a aussi une disposition nouvelle; c'est une espèce d'encrier tubulaire à pompe, dont une extrémité est bouchée par un diaphragme de velours; l'encre, en filtrant à travers ce diaphragme en humecte les poils, et la roue, en frottant légèrement contre ces poils, est facilement imprégnée d'encre. On peut augmenter à volonté la quantité d'encre ainsi filtrée en serrant plus ou moins le piston de l'encrier. Celui-ci est d'ailleurs placé horizontalement devant la roue des types et peut conserver une assez grande provision d'encre pour servir longtemps. L'avantage de ce système est de rendre plus libre la roue des types dans ses mouvements, et de diminuer sa force d'inertie de tout le poids additionnel du tampon qui existe dans les autres appareils.

La légende explicative de la fig. 14, pl. III, pourra donner, mieux qu'une description, une idée de l'appareil de M. Dujardin. E est la roue d'échappement; A B le levier en aluminium qui porte la fourchette de l'échappement; C la roue des types qui est indiquée en lignes ponctuées. On n'en a représenté qu'une pour ne pas compliquer la figure. N N' est l'électro-aimant de l'échappement dont l'armature est adaptée à la partie inférieure du levier AB et articulée en J. Z *i* est la pédale de la mise au repère; la partie inférieure de la tige *i* de cette pédale qui est sollicitée à s'élever par un ressort boudin, est terminée par une surface conique, laquelle, en s'engageant derrière la traverse Y articulée en *y*, tend à pousser celle-ci en avant quand on appuie sur la touche Z. Cette action, toutefois, est combattue par celle d'un ressort *r* qui appuie sur la traverse Y, par l'intermédiaire d'une goupille, et qui ramène cette traverse à sa positon normale quand on cesse d'appuyer sur la touche Z et que cette touche s'est relevée sous l'influence du ressort à boudin qui la sollicite. Comme la traverse Y, en se repliant rectangulairement en *b*, forme une espèce de fourchette qui enveloppe le levier A B en *a* et en *b*, il arrive que par suite de son mouvement en avant sous l'influence de l'abaissement de la pédale Z, la roue d'échappement E se trouve dégagée de son encliquetage A, et tourne jusqu'à ce qu'un butoir d'arrêt, correspondant au repère, rencontre un doigt adapté à la partie *b* de la traverse Y, rencontre qui établit la mise au repère. Mais aussitôt que la pédale Z devient libre, le bras *a* de la traverse Y ramène le levier A B dans sa position normale, et la roue d'échappement se trouve de nouveau soumise à l'action de l'encliquetage A. D est la lame destinée à opérer le changement des roues des types; I K le levier qui la conduit et qui est articulé en K sur une équerre *g* fixée sur la platine de l'appareil. Cette équerre porte, à cet effet, un long pivot qu'emboîte une sorte de moyeu K L ressemblant à une borne d'attache et qui est adapté à l'angle du levier coudé I K. Le bras inférieur de ce levier qui se présente sur la figure vu par le bout, est interposé entre deux vis de réglage adaptées à une sorte de fourchette L qui termine le levier imprimeur, et le bras supérieur a sa course limitée par une traverse qui termine supérieurement l'équerre *g*. O P M L est le levier imprimeur articulé en O et qui porte : 1° en P, le rouleau imprimeur garni de caoutchouc; 2° en *t*, une poulie de renvoi pour guider la bande de papier; 3° en L, la fourchette qui agit sur le levier articulé I K pour le faire osciller d'avant en arrière à chaque impression de lettre ou de blanc, c'est-à-dire, à chaque mouvement qu'il accomplit de bas en haut sous l'influence de l'excentrique qui le met en action. X est la bielle de cette excentrique articulée en *f* sur le levier imprimeur; N *s* le ressort de la détente; U les deux butoirs de cette détente disposés comme ceux d'une fourchette d'échappement; U V le levier de détente adapté à l'armature de l'électro-aimant imprimeur et articulé en *m*; *r'* une lame de ressort servant de ressort antagoniste à l'armature V, et dont la tension est réglée au moyen d'une vis *u*; *e* le butoir d'arrêt du levier imprimeur qui le maintient dans sa position normale.

Le laminoir pour l'entraînement de la bande de papier est constitué par les deux rouleaux Q et H. Le premier est directement mis en mouvement par le mécanisme d'horlogerie, et le levier imprimeur est échancré pour laisser passer son axe; le second H, est constitué par deux bagues à surface rugueuse séparées par un espace suffisant pour ne pas appuyer sur les caractères fraîchement imprimés. Ce rouleau est monté sur un axe horizontal qui, lui-même, est fixé sur un axe vertical mobile S S', entouré de ressorts à boudin. Ces ressorts servent à appuyer ce rouleau contre le rouleau Q. Enfin T est le rouleau encreur; W le support du rouleau à papier; *q* un guide du papier; G une vis de réglage pour régler le jeu du levier U V, et *v v'* deux vis de réglage pour limiter la course du levier A B.

Voici du reste les conclusions de la commission de perfectionnement du matériel télégraphique à l'égard de cet appareil.

« Dans cet appareil, toutes les fonctions sont nettes et parfaitement définies, rien n'est abandonné à l'appréciation des employés, ni aux caprices de l'appareil. Ainsi la roue des types fonctionne par échappements successifs sous l'influence de courants alternativement renversés, ce qui évite les réglages, et l'armature aimantée appelée à produire cet effet est polarisée par influence, ce qui rend son action constante, inaltérable et plus énergique. D'un autre côté, le déclanchement du mécanisme imprimeur s'effectue par suite de la rupture du circuit, rupture qui doit être effectuée par le manipulateur lui-même. On peut donc transmettre de cette manière, lentement ou rapidement, s'arrêter même, sans qu'il y ait danger d'impressions accidentelles, comme cela arrive dans la plupart des télégraphes imprimeurs. Enfin le dispositif pour passer des lettres aux chiffres, et réciproquement, est tellement sûr dans ses fonctions, qu'il ne peut jamais y avoir ni trouble, ni confusion dans les impressions produites.

« En définitive, l'appareil de M. Dujardin, outre les dispositions ingénieuses et réellement nouvelles qui y ont été introduites, possède des avantages pratiques incontestables; il n'exige qu'une seule pile, il marche très-sûrement avec une vitesse relativement grande, les impressions y sont nettes, et il n'a besoin d'aucun réglage pour être mis en marche. Enfin, tous les accessoires, même jusqu'à la poulie qui porte le rouleau de papier y sont très-bien combinés. La commission est donc d'avis que cet appareil soit adopté pour les bureaux municipaux et pour tous ceux dont la longueur du circuit ne dépasse pas 300 kilomètres.

« Les expériences faites en présence de la sous-commission par un temps de neige fondante, et alors que le service télégraphique était interrompu sur une partie des lignes du nord et de l'ouest, ont démontré que sur une ligne de 400 kilomètres (de Paris à Lille, par Mezières), ce télégraphe pouvait transmettre 20 mots pas minute avec une netteté et une correction irréprochables. »

Nous sommes obligés de dire que, malgré la réussite de ces premières épreuves, cet appareil était trop compliqué pour qu'on ait pu le confier aux employés peu exercés auxquels il était destiné ; le manipulateur laissait aussi à désirer, de sorte, qu'en fait, il n'a pas passé dans le domaine de la pratique. Actuellement M. Dujardin vient de combiner un nouveau système à touches qu'il dit être plus perfectionné encore, mais je n'en ai pas encore eu connaissance.

Télégraphe imprimeur de M. Siemens. — Dans ce télégraphe qui a figuré à l'Exposition de Vienne de 1873, l'appareil imprimeur et l'appareil transmetteur qui est automatique, sont réunis dans un espace très-réduit. La roue des types est commandée par deux échappements mis en action sous l'influence de deux courants de sens contraire. L'un de ces échappements auquel correspondent des courants de courte durée, fait avancer la roue des types par sauts de quatre lettres à la fois, tandis que l'autre échappement, mis en mouvement par des courants opposés de même durée, ne fait avancer la roue que d'une lettre à la fois. Il en résulte que huit courants au plus (trois ou quatre en moyenne) suffisent pour arrêter, sur l'un quelconque des 31 signes existants, la roue, qui revient au repère après chaque impression de lettre. Ce système de double échappement est la partie réellement nouvelle de cet appareil, et l'idée en est extrêmement ingénieuse.

Télégraphe imprimeur de M. d'Arlincourt. — Pour obtenir un télégraphe imprimeur sans réglage et fonctionnant avec une vitesse relativement grande, M. d'Arlincourt a eu l'idée d'appliquer au mécanisme des télégraphes imprimeurs à échappement, son système électro-magnétique que nous avons décrit page 102, tome II, et qu'il a combiné de manière à agir simultanément sur deux armatures, comme on le voit fig. 92 ci-contre. A cet effet, les deux noyaux de fer de l'électro-aimant se trouvent très-allongés et portent isolément, étagées l'une sur l'autre, deux bobines E, E' qui constituent, par le fait, deux électro-aimants superposés ayant une culasse commune K; et c'est dans les intervalles V, V' qui séparent cette culasse des bobines du dessous et celles-ci des bobines supérieures, que se trouvent les appendices de fer, entre lesquelles oscillent les deux armatures polarisées A, A', qui constituent le système électro-magnétique de M. d'Arlincourt. Les armatures A, A' sont, en effet, articulées sur les pôles N, S de l'aimant permanent B, et pivotent autour des vis *v v' v"*. L'armature supérieure A' terminée par le levier *d* réagit sur la roue d'échappement R du mécanisme compositeur, par l'intermédiaire d'une double fourchette *e f*, et elle peut, en même temps, avoir action sur deux contacts constitués par les vis qui en limitent le jeu, dont l'une se voit en *c'*. L'autre armature A détermine l'action du mécanisme imprimeur en provoquant l'envoi d'un courant local à travers l'électro-aimant qui le commande, et cela en réagissant sur deux autres contacts également constitués par les vis de réglage de l'armature A, dont une est en *c*. Les grandes vis V, V' servent d'ailleurs à éloigner plus ou moins ces armatures des pôles correspondants, afin de faire prédominer plus ou moins l'action des pôles opposés. Un petit électro-

Fig. 92.

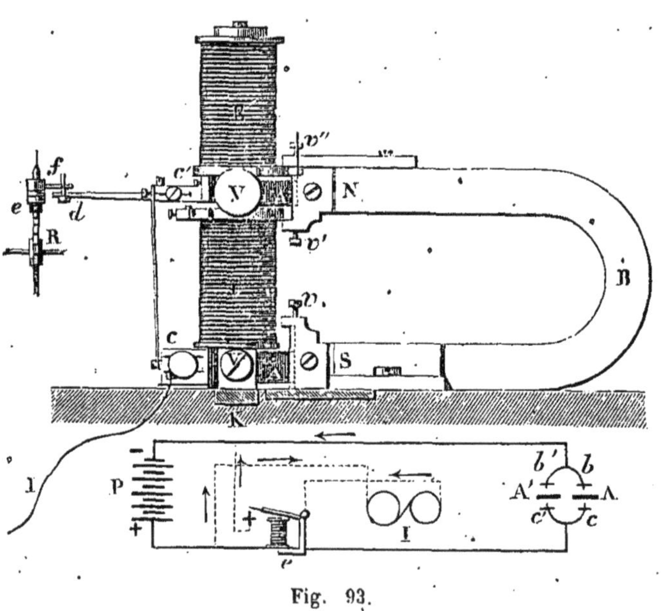

Fig. 93.

aimant paresseux servant de rhéotome et interposé dans le circuit de l'électro-aimant imprimeur, par mesure de précaution, complète le système.

La fig. 93 peut donner une idée de la disposition des communications électriques dans ce système. *e* est le petit électro-aimant paresseux dont nous venons de parler et dont nous verrons à l'instant l'usage. A et A' sont les deux armatures polarisées et *c*, *c'*, *b*, *b'* les contacts dont il a été question. Enfin P est la pile locale. Les contacts *c*, *c'*, *b*, *b'* sont, comme on le voit, disposés de manière que ceux d'un même côté, en haut et en bas, soient en rapport avec l'un des pôles de la pile P, tandis que les deux autres sont en rapport avec le petit électro-aimant *e*, qui communique d'ailleurs avec le second pôle de la pile locale P, et qui agit lui-même, comme un relais, sur l'électro-aimant imprimeur I.

Il résulte de cette disposition, que sous l'influence du courant alternativement renversé qui traverse les électro-aimants E, E' de l'échappement (fig. 92), les deux armatures A et A' se meuvent parallèlement, et l'échappement se produit, comme dans les télégraphes ordinaires, par l'action de l'armature du haut qui, à chaque émission du courant, laisse échapper une dent de la roue R ; mais comme l'action en sens contraire, déterminée par chaque inversion du courant, est grandement facilitée par la répulsion qui tend à se produire au moment des permutations, l'appareil est beaucoup plus sensible qu'avec les systèmes électro-magnétiques ordinaires, et présente l'immense avantage de fonctionner complètement sans réglage. Tant que les inversions de courant se succèdent rapidement, les choses se passent ainsi que nous venons de le dire, et l'armature du bas accomplissant les mêmes mouvements que l'armature du haut, ne donne lieu à aucunes fermetures du circuit local de l'imprimeur, comme on peut s'en rendre compte par l'inspection de la fig. 93; mais pour une rupture prolongée du circuit et avec un réglement convenable des vis V, V', il n'en est plus de même, et les positions de repos des armatures A et A' peuvent être différentes; il arrive alors que l'armature du haut n'accomplit qu'une demi oscillation, alors que celle du bas en accomplit une entière, ainsi qu'on l'a vu tome II, p. 104. C'est cette oscillation entière, à laquelle M. d'Arlincourt a donné le nom de *coup de fouet*, qui été utilisée par lui dans ses relais translateurs, dont nous parlerons plus tard. Or, il résulte de cette position différente des deux armatures dans le cas considéré, que le circuit local se trouve fermé, car ces armatures communiquent métalliquement entre elles ; dès lors, le courant de la pile P peut mettre en action l'électro-aimant *e*, et par suite, l'électro-aimant imprimeur I.

Pourquoi cet électro-aimant intermédiaire, alors que le courant local aurait fort bien pu mettre directement en action l'électro-aimant imprimeur ?.... En voici la raison :

Dans le système électro-magnétique de M. d'Arlincourt, les mouvements des armatures sont comme nous l'avons souvent dit extrêmement rapides, et par conséquent, celles-ci sont peu stables dans leur position de repos ; de plus, au moment des permutations dans le sens du courant, la ligne se trouve dans un état de neutralisation bien voisin de celui qui est la conséquence d'une rupture du circuit : il pourrait donc arriver que, soumis à l'action seule des armatures, le courant local pût être fermé d'une manière inopportune ou trop instantanément pour produire un effet suffisant sur le mécanisme imprimeur. Or, en interposant sur ce circuit local un électro-aimant boiteux un peu paresseux dont l'armature forme relais, il faut toujours un temps appréciable dans l'interruption du courant pour que celui-ci puisse être transmis à l'électro-aimant imprimeur ; de sorte que les effets des ruptures trop rapides du circuit local se trouvent ainsi éliminées. Cet électro-aimant, en définitive, n'est donc pas nécessaire à la marche de l'appareil, et il n'a été introduit, que par simple mesure de précaution.

Nous devons dire, toutefois, par respect pour la vérité, que ce système d'impression sur ruptures de circuit, n'est pas le propre de l'appareil de M. d'Arlincourt, il avait été combiné longtemps avant lui, par M. Dujardin. M. d'Arlincourt n'a fait, en somme, qu'adapter à ce système son électro-aimant sans réglage, en le disposant d'une manière appropriée à la circonstance. Quoiqu'il en soit, ce système essayé en ligne a produit des effets réellement surprenants ; il a pu fonctionner avec une vitesse de transmission de 60 à 70 lettres à la minute, sur un circuit de 1200 kilomètres de longueur ; et, sur un circuit plus court, on n'a pu trouver manuellement une limite à cette vitesse ; c'est certainement un résultat remarquable.

Le manipulateur de cet appareil a été combiné par MM. d'Arlincourt de deux manières, soit comme manipulateur simple à manette, soit comme manipulateur à touches.

Le premier système se rapproche beaucoup de celui de MM. Digney que nous avons décrit p. 44, seulement la godille en croix, au lieu de se terminer par deux ressorts oscillant entre les deux vis de contact, est terminée par deux espèces de marteaux qui réagissent chacun sur deux lames de ressorts tendant à s'appuyer sur les deux vis de contact; de sorte; que c'est par disjonction des ressorts qu'elle agit, et les deux parties en croix qui la composent, sont, à cet effet, isolées l'une de l'autre. De plus, pour qu'il n'y ait pas incertitude dans l'émission des courants renversés au moment des permutations, le disque à gorge sinueuse est muni, sur sa circonférence, d'une rangée de dents pointues sur lesquelles roule un galet fixe monté sur une forte lame de ressort, qui donne au disque un petit mouvement indépendant de celui communiqué par la manette, au moment où celle-ci se trouve dans les positions qui correspondent aux permutations. De cette manière, aucune interruption de courant ne peut se produire sans une rupture du circuit effectuée volontairement.

Le second manipulateur à touches, n'est autre que celui de l'appareil imprimeur du même auteur que nous décrirons au chapitre des télégraphes à mouvements électro-synchroniques, et auquel a été ajouté, pour régulariser le mouvement mécanique, le système à lame vibrante adapté par lui, à son système de télégraphe antographique.

Télégraphe de M. Freitel. — Le télégraphe de M. Freitel qui a figuré à l'Exposition Universelle de 1855, a une disposition toute particulière et complètement différente de celle des appareils dont nous avons parlé jusqu'ici. Il imprime, en effet, la dépêche non plus sur une bande de papier plus ou moins longue ou sur une feuille enroulée sur un cylindre, mais sur une large feuille tendue verticalement et avec des lignes droites superposées.

Dans ce système, la roue des types et la roue d'échappement qui la commande sont disposées horizontalement au-dessus du mécanisme d'horlogerie destiné à les mettre en mouvement. La feuille de papier destinée à recevoir la dépêche est disposée tangentiellement à la roue des types sur un châssis vertical qui peut être soumis à deux mouvements rectangulaires, l'un qui se produit horizontalement après chaque impression sous l'influence d'un encliquetage et d'une crémaillère, l'autre qui s'effectue verticalement après l'impression de chaque ligne sous l'influence de deux plans inclinés qui soulèvent le châssis à l'extrémité de sa course. Naturellement ce châssis roule sur un petit chemin de fer qui lui sert en même temps de guide dans les mouvements qu'il accomplit.

Le mécanisme imprimeur est placé derrière le châssis; il se compose d'un système de marteau à bascule commandé par l'électro-aimant imprimeur, et d'un encliquetage qui, en réagissant sur la crémaillère portée par le châssis mobile, fait avancer ce dernier après chaque impression de lettre. Un système de tampons encreurs circulaires frottant contre la roue des types lui distribue la quantité d'encre nécessaire pour les impressions.

Quant au système électro-magnétique, il se compose d'un électro-aimant unique, mais cet électro-aimant a deux armatures dont les ressorts antagonistes sont inégalement tendus. Quand on transmet, les fermetures de courant opérées par le manipulateur étant faites sur un courant d'une faible intensité, l'armature la moins tendue est mise en action, et c'est elle qui fait fonctionner l'échappement de la roue des types; mais quand on veut imprimer, le manipulateur ajoute alors à ce courant celui d'une pile supplémentaire, et la seconde armature étant mise cette fois en action, provoque le jeu du mécanisme et le recul du châssis.

Quand après une série d'impressions, la ligne est terminée et que le châssis est remonté verticalement de l'intervalle d'un interligne, l'encliquetage de la crémaillère est soulevé, et un contre-poids ramène le châssis à sa position initiale.

Le transmetteur de cet appareil est un simple manipulateur de télégraphe à cadran dont la poignée au lieu d'être rigide est flexible. Elle porte un doigt qui peut s'enfoncer par simple pression dans des trous disposés au-dessus de chaque lettre, et, quand ce butoir est enfoncé, il réunit les courants des deux piles, ce qui provoque, comme on l'a vu, l'impression. La godille fournit d'ailleurs les alternatives de courants de la pile faible nécessaires pour le fonctionnement de la roue d'échappement et, par suite, pour la transmission des lettres. (Voir pour les détails la seconde édition de cet ouvrage tome II, p. 138.)

II. TÉLÉGRAPHES A MOUVEMENTS SYNCHRONIQUES.

Si l'on considère que, dans les télégraphes imprimeurs décrits précédemment, la plus grande partie de la force électrique est employée à diriger la marche des appareils manipulateur et récepteur, de manière à rendre leurs mouvements solidaires les uns des autres, et par le fait synchroniques entre eux, on se demande naturellement si ce synchronisme de mouvement ne pourrait pas être obtenu plus simplement et surtout plus rapidement sans l'intervention de l'électricité, et si le rôle de ce fluide dans les télégraphes imprimeurs ne devrait pas se borner à faire fonctionner seulement le mécanisme imprimeur, ce qui ne nécessiterait qu'une seule émission de courant. Quand on se reporte à certains appareils d'horlogerie qui peuvent fournir des mouvements uniformes à moins d'un dix-millième de seconde près, il est certain que la solution du problème posé dans les conditions précédentes peut paraître facilement réalisable; toutefois une grande question était toute entière à résoudre : comment, après le temps d'arrêt provoqué par l'impression, temps d'arrêt qui peut varier suivant une foule de circonstances différentes, obtenir que les deux mouvements synchroniques puissent se rétablir assez exactement pour que la concordance des lettres ne soit pas troublée aux deux stations? c'est là, il faut le dire, où était toute la difficulté du problème, et c'est contre cette difficulté que sont venus s'échouer tous les inventeurs jusqu'à M. Hughes.

En principe, rien n'est plus simple que les télégraphes imprimeurs à mouvements synchroniques : vous avez aux deux stations en correspondance deux mécanismes d'horgerie dont la vitesse est réglée par un moyen ou par un autre, et qui, étant déclanchés en même temps, font tourner les roues des types des deux appareils avec la même vitesse; des manipulateurs à clavier, en rapport avec ces mécanismes, peuvent avoir pour résultat d'arrêter le mouvement de ceux-ci (au moment de l'abaissement d'une touche) au moyen de détentes électro-magnétiques, et le mouvement de ces détentes peut avoir comme effet secondaire de produire un contact électrique réagissant sur le mécanisme imprimeur, lequel peut d'ailleurs être exactement semblable à celui des appareils que nous avons décrits précédemment. Tel est le principe général des télégraphes imprimeurs à mouvements synchroniques. La plupart des appareils appartenant à cette catégorie, ne diffèrent les uns des autres que par les moyens employés pour obtenir le synchronisme des mouvements et la détente du mécanisme imprimeur.

Télégraphe imprimeur de M. Vail. — Ce système télégraphique, s'il faut en croire son auteur, daterait comme nous l'avons déjà dit

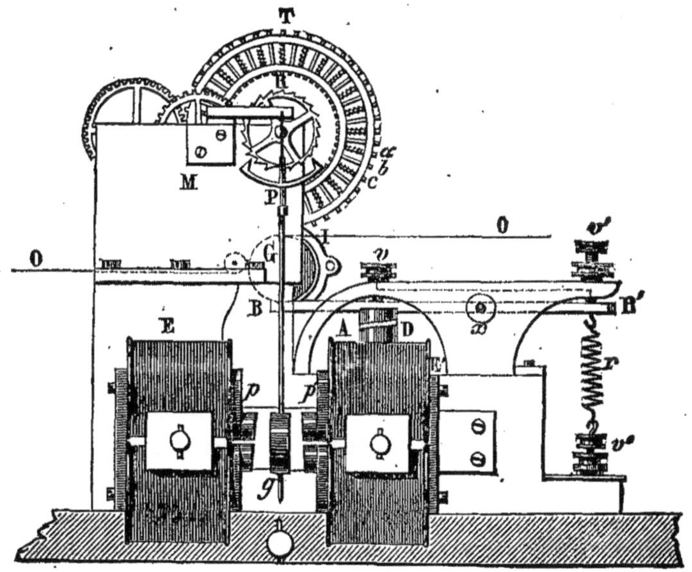

Fig. 94.

de 1837, et serait, par conséquent, le premier télégraphe imprimeur qui aurait été construit. Nous ignorons jusqu'à quel point cette assertion est exacte, mais ce qui est certain c'est que la description de cet appareil a été publiée en 1848, dans l'ouvrage de M. Vail sur le télégraphe américain.

Dans le télégraphe imprimeur de M. Vail que nous représentons fig. 94, le mécanisme compositeur mû par un mouvement d'horlogerie, ne subit la réaction électrique qu'au moment de son déclanchement et de son arrêt, quand le caractère transmis est arrivé devant le repère. A cet effet, ce mécanisme est commandé par un véritable échappement P de chronomètre à pendule qui marche synchroniquement avec celui de l'appareil de la station qui transmet et qui devient alors transmetteur. Le pendule de cet échappement oscille entre les pôles p, p' de deux électro aimants E, E' placés l'un vis à vis de l'autre, et comme la masse g du disque qui le termine est en fer doux, elle peut servir d'armature à ces deux électro-aimants. Supposons donc que les pendules de deux stations A et B soient réglés de manière à faire quatre ou huit oscillations par seconde, il échappera huit ou seize dents des deux roues d'échappement dans cet espace de temps. Par conséquent, si le caractère A de l'appareil de la station B se trouve placé devant le repère à un instant donné, le même caractère A apparaîtra également au même instant devant le repère à la station A. Et, pour les maintenir dans cette position, il suffira qu'un courant soit fermé à travers les électro-aimants de détente, précisément au moment où les pendules, ayant accompli l'oscillation correspondante à l'échappement de ce caractère, se trouvent à portée de l'un ou de l'autre de ces électro-aimants. Sous l'influence, en effet, de cette fermeture de courant, les pendules se trouveront retenus et les mouvements d'horlogerie arrêtés. Le mécanisme imprimeur pourra dès lors remplir sa fonction aux deux stations.

Ce mécanisme consiste dans une espèce de bague I fixée à l'extrémité du levier de l'armature A d'un fort électro-aimant (caché derrière l'électro-aimant E'), laquelle bague enveloppe presque entièrement le rouleau G sur lequel passe la bande de papier O où doit se faire l'impression. Elle se trouve toutefois ouverte à sa partie supérieure pour laisser passer les caractères a, b, c, etc., adaptés sur la circonférence de la roue des types. Ceux-ci sont accompagnés latéralement de deux appendices sur lesquels viennent appuyer les bords disjoints de la bague. lorsqu'une attraction se manifeste. Comme ces caractères sont mobiles sur la roue qui les porte, et retenus seulement par de petits ressorts à boudin, on comprend qu'ils cèdent facilement à la pression exercée sur eux par les bords de la bague, et laissent leur empreinte sur la bande de papier qui se trouve au- dessous d'eux. La fermeture du courant, à travers l'électro-aimant qui commande le mouvement de ce mécanisme imprimeur, s'effectue en même temps que celle qui met en action les électro-aimants de détente; car tous ces électro-aimants sont interposés dans le même circuit. Il en résulte donc que l'impression du caractère suit immédiatement l'arrêt de la roue des types.

Le mécanisme qui gouverne la bande de papier consiste dans une petite roue à rochet placée à l'extrémité du rouleau enveloppé par la bague presse, et cette roue est repoussée d'une dent chaque fois que cette bague se relève sous l'effort du ressort antagoniste *r* de l'armature qui la porte. Pour cela, un petit cliquet d'impulsion est adapté à cette bague, et réagit à la manière ordinaire. Un second rouleau appuyé contre le rouleau précédent et formant laminoir, complète cette partie du mécanisme.

Le transmetteur de ce système télégraphique est adapté à la roue des types de chaque appareil. Il consiste dans une règle métallique, appelée *indicateur*, placée verticalement près de l'une des joues de la roue des types, et percée d'autant de trous qu'il y a de lettres gravées sur cette roue. 25 chevilles métalliques implantées en spirale sur la surface de cette roue, de manière à correspondre, dans le sens du rayon, aux divers caractères en relief, sont disposées de façon que leur éloignement du centre de la roue corresponde exactement à la hauteur des trous pratiqués sur l'indicateur. Si le massif de l'appareil est en rapport avec le fil de la ligne, et si l'indicateur communique avec la pile, on comprend qu'il suffira d'implanter dans l'un ou l'autre des trous de cet indicateur une épingle métallique pour arrêter la roue des types au moment où la cheville de cette roue correspondante à ce trou viendra à passer devant la verticale. Or, comme chacun des trous de l'indicateur correspond à une des lettres en relief de la roue des types et comme d'ailleurs le mécanisme imprimeur se trouve placé au-dessous de l'indicateur lui-même, il devient facile de faire arrêter devant ce mécanisme telle lettre qui aura été désignée. De plus, comme le contact des chevilles de la roue des types, avec l'épingle de l'indicateur, entraîne la fermeture du circuit de la ligne, l'appareil de la station éloignée s'arrête précisément au même instant et l'impression se produit.

M. Vail décrit encore dans son ouvrage plusieurs systèmes de télégraphes-presses dans lesquels plusieurs fils et plusieurs roues sont employés. Comme ils ne présentent rien de particulier que des combinaisons alphabétiques plus ou moins compliquées, faites en vue d'augmenter la rapidité de la transmission, nous n'en parlerons pas dans ce chapitre. Nous dirons seulement que d'après M. Vail lui-même, ce système télégraphique ne pouvait fournir en moyenne plus d'une lettre en 6 secondes $^2/_3$. Aussi ne semble-t-il pas y attacher une grande importance et ne regarde-t-il les télégraphes imprimeurs que comme des objets de simple curiosité.

Dans la figure 94, R représente la roue d'échappement du mouvement d'horlogerie qui est renfermé dans la caisse M. L'ancre qui la commande est en P et le pendule en P *g*. La roue des types montée sur le même axe que la roue R est en T ; elle est formée de deux circonférences réunies par les types qui sont mobiles du centre à la circonférence. Nous n'avons désigné que trois de ces types *a*, *b*, *c* pour ne pas charger la figure ; on voit qu'ils sont enveloppés d'un ressort à boudin pour être maintenus toujours dans une position fixe. Le mécanisme imprimeur est en I, on n'en voit que la moitié, et le rouleau sur lequel passe la bande de papier O O est figuré en G ; le petit rouleau qui sert à l'entraînement de cette bande s'aperçoit à gauche à côté.

Le levier qui met en action le mécanisme imprimeur est en B B'. Il oscille en x et se trouve maintenu dans une position déterminée par le ressort antagoniste r et les deux vis butoirs v, v'. C'est par le bout B qui est articulé à la partie inférieure de la bague I, que s'effectue l'abaissement des types qui doit fournir l'impression, et c'est l'armature A, que l'on ne voit que par le bout sur la figure, qui le provoque. L'électro-aimant qui lui correspond et qui est très-gros, ne se voit pas sur la figure parcequ'il est caché par l'électro-aimant E' ; on en aperçoit seulement que l'un des pôles D.

La masse pendulaire qui, en formant armature sert à l'arrêt simultané des appareils, se voit en g, et les pôles des deux électro-aimants qui agissent sur elle, en p et p'. Les électro-aimants eux-mêmes sont en E et E'.

Le transmetteur n'est pas représenté sur la figure parce qu'il se trouve placé sur la face opposée de la roue des types. On pourra en voir le dessin dans l'ouvrage de M. Vail p. 199. (*Edition française*).

Télégraphe imprimeur de M. Bain. — La description du télégraphe imprimeur de M. Bain a été publiée pour la première fois à Londres en 1843, mais il paraîtrait que la date réelle de cette invention serait du mois de juillet 1840, c'est-à-dire, de la même année que celle du télégraphe imprimeur de M. Wheatstone. Quoiqu'il en soit, ce télégraphe est le premier qui ait attiré l'attention et qui ait été essayé en ligne, et à ce titre nous lui devons quelques lignes.

Dans ce système, la roue des types mue par un mouvement d'horlogerie était horizontale et portait, comme du reste toutes celles qui ont été construites depuis, les lettres de l'alphabet gravées en relief sur sa circonférence. L'axe qui portait cette roue, au lieu de pivoter sur ses deux extrémités, n'était soutenu dans ses coussinets que jusqu'au milieu de sa longueur, et la partie supérieure à laquelle était fixée la roue des types, était libre et flexible, de manière à pouvoir, sous l'influence d'un choc, se déverser un peu de côté. En face de cette roue des types et mobile sur un axe vertical formant vis sans fin, était adapté un tambour qui pouvait être mis en mouvement de rotation par un long pignon, relié à un second mécanisme d'horlogerie, et ce tambour, par suite de la disposition de son axe en pas de vis, pouvait s'élever à mesure qu'il accomplissait son mouvement de rotation. C'était sur ce tambour qu'était tendue la feuille de papier destinée à recevoir l'impression, et cette feuille était recouverte de papier plombaginé. Le mécanisme moteur de la roue des types avait sa marche régularisée par un régulateur à force centrifuge analogue à celui des machines à vapeur, et ce régulateur servait en outre à déterminer l'action du mécanisme imprimeur. A cet effet son collier réagissait sur un levier de détente qui, pour une inclinaison suffisante des bras, déterminait le déclanchement du second mécanisme d'horlogerie ; celui-ci, en réagissant par l'intermédiaire d'une excentrique et de leviers de transmission sur une fourchette emboitant l'axe de la roue des types, pouvait faire fléchir cet axe, et déterminer un choc de la roue des types contre le tambour muni de la feuille de papier, d'où résultait naturellement l'impression du caractère placé en ce moment là devant le tambour. Or cette action était déterminée par l'arrêt du mécanisme moteur de la roue des types sous l'influence du courant transmis, et l'organe électrique employé dans cette circonstance était le cadre galvanométrique que nous avons décrit tome II, p. 136. Lorsque l'impression était effectuée et que le régulateur à force centrifuge avait commencé à reprendre son mouvement, un encliquetage adapté à l'axe du pignon du tambour était mis en action, et faisait avancer ce tambour d'un intervalle de lettres. Les impressions de lettres pouvaient, de cette manière, se faire à la suite les unes des autres et s'effectuer sur une ligne en spirale, qui fournissait des lignes superposées quand on venait à retirer la feuille de papier de dessus le tambour.

Dans ce système, le transmetteur faisait partie du récepteur qui, à cet effet, était disposé de manière à faire tourner, avec la même vitesse que la roue des types, une aiguille mobile autour d'un cadran adapté à l'appareil. Toutes les lettres de la roue des types étaient gravées sur le cadran dans leur position respective, et des trous étaient placés devant chaque lettre. En introduisant dans l'un ou l'autre de ces trous une épingle, on pouvait arrêter l'aiguille et par cela même le mécanisme moteur ; et comme de la pression de cette aiguille contre l'épingle pouvait résulter un contact électrique susceptible de fermer un circuit, on obtenait de cette manière l'arrêt simultané des deux appareils en correspondance, et par suite l'impression de la lettre devant laquelle on avait introduit l'épingle.

Le synchronisme de marche des deux appareils était d'ailleurs réglé au moyen des régulateurs à force centrifuge, dont les boules étaient placées plus ou moins haut sur leurs tiges.

Télégraphe de M. Theyler. — Ce télégraphe ayant été le premier qui ait donné en ligne des résultats satisfaisants, et renfermant d'ailleurs en lui le germe de tous les perfectionnements qui ont fait depuis de ces sortes d'appareils des télégraphes parfaits, nous avons cru devoir lui consacrer une notice complète accompagnée de figures. Nous le faisons avec d'autant plus de plaisir, que trop souvent on oublie les premiers inventeurs qui ont eu à vaincre toutes les difficultés inhérentes à une découverte nouvelle, pour ne s'occuper que des derniers, dont la réussite ne tient souvent qu'à un petit détail pratique demeuré inaperçu de ceux qui avaient conçu l'idée première.

Le télégraphe de M. Theyler, comme ceux de MM. Vail et Bain, est fondé sur l'isochronisme de deux mouvements d'horlogerie. L'un de ces mouvements, à trois mobiles, fait fonctionner le mécanisme compositeur, l'autre un manipulateur particulier, représenté fig. 4 pl. III. La roue des types R, fig. 5 pl. III, ou plutôt les roues des types, car il y en a deux, est en aluminium et de très-petit diamètre, afin d'être plus légère; elle présente néanmoins sur sa circonférence une large échancrure *a b*, dont nous verrons à l'instant l'utilité. L'axe sur lequel elle est montée porte : 1° une roue d'échappement de 17 dents. A, fig. 3, armée sur le côté de 29 chevilles en correspondance avec les caractères de la roue des types, et munie d'une ancre d'encliquetage B formant pendule, c'est-à-dire l'organe régulateur du mouvement synchronique ; 2° un bras d'encliquetage C, arrêté en temps ordinaire par un levier D, lequel est monté sur l'axe de la bascule E F, à laquelle est fixée l'armature de l'électro-aimant M ; 3° enfin une excentrique à ressaut G, agissant sur un levier articulé H, dont nous verrons à l'instant la fonction.

Le mécanisme imprimeur se compose uniquement d'un bec I, fig. 5, muni de flanelle et adapté à l'extrémité de la bascule EF, dont l'axe porte en même temps un second levier à crochet J. (fig. 3). Ce levier est placé de manière à servir de cliquet d'arrêt à la roue A, en s'introduisant entre les chevilles de cette roue.

Le mécanisme commandant la bande de papier consiste dans deux cylindres K, L, fig. 5, dont l'un K, est mis en mouvement par le 2ᵉ mobile du mécanisme d'horlogerie, à la manière des télégraphes Morse. Le cylindre N est le rouleau à l'encre. Enfin le relais qui fait marcher l'électro-aimant M est en P. fig. 3. Son armature est à bascule et placée de manière à subir la réaction du levier H.

Le manipulateur est un transmetteur à clavier circulaire, mis en jeu par un mouvement d'horlogerie marchant synchroniquement avec celui du récepteur de la station éloignée ; il porte un mécanisme au moyen duquel une touche étant simplement abaissée, se trouve maintenue dans cette position le temps suffisant pour l'impression de la lettre, et le mouvement qui s'opère alors donne lieu à deux fermetures de courant, l'une au moment du dégagement du mécanisme moteur, l'autre au moment où un index de repère passe devant la touche abaissée. Ces fermetures ne durent qu'un instant, mais cet instant suffit pour réaliser l'effet voulu. Nous décrirons à l'instant ce mécanisme. D'après la disposition de cet interrupteur, on comprend que, sous l'influence de la première fermeture du courant, l'électro-aimant M dégage le mécanisme d'horlogerie en écartant le levier D, fig. 3, du bras d'encliquetage C ; toutefois aucune impression n'est alors produite, puisque l'échancrure *a b* se trouve placée devant le bec du levier imprimeur. Comme le courant n'est qu'instantané, la roue des types et la roue d'échappement qui la commande tournent sans obstacle de la part du levier J, jusqu'à la seconde fermeture du circuit, qui met alors ce levier J en prise avec la roue A ; ce qui provoque l'impression du caractère placé en ce moment devant le bec du levier E F, lequel caractère est le même que celui de la touche abaissée, puisque les deux mouvements sont synchroniques. Immédiatement après que cette double fonction s'est accomplie, le levier H se trouve abaissé brusquement par l'excentrique, et détache forcément l'armature du relais, dans le cas où le magnétisme rémanent la maintiendrait attirée ; après quoi le système se trouve arrêté, quand le bras C vient rencontrer le levier D, c'est-à-dire quand la roue des types est arrivée au repère. De cette manière toutes les impressions sont indépendantes les unes des autres. La roue à rochet R, et les becs d'encliquetage T et S, sont établis pour la sûreté de l'arrêt au repère.

Le mécanisme du manipulateur consiste 1° dans un cerceau *d d d*, fig. 4, appuyé sur l'extrémité des touches et portant un butoir d'arrêt *c* ; 2° d'un système de bascule *b f f'* mis en mouvement autour de l'axe *a* par le mécanisme d'horlogerie et marchant synchroniquement avec la roue des types ; 3° d'un conjoncteur *h* susceptible de fermer le courant quand la bascule se trouve soulevée par son bout *f'* ; 4° d'une roue dentée *l l l* indépendante du mouvement d'horlogerie, et dont les dents correspondent aux touches du clavier qui sont à bascule. Cette roue est susceptible d'un petit déplacement vers la droite quand, en abaissant ces touches, un butoir en biseau qu'elles portent repousse de côté ces dents ; mais une fois la touche entièrement abaissée, cette roue revient à sa position normale appelée par le ressort *m*. En outre de ces organes, ce mécanisme possède un butoir fixe *g* placé près du point opposé au repère, et un crochet *n* qui réagit sur la roue *l l l*. Voici comment cet appareil fonctionne : Quand le levier *b f f'* est mis en mouvement par suite du soulèvement du cerceau *d d d* qui dégage le butoir *c*, l'arc *f'* rencontre le butoir *g* qui le soulève, et le ressort *h* opère un contact métallique qui ferme le courant ; en même temps la touche abaissée a laissé passer une dent de la roue *l l l* au-dessous d'elle, et cette dent l'empêche de se relever. L'arc *f'*, en passant au-dessus de cette touche, rencontre un petit butoir *k* qui se trouve alors élevé, et qui, en faisant basculer le système, provoque une deuxième fermeture du circuit; enfin, quand le tour complet du levier *b f f'* est près d'être accompli, le butoir *c* rencontre le crochet *n* qui donne un petit mouvement à la roue *l l l*, et dégage la touche abaissée.

Il est à remarquer que le nombre des échappements du manipulateur doit être plus considérable que celui des échappements du récepteur, à cause du temps nécessité par l'impression des lettres.

Télégraphe imprimeur de MM. Desgoffe et Digney. — Afin d'éviter les difficultés et les complications que l'on rencontre pour obtenir la marche synchronique de deux appareils télégraphiques en correspondance, M. Desgoffe a cherché à résoudre le problème d'une autre manière qu'on ne l'avait fait jusque là, en faisant intervenir l'action électrique elle-même comme organe régulateur du synchronisme(1). A cet effet, les mécanismes moteurs des deux appareils sont soumis à l'action de deux électro-aimants interposés dans le circuit de ligne, lesquels sont animés par les courants des deux piles de ligne disposées de manière à former une batterie de tension.

Fig. 95.

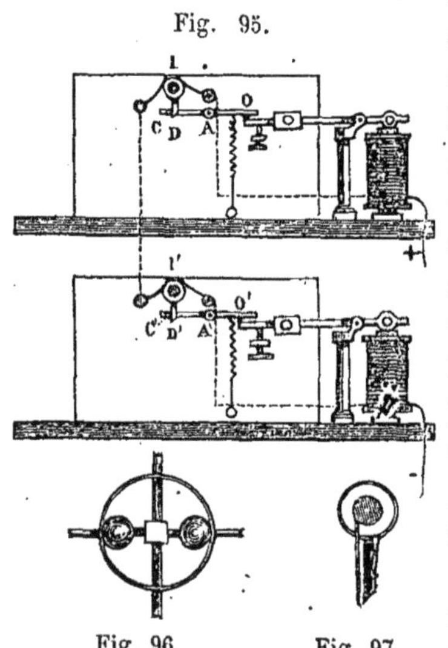

Fig. 96. Fig. 97.

Cette action s'effectue par l'intermédiaire d'un système de rhéotome placé en dehors de l'une des platines de l'appareil, et composé d'un doigt D (fig. 95) adapté à l'axe de la roue des types, lequel doigt vient buter, à chaque tour de celle-ci, contre une cheville C portée par une bascule horizontale OC. Cette bascule, sollicitée par un ressort antagoniste, tend tou-

(1) Ce système date de l'année 1861. Je donne cette date car depuis quelques années certains inventeurs ont adopté des systèmes analogues, et on pourra juger d'après elle s'ils étaient en droit de le faire ou du moins d'indiquer cette partie de leur invention comme leur appartenant.

jours à maintenir soulevée la cheville en question, mais elle peut être commandée en sens contraire par la tige portant l'armature de l'électro-aimant régulateur, et alors le mécanisme moteur se trouve dégagé ; toutefois cet électro-aimant régulateur n'est animé que quand, par suite du contact de la cheville avec le doigt D dont nous avons parlé, le circuit de ligne se trouve complété, et encore faut-il que ce contact s'effectue en même temps dans les deux appareils, sinon le mouvement de la roue des types de l'appareil qui marche le plus vite se trouve arrêté jusqu'à ce que les deux contacts s'effectuent dans le même moment. C'est précisément cette solidarité de marche entre les deux appareils qui résout la question du synchronisme, car de cette manière le retard ou l'avance de l'un des appareils sur l'autre se trouve sans cesse corrigé à chaque tour de la roue des types. L'expérience ayant démontré que, pour obtenir dans ces conditions de bons contacts, il fallait que le doigt lui-même constituât l'interrupteur, M. Desgoffe a composé ce doigt de deux parties isolées l'une de l'autre, d'une longue dent rigide et d'un ressort flexible placé devant elle (Voir fig. 97). Ces deux pièces communiquent à deux bagues métalliques isolées fixées également sur l'axe I de la roue des types, et deux ressorts appuyant sur ces bagues mettent en relation avec cet interrupteur le fil de ligne et l'électro-aimant régulateur avec lequel communique la pile. On comprend facilement qu'avec cette disposition, chaque fois que le doigt rencontre la cheville butoir, les deux parties qui le constituent se touchent et fournissent le contact exigé.

Le déclanchement automatique s'opérant sur chaque appareil et à chaque tour de la roue des types, corrige donc, ainsi que nous venons de le dire, le retard ou l'avance qui pourrait se produire sur chacun d'eux dans ce court intervalle, lequel correspond environ à une demi seconde; mais cet arrêt pourrait causer un ralentissement préjudiciable à la marche des appareils et deviendrait même un obstacle à leur mise en mouvement, s'il n'eût été remédié à cet inconvénient par une disposition spéciale du régulateur ou volant de leur mécanisme d'horlogerie. Ce régulateur en effet a été combiné de manière à permettre l'arrêt brusque de ce mécanisme pendant un temps indéterminé, tout en lui conservant la facilité de reprendre, aussitôt la cause de l'arrêt disparue, la vitesse qu'il avait acquise lors de son arrêt brusque.

Ce volant que nous représentons fig. 96 est composé d'un ressort replié en cercle et percé de 4 trous de manière à pouvoir être traversé, suivant deux diamètres rectangulaires, par l'axe vertical du régulateur et un bras horizontal sur lequel peuvent courir deux boules pesantes. L'axe vertical est composé de deux parties assemblées par un manchon à encliquetage et disposées à la manière d'une clef Breguet. Quand le mécanisme est arrêté, le ressort circulaire est de forme un peu oblongue et tient les deux boules serrées contre la douille de jonction des deux pièces de l'axe, mais quand il est en marche, la force centrifuge pousse les boules contre le ressort en question qui se déforme en s'applatissant, et si un arrêt brusque est produit sur la partie de l'axe qui correspond au mouvement d'horlogerie, l'autre partie continue à tourner en raison de la vitesse acquise et de l'encliquetage qui cède alors à cette action. Il en résulte que quand l'arrêt du mécanisme cesse de se produire, le volant restitue immédiatement au moteur la vitesse dont il est animé et qui n'a pas eu le temps de se perdre beaucoup en raison de la faible durée des arrêts.

Les autres parties de l'appareil n'ont rien de particulier quant à leur principe. Par sa forme, le récepteur ressemble assez à un Morse. Le mécanisme d'horlogerie, régularisé par le régulateur à force centrifuge dont nous venons de parler, est adapté entre les deux platines. En dehors de l'une de ces platines, se trouve le système rhéotomique dont il a été question. En dehors de l'autre est adapté le mécanisme imprimeur, qui se compose d'une roue d'arrêt, d'une roue des types et d'un système de laminoir mû par un encliquetage à étoile adapté au levier de l'électro-aimant imprimeur. Cette roue d'arrêt présente cependant une particularité : c'est un petit barillet qui est fixé sur elle et qui la rend susceptible, après chaque impression, de faire regagner à la roue des types (montée sur le même axe qu'elle) le temps perdu. Cette roue d'arrêt porte, du reste, des dents pointues, et la pièce qui produit l'arrêt est une tige à coin qui se meut dans une coulisse verticale (adaptée à la platine), sous l'influence du levier de l'électro-aimant imprimeur et d'un ressort antagoniste. Ce ressort est combiné de manière à maintenir cette roue arrêtée un temps suffisant pour que les diverses fonctions de l'impression aient le temps de s'accomplir avant la remise en liberté de la roue des types.

Le levier de l'armature de l'électro-aimant, ayant trois fonctions à remplir : 1° celle de l'arrêt de la roue des types, 2° celle de l'impression, 3° celle de l'avancement du papier, nécessite une certaine force, et exige par conséquent la présence d'un relais.

La partie de ce télégraphe la plus particulière est le manipulateur que nous représentons fig. 98, et qui se trouve adapté au récepteur, afin que son jeu soit solidaire de celui de cette partie de l'appareil. Il consiste d'abord dans une plaque d'aluminium découpée de manière à fournir deux spirales en limaçon, situées en sens inverse l'une de l'autre, et portant chacune, échelonnées les unes à la suite des autres, treize saillies métalliques. Cette plaque est fixée par le centre commun aux deux spirales sur l'axe de la roue des types (en avant de celle-ci), et au devant d'elle se meut, comme un pendule, une bascule verticale terminée supérieurement par un ressort frotteur, et inférieurement par une poignée. Une fenêtre, adaptée à cette bascule un peu au-dessus de la poignée, se meut avec elle devant un arc métallique sur lequel sont gravées, à gauche et à droite de la verticale, les différentes lettres de l'alphabet. Celles-ci sont disposées dans l'ordre suivant :

B F G H J K C D L N A E + | réception |
blanc | I O U R S T M P Q V X Y Z,

c'est-à-dire, dans un ordre tel que les lettres qui se répètent le plus souvent sont les plus rapprochées de la verticale, soit d'un côté, soit de l'autre.

Les saillies du disque d'aluminium sont disposées de telle manière que, la bascule étant inclinée à gauche ou à droite devant l'une ou l'autre des différentes lettres de l'alphabet, il y ait un contact opéré avec le ressort frotteur terminant la bascule, et ce contact, en déterminant l'action de l'électro-aimant imprimeur, provoque l'impression de celle des lettres de la roue des types qui correspond, par sa position, à celle indiquée par la bascule.

Fig. 98.

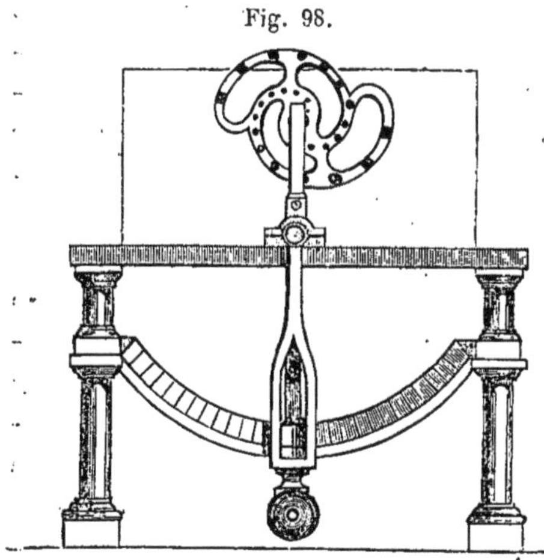

Cette disposition du manipulateur a été suggérée par l'incommodité si souvent constatée de bien placer la manette du manipulateur à cadran devant les différentes lettres de la moitié gauche du cadran. Avec le système que nous venons de décrire, on ne court jamais risque de cacher les lettres de l'indicateur avec la bascule ou avec la main.

Le courant de ligne devant, avec l'appareil précédent, faire agir deux électro-aimants ayant des fonctions différentes à remplir, il était important que l'action produite sur l'électro-aimant régulateur ne put s'effectuer en même temps que celle déterminant l'impression. A cet effet, le circuit a été bifurqué avant sa communication avec le relais, et l'action de l'électro-aimant régulateur ne s'effectue que quand la roue des types est dans une position telle qu'elle ne peut imprimer aucune lettre ; cette position est celle qui correspond à la bascule placée sur le signe de la réception. Dans ce cas, il ne peut y avoir aucun contact produit sur le disque d'aluminium.

Inutile de dire que le déclanchemant du mécanisme moteur est automatique avec cet appareil, puisqu'il dépend essentiellement du mécanisme régulateur; seulement quand on veut l'arrêter, il suffit de couper, à l'aide d'un interrupteur, le circuit de la ligne, précisément au point de la bifurcation (1).

Télégraphe imprimeur de M. Hughes. — Les défauts capitaux des télégraphes imprimeurs, jusqu'à l'apparition du télégraphe de M. Hughes, étaient surtout leur lenteur de transmission et la nécessité dans laquelle on se trouvait de les ramener au repère après l'impression de chaque lettre, afin d'éviter l'accumulation des erreurs résultant des défauts d'impression. Ces défauts nous paraissaient si graves, que nous avons douté un instant de l'application pratique de ces sortes d'appareils ; mais grâce à une conception hardie du professeur Américain Hughes, conception qu'on aurait pu taxer de fantastique si elle n'avait fourni d'aussi bons résultats, et que l'on doit maintenant regarder comme l'expression d'un élan de génie, ces inconvénients ont disparu comme par enchantement, et les télégraphes imprimeurs sont devenus les appareils télégraphiques les plus expéditifs que nous ayons. Grâce à eux, on peut expédier aujourd'hui, dans le même temps trois fois plus de dépêches que par les télégraphes anciennement en usage, et ces dépêches sont livrées au public telles qu'elles se présentent au sortir de l'appareil. C'est réellement un résultat merveilleux et qu'on n'aurait guère soupçonné il y a quelques années.

Nous disions que le télégraphe Hughes devait son origine à une conception presque fantastique : on va pouvoir en juger. Jusqu'à présent, tous ceux qui se sont occupés de télégraphes imprimeurs, et moi-même tout le premier, ont cru que pour produire l'impression d'une lettre il fallait d'abord faire arriver la lettre devant le mécanisme imprimeur, l'arrêter un instant et produire l'impression pendant cet arrêt; c'est là véritablement ce qui est logique, et toutes les inventions de télégraphes imprimeurs qui ont été faites jusqu'en 1860 ont reposé sur cette base. M. Hughes, voyant dans cet arrêt, non-seulement une perte de temps regrettable, mais encore un inconvénient grave pour les systèmes à mouvements synchroniques qui avaient jusque-là fourni les meilleurs résultats,

(1) Voir une notice publiée sur cet appareil dans les Mondes tome 7 p. 434.

a voulu les supprimer complètement, et pour cela il a cherché à *imprimer les lettres au vol*. Pour concevoir une pareille idée, il fallait être à coup sûr Américain, car il était à supposer que la pression exercée sur une roue des types en mouvement devait, sinon l'arrêter, du moins ralentir suffisamment sa marche pour détruire le synchronisme ; en second lieu on devait s'attendre à ce que l'impression ne pût jamais être assez prompte pour fournir des caractères suffisamment nets et convenablement séparés. Il en a été tout autrement, grâce aux heureuses dispositions prises par M. Hughes.

Afin d'éviter d'abord la destruction du synchronisme, M. Hughes a imaginé de placer sur le même axe que la roue des types une roue dite *correctrice*, ayant pour effet, après chaque impression de lettre, de rétablir la roue des types dans sa véritable position. De cette manière, si un retard était produit par le fait de l'impression, ce retard pouvait être immédiatement corrigé ; en second lieu, pour obtenir une impression excessivement prompte, la roue des types a été fixée sur l'avant-dernier mobile de l'appareil, et la pièce destinée à produire l'impression, étant adaptée au dernier mobile, a pu être disposée de manière à effectuer son effet excentrique dans $\frac{1}{260}$ de seconde, alors que la roue des types n'effectuait sa rotation qu'en une demi-seconde ; ces deux mouvements étant d'ailleurs solidaires, la correction dont nous parlions à l'instant devenait possible. Pour obtenir tous ces effets, il fallait nécessairement un mécanisme d'horlogerie bien puissant, et pour commander un pareil mécanisme une force électrique très-énergique était indispensable. Mais M. Hughes n'a pas été plus embarrassé pour cette question que pour les autres, et pour obtenir cette force électrique puissante, il a fait réagir son appareil avec des électro-aimants dans leur maximum de force, c'est-à-dire avec leur armature au contact des pôles. De cette manière, l'action de ces électro-aimants n'était produite que par l'effet de la destruction de leur magnétisme, et comme l'armature pouvait être ramenée mécaniquement au contact de l'électro-aimant, il centuplait ainsi en quelque sorte l'effet électrique. Aussi ces appareils, tout volumineux qu'ils sont, et quoique commandés par un poids de 50 kilogrammes, ont pu fonctionner sans relais de Paris à Marseille et même plus loin encore.

Dans l'exposé succinct que nous venons de faire de l'invention de M. Hughes, nous n'avons parlé que des principes nouveaux imaginés par lui ; mais son appareil ne serait pas devenu pratique s'il n'avait apporté aux différents mécanismes qui le composent d'importants perfectionnements. Parmi ces perfectionnements, l'un des plus importants se rapporte au mécanisme destiné à rendre aux deux stations la marche des roues des types complètement synchronique. Nous avons vu, p. 259 que M. Theyler avait employé pour cela un échappement, dont l'ancre, munie d'un contre-poids mobile, pouvait osciller plus ou moins vite, (suivant l'éloignement plus ou moins grand de ce contre-poids de l'axe d'oscillation de l'ancre) ; en réglant convenablement ces contre-poids, qui faisaient en quelque sorte l'effet d'un pendule, on pouvait régulariser jusqu'à un certain point la vitesse des deux mécanismes, M. Hughes a eu recours à un moyen analogue ; mais ayant besoin d'une bien plus grande précision, et ses appareils devant marcher beaucoup plus vite que ceux de M. Theyler, tout en produisant des effets exigeant de la force, il a dû avoir recours à des actions plus précises et moins brusques. Pour cela, il a d'abord substitué à la tige rigide de l'ancre d'échappement de Theyler une lame d'acier vibrante dont la flexion, tout en amortissant les chocs produits par les alternatives de mouvements contraires, avait l'avantage de régulariser beaucoup mieux le mouvement de l'appareil, en faisant de cette tige elle-même un véritable pendule à ressort. En second lieu, pour uniformiser le mouvement et emmagasiner une certaine quantité de force, il a adapté, sur l'axe même portant la roue d'échappement en question, un volant assez lourd. Ce système, toutefois, bien que parfait théoriquement, avait un inconvénient pratique qui a dû faire rechercher d'autres moyens ; il arrivait souvent, en effet, que les tiges vibrantes de l'échappement se brisaient à force de vibrer, et l'échappement lui-même occasionnait un bruit fort désagréable. Après bien des recherches, M. Hughes, aidé de M. Froment, s'est décidé à substituer à cette lame vibrante une sorte de pendule conique à tige flexible faisant fonction de régulateur. Ce système a produit de très bons effets, surtout depuis le frein régulateur qui lui a été adapté et qui, tout en limitant l'amplitude de ses écarts, force le moteur à modérer sa marche. Nous verrons toutefois que ce dispositif n'a pas encore suffi et que, pour éviter les ruptures de la tige vibrante, il a fallu encore la contourner en spirale.

Les figures 1 et 2, pl. IV, représentent le plan et l'élévation de cet appareil, qui est disposé, comme on le voit, sur une table munie d'un clavier.

Les trois premiers mobiles de cet appareil n'ont d'autre effet que de transmettre la force résultant du poids appliqué à la roue A (par l'intermédiaire d'une chaîne de Vaucanson) à l'axe de la roue D, qui porte cinq organes : 1° la roue des types N ; 2° la roue correctrice O dont nous avons parlé ; 3° une roue à rochet en acier fortement trempé et à dents très-fines sur laquelle réagit un encliquetage porté par la roue correctrice ; 4° une roue d'angle, ayant pour but de communiquer le mouvement à une roue horizontale faisant partie du mécanisme transmetteur et placée au-dessous des mécanismes précédents ; 5° une roue D, communiquant un mouvement 10 fois plus rapide à un axe E, dont les fonctions sont très-complexes.

Cet axe E est d'abord divisé en deux parties que peut réunir, en temps convenable et dans des conditions déterminées, une boîte d'engrenage à déclanchement *e*, dont nous étudierons à l'instant la disposition, et qui a pour effet de ne laisser fonctionner la partie antérieure que sous l'influence d'une répulsion de l'armature *ss* de l'électro-aimant. La partie postérieure de cet axe porte : 1° une roue à rochet *e* dentée très-finement ; 2° le volant régulateur G ; 3° une pièce J, destinée à réagir sur la pendule conique I. La partie antérieure porte le système d'encliquetage et quatre cames dont on verra la disposition fig. 1, et 2 pl. V, lesquelles sont destinées à soulever le mécanisme imprimeur, à faire avancer le papier, à faire fonctionner la roue correctrice et à replacer les appareils au repère. Cette partie de l'axe s'appelle *axe d'impression*. Le tampon encreur se voit d'ailleurs à droite de la roue N.

Le manipulateur se compose du clavier dont les touches correspondent, par des tiges recourbées convenablement, à des tiges verticales passant dans de petits trous et rangées circulairement autour de l'axe V de la roue horizontale ; on les voit fig 1. Pl. V. Enfin *z* est un interrupteur pour la transmission ou la réception, et *xx' yy'*, un commutateur suisse à quatre trous. Telle est la disposition générale de l'appareil ; nous allons maintenant en étudier les divers organes.

Récepteur. — (*mécanisme régulateur du synchronisme*) ce mécanisme consiste, comme nous l'avons déjà dit, dans le volant G, fig. 1, Pl. IV, et une tige vibrante horizontale H, dont la vitesse de vibration peut être réglée à volonté au moyen d'une boule pesante I qui court le long de son axe, et qui, étant avancée ou reculée à l'aide d'une crémaillère et d'un fil d'acier auquel elle est fixée, peut augmenter ou diminuer les effets d'inertie qu'elle entraine. Ce réglage s'effectue à l'aide d'une vis de rappel et d'un pignon qui engrène avec la crémaillère, comme on le voit, fig. 1, Pl. V, et l'aiguille d'acier à laquelle est attachée la boule, est soutenue sur la tige vibrante par l'intermédiaire de trois ou quatre coques. Enfin la tige vibrante elle-même, qui est en acier trempé et légèrement conique, est encastrée et pincée fortement à son extrémité supérieure sur un support rigide, tandis que son extrémité inférieure est engagée dans un système de frein que nous représentons, fig. 4 pl. V, et dont nous allons faire la description.

Ce mécanisme est constitué par une petite tige d'acier J (fig. 1 et 4 Pl. V) articulée en M à l'extrémité d'un levier qui lui-même est fixé au bout de l'axe E du volant. Cette petite tige porte d'un côté, à son extrémité libre, un œil dans lequel est introduit la pointe de la tige vibrante H, et d'un autre côté, à son point d'articulation M, un ergot qui est emmanché à une excentrique en ivoire. Cet ergot, en appuyant sur un ressort arqué J K, peut serrer plus ou moins un tampon ou plutôt une sorte de brosse en filasse contre la paroi interne d'un tambour d'acier L, sur lequel s'effectue le frottement. Il est bien certain qu'avec cette disposition, si la tige vibrante accomplit des vibrations circulaires d'une étendue plus grande qu'il est nécessaire et qui pourraient compromettre la ténacité de la tige au point où elle est encastrée dans son support, la tige J en s'écartant de l'axe E devra produire un serrage du frein d'autant plus grand que les vibrations tendront à être plus prononcées, et par ce fait seul tendra à diminuer le mouvement du moteur. Toutefois cet effet ne peut exercer aucune action sur la régularisation du mouvement de l'appareil, puisque c'est par le fait même des vibrations circulaires de la tige H, qui est rigide, que cette régularisation est produite (1). Le frein régulateur a été introduit principalement pour empêcher la rupture de la tige vibrante dont une amplitude trop grande dans l'arc d'oscillation pourrait compromettre la ténacité. On peut reconnaître par cette seule considération la grande différence qui existe entre ce système régulateur et celui basé sur les effets uniques de la force centrifuge, comme l'avait combiné avant M. Hughes M. Renoir (2).

---

(1) M. E. Lacoine, dans un article intéressant inséré dans le *Journal des télégraphes* du 15 nov. 1869 et traitant des lois des vibrations dans l'appareil Hughes, a démontré la parfaite efficacité de la tige vibrante que nous venons de décrire pour obtenir l'isochronisme des mouvements de l'appareil. Il parvient en effet à l'équation

$$T = C \cdot \frac{\sqrt{Pl^3}}{R^2}$$

qui démontre que la durée T d'une révolution de la tige est : 1° indépendante du rayon ρ de cette révolution puisque cette quantité disparaît dans la formule définitive sans qu'on ait négligé aucun terme, 2° proportionnelle à la racine carrée du poids P de la boule, et à la puissance $\frac{3}{2}$ de la longueur de la tige, 3° inversement proportionnelle au carré du rayon R de cette tige au point d'encastrement. Dans cette formule C est une constante.

(2) M. Renoir avait longtemps avant cette disposition, proposé de substituer à la lame vibrante de l'appareil primitif de M. Hughes, un régulateur à force centrifuge analogue à celui des machines à vapeur, et devant réagir comme lui en accélérant ou

Un frotteur à ressort appliqué contre le volant G et qu'on manœuvre à l'aide d'un levier vertical à manette terminé par une excentrique, permet de débrayer et d'embrayer à volonté le mouvement de l'appareil.

Mécanisme imprimeur. — Nous représentons, fig. 2. Pl. V, ce mécanisme dont les fonctions sont multiples. La roue des types est en N, la roue correctrice en O, le tampon encreur au-dessus à droite, le rouleau imprimeur au-dessous et l'axe d'impression en U. Cette partie du mécanisme est plus facile à comprendre sur la figure 99, page 272 qui en représente la perspective.

La roue des types n'a rien de particulier; elle est en acier trempé, et son axe qui est creux est traversé par l'axe du quatrième mobile du mécanisme moteur, qui peut tourner librement à son intérieur sans l'entraîner, les deux axes n'étant pas adaptés à frottement l'un sur l'autre. Il en résulte que, si par une cause quelconque la roue des types est arrêtée, le mouvement du moteur peut continuer sans encombre. La mise en mouvement de cette roue des types est effectuée par l'intermédiaire d'une roue à rochet, à dents très-fines, fixée derrière la roue correctrice sur l'axe du quatrième mobile dont il vient d'être question. Cette roue s'aperçoit en P, fig. 1, Pl. V, ainsi que l'encliquetage Q qui la relie à la roue des types par l'intermédiaire de la roue correctrice. Cet encliquetage, qui est constitué par un cliquet à 3 dents, est fixé à la surface postérieure de la roue correctrice, et comme celle-ci, par la manière même dont elle est disposée sur l'axe de la roue des types, est solidaire, en temps ordinaire, du mouvement de cette dernière, le cliquet qu'elle porte, étant embrayé avec la roue P, devra entraîner le système des deux roues et le faire participer au mouvement du moteur. Cette disposi-

en retardant mécaniquement le mouvement du moteur à l'aide d'un frein ; mais nous ferons observer que, dans le mécanisme décrit ci-dessus, le frein ne réagit aucunement pour modérer ou accélérer la vitesse du moteur ; la preuve en est qu'en le supprimant, la marche de celui-ci n'en est que mieux régularisée ; il n'a été introduit, comme nous l'avons dit, que pour empêcher une trop grande amplitude de l'écart du pendule conique.

M. Renoir a encore proposé un autre système pour suppléer à la lame vibrante de l'appareil en question. C'est de faire appuyer sur un rochet adapté au dernier mobile un cliquet réagissant secondairement sur un frein. Lorsque la vitesse du mécanisme est trop considérable, le cliquet reste soulevé au-dessus des dents du rochet et le frein appuie sur le volant ; quand, au contraire, cette vitesse est trop minime, le cliquet a le temps de s'infléchir, et par suite le frein n'exerce plus aucune action.

tion a été prise en vue de la mise au repère de la roue des types, question dont nous allons maintenant nous occuper.

Mécanisme de la mise au repère — Au-dessus de la roue correctrice O, fig. 2, Pl. V, et à côté du tampon encreur, se trouve une pièce composée de 4 bras R, R', R" et T montés sur le même axe et pouvant pivoter en T. C'est cette pièce munie d'une touche sur le bras R qui constitue la partie principale du mécanisme de la mise au repère. Le bras T est un crochet dont le bec peut s'engager dans une coche pratiquée sur un disque d'acier qui sert d'assiette à la roue correctrice O, et quand ce crochet est ainsi engagé, la roue des types est au blanc, c'est-à-dire au repère; toutefois l'arrêt de la roue correctrice, qui a lieu alors, n'est pas le fait de l'obstacle matériel opposé par le crochet au mouvement de cette roue : il résulte de l'action du bras R' qui, en réagissant sur le cliquet Q, fig. 1, Pl. V, désembraie la roue P et la laisse continuer son mouvement sans entraîner les roues O et N; de sorte que la coche dont nous avons parlé n'a d'autre fonction à remplir que de permettre au bras R' de s'avancer assez pour atteindre l'encliquetage de la roue P. Pour obtenir cette action sur le cliquet Q, celui-ci porte sur le côté une petite cheville d'arrêt qui, étant rencontrée dans sa course circulaire par un butoir rigide poussé par le bras R', le force à se soulever et à désembrayer la roue P. Ce butoir est une pièce d'acier adaptée à l'extrémité du ressort S qui porte lui-même un plan incliné pour être écarté de côté quand R' est abaissé. De cette action résulte donc l'arrêt des deux roues O et N, mais non celui du mécanisme moteur, qui en faisant tourner la roue P et l'axe d'impression au moment où on abaisse la touche du blanc au clavier, peut remettre en mouvement ces deux roues.

Cette mise en mouvement est effectuée par le bras R" qui, étant assez long pour être rencontré par l'axe d'impression, pourra à l'aide d'une came être repoussé vers la gauche en temps utile, c'est-à-dire après l'action du mécanisme imprimeur, et entraîner avec lui le système des 4 bras pour le replacer automatiquement dans sa position normale. Le bras R offre une disposition particulière dont nous parlerons plus tard.

Mécanisme d'impression. — Le rouleau imprimeur *c* fig. 99 ci-dessous se compose d'un cylindre garni d'une enveloppe de caoutchouc, adapté entre deux roues de fer à dents très-fines. Ces dents sont destinées à entraîner la bande de papier à mesure que le rouleau tourne. Celui-ci est, en outre, accompagné d'une roue à rochet sur laquelle réagit le cliquet *y*, et qui a pour fonction de faire avancer le rouleau, et par suite la bande de papier, après chaque impression de lettre. Cette roue, ainsi que le rouleau *c*, sont montés sur un axe fixé à un levier articulé, dont l'extrémité libre se termine par une fourchette d'encliquetage *t*. Un autre levier *bb'*, placé parallèlement derrière le précédent, et articulé sur le même axe, porte le cliquet à ressort *y*, et se termine par un bec *b* dont nous verrons à l'instant la fonction ; un ressort soulève ce levier en temps ordinaire, et un support rigide limite sa course quand l'employé, pour une raison ou pour une autre veut faire avancer à la main la bande de papier.

L'axe d'impression qui fait partie du cinquième mobile du mécanisme moteur se fait remarquer en U. C'est la pièce la plus importante de

Fig. 99.

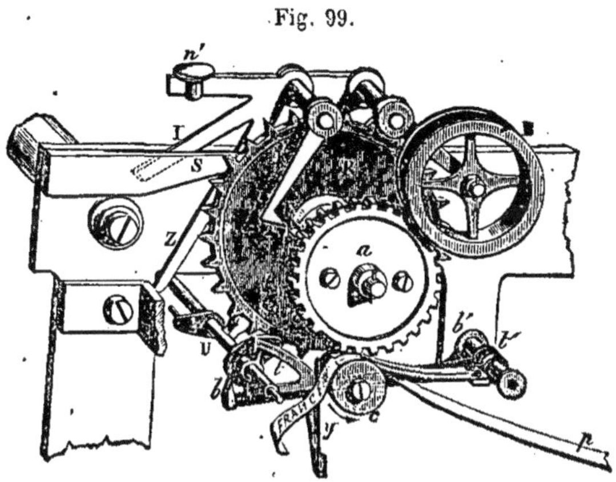

l'appareil, car c'est elle qui détermine à la fois l'impression, l'avancement du papier, la correction, le soulèvement de la pédale de la mise au repère et le mécanisme de la permutation des lettres aux chiffres dont nous parlerons plus tard. Nous la représentons en grand fig. 100 et 101 ci-contre. L'impression s'effectue par l'intermédiaire de la came *m*, qui en soulevant le bec de la fourchette *t*, fig. 99, force le rouleau *c* de venir appuyer contre la roue des types. Cette action s'effectue, comme nous l'avons vu, en moins de $\frac{1}{260}$ de seconde. La partie inférieure de la fourchette limite la course de ce rouleau, et le ramène aussitôt après l'impression à la position qu'il doit avoir pour être en mesure de fournir une nouvelle impression ; or cette course est précisément égale à la hauteur de la came *m*, qui se trouve alors appuyée sur cette partie de la fourchette, tandis que l'autre partie appuie sur l'axe. L'avancement du papier est produit par le limaçon *n* fig. 100 et 101, lequel en appuyant sur le bec *b* (fig. 99) du second levier *bb'*, le fait abaisser et par suite le cliquet *y*, qui fait tourner d'un cran le rochet du rouleau *c*. La disposition en limaçon de cette came a été adoptée pour que l'abaissement du cliquet se fasse doucement et sans soubresauts.

La correction s'opère par l'intermédiaire de la came *q* fig. 100 et 101, qui est taillée de manière à faire avancer celle des dents de la roue correctrice devant laquelle elle se présente, si elle est en retard, ou à repousser celle qui est en arrière, si cette dernière est en avance. Enfin le bras *p* muni d'une goupille *o* est disposé de manière qu'après l'abaissement complet de la pédale *n'* fig. 99, le levier Z, se trouve rencontré par cette goupille qui l'écarte et replace la pédale dans sa position primitive, ainsi que nous l'avons vu précédemment.

Fig. 100.

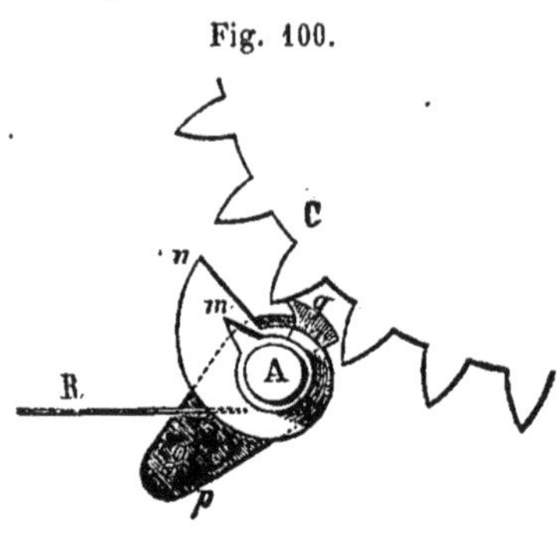

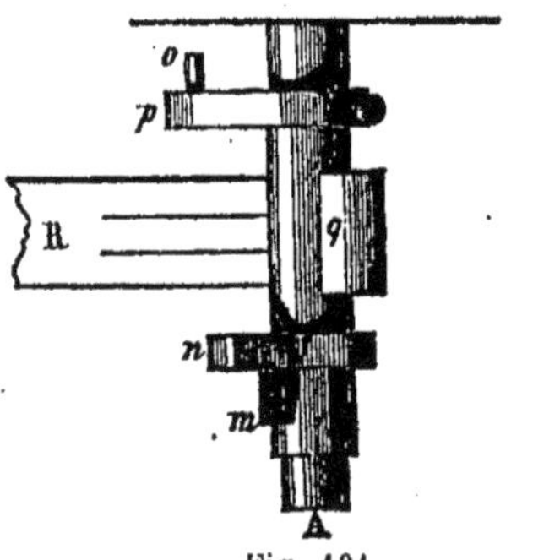

Fig. 101.

Alors la roue correctrice ainsi que la roue des types participent au mouvement de la roue P, fig. 2, pl. V, par suite du dégagement du cliquet Q et de son embrayement avec la roue P.

Mécanisme déclancheur. — Ce mécanisme que nous représentons, fig. 102 et 103, se compose essentiellement d'une roue à rochet *i*, fixée à l'extrémité de l'axe *b*, et sur laquelle appuie un cliquet à trois dents en acier trempé *c*, que maintient abaissé un ressort *s*. Ce cliquet est porté, ainsi que le ressort *s*, par une pièce ABC, fixée sur l'axe *b'*, et se trouve muni en outre de deux appendices ou butoirs *a*, *e*, destinés au débrayement et à l'embrayement de la roue *i*. L'action du butoir *e* ne s'effectue qu'après un tour complet de la roue *i* et par l'intermédiaire d'un plan incliné *d* qui soulève le cliquet et dégage la roue; alors la bascule LL, que commande l'électro-aimant, se trouve soulevée, et le butoir *a* appuie contre la saillie *o* du levier LL. Dans cette situation, les deux axes *b* et *b'* sont indépendants l'un de l'autre, et la roue *i* peut tourner sans entraîner la pièce ABC et par suite l'axe *b'*; mais si, par l'effet de l'électro-aimant et d'un ressort *u*, fig. 2, pl. IV, agissant sur l'axe du levier de déclanchement, ce levier s'abaisse, le cliquet *c*, (fig. 102, et 103), qui a échappé au plan incliné *d* et qui n'est plus soutenu que par la partie *x* du levier LL, s'abaisse également, et, en s'appliquant sur la roue *i*, provoque l'entraînement de la pièce ABC, qui tourne avec la roue *i* jusqu'à ce que l'appendice *e* ait de nouveau rencontré le plan incliné d ; mais alors une excentrique f, adaptée à la pièce ABC, a soulevé la partie x du levier LL et a remis celui-ci dans sa position première. Dès lors l'arrêt de l'axe b' est assuré jusqu'à un nouvel abaissement du levier LL. C'est précisément ce soulèvement du levier LL opéré mécaniquement, qui replace l'armature de l'électro-aimant en contact avec lui. En effet le levier LL, qui bascule en E', fig. 2, pl. IV, appuie alors par son extrémité libre et par l'intermédiaire d'une vis calante, sur l'armature de l'électro-aimant, qui elle-même est portée par un levier t articulé en u et sollicité sans cesse à se soulever sous l'effort de deux ressorts antagonistes adaptés en u.

Fig. 102.

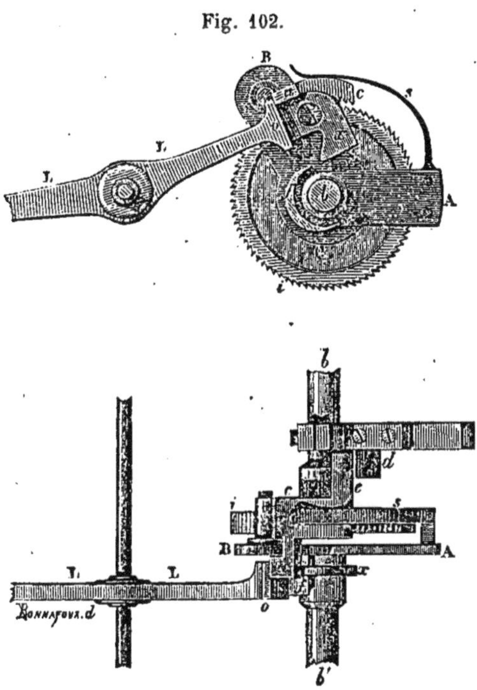

Fig. 103.

Il résulte de la disposition précédente que chaque répulsion de l'armature de l'électro-aimant a pour effet de faire accomplir à l'axe d'impression un tour sur lui-même, et de provoquer par suite le jeu des quatre cames du mécanisme imprimeur dont nous avons parlé précédemment.

Système électro-magnétique. — Le système électro-magnétique lui-même présente quelques particularités. Ainsi les deux branches de l'électro-aimant ss, fig. 2, pl. IV, au lieu d'être réunies par une traverse de fer, sont fixées sur les deux pôles d'un aimant en fer à cheval dont on peut, du reste, modérer la force à l'aide d'une armature de fer doux. Comme l'appareil fonctionne par répulsion, l'armature de l'électro-aimant est séparée, en temps ordinaire, des pôles de celui-ci par une simple épaisseur de papier, qui empêche la trop grande adhérence des deux pièces magnétiques ; de sorte que pour détacher l'armature, il suffit d'envoyer un courant dans une direction convenable pour combattre l'action aimantante de l'aimant fixe.

En temps ordinaire le levier de détente j n'est pas en contact avec l'armature, il en est même distant de quelques millimètres, et cette circonstance a permis, comme nous le verrons plus tard, de faire de ces deux pièces un rhéotôme conjoncteur qui permet la communication directe de la ligne avec le massif de l'appareil, car le support du levier t communique par un fil avec la lame a' du commutateur $x\,x'y\,y'$.

Manipulateur. — Le manipulateur du télégraphe Hughes se compose, comme on le voit, fig. 1, pl. IV et fig. 1, pl. V, d'un clavier de piano qui réagit sur un commutateur circulaire, autour duquel tourne un frotteur mis en mouvement par l'axe vertical V. Ce commutateur, représenté à part, fig. 3, pl. IV, est constitué par 28 lames amincies par le bout supérieur et qui appuient inférieurement sur 28 bascules de fer correspondant aux différentes touches du clavier. Ces bascules, pour permettre aux lames du commutateur d'être disposées circulairement autour du frotteur, se trouvent contournées d'une manière particulière, comme on le voit fig. 3, pl. V. Les extrémités supérieures X de ces lames que l'on distingue en $d\ d\ d$, fig. 1, pl. V, et que l'on appelle *goujons*, sont arrondies par le haut et même polies, et ressortent extérieurement par 28 ouvertures ou fenêtres à travers lesquelles elles peuvent s'élever sous l'influence de l'abaissement des touches du clavier, et même accomplir un mouvement latéral, quand, par une cause que nous expliquerons plus tard, elles doivent être rejetées de côté pour laisser passer le frotteur. A cet effet, ces lames sont soumises à l'action de ressorts à boudin qui tendent à les appuyer du côté de l'axe V du frotteur. Ces ressorts se distinguent aisément sur la fig 1, pl. V.

Le frotteur, qui est représenté en W, fig. 1, pl. V, est une sorte de chariot composé d'une partie fixe et d'une partie formant charnière, mais dont la disposition a été modifiée suivant les exigences des administrations télégraphiques. Dans tous les appareils qui ont été construits jusqu'en 1873, cette disposition était celle qui est représentée, fig. 1, pl. V et fig. 3, pl. IV; mais comme dans cette disposition les contacts étaient produits par le frottement du chariot sur les extrémités des lames d, d, d et que ce genre de contact n'est pas d'une grande sûreté, M. Hughes a été conduit à disposer son chariot de manière à opérer les contacts par l'intermédiaire d'une godille, comme dans les télégraphes à cadran. Comme les télégraphes qui sont aujourd'hui en fonction peuvent renfermer l'une ou l'autre disposition, nous croyons devoir donner une description complète des deux systèmes.

1er *Système.* — Dans le premier système représenté, fig. 3, pl. IV et fig. 1, pl. V, la partie Y qui forme charnière et qui constitue l'interrupteur proprement dit, est isolée métalliquement de l'autre partie, et se termine par un rebord de contact circulaire en acier, qui se meut au dessus des goujons. Ce rebord appelé *lèvre* a une certaine étendue pour que les contacts aient une durée suffisante pour de bonnes transmissions. Un ressort Z rappelle toujours ce rebord dans une position fixe, qui peut être réglée par la vis *a*, mais qui doit être telle, que le contact avec les goujons ne puisse se faire que quand ceux-ci sont soulevés. Cette vis *a* est d'ailleurs en contact avec un petit ressort porté par la pièce fixe qui est au-dessous, et qui relie ainsi métalliquement les deux pièces de l'appareil quand celui-ci ne fonctionne pas. La partie fixe du chariot porte une pièce d'acier circulaire, un peu excentrique dans un bout et terminée à l'autre bout par un ergot à plan incliné. Cette pièce a deux fonctions à remplir, d'abord d'empêcher matériellement de soulever à des intervalles trop rapprochés deux ou plu-

Fig. 104.

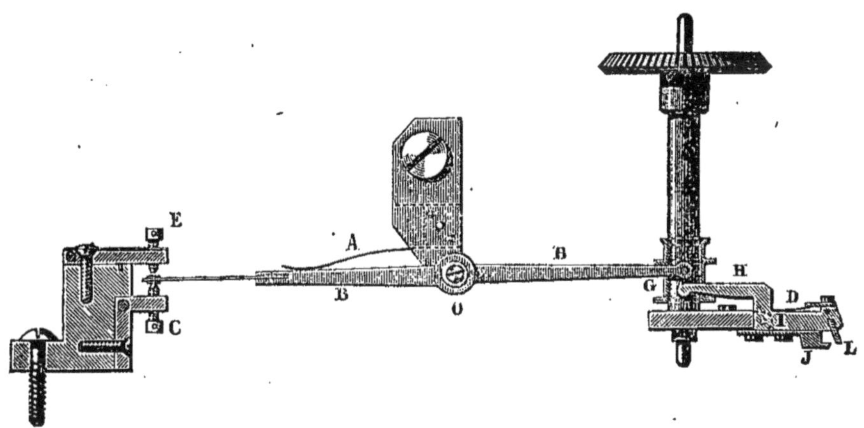

sieurs touches voisines qui, sans cette précaution, provoqueraient un seul contact électrique au lieu de plusieurs ; en second lieu de rejeter de côté le goujon soulevé une fois son contact opéré, afin que si par inadvertance on maintenait la touche abaissée, il ne puisse pas se produire une nouvelle émission de courant. Dans ce cas, le goujon se trouve maintenu de côté après le passage du chariot par la pression exercée sur la touche.

Avec cette disposition, la partie inférieure de l'axe V est mise en contact avec la terre par le tourillon sur lequel il pivote, et dont le coussinet étant sollicité par un fort ressort boudin, est toujours en bon contact avec lui. La partie supérieure est en contact avec le massif, c'est-à-dire la masse métallique de cet appareil, et ne se trouve mise en rapport avec la pile qu'au moment du contact du chariot avec les goujons soulevés par le manipulateur. Le courant de la pile arrive à ces goujons par la plate-forme en fonte sur laquelle sont montés les pivots des bascules de fer des touches. D'après cette disposition, on comprend que quand le manipulateur ne fonctionne pas, le massif est en rapport avec la terre par les deux parties de l'axe V réunies métalliquement par la vis *a* du chariot.

2° *Système.* — Le nouveau système qui opère les fermetures du courant par l'intermédiaire d'une godille, est représenté fig. 104 ci-contre. Cette fois l'axe V est d'une seule pièce; il porte seulement à sa partie inférieure un anneau G à bords saillants qui peut glisser facilement, et sur lequel appuient deux chevilles horizontales appartenant, l'une à la godille BC qui pivote en O, l'autre à la partie mobile du chariot qui porte à cet effet un bras coudé H et qui pivote en I. Cette partie mobile est du reste plus simple que dans le système précédent, et le ressort qui appuie le rebord L contre les goujons, est le ressort même A qui tend à appuyer la cheville de la godille BB contre le rebord de l'anneau G. La partie fixe du chariot n'a d'ailleurs rien de changé dans son dispositif; seulement comme elle n'a plus besoin d'être isolée, elle est d'une construction beaucoup plus simple.

Le jeu de ce système est bien simple : quand le rebord L se trouve soulevé par le goujon qui est en prise, le bras H appuyant sur le bord saillant inférieur de l'anneau G le fait glisser et l'abaisse, et sous cette influence le bord supérieur abaisse la bascule BB, qui transporte son ressort interrupteur, du contact de terre C au contact de pile F. Quand le chariot a échappé le goujon, le ressort A rappelle la godille à sa première position, et ramène par ce seul fait la pièce mobile du chariot et le rebord L à leur position normale.

Disposition des communications électriques. — Nous indiquons fig. 105. ci-dessous, les communications électriques qui relient les diverses pièces de l'appareil entre elles et avec la ligne. Parmi ces communications, il en est une sur laquelle nous devons appeler particulièrement l'attention du lecteur : c'est celle qui relie l'électro-aimant du récepteur avec le manipulateur qui lui est adjoint, et qui s'effectue par l'intermédiaire d'un rhéotôme particulier. Pour en comprendre la nécessité, il faut considérer que, comme les deux récepteurs des appareils en correspondance sont interposés dans le même circuit et fonctionnent en même temps, il pourrait résulter de l'inégale intensité du courant aux deux bouts de la ligne (en raison des dérivations), que le récepteur de la station de départ, ne pouvant avoir son électro-aimant réglé comme celui de la station d'arrivée, serait dans l'impossibilité de recevoir, sans réglage préalable, quand les rôles des deux stations seraient intervertis. Or, c'est pour éviter cet inconvénient, que M. Hughes a imaginé le dispositif dont nous venons de parler. Ce dispositif consiste dans un rhéotôme disjoncteur constitué par la came qui réagit sur la roue correctrice et une lame de ressort isolée w, fig. 2, pl. V, adaptée près du pont qui soutient l'axe d'impression. Ce ressort et cette came qui sont à l'état normal en contact l'un avec l'autre, sont figurés au bas de la fig. 105 ci-dessous avec les communications électriques qui les relient au système. Le ressort com-

Fig. 105.

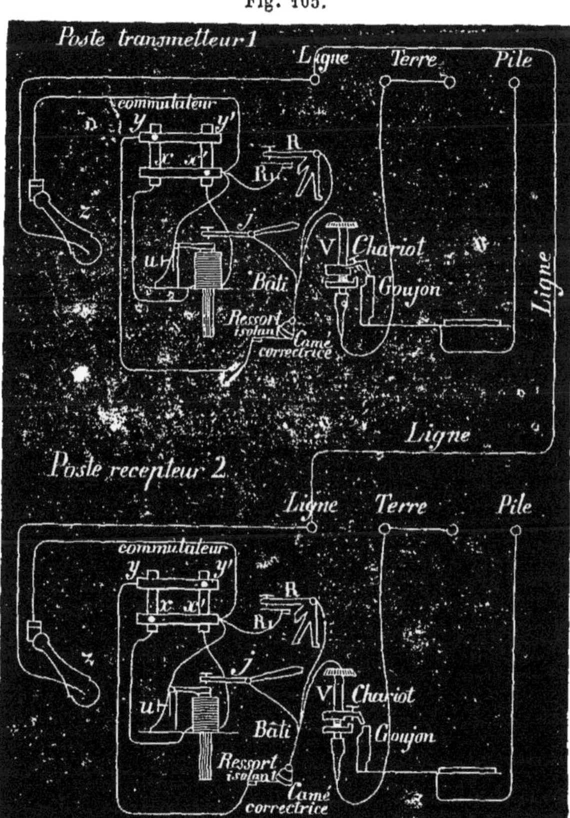

munique comme on le voit au commutateur suisse par la lame $y\ y'$, et la came correctrice au massif de l'appareil dont elle fait partie. Quand l'appareil est transmetteur, les chevilles du commutateur suisse sont placées en y et en x', et quand il est récepteur en x et y'. Comme les lames du dessous de ce commutateur communiquent aux deux extrémités du fil de l'électro-aimant, et que la lame $x\,x'$ correspond à l'interrupteur z qui est en rapport avec la ligne, il arrive que, quand une émission de courant est produite par le manipulateur au poste de transmission, c'est-à-dire par le contact d'un des 28 goujons avec le chariot, le courant est dirigé du massif à la came correctrice, et, par elle et le ressort qui la touche, au commutateur, qui le renvoie à l'électro-aimant et de là à la ligne; il regagne alors l'électro-aimant du récepteur de la station de réception par l'interrupteur z, le commutateur et la lame $x\,x'$, puis il retourne en terre par la lame $x\,y$, le rhéotôme de la came correctrice et le massif, alors en communication avec la terre. Or il résulte de cette disposition les effets suivants :

Au premier moment de l'envoi du courant, les électro-aimants des deux appareils en correspondance sont impressionnés simultanément, celui de la station de transmission plus vigoureusement et plus promptement que celui de l'autre station; mais comme de cette première action résulte le déclanchement du mécanisme imprimeur de la station de transmission, l'effet plus énergique du courant à cette station ne dure qu'un instant très-court et juste suffisant pour produire le déclanchement, car la came correctrice se sépare alors du ressort avec lequel elle était en contact, pour remplir ses fonctions de correction, et, comme après cette coupure du courant à la station de transmission, ce courant continue sa marche sur la station de réception par le levier de déclanchement j, alors en contact avec le levier de l'armature qui communique à la ligne au point x', il peut produire sur l'électro-aimant de cette dernière station une action non seulement plus longue que celle qui a agi sur le premier électro-aimant et qui dure tout le temps du contact au transmetteur, mais un effet qui est renforcé par le courant d'induction résultant de l'interruption du courant à travers ce premier électro-aimant. De cette manière, les deux électro-aimants fonctionnent à peu près dans les mêmes conditions de force. De plus, comme le rhéotôme constitué par la came correctrice fonctionne à la station de réception comme à la station de transmission, il arrive qu'après le déclanchement, la ligne est mise directement en rapport avec la terre, ce qui aide à la décharger et à neutraliser les effets des courants d'induction résultant de l'électro-aimant de cette station.

Une autre communication électrique sur laquelle je dois appeler maintenant l'attention, est celle qui relie la pédale R de la mise au repère au commutateur. Pour qu'on puisse en comprendre l'opportunité, il faut que l'on sache qu'il arrivait souvent, quand on mettait au repère à la station de de transmission, qu'une émission de courant faite à la station de réception pouvait faire déclancher le mécanisme imprimeur de la première station à un moment inopportun pour la mise au repère, et pouvait occasionner des dommages ou tout au moins des dérangements dans l'appareil (1). Pour éviter cet inconvénient, M. Hughes a fait en sorte que les courants envoyés dans de pareilles circonstances ne pussent pas passer à travers l'électro-aimant. A cet effet, il a fait de la touche de la pédale R, fig. 2, pl. V, un véritable interrupteur de courant, en plaçant au-dessous d'elle un ressort de contact R_1, isolé au moyen d'une plaque en ébonite, et en rendant mobile la touche elle-même à l'extrémité du bras R, tout en la maintenant soulevée, en temps ordinaire, par l'intermédiaire d'un ressort boudin. Le ressort R_1, communiquant à la lame x x', comme on le voit fig. 105, il arrive, en effet, que, si pendant l'abaissement de la pédale un courant est envoyé de la station correspondante, ce courant n'exerce aucun effet sur l'électro-aimant déclancheur, car la touche de R étant alors en contact avec le ressort R_1, le courant de ligne, au lieu de passer par l'électro-aimant, se trouve dirigé directement en terre par le fil de communication x' R, qui ne présente aucune résistance.

Mécanisme de permutation pour l'impression des lettres et des chiffres. — Il arrive souvent dans les dépêches imprimées que l'on a à transmettre des chiffres ou autres signaux de convention qui, non seulement permettent de simplifier les transmissions, mais souvent même sont indispensables. Il aurait été, comme on le comprend, fâcheux d'en faire la continuation des lettres sur la roue des types ; car, outre que cette disposition aurait entrainé un ralentissement dans la transmission des lettres ordinaires, la roue des types, pour pouvoir fournir des impressions nettes, aurait dû avoir des dimensions beaucoup trop considérables. Il fallait donc que les chiffres et les lettres eussent deux systèmes d'impression à part, et que l'on put passer facilement de l'un à l'autre sous l'influence d'une action qui n'entrainât aucune perte de temps autre que celle nécessaire pour fournir les espacements de mots. M. Hughes, par une combinaison des plus ingénieuses et en même temps des plus simples, a résolu ce double problème à la satisfaction de tout le monde. Cette combinaison a consisté à alterner sur la roue des types les lettres et les chiffres ou autres signaux, et à faire en sorte que, sous l'influence de deux touches de mise au blanc, on put faire tourner l'axe de la roue des types d'un demi intervalle de lettres ou de

---

(1) Quand le déclanchement du mécanisme imprimeur s'effectue au moment où l'on appuie sur la pédale, il arriverait, sans la disposition dont nous parlons, que la came correctrice en butant contre la roue correctrice, alors retenue par la main, occasionnerait un choc qui pourrait ébranler et peut être même briser ces pièces délicates.

chiffres. Pour obtenir ce résultat, M. Hughes a adapté derrière la roue correctrice et sur sa surface postérieure le dispositif représenté fig. 106 et 107 ci-dessous.

Cette fois la roue correctrice au lieu d'être montée sur l'axe creux de la roue des types, est fixée sur un tube indépendant qui enveloppe celui-ci à

Fig. 106. Fig. 107.

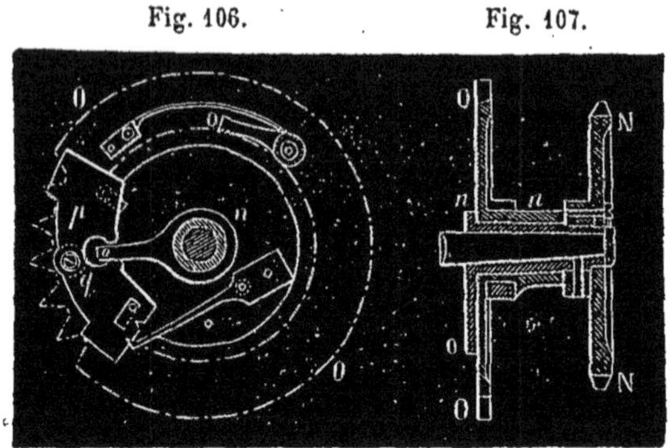

frottement dur, et l'axe de la roue des types lui-même porte par derrière, c'est-à-dire du côté du rochet d'embrayage, un doigt *n o* engagé dans une coche faisant partie d'une pièce basculante *p q*. Cette pièce, fixée sur la roue correctrice elle-même et pivotant en *q*, est disposée de telle sorte que, quand l'une de ses extrémités est abaissée de manière à boucher l'intervalle de dents de la roue correctrice correspondant au W de la roue des types, l'autre extrémité se trouve relevée, et réciproquement; un ressort flexible dont le bec entre dans une coche à l'extremité de la bascule assure cette position. Or, voici ce qui résulte de cette disposition.

Quand on appuie, à la station qui transmet, sur la touche correspondante au W, laquelle aujourd'hui ne contient aucune marque (étant désignée sous le nom de *blanc des chiffres*), aucune impression n'est produite au récepteur, puisqu'aucune lettre n'est gravée en cet endroit sur la roue des types; mais la came correctrice en rencontrant l'extrémité abaissée de la bascule *pq*, la soulève, déplace le doigt *o n*, et celui-ci fait tourner l'axe de la roue des types de l'intervalle d'un demi-espacement de lettres auquel correspond un chiffre. Toutes les touches abaissées à partir de cet instant ne détermineront donc plus d'impressions de lettres, mais bien celles des chiffres et des signaux intercalés entre les lettres. Ce sera seulement, quand on aura pressé la touche *du blanc des lettres*, que la came correctrice, en repoussant l'extrémité abaissée de la bascule *p* (laquelle extrémité est l'opposée de celle qui avait été d'abord soulevée), rétablira la roue des types dans sa première position, c'est-à-dire dans celle correspondante aux impressions des lettres. On remarquera que, comme cette action de la came ne peut se produire qu'au moment où l'on touche l'un ou l'autre des blancs, l'impression des autres signes ne peut avoir d'influence sur la permutation des deux systèmes.

Voici, du reste, comment sont disposés les différents caractères et signaux sur ces roues des types.

A 1 B 2 C 3 D 4 E 5 F 6 G 7 H 8 I 9 J 0 K. L, M; N :
blanc Z » Y etc. X) É' (blanc V = U / T § S — R + Q, P ! O ?

Dispositions accessoires. — Jusqu'à présent nous n'avons décrit l'appareil Hughes que d'une manière générale ; mais il est certaines dispositions accessoires qui ont leur importance, et, pour commencer, nous parlerons de celles qui concernent le fonctionnement de l'électro-aimant du mécanisme récepteur.

Cet électro-aimant, exigeant pour fonctionner une désaimantation plus ou moins complète des noyaux de fer appliqués sur les pôles de l'aimant permanent; il fallait, pour produire l'action répulsive de l'armature, un système de force antagoniste qui put réagir assez énergiquement sur le levier de cette armature. M. Hughes a préféré pour obtenir ce résultat avoir recours à des lames d'acier, et ce sont elles que l'on voit en *u*, fig. 2 pl. IV. Elles sont au nombre de deux et fixées perpendiculairement sur le levier *t* avec des vis de rappel pour les tendre plus ou moins. Ordinairement l'une de ces lames est tendue au minimum et n'est pas soumise au réglage ; l'autre au contraire peut avoir sa tension variée suivant les besoins, et un écrou de serrage empêche la vis qui lui correspond de bouger. En outre de ce système de réglage, existe, comme on l'a vu, un second système qui s'applique dans des conditions différentes, et qui est non moins efficace : c'est celui que fournit l'action d'une armature appliquée sur l'aimant fixe et qui en diminue plus ou moins l'énergie suivant sa position par rapport aux pôles de l'aimant. Toutefois, comme il serait peu commode de faire voyager cette armature de haut en bas, on a préféré en régler la force atténuante en la taillant en biseau et en la faisant simplement glisser horizontalement sur les deux branches de l'aimant. De cette manière la force de celui-ci est en rapport avec l'épaisseur plus ou moins grande de l'armature dans les parties qui sont en contact avec lui.

Le réglage par les ressorts donne plus ou moins de spontanéité aux effets produits ; le réglage par l'armature donne plus ou moins de sensibilité aux appareils. On doit s'arranger autant que possible à combiner convenablement ces deux sortes de réglage.

Une autre disposition accessoire importante, est l'espèce de *serre-papier* qui appuie la bande de papier contre le rouleau imprimeur. Ce serre-papier est constitué par une espèce de fourchette en ivoire, recourbée de manière à emboîter exactement le rouleau au-dessus des deux roues à dents fines qui empêchent le glissement de la bande, et à ne laisser libre que la partie du rouleau qui doit s'approcher de la roue des types. Un ressort appuyant sur cette fourchette maintient, de cette manière, le papier parfaitement tendu dans la partie où se font les impressions, qui deviennent alors parfaitement nettes. La bande de papier elle-même enveloppe en grande partie le rouleau, car, en avant de la fourchette, elle s'enroule sur une poulie dont les bords la guident dans son défilement et la font arriver sur le rouleau imprimeur dans les conditions voulues pour fournir une impression droite. Au-delà de la fourchette, elle est reçue dans une rigole en cuivre qui la laisse ensuite défiler abandonnée à elle même.

Comme dispositions accessoires nous devrons aussi parler : 1° d'un petit pupitre portatif muni de griffes qu'on plante sur le bâti de l'appareil près de l'axe du 3e mobile et sur lequel on place les minutes des dépêches à expédier; 2° d'un petit appareil disposé pour découper promptement la bande de papier imprimée, la gommer et la coller sur la feuille règlementaire. Ces objets qui sont indépendants de l'appareil sont livrés par le fabricant en même temps que l'appareil et sont de plus accompagnés d'une boîte renfermant des vis de différentes grandeurs et des pièces de rechange. Ces pièces sont une ou deux lames vibrantes, deux frotteurs pour le frein de ces lames, un encliquetage complet du mécanisme déclancheur, composé d'une roue à rochet, du cliquet d'embrayage avec le ressort qui appuie dessus et du plan incliné du débrayage, enfin un ressort de contact pour le Rhéotôme de la came correctrice, deux ressorts pour le levier de l'armature de l'électro-aimant, un tampon encreur avec son support et son ressort et deux cames d'impression. La présence de ces pièces parmi les pièces de rechange montre que ce sont celles qui se brisent ou se détériorent le plus facilement.

Nous devrons aussi dire quelques mots du mécanisme moteur de l'appareil, que nous représentons, fig. 2. pl. IV, et qui est également très-ingénieux. Il est, comme on le voit, commandé par un poids très lourd F et se trouve mis en action par une chaîne sans fin de Vaucanson qui s'enroule, en dehors de la roue motrice A, sur cinq poulies de renvoi, dont deux soutiennent sur leur axe, d'un côté le gros poids F, et de l'autre un petit contre-poids; entre ces deux dernières poulies, la chaîne engrène avec une roue à dents pointues placée derrière celle que l'on aperçoit sur la figure, et qui sert d'arrêt. Dans ces conditions, le mécanisme d'horlogerie du télégraphe tourne sous l'influence du poids F qui s'abaisse, et en même temps l'autre partie de la chaîne correspondante au contre-poids remonte. Comme l'axe de la poulie qui correspond à ce contre-poids porte une fourchette verticale qui peut rencontrer au haut de sa course la détente d'un timbre, il arrive que quand le poids F est à peu près descendu, on en est prévenu par un coup sonné par le timbre. Le mécanisme employé pour remonter le poids F consiste dans une pédale qui se meut avec le pied, et qui se trouve reliée à la roue d'arrêt de la chaîne sans fin par l'intermédiaire d'une autre roue à dents pointues, qui est celle que l'on voit en avant sur la figure, et sur laquelle s'enroule un bout de chaîne de Vaucanson crochetée à une tige verticale correspondant à la pédale. Ce bout de chaîne est d'ailleurs sollicité à ramener la roue dans une position déterminée par un fort ressort à boudin fixé au bâti de l'appareil. Comme la roue à dents pointues dont nous venons de parler porte sur son axe un encliquetage qui peut réagir sur une roue à rochet adaptée à l'axe de la roue d'arrêt de la chaîne sans fin, il arrive que, pour chaque mouvement de la pédale, cette dernière roue avance d'un nombre de dents en rapport avec l'arc décrit par la pédale, et comme le ressort à boudin ramène toujours cette pédale à son point de départ en faisant rétrograder l'encliquetage, on arrive à remonter successivement le poids F.

Fonctionnement des appareils. — Nous avons vu que pour obtenir des dépêches de contrôle aussi bien que pour la facilité et la sûreté des transmissions, les deux récepteurs des appareils en correspondance devaient être introduits dans le même circuit et fonctionner en même temps. Nous allons voir maintenant que cette disposition permet de régler facilement leur synchronisme de marche. Il suffit pour cela de mettre en mouvement les appareils aux deux stations, ce que l'on fait en abaissant le frein des volants, et, quand leur vitesse est devenue suffisante pour que la roue des types fasse deux tours par seconde, on met au blanc les deux appareils en appuyant aux deux stations sur la pédale de la mise au repère ; puis l'un des deux correspondants envoie un certain nombre de fois une même lettre. Si cette lettre se reproduit toujours, le synchronisme est suffisant, et il n'y a rien à régler; mais si, au lieu d'une même lettre, on a des lettres différentes, les appareils doivent être réglés, et on peut savoir si le récepteur de la station qui reçoit doit avoir sa marche accélérée ou retardée, par la nature elle-même des lettres transmises. En effet, si le B est la lettre sur laquelle on a établi le synchronisme et qu'après un certain nombre d'émissions on reçoive un C, il est certain que l'appareil de la station qui reçoit est en retard sur celui de la station qui transmet ; au contraire, si c'est la lettre A qui succède à la lettre B, c'est que l'appareil en question est en avance. Or, pour corriger ces variations, il suffit, comme nous l'avons vu, de reculer ou d'avancer la boule de la lame vibrante, en tournant la crémaillère qui la conduit dans un sens ou dans l'autre.

Les appareils étant ainsi réglés, il suffit, pour transmettre la dépêche, d'appuyer successivement sur les différentes touches correspondantes aux lettres qui composent la dépêche, en ayant soin de n'abaisser une touche que quand le bruit du déclanchement du récepteur aura averti que la lettre correspondante à l'émission qui aura précédé aura été complétement imprimée. Or, voici ce qui résulte de l'abaissement de chacune de ces touches : un contact est produit par le frotteur tournant, et un courant est envoyé à travers le circuit, d'où résulte : 1° une répulsion des armatures des électro-aimants des deux appareils ; 2° la mise en mouvement des axes d'impression ; 3° la réaction de la came imprimante *m*, (fig. 101), sur le rouleau qui porte le papier, et qui, en s'approchant de la roue des types, vient imprimer le caractère placé en ce moment devant lui ; 4° la réaction de la came *n* sur le cliquet destiné à faire avancer la bande de papier ; 5° la réaction de la came *q* sur la roue correctrice, et enfin la réaction du bras *o* sur la pédale de la mise au repère, dans le cas où les appareils ont été mis au blanc. Quand tous ces effets se sont accomplis, le courant a été interrompu à travers le circuit, le mécanisme déclancheur a reporté les armatures au contact des électro-aimants, et tout est disposé pour une nouvelle impression. On voit, par conséquent, que chaque impression ne nécessite qu'une seule émission de courant, ce qui est un grand avantage pour la régularité de la marche de ces sortes d'appareils.

D'après M. Blavier la durée de fermeture des courants avec cet appareil, pour une vitesse de 120 tours du chariot par minute, serait de 0",053 ; c'est une durée suffisante pour les circuits aériens d'une longueur de 400 à 500 kilom., mais sur des circuits plus longs elle ne serait pas suffisante, et il faudrait alors retarder la vitesse de marche des appareils. Il en serait de même et à *fortiori*, si on appliquait ce système aux câbles sous-marins.

C'est à la France que revient l'honneur d'avoir mis en application pour la première fois le télégraphe Hughes et d'avoir provoqué tous les perfectionnements qui en ont fait un appareil tout à fait pratique. Toutefois ce n'est pas sans vicissitudes que son adoption définitive a pu se faire. On a eu dans les commencements à lutter contre bien des éléments contraires : contre l'esprit de routine des administrations, contre le mauvais vouloir des employés, etc., et il n'a fallu rien moins que l'opiniâtreté énergique de la commission de perfectionnement du matériel télégraphique et la nécessité dans laquelle on se trouvait d'avoir des transmissions rapides, par suite de l'abaissement des taxes, pour qu'on se décidât à le faire entrer d'une manière définitive dans le service. Aujourd'hui, non seulement il est employé en France, mais encore dans tous les pays d'Europe et même en Amérique

Fig. 108.

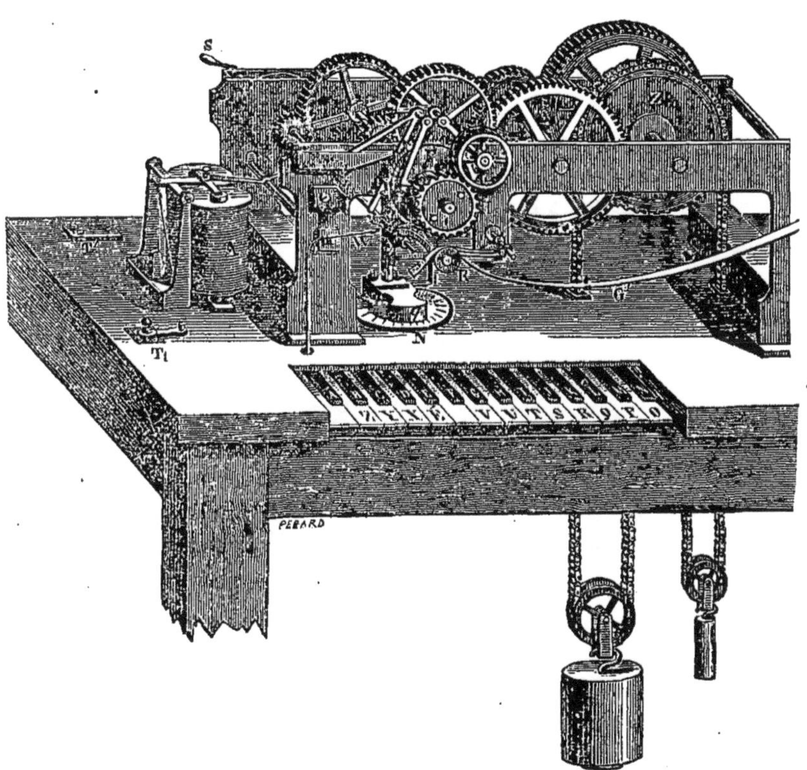

où il avait été longtemps méconnu. Jusqu'ici aucun appareil n'a pu le supplanter, et plus on le connaît plus on l'apprécie; c'est certainement une des plus belles inventions qui aient été faites dans l'art télégraphique depuis son origine, et il n'en est guère où soient accumulées tant de merveilles mécaniques.

La vitesse moyenne de transmission de l'appareil Hughes sur un circuit de 400 à 500 kilom., est d'environ 50 dépêches de 20 mots par heure, mais l'appareil pourrait en fournir un plus grand nombre si la manipulation était plus prompte.

Avec ce système les dépêches sont livrées au destinataire telles que les fournit l'appareil; on se borne à couper la bande par tronçons et à coller ces tronçons les uns au-dessous des autres sur la feuille de papier réglementaire de l'administration, en ayant soin d'enlever les caractères ou signes étrangers à la dépêche qui peuvent être introduits pendant la transmission. La bande imprimée au départ est conservée pour le contrôle, et on diminue ainsi les erreurs et les retards qu'entraîne la copie des dépêches et les frais d'exploitation.

Pour qu'on puisse se faire une idée plus complète de l'appareil Hughes, nous en donnons, fig. 108, la vue perspective; cette gravure est empruntée au *Traité de télégraphie électrique* de M. Blavier.

Modification apportée aux communications électriques de l'appareil Hughes. — Pour éviter la résistance souvent considérable que présente la couche d'huile qui s'interpose entre les différentes pièces du chariot et qui rend la communication à la terre souvent assez mauvaise, on a été conduit à disposer les communications électriques sur l'appareil autrement que nous ne l'avons dit dans la description qui précède. La figure 109 ci-dessous

Fig. 109.

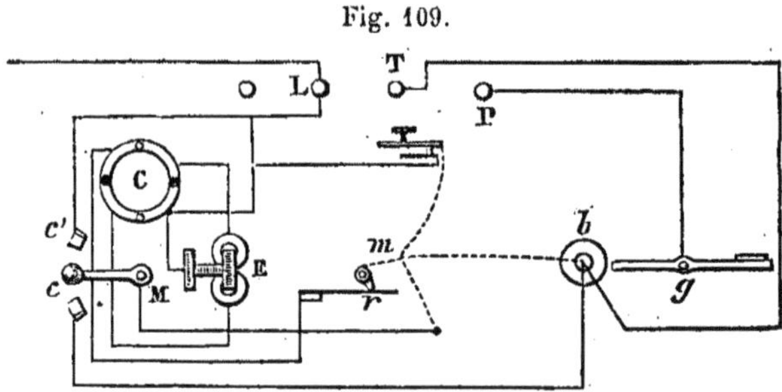

représente celle qui avait été admise par l'administration des lignes télégraphiques Françaises avant l'introduction du chariot à godille. Le commutateur Suisse avait été remplacé par un commutateur circulaire à 4 bouchons, et le contact de repos de l'interrupteur de la ligne était utilisé pour fournir le contact direct avec la terre. Avec ce système, la manette de cet interrupteur communique au massif, et pour transmettre, on la place sur bois; alors le courant de la pile va du chariot à l'électro-aimant par le massif, la came correctrice et le commutateur, qui le conduit directement à la ligne sans passer par l'interrupteur à manette. Quand de la station opposée on coupe cette transmission, le courant envoyé de cette station parvient par la route ordinaire, c'est-à-dire par le chemin dont nous venons de parler, et le chariot qui communique au sol pendant les intervalles des émissions de courants; mais, pour la réception, on place la manette de l'interrupteur sur le contact de repos, et la communication de l'électro-aimant avec la terre s'effectue par deux voies différentes, par l'ancienne comme nous venons de le dire et par la communication directe qui relie le contact de repos à la terre. Dans ces conditions, le contact ordinaire de ligne de l'interrupteur ne sert plus que pour la remise au blanc ou pour transmettre, sans que le récepteur du poste participe à cette transmission.

Système de transmission automatique appliqué au télégraphe de M. Hughes, par M. Renoir. — M. Renoir voulant faire bénéficier les télégraphes imprimeurs des avantages de la transmission automatique, jusqu'ici seulement appliquée aux télégraphes écrivants, a combiné dans ce but un système ingénieux que nous allons décrire en quelques mots.

Au fond, ce système consiste à découper convenablement une bande de papier et à la faire passer à travers le transmetteur de manière que les parties découpées provoquent en temps convenable les contacts qui doivent produire les émissions de courants nécessaires à l'impression de la dépêche ; avec le télégraphe Hughes, qui n'exige qu'une seule émission de courant pour chaque impression de lettre, le problème était assez facile, et pouvait être résolu, comme dans les systèmes que nous avons déjà décrits, avec deux mécanismes accessoires : un mécanisme *découpeur* ou *perforateur* et un mécanisme *transmetteur* substitué au manipulateur.

L'appareil découpeur de M. Renoir est une espèce de manipulateur à clavier circulaire, mis en mouvement par un mécanisme d'horlogerie, qui a pour fonction de faire tourner synchroniquement dans des plans différents trois mobiles : 1° un levier d'arrêt qui tourne horizontalement au-dessous des touches du clavier; 2° une roue des types verticale placée à la partie inférieure de l'appareil, et qui peut d'ailleurs être abaissée sur une bande de papier passant au-dessous d'elle, de manière à pouvoir laisser l'empreinte de l'un ou de l'autre des types; 3° un système de laminoir destiné, comme dans les télégraphes Morse, à faire avancer la bande de papier qu'il s'agit de préparer.

Un second mécanisme d'horlogerie est disposé de manière à faire fonctionner un emporte-pièce placé à portée de la bande de papier et disposé dans un plan parallèle à celui de la roue des types (de manière à coïncider avec le diamètre vertical de cette roue). Le jeu de cet emporte-pièce a lui-même pour effet secondaire de produire, par l'intermédiaire d'un levier coudé, l'abaissement de la roue des types.

Le levier d'arrêt porte une tige à tête conique, sans cesse repoussée en avant par un ressort à boudin, mais qui peut, étant refoulée, réagir sur une fourchette d'encliquetage qui déclanche et renclanche l'excentrique destinée à faire fonctionner l'emporté-pièce.

Avec cette disposition, on comprend facilement que, quand le mécanisme se trouve mis en liberté, il suffit d'abaisser l'une ou l'autre des touches du clavier pour produire : 1° l'arrêt du levier tournant, et par suite le déclanchement de l'emporte-pièce; 2° l'impression de la lettre correspondante à cette touche; 3° la perforation de la bande de papier vis-à-vis de cette lettre. On obtient donc ainsi une bande percée de trous inégalement distancés les uns des autres qui portent la désignation des lettres qu'ils représentent.

Pour qu'une telle bande puisse produire la transmission automatique de la dépèche, il faut qu'elle passe à travers un laminoir fixé sur l'axe de la roue des types de l'appareil imprimeur de la station qui expédie, que ce laminoir ait les mêmes dimensions que celui de l'appareil perforateur, et qu'un levier à ressort, appuyant sur la bande de papier, puisse, en s'enfonçant légèrement dans les trous du papier, produire les émissions de courant nécessaires pour fournir les impressions à la station qui reçoit.

C'est ce que M. Renoir a réalisé au moyen d'un appareil accessoire composé de diverses pièces qu'il ajoute à la partie supérieure des appareils existant déjà, et qui, étant monté sur une pièce articulée à l'un des montants du télégraphe, peut être mis à volonté en rapport de mouvement avec le mécanisme de celui-ci.

M. Renoir croit qu'avec ce système on pourrait augmenter d'un tiers le nombre des dépêches transmises et qu'on pourra découper la bande de papier de manière à fournir cent vingt lettres par minute.

Télégraphe imprimeur de M. Donnier. — Le télégraphe de M. Donnier, qui a été breveté en juin 1855, est en quelque sorte la contre-partie du télégraphe Hughes, quoique accomplissant des fonctions analogues. Dans l'un, en effet, l'impression des lettres est le résultat d'une fermeture du courant opérée après un certain temps de défilement du rouage moteur de la roue des types. Dans l'autre, cette impression est le résultat de l'interruption d'un courant, qui a provoqué pendant un certain temps la marche de cette même roue des types. Les moteurs, dans les deux cas, sont d'ailleurs disposés de manière à marcher synchroniquement d'une manière continue, et les roues des types peuvent être rétablies, après chaque impression de lettres, dans la position qu'elles doivent avoir, à l'aide d'un mécanisme correcteur. La seule différence qui existe dans le principe des deux inventions consiste en ce que dans l'une le mouvement de la roue des types est continu, tandis que dans l'autre il est intermittent.

Dans le télégraphe de M. Donnier, comme dans celui de M. Hughes, l'appareil transmetteur et l'appareil récepteur sont reliés ensemble. A cet effet, l'axe de la roue des types porte deux roues d'assez grand diamètre, dont l'une est munie de vingt-huit saillies rectangulaires, et dont l'autre est pourvue de dents fines et pointues. Une courroie, constituée par une lame de platine très-mince entaillée de trous rectangulaires et réunissant deux poulies, passe au-dessus de la première des deux roues dont nous venons de parler et s'engrène avec elle à la manière d'une chaîne à la Vaucanson; sa longueur est égale à trois fois le développement de la circonférence de la roue sur laquelle elle engrène, et à chaque tiers de cette longueur, elle porte une pièce étroite et isolante. C'est une disposition analogue à celle que j'ai introduite dans mon anémographe à indications combinées (voir tome IV, page 426 de la 2me éditon de cet ouvrage). Au-dessus de cette courroie se trouvent placées vingt-huit lames de ressort fixées sur une tringle métallique (en communication avec la pile de ligne) et correspondant à vingt-huit touches disposées en clavier au-dessus d'elles. Ces lames et ces touches constituent le transmetteur, qui, comme on le voit, est sinon d'une grande sûreté, du moins d'une grande simplicité.

La deuxième roue, fixée sur l'axe de la roue des types, et que nous appellerons *roue conductrice*, porte latéralement vingt-huit chevilles, sur l'une desquelles vient s'enfourcher, en temps ordinaire, un levier basculant terminé par une fourchette angulaire qui produit la correction. Ce levier est monté sur une pièce dont le rôle est très-important; car elle porte en même temps un second levier qui réagit sur un interrupteur de courant, une bielle reliée au mécanisme d'horlogerie et une autre petite bielle adaptée à l'armature de l'électro-aimant du récepteur. La bielle reliée au mécanisme d'horlogerie a pour fonction d'écarter ou d'éloigner un système basculant vertical portant deux petites roues à dents pointues, dont l'une, étant rapprochée de la roue conductrice adaptée à l'axe de la roue des types, peut engrener avec elle et lui transmettre le mouvement du mécanisme d'horlogerie que lui communique la seconde roue. Or, il résulte de cette disposition qu'un courant envoyé à travers l'électro-aimant du récepteur a pour effet : 1° de désembrayer la roue conductrice de la roue des types; 2° de l'engrener avec le mécanisme d'horlogerie sans cesse en mouvement; 3° de rompre un circuit de pile locale réagissant sur le mécanisme imprimeur.

Ce dernier mécanisme, sauf la disposition des pièces, est du reste analogue à tous ceux que nous avons décrits. C'est un électro-aimant à quatre bobines, dont l'armature double, en abaissant un levier articulé, peut presser la bande de papier contre la roue des types et provoquer, en se relevant, l'avancement de cette bande par la rotation de l'un des cylindres d'un laminoir entre lesquels elle passe.

D'après cette disposition il est facile de comprendre comment les appareils doivent fonctionner, en admettant, bien entendu, leur introduction dans le même circuit aux deux stations.

Si, à la station A, on abaisse l'une des touches du transmetteur, celle correspondant à la lettre M, je suppose, le courant sera fermé à travers le circuit de ligne par le contact du ressort placé au-dessous d'elle avec la courroie de platine. Les électro-aimants commandant la marche des mécanismes compositeurs seront mis en action aux deux stations, et les roues des types seront mises en mouvement. Ce mouvement continuera tant que la touche sera abaissée, et jusqu'à ce qu'une des trois parties isolantes adaptées au ruban de platine se présente sous cette touche. Pendant ce temps les roues des types auront tourné de l'intervalle séparant la croix de la lettre M. Le courant se trouvant alors interrompu, les roues des types seront désengrenées, et le courant des piles locales animant les électro-aimants des mécanismes imprimeurs provoquera l'impression de la lettre M aux deux stations.

Pour obtenir le synchronisme des mouvements des mécanismes d'horlogerie aux deux stations, M. Donnier adapte d'abord à ces mécanismes un modérateur à ailettes et un volant pesant; mais il ajoute, en outre, sur l'axe du quatrième mobile un ressort spiral dont la tension est commandée par une roue à rochet. Un cliquet adapté à l'armature d'un électro-aimant spécial, fonctionnant sous l'influence d'une petite pile locale particulière, réagit sur ce rochet et peut tendre plus ou moins le ressort, suivant que les fermetures du courant de cette dernière pile sont plus ou moins rapprochées; or, ces fermetures de courant sont commandées par l'action d'une excentrique adaptée à l'axe même du quatrième mobile dont il a été question. Comme le nombre des dents du rochet est calculé de manière que, pour une vitesse uniforme, le ressort conserve la même tension, on conçoit qu'il n'y aura excès de tension de ce ressort que quand les défauts d'uniformité qui pourraient survenir dans la marche des moteurs devront être corrigés. (1)

---

(1) Voir la description et les dessins de ce télégraphe dans les *Annales télégraphiques* tome IV page 281.

III. TÉLÉGRAPHES IMPRIMEURS A MOUVEMENTS ÉLECTRO-SYNCHRONIQUES.

Nous avons vu au chapitre des télégraphes à cadran qu'en appliquant aux télégraphes à échappement le système vibrateur des sonneries trembleuses (Rhéotôme de Neef.), on pouvait les faire fonctionner synchroniquement d'une manière continue sous l'influence seule de l'action électrique. Nous avons vu, de plus, que M. Siemens avait obtenu cet effet sans l'intermédiaire d'aucun mécanisme d'horlogerie et que M. Kramer, pour venir en aide à l'action électrique, avait été conduit à faire intervenir une action mécanique. Toutefois M. Siemens n'en est pas resté là, et, en cela comme dans presque tous ses travaux, il a voulu pousser sa découverte aussi loin que possible en faisant de son appareil un télégraphe imprimeur.

Il adapta à cet effet une roue des types sur l'axe de la roue à rochet conduisant l'aiguille indicatrice de son télégraphe à cadran, et, en adaptant devant cette roue des types un marteau imprimeur et une bande de papier avec un système entraîneur, il put obtenir, sous l'influence d'un gros électro-aimant paresseux, des impressions qui ne s'effectuaient qu'après un arrêt suffisant de la roue des types. C'est M. Siemens qui a été le premier à employer ce système d'impression, qui a été depuis mis en usage par plusieurs constructeurs, entre autres par M. Breguet. Ce système n'est sans doute pas exempt de reproches, puisqu'il est fondé sur l'inertie magnétique des gros électro-aimants, inertie essentiellement capricieuse et variable avec l'intensité du courant, mais il a l'avantage d'être d'une très-grande simplicité.

Fig. 110.

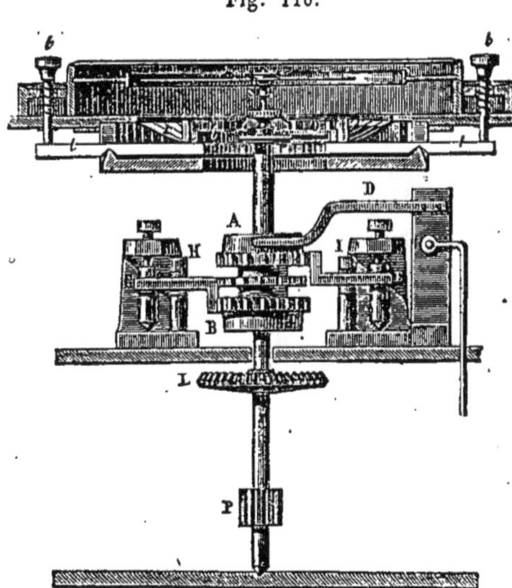

Le système de M. d'Arlincourt, qui a été employé avec succès dans nos petits bureaux municipaux, appartient à ce système de télégraphes, mais, comme celui de M. Kramer, il fonctionne avec l'aide d'un mécanisme d'horlogerie; de sorte que, par le fait, cet appareil ne présente de nouveau en lui-même que sa disposition pratique et bien entendue.

Télégraphe à mouvements synchroniques de M. d'Arlincourt. — Dans ce système, le manipulateur, le récepteur et le mécanisme imprimeur sont réunis dans le même instrument et sont tous dépendants les uns des autres. Le manipulateur, qui est un transmetteur circulaire à touches, est superposé au récepteur et fonctionne sous l'influence du mécanisme d'horlogerie qui met en action ce dernier, et le mécanisme imprimeur ayant un mouvement d'horlogerie à part, est disposé de manière à présenter les organes imprimeurs en dehors de l'appareil sur un plan vertical, comme dans le système Morse.

Fig. 111.

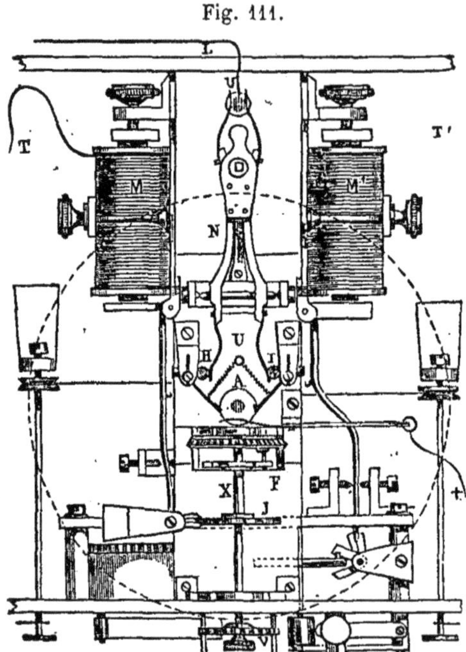

La pièce importante de cet appareil et un axe vertical S P (fig. 110), qui constitue le cinquième mobile du premier mécanisme d'horlogerie, et qui porte : 1° un doigt horizontal O sur lequel réagissent les différentes touches du manipulateur pour en provoquer l'arrêt ; 2° une roue d'angle L, destinée à transmettre le mouvement du mécanisme d'horlogerie à un arbre horizontal X (fig. 111), sur lequel sont adaptées la roue d'échappement J et la roue des types V ; 3° un commutateur composé de deux roues dentées, A et B (fig. 110) et d'un disque intermédiaire également denté mais en sens inverse de roues A, B et C, sur lesquels appuient trois leviers frotteurs D, E, G. Ce commutateur a pour fonction de fournir en temps opportun les émissions de courant à travers la ligne, de dériver un autre courant à travers l'électro-aimant du récepteur de l'appareil, et de décharger la ligne.

Le jeu de cet axe est commandé, bien entendu, par la roue d'échappement J (fig. 111), dont nous avons parlé précédemment, et le jeu de cette roue est lui-même commandé par un électro-aimant M, dont l'hélice est en communication, d'un côté avec la terre, d'autre part avec un système de double levier basculant N, que nous appellerons bascule de déclanchement lequel est mis en rapport électrique avec le commutateur dont il a été question par l'intermédiaire de deux petites colonnes, moitié cuivre, moitié ivoire, H et I. Cette bascule se compose de deux tiges métalliques légèrement arquées, montées sur un axe horizontal commun, et terminées à leurs extrémités par des lames de ressort qui sont convergentes d'un côté et divergentes de l'autre côté. Ces dernières appuient contre les colonnes, moitié cuivre, moitié ivoire, H et I, dont il vient d'être question, et les autres contre une colonne unique U, également moitié cuivre, moitié ivoire, dont la partie métallique isolée communique avec la ligne. Enfin une plaque en ivoire réunit les deux tiges métalliques de la bascule, de manière à former une large touche sur laquelle peut agir un piston pour faire basculer le système.

La pile de ligne est disposée de manière à fournir deux courants, d'abord un courant de pile de ligne qui résulte de tous ses éléments (je suppose au nombre de 35), et en second lieu un autre courant provenant d'une partie de ces mêmes éléments (de 10, par exemple). Le premier courant aboutira au ressort D du commutateur (fig. 110), le second à la roue B par l'axe qui la porte. On remarquera que les dents des deux roues A et B, qui se correspondent d'ailleurs exactement, et qui ne diffèrent que par leur épaisseur, plus grande dans la roue B que dans la roue A, font saillie par rapport à la circonférence du disque intermédiaire ; de sorte que quand les leviers frotteurs E, G, appuient sur les dents des roues A et B, ils ne peuvent rencontrer, par leur extrémité recourbée, le disque en question, d'autant plus que les dents de celui-ci alternent avec celles des roues A et B ; mais ceci a précisément lieu quand ils se trouvent dans un intervalle de dents.

Or, voici ce qui résultera de l'abaissement de la bascule de déclanchement dont nous avons parlé : les ressorts divergents toucheront la partie métallique des colonnes H, I, et les ressorts G et E appuyant sur les dents des roues A et B, le courant de ligne sera transmis à travers la ligne par le levier de droite de la bascule, tandis que le courant dérivé sera transmis à l'électro-aimant M de l'appareil par le levier de gauche. Cet électro-aimant étant actif déterminera un échappement qui fera tourner le commutateur, et permettra aux frotteurs E, G de s'abaisser et de se mettre en contact avec le disque intermédiaire. Dès lors le courant sera coupé à la fois à travers la ligne et l'électro-aimant, et une communication sera établie entre la terre et la ligne par le disque et par l'électro-aimant M, lequel se trouvera ainsi complètement démagnétisé par le courant de décharge. Sous l'influence de cette démagnétisation, les dents du commutateur se trouveront mises de nouveau en contact avec les frotteurs E et G, et les effets précédents se renouvelleront de la même manière, tant que la bascule de déclanchement restera abaissée. Par suite de ces réactions, les roues des types des deux appareils se trouveront donc mises en mouvement continu, et leur arrêt dépendra uniquement du relèvement de la bascule de déclanchement, qui coupera les deux courants à travers le commutateur. Maintenant, on comprendra facilement qu'on pourra arrêter les deux appareils en agissant à la station même qui reçoit, et pour cela il suffira d'envoyer sur la ligne un courant continu. Il résultera, en effet, de cette émission que quand le commutateur de l'appareil du poste expéditionnaire sera placé de manière à fournir la décharge de la ligne, ce qui a lieu, comme nous l'avons vu, après chaque émission de courant, le courant envoyé de la station qui reçoit passera à travers l'électro-aimant commandant le jeu de ce commutateur, précisément quand il devrait être interrompu. Dès lors celui-ci ne pourra plus réagir, et les appareils seront arrêtés.

Le mécanisme imprimeur n'a rien de particulier quant à son principe, mais la disposition des divers organes qui sont en jeu diffère un peu de celle qui est habituellement employée. Cette différence existe surtout dans le système d'encliquetage du laminoir destiné à entraîner la bande de papier et le système d'excentrique appelé à produire l'impression, lequel se compose d'une roue à trois cames. Cette roue est montée sur l'axe du troisième mobile du second mécanisme d'horlogerie, dont le jeu est commandé par une fourchette d'encliquetage et un disque muni de trois systèmes de chevilles d'arrêt. Cette fourchette elle-même est mise en action par un électro-aimant M' (fig. 111), qui fonctionne sous l'influence d'une pile locale dont le courant est fermé et interrompu par levier de l'électro-aimant M du récepteur. Quand ces ouvertures et fermetures de courant sont très-rapprochées, comme cela arrive quand la bascule de déclanchement du récepteur est abaissée, l'aimantation de l'électro-aimant imprimeur n'a pas le temps de se faire, et aucune impression n'est produite; mais quand l'interruption du courant, au récepteur, dure un temps convenable, le mécanisme imprimeur est déclanché, et les choses se passent comme dans les autres télégraphes.

Pour rendre l'action de cet électro-aimant plus sûre et plus nette M. d'Arlincourt a employé plusieurs moyens; nous en avons décrit un dans notre traité de télégraphie p. 444, mais celui auquel il s'est définitivement arrêté est une sorte de relais Rhéotomique à deux électro-aimants boiteux, dont les armatures oscillant chacune entre deux vis de contact peuvent, quand elles se trouvent placées dans une certaine position, fermer le courant local destiné à faire fonctionner l'électro-aimant imprimeur M'. A cet effet, les deux vis placées au-dessus des deux armatures sont reliées ensemble par une traverse qui communique métalliquement avec le pôle positif de la pile locale; les deux autres également reliées ensemble, communiquent avec le pôle négatif par l'intermédiaire de l'électro-aimant imprimeur M', et les fils des deux électro-aimants boiteux du relais, également en rapport avec la pile locale, ne peuvent recevoir le courant de celle-ci qu'alternativement et par l'intermédiaire de deux contacts entre lesquels oscille l'armature de l'électro-aimant d'échappement M. Quand cette dernière armature oscille avec une certaine vitesse, comme cela a lieu à l'état normal, les deux électro-aimants du relais fonctionnent alternativement et leurs armatures n'ont pas le temps de s'arrêter simultanément sur leur vis de contact, mais quand l'armature de l'électro-aimant M reste arrêtée un peu plus longtemps, les armatures des électro-aimants boiteux peuvent alors toucher les vis de contact qui correspondent à l'inaction de l'un et à l'activité de l'autre, et le circuit se ferme par la masse métallique des deux armatures du relais à travers l'électro-aimant imprimeur M'.

Le manipulateur de l'appareil en question n'a d'autre action à produire que d'arrêter en divers points de sa course correspondant aux différentes lettres de l'alphabet le doigt O (fig. 110), monté sur l'axe du commutateur, et de faire abaisser en même temps la bascule de déclanchement. A cet effet les touches du manipulateur correspondent à des bascules L L rangées circulairement autour de l'axe du commutateur, et ces bascules, étant abaissées individuellement, ont pour effet : 1° de présenter devant le doigt O en mouvement un obstacle rigide; 2° de soulever en même temps un anneau qui les couvre toutes et qui correspond, par un levier articulé, à un piston appuyant sur la grande bascule de déclanchement N.

Le mérite du système télégraphique de M. d'Arlincourt est de fournir les avantages des récepteurs intercalés dans un même circuit, sans en présenter les inconvénients. Fonctionnant en effet avec un circuit dérivé relativement faible, le récepteur du poste expéditeur peut marcher avec une intensité électrique égale à celle qui le fait agir quand il fonctionne pour la réception, ce qui n'a pas lieu généralement avec les autres dispositions télégraphiques. Il diminue d'ailleurs la résistance de la ligne de 200 kilomètres, et la décharge après chaque émission de courant.

Nous avons oublié de dire que cet appareil peut servir en même temps de télégraphe à cadran, car une aiguille S adaptée à l'axe du commutateur se meut en même temps que lui autour d'un cadran placé au centre du clavier circulaire.

Il est encore un détail de construction dans le télégraphe de M. d'Arlincourt qui ne laisse pas que d'avoir une certaine importance au point de vue du bon fonctionnement de l'appareil : c'est l'introduction d'une pièce F (fig. 111) comme organe de transmission de mouvement entre l'axe vertical du commutateur et l'axe horizontal de la roue d'échappement. Cette pièce est un bras d'acier à l'extrémité duquel se trouve percée une petite rainure qui laisse passer une cheville adaptée à la roue de transmission. Un ressort appuyant sur cette cheville, la maintient, en temps ordinaire, à une extrémité de cette petite rainure: mais l'axe vertical, en tournant, peut forcer ce ressort et reporter la cheville du côté opposé de la rainure. Il résulte de cette disposition, qu'avant chaque échappement, la cheville est repoussée contrairement au ressort, mais que, pendant le dégagement de la roue à rochet J, elle se trouve reportée du côté opposé, ce qui retarde l'échappement par rapport au mouvement du commutateur. De cette manière, le contact des ressorts E et G avec les dents de ce commutateur se trouve parfaitement assuré et toujours effectué en temps opportun.

CHAPITRE V

TÉLÉGRAPHES AUTOGRAPHIQUES.

Dans toutes les descriptions qui ont été faites jusqu'ici des télégraphes électriques, nous avons vu le télégraphe indiquer, écrire et même imprimer des lettres ou des signaux de convention, sous une influence toujours la même et avec des formes toujours invariables pour chaque désignation. Avec les *télégraphes autographiques* que nous allons étudier maintenant, cette forme fixe de signaux n'est plus indispensable : une ligne quelconque, un contour, un dessin, l'écriture même de telle ou telle personne peuvent être minutieusement reproduits, et cela, avec une vitesse relativement considérable.

Les télégraphes autographiques, conçus dans l'origine par M. Wheatstone, ont été réalisés pour la première fois en 1851 par M. Backwell, mécanicien anglais. Un spécimen d'écriture reproduite par un appareil de ce genre figurait à l'exposition universelle de 1851, mais cet appareil n'avait pas été exposé, et personne ne connaissait alors ce genre de télégraphes. Dans ce spécimen, l'écriture, qui était fort grosse, se détachait en blanc sur un fond bleu composé de hachures diagonales serrées les unes contre les autres et interrompues seulement aux points correspondants à l'écriture. Un examen attentif de ce curieux échantillon de dépêche permettait du reste de deviner les moyens qui avaient dû être employés pour le produire; car l'action colorante exercée sous l'influence électrique par des pointes de fer appuyant sur du papier imprégné de cyano-ferrure de potassium, venait d'être découverte par M. Bain, et ce fond de hachures interrompues indiquait bien, aux deux stations en correspondance, une marche syncrone de deux pointes traçantes ayant pour fonction mécanique à remplir, de parcourir successivement dans une même direction les différents points d'une même surface exposée à leur action, et ayant pour effets électriques à produire, l'une de provoquer en passant au travers du corps de l'écriture originale une série d'actions électriques susceptibles de réagir sur le circuit à des instants déterminés, l'autre de traduire ces actions électriques par des solutions de continuité dans les traces laissées sur la feuille destinée à recevoir la dépêche. Ces solutions de continuité étant déterminées aux instants précis où les pointes occupaient sur les deux surfaces une même position, devaient en effet fournir par leur réunion, une reproduction plus ou moins parfaite de l'écriture qui les avait provoquées. Or une pareille déduction entraînait immédiatement l'idée que, à la station de transmission, la dépêche devait être écrite sur un papier métallique, et c'est en effet ce qui avait lieu.

Après l'exposition de 1851, plusieurs savants et inventeurs et en particulier MM. Seugraff et Caselli, entrant résolûment dans la voie ouverte par M. Backwell, cherchèrent à rendre pratique ce système télégraphique et, après de longues et patientes études, des essais et des expériences sans nombre, on vit éclore vers l'année 1855 ces curieuses dépêches que M. Caselli put montrer aux savants étonnés et qui eurent alors un si grand retentissement. Cette fois on put croire que la solution du problème de l'écriture à distance était possible, et pourtant cette invention n'était alors que dans son enfance, car il fallut encore à M. Caselli sept années d'expériences sur les lignes télégraphiques, pour que ses appareils pussent fonctionner convenablement en ligne.

Dans le système de M. Backwell, comme dans tous ceux qui furent imaginés avant 1855, il existait un défaut capital qui devait empêcher son application dans la pratique télégraphique. C'était la nécessité dans laquelle on se trouvait de n'employer l'action du courant qu'en dehors de l'écriture qu'il s'agissait de reproduire. Après la découverte par M. Bain de l'action colorante exercée par un courant sur une bande de papier imprégnée de cyano-ferrure de potassium, on aurait pu, si l'encre employée pour l'écriture avait été conductrice au lieu d'être isolante, obtenir à la station de réception, au moment du passage de frotteurs métalliques à travers la dépêche écrite, une série de points bleus dont l'ensemble, après une série de frottements successifs, aurait pu reproduire les traits de l'écriture ; mais comme l'encre est toujours plus ou moins isolante, même quand elle est métallique, on ne pouvait obtenir avec les moyens ordinaires que l'effet inverse ; encore, fallait-il pour cela, comme nous l'avons déjà dit, écrire la dépêche sur du papier métallique. De cette manière l'écriture se détachait en blanc sur un fond bleu. Or, pour obtenir dans ces conditions un résultat, il fallait que l'écriture fût très-grosse et que le circuit fût court ; car la coloration chimique sur du papier humide empiète toujours sur les bords de la trace primitive, et, en s'étendant ainsi, les espaces blancs pouvaient être facilement bouchés. D'un autre côté, les perturbations dans les transmissions des courants, en prolongeant inopportunément leur action, tendaient encore à augmenter ce défaut par l'allongement des traces produites. C'est en renversant ce genre d'effets par une combinaison ingénieuse de courants, en apportant un soin beaucoup plus grand qu'on ne l'avait fait jusqu'alors au synchronisme des mouvements des appareils, enfin en disposant ceux-ci de manière à ne plus être influencés par les décharges secondaires des lignes, que M. Caselli a pu parvenir aux résultats si remarquables qu'il a obtenus.

Toutefois, malgré tous ces perfectionnements, cette manipulation chimique qu'il fallait exécuter pour préparer les bandes de papier destinées à recevoir les dépêches, était véritablement un obstacle pour mettre en pratique d'une manière courante les appareils autographiques. Ces appareils étaient d'ailleurs délicats et exigeaient de la part des employés destinés à les faire fonctionner, une adresse et des connaissances techniques qu'ils possèdent rarement; il était donc à désirer que l'action électro-magnétique pût être substituée à l'action électro-chimique, et c'est dans ce sens que se sont portées les recherches de MM. Meyer et Lenoir. Toutefois ces inventeurs avaient été précédés dans ce genre de perfectionnement par M. de Lucy qui, dès 1859, avait présenté au cercle de la presse scientifique un appareil de ce genre construit par M. Mouilleron, mais dans lequel le grand problème du synchronisme des mouvements des deux appareils en correspondance n'était pas du tout résolu. Néanmoins cet appareil, dans les conditions où il était présenté, fonctionnait d'une manière satisfaisante.

Tous les appareils autographiques électro-magnétiques jusqu'à l'époque où M. Meyer fit connaître le sien, avaient pour organe traçant une sorte de tire-ligne ou un bec à trou capillaire. Or ce système d'impression, surtout à l'époque où l'encre à la glycérine n'était pas connue, était regardé comme très-défectueux, et c'est ce qui fait que les télégraphes Morse à signaux écrits à l'encre ne purent devenir réellement pratiques que quand MM. Thomas John et Digney eurent adapté à ces appareils un système encreur à molette tournante, disposé de manière à présenter toujours à l'impression un point fraîchement imprégné d'encre. Or c'est précisément ce système d'impression que, par une conception hardie et réellement des plus ingénieuses, M. Meyer a appliqué au télégraphe autographique, et cette disposition semble être jusqu'ici la solution la plus avancée du problème de la reproduction télégraphique de l'écriture.

Il serait sans doute intéressant de discuter d'une manière générale les avantages et les inconvénients qu'on peut retirer de la transmission des dépêches écrites; mais cette discussion qui entraîne avec elle beaucoup de considérations, nous ferait dépasser le cadre que nous nous sommes tracé. Nous pouvons dire, toutefois, que comme vitesse de transmission des dépêches, ce système pourrait être le plus expéditif de tous, même en dehors de son application au vocabulaire sténographique, si l'écriture des dépêches était faite dans des conditions convenables, c'est-à-dire avec des interlignes étroits, des lettres serrées les unes contre les autres et surtout, si les feuilles écrites se succédaient sans interruption. Mais dans les cas ordinaires il est loin d'en être ainsi, et les expériences faites jusqu'ici n'ont pas été, sous ce rapport, à l'avantage des télégraphes autographiques. Pour que ces appareils pussent être expéditifs il faudrait qu'ils pussent transmettre plus de cinquante dépêches de 20 mots par heure en écriture courante, résultat obtenu, comme nous l'avons vu, avec l'appareil Hughes. Or le télégraphe Caselli n'a jamais pu en transmettre que quarante. Au point de vue des avantages qui peuvent résulter de la transmission même de l'écriture de l'expéditeur, il est facile de comprendre que ce système télégraphique peut donner pour les transactions commerciales et financières une sécurité que ne saurait fournir aucun autre système télégraphique, car les erreurs de chiffres ne peuvent se produire que dans le cas tout à fait exceptionnel, où les queues des longues lettres se prolongent d'une ligne sur l'autre et viennent se placer en avant ou à la suite d'un nombre; encore faudrait-il, dans ce cas même, qu'une action anormale eût pour effet d'interrompre les traits en question au-dessus du nombre écrit. Cet accident a été, il est vrai, signalé une fois, mais une fois seulement, et probablement il ne se renouvellera jamais, car il faut pour qu'il se présente un concours de circonstances qui sera d'autant mieux évité qu'on en est maintenant prévenu.

Si nous ajoutons à ces considérations que ce système télégraphique permet la reproduction de dessins et de plans explicatifs, la transmission des écritures les plus variées et les plus compliquées; on peut comprendre immédiatement quelles ressources il met entre nos mains pour nos besoins domestiques. On peut même ajouter, comme l'avait fort bien fait observer M. d'Escayrac de Lauture, qu'il est le seul qui puisse réaliser l'application de la télégraphie en Chine et dans les pays où l'écriture n'est pas alphabétique.

Quoiqu'il en soit, la pratique faite jusqu'ici de ces sortes d'appareils a montré que ces avantages n'ont pas encore été bien compris du public, car à l'époque où le service des télégraphes autographiques, soit du système Caselli, soit du système Meyer, avait été organisé à l'administration des lignes télégraphiques françaises, les dépêches qui étaient expédiées de cette manière étaient bien moins le résultat d'une préférence réelle pour ce genre de transmission, que du désir de gagner du temps par suite du moindre encombrement de la ligne ainsi desservie.

Nous faisons cette remarque pour montrer que, si les télégraphes autographiques ne sont pas aujourd'hui d'un emploi courant, ce n'est pas parce que leur fonctionnement n'est pas satisfaisant, mais simplement parce que les avantages qu'ils procurent n'étant pas encore appréciés à leur juste valeur, ils n'ont pas été avantageux au point de vue administratif.

I. TÉLÉGRAPHES AUTOGRAPHIQUES ÉLECTRO-CHIMIQUES.

Télégraphe de M. Backwell. — Voici la description du système de M. Backwell telle que l'a donnée M. Muller :

« On écrit d'avance la dépêche en lettres assez grosses sur du papier métallique, par exemple, sur du papier argenté, avec un crayon isolant ou de l'encre isolante.

« Le papier chimique est enroulé sur un cylindre en métal auquel un mécanisme d'horlogerie imprime un mouvement de rotation uniforme et très-rapide. L'axe du cylindre porte une roue dentée qui engrène dans une autre, fixée sur l'axe d'une fusée parallèle au cylindre, sur laquelle se meut un écrou portant un bras muni à son extrémité d'un style en acier ou en fer qui repose sur le papier chimique. Tout est disposé de telle sorte qu'en même temps que le cylindre se meut autour de son axe, le style obéit à un mouvement très-lent parallèlement à cet axe, et décrit une spirale très-serrée sur le papier.

« Par une disposition semblable, un style en métal décrit à la station de départ une spirale très-serrée sur le papier en métal qui porte la dépêche, en même temps que le cylindre sur lequel ce papier est enroulé reçoit un mouvement de rotation synchrone avec celui du récepteur.

« Le pôle négatif de la pile communique avec la terre, le pôle positif avec le rouleau métallique du transmetteur ; le style en platine et mieux en or qui presse le papier métallique est réuni au fil de ligne, qui est lui-même relié au style écrivant.

« Lorsque les appareils, aux deux stations, sont en mouvement et le courant établi, celui-ci est arrêté toutes les fois qu'il doit traverser une trace isolante laissée par la plume, et il passe s'il rencontre le papier métallique. Il résulte de là que le courant produit sur le papier chimique des traits blancs sur des fonds bleus.

« Les mouvements d'horlogerie sont arrêtés par des détentes qu'on fait partir au même instant aux deux stations, au moyen d'un électro-aimant placé à chacune d'elles et en les faisant traverser par le courant au moment de commencer la transmission. »

Pantalégraphe de M. Caselli. — Le télégraphe autographique de M. Caselli a subi depuis son origine de nombreuses transformations, tant sous le rapport des dimensions et de la disposition des appareils, que sous celui des moyens employés pour l'impression des dépêches.

Aujourd'hui, il se compose de deux instruments distincts : du télégraphe proprement dit, que nous représentons, fig. 1 et 2, Pl. VII, et qui renferme deux transmetteurs et deux récepteurs pouvant fonctionner alternativement, et en second lieu d'un *chronomètre régulateur*, destiné à régler d'une manière sûre et facile la marche synchronique des deux appareils placés aux deux stations en correspondance. Nous représentons cet appareil fig. 3 et 4. Une pile de ligne et une petite pile supplémentaire complètent, avec un rhéostat d'une forme particulière que nous représentons, fig. 13 et 14, Pl. VII, le matériel de chaque station. Avant de décrire ces différents appareils, il est nécessaire que nous indiquions comment M. Caselli fait réagir les courants pour produire les impressions et les dégager des inconvénients que nous avons signalés au commencement de ce chapitre. C'est seulement alors, qu'on pourra apprécier l'utilité des divers organes qui entrent dans les appareils que nous avons indiqués.

Pour éviter d'abord que l'étalage de la matière colorée produite sous l'influence du courant déforme ou dissimule les traces dessinant les lettres, M. Caselli emploie un système diamétralement opposé à celui de M. Backwell : au lieu de déterminer des traces se détachant en blanc sur un fond coloré, M. Caselli produit, comme nous l'avons vu, des lettres colorées se détachant sur un fond blanc, ce qui entre davantage dans les conditions de l'écriture ordinaire. Mais comment obtenir ce résultat avec des courants interrompus précisément au moment où ces traces doivent être produites? comment les faire se succéder rapidement sans bavures? tel est le double problème que s'est posé M. Caselli, et ce problème était d'autant plus difficile à résoudre que ce savant, par suite d'une idée théorique qu'il s'était faite de la vitesse de propagation des courants sur les lignes chargées préventivement, idée à la vérité très-contestable, voulait arriver à ce résultat en apparence paradoxal : *décharger le circuit de ligne sur l'appareil récepteur tout en le maintenant constamment chargé sur tout le parcours de la ligne.* Après de nombreuses recherches, M. Caselli est pourtant arrivé à résoudre ce problème complexe, mais les avantages qu'il croyait en obtenir ont été tellement contestés lors de la mise en pratique de ce système télégraphique, du moins en ce qui touchait les moyens employés pour résoudre la seconde partie du problème, qu'on dut se contenter de ceux qui satisfaisaient à la première partie. Ces moyens n'étaient, d'ailleurs, autres que ceux dont nous avons parlé, tome II, p. 113, pour interrompre un courant dans un circuit sans le couper. Quoiqu'il en soit, voici la solution de M. Caselli au moment où il a livré ses appareils à l'administration télégraphique française.

Supposons à la station qui transmet une pile de ligne P, fig. 112, et une petite pile supplémentaire I, disposée par rapport au circuit de la ligne L, comme on le voit dans la figure, c'est-à-dire d'une manière telle que la pile I soit interposée sur la ligne L, et que les deux pôles de la pile P, tout en communiquant aussi avec cette ligne, fournissent en D, une communication avec

Fig. 112.

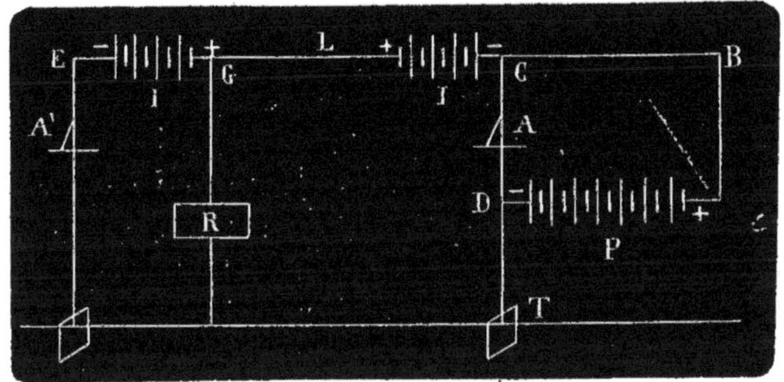

la terre. Admettons encore que le transmetteur télégraphique, placé en A et consistant dans une feuille d'argent écrite sur laquelle appuie une aiguille de platine, soit interposé sur le fil réunissant le pôle négatif de la pile P à la ligne. Enfin supposons qu'une pile I', exactement semblable à I, soit placée à la station qui reçoit dans une position symétrique par rapport à cette dernière.

Si les pôles de ces trois piles sont disposés comme l'indique la figure, les effets suivants se manifesteront infailliblement :

1° Quand l'aiguille de platine touchera l'encre de la feuille écrite, c'est-à-dire quand la communication C D sera interrompue, le courant de la pile P s'ajoutera au courant de la pile I pour traverser la ligne et réagir sur l'appareil télégraphique placé en A', sur lequel il déterminera une trace bleue. Il est vrai qu'il rencontrera le courant de la pile I' qui lui est opposé, mais ce dernier courant ne diminuera que faiblement l'action du premier, car la pile I' est beaucoup plus faible que la pile P et à plus forte raison que P + I. Une trace colorée se trouvera donc ainsi produite sous l'influence d'une rupture de courant opérée par le transmetteur situé en A.

2° Quand l'aiguille de platine de ce transmetteur touchera la feuille d'argent, le courant de la pile P ne passera que très-peu à travers la ligne, car le circuit DCBP ne présentant pas de résistance appréciable, lui offrira une issue immédiate.

On aura donc sur le récepteur en A′ un effet équivalent à une rupture de circuit, et les courants des deux piles I et I′ ne devraient pas changer ce résultat si le circuit était parfaitement isolé. Toutefois, comme les lignes télégraphiques sont loin de constituer ce circuit isolé, il s'agit de savoir ce que deviennent les courants de ces deux piles par suite des dérivations établies tout le long de la ligne. Pour peu qu'on y réfléchisse, on ne tardera pas à reconnaître que, par suite de ces dérivations, le courant de la pile I sera prédominant dans la moitié de droite de la ligne L tandis que le courant de la pile I′ sera prédominant dans la moitié de gauche. Or, cette prédominance de deux courants opposés aux deux extrémités de la ligne résout, suivant M. Caselli, le problème paradoxal dont nous avons parlé; car, dit-il : « De la prédominance du courant de la pile I′ résulte un contre-courant dirigé précisément en sens contraire de celui de la pile P dans la partie du circuit occupée en A′ par le récepteur, et ce contre-courant a naturellement pour effet de neutraliser sur ce récepteur le courant de décharge qui continue l'action électro-chimique, lequel, ainsi qu'il a été dit, empêche la netteté des traces électro chimiques en les prolongeant. D'un autre côté, le courant prédominant de la pile I joint au petit courant dérivé de la pile P et au courant même de décharge, maintient la ligne chargée sur la plus grande partie de son parcours et rend ainsi les temps de charge, au moment des émissions de courants, beaucoup moins longs (1). »

Il résulte de cette disposition que les dérivations du courant par la ligne, au lieu d'être défavorables à la marche de l'appareil, lui sont au contraire utiles, et même tellement utiles que, par les temps très-secs, on est obligé de les reproduire artificiellement en établissant en G une dérivation très-résistante R dans le voisinage du récepteur. Cette dérivation permet d'ailleurs de

---

(1) Suivant M. Blavier cette conclusion est inexacte, car quelque soit l'état électrique d'une ligne, qu'il y ait ou non des piles intercalées sur son parcours, lorsqu'à une de de ses extrémités on modifie cet état par l'introduction ou la suppression d'une force électro-motrice, la propagation s'opère dans les mêmes conditions que si la ligne était à l'état neutre. Ainsi pour augmenter ou diminuer l'intensité du courant d'une quantité donnée à l'extrémité opposée du conducteur, il faut le même temps, soit qu'un courant permanent traverse le fil de ligne, soit que ce courant soit supprimé.

« La pile I′, dit M. Blavier, a donc seulement pour effet de diminuer la sensibilité de l'instrument. Le courant doit, en effet, acquérir d'abord une intensité égale à celle que développe cette pile pour l'annuler, puis la dépasser d'une quantité déterminée dépendant de la sensibilité du papier chimique; enfin, après l'émission, le courant doit

maintenir sur une plus grande étendue la prédominance de la pile 1, et par suite la charge de la ligne. Comme cette dérivation doit nécessairement varier suivant l'état plus ou moins humide de l'atmosphère, M. Caselli la produit à l'aide du rhéostat que nous avons décrit page 344 de notre tome II et qui est représenté, fig. 13 et 14, pl. VII, lequel peut fournir des résistances de plusieurs milliers de kilomètres. Cela étant posé, nous allons étudier maintenant la construction des appareils représentés fig. 1, 2, 3 et 4, pl. VII.

Appareil télégraphique. — Cet appareil consiste essentiellement dans un pendule très-lourd (pesant 8 kilos) de 2 mètres de longueur, qui réagit alternativement au moyen de deux bras B, B', sur deux systèmes basculants identiques, M, M', constituant, l'un M le transmetteur, le second M' le récepteur. Une sonnerie S sert d'avertisseur télégraphique pour les signaux nécessaires à la mise en action des appareils.

D'après cette disposition, on voit que c'est le pendule lui-même qui constitue le mécanisme moteur de ces sortes d'appareils, et c'est pour obtenir de sa part une force suffisante, aussi bien que pour le faire osciller sous un petit angle, condition nécessaire pour l'isochronisme de ses mouvements, qu'on lui a donné les dimensions et le poids considérables dont nous avons parlé. Maintenant, il est facile de comprendre que, pour que deux appareils télégraphiques puissent marcher synchroniquement, il ne s'agit que de régler les oscillations des pendules de telle manière qu'elles se correspondent exactement. C'est à cet effet qu'ont été adaptés les électro-aimants E, E', sur lesquels réagissent les chronomètres régulateurs, et qui, grâce à eux, mettent en action l'armature de fer A, constituant la boule des pendules eux-mêmes. Nons verrons plus tard le jeu de ces électro-aimants : quant à présent, nous dirons seulement que chaque pendule réagit sur deux commutateurs F, F', au moyen d'une tige 1 articulée à frottement dur en *a*, et porte en C

---

diminuer d'intensité jusqu'à devenir égal ou inférieur au courant contraire de la pile I', afin de faire cesser toute trace sur le papier.

« La pile additionnelle I', n'aurait de raison d'être que si la décomposition chimique s'effectuait avec trop de facilité; mais il n'en est pas ainsi, et l'on a reconnu que l'appareil fonctionne mieux sans son secours. » (Voir le Traité de Télégraphie de M. Blavier, tome II, p. 276).

Nous croyons que M. Blavier fait trop bon marché du contre-courant de décharge employé par M. Caselli, car s'il ne contribue pas à l'accroissement de vitesse de la propagation électrique, il a pour effet de rendre les signaux plus nets en diminuant la longueur des décharges. Ce système a été employé avec succès par M. Lenoir, par M. Bonelli et dans les télégraphes sous-marins.

deux crochets destinés à arrêter le pendule aux deux extrémités de son oscillation, par l'intermédiaire de deux butoirs c, c', portés par un levier U.

Les mécanismes transmetteur et récepteur M, M', qui sont d'ailleurs exactement les mêmes, sauf la grandeur de l'arc d'oscillation des pièces basculantes, se composent d'un châssis MM (fig. 1 et 2), soutenu par une pièce de bronze KJ, laquelle est montée sur un axe d'oscillation GG, et se termine inférieurement par une tige L sur laquelle est articulé le bras B. Un contre-poids en plomb HH sert à équilibrer le poids de ce châssis, afin de favoriser son mouvement d'oscillation, et à le rappeler suivant la verticale. C'est sur ce châssis MM que sont adaptés les mécanismes destinés à faire marcher les pointes métalliques qui doivent transmettre ou imprimer la dépêche; et naturellement, en raison du mouvement circulaire dont celles-ci sont animées, les feuilles argentées ou recouvertes de cyanure de potassium, qui doivent transmettre ou recevoir la dépêche, se trouvent disposées en N, N, au-dessous de ces pointes, sur une surface cylindrique. Comme les impressions ne peuvent être faites régulièrement que pour un même sens de l'oscillation des pointes traçantes (1), M. Caselli a cherché à utiliser le sens contraire de ces oscillations pour une deuxième expédition, et c'est pourquoi les mécanismes sont doubles, comme on peut le remarquer sur la figure 1. Il en résulte donc que le même transmetteur ou le même récepteur peut envoyer ou recevoir simultanément deux dépêches différentes.

Le mécanisme destiné à faire mouvoir la pointe métallique qui doit transmettre ou écrire se compose, pour chaque moitié du transmetteur et du récepteur, d'abord d'une vis sans fin v, sur laquelle se meut un écrou mobile i, guidé par une tige rectangulaire nn, au moyen d'un curseur adapté à cette tige. Ce curseur, comme l'indiquent les figures 9 et 10, est

---

(1) Au moyen de certaines combinaisons dont il sera question plus tard, les conditions du synchronisme, à chaque oscillation des pendules, se trouvent remplies de la manière la plus exacte ; mais les défauts correspondant aux variations de vitesse dans l'étendue de l'oscillation ne se trouvent pas pour cela atténués, et ces défauts, avec un traçage dans les deux sens, pourraient avoir pour résultat de produire des lignes sans concordance comme ci-dessous ;

———————
      ———————
———————
      ———————

ce qui donnerait une ligne brisée pour une ligne droite verticale.

muni d'une rainure verticale dans laquelle s'engage une petite tige fixée sur un second curseur *j*, qui porte la pointe métallique et qui est mobile lui-même sur une seconde tige rectangulaire *r*. Cette seconde tige, par exemple, au lieu d'être fixe comme la première, est susceptible de tourner suivant son axe, et il résulte de cette disposition qu'un mouvement d'oscillation peut être communiqué régulièrement à cette tige, sans entraver la marche du curseur *j* dans le sens longitudinal. Par conséquent, si un mouvement saccadé de rotation est communiqué à la vis *v* à chaque mouvement d'oscillation du système basculant MM, la pointe portée par le curseur *j* pourra avancer d'une certaine quantité à chaque oscillation du pendule, et de plus, si une impulsion est communiquée à la tige *r* pour un certain sens de l'oscillation du même système, elle pourra rester appuyée sur la surface cylindrique NN pendant une demi-oscillation de ce système et être relevée pendant l'autre demi-oscillation.

Le mécanisme destiné à fournir cette double impulsion, que l'on distingue en *oft* (fig. 1) vu de champ, est représenté vu de face, fig. 7 et 8; il consiste dans une roue à rochet de dix dents *o*, montée sur l'axe même de la double vis sans fin *vv*, et sur laquelle réagit une fourchette d'encliquetage *f*. La tige de cette fourchette, venant à rencontrer deux butoirs fixes *dd* à chaque oscillation du système basculant ML, est mise elle même en mouvement d'oscillation, et provoque la rotation du rochet *o*, en même temps que celle de la vis *vv*. Le jeu de cette fourchette est d'ailleurs assuré au moyen d'un galet porté par un ressort qui appuie, soit d'un côté soit de l'autre, sur les plans inclinés d'une came angulaire adaptée à la tige de la fourchette *f* et qu'on aperçoit en *t* (fig. 1 et 8). Les boutons *ll* (fig. 8), que l'on remarque fixés à la partie supérieure de la tige de la fourchette *f*, sont destinés à faire appuyer en temps convenable les pointes métalliques sur les feuilles de papier. A cet effet, ils réagissent sur un levier *u* adapté aux tiges *rr* dont nous avons parlé, et qui se termine par une tige-butoir *x*, sollicitée en sens contraire de l'action des butoirs *dd* par un ressort antagoniste en caoutchouc. C'est ce levier *u* qui communique à la tige *rr*, à chaque action des butoirs *d* sur la fourchette *f*, le mouvement de bascule destiné à relever la pointe métallique; et c'est le ressort de caoutchouc adapté au levier *x* qui abaisse cette pointe. Comme ce levier *x* bute contre le châssis du système oscillant, le mouvement de la pointe en question se trouve limité et rendu indépendant des petites variations que pourrait entraîner sans cela le jeu de la roue *o*.

Dans la description qui précède, nous n'avons considéré qu'un seul système oscillant; or, nous avons vu que ce système était double, soit pour la réception, soit pour la transmission; mais l'inspection de la figure 1 fait comprendre facilement que ce que nous avons dit pour l'un peut s'appliquer à l'autre. Nous ferons seulement observer que, comme ces mécanismes doivent fonctionner sous deux effets mécaniques contraires, les dispositions sont toutes renversées : ainsi la vis *v*, pour le mécanisme de droite, a son filet en sens opposé de celui de la même vis dans le mécanisme de gauche; la pointe métallique est pour celui-ci en avant, tandis qu'elle est en arrière pour celui-là; enfin les curseurs vont de droite à gauche pour l'un, et de gauche à droite pour l'autre.

Si l'on a bien saisi cette description, on comprend facilement le jeu de l'appareil : quand le pendule marche vers la gauche (fig. 1 et 2), le système oscillant ML incline vers la droite; la pointe métallique de la partie gauche du transmetteur appuie sur la feuille argentée placée sur la surface cylindrique NN, alors que la pointe métallique de la partie droite est soulevée; au moment où le pendule a atteint son écart extrême, le butoir *d* repousse la tige de la fourchette *f*, fait avancer la vis *vv* d'une certaine quantité, et soulève la pointe métallique du transmetteur de gauche en même temps qu'elle fait abaisser la pointe du transmetteur de droite. Il en résulte donc une série de frottements des pointes métalliques qui, si elles pouvaient laisser des empreintes continues, fourniraient une série de lignes éloignées d'une fraction de millimètre les unes des autres et couvrant une feuille de papier sur une largeur de 10 centimètres et sur une hauteur de 12 centimètres. On comprend donc que si, dans cet espace, la feuille argentée du transmetteur est couverte par une dépêche écrite, il résultera du passage successif de la pointe de platine à travers cette écriture une série d'interruptions de courant qui, en raison de la disposition que nous avons décrite précédemment et du mouvement parfaitement synchronique des appareils aux deux stations, seront reproduites électro-chimiquement à la station qui reçoit, par une succession de petites lignes fines et serrées, placées dans le même ordre et dans des positions respectives identiques; ce qui constituera le fac-simile de la dépêche écrite, comme on le voit fig. 15.

Nous avons dit que l'arc d'oscillation du système basculant M' L' (fig. 2) appliqué à la réception était de moindre étendue que celui du système basculant ML appliqué à la transmission. Cette réduction a été combinée au double point de vue de l'augmentation de la rapidité de la transmission et de l'accroissement de l'effet électrique déterminé. Voici comment : si on admet que, pour rendre l'écriture suffisamment lisible, il faille que les lignes tracées par les pointes de fer soient écartées l'une de l'autre de 3/10 de millimètre, on comprendra aisément que si, par un moyen quelconque, on parvient à rapprocher ces lignes sur le récepteur, on pourra en diminuer le nombre, et partant on gagnera du temps pour l'expédition de la dépêche. Or, ce résultat est fourni par la disposition que nous avons indiquée. En effet, si on maintient sur le récepteur l'écart de ces lignes à 3/10 de millimètre, ce que l'on obtiendra, je suppose, avec un rochet *o* de 12 dents, (fig. 1 et 8), on pourra, en adaptant au mécanisme du transmetteur un rochet de 10 dents, obtenir sur celui-ci un plus grand espacement des lignes, et, par conséquent, il en faudra un moins grand nombre pour couvrir la surface occupée par l'écriture. Il est vrai que l'écriture à la station de réception sera un peu raccourcie, mais comme ce raccourcissement a lieu dans deux sens, en raison de la moindre étendue du rayon d'oscillation de la pointe traçante, elle ne sera pas déformée et pourra être très-lisible; ce qui n'aurait pas eu lieu si les lignes avaient été aussi espacées que sur le transmetteur. Maintenant, comme l'action du courant, qui ne change pas à la transmission, s'effectue à la réception sur un plus petit espace, elle devient plus énergique et peut fournir un même effet électrochimique avec une source électrique moins intense.

La figure 11 montre comment les pointes métalliques qui doivent fournir la transmission ou l'impression de la dépêche sont disposées sur le curseur de la tige *rr*; c'est tout simplement un fil très-fin de fer ou de platine qui passe à travers un bec métallique et qui se trouve en provision de manière à être poussé au fur et à mesure de son usure. Ce bec est monté sur une lame de ressort *ṙ* et se trouve soutenu par une palette *m*. La grosseur du fil métallique n'est pas indifférente, comme on pourrait le croire : il est absolument nécessaire qu'il soit très-fin si on veut avoir des épreuves nettes et sans bavures.

D'un autre côté, la fig. 12 montre la disposition des pièces NN sur lesquelles doivent être placées les feuilles destinées à la réception et à la transmission de la dépêche : ce sont des portions de cylindres métalliques qui peuvent s'emboîter par leur partie inférieure entre deux petits rails de fonte convenablement adaptés sur la table XX (fig. 1 et 2) et qu'il suffit de faire glisser sous le châssis MM. Ces pièces doivent être en certain nombre, afin qu'on puisse préparer d'avance les dépêches et opérer promptement les substitutions. Ceux de ces espèces de tambours qui sont destinés à la transmission, sont recouverts en drap et portent deux lames de ressort qui servent à maintenir la feuille de papier argenté sur laquelle la dépêche est écrite : ils sont, bien entendu, plus grands que ceux destinés à la réception. Ceux-ci sont en étain et n'offrent d'ailleurs rien de particulier.

La figure 2 montre comment les bras B sont articulés aux pièces basculantes ML; l'un de ces bras est même détaché, parce que l'appareil est censé en transmission et qu'il est inutile de donner une double besogne au pendule.

Pour terminer avec l'appareil télégraphique, il ne nous reste plus qu'à nous occuper de la sonnerie représentée vue de profil en S, fig. 2, et vue de face, fig. 6. C'est un simple marteau adapté à une armature électro-aimant de Cecchi, qui peut fournir des coups distincts sur un timbre et qui fonctionne, bien entendu, sous l'influence de courants renversés. Cette sonnerie porte un petit bouton transmetteur z qui est relié avec les commutateurs F, F', de telle manière que la sonnerie ne peut fonctionner que quand la pièce m de ces commutateurs est mise en contact avec la pièce n. Cette disposition a été établie pour que les courants destinés aux avertissements ne troublent pas ceux destinés à l'impression des dépêches, et en même temps pour que la sonnerie ne puisse pas fonctionner sous l'influence des courants de charge, comme cela est arrivé souvent à M. Caselli, avec les sonneries ordinaires. Le nombre des signaux nécessaires pour faire fonctionner les appareils étant très-restreint et se bornant à une vingtaine environ, M. Caselli a combiné un petit vocabulaire qu'il est très-facile d'interpréter, et qu'on peut facilement retenir. Maintenant voici comment on fait usage de cette sonnerie : supposons qu'à l'une des stations on veuille demander l'arrêt de la machine et que cette demande soit représentée par trois coups sur le timbre ; on appuiera le doigt sur le transmetteur z et, au bout de trois oscillations du pendule, les trois coups seront envoyés à la station correspondante, ce dont on sera prévenu, car les deux sonneries, étant interposées dans le même circuit, sonneront en même temps. On n'aura donc qu'à retirer le doigt après le troisième coup.

Chronomètre régulateur. — Dans son premier appareil, M. Caselli avait rendu le mécanisme destiné à régler le synchronisme solidaire de son télégraphe ; mais l'expérience n'a pas tardé à lui démontrer qu'il valait beaucoup mieux le rendre indépendant et le placer dans les conditions ordinaires de la chronométrie. Les appareils auxquels il s'est arrêté ne sont donc autre chose que de simples mécanismes d'horlogerie réglés par des pendules dont on peut modifier la vitesse au moyen du dispositif que nous avons représenté (fig. 3 et 4, pl. VII), et qui est aussi remarquable par sa simplicité que par le double rôle qu'il a à remplir. Ce dispositif qui doit servir d'interrupteur de courant, consiste dans un levier a articulé en c sur lequel appuie un ressort r, que peut presser plus ou moins une vis de rappel micrométrique v. Une vis e, qui peut être rencontrée à chaque oscillation du pendule par un butoir b, peut être placée à distance convenable pour rendre les mouvements du pendule plus ou moins libres ; mais par suite de l'effort exercé par le ressort *r*, les deux arcs parcourus par le pendule à gauche et à droite de la verticale ne sont plus égaux, et il en résulte une variation dans la durée de l'oscillation totale. En serrant ou en desserrant la vis *v* à l'une ou à l'autre des stations, on peut donc parvenir à mettre les pendules en accord de mouvement, et ce moyen de réglage est si sensible qu'on peut régulariser leur marche à un millième de seconde près. Ce résultat si avantageux a engagé M. Caselli à appliquer ce système au réglage des horloges de précision. Voici maintenant comment le réglage des deux appareils peut être fait, et comment il peut établir en même temps le synchronisme du mouvement des pendules télégraphiques.

Le courant de la pile de ligne que nous représentons en A (fig. 3) doit passer par la pièce *d* et la pièce *a* du chronomètre avant d'arriver aux électro-aimants E, E' qu'il doit animer. Encore faut-il qu'il passe par l'un ou l'autre des commutateurs F', F (fig. 2) et que la pièce mobile *m* ait mis en contact le ressort *o* (fig. 2) avec le butoir *y* qui est en rapport, par le fil 3, avec *a* (fig. 3). Ce dernier effet est obtenu lorsque le pendule est près d'avoir atteint son écart extrême, soit à droite, soit à gauche, car alors la pièce articulée à frottement dur I (fig. 2) vient pousser d'un côté ou de l'autre la pièce *m*. Dans ce cas, si le pendule du chronomètre régulateur ne réagit pas sur les pièces *d* et *a* (fig. 3), le courant est fermé dans l'un ou l'autre des électro-aimants E et E', et le pendule du télégraphe se trouve maintenu écarté jusqu'à ce que celui du chronomètre régulateur, ayant accompli sa double oscillation, soit venu couper le courant, en soulevant la pièce *a*; alors le pendule du télégraphe devient libre et peut accomplir son oscillation contraire jusqu'à ce qu'ayant rencontré l'autre électro-aimant, il se trouve de nouveau retenu écarté. Mais alors le pendule du chronomètre régulateur, en rompant de nouveau le courant, le rend libre à son tour, et les choses se renouvellent ainsi indéfiniment.

On voit que, par cette disposition, le mouvement du pendule télégraphique à chaque station, est forcément solidaire de celui du pendule du chronomètre régulateur correspondant, et, comme les deux chronomètres régulateurs peuvent avoir leur marche synchronique parfaitement réglée, ainsi qu'on l'a vu précédemment, le problème se trouve ainsi résolu. Dans la pratique pourtant, plusieurs conditions doivent être remplies. Ainsi, il est essentiel que la fermeture du courant à travers les électro-aimants précède l'arrivée du pendule à ses écarts extrêmes, attendu que le même écart ne pourrait être atteint pendant longtemps si l'attraction des électro-aimants ne venait pas restituer continuellement de la force au pendule. C'est à cet effet que M. Caselli a fait opérer la fermeture du circuit sur les commutateurs F et F' au moyen d'une pièce articulée à frottement dur. D'un autre côté, il est nécessaire que l'arrêt du pendule télégraphique, à ses écarts extrêmes, dure un certain temps, d'abord afin que la quantité de mouvement dont il est animé soit complétement perdue avant qu'il reprenne son oscillation inverse; en second lieu, pour que son départ s'opère toujours dans les mêmes conditions, et enfin pour qu'on puisse prendre sur ces temps de repos l'accélération ou le retard de la marche de l'appareil.

Pour obtenir ce temps d'arrêt des pendules télégraphiques il semblerait, à première vue, que le mouvement des pendules chronométriques devrait être plus lent que celui des pendules télégraphiques ; mais il n'en est pas ainsi, car la force attractive des électro-aimants E, E' accélère considérablement, aux extrémités de leur course, la marche de ces derniers pendules, et il faut au contraire que ceux-ci marchent un peu moins rapidement que les pendules chronométriques.

La bonne réussite des épreuves électro-chimiques dépendant de la stabilité des effets électriques, et ces effets étant différents par suite des variations de la vitesse du pendule pendant son oscillation, M. Caselli avait, dans l'origine, cherché à uniformiser, au moyen d'un système de leviers combinés, sinon le mouvement du pendule, du moins celui des pièces conduites par lui et destinées à la transmission. Mais en y réfléchissant plus sérieusement, M. Caselli n'a pas tardé à s'apercevoir que cette plus grande vitesse du pendule au milieu de son oscillation, loin d'avoir des inconvénients, pouvait avoir, au contraire, des avantages en diminuant le temps des fermetures du circuit de ligne au milieu de chaque trajet des pointes métalliques. A cette époque de la transmission, en effet, la ligne se trouve plus chargée qu'au commencement, et si les actions électriques avaient toujours la même durée, elles seraient plus fortes au milieu de la dépêche qu'aux extrémités et, par suite, le fac-simile produit n'aurait pas une teinte uniforme; mais par suite du mouvement plus accéléré des pointes traçantes en ces moments, cet inconvénient disparaît, et l'uniformité de l'action électrique se trouve ainsi obtenue sans aucun frais.

Comme c'est la pile de ligne qui anime les électro-aimants E, E', ainsi qu'on l'a vu précédemment, il en résulte que son action sur la ligne, pour la transmission des dépêches, ne peut se manifester pendant le temps entier de l'oscillation du pendule télégraphique. Par conséquent, le travail utile des pointes métalliques ne s'effectue que sur un arc plus petit que celui qu'elles accomplissent réellement; c'est pourquoi la largeur de la dépêche, au lieu d'avoir 10 centimètres, comme nous l'avons dit précédemment, ne peut avoir, par le fait, que 8 centimètres 1/2 : mais cette circonstance n'a rien de défavorable, car elle permet le réglage du synchronisme, comme on le verra à l'instant.

Il nous reste maintenant à examiner comment on peut établir le synchronisme de marche des appareils à des stations éloignées l'une de l'autre. Pour y parvenir, la feuille de papier argenté sur laquelle la dépêche doit être écrite est pourvue de trois raies *ad*, *be*, *cf* (fig. 113), tracées à l'encre, comme on le voit ci-dessous. La première raie *ad* sert de ligne de repère pour placer la pointe de platine du transmetteur, mais les raies *be* et *cf* limitent complé-

Fig. 113.

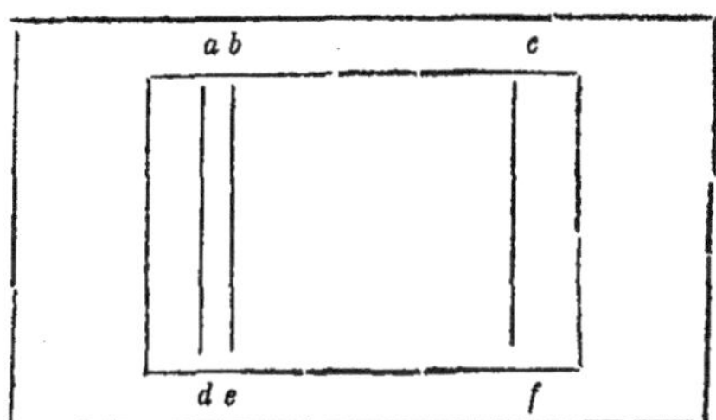

tement le champ de la dépêche, c'est-à-dire que tout ce qui serait écrit en dehors de la surface *be fc* ne pourrait être reproduit à la station qui reçoit. On place cette feuille sur le récepteur et, après les avertissements convenables, on met les appareils en train aux deux stations ; ce que l'on fait en déclanchant les pendules télégraphiques qui, en temps de repos, doivent toujours être en contact avec l'un ou l'autre des électro-aimants E, E'. Comme les raies *be*, *cf* représentent les limites extrêmes du champ électro-chimique, il devra nécessairement arriver, si les appareils ont un mouvement synchronique parfait, que ces lignes ne seront pas reproduites à la station qui reçoit : mais, par contre, s'il y a discordance dans la marche de ces appareils, l'une ou l'autre devra apparaître et, suivant que ce sera celle de gauche ou celle de droite qui se montrera, on se trouvera averti si on doit retarder ou accélérer la marche du pendule chronométrique de la station de réception.

Comme il est important, pour ne pas perdre trop de temps au réglage des appareils, que les pendules télégraphiques soient mis en mouvement ou arrêtés en temps opportun, M. Caselli a adapté au levier renclancheur U (fig. 2) un interrupteur P, et dispose ce levier de manière à produire deux effets différents, suivant qu'il est plus ou moins abaissé. S'il est peu abaissé, le pendule se trouve suffisamment accroché pour rester à la limite extrême de sa course ; mais le circuit ne se trouvant pas coupé, les électro-aimants E, E' continuent à s'animer à chaque fermeture du courant opérée sur le chronomètre régulateur, et il en résulte une série de petits battements qui peuvent avertir du moment où le pendule du chronomètre abandonne le levier a (fig. 3). C'est bien entendu au moment des attractions qu'il faut déclancher le pendule télégraphique quand on veut transmettre une dépêche. Quand maintenant le levier U (fig. 2) est complétement abaissé, il produit en P une interruption définitive du courant, et l'appareil est désormais complétement inactif. C'est ce qui doit arriver quand on ne transmet pas.

Avec la disposition actuelle du système télégraphique de M. Caselli le sens de l'oscillation des pendules, par rapport aux dépêches transmises, est indifférent ; car l'écriture se trouvera toujours reproduite soit sur l'un soit sur l'autre des cylindres des deux récepteurs.

Disposition générale des appareils. — Les figures 2 et 5, pl. VII représentent deux stations en correspondance télégraphique ; les fils de communication sont indiqués par des lignes pointillées, et c'est l'appareil de la fig. 2 qui transmet. A cet effet, la manette Q d'un commutateur fixé sur l'appareil télégraphique établit la communication entre la ligne et le système basculant ML, qui est isolé du bâti en fonte de l'appareil. Or nous allons voir maintenant ce qui arrive quand l'appareil est mis en marche, et, pour commencer, nous supposerons que la pointe métallique R soit sur une partie encrée de la feuille d'argent.

En ce moment, et avec la disposition du pendule sur la figure, le courant de la pile A (fig. 3) passe à travers la ligne en se réunissant à celui de la pile B, car il passe du pôle + au bouton d'attache n° 2 du chronomètre régulateur et de ce bouton au câble conduisant à l'appareil télégraphique ; il arrive à la manette Q (fig. 2) par la plaque sur laquelle celle-ci appuie et de cette manette au contact p, puis à la pièce articulée m, au contact p', à la pièce m', et il rentre de là dans la ligne L, passe à travers les piles B et B' (fig. 3 et 4), et arrive à l'appareil de réception ; il traverse ensuite le bouton L du chronomètre régulateur (fig. 4), le câble allant de cet appareil au télégraphe (fig. 5), la pièce m'', le contact p'', la pièce m''', le contact p''', et enfin le système basculant M''L''. Là il produit l'impression sur le papier chimique, puis traverse ce papier, passe par le métal du bâti de fonte de l'appareil qui est en contact métallique avec le tambour du papier chimique, rentre dans le câble de l'appareil télégraphique par le fil T, et va en terre par le bouton T du chronomètre régulateur de cette station. Il revient alors au bouton T du chronomètre régulateur de l'appareil transmetteur (fig. 3), retourne par le câble de cet appareil à la sonnerie sans la faire fonctionner, puisque c'est le pendule qui a seul ce pouvoir, et de là au fil n° 1, qui correspond au pôle négatif de la pile A par l'intermédiaire du bouton 1 du chronomètre régulateur.

Supposons maintenant que la pointe métallique R du transmetteur (fig. 2) soit sur la partie métallique de la feuille argentée. Le courant de la pile A ira au bouton 2 du chronomètre régulateur de l'appareil, à la plaque de l'interrupteur Q, et de là dans le système oscillant du transmetteur, traversera le papier argenté, le métal du bâti de l'appareil, rentrera dans le câble par le fil 1 et regagnera la pile A par le bouton 1 du chronomètre régulateur : aucun courant ne passera donc dans la ligne, et les piles B et B', produiront l'effet que nous avons analysé page 304.

Admettons actuellement que le pendule de l'appareil télégraphique qui transmet soit à l'extrémité de son oscillation de gauche. En ce moment, la pièce *m* sera en contact avec *n* et *o*, et communiquera avec *y*. Le courant de la pile A ira du bouton 2 du chronomètre régulateur à la pièce *d* de ce même appareil, puis à la pièce *a*; de là au fil n° 3, reviendra par le cable en *y*, puis en *o*, puis dans l'électro-aimant E, et retournera à la pile par le bâti de l'appareil, le fil de la sonnerie correspondant à T, le fil 1 du câble et le bouton 1 du chronomètre. En même temps, le circuit de ligne sera coupé par la disjonction de la pièce *m* et du contact *p*. L'électro-aimant E sera donc actif jusqu'à ce que le contact du levier *a* avec *d* (fig. 3) soit détruit par l'action du pendule de ce chronomètre sur le levier *a*. Il en serait de même pour l'oscillation de droite du pendule télégraphique, car le fil 3 se bifurque entre les deux commutateurs F, F'.

Enfin, admettons qu'on appuie le doigt sur le bouton transmetteur de la sonnerie à la station (fig. 5) et que le pendule télégraphique soit comme précédemment à l'extrémité de son oscillation de gauche ; le courant arrivera à l'appareil par le fil L, ira de là à la pièce *m'* puis au contact *p'*, à la pièce *m* au contact *n*, puis au contact *n'*, au commutateur de la sonnerie, à l'électro-aimant de cette sonnerie, puis au fil de terre T. Un coup sera donc frappé sur le timbre, et ce coup se renouvellera à chaque oscillation double du pendule A, si l'on maintient le doigt appuyé sur le bouton transmetteur de la sonnerie de l'autre station ; mais le courant sera renversé à chaque coup à travers celle-ci, par la bascule de son commutateur.

Comme c'est le courant de la pile de ligne qui doit animer les électro-aimants E, E', ceux-ci ont dû être recouverts d'un fil fin de grande longueur.

Préparation et disposition des feuilles destinées à la transmission et à la réception des dépêches autographiées. — La préparation électro chimique du papier destiné à recevoir l'impression des dépêches a occupé longtemps M. Caselli. Après bien des essais, il en est revenu cependant à la préparation au cyanure de potassium, mais dans les conditions dont nous avons parlé, page 138, tome II. Nous ajouterons qu'en lavant avec soin les bandes ainsi imprimées, on a pu rendre les dépêches beaucoup plus nettes qu'au sortir de l'appareil, par suite de la dissolution des sels colorés bordant les traces électro-chimiques, et qui forment autour d'elles des bavochures.

Les feuilles métallisées propres à transmettre les dépêches avaient été, dans l'origine, préparées par M. Caselli d'une manière particulière : on prenait des feuilles de papier blanc sur lesquelles on appliquait à la presse une légère couche d'argent en feuilles, et on avait soin de laisser de larges marges découvertes. Depuis, on a eu recours à des feuilles de cuivre argenté, et finalement, à de simples feuilles d'étain collées sur du gros papier. L'encre employée pour l'écriture de la dépêche n'a pas besoin d'être parfaitement isolante; il faut même qu'elle ne le soit pas trop pour maintenir la ligne toujours un peu chargée. L'encre ordinaire au gallate de fer est celle qui donne les meilleurs résultats, surtout quand on y ajoute un peu de gomme. Les traits doivent être fortement accusés et aussi écartés que possible les uns des autres. Enfin, la feuille d'étain ne doit être ni pliée ni chiffonnée, et sa surface doit être exempte de taches ou d'empreintes grasses, qui, bien qu'invisibles, se reproduiraient en teintes bleues sur le papier électro-chimique.

Avant de placer la feuille d'étain sur le plateau, on la frictionne vivement avec un tampon gras, ce qui nettoie le métal et facilite le passage de la pointe de fer sans cependant empêcher son contact avec l'étain. Ce graissage qui a été la conséquence de la mise en pratique de ce genre d'appareils, a fait disparaître les accidents assez nombreux résultant de l'inégalité de la surface métallique, des étincelles, des brûlures de l'encre, etc. Quant aux feuilles elles-mêmes, elles doivent porter, ainsi que nous l'avons déjà dit, trois raies faites à l'encre, et en outre, dans quelques cas particuliers assez rares, une série de raies parallèles très-fines, tracées à la gomme laque perpendiculairement au sens que doit avoir l'écriture. Ces dernières raies peuvent jouer un rôle important dans les transmissions sur de très-longues lignes télégraphiques, et voici à quelle occasion M. Caselli s'est trouvé conduit à imaginer ce moyen. Ce savant avait remarqué que, sur les dépêches transmises à travers des lignes très-longues, la partie supérieure des lettres dépassant le corps de l'écriture ne se reproduisait pas toujours très-bien, alors que le corps de l'écriture était irréprochable. Après avoir étudié avec soin la cause de cette anomalie, il ne tarda pas à reconnaître qu'elle devait être attribuée aux effets de charge de la ligne. On comprend, en effet, que si une émission de courant à travers une ligne un peu longue est faite pendant un temps très-court, la ligne a le temps à peine de se charger, et il peut arriver que l'intensité électrique ne soit pas assez forte pour produire l'action chimique voulue. Mais si plusieurs émissions de courant se succèdent à des intervalles de temps très-rapprochés, la ligne n'a plus le temps de se décharger, et la charge primitive produite par une première émission de courant sert à renforcer l'action de celui-ci lors d'une deuxième émission. Or, ces effets doivent nécessairement se produire dans la transmission d'une dépêche écrite, car les traits qui dépassent le corps de l'écriture ne fournissent que des émissions de courant de très-faible durée, qui ne se renouvellent pas à des intervalles rapprochés, tandis que le contraire a lieu pour le corps de l'écriture. C'est pour placer ces traits dépassant l'écriture dans des conditions analogues à celles du corps même de l'écriture que M. Caselli s'est trouvé conduit à faire tracer les lignes à la gomme laque, dont nous avons parlé, et qui peuvent d'ailleurs être écartées de 6 ou 8 millimètres. Il est vrai que ces lignes se trouvent reproduites sur le papier électro-chimique; mais elles sont très-peu apparentes et la dépêche n'en est pas moins lisible.

Vitesse de transmission de l'appareil Caselli. — La vitesse de transmission qu'on peut obtenir avec l'appareil Caselli dépend de la longueur parcourue par la pointe traçante du transmetteur dans un temps donné, de l'espacement des lignes, de la finesse des traits de l'écriture et de la longueur du circuit.

Dans la disposition actuelle des instruments, la longueur de chaque ligne décrite par la pointe traçante est de 111 millimètres. Cette ligne étant parcourue en deux tiers de seconde, des traits de un demi-millimètre d'épaisseur, se suivant à un intervalle à peu près égal, peuvent se reproduire assez nettement sur une longueur de circuit de 500 kilomètres. La durée du contact, dans ces conditions, est donc de $\frac{1}{333}$ de seconde ou 0",003; mais dans la pratique, cette vitesse de transmission est loin d'être atteinte, et la vitesse moyenne de transmission sur la ligne de Paris à Lyon a été calculée à raison de 33 dépêches à l'heure. Sur une ligne plus longue, cette vitesse serait naturellement beaucoup moindre dans les mêmes conditions d'écriture; mais avec une écriture plus grosse et plus tassée elle pourrait être augmentée. D'après cela, on pourrait conclure que les appareils devraient être réglés suivant les longueurs des lignes et la nature du travail qu'on demande à ces appareils. Or ce réglement peut être obtenu par l'agrandissement ou la réduction de l'amplitude de l'arc d'oscillation de la pointe traçante du transmetteur. Si l'écriture est grosse ou si le circuit est court, l'arc d'oscillation pourra être augmenté avec avantage, car la plus grande quantité d'émissions de courants qu'entraînera la dépêche qui sera alors plus longue, sera compensée par la plus grande durée de l'action électrique ou par son effet plus prompt. Au contraire, si le circuit est long ou que l'écriture soit fine, l'arc devra être réduit pour fournir dans le même temps un moins grand nombre de contacts. Toutefois, comme des appareils aussi compliqués ne peuvent être ainsi réglés, il faut établir un type moyen qui puisse le mieux s'adapter aux différentes sortes d'écritures et aux différentes longueurs de lignes, et le type moyen adopté par M. Caselli paraît être le plus convenable. Nous faisons cette réflexion parcequ'on avait dit, à une certaine époque, qu'on pouvait doubler la vitesse de l'appareil Caselli en augmentant du double l'amplitude de l'arc d'oscillation de la pointe traçante; mais ceci ne peut être avancé que quand on pose, comme données du problème, la longueur de la ligne et la grosseur de l'écriture.

Avantages du système télégraphique de M. Caselli. — Tout le monde sait que M. Caselli a obtenu avec son télégraphe des épreuves admirables de netteté, et qu'il est même parvenu à reproduire des dessins faits à la plume avec un aspect plus attrayant que les originaux, en raison du moelleux des traits électro-chimiques qui ont un peu l'apparence des traits de la gravure à la molette. Il a pu même obtenir des dessins diversement coloriés (1). Sa vitesse maximum de transmission est, comme nous l'avons déjà dit, de 75 lettres par minute, ce qui peut fournir 40 dépêches à l'heure ; mais son avantage le plus grand est que, par suite de sa disposition, les mélanges accidentels qui se manifestent sur les lignes et qui sont si désastreux pour les transmissions télégraphiques ordinaires, deviennent à peu près insignifiants. Il ne peut, en effet, en résulter que la superposition de quelques traits

(1) Pour obtenir ces colorations différentes, M. Caselli a employé un moyen analogue à celui de la peinture sur étoffe. Comme la couleur des traces électro-chimiques obtenues par les moyens en question dépend de la nature métallique de la pointe traçante et de la solution qui a baigné le papier destiné à les recevoir, on peut, en variant cette pointe et ces solutions et en faisant repasser plusieurs fois la feuille à travers le récepteur, obtenir des traits avec telle couleur que l'on désire. Il faut seulement pour cela, autant de types de transmission que de couleurs à imprimer. Ainsi, au poste de départ, le dessin est tracé sur plusieurs feuilles de papier d'étain dont chacune donne les parties correspondantes à une couleur déterminée du dessin ; à l'autre station, à la fin de chacune des transmissions, on remplace la pointe ou on humecte le papier d'une dissolution différente, et la superposition de ces diverses impressions fournit le dessin avec ses colorations différentes. On a transmis de cette manière des fleurs présentant des teintes bleues, roses et vertes bien accentuées. On ne doit voir cependant dan ce résultat qu'un sujet d'expériences curieuses sans aucune application pratique.

étrangers à la dépêche ou l'affaiblissement de quelques parties des lignes qui la composent ; ce qui n'empêche pas la dépêche d'être toujours lisible et un dessin d'être fidèlement reproduit. Un fait de ce genre s'est produit lors des expériences entre Amiens et Paris, et alors qu'on transmettait un portrait de l'Impératrice Eugénie. Le mélange s'était produit avec une ligne sur laquelle on expédiait une dépêche en langage Morse. Le portrait a pu être néanmoins reproduit fidèlement; mais on distinguait dans certaines parties plusieurs signaux Morse qui résultaient du mélange. Lors de leur service entre Paris et Lyon, les appareils de M. Caselli ont pu fonctionner sans trouble sur une ligne sillonnée par des courants atmosphériques très-intenses, et alors que les appareils Morse ne pouvaient pas fonctionner du tout.

Modifications de l'appareil Caselli. — En 1863, un traité fut conclu entre M. Caselli et l'administration des lignes télégraphiques françaises pour l'introduction de son appareil dans le service télégraphique, et une loi fut même votée à cette occasion par le Corps législatif pour la taxe de ces sortes de dépêches, taxe qui devait naturellement être plus élevée que celle des dépêches ordinaires. On peut voir dans l'intéressant ouvrage de M. Etiénaud sur l'histoire administrative de la télégraphie en France, les différentes circonstances qui ont amené cette décision. Toujours est-il que cet appareil fut installé au bureau central de l'administration, dans un local spécial, et fit pendant plusieurs années le service entre Paris et Lyon. Puis, comme ce service n'était pas assez actif pour compenser les frais qu'il entraînait, on le supprima, et nous ne voyons pas qu'on soit actuellement dans l'intention de le reprendre. Nous en avons donné les raisons au commencement de ce chapitre.

Pendant le temps de son fonctionnement, plusieurs personnes, et entre autres M. Lambrigot fonctionnaire de l'administration, ont cherché à le perfectionner, et on lui a fait subir de notables changements. Je ne sais jusqu'à quel point ces changements lui ont été profitables, car leur importance a du moins été contestée par M. Caselli. Toutefois parmi tous ces perfectionnements, il en est deux que l'on peut considérer comme importants au point de vue pratique; l'un se rapporte à la disposition du style de réception, l'autre à la reproduction des dépêches sur papier métallique pour la réexpédition.

1er *Perfectionnement.* — En raison de la finesse extrême des fils d'acier qui fournissent la reproduction électro-chimique de la dépêche, les styles de réception s'usent très-vite, et on était obligé de les changer très-souvent, ce qui était un inconvénient très-grand. Au moyen d'un dispositif très-simple imaginé par M. Lambrigot, on n'a plus à s'occuper de ces pointes, car le fil d'acier se trouve avancé au fur et mesure de son usure.

Ce dispositif consiste dans une roue à rochet dentée très-finement, qui est adaptée au bout du ressort porte style et qui porte sur son axe un petit cylindre formant laminoir avec un autre cylindre porté par un second ressort. Le fil passe entre ces deux cylindres et à travers un petit trou pratiqué dans le ressort replié du porte style, lequel trou lui sert en quelque sorte de guide pour le maintenir en position convenable sur le papier. Le diamètre de la roue à rochet est calculé de manière que la pointe appuyant convenablement sur le tambour du récepteur, cette roue puisse rencontrer celui-ci en même temps que la pointe, et être sollicitée, par suite des allées et des venues du porte style, à accomplir un mouvement saccadé de rotation. Tant que la pointe d'acier n'est pas usée, le mouvement qui tend à être communiqué au rochet se trouve annulé; mais quand cette pointe est émoussée, ce mouvement en se produisant, fait tourner le laminoir qui repousse le fil jusqu'à ce que la roue à rochet se trouve de nouveau arrêtée.

2e *Perfectionnement.* — Au moment où ce perfectionnement a été découvert, les relais rapides laissaient beaucoup à désirer, surtout quand on les appliquait aux télégraphes autographiques. Les essais qui en avaient été faits avec le télégraphe Caselli avaient été tellement peu satisfaisants qu'on avait dû y renoncer, et on devait saluer avec beaucoup de satisfaction toute découverte qui pouvait permettre de transmettre à toute distance les dépêches écrites. Aussi, quand M. Lambrigot trouva le moyen de pouvoir réexpédier les dépêches, fit-on beaucoup de bruit de cette invention. Aujourd'hui elle a un peu perdu de son importance, depuis les relais d'Arlincourt qui ont permis d'envoyer de Paris à Marseille, à travers un circuit de 1200 kilomètres, des dépêches autographiées parfaitement correctes. Néanmoins la découverte dont nous parlons a son intérêt à un autre point de vue comme nous le verrons à l'instant.

Le moyen employé par M. Lambrigot pour obtenir la réexpédition des dépêches consiste à appliquer le papier imprégné de cyanure de potassium sur une feuille d'étain, et, quand la dépêche est expédiée, de plonger cette feuille d'étain dans un bain composé d'une décoction de noix de galle légèrement acidulée avec de l'acide nitrique. La dépêche apparaît alors sur l'étain écrite en encre blanchâtre, et cette encre est suffisamment isolante pour fournir une nouvelle transmission quand on place la lame d'étain sur l'appareil transmetteur. Cet effet résulte de ce que, sous l'influence de l'hydrogène dégagé sur la lame d'étain au point qui fait face à la pointe traçante, la légère couche d'oxyde qui existe à la surface de cette lame se trouve réduite, et le métal est mis à nu. Or l'acide gallique en attaquant seulement les parties du métal ainsi mises à nu, forme au-dessus d'elles un gallo-tannate d'étain, qui est un composé blanchâtre stable assez adhérent et qui reproduit ainsi les différents caractères de l'écriture. Cette reproduction de l'écriture sur l'étain peut être aisément obtenue en noir, en plongeant la feuille d'étain dans une dissolution d'un sel de protoxyde de fer.

Le cyanure de potassium dont est imprégnée la feuille de papier facilite l'action du courant sur le plateau d'étain, mais il n'est pas indispensable. On peut substituer à cette feuille une autre feuille simplement mouillée avec de l'eau, et le phénomène se reproduit, ce qui montre que c'est bien à l'action de l'hydrogène qu'on doit l'attribuer.

La copie de la dépêche ainsi reproduite sur la feuille d'étain est beaucoup plus nette que l'épreuve obtenue sur le papier chimique; les bavures disparaissent, et les colorations accidentelles ne sont pas visibles en général. M. Blavier assure même que quelquefois des dépêches presqu'illisibles sur papier ressortent bien marquées et bien nettes sur l'étain. Aussi a-t-on été conduit à conserver dans les bureaux, comme épreuves de contrôle, la euille de papier électro-chimique et à livrer aux destinataires la feuille d'étain portant en noir le *fac-simile* de l'original avec lequel on pourrait presque le confondre.

Quoiqu'on ait pu dire des avantages de cette découverte au point de vue de la réexpédition, nous croyons que le résultat le plus important est de fournir une double reproduction de la dépêche, qui permet, de cette manière, de conserver au bureau de l'administration une épreuve de contrôle, laquelle pourrait être utile en cas de contestation.

Parmi les autres perfectionnements ou modifications regardées comme telles, nous citerons la suppression de la pile de décharge, dont la combinaison avait demandé à M. Caselli tant de recherches et d'études. Nous avons déjà vu que M. Blavier, dans son traité de télégraphie, justifie cette suppression, prétendant que, d'après les lois de la transmission électrique, cette pile, placée au poste de réception, n'a d'autre effet que d'affaiblir, sans qu'il en résulte aucun avantage, l'intensité des marques laissées sur le papier chimique, et l'on sait qu'il s'appuie, pour soutenir cette opinion, sur ce fait que pour augmenter ou diminuer l'intensité d'un courant d'une quantité donnée à l'extrémité opposée d'un conducteur, il faut le même temps, soit qu'un courant permanent traverse le fil de ligne, soit que ce courant soit supprimé. Ce qui est certain, c'est que les dépêches, par suite de la suppression de la pile de décharge sont devenues plus colorées sinon plus nettes, et qu'en somme les résultats ont été meilleurs. On se borne quand les traits s'allongent au poste de réception, ce qui indique une décharge insuffisante du conducteur, à produire une dérivation artificielle au moyen d'une bobine de résistance faisant communiquer le fil de ligne avec la terre, et quand au poste de départ on observe des étincelles dues au courant de retour, on ajoute au circuit une bobine de résistance qui diminue l'intensité de ce courant et empêche les étincelles de se produire. D'un autre côté, on a voulu simplifier la construction de l'appareil en supprimant un des côtés et en y substituant un commutateur ayant pour effet de changer à volonté le transmetteur en récepteur, et réciproquement. Cette substitution a eu pour effet, de rendre inutile la disposition réduite que M. Caselli avait donnée aux cylindres des récepteurs et dont nous avons expliqué page 309 la raison d'être, mais il ne paraît pas que cette modification ait eu des inconvénients sensibles. Enfin pour éviter les contacts multipliés de la sonnerie que nous avons décrite page 311 et qui pouvaient nuire aux communications électriques, on l'a remplacée par une sonnerie électrique ordinaire à coups isolés.

On a aussi substitué avec avantage aux fils de platine des styles transmetteurs, des fils d'acier ou des ressorts terminés par de très-petits galets de platine. Ceux-ci, en raison de leur plus grande rigidité, ont l'avantage de fournir des transmissions plus nettes et plus régulières.

Si l'on joint à ces perfectionnements quelques améliorations dans les appareils destinés à la préparation des feuilles électro-chimiques, entr'autres l'introduction d'un séchoir à boule d'eau chaude chauffée par un réchaud à gaz et un rouleau de friction en drap disposé comme les rouleaux d'imprimerie pour absorber le gros de l'humidité des feuilles, on aura à peu près une idée de l'état de l'appareil Caselli, au moment de son application définitive sur la ligne de Paris à Lyon (1).

Télégraphe autographique de M. d'Arlincourt. — L'une des plus jolies solutions du problème de la télégraphie autographique électro-chimique est bien certainement le système combiné par M. d'Arlincourt; son petit volume, sa simplicité et les mécanismes ingénieux qui assurent le synchronisme des mouvements des appareils en correspondance, en font une invention d'autant plus heureuse, qu'en lui appliquant son relais rapide, M. d'Arlincourt l'a rendu apte à fonctionner à toute distance, comme l'ont prouvé les expériences faites en 1872, entre Paris et Marseille.

(1) La pile de la ligne employée pour ce service se composait de 130 à 150 éléments Callaud (grand modèle) et la pile locale de 36 à 40 éléments à sulfate de mercure modèle ordinaire.

L'appareil, sauf le relais qui constitue une pièce à part, est simple et renferme en lui tous les mécanismes qui doivent le faire fonctionner; il est transportable comme un télégraphe Morse ordinaire et n'a besoin d'aucune installation particulière. Comme tous les appareils de ce genre, il se compose de deux systèmes mécaniques principaux, d'un système dit *autographique* qui constitue à volonté le récepteur ou le transmetteur, et d'un système *régulateur du synchronisme* dont les fonctions sont doubles. Les figures 1, 2 et 3, pl. VI, le représentent vu en plan et en élévation sur ses deux faces opposées.

Système autographique. — Cette partie du système, comme celle du télégraphe de M. Backwell et de plusieurs autres, a pour organes principaux un cylindre ou rouleau métallique y, fig. 1 et 2, sur lequel s'enroule le papier chimique qui doit recevoir la dépêche ou le papier métallique qui doit la transmettre, et un chariot z mobile sur une vis sans fin g' qui porte le style traçant. Ce cylindre y et cette vis g' tournent avec une vitesse différente sous l'influence du mécanisme moteur, et de telle manière que le style puisse laisser sur le cylindre une trace hélicoïdale à pas très-serré qui, une fois développée sur une surface droite, représente les traits parallèles décrits par les allées et venues de la pointe traçante dans le système de M. Caselli.

Cette partie du système de M. d'Arlincourt n'a d'ailleurs rien de nouveau ni de particulier, sauf le mouvement saccadé du cylindre y quand l'appareil est transmetteur, mouvement dont nous expliquerons à l'instant la raison d'être. Ce cylindre, du reste, peut se déplacer aisément pour tendre les feuilles destinées aux dépêches; on en a plusieurs exemplaires, et ils sont un peu différents suivant qu'ils servent à la transmission ou à la réception. Ils portent en un point de leur surface une plaque isolante ou couvercle 7 (fig. 4 et 5) qui est plus étroite pour les cylindres transmetteurs que pour les cylindres récepteurs. Pour ouvrir ce couvercle on écarte une petite queue en cuivre qui est sur le côté du cylindre et qui ferme comme un verrou; on introduit les deux bouts opposés de la feuille de papier dans la fente, et, après l'avoir tendue, on ferme le couvercle.

Comme le chariot du porte style peut se dégager facilement de la vis g' quand on le soulève, il est facile de placer le style traçant en tel point du papier qu'il convient.

Système régulateur du synchronisme. — Ce système, comme nous l'avons dit, réalise le but qu'on s'est proposé par une double fonction, l'une qui règle le synchronisme de marche du rouleau transmetteur et du rouleau récepteur pendant une période donnée, mais en partant toujours d'un point de repère fixe; l'autre qui rend les mouvements du moteur parfaitement isochrones. Ainsi le cylindre du transmetteur après chaque révolution sur lui-même se trouve arrêté, et n'est remis en route que quand son correspondant est arrivé exactement dans la même position. C'est un premier réglage qui assure le synchronisme de marche des deux appareils à chaque révolution des cylindres, et le second réglage, qui n'a en somme d'autre fonction à remplir que de rendre les mouvements uniformes, s'effectue par un moyen analogue à celui des horloges, chronographes et autres appareils de ce genre, seulement dans de bien meilleures conditions comme on va le voir à l'instant.

La pièce principale de ce dernier système de réglage est une sorte de long diapason fixé sur un support en fonte en arrière de l'appareil, et qui est constitué par une tringle d'acier de petit diamètre repliée sur elle-même et pincée à sa courbure dans une espèce d'étau que soutient le support. C'est lui qui surmonte la fig 1, et les deux boules que l'on distingue sur ses branches servent à régulariser la rapidité de sa vibration. La branche *k* de ce diapason est conduite par le dernier mobile du mécanisme moteur et se trouve forcée d'accomplir, comme la lame vibrante de l'appareil Hughes, des vibrations circulaires qui, en réagissant sur la branche libre, met celle-ci en mouvement. Comme dans un diapason les vibrations sont isochrones, il arrive que, quand toute la masse de celui-ci est en mouvement, les petites irrégularités de marche du mécanisme moteur qui tendraient à ralentir ou à accélérer ce mouvement, sont immédiatement combattues ; car la branche libre qui vibre sans obstacle tend sans cesse à ramener à l'unisson la branche en prise avec le mécanisme moteur de l'appareil ; elle agit donc comme un compensateur de mouvement, et son rôle est très-utile, car l'expérience a montré à M. d'Arlincourt qu'en son absence, l'uniformité de marche de l'appareil laissait beaucoup à désirer. Il faut toutefois, pour que ce bon effet se produise, qu'il n'y ait pas une trop grande différence de vitesse entre les mouvements des deux branches.

Pour obtenir le réglage du *synchronisme* par le système dont nous avons parlé, c'est-à-dire pour faire coïncider les révolutions des cylindres récepteur et transmetteur dont l'un, le cylindre transmetteur, se trouve seul périodiquement arrêté, il fallait : 1° qu'à chaque tour accompli par le cylindre récepteur, une action électrique déterminée par lui pût être transmise au transmetteur arrêté de la station en correspondance ; 2° que cette action électrique eût pour effet de déterminer instantanément le départ de celui-ci avec une vitesse initiale exactement égale à celle qu'il aurait conservée s'il ne s'était pas arrêté ; 3° que le retard occasionné par l'arrêt périodique du transmetteur fut compensé par une vitesse plus grande communiquée au cylindre transmetteur. Comme l'appareil devait être à la fois récepteur et transmetteur, il fallait en outre que les dispositions électro-mécaniques appelées à fournir ce système d'arrêt et cette vitesse plus grande, pussent être modifiées aisément et d'un seul coup quand l'appareil passait de la transmission à la réception. Tous ces problèmes ont été résolus par l'emploi de deux mécanismes moteurs disposés de manière à agir conjointement ou séparément suivant les circonstances, et à effectuer leurs fonctions sans que l'action mécanique exercée sur le diapason fut jamais arrêtée.

Pour obtenir ce résultat, l'un des mécanismes commandé par le barillet *e* (fig. 1 et 2) est affecté spécialement au mouvement du diapason et produit son effet par l'intermédiaire du pignon B et des roues *m* et *l*; il se trouve, en conséquence, régularisé par lui comme nous l'avons indiqué plus haut. En même temps il peut faire tourner, sous certaines conditions, le rouleau *y* et la vis *g'* qui font partie du système autographique proprement dit. L'autre mécanisme moteur commandé par le barillet *j* réagit directement sur le système autographique par l'intermédiaire des roues *i*, *h*, *g*, mais il est relié au premier mécanisme par un encliquetage qui constitue entre les deux systèmes de rouages comme une boîte d'engrenage. Or c'est à l'aide de ce dispositif, que M. d'Arlincourt a obtenu les résultats dont nous avons parlé précédemment. Pour qu'on puisse en comprendre l'action, nous dirons d'abord que l'axe *a* qui constitue le quatrième mobile du mécanisme commandé par le barillet *e* est composé de deux parties, d'abord d'un axe central *a* à l'extrémité duquel se trouve un levier d'enclanchement D R (fig. 3) muni d'un ressort d'encliquetage placé en R, et en second lieu d'un axe creux qui enveloppe le premier à frottement doux et qui porte le pignon B (fig. 2), et deux roues dont la dernière B', placée en dehors de la cage de l'instrument, est à rochet; c'est cette dernière roue qui, avec le ressort d'encliquetage R dont nous avons parlé, constitue la boîte d'engrenage appelée à mettre en relation les deux mécanismes moteurs.

Quand cet encliquetage n'est pas en action, en un mot, quand la roue B' est libre, ce qui suppose le levier DR (fig. 3) portant le ressort d'encliquetage buté contre la détente électro-magnétique E' H, l'axe *a* se trouve arrêté, et comme cet axe *a* est relié au mécanisme *j i h g* (fig. 2) par le pignon A et une roue fixée sur l'axe de la roue *g*, le rouleau *y* du système autographique est arrêté; mais le mécanisme du synchronisme continue à tourner sous l'influence du pignon B, dont l'axe creux tourne alors sur l'axe *a*. Au contraire, quand le levier D R (fig. 3) qui porte le ressort d'encliquetage R est déclanché et que ce ressort, par l'action du mécanisme *j i h g* (fig. 2) est venu se mettre en prise avec les dents de la roue B', les deux axes se trouvent reliés ensemble, et le système autographique fonctionne sous l'influence des deux mécanismes moteurs dont les mouvements combinés s'effectuent dans le même sens. Si on a bien saisi l'explication précédente, on comprendra facilement que, pour obtenir l'arrêt du cylindre *y* à chaque tour quand il doit être transmetteur, il suffit que le ressort d'encliquetage R (fig. 3) porté par l'axe *a* soit dégagé de la roue B', et que le levier DR qui porte ce ressort d'encliquetage soit buté contre un arrêt après un tour accompli par le cylindre; or, cet arrêt pouvant être adapté en F à l'extrémité d'un levier de détente E commandé par l'électro-aimant MM, il devra se produire, sous l'influence d'un courant envoyé périodiquement à travers cet électro-aimant après chaque tour accompli par le cylindre récepteur, les effets suivants :

Avant l'envoi de ce courant, l'électro-aimant MM étant inactif, le levier DR butera contre le levier de détente E, et le cylindre transmetteur sera arrêté; mais aussitôt que le courant passera, le levier E sera soulevé, et le levier d'encliquetage DR entraîné par le mouvement d'horlogerie *j i h* mettera le ressort R en prise avec la roue B' qui entraînera conjointement avec le mouvement *j i h* l'axe *a*, et par suite le cylindre transmetteur. Cette action durera jusqu'à ce que le levier DR soit revenu à la verticale, c'est-à-dire, jusqu'à ce que le cylindre ait accompli un tour sur lui-même, et, comme le courant qui a traversé l'électro-aimant MM n'a été que momentané, le levier DR sera de nouveau buté contre la dent F du levier E qui arrêtera le mouvement. Toutefois cet arrêt ne pourra être de longue durée, car le cylindre récepteur enverra presqu'immédiatement un courant qui déclanchera DR, et par suite le cylindre transmetteur.

Pour obtenir une vitesse plus grande du cylindre transmetteur et faire en sorte que l'appareil puisse néanmoins fonctionner à volonté comme récepteur ou comme transmetteur, M. d'Arlincourt a recours à un levier doublement coudé *q o p r* (fig. 2) qui oscille autour de l'axe *o*, et dont les extrémités en ressortant de la cage de l'appareil se terminent par une manette *q* et un commutateur K. Le bras *p* de ce levier coudé réagit sur le manchon qui porte la roue d'angle *m*, et qui, pour la fonction dont nous venons de parler, porte une seconde roue d'angle *n* d'un diamètre plus petit que *m* et ayant, par conséquent, un moins grand nombre de dents. Ces deux roues peuvent engrener avec la roue horizontale *l* qui réagit sur le diapason, et suivant que le bras de levier *p* fait engrener l'une ou l'autre de ces roues, l'appareil marche avec une vitesse plus ou moins grande. Par conséquent, quand l'appareil doit agir comme récepteur, c'est la roue *m* qui est engrenée; quand, au contraire, il agit comme transmetteur, c'est la roue *n*; la fig. 6 donne le détail de cette double roue.

La partie *r* du levier articulé *q o p r* porte, en dehors de l'appareil et perpendiculairement au-dessous de *r s* (fig. 3), un bras qui peut réagir à son tour sur le levier de détente E; ce levier comme on l'a vu arrête ou rend libre le mouvement du rouleau *y* par l'intermédiaire du levier d'encliquetage DR de l'axe *a*, et son jeu dépend de l'électro-aimant MM dont l'armature en faisant abaisser, au moment des attractions, le bec H du levier qui le porte, désembraie non-seulement le levier d'encliquetage DR, mais encore provoque la mise en mouvement de l'axe *a* par la roue à rochet B'. Quand l'appareil est transmetteur, ce levier E réagit comme on vient de le dire, mais comme il ne doit fournir aucune action quand l'appareil est récepteur, il est dans ce dernier cas maintenu relevé au moyen du levier *q o p r*, qu'on a incliné au moyen de la manette *q* et qui a accompli déjà la permutation des roues d'angles *m*, *n* tout en disposant, par le commutateur K, les circuits d'une manière convenable pour cette double fonction. Nous ne parlerons pas toutefois de ces circuits, ni de la marche du courant qui les traverse, car cela nous entraînerait trop loin. On pourra d'ailleurs facilement les étudier sur les fig. 4 et 5 qui représentent deux stations en correspondance, celle de gauche (fig. 4) étant la station qui transmet.

Les autres parties de l'appareil sont une pédale X, et un rhéotôme Y (fig. 1, 2). La pédale X est employée pour la mise au repère et l'arrêt des deux appareils en correspondance en cas d'une mauvaise réception; elle se manœuvre de côté, et la mise au repère ainsi que l'arrêt s'effectuent quand la dent 11, dont est est muni le manchon *g*, vient buter contre son extrémité libre 10. Cette pédale qui est isolée et qui porte au-dessous d'elle un ressort de contact, pivote vers les deux tiers de sa longueur sur une colonne également isolée.

Le rhéotôme Y fournit précisément l'action électrique qui doit produire les arrêts périodiques du rouleau transmetteur. Comme on veut utiliser à cette action le courant de la pile qui doit faire réagir le relais, et par suite le système autographique, il a fallu disposer les communications électriques de telle façon, que pendant presque toute la révolution du cylindre, la communication fut établie directement entre le récepteur et le transmetteur, et qu'elle ne cessât qu'au moment de l'arrivée du cylindre récepteur au repère.

Pour réaliser cette action, l'axe de la roue *g*, sur lequel est emmanché l'axe du rouleau *y*, porte un manchon muni d'un doigt 1 (fig. 1) et d'une coche qui le suit immédiatement, et l'une des extrémités du levier basculant Y appuie sur ce manchon. Cet appareil doit réagir seulement, comme on l'a vu, au poste de réception. Pendant la plus grande partie de la révolution du cylindre, ce levier Y appuie sur le manchon et maintient la communication de la pile de ligne du poste qui transmet entre les cylindres en correspondance; mais quand après une révolution accomplie, le levier en question rencontre le doigt 1, il se déplace et prend sur le commutateur U une position qui provoque l'envoi du courant de ligne de la station de réception à travers l'électro-aimant MM de l'appareil transmetteur, lequel produit l'effet que nous avons analysé. Après ce soulèvement, ce levier Y tombe dans la coche qui suit immédiatement la dent, mais cette action, qui fait prendre au levier une troisième position, n'est utile que quand l'appareil est transmetteur; dans ce cas, le levier Y établit la communication du circuit de ligne avec l'électro-aimant MM. Les figures 4 et 5 donnent bien une idée de cette commutation, et l'on voit qu'au moment du passage des rouleaux sur le repère, le levier Y de la station qui transmet, fig. 4, est dans la coche, alors que celui de la station qui reçoit, fig. 5, est sur la sommité de la came ou du doigt qui doit produire l'émission de courant. Voyons maintenant comment cet appareil se dispose et comment il fonctionne pendant la correspondance.

On commencera, pour mettre l'appareil en mouvement, par ouvrir le verrou 12 (fig. 1); on poussera ensuite la manette 9 de droite à gauche pour rendre l'appareil récepteur, et on s'assurera que la manette X n'arrête pas le doigt 11: on vérifiera d'un autre côté si le diapason est bien réglé, c'est-à-dire, s'il est réglé de manière à ce que le cylindre fasse 30 tours à la minute, et s'il n'est pas dans ces conditions, il suffira d'élever ou d'abaisser les boules placées sur les branches du diapason; il ne faudra pas oublier d'examiner si les deux lames vibrent bien ensemble. Si cela n'était pas, on abaisserait ou on remonterait insensiblement la boule de la lame libre pour trouver le point où les deux lames ont à peu près la même amplitude de vibration. Quand l'appareil sera réglé comme récepteur, ainsi qu'il vient d'être dit, on arrêtera le cylindre au repère au moyen de la manette X, puis on ouvrira le verrou 12 pour arrêter complétement l'appareil. On fera ensuite marcher la manette 9 de gauche à droite pour rendre l'appareil transmetteur, puis on refermera le verrou 12 et on s'assurera, comme tout à l'heure, que la manette X n'arrête plus le doigt 11. Le cylindre restera au repère, car on a vu que comme transmetteur, celui-ci ne peut marcher et tourner que sous l'influence d'un courant émané du récepteur; on s'assurera alors que le levier déclancheur H, fig. 3, de l'électro-aimant et le levier E qui arrête le transmetteur sont bien réglés pour que le jeu des pièces puisse se faire facilement. Quand les appareils seront ainsi réglés aux deux stations, on entre en correspondance et voici les effets qui se produisent. Au moment où le rhéotôme Y du récepteur va fonctionner, c'est-à-dire, au moment de l'arrivée du cylindre récepteur au repère, le cylindre du transmetteur qui va un peu plus vite est arrêté par suite de la rencontre du levier d'encliquetage D avec le levier E qui le bute en l'absence du courant à travers l'électro-aimant MM. En même temps le levier Y du rhéotôme de ce même transmetteur est tombé dans la coche qui suit le doigt 1, et a établi la communication du circuit de ligne avec l'électro-aimant précédent; de telle sorte que, quand le doigt 1 du rhéotôme de l'autre station vient à soulever la branche Y de ce rhéotôme, le courant de ligne de cette station va animer l'électro-aimant du transmetteur, qui déclanche son cylindre arrêté. Celui-ci se remet donc en route, ainsi qu'on l'a vu, et les deux rhéotômes étant replacés dans leur position normale, le courant de ligne du transmetteur traverse les rouleaux des deux appareils jusqu'à ce qu'un tour complet étant accompli par eux, les effets analysés précédemment se renouvellent. Comme dans ce tour, le cylindre transmetteur, ayant marché plus vite que l'autre, a regagné le temps perdu par son arrêt, et que le mouvement a été uniforme dans les deux cas, les deux dépêches peuvent être exactement dans les mêmes conditions quoique de dimensions un peu différentes.

La réception en elle-même ne présente rien de particulier : le courant transmis produisant son action par l'intermédiaire d'un relais, les traces laissées peuvent être en couleur comme dans le système Caselli, puisque les fermetures du courant local peuvent s'effectuer aussi bien sur une interruption de courant, que sur une fermeture. Toutefois pour rendre les traits laissés sur le papier chimique plus nets, et éviter les bavures résultant de la charge persistante de la ligne avec des courants fréquemment interrompus, M. d'Arlincourt a adapté à son relais déjà si sensible, les bobines supplémentaires dont nous avons parlé tome II, p. 108 et qu'il fait traverser en sens contraire du courant de ligne par un faible courant emprunté à la pile locale destinée à la reproduction de la dépêche. Ce dernier courant, qui n'est, du reste, qu'une dérivation de celui qui imprime est, comme on l'a vu, réglé au moyen d'un rhéostat, de manière à être un peu moins fort que le courant de ligne, et il en résulte que l'appareil fonctionne, sous l'influence de simples renforcements et affaiblissements de courants, d'une manière aussi nette que si les interruptions eussent été effectuées avec une décharge complète de la ligne. Nous avons d'ailleurs vu, page 103, tome II, que le relais de M. d'Arlincourt, par le fait même de sa construction, facilite beaucoup cette réaction.

Il est encore un détail de mécanisme dans l'appareil de M. d'Arlincourt dont nous n'avons pas encore parlé et qui a pourtant son importance : c'est le dispositif qui relie le mécanisme moteur à la tige k (fig. 1) du diapason. Cette tige, comme on le voit, a son extrémité engagée dans une pièce à ressort w qui est creusée en forme de gouttière afin de se prêter aux vibrations plus ou moins étendues de cette tige. Il importe beaucoup, pour la régularité de la marche de l'appareil, qu'au moment du repos cette tige soit exactement dans l'axe du mouvement, c'est-à-dire, dans le prolongement de l'axe de la roue l. Ce réglage peut être fait au moyen des deux vis et de l'écrou qui soutiennent le diapason au haut de son support. Il faut également que la gouttière tourne bien horizontalement.

L'avantage très-grand de ce système télégraphique, est qu'il est très-maniable, facilement transportable, et qu'il n'a pas besoin d'être réglé avant l'échange des correspondances. Une fois les communications établies et les appareils en mouvement, ils règlent eux-mêmes le synchronisme de leur marche. Enfin grâce au système de relais de son auteur, il est le seul qui ait pu jusqu'à présent fonctionner à une distance de douze cents kilomètres. Aussi ce système a-t-il été pour M. d'Arlincourt l'objet d'un diplôme d'honneur à l'exposition de Vienne de 1873.

Télégraphe autographique de M. Cros. — Cet appareil, comme disposition générale, ressemble assez à celui de M. Backwell ; mais l'organisation du synchronisme est combinée d'une manière nouvelle et réellement très-ingénieuse.

Nous avons vu, en parlant du télégraphe-imprimeur de M. Hughes, que l'une des conditions d'un bon synchronisme était d'éviter les arrêts du mécanisme moteur, et c'est pour éviter ces arrêts que ce savant avait été conduit à imprimer les lettres au vol. M. Cros, partant de la même idée, et voulant, d'un autre côté, comme MM. Desgoffe et d'Arlincourt, corriger fréquemment le synchronisme des derniers mobiles par des arrêts successifs, a voulu obtenir ces arrêts sans que le mécanisme moteur fut pour cela arrêté, et aussi sans produire aucune secousse. Pour obtenir ce double résultat, M. Cros a eu recours à un système d'engrenages à roue satellite, disposé de la manière suivante. Sur l'axe de l'avant-dernier mobile se trouvent adaptées, parallèlement sur deux douilles, deux roues folles, placées à très-petite distance l'une de l'autre. L'une de ces roues, en outre de sa denture, est munie d'un rebord circulaire denté intérieurement ; l'autre roue porte, adaptée sur un axe, environ aux 2/3 de son rayon, une petite roue satellite qui engrène avec la première par son rebord denté, et d'autre part avec une roue de même diamètre, fixée sur l'axe moteur (sur lequel sont placées les deux roues folles). Enfin la première de ces roues, que nous appellerons roue à rebord, engrène, par les dents de sa circonférence, avec un système d'échappement à ailettes, commandé par un système électro-magnétique, tandis que la seconde roue, qui porte la roue satellite, communique directement le mouvement à un disque muni de six coches et disposé, comme la roue de compte d'une horloge, au-dessous du mécanisme d'échappement dont nous venons de parler. C'est ce disque qui joue le rôle de la roue correctrice de l'appareil Hughes ou du rhéotôme correcteur de l'appareil Desgoffe.

Le système électro-magnétique, qui réagit à la fois sur l'échappement dont nous avons parlé et sur le disque correcteur, se compose d'une bascule articulée à l'une de ses extrémités, et qui porte deux butoirs d'arrêt. L'un de ces butoirs peut arrêter la roue d'échappement, quand la bascule est soulevée ; le second s'enfonce dans l'un ou l'autre des six crans du disque correcteur, quand elle est abaissée. Or l'abaissement ou le relèvement de cette bascule dépend du jeu de l'armature d'un électro-aimant, et cet électro-aimant est animé par un courant local qui lui est distribué par un interrupteur circulaire placé sur l'axe qui commande le mouvement de la roue d'échappement. Toutefois le circuit dans lequel est interposé cet électro-aimant est disposé de manière que c'est le courant de ligne qui en détermine l'action, et cette action est telle que si le disque correcteur a eu de l'avance sur celui de la station opposée, cette avance est immédiatement corrigée au moment où la bascule de déclanchement est soulevée, car les deux disques doivent toujours partir en même temps.

Le jeu de ce système est maintenant facile à comprendre. Au moment où les appareils sont mis en marche aux deux stations, les disques correcteurs sont arrêtés aux deux stations, par suite du passage d'un courant local à travers le système électro-magnétique. Il en résulte, par conséquent, que les échappements des mécanismes moteurs sont dégagés, et partant ce sont les *roues à rebord* qui fonctionnent sous l'influence de leur roue satellite, car celle-ci est maintenue dans une position fixe, par suite de l'arrêt des disques correcteurs. Pendant ce temps, l'interrupteur circulaire du courant local a tourné ; le courant se trouvant bientôt interrompu, la bascule de déclanchement se relève et arrête l'échappement. Dès lors la roue à rebord ne peut plus fonctionner, et la roue satellite forcée de tourner est obligée de se déplacer en tournant autour du rebord denté, et entraîne par suite avec elle la *roue* qui la porte, laquelle commande le mouvement du disque correcteur correspondant. Celui-ci avance donc jusqu'à ce que la bascule de déclanchement, en tombant dans le cran le plus prochain, ait arrêté son mouvement et dégagé le rouage de la roue à rebord, auquel cas les effets que nous venons d'analyser se renouvellent indéfiniment.

Pour qu'on puisse comprendre maintenant comment la marche synchronique des appareils se trouve sans cesse corrigée, nous devons ajouter que le levier ou la bascule de déclanchement, dans son mouvement oscillatoire et en venant buter contre deux vis d'arrêt, constitue en même temps un double interrupteur qui peut mettre la ligne en contact, tantôt avec l'électro-aimant correcteur de l'appareil (par la vis du dessous), tantôt avec la pointe traçante du système autographique (par la vis du dessus). D'un autre côté, nous devons faire observer que la pile qui agit sur le mécanisme correcteur est complètement indépendante de celle qui agit sur le système télégraphique ; les communications sont même établies de manière que les deux courants seraient en sens contraire l'un de l'autre s'ils traversaient la ligne. Enfin le courant qui doit animer les électro-aimants correcteurs, passe à la station qui reçoit, à travers un relais dont l'armature est polarisée par un aimant permanent.

Avec cette disposition, voici les effets qui se produisent :

Le courant partant de la pile destinée au mécanisme correcteur va directement à l'électro-aimant de l'appareil qui transmet, et de là à la ligne par l'interrupteur circulaire et la vis inférieure du levier de déclanchement. Ceci n'a lieu toutefois que quand le disque correcteur est arrêté. Après avoir traversé la ligne, il arrive au levier de déclanchement de l'appareil qui reçoit, et de là par la vis inférieure au relais correspondant, qui envoie à travers l'électro-aimant de l'appareil, un courant local passant par l'interrupteur circulaire. Il en résulte que les interruptions des deux courants, dans les deux appareils, sont solidaires les unes des autres ; car en admettant que dans l'appareil qui reçoit le courant se trouve interrompu avant celui de l'appareil qui transmet, la bascule de déclanchement du premier appareil, en se soulevant, coupe le circuit de ligne, et rend inactif l'électro-aimant de l'appareil transmetteur. En admettant maintenant que le contraire ait lieu, c'est le relais qui, en cessant d'envoyer le courant local, rend inactif l'électro-aimant de l'appareil de réception. Ainsi, quoi qu'il arrive, les armatures des deux électro-aimants sont attirées et relevées en même temps aux deux stations, et, par conséquent, les mouvements des deux disques doivent toujours s'effectuer aux mêmes instants. Pour que les différences de mouvement, pendant chaque sixième de révolution des secteurs, soient rendues les plus faibles possibles, un régulateur du système Foucault a été adapté au mécanisme moteur de chaque appareil.

Le système télégraphique, proprement dit n'a, comme je l'ai déjà dit, rien de particulier ; c'est toujours comme dans l'appareil Backwell, un cylindre métallique qui avance d'un mouvement progressif le long de son axe, par l'intermédiaire d'une vis sans fin, et la pointe traçante portée par un support adapté à une manivelle, tourne autour de ce cylindre d'un mouvement saccadé, qui correspond à chaque dégagement du disque correcteur, avec lequel elle est en relation de mouvement. Or, comme la marche de ces disques est parfaitement synchronique aux deux stations, celle des styles traçants doit être également synchronique.

La marche du courant à travers cette partie de l'appareil n'a rien de difficile à comprendre; au moment où les disques sont en mouvement, les bascules de déclanchement ont établi le contact de la ligne avec les pointes traçantes, de sorte que le courant spécialement affecté à ce travail n'a qu'à être mis en rapport avec le cylindre transmetteur, alors que le cylindre récepteur communiquera au sol, pour que les transmissions se fassent librement.

Inutile de dire, qu'un interrupteur à double contact permet de transformer immédiatement l'appareil, de transmetteur en récepteur, et réciproquement.

II. — TYPO-TÉLÉGRAPHES.

1° Typo-télégraphes électro-chimiques.

Typo-télégraphe de M. Bonelli. — Dans l'origine, M. Bonelli avait combiné un télégraphe autographique fondé sur le même principe que ses métiers de tissage électrique. Tout le mécanisme consistait dans deux peignes semi-métalliques munis de 50 dents, toutes isolées les unes des autres et assez serrées pour être contenues dans une largeur d'un centimètre. Ces deux peignes constituant l'un le récepteur, l'autre le transmetteur, étaient réunis par un câble contenant 50 fils isolés, et ces fils aboutissaient séparément à chacune de ces dents, celles-ci communiquant d'ailleurs, suivant qu'elles servaient à la réception ou à la transmission, avec la terre ou avec la pile. Au-dessous de ces peignes se déroulaient les bandes de papier d'étain et électro-chimique servant à la transmission et à la réception, et comme les traces étaient fournies simultanément sur toute la hauteur des lettres, il n'y avait pas à se préoccuper du synchronisme de marche des deux mécanismes d'horlogerie destinés à l'entraînement de ces bandes. Les dépêches étaient reproduites, comme dans le système de M. Backwell, par des traces se détachant en blanc sur un fond coloré, et, pour donner plus de nouveauté à l'idée, M. Bonelli employait du papier teint en jaune d'un côté, ce qui faisait que les traits bleus du cyanure de potassium formaient un fond vert laissant se détacher en jaune les caractères de la dépêche.

Pour peu qu'on réfléchisse aux conditions d'une pareil système, il est aisé de voir qu'il était impossible à réaliser pratiquement, non-seulement par suite des difficultés matérielles de son exécution, mais encore par l'effet des réactions contraires qui devaient se trouver développées dans les fils par l'induction, la condensation, les courants secondaires de décharge et les courants de retour. Toutefois, comme l'auteur de cette invention avait beaucoup de mise en scène et beaucoup d'aplomb, il était parvenu à se faire des adeptes, qui ont attribué à *l'inconsidération* et à de la *légèreté d'esprit* les sages réflexions que les hommes du métier avaient faites au sujet de ce système; et comme ce qui est impossible est souvent ce qui est cru le plus facilement, on a pu créer en Angleterre, dans ce pays pourtant éminemment pratique, une compagnie pour l'exploitation de cette invention, qui fit construire en 1861 une ligne entre Liverpool et Manchester. Il est vrai que cette compagnie n'a pas tardé à sombrer, car l'invention ne pouvait conduire à un autre résultat, mais, pendant son existence, elle a provoqué de nombreux perfectionnements qui ont conduit aux deux systèmes télégraphiques dont nous allons maintenant nous occuper, et qui sous leur dernière forme, celle qu'a adoptée M. Cooke, l'ex-directeur de la compagnie, sont parfaitement susceptibles d'application.

L'une des principales causes qui font perdre le plus de temps dans les transmissions écrites, est l'irrégularité des caractères de l'écriture, la différence de hauteur des lettres et le peu de rectitude des lignes. Pour conjurer ce défaut M. Bonelli s'est imaginé d'avoir recours à des caractères d'imprimerie assemblés en ligne droite dans un composteur et composant eux-mêmes la dépêche. Or cette disposition, tout en lui fournissant un excellent système de transmetteur, lui permettait, en outre, de réduire considérablement le nombre des fils destinés à la transmission, car la dépêche occupe toujours, de cette manière, une même position et une même largeur. Aussi les 50 fils que M. Bonelli employait dans l'origine ont-ils pu être réduits d'abord à 11, puis à 9 et enfin à 5. D'un autre côté, ayant reconnu que l'induction des fils les uns sur les autres ne pourrait jamais être détruite en les réunissant en câble, il a renoncé à cette idée, et s'est décidé à employer pour sa ligne des fils aériens isolés à la manière ordinaire. Enfin, ayant pensé qu'avec des pointes métalliques en fer, le peigne du récepteur s'userait inégalement et serait mis en peu de temps hors de service, il a cherché les moyens d'obtenir des marques électro-chimiques sans l'intervention de pointes attaquables, et grâce à l'intervention de M. Cooke qui avait trouvé que le nitrate de manganèse peut fournir facilement, sous l'influence du courant et de pointes en platine, des marques brunes très-caractérisées, le problème a pu être résolu dans d'assez bonnes conditions. Nous avons déjà parlé, tome II, page 138, de ce genre d'impression qui, malheureusement, exige une force électrique beaucoup plus considérable que celui avec le cyanure de potassium.

Avec sa dernière disposition, le télégraphe de M. Bonelli consiste dans deux peignes métalliques A et B (fig. 114), composés chacun de 5 aiguilles de platine (1), et au-dessous desquels se meut, sous l'influence d'un mouvement d'horlogerie et d'une corde S, un chariot PT, mobile sur un petit chemin de fer. Ces peignes sont adaptés à l'extrémité de plaques articulées

Fig. 114.

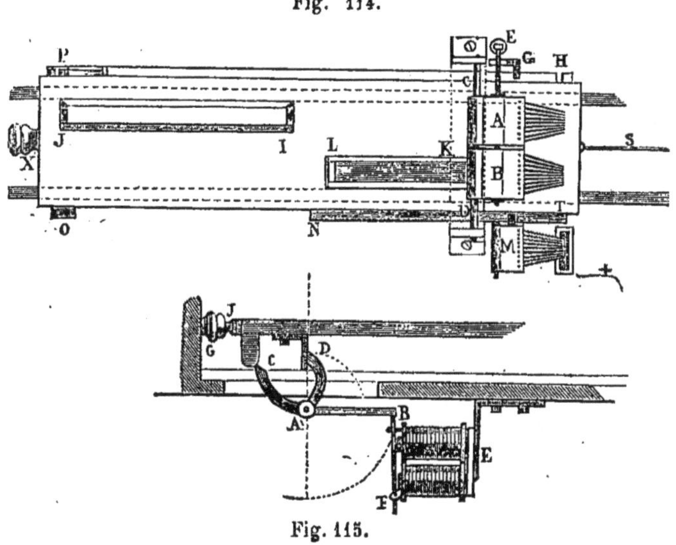

Fig. 115.

sur un axe CD, qui leur permettent d'être soulevés ou abaissés sous l'influence d'une tige E, sur laquelle réagit une pièce G dont le jeu est commandé par un rebord PH adapté latéralement au chariot PT. Le compositeur sur lequel sont assemblés les caractères qui composent la dépêche est fixé en IJ, dans une rainure disposée à cet effet, et les feuilles destinées à recevoir la dépêche sont appliquées en KL, sur une lame d'étain ou de fer

(1) La gravure que nous reproduisons ci-dessus montre l'appareil avec 9 aiguilles, mais nous avons vu qu'on avait pu les réduire successivement de 11 à 9, puis à 5.

argenté mise en rapport avec la terre. Un commutateur M, composé d'un peigne de 5 dents de platine et placé en dehors du chemin de fer, peut, en plongeant dans une petite auge remplie de mercure, établir la communication entre les fils de ligne et le transmetteur, lorsque celui-ci doit transmettre. Son jeu est obtenu par l'intermédiaire d'une bascule que fait réagir un second rebord TN adapté au chariot. Enfin une détente électro-magnétique, placée en X, permet aux chariots des deux stations en correspondance d'être mis en mouvement en même temps; cette détente, que nous représentons vue de profil dans la fig. 115, et qui est placée au-dessous du chemin de fer, se compose d'une bascule CAB, articulée en A et appuyée en B sur l'extrémité de l'armature de l'électro-aimant E. Un doigt AD, buté contre une pièce D adaptée au-dessous du chariot, maintient celui-ci à l'extrémité de sa course et appuyé contre un tampon à ressort G, en connexion avec le circuit de ligne et l'électro-aimant E. Les communications avec les piles sont établies par le butoir J, et sont tellement disposées, que les courants des deux piles, aux deux stations, s'additionnent pour passer dans le circuit correspondant aux électro-aimants de détente E. Par suite de cette disposition, on comprend aisément qu'il suffit d'une fermeture de ce circuit pour provoquer une attraction des électro-aimants en question et le déclanchage de la bascule CAB, qui tombe alors verticalement. Le mouvement d'horlogerie destiné à entraîner le chariot PT, par l'intermédiaire de la corde S, est placé, comme le système de déclanchage précédent, au-dessous du chemin de fer, et consiste dans un simple mécanisme à deux mobiles modéré par un volant à ailettes. Ce mécanisme se remonte par le fait même du recul du chariot contre le tampon G, recul qui se fait à la main.

Voici maintenant le jeu de cet appareil, qui doit être placé d'une manière inverse pour les deux stations en correspondance.

Au moment où le chariot PT (fig. 114 et 115) est à l'extrémité de sa course, la partie recourbée de la pièce G est placée dans les deux appareils, au-dessous du rebord HP, et, n'agissant pas sur la tige E, elle permet à un fort ressort à boudin, placé en E, d'appuyer sur cette tige de manière à abaisser les peignes A et B à distance suffisante de la surface du chariot pour rencontrer les types du composteur et le papier chimique. A l'une des stations, le commutateur M plonge dans le mercure; à l'autre, il est soulevé, et ce soulèvement et cet abaissement sont maintenus pendant une moitié de la course du chariot par l'action d'une pièce qui, en rencontrant le rebord NT, fait basculer le peigne M.

Avec la disposition représentée fig. 114, l'appareil reçoit dans la première moitié de sa course et transmet dans la seconde moitié; mais l'appareil qui est en correspondance avec lui doit avoir une disposition complétement inverse, c'est-à-dire que le papier chimique doit être placé en IJ et le composteur en KL. Or, voici ce qui arrive quand les deux appareils se trouvent déclanchés :

A la station A, le peigne A, dans la première moitié de la course du chariot PT, rencontre les différentes parties métalliques des types en relief, et provoque à travers les différents circuits une série de fermetures de courant, qui se traduisent à la station B (celle où est l'appareil représenté fig. 114) par une série de traces brunes d'oxyde de manganèse marquées sur le papier chimique et reproduisant exactement les types en question. Le peigne du commutateur M est alors plongé dans le mercure à la station A, et met le pôle positif de la pile de cette station en communication avec les différents circuits. Dans la seconde moitié de la course du chariot PT, c'est le peigne B, à la station A, qui fonctionne et qui, en appuyant sur KL, reproduit électro-chimiquement la dépêche envoyée de la station B; le peigne M est alors soulevé et isole complétement les circuits de la pile de la station A.

Pour remettre les appareils en état de fonctionner de nouveau, il suffit de repousser les chariots PT contre les tampons X; car il résulte de ce simple mouvement de recul : 1° que les peignes A et B se trouvent soulevés de manière à ne pas toucher les types ni la dépêche imprimée; 2° que les chariots se trouvent renclanchés; 3° que les courants des deux piles se trouvent disposés de manière à circuler dans le même sens à travers les électro-aimants E, E'. Le premier effet est obtenu par l'intermédiaire de la pièce G, qui, après avoir glissé sur le rebord HP tout le temps de la course du chariot, a été forcée de ressortir par l'entaille H et de se placer au-dessus du même rebord HP. Tout le temps du recul du chariot, cette pièce soulève la tige E, et par conséquent les peignes A et B; ce n'est que quand le chariot arrive à son point de départ que le rebord HP, terminé par un pied de biche P, permet à la pièce G d'échapper et de se replacer au-dessous du rebord HP. Le second effet est produit par l'intermédiaire du bras AC (fig. 115) de la bascule de la détente qui, étant rencontré par l'appendice C du chariot, se trouve repoussé de côté et reporte la tige AB sur l'armature de l'électro-aimant E, en même temps que le bras AD vient faire arrêt. Enfin le troisième effet résulte du contact des deux tampons élastiques G et J et de l'appendice O (fig. 114), qui en soulevant la bascule du commutateur M coupe la communication de la pile avec les fils de ligne, et permet de la réunir en X au circuit des électro-aimants de détente.

Avec le système tel que nous venons de le décrire, et dans l'hypothèse d'une seule pile placée à chaque station, les courants de charge et de retour, qui compromettent si gravement les transmissions sur les lignes un peu longues quand elles sont faites trop rapidement, auraient des inconvénients tellement manifestes, qu'il arriverait le plus souvent que des traits continus seraient reproduits au lieu de lettres. Pour éviter ce résultat, M. Bonelli adapte à son appareil un système déchargeur à contre-courant, analogue à celui de M. Caselli. Or, ce système a conduit M. Bonelli à adapter une pile spéciale à chacun de ses circuits, ce qui complique d'autant plus le système, que chaque pile doit être très-forte, ainsi que nous l'avons déjà dit. La fig. 116 représente ce système déchargeur appliqué à chaque fil.

P et P' sont deux des piles de ligne de chaque station; A, A' les transmetteurs; B, B' les récepteurs; C, C' les commutateurs à mercure; T, T' les

Fig. 116.

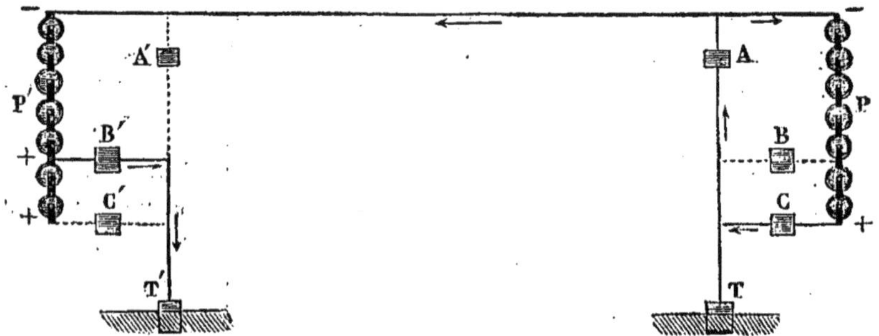

plaques de terre. Les lignes ponctuées indiquent les communications qui sont coupées lorsque c'est la station de droite qui transmet.

Les deux piles P, P' sont, comme on le voit sur la figure, réunies directement par le fil qui leur correspond, de manière que les pôles négatifs soient en communication l'un avec l'autre, et les appareils récepteur et transmetteur sont interposés sur des dérivations allant des piles aux fils de terre.

Les éléments qui composent chaque pile sont d'ailleurs divisés en deux groupes très-différents en nombre, à l'aide d'un fil qui communique aux récepteurs B, B' correspondants, et les transmetteurs sont disposés de façon, qu'au moment où ils doivent fonctionner, ils se trouvent interposés sur un fil réunissant directement le fil de ligne à la terre, comme on le voit en A. Voici maintenant comme les effets se produisent.

Au moment où le contact de l'aiguille de platine du transmetteur A touche un type, le commutateur à mercure C a établi la communication de la pile P avec AT. Dès lors le courant de cette pile P traverse le transmetteur, se bifurque au-dessus de A, retourne en très-grande partie à la pile P et parcourt d'un autre côté la ligne en s'ajoutant au courant de la pile P'. Il traverse alors, ainsi renforcé, le récepteur B' par le fil de communication qui le relie à la pile P' (la voie par le commutateur étant coupée) et s'écoule en terre en T'. Une marque est donc produite sur ce récepteur. Maintenant, au moment où l'aiguille de platine du même transmetteur A quitte le type, le courant de la pile P, ne trouvant pas d'issue en A, regagne par la terre le récepteur électro-chimique B', lutte victorieusement, en raison du plus grand nombre d'éléments de la pile P, contre le courant partiel de la pile P' qui lui est alors opposé, et revient par le fil de ligne au pôle négatif de P. Or c'est ce courant différentiel qui joue le rôle du contre-courant du système Caselli et qui décharge la ligne à travers le récepteur B'; mais, différent en cela de celui de M. Caselli, ce contre-courant ne profite pas des dérivations le long de la ligne, et ne maintient pas celle-ci chargée pendant les interruptions de l'action électro-chimique.

Si l'on considère qu'une dépêche, avec le système précédent, est reproduite du premier coup, et que sa vitesse de transmission n'est limitée que par celle avec laquelle les effets électro-chimiques peuvent se produire, on comprend facilement qu'il devient possible, par ce moyen, de débiter un très-grand nombre de dépêches. Ce système établi pendant quelque temps entre Liverpool et Manchester a été expérimenté en 1863, entre Boulogne et Paris, et on a pu obtenir dans les divers essais qui ont été faits, une vitesse de transmission de 100 lettres en 7 secondes. C'est une vitesse environ huit fois plus grande que celle du télégraphe Morse. Mais comme le télégraphe Bonelli emploie 5 fils et nécessite au moins autant d'employés qu'il en faudrait pour desservir 5 appareils Morse, les avantages qu'il présente sur le système actuel, en admettant son fonctionnement sur une ligne toujours encombrée de dépêches, ne seraient guère qu'un accroissement de vitesse dans le rapport de 5 à 3. Cet avantage est-il assez grand pour compenser les causes de dérangement qui peuvent naître d'un système ayant des organes si multiples ? Nous ne le croyons pas, et par le fait, son abandon sur la ligne de Liverpool à Manchester, prouve que la valeur de ce système, au point de vue pratique, est assez mince. Il est, en effet, facile de comprendre qu'il est impossible de maintenir pendant longtemps cinq lignes, même parallèles, dans les mêmes conditions d'isolation, et de ce défaut d'homogénéité, il doit résulter souvent dans les traces laissées par les aiguilles des récepteurs, des manques qui peuvent rendre la dépêche illisible en raison du petit nombre de traits appelés à former les différentes lettres.

Typo-télégraphe de M. Cooke. — Les inconvénients résultant du concours de plusieurs lignes pour l'impression des dépêches, dans le système précédent, ayant été reconnus par la compagnie Bonelli, son directeur, M. Cooke, se mit en devoir de chercher si on ne pourrait pas sauver cette invention en n'employant qu'un seul fil de ligne. Après quelques études il put, en effet, créer dans ces conditions, un système de typo-télégraphe ; mais sans s'en apercevoir, et par la nécessité même de n'employer qu'un seul fil, il s'est trouvé conduit à faire de cet appareil un télégraphe autographique ordinaire, ne conservant comme cachet particulier de l'invention primitive, que le système typographique pour la transmission des dépêches, et encore, s'il faut en croire M. Caselli, cette partie de l'invention n'appartiendrait même pas à M. Bonelli.

L'appareil de M. Cooke, comme les appareils ordinaires, fournit les impressions par voie électro-chimique, et les traces produites sont le résultat de la décomposition de l'iodure de potassium. Ces traces sont, il est vrai, un peu fugitives, mais elles se produisent facilement sous une influence

Fig. 117.

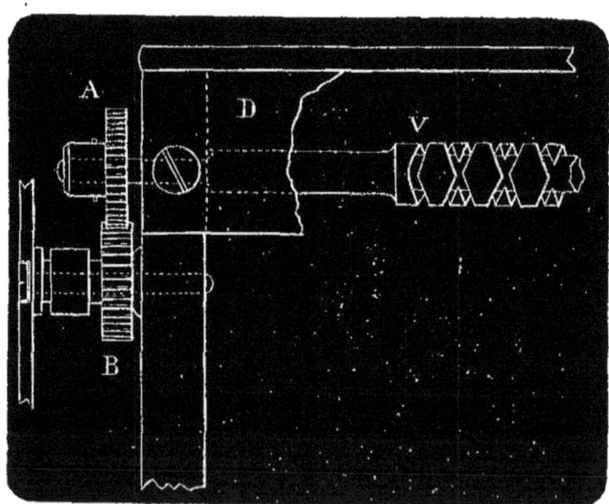

électrique assez faible, et, suivant M. Cooke, quand le papier est bien lavé, elles peuvent durer suffisamment longtemps.

Comme mécanisme, cet appareil est ingénieux, bien combiné et d'une construction tout à fait pratique. Ce qui frappe le plus quand on l'examine, c'est un système de traçage qui permet de diminuer de moitié, le temps de la transmission.

On sait que pour éviter les petites déformations résultant du défaut de synchronisme dans la marche des appareils récepteur et transmetteur, on est obligé, dans le système Caselli, d'effectuer les frictions du style transmetteur toujours dans un même sens. Il faut donc que ce style, après avoir accompli sa course, se relève et retourne sans frotter à son point de départ. Or, ce temps de retour est précisément égal à celui des frictions. M. Cooke, par un dispositif ingénieux, est arrivé à le supprimer complétement, et pour cela, au lieu d'un style traceur, il en emploie deux qui sont conduits par la même vis, mais dans un sens différent, et cela à l'aide d'un double filet croisé que porte la vis conductrice, comme on le voit fig. 117. Il en résulte que, pendant que l'un des styles regagne sa position primitive sans produire de travail, l'autre frotte et sert activement à la transmission.

La fig. 118 peut donner une idée du dispositif mécanique qui réalise le double effet que nous venons d'analyser. V est la coupe de la vis à double filet croisé; *b b* sont les supports des deux tenons engagés dans ces deux filets et qui sont maintenus dans leur position verticale par deux glissières *c c*, qui portent chacune deux griffes en angle dièdre engagées dans deux rainures angulaires pratiquées dans les pièces D D du bâtis de l'appareil. De gros tenons *a a*, mobiles dans des rainures longitudinales, assurent la rigidité de ces différentes pièces et leur servent de guides. Enfin deux tiges cylindriques adaptées à la partie inférieure des pièces *cc* servent de supports aux porte-styles qui se déplacent par conséquent horizontalement avec les pièces *c c* sous l'influence des tenons *b b* et de la vis V, qui fait mouvoir ces derniers dans deux sens opposés. Ce dispositif a été combiné et exécuté par M. Deschiens.

Fig. 118.

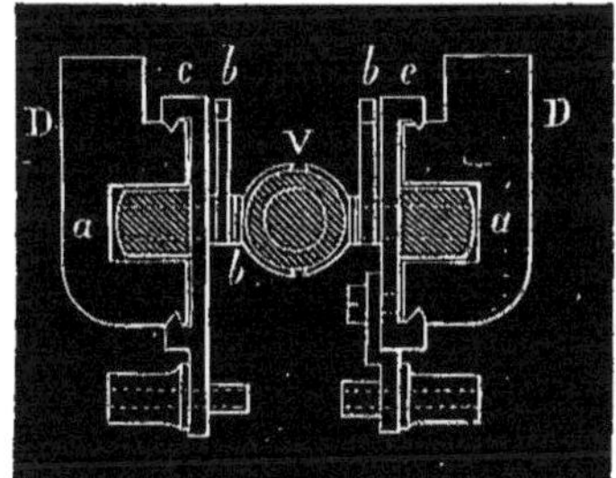

Dans ce système, bien qu'on ait mis à contribution un rouleau et un style à écrou mobile sur une vis sans fin, comme dans le système de M. Backwill, les fonctions de ces deux organes sont bien différentes. Le style traçant, au lieu de décrire une hélice sur le papier enroulé sur le cylindre, se déplace avec une certaine vitesse d'un bout du cylindre à l'autre, de manière à fournir une trace parallèle à sa génératrice, et le cylindre reste fixe pendant cette action. Ce n'est qu'après que la course du style a été accomplie, qu'un encliquetage, mis en action par l'écrou mobile du style, fait tourner le cylindre de la quantité nécessaire pour l'espacement des traits appelés à fournir la dépêche, c'est-à-dire d'un cinquième de la hauteur que doivent avoir les lettres reproduites. Après cinq mouvements de ce genre, un doigt adapté à l'encliquetage est mis en prise avec l'écrou mobile, et au moment où celui-ci est sur le point de terminer sa cinquième course, le cylindre est sollicité à effectuer son mouvement de rotation sur un arc beaucoup plus étendu, ce qui fournit les interlignes. Cette disposition mécanique, nous devons l'avouer, se rapproche un peu de celle adoptée par M. Freitel, pour son télégraphe imprimeur, et que nous avons décrite page 252, mais elle a, dans les conditions actuelles, un très-grand avantage, celui d'abréger le temps inutilement perdu dans les autres systèmes de télégraphes autographiques, pour la reproduction des interlignes. Il en résulte qu'avec le système de M. Cooke, l'appareil fonctionne utilement d'une manière continue pour la transmission, et pour rendre les traces plus nettes, il dispose les courants de la même manière que l'avait fait M. Bonelli, c'est-à-dire de manière à provoquer un courant contraire à travers le récepteur après chaque impression.

Le synchronisme des appareils est réglé au moyen d'un pendule conique et d'une lame vibrante assez raide pour former diapason; on peut, de cette manière, régler au son et d'après un diapason type qui est en rapport avec la vitesse que doivent avoir les appareils. Pour obtenir ce résultat, la lame vibrante commande le dernier mobile de chaque appareil par l'intermédiaire d'une roue dentée qu'elle fait avancer d'une dent à chaque vibration. Ce réglage s'effectue d'ailleurs comme celui de tous les appareils à lame vibrante et n'offre rien de difficile. Du reste, un léger défaut de synchronisme, avec cette disposition, ne peut avoir pour conséquence que de coucher plus ou moins les lettres reproduites sur le papier chimique. Un électro-aimant déclancheur, disposé sur chacun des appareils, permet leur départ simultané au moment de la correspondance. Voici les conclusions de la commission de perfectionnement du matériel télégraphique français, à l'égard de ce télégraphe (*Extrait du rapport du 21 juillet 1869*).

« Cet appareil se recommande par la simplicité et la solidité de ses organes, par l'originalité de certaines dispositions mécaniques et par la rapidité de sa transmission. M. Cooke assure que la dépêche étant composée d'avance, et le papier électro-chimique étant préparé, il peut transmettre 80 mots par minute. Sur la ligne de Paris à Lyon, la transmission de 80 mots a toujours exigé, sous les yeux de la commission, un maximum de une minute, trente secondes, ce qui répond à un rendement maximum de 53 mots par minute; ajoutons que toutes les dépêches étant composées en caractère de même grandeur, cette vitesse de transmission ne peut être dépassée.

» Ce qui vient d'être dit ne donne pas une idée exacte du véritable rendement de l'appareil. En effet : 1° la dépêche doit être composée en caractères d'imprimerie ; 2° le papier chimique de réception doit être préparé et conservé avec beaucoup de soin ; 3° la dépêche reproduite au moyen de la décomposition de l'iodure de potassium doit être fixée par un procédé d'immersion et de séchage ; 4° au poste-expéditeur, il faut nécessairement, comme moyen de contrôle, exécuter une reproduction de la dépêche composée. Toutes ces opérations sont des complications de service et entraînent nécessairement des frais de main-d'œuvre et des pertes de temps.

» Il est une autre circonstance sur laquelle nous devons insister. Les communications établies entre la ligne, les styles frotteurs, la pile de ligne et une pile locale du poste-expéditeur sont telles, que la commission a dû se demander si une forte dérivation établie sur la ligne, si les mélanges de fils et les courants d'induction développés par les courants transmis, ne suffiraient pas pour troubler d'une manière grave la marche de cet appareil.

» En tous cas, l'appareil de M. Cooke ne peut pas être comparé aux appareils autographiques ; il ne fournit pas les mêmes indications et ne supprime pas les erreurs commises par les employés eux-mêmes ; il remplace seulement les erreurs de lecture de l'employé expéditeur, par les erreurs de la composition préalable de la dépêche à expédier. Cet appareil est un véritable imprimeur automatique, et par suite doit être comparé, non quant au mécanisme, mais quant au résultat final, à l'appareil Dujardin, adopté dans ces derniers temps par l'administration, pour les courtes distances, et à l'appareil Hughes qui rend de si grands services sur les longues lignes.

» L'appareil Cooke a encore l'inconvénient de substituer la reproduction électro-chimique à la reproduction à l'encre ; il supprime les difficultés de manipulation, mais il exige des opérations accessoires qui compliquent le service et le rendent plus couteux. Cet appareil, toutefois, se recommande par des dispositions fort ingénieuses, et par sa vitesse de transmission, qui peut fournir 159 dépêches à l'heure, en admettant qu'elles se suivent sans interruption ; mais il a tous les inconvénients des appareils à composition préalable. Ce n'est pas un appareil autographique, et l'avenir appartient aux appareils de cette espèce. »

Système de M. Little. — En principe, ce système de typo-télégraphe ne semble différer de celui de M. Bonelli, que par le transmetteur qui est disposé à la manière des transmetteurs automatiques de Wheatstone, pour les signaux Morse. C'est en effet une bande de papier perforée qui remplace les lettres saillantes des systèmes précédents ; mais les perforations de cette bande, produites au moyen d'un emporte-pièce de construction particulière et réellement ingénieux, sont effectuées de manière à représenter exactement les différentes lettres de l'alphabet. Ces lettres sont assez grandes afin de se prêter plus facilement à la manœuvre du transmetteur (elles ont un demi pouce de hauteur); mais elles peuvent avoir sur le récepteur la dimension qui convient, puisque ce n'est qu'une question d'espacement des lignes décrites par les styles traçants.

Dans ce système, comme dans celui de M. Bonelli, il y a 5 pointes traçantes et, par conséquent, 5 fils à la ligne, et le perforateur est disposé de façon à ce que les entailles de chaque lettre ne soient pas faites d'une manière continue, et laissent quatre petites languettes de soutien pour les découpures. L'appareil comporte 35 emporte-pièces, et c'est une sorte de clavier dont les touches appuient sur tel ou tel groupe de ces emporte-pièces, qui fournit la découpure de la lettre que l'on veut perforer.

M. Little prétend qu'avec ce système, il peut transmettre de quatre à six cents mots par minute avec la solution de cyanure de fer, et de douze à quinze cents mots avec la solution fugitive d'iodure de potassium. Nous ne garantissons pas la vérité de cette assertion.

2° Typo-télégraphes à maquette.

Système de M. Hipp. — Dès l'année 1855, M. Hipp avait cherché à obtenir l'impression électro-chimique des différentes lettres de l'alphabet, au moyen de mouvements mécaniques ayant pour effet de faire parcourir simultanément à deux pointes traçantes, aux deux stations opposées, une sorte de diagramme renfermant les éléments des différentes lettres de l'alphabet, et dont on prenait telle ou telle partie, suivant la lettre à transmettre.

Fig. 119.

Ce diagramme ou type unique avait la forme que nous représentons ci-contre, fig. 119, et il est facile de voir qu'en prenant de ce diagramme la partie supérieure et la partie ronde à droite, on obtenait un *b*. En prenant la partie du dessous et la partie ronde de gauche, on avait un *g*. En supprimant à ces deux lettres une certaine partie, on pouvait aisément en faire un *q*, un *y*, un *j*, puis un *l* et un *h*. En renversant la combinaison, on pouvait avoir un *d* ou un *p*. Enfin, en ne considérant que les éléments ronds du centre, on pouvait obtenir l'*a*, l'*o*, l'*x*, l'*i*, l'*n*, le *c*, le *v*, l'*u*, l'*r*, l'*s*. A la rigueur, l'*f* pouvait être obtenu avec les deux parties supérieure et inférieure;

mais l'*e*, l'*m*, le *t* et le *z* étaient impossibles à obtenir, et il fallait les confondre avec le *c*, l'*n*, l'*l*, et prendre pour le *z* la moitié de l'*x*. Néanmoins, si ce système eût été expéditif et pratique, on aurait pu se contenter de cette sorte d'écriture; mais il est facile de voir qu'il ne constitue guère qu'une curiosité.

La partie active de ce télégraphe est donc, comme nous l'avons dit, un mécanisme qui a pour effet de faire parcourir à une pointe le diagramme représenté plus haut. Chaque station a un mécanisme semblable, et tous ces mécanismes marchent synchroniquement. Les appareils des deux stations sont disposés de manière que les tiges mobiles soient appuyées, l'une sur une bande de papier recouverte de cyanure de potassium qu'entraîne d'un mouvement saccadé un mécanisme d'horlogerie, l'autre sur le plateau métallique que recouvre le papier chimique quand l'appareil est récepteur, mais qui est livré à son brillant métallique quand il est transmetteur. Un commutateur en rapport avec ce plateau et le fil de ligne permet de fermer le courant en temps opportun, c'est-à-dire quand la pointe est en train de parcourir celles des sinuosités qui se rapportent à la lettre qu'on veut transmettre; et, comme l'action électro-chimique ne se produit à la station de réception qu'au moment de ces fermetures de courant, la pointe traçante de l'appareil récepteur ne laisse de marque sur le papier chimique, qu'au moment même où elle décrit la sinuosité représentant la lettre qui doit être reproduite.

Système de MM. Vavin et Fribourg. — Bien que l'idée de M. Hipp n'ait jamais été appliquée, MM. Vavin et Fribourg l'ont reprise et ont proposé un système du même genre qui paraît plus complet.

Cette fois, le type unique ou diagramme a la forme que nous représentons ci-contre, fig. 120, et ce type fournit les lettres que l'on voit au bas de la figure. Il se trouve constitué par 11 lamelles isolées les unes des autres, et disposées de manière à représenter le diagramme indiqué.

Le récepteur et le transmetteur sont constitués par deux espèces de composteurs ou boîtes oblongues, renfermant chacune 100 types du genre de celui dont nous avons parlé. Ils représentent en quelque sorte deux clichés typographiques, dont les lamelles isolées constituent les parties saillantes. Sur le cliché transmetteur est appliquée, au moment de la transmission, une feuille d'étain, et sur le cliché récepteur, une feuille de papier électro-chimique; mais il faut que leurs lamelles soient constituées en métal inoxydable. De plus, les deux appareils sont, chacun de leur côté, en rapport avec un mécanisme d'horlogerie, disposé de manière à faire tourner un frotteur au-dessus d'une circonférence portant un grand nombre de contacts métalliques, tous isolés les uns des autres. Ces deux frotteurs tournent d'un mouvement parfaitement synchronique, et les contacts qu'ils rencontrent sont réunis par des fils aux différentes lamelles de chaque type de telle façon, que le frotteur, en partant du point de repère et en rencontrant les 11 premiers contacts, puisse se trouver successivement en rapport avec les 11 lamelles du premier type. Comme les 11 contacts qui suivent seront en rapport avec le second type, les 11 suivants avec le troisième, et ainsi de suite, il arrivera que, quand le frotteur aura accompli un tour entier, il aura été successivement en rapport avec les différentes parties des 100 types. On a adopté 100 types, parce qu'une dépêche ordinaire se compose de 20 mots, et que la moyenne d'un mot étant 5 lettres, on suppose qu'avec 100 de ces types on pourra reproduire toutes les dépêches.

Cela posé, il est facile de comprendre que pour transmettre une dépêche, il suffit de recouvrir préalablement d'une matière isolante les différentes

Fig. 120.

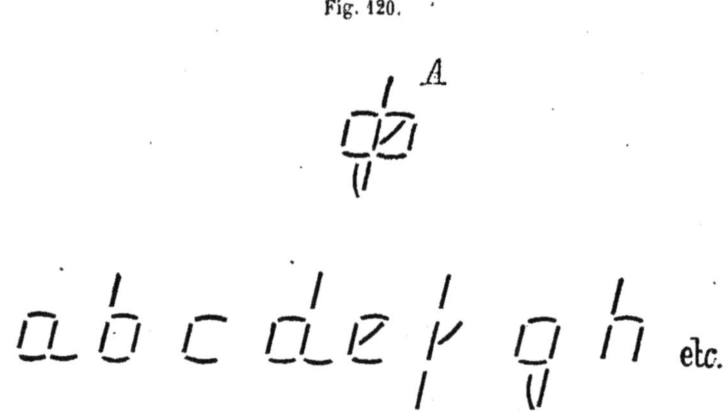

parties de chaque type qui ne concourent pas à la formation de la lettre que l'on veut former, et comme chacun des types renferme les éléments de toutes les lettres de l'alphabet, il devient facile de composer ainsi une dépêche. Or, voici ce qui arrive quand la dépêche, après avoir été composée, est recouverte de la feuille d'étain, et que les mécanismes d'horlogerie se trouvent déclanchés en même temps.

Celles des lamelles qui ne sont pas vernies à la station de transmission, ferment successivement le courant au fur et à mesure qu'elles sont rencontrées par le frotteur, et, comme ce sont des lamelles homologues qui se trouvent réunies par le fil de la ligne, puisque les mouvement des frotteurs sont synchroniques, les lamelles du récepteur correspondantes aux lamelles touchées du transmetteur, produiront sur le papier chimique des traces qui occuperont exactement la même position relative sur les deux feuilles, aux deux stations, et qui auront la forme des lamelles qui les auront déterminées. Or, l'ensemble de ces traces fournit successivement les différentes lettres de la dépêche.

Il est aisé de comprendre qu'un pareil système, en admettant qu'il fut réalisable, exigerait un temps fort long pour l'échange des correspondances. Tout ce qu'on peut en dire, c'est qu'il constitue une solution originale et ingénieuse du problème de la télégraphie autographique, et encore, cette manière d'agir par contacts successifs, de façon à avoir une indication particulière, propre au contact touché n'est pas nouvelle, car j'avais, en 1856, appliqué cette idée à mon maréographe électrique, afin de pouvoir enregistrer des hauteurs d'eau variables en n'employant qu'un seul fil de ligne.

M. L. V. Mimault, télégraphiste, a du reste imaginé des systèmes alphabétiques qui peuvent simplifier considérablement les dispositions électriques nécessaires pour ces sortes de transmissions, et qui permettent de graduer à volonté le nombre des traces élémentaires nécessaires à la formation des lettres, suivant qu'on veut obtenir une plus grande vitesse de transmission ou une plus grande lisibilité. L'auteur de cette invention se propose de publier prochainement une notice sur le dispositif de ce système, qui ne m'est pas assez connu aujourd'hui pour que je puisse en faire une description intelligible.

III. Télégraphes autographiques électro-magnétiques

Télégraphe de M. de Lucy. — M. de Lucy-Fossarieu a été le premier, comme nous l'avons déjà dit, qui a construit un télégraphe autographique dont les impressions étaient produites sous une influence électro-magnétique. Cet appareil, très-bien exécuté par M. Mouilleron, a été présenté, en 1858, au cercle de la *Presse scientifique*, et avait pu fournir des effets assez marqués pour étonner un moment l'auditoire. Mais cet étonnement n'a pas été de longue durée quand on a pu s'assurer que toutes les difficultés inhérentes aux appareils de ce genre, et entre autres le synchronisme de marche des appareils transmetteur et récepteur, n'étaient pas du tout résolues. On ne put voir en effet en lui qu'un appareil pouvant reproduire, sous l'influence électrique et par l'intermédiaire d'électro-aimants, une dépêche écrite ou un dessin. Toutefois, nous verrons plus tard que, même dans ces conditions, cet appareil méritait bien quelque attention, car il a été également le point de départ des machines à graver électro-magnétiques. En raison de ces considérations, nous avons cru devoir consacrer quelques lignes à sa description, bien qu'il n'ait jamais été essayé en ligne. Voici en quoi il consistait :

Un chariot mobile sur un petit chemin de fer porte d'un côté une pointe traçante servant de transmetteur, et du côté opposé un levier terminé par un tire-ligne qui fait partie d'un système électro-magnétique mû par un électro-aimant. Ce chariot lui-même, ainsi que le chemin de fer sur lequel il glisse, est porté par une plate-forme mobile dans un sens perpendiculaire au mouvement du chariot. Le mouvement de ce chariot est un mouvement de va-et-vient assez lent qui est obtenu à l'aide d'un mécanisme d'horlogerie et d'une double crémaillère portée par le chariot lui-même. Un pignon à axe mobile qui se trouve alternativement haussé ou abaissé (à l'aide d'un plan incliné) à chaque mouvement complet du chariot, vient engrener, tantôt avec la crémaillère du dessus, tantôt avec la crémaillère du dessous, et produit ainsi le mouvement de va-et-vient. En même temps, un cliquet porté encore par le chariot réagit, à chaque extrémité de son parcours, sur un rochet qui fait avancer lentement la plate-forme du chemin de fer de la distance de 1 ou 2 millimètres environ.

Il résulte de cette disposition, que les traces laissées par le tire-ligne électro-magnétique, si celui-ci était continuellement abaissé, seraient une série de lignes parallèles éloignées de 1 ou 2 millimètres les unes des autres et d'une longueur égale à celle des rails du chemin de fer. Or, pour obtenir ce traçage, deux tablettes de cuivre ont été placées des deux côtés du chemin de fer, l'une servant à la transmission, l'autre à la réception. De plus, afin que le tire-ligne fût toujours fraîchement imprégné d'encre, à chaque double mouvement du chariot, une rigole remplie d'encre grasse a été adaptée à l'une des extrémités de la tablette du récepteur, et un taquet rigide placé au-dessus du levier du tire-ligne, ou simplement un interrupteur de courant, s'est trouvé disposé de manière à faire plonger celui-ci dans la rigole à chaque retour du chariot.

D'après cette disposition de l'appareil, il est facile de comprendre sa marche. Lorsque la pointe servant d'interrupteur se trouve sur le papier métallique sur lequel est écrite la dépêche, le courant se trouve fermé à travers le récepteur; l'électro-aimant du chariot mobile est actif, et le levier du tire-ligne se trouve soulevé au-dessus du papier du récepteur. Mais aussitôt que la pointe du transmetteur, en passant sur un trait à l'encre, interrompt le courant, le tire-ligne s'abaisse et laisse un point correspondant à la durée de l'interruption. Or, ce sont tous ces points groupés ensemble qui dessinent les signaux envoyés, comme dans les autres systèmes.

Maintenant on comprendra facilement qu'en raison du temps qu'exigent la désaimantation et la chute du levier, tous les points laissés par le tire-ligne seront en retard sur les fermetures du courant; or, comme dans l'oscillation en retour, ces retards deviendraient des avances qui pourraient empêcher la correspondance ou le raccord des points entre eux, force devait être de corriger ce retard à chaque oscillation rétrograde. Pour cela, M. de Lucy a placé à chaque extrémité de la tablette du récepteur un petit taquet contre lequel le levier du tire-ligne, venant buter, se trouve par ce seul fait dévié de la quantité nécessaire à la correction du retard en question.

Dans l'expérience faite au cercle de la Presse scientifique, un seul appareil avait été apporté, de telle sorte que le récepteur se trouvait marcher sous l'influence même de son transmetteur. On comprend dès lors que le résultat ne pouvait être douteux, puisque le synchronisme des deux appareils était infaillible.

Télégraphe autographique de M. Lenoir. — Ce télégraphe, qui a attiré beaucoup l'attention publique à l'Exposition universelle de 1867, appartient comme le précédent au système électro-magnétique, mais il a subi depuis cette époque tant de transformations qu'il serait difficile de reconnaître aujourd'hui en lui le télégraphe primitif.

Dans l'origine, le dispositif mécanique appelé à régler le synchronisme de marche des deux appareils en correspondance était fondé sur une action électro-magnétique échangée directement d'une station à l'autre, entre les appareils, de telle manière que l'un était gouverné par l'autre. A cet effet le mécanisme moteur de ces instruments portait, comme dernier mobile, un volant assez lourd armé d'armatures en fer doux, et ces armatures, en tournant au dessus des pôles d'un électro-aimant placé suivant l'un des diamètres du volant, pouvaient accélérer ou retarder la marche de celui-ci, selon que l'électro-aimant devenait actif avant ou après le passage d'une de ces armatures au-dessus de ses pôles. Il ne s'agissait donc, avec cette disposition, que d'adapter à l'axe des volants des commutateurs dont les contacts fussent en parfaite concordance avec la position des armatures, pour que l'effet régulateur fût produit. La fig. 121 peut donner une idée de cette disposition et des liaisons électriques reliant les deux appareils. Les mécanismes moteurs sont en **A** et **A'**; les volants en V et V'; les cylindres récepteurs en R et R′; enfin les pointes traçantes en B B′. On aperçoit

Fig. 121.

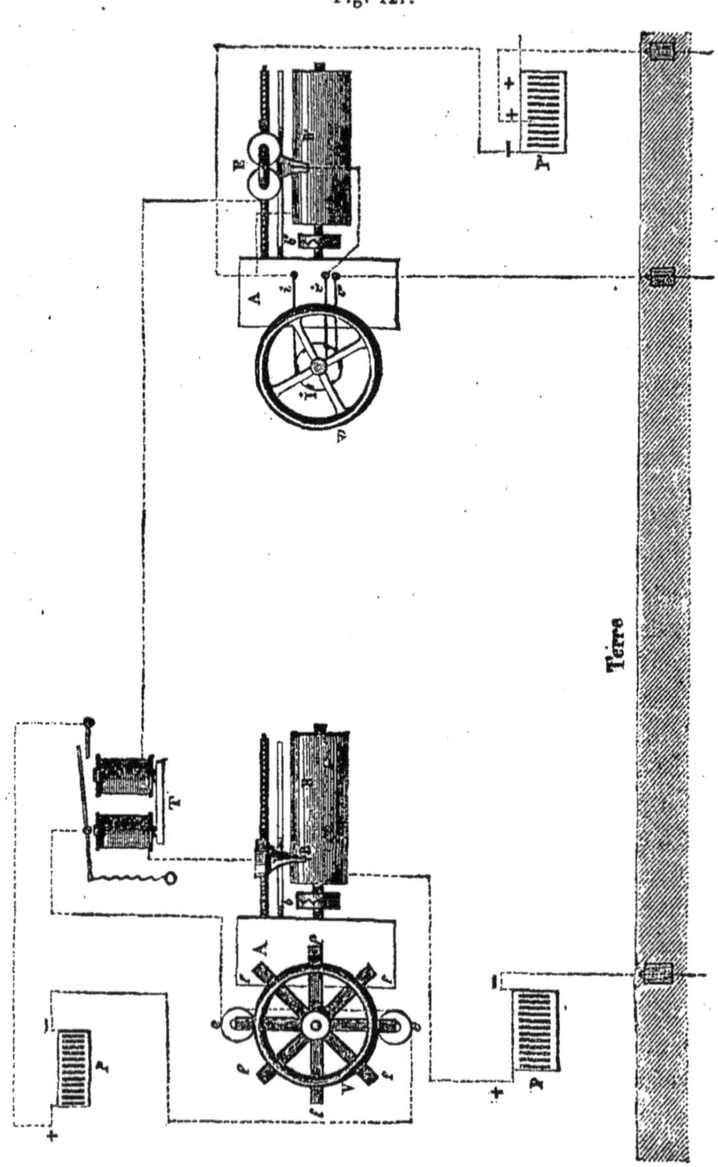

aisément à la station de transmission A l'électro-aimant régulateur du synchronisme qui est en *c e′* et les armatures qui sont en *f f f f*.

Ce dispositif n'est pas nécessaire pour la réception, et c'est pourquoi il n'est pas représenté à la station de réception. En revanche le volant V' montre sur son axe le commutateur I avec ses frotteurs *i i i*, qui doivent faire réagir le mécanisme régulateur du synchronisme par l'intermédiaire d'un relais T et d'une pile locale P. Les liaisons électriques indiquées sur la figure peuvent suffire pour faire comprendre le jeu de l'appareil, si l'on admet que le relais T est réglé de telle façon que son armature ne peut fonctionner que sous l'influence d'un courant une fois et demi plus fort que celui qui doit faire marcher le récepteur. Il est facile de comprendre, en effet, d'après cette disposition, que quand la station A envoie un courant de ligne suffisant pour produire les impressions, celui-ci est insuffisant pour faire marcher le relais de l'appareil qui transmet, et ce n'est que, quand la moitié du courant de la pile P' se trouve envoyée sur la ligne par le commutateur du volant correspondant V', que l'action du relais se manifeste, car les deux courants se superposent alors. Toutefois, comme avec ce système de régularisation du synchronisme, la ligne télégraphique se trouve parcourue une partie du temps par un courant venant du poste de réception, et n'ayant pas une action directe dans la transmission des dépêches, il devait arriver que les variations d'isolation de la ligne ainsi que les courants accidentels qui s'y manifestent presque toujours, devaient provoquer souvent des perturbations dans le fonctionnement des appareils, soit en empêchant les ruptures de courants de s'effectuer en temps opportun, soit en amoindrissant la force des courants superposés destinés à agir sur le relais. M. Lenoir, à la suite de nombreux essais faits sur les lignes télégraphiques, dut donc renoncer à cette combinaison, et, après avoir passé dans son invention par les mêmes phases de perfectionnement que M. Caselli, il fut conduit à établir isolément à chaque station le synchronisme de marche de ses appareils, et à employer pour cela des moyens purement mécaniques.

S'étant convaincu que, pour des appareils exigeant un synchronisme de marche rigoureux, il fallait que l'action du mécanisme régulateur fût complètement indépendante de celle du mécanisme moteur, M. Lenoir, comme l'avait fait du reste M. Caselli, a séparé l'un de l'autre ces deux mécanismes, et a placé le premier dans les conditions les plus favorables de la chronométrie, ne lui donnant comme fonction mécanique à remplir, que d'agir sur un interrupteur de courant relié à l'électro-aimant régulateur du synchronisme. Un pendule conique sollicité par un mouvement d'horlogerie spécial et dont la vitesse de rotation pouvait facilement être réglée au moyen d'une simple vis de rappel, peut résoudre le problème de la manière la plus simple; car le guide de ce pendule, en faisant tourner autour d'un commutateur à roue dentée un frotteur en rapport avec le courant d'une pile locale, pouvait produire à des intervalles parfaitement synchrones des fermetures de circuit ayant pour effet d'animer l'électro-aimant du mécanisme moteur, précisément au moment où les armatures du volant devaient correspondre à la ligne axiale de cet électro-aimant ; et, comme la vitesse des pendules pouvait être réglée séparément à chaque station, il était facile, par les défauts de régularité d'une ligne de repère reproduite sur l'appareil récepteur, de savoir dans quel sens il fallait modifier le

Fig. 122.

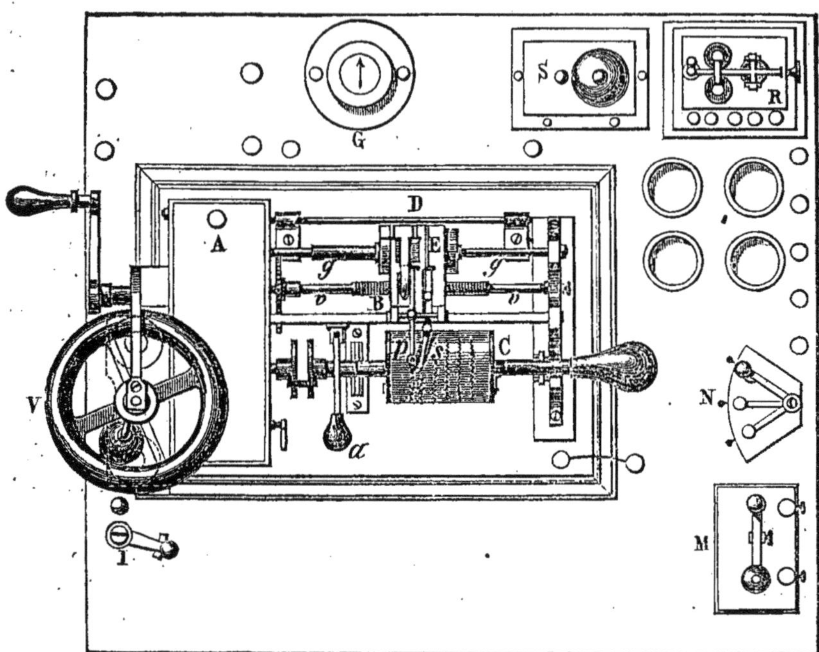

mouvement du pendule régulateur correspondant, pour le faire marcher synchroniquement avec l'appareil transmetteur. Pour éviter au système de réglage électro-magnétique une trop grande besogne, M. Lenoir a adapté au volant des mécanismes moteurs eux-mêmes un pendule conique assez lourd, qui ne laisse à l'action de l'électro-aimant qu'un réglage de quelques millimètres. Du reste, cette action est tellement énergique qu'une fois en marche, ces volants peuvent continuer leur mouvement comme moteurs électro-magnétiques, sans même y être sollicités par les poids des mécanismes moteurs.

Cette disposition mécanique que l'on distingue en V sur la fig. 122 est, on le voit, on ne peut plus simple et infiniment moins encombrante que celle des énormes appareils de M. Caselli qui exigeaient un local spécial. Son efficacité est tellement complète, que si on change quelque chose dans la disposition des organes mécaniques, une fois le réglage effectué, la dépêche devient complétement illisible.

Le *mécanisme autographique* de l'appareil de M. Lenoir, n'a en principe rien de réellement nouveau, mais la disposition en est très-pratique, et l'organe appelé à réagir électriquement très-habilement combiné, ainsi que nous allons le voir à l'instant. Ce mécanisme se compose essentiellement d'un chariot B, fig. 122, mobile sur une glissière horizontale *gg*, et conduit par une vis sans fin *vv*. Ce chariot porte à la fois le style transmetteur *s* et l'électro-aimant écrivant E, dont l'armature est munie à cet effet d'une plume *p* à tube capillaire en iridium, remplie d'encre à la glycérine. Devant ce chariot, et parallèlement à la glissière, se trouve disposé le cylindre enregistreur C, sur lequel est enroulée soit la dépêche à transmettre, si l'appareil agit comme transmetteur, soit la feuille de papier qui doit la recevoir si l'appareil est disposé en récepteur. Enfin ce cylindre, ainsi que le chariot qui porte l'électro-aimant, sont mis en mouvement par le mécanisme moteur que nous avons décrit plus haut. Comme ce mouvement est synchronique dans les deux appareils en correspondance, il arrive que la pointe interruptrice de l'un et la plume de l'autre décrivent, au même instant, sur les cylindres enregistreurs deux hélices, dont tous les points appartenant à une même génératrice se correspondent exactement aux deux stations, et il est facile de comprendre que si la dépêche à transmettre est écrite sur du papier métallique et que l'armature de l'électro-aimant reste soulevée sous l'influence de la fermeture du courant, les ruptures du circuit provoquées par le passage de la pointe interruptrice sur les différents traits de l'écriture, auront pour effet de provoquer une série de chutes de l'armature électro-magnétique, et par conséquent de dessiner une série de petits traits dont l'ensemble devra reproduire les différents jambages de l'écriture de la dépêche.

Pour éviter les inconvénients qui sont la conséquence de la période variable de la transmission électrique, de l'inertie magnétique des électro-aimants, du magnétisme rémanent, de l'induction statique et des courants de retour, enfin de l'induction électro-magnétique, M. Lenoir a fait fonctionner l'électro-aimant du récepteur de son appareil sous l'influence d'un relais R, et a disposé ce relais de la manière que nous avons décrite dans notre tome II, page 101. Il a de plus adapté à son système une combinaison de courants destinée à décharger la ligne au moment des ruptures du circuit. Cette disposition que nous représentons, fig. 123, n'est, du reste, autre que celle imaginée déjà par M. Caselli (1), et appliquée par lui à l'un de ses premiers appareils. Voici en quoi elle consiste :

Supposons qu'à la station de départ se trouvent disposées deux piles, P et P', réunies comme on le voit sur la fig. 123, et mises en rapport avec le sol par la plaque T; admettons que ces piles aient des dimensions très-différentes et que les éléments de la pile P étant plus petits que ceux de la pile P' soient plus nombreux. Si le fil de la ligne C B communique d'une part, au pôle positif de la pile P, d'autre part au pôle négatif de le pile P' et que l'interrupteur du courant soit en A, il arrivera :

1°, Quand la communication A D sera interrompue, que le courant po-

Fig. 123.

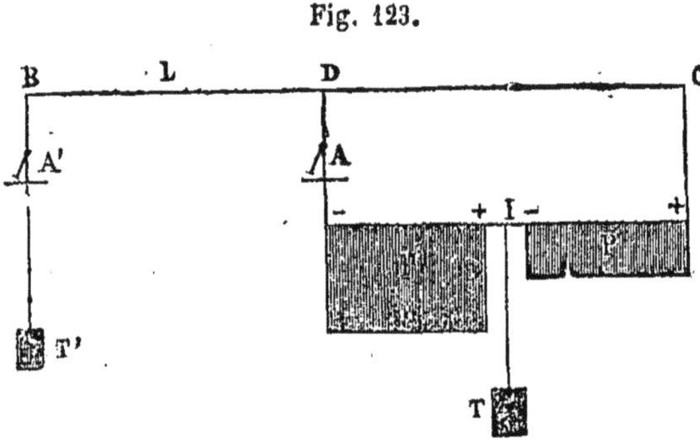

sitif de la pile P réagira en A' à la station opposée, et provoquera l'action magnétique en rapport avec ce sens du courant;

2°, Quand la communication sera complète, que le courant de la pile P passera en très-grande partie par le circuit P C D A P' qui lui offre peu de résistance, tandis que le courant de la pile P' passera par le circuit de ligne P' T' A' BD, dans une direction précisément contraire à celle qu'avait le courant de la pile P dans le cas ou le circuit était interrompu en A. De cette manière chaque émission du courant de ligne fournie par la pile P est suivie instantanément d'un courant de sens contraire plus faible, il est vrai, mais suffisant pour décharger la ligne.

Pour obtenir le meilleur effet possible, M. Lenoir interpose sur la partie

(1) Nous avions déjà publié ce système dans la seconde édition de notre exposé, tome V, p. 551.

du circuit CD une résistance artificielle égale au quart de celle de la ligne. Cette résistance empêche le courant de la pile P' de se dériver trop facilement par la pile P et le circuit CDA, lors des contacts opérés en A.

Grâce à toutes ces combinaisons, l'appareil de M. Lenoir a pu fonctionner de la manière la plus satisfaisante entre Paris et Bordeaux, avec une vitesse assez grande pour couvrir une surface de papier de 13 centimètres carrés par minute ; c'est, comme on le voit, un résultat important.

Pour terminer avec cet appareil, nous dirons qu'il porte, en outre des pièces dont il a été déjà question, une sonnerie d'appel et de signaux S, fig. 122, une clef Morse M, une boussole G, les commutateurs I et N nécessaires, enfin des godets pour recevoir quatre rouleaux de rechange.

La manière facile dont ces rouleaux s'adaptent sur l'appareil, le dispositif ingénieux au moyen duquel on tend le papier sur les cylindres, la manœuvre aisée du chariot que l'on change de place à volonté par un simple renversement de la pièce en col de cygne DB qui s'engrène avec la vis *vv* sans avoir rien à régler, la transformation facile et instantanée de l'appareil en expéditeur ou en récepteur, enfin, la simplicité et la solidité de son montage, font, de ce système télégraphique, un instrument éminemment pratique et intéressant à tous égards. Toutefois la commission de perfectionnement du matériel télégraphique français à fait, à l'égard de cet appareil, quelques réserves que nous devons signaler.

« Évidemment, dit le rapport, le synchronisme est établi d'une manière plus stable dans cet appareil que dans la plupart des autres systèmes autographiques du même genre. Cet avantage est dû à l'emploi du volant palette ; mais le pendule au lieu d'être un véritable régulateur, n'est chargé que de la fonction accessoire d'un premier réglage approximatif; le véritable régulateur est le volant palette. De cet amoindrissement du rôle du pendule conique, et de cette exagération de la fonction du volant palette, il résulte d'une part, que la correction s'effectue trop fréquemment (4 fois par chaque révolution complète du volant) ; d'autre part, que l'amplitude de la correction est trop variable et n'est pas maintenue dans des limites assez étroites. Ces dispositions mécaniques expliquent pourquoi cet appareil ne peut reproduire, avec une grande netteté, que des dépêches écrites en caractères assez gros.

» Quant à la vitesse de la transmission, quelques chiffres suffisent ; les résultats parlent d'eux-mêmes. Avec l'appareil Lenoir, la transmission de la dépêche réglementaire de Paris à Châlons exige 3 minutes 20 secondes. Or de Paris à Marseille, avec un relais de ligne à Lyon, l'appareil Meyer transmet très-lisiblement cette dépêche réglementaire en une minute trente secondes. »

Ces conclusions qui sont extraites du rapport de la commission fait le 21 juillet 1869, ne peuvent pas être appliquées à la dernière disposition adoptée par M. Lenoir, lors de ses derniers essais faits sur la ligne de Paris à Bordeaux en 1873. Grâce aux combinaisons de courants adoptées par lui, la vitesse de transmission a pu dépasser le chiffre accusé dans ce rapport.

Télégraphe de M. Meyer. — Dans l'historique que nous avons fait des télégraphes autographiques, nous avons vu que M. Meyer, par une disposition particulière qu'il avait donnée à l'organe traçant de ces sortes

Fig. 124.

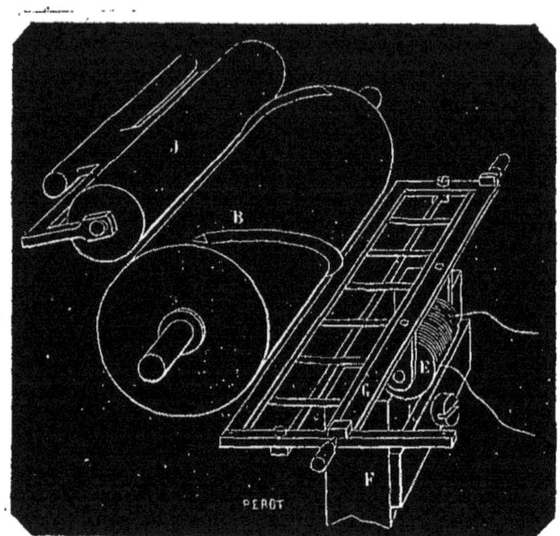

d'appareils, était parvenu à réaliser pour les télégraphes autographiques ce désideratum si souvent rêvé pour les télégraphes Morse, savoir l'impression à l'encre d'une dépêche sous l'influence d'un organe traçant fraîchement imprégné d'encre grasse. On a vu également que ce désidératum avait été réalisé pour les télégraphes imprimeurs par M. Brett en 1850, et pour les télégraphes Morse, par MM. Thomas John et Digney, en 1856. Mais dans les conditions de l'autographie, le problème était beaucoup plus complexe, et pour trouver une molette traçante susceptible de produire des impressions en différents points d'une surface de papier sans complication des mécanismes destinés à la faire mouvoir, il fallait sortir tout à fait de la voie ordinaire, et c'est, en effet, ce que M. Meyer a fait en imaginant sa molette hélicoïdale qui est la partie la plus originale de son invention.

Qu'on imagine un cylindre métallique, comme le cylindre B de la fig. 124, muni à sa surface d'une nervure saillante contournée en hélice, laquelle sera d'un pas assez allongé pour ne former qu'un seul tour sur toute la longueur du cylindre, ce cylindre ayant d'ailleurs la longueur de la dépêche : supposons qu'au dessus de ce cylindre se trouve un tampon encreur J, et au-dessous un châssis G sur lequel on étend la feuille ou la bande de papier, châssis qui est susceptible de pivoter entre deux pointes de vis, comme on le voit sur la figure; on comprend aisément que si le cylindre B tourne, et qu'à un moment donné on fasse pivoter le châssis de manière à faire toucher momentanément le cylindre par la bande de papier, il se produira l'impression d'un point sur ce papier, et la position de ce point dépendra du moment où l'on aura fait agir le châssis G, c'est-à-dire de la manière dont la nervure héliçoïdale se présentera à ce moment devant le bord de ce châssis.

Admettons maintenant que, sous une influence électrique provoquée par des émissions successives de courant et effectuée pendant toute la durée d'un tour du cylindre B, le châssis G accomplisse une série de mouvements ayant pour effet de produire des impressions, et que, lors du premier mouvement, le bout de la nervure héliçoïdale soit mis en contact avec le papier ; il est clair que la première impression sera dans le voisinage du bord du papier et que les autres se succéderont successivement en ligne droite jusqu'à l'autre bord de la bande ; de plus, leur espacement dépendra des intervalles entre les fermetures de courant qui provoqueront le mouvement du châssis. Si ces intervalles sont très-courts et réguliers, on obtiendra un ensemble de points qui représenteront une ligne droite ; si au contraire ils sont variables en durée, il se produira une ligne présentant en différents endroits des agrégations plus ou moins variées de ces points, et ces agrégations constitueraient les éléments des caractères d'une dépêche, s'ils résultaient d'une transmission effectuée comme dans le système Caselli, et qu'après chaque tour accompli par le cylindre B, le papier placé sur le châssis G s'était avancé d'une petite quantité; car les agrégations de points effectuées sur la nouvelle ligne qui se produira alors, se marieront avec celles de la ligne qui avait précédé. De plus, si le mouvement du cylindre B est synchronique avec le mouvement qui conduit la pointe traçante du transmetteur, les deux dépêches seront identiques puisque les espacements des traits deviendront alors égaux. Tel est le principe de l'appareil Meyer que nous représentons dans son ensemble, fig. 125 et dont nous allons maintenant étudier les détails.

Dans l'appareil de M. Meyer, chaque appareil porte avec lui tous les accessoires nécessaires à sa marche, ce qui n'a pas généralement lieu dans les autres systèmes de ce genre. Il renferme donc le mécanisme récepteur, le mécanisme transmetteur, le mécanisme régulateur du synchronisme, le mécanisme moteur et le relais.

Le récepteur se montre en avant sur la fig. 125; le transmetteur est en arrière en A S; le mécanisme moteur en M M entre ces deux platines de

Fig. 125.

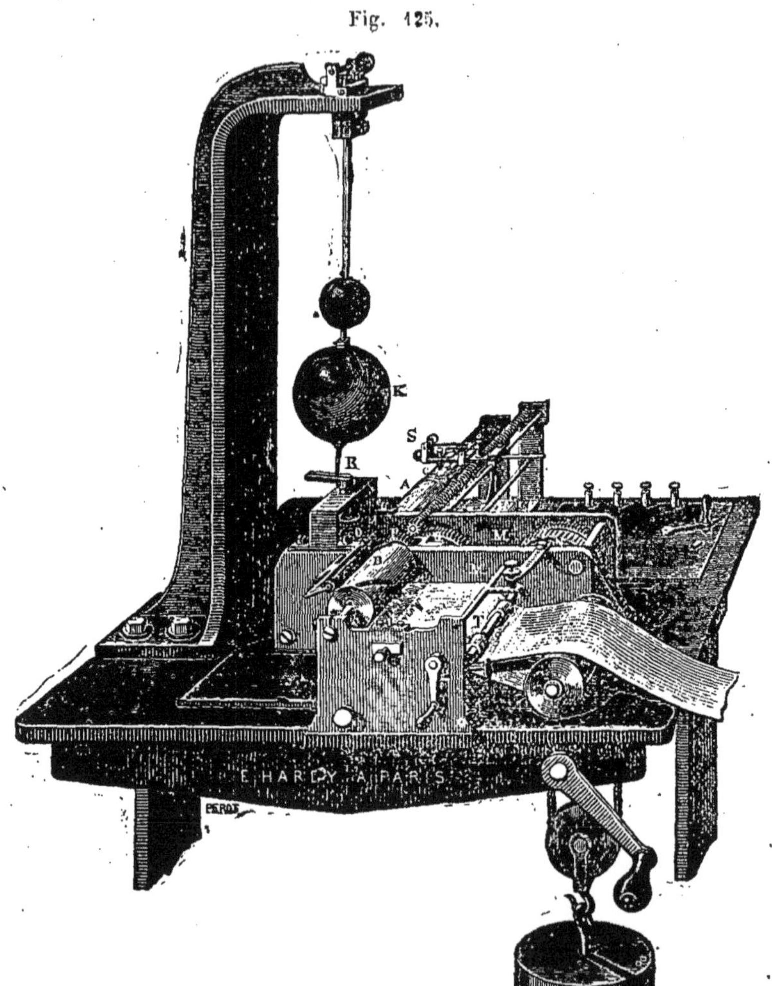

l'appareil, et le mécanisme régulateur du synchronisme en K R, à la gauche du système. Les dépêches, comme on le voit, se trouvent imprimées en travers de la bande de papier, qui se replie autour du châssis dont nous avons parlé et qui se trouve serrée par un laminoir T.

Le mécanisme moteur est constitué par un fort mouvement d'horlogerie, dont le dernier mobile est dirigé par un pendule conique à deux boules pesantes dont l'une, la plus petite, sert de régulateur pour modérer ou accélérer la vitesse de l'appareil et régler ainsi le synchronisme. Ce système en principe n'a rien de nouveau; il avait été déjà employé par M. Bain pour son télégraphe électro-chimique, par M. Hardy pour ses chronographes-électriques établis dans le système de M. Martin de Brettes, et j'en avais fait moi-même l'application aux appareils autographiques dès l'année 1853 (Voir la 2e édition de mon exposé, tome II. p. 122). Toutefois, M. Hardy, l'habile constructeur de l'appareil dont nous parlons l'a remarquablement perfectionné, en faisant régler automatiquement l'amplitude de l'angle d'écart du pendule conique lui-même, suivant que l'appareil dont il dirige la marche est en avance ou en retard sur son correspondant. Il obtient ce résultat au moyen d'un petit système électro-magnétique adapté au bouton à l'aide duquel on soulève ou on abaisse la petite boule régulatrice du pendule. Ce bouton constitue alors une petite roue avec laquelle engrène une autre roue de plus grand diamètre, dite régulatrice, dont l'axe de rotation est porté par l'armature d'un électro-aimant spécial, et cette roue est placée de manière à pouvoir être engrenée séparément avec deux *arcs dentés* portés par deux petites roues engrenant l'une dans l'autre. L'une de ces dernières roues étant en rapport de mouvement avec la molette hélicoïdale du récepteur, peut présenter, à chaque tour accompli par celle-ci, les deux arcs dont elle dirige la marche dans une position déterminée par rapport à la grande roue régulatrice. Si un courant de ligne est envoyé par l'appareil transmetteur à travers l'électro-aimant qui commande cette dernière roue, et que les deux appareils transmetteur et récepteur aient un mouvement parfaitement synchronique, la roue régulatrice en se déplaçant ne rencontrera ni l'un, ni l'autre des deux arcs mobiles; mais si l'un des appareils est en retard sur l'autre, cette roue engrenera avec l'un ou l'autre des deux arcs, et celui-ci en tournant fera participer la roue régulatrice à son mouvement, qui sera dans un sens différent pour les deux arcs. La roue régulatrice en agissant alors sur la petite roue commandant le mouvement de la boule pendulaire, fera donc monter ou descendre celle-ci, suivant que l'appareil sera en retard ou en avance sur son correspondant. Cette partie du mécanisme qui est récente n'est pas représentée sur la figure. Elle a du reste été combinée d'une manière plus pratique dans les nouveaux appareils de M. Hardy, et on pourra en trouver une description complète dans les *Annales télégraphiques* (3e série, tome I, page 48). Cette nouvelle disposition se rapproche beaucoup de celle qui a été adaptée aux appareils

Meyer, à transmissions multiples, dont nous parlerons plus tard au huitième chapitre; nous y renvoyons donc le lecteur pour éviter une double description.

Le transmetteur se compose d'un cylindre **A**, fig. 126, sur lequel est enroulée la feuille de papier qui porte la dépêche, et d'un système mobile sur une vis sans fin H qui porte la pointe traçante C. Un ressort antagoniste dirigé par un treuil permet de régler la pression de cette pointe, et un balai métallique D assure la communication métallique entre la feuille d'étain et le pôle positif de la pile. Ce système, dont le support est muni d'un pas de vis, appuie sur la vis sans fin **H** et se déplace, par suite du mouvement de celle-ci, parallèlement à l'axe du cylindre **A**, et celui-ci

Fig. 126.

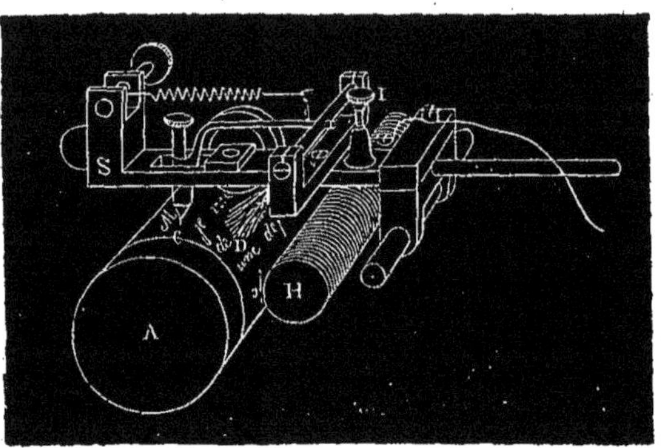

est tellement disposé, qu'après chaque voyage de la pointe traçante, il avance de l'intervalle d'une petite fraction de millimètre.

Le récepteur est constitué par le dispositif que nous avons déjà décrit en principe. Le cylindre à hélice et le cylindre encreur occupent la partie supérieure du mécanisme, puis au-dessous du cylindre se trouve le châssis imprimeur, qui doit être le plus léger possible (en aluminium) et d'une longueur un peu plus grande que le cylindre; il doit présenter à son extrémité, du côté du cylindre, une arête aiguë, et se trouve muni au-dessous de son axe d'oscillation d'un électro-aimant E, fig. 124, placé entre les pôles d'un aimant en fer à cheval **F**, qui détermine les mouvements oscillatoires du châssis, et par suite les impressions dont nous avons parlé. La bande de papier elle-même est enroulée en provision sur une large bobine, et se trouve entraînée d'un quart de millimètre à chaque révolution entière de la pointe traçante du transmetteur à l'aide d'un laminoir, comme dans le système Morse.

Nous ne décrirons pas ici le relais de M. Meyer, nous le ferons plus tard au chapitre des relais, et il peut d'ailleurs être combiné de telle manière qu'il convient. Dès lors que l'on emploie pour ce système télégraphique des relais, la difficulté que nous avions signalée au commencement de ce chapitre pour obtenir la reproduction de l'écriture en noir, n'existe plus, puisque la pile locale peut fonctionner aussi bien sur des ouvertures du courant de ligne que sur des fermetures. Le système de relais qui conviendra le mieux à cet appareil sera celui qui fonctionnera le plus vite et à la plus grande distance. Sous ce rapport, l'emploi du relais d'Arlincourt pourrait présenter quelques avantages.

Plusieurs savants ont prétendu, avec raison sans doute, que le synchronisme parfait de mouvement de deux appareils, en rapport électrique, ne peut être obtenu qu'autant que les mécanismes pendulaires qui dirigent le mouvement des mécanismes moteurs sont complétement soustraits à l'action de ceux-ci, ce qui n'est pas le cas de l'appareil dont nous parlons ici. C'est pour cette raison que MM. Caselli et Lenoir ont séparé, dans leurs appareils, les mécanismes régulateurs du synchronisme des mécanismes moteurs, ne donnant comme fonction mécanique à remplir aux premiers que d'effectuer à des instants précis des fermetures de courant, qui pouvaient alors réagir mécaniquement et indépendamment sur les mécanismes moteurs. Mais outre que, dans l'appareil de M. Meyer, le mécanisme pendulaire se trouve réglé automatiquement et d'une manière continue, ainsi qu'on l'a vu précédemment, les irrégularités qui pourraient se produire n'auraient pas comme dans les autres systèmes d'inconvénients fâcheux, en raison de l'action même du pendule conique, qui, au lieu d'entraîner des variations brusques, ne peut en déterminer que de très-lentes ; or, l'inconvénient qui pourrait en résulter, serait tout au plus de pencher l'écriture dans un sens ou dans l'autre, mais la lecture n'en serait en rien gênée. C'est, en effet, ce que l'expérience a démontré, même avant le réglement automatique des mécanismes pendulaires dont nous avons parlé. Or, ce point étant établi, on comprend aisément que les appareils disposés comme l'ont fait MM. Meyer et Hardy sont beaucoup moins encombrants et même beaucoup moins chers.

Les expériences faites en 1870 devant la commission de perfectionnement du matériel télégraphique, ont démontré qu'on pouvait transmettre avec cet appareil, en une minute quarante-trois secondes, entre Paris et Lyon, une dépêche couvrant une surface de 30 centimètres carrés soit, 17 centimètres carrés par minute. Avec l'appareil Caselli, il aurait fallu trois minutes, au moins, pour couvrir le même espace. On peut donc dire que l'appareil Meyer est en définitive le plus rapide des télégraphes autographiques jusqu'à présent essayés, et si on joint à l'ingéniosité de ses combinaisons, l'habileté d'exécution déployée par M. Hardy dans sa construction, habileté à laquelle, en raison des perfectionnements de détails, cette invention est redevable en grande partie de sa réussite, on peut comprendre que ce système réalise, comme l'a du reste avancé M. le directeur général des lignes télégraphiques dans son rapport au ministre du 2 octobre 1869, un progrès réel et décisif dans la télégraphie.

Système de M. Capron. — Le système de M. Capron est une combinaison des systèmes de MM. Meyer et Caselli. Il a emprunté à ce dernier son système moteur et sa régularisation du synchronisme, et au second son système enregistreur, qui a également pour organe imprimeur une molette héliçoïdale. L'appareil se compose donc d'abord, d'un pendule de la dimension de ceux de M. Caselli, qui oscille entre deux électro-aimants et dont le mouvement est de plus régularisé, comme dans les horloges électriques, par la chute de poids moteurs, et en second lieu d'un double mécanisme mis en mouvement par ce pendule avec l'intermédiaire de deux roues à rochet, qui fait tourner alternativement, suivant le sens de l'oscillation, d'un côté un appareil transmetteur dans le genre de celui de M. Backwell, et de l'autre côté un appareil récepteur portant un système analogue à celui de M. Meyer. Nous avons décrit cet appareil dans les études sur l'Exposition universelle de 1867, publiées par M. Lacroix, et comme il n'a jamais été exécuté, nous n'en parlerons pas davantage.

Système de M. Dutertre. — Dans l'appareil autographique de M. Dutertre, la dépêche est aussi reproduite à l'encre. Le papier métallique sur lequel est écrite la dépêche à expédier et le papier ordinaire sur lequel cette dépêche est reproduite sont enroulés sur deux tambours animés d'un mouvement de rotation autour de leur axe vertical et en même temps d'un mouvement de glissement le long de ces axes. Le style expéditeur et le tire-ligne récepteur sont toujours maintenus à la même hauteur. Le tire-ligne est animé, par la palette d'un électro-aimant, d'un mouvement de va et vient qui, alternativement, rapproche et éloigne la pointe du papier destiné à la reproduction de la dépêche. Comme dans l'appareil Morse et dans l'appareil Lenoir, l'électro-aimant du tire-ligne est directement animé par le courant de ligne. D'ailleurs le pôle positif de la pile de ligne communique, au poste de départ, avec le papier métallique de la dépêche et par son intermédiaire avec le style frotteur et le fil de ligne. Le double mouvement de rotation et de glissement des tambours expéditeur et récepteur leur est communiqué par des mécanismes d'horlogerie, mus eux-mêmes par des poids tenseurs. Pour que la transmission soit régulière, le mécanisme d'horlogerie du poste expéditeur et celui du poste récepteur doivent nécessairement être établis et maintenus en synchronisme. M. Dutertre a eu recours au pendule conique pour établir ce synchronisme sans lequel il n'y a pas de transmission régulière.

Cet appareil n'a que médiocrement réussi. D'après le rapport de la commission de perfectionnement, le tire-ligne fonctionne irrégulièrement, le synchronisme est loin d'être parfait, et, sur un circuit local, il lui a fallu 4 minutes pour transmettre la dépêche réglementaire.

IV. — TÉLÉGRAPHES PANTOGRAPHIQUES.

Plusieurs inventeurs, et en particulier MM. Lacoine, G. Bienaimay, Garceau, Leuduger-Fortmorel et Hasler, se sont efforcés de résoudre mécaniquement le problème des télégraphes autographiques. Mais leurs systèmes ne paraissent pas encore susceptibles d'une application pratique. Quoi qu'il en soit, nous allons les décrire, persuadé que nous sommes qu'une idée nouvelle, pratique ou non, peut toujours être utilisée d'une manière ou d'une autre.

Si l'on considère que tout mouvement peut être produit par la combinaison de deux mouvements rectangulaires, on arrive à conclure immédiatement que si, par un dispositif électrique quelconque, on peut gouverner régulièrement dans deux sens rectangulaires la marche d'un crayon ou style quelconque, on pourra faire parcourir à ce crayon un chemin sinueux qui pourra être contourné en forme de lettres. Il s'agit donc d'obtenir électriquement ce double mouvement pour résoudre mécaniquement le problème des télégraphes pantographiques.

Système de M. Lacoine. — Dans le système de M. Lacoine, cette marche du style écrivant est obtenue à l'aide d'une équerre B A C (fig. 9, pl. II), à l'angle A de laquelle se trouve fixé le crayon, et dont les branches A B, A C, glissent à travers deux guides E et G, qui sont eux-mêmes mobiles dans la direction perpendiculaire à la branche qu'ils soutiennent. Ces guides peuvent, en effet, être mis en mouvement par une crémaillère qui les porte et un pignon dépendant d'un mécanisme d'horlogerie commandé par un système particulier d'électro-aimants.

Ce mécanisme se compose essentiellement de deux roues folles R et R', tournant librement sur l'arbre V, et portant chacune une roue d'angle N et N' disposée de manière à s'engrener avec une roue T faisant partie du mouvement d'horlogerie. Du côté opposé à ces roues N et N' se trouvent deux autres roues à rochet D et D' fixées, en sens inverse l'une de l'autre, sur l'arbre V, et ayant pour cliquet d'arrêt l'armature d'un électro-aimant droit K, K', que porte chacune des roues R, R'. Enfin, au-dessus de ces roues R, R', se trouve un échappement Breguet EE', commandé par un électro-aimant X. Les roues Z, Z' sont spécialement affectées aux transmissions électriques et nécessitent pour fonctionner le brisement de l'axe V, ce que l'on obtient au moyen d'une boîte d'engrenage. Ces roues ont un nombre de dents égal à celui des roues R, R', mais leur intervalle est rempli avec de l'ivoire, de manière à former un disque interrupteur. Au-dessus de ce disque appuie un frotteur à ressort OO', lequel est mis en rapport avec un commutateur à renversement de pôles placé sur l'une des joues de ce disque. Ce commutateur est composé de trois branches adaptées à un collier placé à frottement doux sur l'axe V, et placées à cheval entre deux butoirs rigides. Le pôle positif de la pile de ligne communique par des frotteurs avec les deux branches extrêmes, et le pôle négatif correspond à la branche du milieu. Enfin, les deux butoirs sont en rapport avec le frotteur du disque. On devine déjà que cette disposition du commutateur a pour but d'obtenir des fermetures de courant dans un sens différent, suivant le sens de rotation du disque Z, Z', c'est-à-dire suivant que les guides EF, GH s'abaissent ou s'élèvent; inutile de dire que tous les mécanismes précédents sont répétés pour les deux sens de mouvement du crayon A, c'est-à-dire pour les deux guides EF, HG, et qu'un relais à double effet S, S', commande la fonction de ces mécanismes. Nous ajouterons seulement que l'une des armatures *m* de ces relais est aimantée, tandis que l'autre *n* est en fer doux (1). Voici maintenant comment cet appareil fonctionne, car, tel que nous venons de le décrire, il peut servir à la fois de transmetteur et de récepteur.

Supposons qu'il s'agisse d'envoyer une dépêche : on prendra le porte-crayon A, et, sans se préoccuper de l'équerre à laquelle il est fixé, on écrira sur le papier P, comme on le ferait sur du papier ordinaire; sous l'influence des mouvements accomplis par les branches AB, AC, les guides EF, GH, se trouveront alternativement et même simultanément haussés ou abaissés, et par suite les roues ZZ', que l'on aura préablement dégagées de leur boîte d'engrenage, seront mises en mouvement dans un sens ou dans l'autre. La quantité dont ces roues tourneront étant précisément en

(1) C'est la même disposition de relais que celle qui a été employée pour mon télégraphe imprimeur.

rapport avec les mouvements des guides EF, GH, il sera facile d'apprécier électriquement les déplacements de ceux-ci, car pour chacun de ces déplacements il passera sous le frotteur un certain nombre de dents des roues Z, Z', qui fourniront une série de fermetures de courant susceptibles de réagir sur le récepteur. Or, comme ces fermetures seront faites avec le courant dirigé dans deux sens opposés suivant que les guides EF, GH, se sont élevés ou abaissés, on pourra provoquer par là deux effets électriques diamétralement contraires qui pourront être utilisés à la reproduction des mouvements accomplis par le crayon transmetteur, ainsi que nous allons le voir. Toutefois, pour qu'on puisse bien comprendre le système, nous ferons remarquer 1° que les deux courants envoyés par le transmetteur ne réagissent que sur les relais S et S'; 2° que le courant local envoyé par l'armature *m* des relais réagit sur les électro-aimants K et K' des roues motrices; 3° que le courant local envoyé par l'armature *n* n'a d'effet que sur l'électro-aimant X. Cela posé, examinons ce que produisent nos courants de ligne envoyés tantôt dans une direction, tantôt dans une autre.

Admettons que 5 fermetures de courant soient envoyées à travers le relais S, de manière à attirer l'armature *m*. Au moment de la première fermeture, le courant local sera fermé à travers l'électro aimant K par l'abaissement de *m*, et cette fermeture sera maintenue par la réaction magnétique de cette armature sur le fer de l'électro-aimant S. La roue R se trouvera alors dégagée de sa liaison avec la roue D, et par conséquent avec l'axe V, et pourra tourner librement comme une roue folle (1). En même temps, l'armature *n* sera abaissée et fera mouvoir l'échappement E', qui laissera échapper d'une dent la roue R'. Cette roue entraînera la roue à rochet D', et par suite fera monter d'autant le guide EF; pour les 4 fermetures et les 5 ouvertures du courant qui suivront, 9 dents de cette même roue échapperont et augmenteront l'étendue de la course de ce guide jusqu'à ce que

(1) Je crois que cette partie du problème serait plus efficacement résolue au moyen de l'embrayeur à mouvement circulaire de M. Achard, qui, dans ce cas, pourrait être notablement simplifié. Cet embrayeur, en effet, pourrait consister simplement dans deux bobines électro-magnétiques de fer doux et à rondelles de fer qui seraient traversées à frottement dur par l'axe V, et placées devant les roues R et R', de manière à correspondre à deux disques de fer dont ces roues seraient munies. Une petite lame de ressort empêcherait le contact intime de ces disques avec les bobines en temps ordinaire; mais au moment du passage du courant dans ces bobines, ce ressort venant à céder, l'adhérence aurait lieu, et les roues R et R' pourraient communiquer leur mouvement à l'axe V.

celui-ci soit remonté de la même quantité que le guide correspondant de l'appareil faisant fonction de manipulateur. Comme le guide GH se trouve subir de la même manière une action analogue, et que chaque action s'effectue dans le même moment de part et d'autre (car il y a deux fils à la ligne), il arrive forcément que le crayon traçant du récepteur suit exactement les mêmes contours que celui du manipulateur. Si les 5 fermetures de courant, au lieu de se faire avec le courant dirigé comme dans le cas précédent, s'étaient effectuées avec une direction contraire de ce même courant, l'électro-aimant K' serait devenu actif et ç'aurait été la roue R qui eût marché; mais comme le sens de la marche de cette roue est précisément contraire de celui de la roue R', le guide EE se serait abaissé au lieu de se trouver relevé.

Pour résoudre plus complétement le problème, M. Lacoine a voulu que les traces laissées par le style écrivant fussent discontinues à la volonté du télégraphiste, et, par conséquent, que ce style pût être élevé et abaissé en temps opportun. Pour cela il a placé sur la branche A B de l'équerre portant le crayon, un électro-aimant, dont l'armature en basculant devait produire cette élévation ou cet abaissement. Mais je ne vois aucune nécessité à cette discontinuité des traces laissées par le style écrivant, d'autant plus que pour l'obtenir il faudrait ajouter un troisième fil à la ligne. Nous n'entrerons donc dans aucun détail relativement à cette partie du problème.

Système Leuduger-Fortmorel. — Pour obtenir le mouvement en tous sens du crayon d'un pantographe ordinaire, M. Leuduger-Fortmorel part de ce principe, qu'il suffit de faire décrire aux points d'articulation des deux règles portant le crayon de cet appareil des arcs plus ou moins étendus, ayant pour centre l'angle du parallélogramme opposé à celui où est placé le crayon. Or, pour commander électriquement ces deux mouvements arqués, l'inventeur articule les deux branches, portant le crayon, à deux roues placées l'une au-dessous de l'autre et ayant leur centre correspondant à celui des arcs qui doivent être décrits par ces branches. Chaque roue a des divisions gouvernées par un échappement électro-magnétique qui réagit lui-même sur un commutateur destiné à la transmission, et chacun de ces commutateurs, suivant le mouvement du pantographe transmetteur, à gauche ou à droite, de haut en bas, fait fonctionner soit l'une, soit l'autre des deux roues de l'appareil correspondant, ou provoque le mouvement de celles-ci soit dans un sens, soit dans l'autre. Il en résulte que la ligne télégraphique en rapport avec les appareils est obligée de se composer de deux fils, et que l'on est forcé d'employer des électro-aimants à armatures aimantées afin d'obtenir quatre fonctions différentes de la part des organes qui sont en jeu.

Système de M. Garceau. — Le système de M. Garceau, qui a été longuement décrit dans les *Annales télégraphiques*, tome II, page 213, et qui a précédé celui que nous venons de décrire, lui est tout à fait analogue quant au principe ; seulement les roues commandant le mouvement des branches mobiles du pantographe, au lieu d'être placées l'une au-dessus de l'autre, à l'angle du parallélogramme opposé à celui qui porte le crayon, sont placées à distance et ne réagissent sur le pantographe que par l'inter-

Fig. 127.

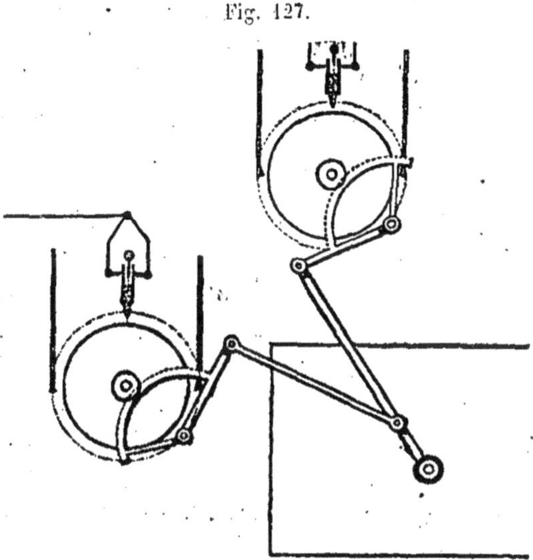

médiaire de deux arcs dentés adaptés aux branches libres de cet appareil, comme on le voit dans la figure 127 ci-dessus.

Système de M. Bienaymé. — Le système de M. Bienaymé est une conception plutôt théorique que réalisable, mais qui par suite de combinaisons ingénieuses permet de n'employer qu'un seul fil à la ligne. Nous avons publié dans la deuxième édition de cet ouvrage, tome IV, p. 247, la note un peu longue, que nous avait envoyée à son sujet M. Bienaymé ; mais comme nous sommes obligé aujourd'hui de passer un peu vite sur les inventions qui ne sont pas mises en pratique, nous nous contenterons de dire que, théoriquement, ce système télégraphique peut-être représenté par deux pièces cylindriques appuyées aux deux stations sur une feuille de papier, et susceptibles d'accomplir elles-mêmes des mouvements de même nature, obéissant, l'une à la main de l'employé qui la conduit à la station de transmission, l'autre à des mécanisme d'horlogerie combinés *ad hoc* à son intérieur. Ces mécanismes sont mis en action sous une influence électrique, et cette influence électrique est déterminée, elle-même par des rhéotômes disposés à l'intérieur du cylindre transmetteur et fonctionnant différemment, suivant le sens du mouvement accompli par celui-ci.

Le cylindre récepteur, dans ce système, est donc par le fait une pièce mécanique, qui se meut en quelque sorte comme une poupée mécanique, guidée seulement par une action électrique.

Si un tel système était réalisable, et M. Bienaymé indique les moyens qu'il faut employer pour y arriver, il suffirait, à la station de transmission, d'écrire la dépêche avec le crayon qui traverse le cylindre transmetteur, pour que cette dépêche fût écrite en même temps par le crayon du cylindre de la station de réception. Les figures 10, 11, 12, Pl. II, représentent le dispositif indiqué par M. Bienaymé. On voit que les cylindres en question portent des roulettes dentées sur le côté, qui, suivant que l'une ou l'autre est mise en action, peut faire accomplir à la pièce des mouvements sinueux, comme une locomobile dont les deux roues motrices ne seraient pas solidaires l'une de l'autre, et recevraient alternativement le mouvement du moteur.

Nous ne dirons rien du système de M. Hasler, dont l'auteur a publié le principe dans le *Journal Télégraphique* de Berne, du 25 oct. 1873, car il est exactement semblable à ceux dont nous avons parlé précédemment et qui avaient été décrits dans notre exposé des applications de l'électricité (2e édition, tomes IV et V, p. 243 et 362), dans notre *Traité de télégraphie*, dans celui de M. Blavier, et dans les *Annales télégraphiques*. Il est d'ailleurs inutile d'insister sur ces sortes d'appareils qui, comme on le comprend aisément, sont complètement irréalisables, et qui ne promettent, même théoriquement, que la reproduction de lettres tremblées, que les moindres défauts dans la transmission déformeraient même complètement, et qui exigeraient, pour être lisibles, des roues à dents tellement fines, qu'une lettre pourrait nécessiter 20 ou 30 émissions de courant.

CHAPITRE VI.

TÉLÉGRAPHES SOUS-MARINS (1).

Nous avons vu que dans tout conducteur télégraphique, la production d'un signal peut être obtenue quand la différence de la tension électrique, à ses deux extrémités, est suffisante pour affecter le récepteur, quelque soit d'ailleurs la manière dont cette différence de tension est obtenue. D'un autre côté, il est facile de comprendre que la vitesse de transmission dépendra du nombre de fois que l'on pourra produire, dans un temps donné, cette différence de tension suffisante; conséquemment, elle sera d'autant plus grande que ces différences de tension seront effectuées plus promptement et que l'appareil les exigera moins caractérisées.

Nous avons également vu que dans toute manifestation électrique du genre de celles qui affectent les conducteurs télégraphiques, soit câbles sous-marins, soit conducteurs aériens, le courant n'atteint pas instantanément son énergie maximum, de même qu'il ne disparaît pas instantanément après la rupture de sa communication avec la source électrique; et, si dans sa propagation il peut exercer son influence à l'extérieur, il ne peut atteindre toute sa puissance que quand cette action d'influence est produite. C'est pour cette raison que les transmissions sur les lignes sous-marines sont plus lentes que sur les lignes terrestres. Or, il résulte de cette double action deux conséquences : d'abord qu'un mouvement électrique peut se propager dans un câble un peu long, quelques instants après que la source électrique n'est plus en contact avec lui, et en second lieu que des ondes électriques, de signes contraires, peuvent se succéder dans le même câble, si des émissions de courant de sens contraire se succèdent à des intervalles un peu rapprochés; mais comme chaque onde d'électricité contraire a pour effet, au premier moment, de neutraliser la charge qui la précède dans la partie du circuit où elle la rencontre, elle a pour résultat d'atténuer considérablement la durée du courant de décharge primitif, et cette durée peut être encore diminuée, si on met le câble à la terre par ses

(1) Nous devons à l'obligeance de M. Francisque Michel, une partie des renseignements fournis dans ce chapitre.

deux bouts, après chaque émission de courant. Il en résulte que les trois traits *a*, *b*, *c* qui représentent la lettre O et qui se confondraient en une

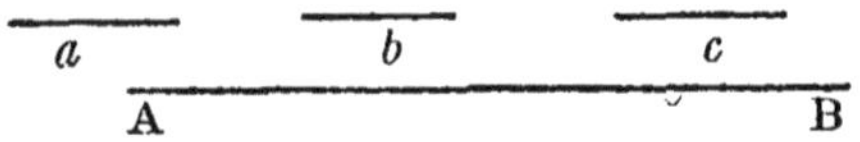

a *b* *c*

A B

seule ligne droite A B à la réception, par suite de toutes ces réactions, deviennent alors distincts et se présentent comme on le voit ci-dessous (1).

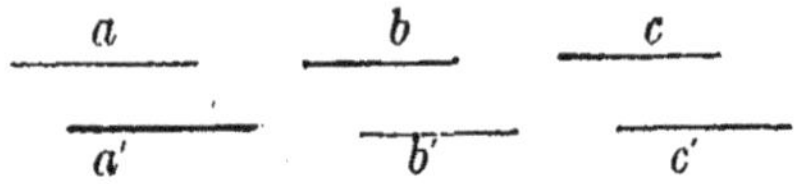

a *b* *c*

a' *b'* *c'*

Nous avons indiqué, tome I, page 104 de cet ouvrage, les divers moyens proposés pour obtenir, dans les meilleurs conditions possibles et suivant l'étendue des lignes, ce déchargement plus ou moins complet des câbles par l'envoi de courants contraires; mais sans revenir sur l'application de ces moyens, dont les plus compliqués ont été abandonnés depuis l'application des condensateurs aux lignes sous-marines de grande longueur, nous pourrions toujours dire qu'il est résulté de la pratique prolongée de la télégraphie sous-marine, que l'effet du courant contraire doit être moins grand que celui du courant destiné à produire les signaux, et doit surtout varier suivant les conditions particulières des lignes. Il en résulte qu'il est indispensable que ce courant contraire soit fourni par une pile spéciale. Or, pour arriver à obtenir, dans les transmissions, que chaque émission du courant de la grande pile soit suivie de l'envoi du courant inverse de la petite pile, il fallait un dispositif particulier qui permît au transmetteur d'effectuer lui-même cette double action sous l'influence de la manipulation ordinaire. On a résolu ce problème de plusieurs manières, soit par une disposition particulière donnée à la clef, soit par l'adjonction d'un relais local faisant fonction de manipulateur auxiliaire. Le premier combiné par M. Siemens est souvent employé sur les lignes de petite longueur; mais le second, qui est le plus simple, a été appliqué avec le plus grand succès sur le câble Anglo-Hollandais. Ces moyens toutefois, comme nous le verrons plus tard, ne sont pas suffisants sur les longues lignes sous-marines, et, pour mettre de l'ordre dans la description que nous devons faire de ces différents systèmes, nous les répartirons en deux catégories distinctes.

---

(1) Pour rendre ces effets sensibles et les reproduire expérimentalement, Sir W. Thomson emploie un enregistreur électro-chimique à deux pointes, traçant deux lignes parallèles sur une bande de papier sensibilisé.

I. — DISPOSITIONS POUR LES CABLES DE PETITE LONGUEUR.

Système de M. Siemens. — Toute la particularité de ce système consiste dans la disposition de la clef qui doit avoir pour fonction, comme nous l'avons dit, non-seulement d'effectuer les émissions de courant nécessaires

Fig. 128.

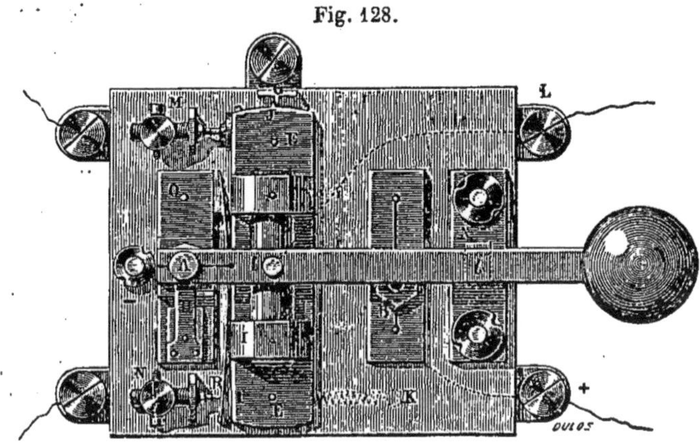

pour les transmissions, mais encore de faire suivre chaque émission du courant de ligne, par un courant contraire issu d'une pile spéciale. La disposition de cette clef est représentée, fig. 128.

L'une de ces pointes est mise dans le circuit du câble, et l'autre dans le circuit d'un rhéostat présentant exactement la même résistance que le câble ; quant à l'interrupteur qui sert à fermer les courants sur l'appareil électro-chimique, il est double, et se compose de deux interrupteurs Morse ordinaires, isolés électriquement l'un de l'autre, mais réunis mécaniquement, de façon à produire dans les deux circuits des interruptions simultanées.

Lorsqu'on fait jouer ce double interrupteur, on voit que les traits formés par la pointe qui est dans le circuit du câble apparaissent plus tard, et durent plus longtemps que les traits qui émanent de l'autre circuit ; en outre, la coloration des premiers, claire tout d'abord, devient de plus en plus foncée par suite des variations de la tension, et diminue graduellement jusqu'à ce que l'effet électrique devienne trop faible pour décomposer la solution sensible.

Cet appareil convient admirablement pour démontrer les effets que nous avons énoncés plus haut : toutefois, si l'on veut ne considérer que le retard de production et l'allongement des signaux, un appareil Morse à double molette et convenablement réglé, est bien suffisant. Les traits apparaissent alors nettement tranchés, comme ceux que nous avons représentés plus haut.

Cet appareil n'est qu'une simple clef de Morse, dont le support EE du levier, au lieu d'être fixe sur la planche, peut pivoter sur un axe vertical figuré en t. Ce support métallique est sollicité à tourner de gauche à droite par un ressort EK, mais il se trouve maintenu contre une vis butoir M, qui établit la communication avec le récepteur. A son extrémité A, le levier-clef appuie sur un ressort H, muni à son extrémité libre d'une petite pièce de contact interposée entre le levier et un butoir rigide adapté sur une pièce O. Cette pièce, elle-même, porte une lame de ressort R, qui, étant poussée par un appendice d'ivoire I, peut établir une communication entre O et le pôle négatif de la petite pile de décharge communiquant avec la vis N. Enfin, un butoir rigide placé en B, sous le levier-clef, et mis en communication avec le pôle positif de la seconde pile, est disposé de manière à être rencontré par ce levier toutes les fois qu'il est abaissé. Inutile de dire que le support EE est mis en communication avec la ligne.

Pour transmettre, avec cet instrument, l'employé doit attirer d'abord vers sa gauche le levier-clef, et le maintenir dans cette position tout le temps de la transmission, qui s'effectue d'ailleurs comme à l'ordinaire. Or, voici ce qui se passe, suivant que le levier est soulevé ou abaissé :

Il est résulté d'abord du transport de la clef, vers la gauche, que la communication avec le récepteur du poste est coupée, et que la pièce O étant mise en contact en IN avec la pile de décharge, a provoqué l'envoi d'un courant négatif à travers la ligne par le ressort H et le contact A. Sous cette influence, l'armature du relais polarisé, à la station de réception, s'est portée sur le butoir qui ne doit pas réagir sur le récepteur. Mais quand le levier est abaissé, le contact de A avec O n'existe plus, et c'est le courant positif de la grande pile qui pénètre dans la ligne par le butoir B. Ce courant, en déterminant une action contraire de l'armature du relais, entraîne le fonctionnement du récepteur, et par suite la production d'un signal.

Pour compléter son appareil, M. Siemens a placé sous le levier-clef un butoir X destiné à empêcher son fonctionnement quand il ne se trouve pas poussé vers la gauche, et il a adapté au support EE un appendice J qui, en rencontrant un instant un butoir élastique porté par une pièce G, quand on tourne la clef, établit une communication momentanée entre la terre et la ligne, et décharge complétement celle-ci avant la transmission.

Système de M. C. Varley. — M. Varley, pour résoudre le même problème que M. Siemens, a imaginé la clef représentée fig. 129, p. 374; c'est une sorte d'inverseur à clef accompagné d'un commutateur qui doit être disposé d'une manière différente pour la transmission ou la réception, en raison de sa liaison avec le récepteur du poste.

L'axe qui porte le manche de cette clef est composé de deux parties métalliques isolées complètement l'une de l'autre, et séparées par un disque d'ivoire de plus grand diamètre, garni de deux joues métalliques. Ces joues sont en rapport avec les parties métalliques de l'axe qui leur correspondent, et le manche de la clef est fixé sur l'une de ces joues. Enfin,

Fig. 129.

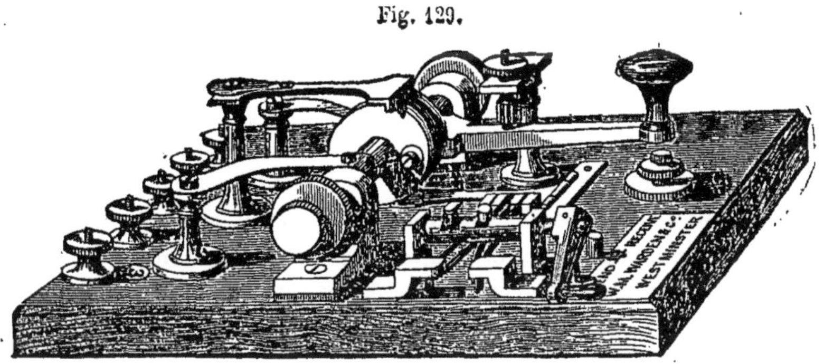

deux ressorts, en rapport avec les boutons d'attache des pôles de la pile, appuient sur deux appendices adaptés aux deux bouts isolés de l'axe; et un troisième ressort, en rapport avec la ligne, appuie sur la circonférence du disque, qui est disposé de manière à mettre ce ressort en contact avec l'une ou l'autre des joues métalliques, pour chaque moitié de l'arc que leur fait décrire le mouvement de la clef, mouvement qui est limité par deux butoirs d'arrêt à vis de réglage. Un ressort, placé au-dessous du disque d'ivoire et qui présente un contact avec la ligne, permet la décharge en terre quand la clef est abaissée.

Fig. 130.

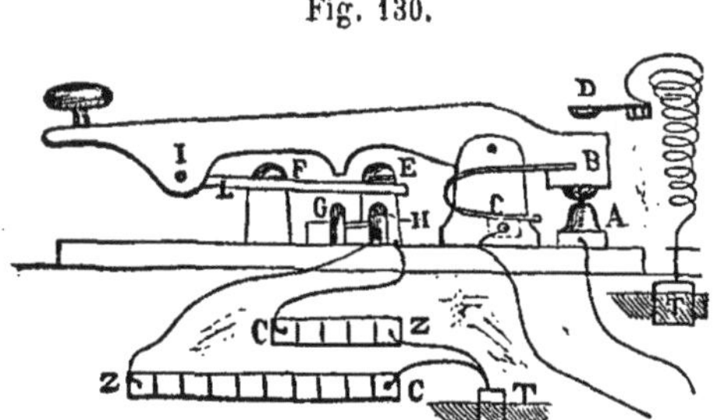

Le commutateur pour la réception ou la transmission se voit en avant de la figure, et il doit être tourné d'une manière inverse dans les deux cas.

Avec la disposition ordinaire des courants dans cet appareil, on envoie des courants négatifs quand la clef est soulevée; ils deviennent positifs vers le milieu de la course de cette clef quand on l'abaisse, et la communication de la ligne avec la terre ne s'établit à travers le commutateur que quand elle est tout à fait abaissée.

Il serait trop long et, du reste, très-inutile, de décrire la marche des courants à travers cet appareil; on pourra s'en faire une idée très-exacte en consultant le brevet de M. Varley, pris en 1854. Cet appareil est très-bien construit par M. Warden, constructeur à Londres (Westminster).

La clef que nous représentons, fig. 130, ci-contre, est encore un transmetteur pour la télégraphie sous-marine, appelé à réaliser les mêmes effets que ceux que nous venons d'étudier. Il est facile, par l'inspection de la figure, de concevoir la manière dont il fonctionne. Il est également dû à M. Varley.

Système de M. J.-J. Fahie. — On a varié beaucoup la disposition des appareils de transmission sur les lignes sous-marines, et l'un de ceux qui ont le plus attiré, dans ces derniers temps, l'attention des hommes du métier, est celui qui a été présenté, en mars 1874, à la Société des ingénieurs télégraphistes, par M. J.-J. Fahie. Cet appareil, en apparence, ressemble beaucoup à une clef de Morse ordinaire et se manœuvre de la même manière; seulement les contacts sont doubles, et il existe en outre un contact latéral qui produit des fermetures de circuit passagères au milieu de la course du levier. Le bout de ce levier, qui ordinairement appuie sur un contact de repos, se termine ici par une petite languette à ressort, articulée à frottement dur sur le levier, et qui oscille par conséquent entre les deux pièces formant le double contact dont nous avons parlé, tout en se maintenant, par rapport au levier, dans les dernières positions prises. Les communications électriques sont établies de la manière suivante : La ligne communique à l'axe du levier de la clef; le contact ordinaire de repos au pôle zinc d'une première pile, et le contact du dessus au pôle cuivre d'une seconde pile d'égale puissance. Le contact ordinaire de travail, placé de l'autre côté de la clef, est mis en rapport avec la terre; celui du dessus avec le relais ou l'appareil du poste, et le contact latéral, constitué par une lame de ressort munie d'une goutte métallique, avec la languette mobile terminant le levier. Il résulte de cette disposition que le contact réel de repos dans cet appareil, se trouve être, précisément, dans une position inverse de celle des autres appareils. Or, voici ce qui arrive quand on transmet :

Au moment où l'on abaisse la clef, la languette mobile du levier, qui était sur le contact zinc, se porte immédiatement sur le contact cuivre, et, presqu'au même moment, le levier de la clef, frottant contre le contact latéral, lance un courant positif à travers la ligne. Mais ce courant ne dure pas, et quand la clef est arrivée au bas de sa course, une communication est établie entre la ligne et la terre par le contact du dessous; d'où il résulte un commencement de décharge de la ligne. Quand la clef se relève sous l'influence du fort ressort qui la sollicite, un courant négatif est envoyé au moment de son passage devant le contact latéral, et la décharge de la ligne devient complète. Ce système a produit, paraît-il, de bons résultats sur les câbles de la mer rouge; mais il ne peut agir efficacement que sur des circuits ne dépassant pas 680 miles (Voir le *Télégraphic, Journal*, t. II, p. 151).

Avec tous ces systèmes, on emploie, comme récepteurs, des relais polarisés et des télégraphes Morse, dont la construction varie suivant les administrations qui les emploient. Le manipulateur de M. Siemens, dont nous avons parlé en premier lieu, s'emploie avec le relais polarisé que nous avons décrit en principe, t. II, p. 8, et avec le modèle télégraphique décrit p. 113.

Système à relais de décharge. — Ce système, que nous représentons fig. 131, est universellement employé en Angleterre pour des

Fig. 131.

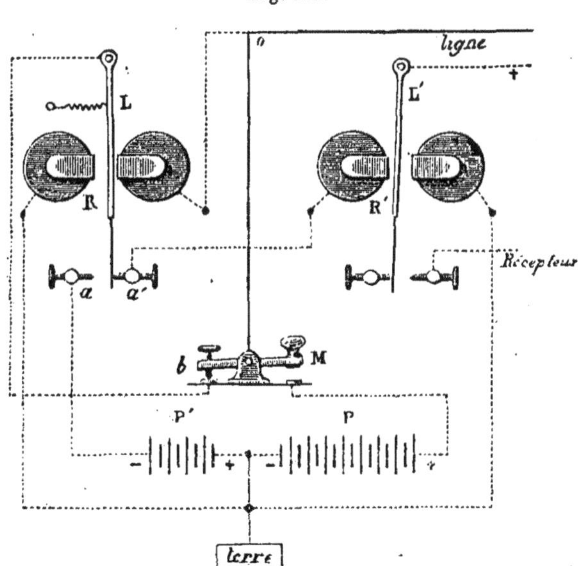

câbles de longueur moyenne. Il était très-facile d'imaginer des dispositions plus simples, mais elles n'auraient pas permis de couper la correspondance, c'est-à-dire de prévenir au milieu de la transmission, lorsque la réception devient illisible pour un motif quelconque. Ce système est connu en Angleterre sous le nom de *metteur au zinc*; nous l'appellerons ici système à *relais de décharge.*

Il se compose essentiellement d'un relais polarisé ordinaire R, du système Siemens, par exemple, dont le levier L oscille entre les deux vis de contact

a et a'; ces vis sont suffisamment écartées pour laisser au levier L une amplitude d'oscillation relativement considérable, et ce levier porte, en outre, un ressort convenablement disposé pour avoir une tendance à être maintenu en contact avec la vis a, c'est-à-dire en communication avec la pile P' (pile de décharge). Les bobines du relais de décharge, en question, ont une résistance au moins égale à celle du circuit entier, c'est-à-dire à celle de la ligne et du relais de réception à l'autre station.

Les autres pièces qui complètent le système sont un relais de ligne R', un manipulateur (clef) M, une pile de ligne P et une pile de décharge P'.

Les communications étant établies comme l'indique la fig. 131, si on abaisse le manipulateur M, le courant positif de la pile P, se divise entre la ligne et les bobines du relais de décharge R; le levier L quitte alors la vis a' contre laquelle l'avait porté le courant qui avait précédé pour venir buter contre la vis a, et le contact de repos b du manipulateur se trouve, par suite, mis en communication avec le pôle négatif de la pile de décharge.

Lorsqu'on abandonne à lui-même le manipulateur M en cessant d'exercer une pression sur le manche de la clef, la communication du pôle positif de la pile P avec la ligne est coupée, et le courant négatif de la pile de décharge se divise à son tour en deux parties, une qui sert à décharger la ligne, l'autre qui fait revenir le levier L sur le butoir a', dans la position nécessaire pour que la station puisse recevoir des signaux du poste correspondant. Le levier L du *relais de décharge* doit être réglé de façon à être paresseux, c'est-à-dire de manière à ne pas se mouvoir sous l'influence d'un courant lancé de la station correspondante. En outre, il doit adhérer très-légèrement contre le fer du relais lorsqu'il bute sur la vis a, de façon que, pendant un certain temps et par suite du magnétisme rémanent, le contact en a persiste après que le manipulateur est relevé, sans quoi, le courant négatif de la pile P' n'aurait pas le temps de s'échapper à travers la ligne. Les dérivations à la terre contribuent aussi, et dans une large proportion, à décharger la ligne.

Le relais R' n'a d'autre fonction à remplir que de réagir sur le récepteur de la station à laquelle il appartient, et alors que celle-ci devient station de réception; le courant de ligne transmis trouve bien, il est vrai, en o deux chemins pour se dériver, l'un par le relais R, l'autre par les contacts b et a' qui le conduisent à travers le relais R'. mais il n'y a d'effective que l'action exercée sur ce dernier relais, car le sens du courant à travers l'autre relais maintient son armature dans la position que lui avait donnée le courant de decharge de la pile P'.

Quand on emploie ce système, il est nécessaire que les lignes aériennes ainsi que les appareils reliés au câble soient le moins résistants possible, car l'addition de résistances aux deux extrémités d'un câble a pour effet de retarder et d'affaiblir les signaux (1).

Disposition du télégraphe Hughes pour fonctionner sur les circuits sous-marins. — Pour obtenir, après chaque émission de courant, l'envoi d'un courant contraire et la mise de la ligne à la terre, M. Hughes a disposé le chariot transmetteur de son appareil de manière à en faire un inverseur. La fig. 132, ci-dessous, représente le dispositif qu'il a imaginé à cet effet.

D'abord la lèvre *a* du chariot est divisée en deux parties, isolées l'une de l'autre. La première est en contact avec l'axe, et par conséquent avec le massif de l'appareil. La seconde, qui est plus basse que la première, suit cette dernière, et, quand elle vient à passer sur le goujon déjà touché, elle soulève, un peu plus haut qu'elle ne l'était, la partie mobile du chariot, qui peut, dès lors, mettre en contact un ressort vertical *d* qu'elle porte avec une vis *v* fixée sur un manchon de cuivre *c*. Comme ce manchon est isolé de l'axe du chariot et mis en contact avec le pôle négatif de la pile de décharge par un ressort frotteur *r*, il arrive qu'aussitôt le signal transmis par la première moitié de la lèvre du chariot, un courant contraire est envoyé par la seconde partie, et celui-ci se trouve à son tour suivi de la mise en contact de la ligne avec la terre par le contact des deux pièces *a* et *b* du chariot, contact qui s'effectue aussitôt après que le goujon a échappé.

Fig. 132.

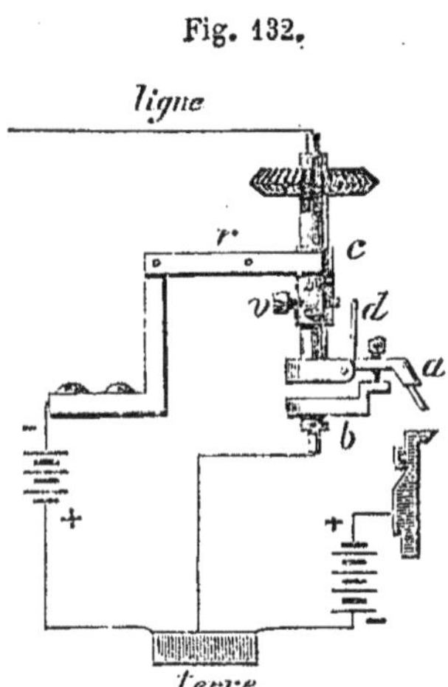

II. — DISPOSITIONS POUR LES CABLES DE GRANDE LONGUEUR

Les systèmes que nous venons de décrire s'appliquent admirablement à des câbles dont la longueur n'excède pas 300 milles marins ; mais, pour des câbles plus longs, ils donnent des résultats pratiques fort insuffisants.

---

(1) Cette résistance produit un effet *maximum* quand elle est également répartie aux deux extrémités du câble, et *minimum* quand elle est située au poste de reception.

en effet, ils nécessitent à l'extrémité du câble un effet électrique considérable pour faire agir le levier du relais, et ce levier ne revient en place que lorsque cet effet électrique a suffisamment diminué; en un mot, l'action électrique doit s'élever et s'abaisser plus qu'il n'est possible de le faire dans les conditions des câbles longs. Or, comme le temps nécessaire pour produire une différence de tension donnée à l'extrémité d'un câble est proportionnel au carré de la longueur de ce câble, il arriverait que sur un câble un peu long, comme celui de Falmouth à Gibraltar ou le Transatlantique, par exemple, ce système ne permettrait pas de transmettre plus de deux à trois mots par minute, ce qui serait un résultat pratique très-insuffisant. On a donc dû chercher un appareil qui fut beaucoup plus délicat que les meilleurs relais, *qui fut sensible aux premiers effets électriques*, enfin, qui put fonctionner aussitôt la communication établie entre le câble et la pile. Le galvanomètre à réflexion de sir William Thomson, que nous avons décrit dans notre t. II, p. 320, se prêtant admirablement à toutes ces exigences, a été universellement adopté pour tous les câbles longs; tels que les câbles Transatlantiques, d'Australie, de Chine, de Malte, etc., etc.

Disposition avec le galvanomètre Thomson. — La disposition télégraphique adoptée sur les câbles de grande longueur avec le galva-

Fig. 133. Fig. 134.

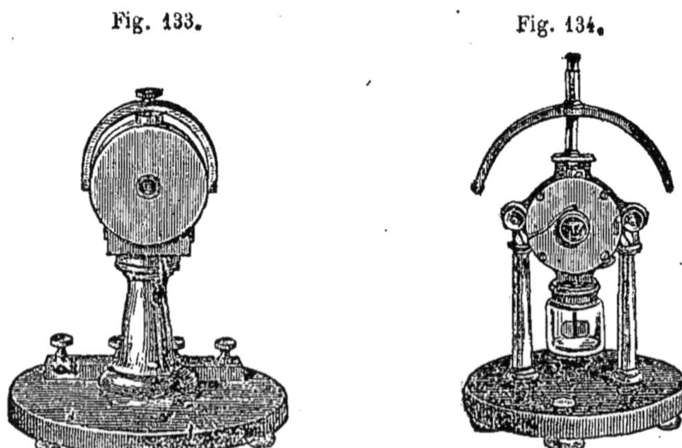

nomètre Thomson, comporte plusieurs appareils particuliers que nous devrons étudier successivement, afin de pouvoir en suivre les fonctions quand nous en serons à décrire ce mode de correspondance. Ces appareils se composent : 1° d'un récepteur; 2° d'un manipulateur; 3° d'un commutateur; 4° d'un rhéostat; 5° d'une pile; 6° d'un condensateur.

Récepteur. — Le galvanomètre-récepteur n'est pas astatique. Il se compose, comme on le voit fig. 133, d'une simple bobine portant le fil isolé, et dont le centre est occupé par un tube noirci qui contient le système à réflexion. Ce système, comme dans le galvanomètre que nous avons déjà décrit t. II, p. 321, est constitué par un petit miroir soutenu par un fil de cocon au centre du tube, et dirigé par un petit barreau aimanté fixé derrière lui. Tout cet ensemble mobile pèse environ 5 centigrammes et se trouve maintenu dans une position fixe par un aimant courbe placé au-dessus de la bobine.

Fig. 135.

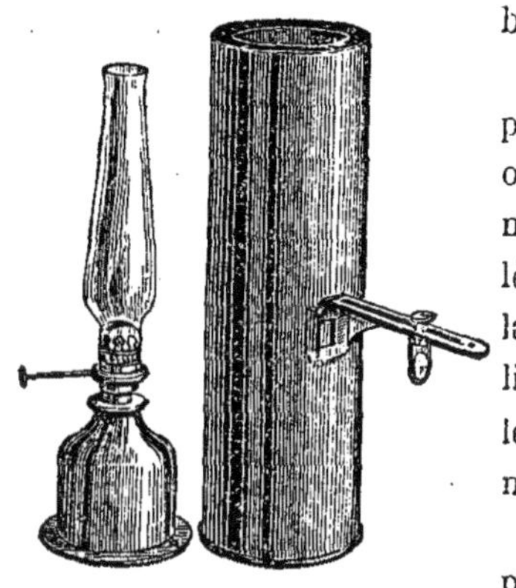

Dans certains galvanomètres-récepteurs, pour amortir des déviations trop brusques, on suspend au fil de cocon, qui porte l'aimant et le miroir, un fil d'aluminium très-léger qui soutient à sa partie inférieure une lame plongeant dans un godet plein d'un liquide plus ou moins visqueux, lequel n'est, le plus souvent, qu'une solution plus ou moins concentrée de glycérine.

Ce système, représenté fig. 134, est très-peu employé, et on arrive à amortir suffisamment le choc des oscillations brusques, en disposant convenablement des aimants en fer à cheval dans le voisinage de l'appareil.

Dernièrement, M. Varley a mis à l'essai, à la station de Brest, sur le câble Franco-Américain, un galvanomètre-récepteur dans lequel le miroir et l'aimant étaient plongés dans une masse liquide composée d'alcool ou d'éther. Cette disposition a donné à ce qu'il paraît de bons résultats.

La partie du système destinée à recevoir les projections lumineuses a dû avoir aussi une disposition particulière dans son application à la télégraphie sous-marine. A un mètre environ en avant du galvanomètre se trouve, en effet, une boîte cubique noircie intérieurement, et c'est au fond de cette boîte qu'est collée la bande de papier blanc qui doit recevoir les projections. Elle ne porte absolument aucun repère ni aucune division. Au-dessous de cette bande blanche se trouve la fente quadrangulaire, allongée dans le sens vertical, qui laisse passer le pinceau de lumière destiné à être réfléchi par le miroir; il est émis par un bec de gaz, ou à défaut de gaz, par une lampe à pétrole entourée d'un manchon métallique pour éviter les vacillations de la flamme, comme on le voit, fig. 135, ci-dessus. Ce pinceau de lumière, après avoir été concentré sur le miroir par une lentille, se trouve réfléchi et vient se peindre sur la bande de papier située au fond de la caisse noire ; il a alors un centimètre de large sur deux et demi de haut environ. L'employé est placé en arrière du galvanomètre récepteur, et suit des yeux les oscillations de l'image lumineuse, à droite ou à gauche de la ligne imaginaire qui lui sert de repère. En interprètant les oscillations à droite comme les traits de l'alphabet Morse, et les oscillations à gauche comme les points, il groupe les signaux mentalement, et, lorsque la transmission d'une lettre est finie, il la dicte à un autre employé qui écrit ainsi les différentes lettres et mots de la dépêche au fur et à mesure de leur réception.

Manipulateur. — Les déviations du galvanomètre, dans des sens différents, sont obtenues au moyen d'un manipulateur inverseur, que nous représentons fig. 136, et qui se compose, comme on le voit, de deux touches portées par deux lames de ressort. L'une d'elles est en rapport avec le câble, l'autre avec la terre. Deux lames métalliques, entre lesquelles oscillent ces touches à ressorts, communiquent avec les deux pôles de la pile, et complètent l'appareil, qui n'est autre, en somme, que le manipulateur du télégraphe anglais à cinq aiguilles que nous avons décrit page 9.

Commutateur. — Le commutateur employé dans le système télégraphique dont nous parlons, pour mettre le câble en rapport avec le manipulateur, le récepteur et la plaque de terre, a une disposition particulière que

Fig. 136.

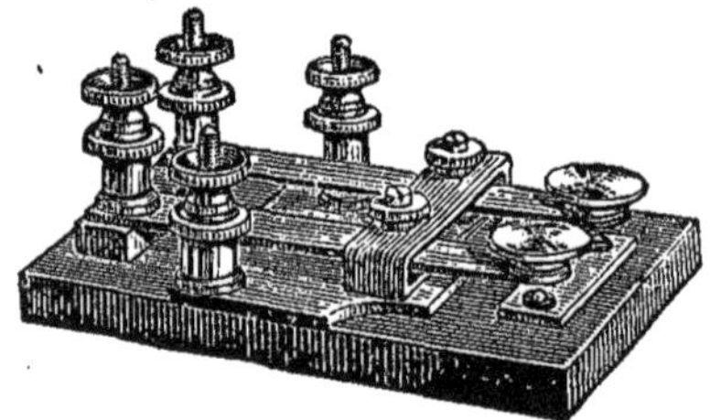

Fig. 137.

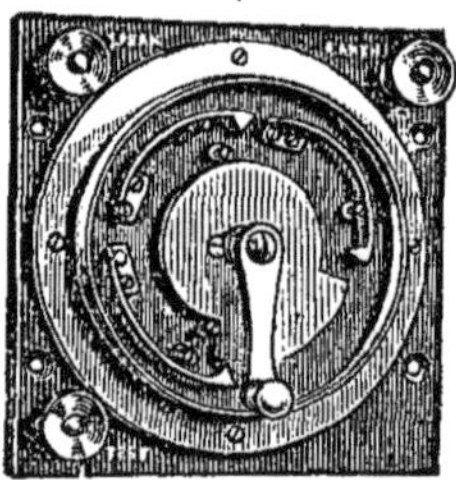

nous représentons fig. 137. Il consiste essentiellement dans une sorte de secteur que l'on peut faire tourner au moyen d'une manette, et qui, en rencontrant le bec de trois ressorts arqués en rapport avec les trois pièces dont nous avons parlé, établit les communications voulues. On remarquera que ce secteur tournant a une surface de contact qui ne mesure pas moins de 70°,7, et que, dans le mouvement d'oscillation qu'il accomplit pour passer du contact de transmission au contact de réception situé sur une même verticale, il appuie presque constamment sur le contact de terre placé à droite. Cette disposition a pour but de maintenir le plus longtemps possible la ligne en communication avec la terre, pour faciliter la décharge quand on passe de la transmission à la réception, et *vice versâ*.

Rhéostat. — Le rhéostat employé sur les câbles sous-marins n'est autre chose que la boîte à bobines de résistance que nous avons décrite t. II, p. 335, et que nous représentons fig. 138, ci-dessous. Pour les longues lignes, comme celles des télégraphes transatlantiques, ces rhéostats doivent fournir des résistances très-considérables, plus grandes, même, que celle de la ligne; car on peut être conduit, pour accélérer la transmission, à établir des dérivations factices.

Pile. — Comme l'induction est en rapport avec la tension électrique, on a cherché, dans les transmissions sur les longs câbles, à diminuer le plus possible le nombre des éléments de la pile, et on est arrivé, pour le télégraphe transatlantique anglais, à n'employer que cinq éléments Daniell (disposition Minotto); mais, sur le câble Franco-Américain, on a porté à 15 le nombre de ces éléments, qui sont disposés en tension. Pourquoi a-t-on choisi de préférence les éléments Minotto qui ont une grande résistance? C'est ce qu'on ne nous a pas expliqué.

Fig. 138.

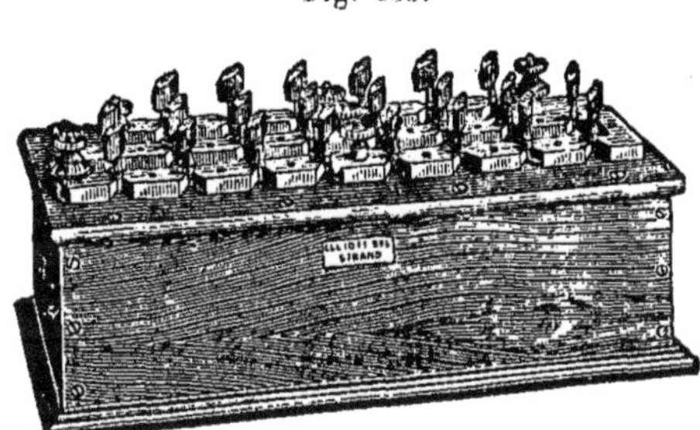

Condensateur. — Bien que l'emploi d'un condensateur, dans les transmissions électriques sous-marines, ne constitue qu'une disposition accessoire, cette disposition, comme nous l'avons dit plus d'une fois, a une très-grande importance, non-seulement en ce qu'elle empêche les courants accidentels terrestres de réagir sur les appareils délicats qu'on est obligé d'employer, mais surtout parce que, grâce à elle, les effets électriques utiles sont suivis instantanément, au moment où ils doivent cesser, d'un effet physique contraire qui annule les perturbations provoquées par eux. C'est, comme nous l'avons vu, à M. Varley qu'on doit l'introduction dans la télégraphie de ce dispositif important; mais on s'est, dans l'origine, si peu expliqué sur la manière dont il avait été appliqué, qu'on a commis à son égard des confusions regrettables qui ont rendu l'étude de ses fonctions peu compréhensible.

L'application du condensateur aux lignes sous-marines a, du reste, été faite de plusieurs manières, tantôt en interposant le condensateur entre le câble et le transmetteur, tantôt entre le câble et le récepteur, tantôt enfin, entre le récepteur et la terre. Ce sont ces deux derniers dispositifs qui ont été le plus employés, l'un pour les transmissions simples avec la clef ordinaire, l'autre pour les transmissions avec l'inverseur du courant. Nous avons analysé les effets du premier système dans notre premier volume, p. 102, et nous en représentons, fig. 139, le dispositif. Il nous reste à expliquer les deux autres.

Le système dans lequel le condensateur est interposé entre la terre et le

Fig. 139.

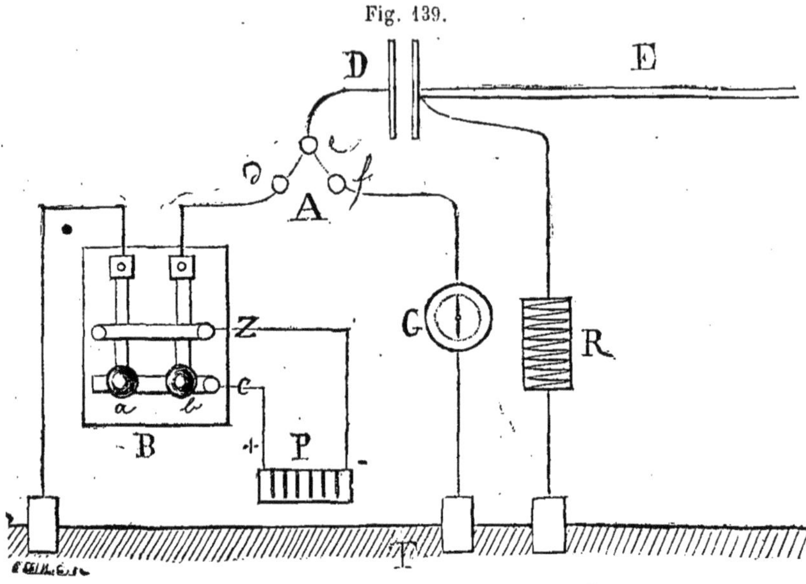

récepteur est représenté, fig. 140; G est le galvanomètre à miroir; C le condensateur; R une dérivation très-résistante établie au point de jonction O du câble et du galvanomètre; enfin, K est une clef Morse ordinaire installée au poste de départ, et disposée de manière que son contact de repos communique avec la pile de ligne, et son contact de transmission avec la terre.

Dans ces conditions, le câble est constamment chargé à la tension de la batterie, et le condensateur C partage la tension du point O, mais à cause de la résistance R, ces tensions sont presque les mêmes. Nous observerons qu'au moment où cette double charge s'est produite, le galvanomètre G a dévié sous l'influence du courant de charge, mais que cette déviation n'a pu être que de faible durée, car, aussitôt la charge produite, le galvanomètre a dû revenir à zéro, point où il a dû se maintenir tant que la clef K est restée sur son contact de repos. Admettons maintenant que par suite de la dépression de la clef K le câble soit mis en rapport avec la terre; une partie de sa charge disparaîtra, et entraînera une décharge partielle du condensateur, qui provoquera à travers le galvanomètre, un courant de décharge en sens inverse de celui qui l'avait primitivement impressionné, et ce courant de décharge sera d'autant plus énergique que le contact à la terre aura duré plus longtemps. Si après ce contact on abandonne la clef à elle-même, un courant de charge se manifestera de nouveau en sens contraire de ce dernier, et son énergie sera d'autant plus grande que l'affaiblissement de la tension aura été elle-même plus grande ; mais il ne tardera pas à disparaître quand la charge du condensateur sera complète, et alors l'aiguille du galvanomètre reviendra à zéro. Or, il résulte de ces actions multiples, que *chaque émission de courant, suivie d'un contact à la terre, a pour effet de provoquer deux courants de sens inverse qui se succèdent*, et dont l'un peut réagir pour ramener à zéro l'aiguille du galvanomètre, en rendant ainsi les oscillations plus promptes et plus nettes. D'un autre côté, on peut comprendre qu'en produisant avec la clef des contacts à la terre courts et longs, il sera possible, par la différence d'amplitude des déviations qui en résultera, de télégraphier dans le langage alphabétique de Morse; car il suffira pour cela d'attribuer aux déviations les plus grandes la valeur du trait, et aux déviations les plus courtes la valeur du point, et la manipulation ordinaire de la clef Morse n'en sera en rien changée.

Comme dans le cas qui nous occupe, les courants dus aux contacts avec

Fig. 140.

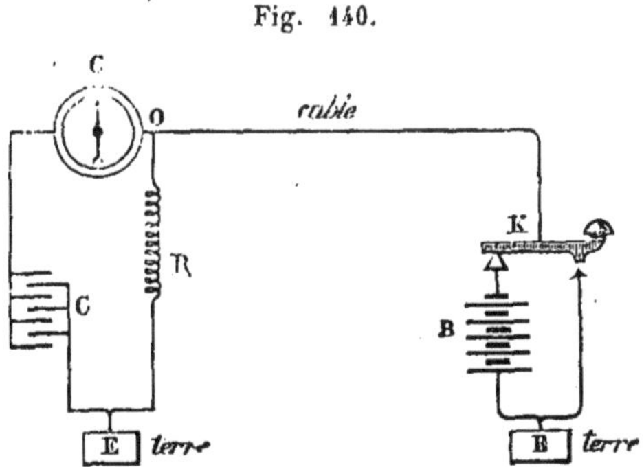

la pile sont aidés dans leur action, pour la mise au repère de l'aiguille du galvanomètre, par l'action de l'aimant directeur qui pourrait lui faire dépasser ce repère, il importe de rendre ces courants moins énergiques, et c'est à cet effet, ainsi que pour rendre plus prompts les effets de décharge, qu'a été établie la dérivation constituée par la résistance R.

Le système dans lequel le condensateur est intercalé entre le câble et le récepteur, système qui a été adopté pour le télégraphe transatlantique français, est représenté fig. 141. Nous en exposerons plus loin, et avec détails, le dispositif; mais nous pouvons dire, dès maintenant, que le fonctionnement du condensateur est, dans ce cas, aussi simple que dans le cas précédent. Dans ce système, le manipulateur est à la terre en temps de repos, et, quand on envoie des courants, soit positifs, soit négatifs, ils ont pour effet de provoquer une charge plus ou moins complète du condensateur de la station opposée, qui réagit indirectement sur le récepteur par les flux qui sont repoussés en terre, absolument comme dans le système que nous avons décrit t. I, p. 102. De cette façon le câble ne se trouve jamais en contact direct ni avec la terre ni avec les galvanomètres, et ceux-ci peuvent échapper aux courants accidentels dont nous avons parlé, lesquels ne laissent pas que d'être assez énergiques sur des longues lignes,

Fig. 141.

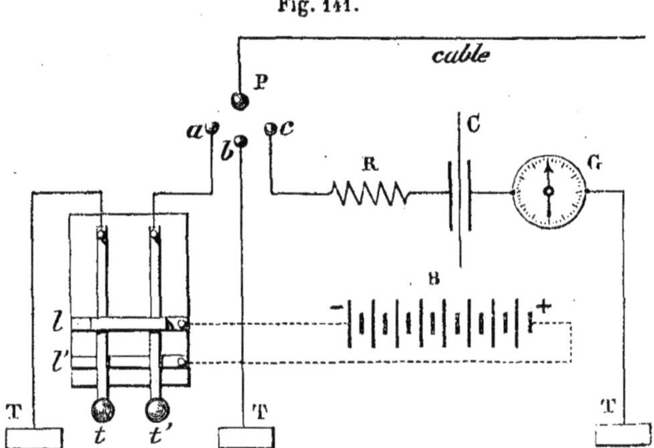

ainsi qu'on l'a vu dans notre second volume, p. 522. Voici maintenant ce qui arrive quand on transmet :

Lorsque, dans l'armature du condensateur qui est reliée au câble, il se produit une charge quelconque sous l'influence d'une émission de courant faite à la station de départ, l'autre armature qui est à la terre laisse échapper au sol une quantité égale d'électricité de même signe, qui, en passant à travers le galvanomètre, provoque une déviation de l'aiguille dans un certain sens. Quand, par suite d'un contact à la terre cette charge de la première armature disparaît ou s'affaiblit, l'électricité condensée sur la seconde armature devient libre, et fournit un flux électrique de sens inverse au premier, qui tend à ramener l'aiguille déviée du récepteur au repère, si elle n'y est déjà, ou à lui faire prendre une direction contraire, si cette action est encore plus marquée. Si, au lieu d'un contact à la terre effectué à la station de départ, on provoque l'envoi d'un courant de sens contraire au premier, la déviation dépassera cette fois forcément le repère ; de sorte que, suivant la nature du courant envoyé, on pourra projeter l'image lumineuse du récepteur à droite et à gauche de la ligne de repère imaginaire, projection qui permet de distinguer les traits et les points de l'alphabet Morse. Mais, comme après chacune de ces émissions de courant le manipulateur met le câble en contact avec la terre, l'action du courant inverse, dû à l'affaiblissement de la charge ou à sa disparition, se fera toujours sentir pour limiter la déviation galvanométrique, et il n'y aura même pas besoin que la décharge du câble soit complète pour produire ce résultat, car les effets précédents pourront très-bien résulter de courants différentiels dans un sens ou dans l'autre ; seulement la ligne de repère imaginaire sera déplacée, et l'écart des projections lumineuses sera plus ou moins réduit.

Dans la fig. 141, nous avons représenté en P la manette du commutateur ; en *a*, *b*, *c*, les contacts de ce commutateur qui réunissent à volonté le câble au manipulateur à la terre et au récepteur ; en R une résistance rhéostatique pour régler à volonté l'intensité des flux électriques sur le condensateur ; en C le condensateur ; en G le récepteur ; en T la terre ; en *t*, *t'* les deux touches du manipulateur, et en *l*, *l'* les deux lames en rapport avec les deux pôles de la batterie qui est en B.

Sur les câbles qui n'ont pas une très-grande longueur, les effets électriques étant très-rapides et de courte durée, il est nécessaire, pour diminuer leur violence, de les allonger un peu, et pour cela, d'introduire à la station de réception une certaine résistance plus ou moins considérable ; mais sur les câbles très-longs, cette résistance peut être faible et même nulle dans certains cas. L'employé peut, du reste, la faire varier suivant qu'il est plus ou moins exercé à la lecture pénible et difficile de ces signaux fugitifs, dont, par ce moyen, il peut aussi faire varier l'amplitude.

Les condensateurs intercalés entre le câble et le récepteur sont des condensateurs à lames d'étain séparées ou par des feuilles de papier paraffiné, ou par des feuilles de gutta-percha, ou par des lames de talc.

On avait cru, dans l'origine, que les condensateurs avaient pour résultat de diminuer la durée de la période variable de la propagation électrique ; mais, par le fait, ils ne font plutôt que l'augmenter en introduisant dans le circuit une source nouvelle d'induction ; toutefois, comme les signaux se séparent plus vite et plus facilement par suite de l'action du courant contraire développé par le condensateur, on peut considérer son intervention comme éminemment favorable. Les expériences faites sur le câble Franco-

Américain ont montré que le ralentissement causé dans la vitesse de transmission par l'intervention du condensateur atteint son minimum quand la surface de ce condensateur représente celle de 50 milles marins du câble auquel il est relié.

Disposition pratique d'une station desservant un long câble. — La fig. 142, ci-contre, représente la disposition des appareils que nous avons décrits précédemment, telle qu'elle a été organisée à la station de Brest pour le câble Franco-Américain.

Le câble, comme on le voit sur cette figure, aboutit au commutateur P et peut être mis en rapport, par les fils aboutissant aux boutons d'attache *a*, *c* et *b* : 1° avec le manipulateur M, et par lui avec l'un ou l'autre des pôles de la pile B; 2° avec le condensateur C par l'intermédiaire du Rhéostat R; 3° avec la terre par le bouton de terre T. Le galvanomètre, de son côté, communique d'un côté avec le condensateur C par l'armature opposée à celle qui est en relation avec le câble, de l'autre côté avec la terre, également par l'intermédiaire du bouton de terre T. Enfin, devant le galvanomètre G, est disposée la boîte H au fond de laquelle doit se projeter l'image lumineuse réfléchie par le miroir *m* du galvanomètre, et derrière celle-ci se trouve la lampe au pétrole D qui doit fournir le rayon lumineux *mn*. Celui-ci passe par la fente *f* et à travers une lentille convergente L, et l'écran E, qui doit recevoir la projection de l'image lumineuse *i*, est disposé sur un support qui, comme celui de la lentille et même celui du galvanomètre, peut être élevé ou abaissé.

Par cette disposition, il devient facile de diriger le rayon lumineux de manière à ce que l'image réfléchie de la fente *f* puisse se projeter sur l'écran au-dessus de cette fente, et il est alors aisé à l'œil, placé en O, de suivre les mouvements de cette image et, par suite, d'apprécier la valeur des signaux reçus. L'aimant A sert à régler convenablement la force directrice du barreau aimanté que porte le miroir *m* du galvanomètre. Voici maintenant comment s'effectuent, avec ce système, les transmissions :

Si on appuie sur la touche de droite *t'* du manipulateur M, le flux positif de la pile B ira du pôle positif au bouton *a* du commutateur P par la lame *l* du manipulateur qui se trouve alors en contact avec la touche *t'*; de *a* il se trouvera dirigé sur le câble, et ira charger le condensateur de la station de réception en provoquant sur son récepteur le signal en rapport avec les flux positifs. Comme pour obtenir, à cette station, la charge nécessaire à la formation de ces signaux, il faut que la pile perde en terre une charge négative de même valeur, il faudra que le pôle négatif de B soit réuni à la terre par le manipulateur, et c'est en effet ce qui a lieu, puisque la touche *t* communique par le pont l' avec le pôle négatif de B et le bouton T. Après cette émission, la lame t' étant revenue en contact avec le pont l', le câble est mis

Fig. 142.

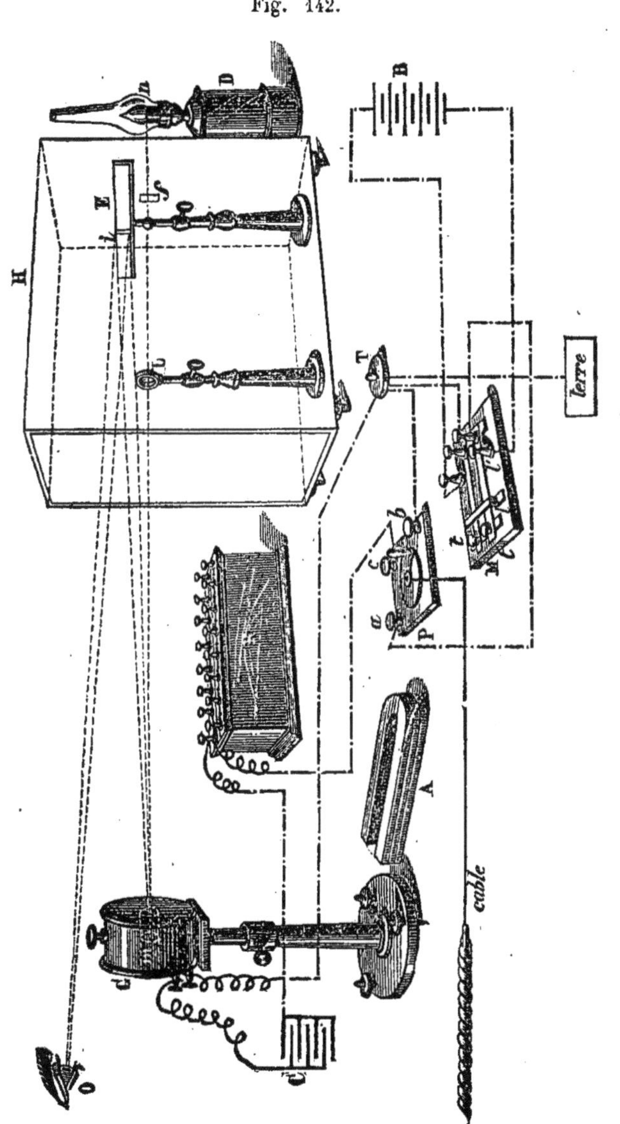

en rapport avec la terre par ce pont, les deux lames t et t' et le bouton T, ce qui provoque le courant de décharge dont nous avons parlé. Si c'est la touche *t* qui est abaissée, l'effet inverse se produit, car le flux positif suit le chemin, B (+) *l t* T terre, et le flux négatif, B (—) *l' t' a*, câble, condensateur. On obtiendra de cette manière, à la station de réception, un *e* pour la première transmission et un *t* pour la seconde, puisqu'on aura eu successivement deux mouvements différents et isolés, un à gauche, l'autre à droite de la ligne de repère imaginaire. Mais si au lieu de toucher alternativement la touche *t* et la touche *t'*, on eut abaissé deux fois de suite la touche *t*, la déviation de l'aiguille se serait portée deux fois vers la gauche et l'on aurait eu un *i*. Rien n'est donc plus simple que la transmission avec ce système. Voyons maintenant comment s'opère la réception.

Dans ce cas, le commutateur P établit le contact entre le bouton *c* et le câble. Si c'est un courant positif qui parcourt celui-ci, il arrive en *c* et de là au condensateur C qu'il charge en provoquant un flux d'électricité de même nom, qui se perd en terre après avoir passé à travers le galvanomètre G et le bouton T, et après avoir produit, par conséquent, le signal en rapport avec cette direction du courant. Aussitôt cette action produite, le câble étant mis à la terre à la station de transmission, le condensateur C se décharge en provoquant à travers le galvanomètre un flux électrique qui va de la terre au condensateur, et qui ramène l'aiguille du galvanomètre au zéro. Avec une émission de courant négatif, les effets précédents se reproduisent, mais ils sont naturellement renversés.

Comme la propagation électrique sur de longs câbles est très-lente, il arrive qu'en transmettant avec la vitesse ordinaire des appareils Morse, les flux électriques que l'on envoie ne représentent, en intensité électrique, guère plus que la centième partie de celle qu'ils pourraient acquérir avec des transmissions très-lentes ; mais la sensibilité des récepteurs et les courants inverses qui résultent des contacts à la terre, permettent de se contenter de cette minime intensité.

Comme il est nécessaire, pour les expériences techniques que l'on est obligé de faire chaque jour pour constater l'état d'isolement de la ligne et sa résistance, de pouvoir mettre le câble en rapport direct avec le sol, et que cette disposition est nécessaire en même temps, pour soustraire les instruments de réception aux effets des courants accidentels atmosphériques ou autres, le commutateur P a dû fournir, comme nous l'avons vu, un contact spécial à la terre, et ce contact est si utile qu'il accompagne la marche de la manette jusqu'à la dernière extrémité, dans les évolutions que celle-ci accomplit pour le changement des communications. Quand les courants accidentels sont intenses, on alterne les contacts du câble avec le récepteur et la terre toutes les cinq minutes, jusqu'à la disparition de ces courants.

Ainsi combiné, le système de réception et de transmission des longs câbles a donné, jusqu'à présent, d'excellents résultats. La vitesse apparente de réception, c'est-à-dire le nombre maximum des mots de cinq lettres qu'un employé très-exercé est capable de recevoir, peut atteindre jusqu'à 20 ou 25 par minute ; d'où l'on peut conclure qu'en prenant pour moyenne de chaque lettre 3 signaux ou déviations du pinceau lumineux (*spot*, en anglais), dans un sens ou dans l'autre, un employé habile peut interpréter et dicter de 300 à 375 signaux à la minute. Dans la pratique, toutefois, on n'arrive jamais à ce résultat, que l'on n'obtiendrait qu'aux dépens de la santé et de la vue des employés ; la vitesse moyenne pratique de réception est, sur le câble transatlantique Franco-Américain, de 9 à 10 mots par minute, soit 40 dépêches de 10 mots par heure, y compris le collationnement, c'est-à-dire la répétition, en sens contraire, des chiffres et noms propres.

Le grand inconvénient reproché à cette installation est de ne pas permettre à l'employé de *couper* son correspondant, c'est-à-dire de l'arrêter ou de le prévenir lorsque, par suite d'une cause quelconque, la réception des signaux ou leur traduction devient impossible. Il est nécessaire, en effet, comme on peut s'en assurer par la simple inspection de la fig. 142, de mettre le commutateur sur le ressort *a* ou sur le ressort *c*, suivant que l'on veut transmettre ou recevoir. Lorsque plusieurs mots ont *échappé* à la réception, l'employé les demande, à la fin de la dépêche, à son correspondant, en transmettant le mot qu'il a reçu, suivi du signal répétez, ou bien, selon les cas, en transmettant, de ... tel mot à .... tel autre .... (répétez).

Un second inconvénient, très-grave, au point de vue hygiénique, est la perturbation qu'exerce sur la vue des employés l'observation prolongée d'images lumineuses mobiles ; plusieurs d'entre eux ont fini par devenir à peu près aveugles à la suite d'un service continu dans ce genre de télégraphie.

Enfin un troisième inconvénient, moins grave, il est vrai, mais auquel on attache cependant une certaine importance, est la nature même des signaux qui sont éminemment fugitifs. Un grand nombre d'inventeurs, pour contourner cette difficulté et éviter l'inconvénient des signaux lumineux, ont cherché à construire des appareils enregistreurs suffisamment sensibles pour imprimer, d'une manière quelconque, sur une bande de papier, le premier effet électrique qui se produit à une extrémité du câble, quand, à l'autre extrémité, on le met en rapport avec l'un ou l'autre des pôles de la pile; mais ils n'ont que médiocrement réussi. De tous les appareils connus jusqu'à ce jour, celui de sir William Thomson, désigné en Angleterre sous le nom de *Siphon recorder* ou de *cracheur d'encre* (ink spitter), est le seul qui ait donné quelques résultats. Voici en quoi il consiste, d'après une description fort incomplète qui en a été publiée en Angleterre :

Disposition avec le siphon recorder de M. Thomson. — Qu'on imagine, suspendue à un double fil de platine très-fin, une hélice galvanique, au-dessus de laquelle sera attaché un petit tube en verre recourbé en siphon et rempli d'encre ; qu'on suppose cette hélice introduite entre les pôles d'un électro-aimant, et le siphon disposé de manière que l'une de ses extrémités effilée effleure à peine la bande de papier sur laquelle doit s'imprimer la dépêche alors que l'autre plonge dans une cuvette remplie d'encre. Il est bien clair que si le tube est de petit diamètre, et il l'est effectivement, puisque, d'après la description, il est de la grosseur d'une aiguille à coudre, l'encre ne pourra s'écouler ; mais si on met la cuvette remplie d'encre et le rouleau métallique sur lequel passera la bande de papier (pour être mise à portée du siphon), en rapport avec les deux pôles d'une machine d'induction, il est bien certain que, sous l'influence des étincelles nombreuses échangées entre le bout du tube et la surface métallique, l'encre se trouvera entraînée et pourra laisser des traces sur la bande de papier, traces qui constitueront une ligne pointillée si la bande de papier

Fig. 143.

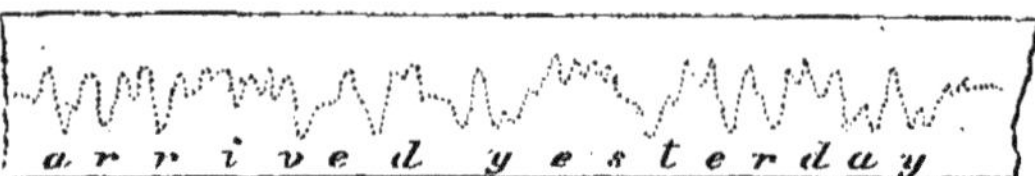

est entraînée par un mouvement d'horlogerie, comme dans les appareils Morse. De plus, si l'hélice galvanique qui soutient le siphon et l'électro-aimant entre les pôles duquel celle-ci se trouve placée sont mis en relation avec la ligne sous-marine, le siphon en se déplaçant perpendiculairement au mouvement du papier sous l'influence des courants transmis, pourra dessiner des jambages, qui se produiront d'un côté ou de l'autre de la ligne de repère (qui est droite) suivant le sens du courant. La figure 143 ci-dessus représente le fac-similé d'une portion de dépêche ainsi transmise, et c'est précisément parce que le courant induit force l'encre à sortir du tube capillaire qui la contient, que l'appareil a été appelé *cracheur d'encre*.

Il est facile de concevoir un dispositif d'induction qui puisse réaliser la fonction que nous venons de décrire, et ce dispositif peut même fonctionner en dehors de l'appareil ; toutefois, comme de fortes étincelles, telles que celles fournies par l'appareil d'induction de Ruhmkorff, pourraient réagir sur le siphon et lui communiquer des mouvements insolites, M. Thomson a mieux aimé disposer ses appareils de manière à renfermer le système d'induction lui-même, et le système qu'il a adopté est à peu près celui de MM. Breton que nous avons décrit dans notre tome II, p. 255. La description anglaise est toutefois tellement obscure sur ce point, qu'il est difficile de se faire une idée bien nette de cette partie de l'appareil. Tout ce que j'ai pu comprendre, c'est que M. Thomson emploie une sorte d'électro-moteur,

Fig. 144.

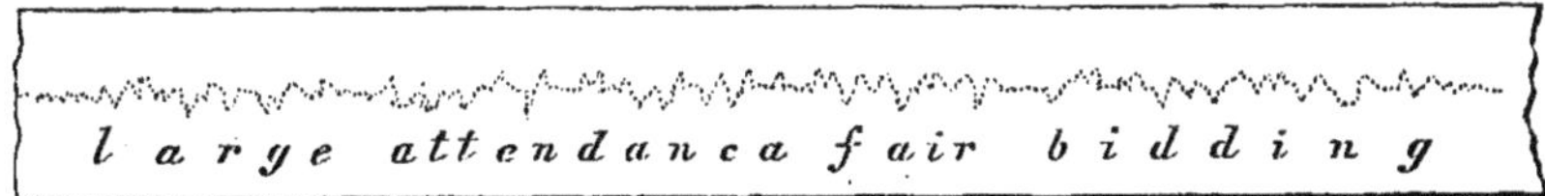

dont la roue motrice, armée de palettes de fer doux, tourne sous l'influence d'un électro-aimant, et fait fonctionner, par cela même, l'interrupteur de courant qui entretient sa marche, tout en provoquant l'induction dans des bobines spéciales, qui recouvrent sans doute celles de l'électro-aimant. Ce courant est reçu dans un collecteur constitué par deux lames de cuivre isolées et assez rapprochées l'une de l'autre pour former condensateur. Enfin, à en croire certaines personnes qui ont vu fonctionner cet instrument, cette partie du système surmonterait le récepteur enregistreur.

Je n'ai pu obtenir d'autres renseignements sur cet intéressant appareil, mais l'échantillon que nous avons donné suffit pour montrer que le résultat est réellement satisfaisant ; seulement je n'ai pu savoir sur quelle longueur de câble il avait été obtenu. L'appareil est disposé de manière à fournir la dépêche de contrôle à la station de départ, mais les jambages y sont moins accentués ; on peut en juger par le type que nous donnons ci-dessus fig. 144.

Système à enregistration photographique. — Pour conserver, dans la solution du problème précédent, les avantages de sensibilité des galvanomètres à miroir et obtenir une enregistration des signaux transmis par eux sans que l'appareil ait à exercer aucune action mécanique, j'ai eu l'idée de mettre à contribution les effets photographiques, comme je l'avais, du reste, déjà fait pour mon galvanomètre enregistreur, décrit tome II, p. 379. Le problème était, il est vrai, difficile, et je dois même avouer que je ne suis pas encore arrivé à le résoudre d'une manière complétement satisfaisante ; mais il serait possible, si la photographie instantanée fait des progrès et que le papier sensibilisé par la voie sèche puisse se préparer dans des conditions convenables, que ce système d'enregistration des signaux télégraphiques fut réalisable et d'un grand secours. Ce système n'a, du reste, en lui-même rien de compliqué ; il consiste dans un galvanomètre Thomson, dont le miroir est remplacé par une lentille bi-convexe argentée d'un côté et sur laquelle on projette de bas en haut, sous un angle déterminé, un faisceau de rayons lumineux concentrés par un appareil lumineux à lentilles éclairantes analogue à celui du microscope solaire. Ce faisceau est limité par un diaphragme en forme de fente, et, étant réfléchi par la partie argentée de la lentille, il se trouve projeté à la distance d'un mètre sur un appareil enregistreur photographique. Celui-ci se compose d'un mécanisme d'horlogerie analogue à celui de l'appareil Morse qui déroule verticalement, avec une vitesse uniforme et susceptible d'être réglée, une bande de papier photographique, sensibilisé à l'aide des procédés de la photographie instantanée. Ce déroulement s'effectue à l'intérieur d'une boîte noire qui ne laisse pénétrer le jour que par une ouverture horizontale de 4 centimètres de longueur sur un centimètre de largeur, disposée à la hauteur du faisceau lumineux réfléchi par le miroir du galvanomètre. Comme la bande de papier se déplace verticalement en même temps que le faisceau lumineux se déplace horizontalement sous l'influence des déviations du barreau aimanté du galvanomètre, déviations qui sont limitées mécaniquement de manière à correspondre, sur l'appareil enregistreur, à un déplacement de 2 centimètres, tout au plus, dans les deux sens opposés, il en résulte des impressions photographiques blanches, sous forme de jambages, qui reproduisent la dépêche en partant de l'alphabet Morse, c'est-à-dire en admettant que les déviations à droite représentent les points, et les déviations à gauche les traits de cet alphabet.

CHAPITRE VII

RELAIS ET TRANSLATEURS

Qnand un courant électrique doit traverser un long circuit télégraphique, il peut se trouver affaibli à tel point, soit par la résistance même du circuit, soit par les dérivations ou les mélanges, qu'il ne puisse plus faire marcher les récepteurs télégraphiques. Dans ce cas, l'augmentation d'énergie de la pile, ainsi qu'on l'a vu p. 156, tome I, ne pourrait pas toujours être d'un grand secours pour triompher de cet obstacle, et s'il n'existait aucun moyen secondaire de venir en aide à l'action électrique, on se trouverait souvent dans la nécessité de couper le circuit en plusieurs tronçons et de faire passer successivement la dépêche par des postes intermédiaires. Heureusement, l'invention des *relais* est venue résoudre la question de la manière la plus simple.

Le relais, en effet, par la manière même dont il est constitué, a non-seulement pour résultat de faire réagir les appareils télégraphiques sous une influence électrique plus énergique que celle qui leur serait transmise directement par le fil, mais, semblable à un véritable relais de poste, il relaye en quelque sorte le courant transmis, pour permettre à l'action physique que celui-ci provoque d'être exercée plus loin. Avec de pareils instruments, il n'est donc plus de limite à l'action électrique.

Nous verrons, par la suite, que l'action des relais ne se borne pas à la simple fonction que nous venons d'analyser, car pouvant réagir comme un manipulateur commandé par l'action électrique, ils peuvent fournir à distance des inversions de courants, des permutations de circuits, des transmissions multiples, des transmissions simultanées en sens opposé, des effets de décharge des lignes, et même venir en aide aux manipulateurs pour leur faire produire des effets complexes. Le relais, en un mot, est l'appareil le plus utile de la télégraphie, car on peut aussi l'employer comme récepteur, et, dans ce cas, on lui donne le nom de *parleur*.

Historique. — L'idée première des relais appartient, comme nous l'avons déjà dit, à M. Wheatstone, et nous avons vu par quel concours de circonstances il y avait été conduit. Toutefois, quoique la solution du problème qui mettait à contribution ces sortes d'organes fut facile, ce ne fut qu'après avoir passé par des combinaisons assez compliquées, que M. Wheatstone put parvenir à l'instrument que nous connaissons aujourd'hui et dont on a varié les formes de mille manières différentes. Ce tâtonnement avait été, comme toujours, la conséquence des idées fausses qu'on se faisait alors des conditions de force des électro-aimants et de leur importance réelle. Comme pour obtenir des effets à distance on n'avait de confiance qu'aux actions galvanométriques et qu'aux actions électro-chimiques, surtout depuis l'invention du télégraphe de Sœmering, M. Wheatstone les mit d'abord à contribution pour établir ses relais. C'est ainsi que son premier relais fut constitué par une sorte de thermomètre à mercure à branche recourbée, dont la boule, placée en haut, contenait un liquide acidulé superposé au mercure, avec un tube de dégagement à bouchon de mercure. Deux fils de platine insérés dans cette boule et en rapport avec le circuit de ligne, permettaient au courant de provoquer un dégagement de gaz, et, sous l'influence du mouvement communiqué au mercure par ce dégagement, celui-ci s'élevait dans le tube et pouvait, en rencontrant un fil de platine placé à hauteur convenable, provoquer une fermeture du courant local. Ce système, qui paraît aujourd'hui bien primitif, est pourtant plus parfait qu'on ne le croirait à première vue, car le mercure est tellement sensible à l'action d'un courant traversant un électrolyte qui lui est superposé, que, dernièrement encore, M. Hughes a cherché à créer un relais fondé sur ce principe, et M. Lippemann a pu même établir une sorte d'électro-moteur fonctionnant sous l'influence de cette simple action. Toutefois M. Wheatstone ne persista pas dans cette voie, et, pensant que le mouvement de l'aiguille d'un galvanomètre sensible pourrait, par son contact avec le mercure, produire l'effet précédent, il imagina ses relais galvanométriques qui furent employés pendant quelque temps. Dans ces relais le cadre galvanométrique était vertical, et l'aiguille aimantée qui était assez large portait, coudé en croix sur son axe, un fil de platine équilibré, terminé par une fourchette. Les deux bras de cette fourchette qui étaient recourbés étaient placés au-dessus de deux godets métalliques remplis de mercure, et les godets eux-mêmes, étant en rapport avec les deux pôles d'une pile locale, fournissaient une fermeture du circuit local, chaque fois que le circuit de ligne, animé par un courant, provoquait un mouvement de l'aiguille galvanométrique. Mais aussitôt que les lois des électro-aimants furent étudiées, et que M. Wheatstone put constater lui-même les bons effets des électro-aimants de petites dimensions enroulés de fil fin, il substitua au galvanomètre de ses relais un petit électro-aimant, et, comme la force de celui-ci était suffisante pour fournir de bons contacts avec des pièces métalliques, il abandonna le mercure et fit réagir directement l'armature de son électro-aimant sur la pièce destinée à produire les contacts, en disposant la pièce de contact elle-même, de manière à pouvoir être rapprochée plus ou moins de la pièce mobile par l'intermédiaire d'une vis. Telle est l'origine des relais qui jouent un rôle si important dans les applications électriques et qui ont peu de temps après leur invention donné naissance aux translateurs.

Conditions des relais au point de vue physique. — Les relais étant basés entièrement sur l'action des électro-aimants, la détermination de leurs meilleures conditions d'établissement, au point de vue physique, sont les mêmes que celles des électro-aimants que nous avons discutées au commencement de notre tome II. Nous renverrons donc le lecteur à cette partie de notre ouvrage pour les renseignements détaillés ; toutefois comme cette question a été l'objet de recherches nouvelles, et que beaucoup de déductions pourraient être mal interprétées, nous allons résumer en quelques mots les conditions qui se rapportent le plus directement aux relais.

D'après la discussion des formules que nous avons données, on a pu arriver aux conclusions suivantes (1) :

1° Sur un circuit parfaitement isolé, et pour un même diamètre de bobine, l'hélice qui donne les meilleurs résultats est celle dont le fil a une grosseur et une longueur telles que sa résistance représente celle du circuit extérieur ;

2° Une hélice donnée produit son effet maximum, lorsque sa résistance propre est plus grande que celle du circuit extérieur dans le rapport de 1 à $1 + \frac{c}{a}$, c étant le diamètre du fer de l'électro-aimant, a l'épaisseur des couches de spires.

3° L'épaisseur des hélices magnétiques doit être égale au diamètre des noyaux de fer qu'elles entourent;

4° Leur longueur totale doit être égale à ce diamètre multiplié par 11 et pratiquement par 12, en raison de l'épaisseur des rondelles et du dégagement des bobines;

---

(1) Voir ma brochure sur la détermination des éléments de construction des électro-aimants suivant les applications auxquelles on veut les soumettre.

5° Ces conclusions ne sont vraies que sur un circuit parfaitement isolé, quand l'état permanent de la propagation électrique est établi, que les réactions de l'extra courant n'existent pas, et que le fer de l'électro-aimant est dans les conditions de saturation nécessaires pour que les lois de MM. Dub et Muller soient applicables; mais quand ces conditions ne se présentent pas, la résistance de l'hélice doit être considérablement réduite, tellement réduite, que d'après les expériences de M. Hughes, elle ne doit pas dépasser 120 kilomètres sur un circuit de 500 kilomètres.

6° Sur un circuit soumis à des dérivations, la résistance de l'hélice doit être égale à la résistance totale du circuit extérieur avec ses dérivations, mais en admettant que cette résistance totale est considérée comme si la pile était substituée, dans le circuit, à l'électro-aimant et réciproquement.

7° Lorsque les circuits dérivés dans lesquels sont introduits les électro-aimants, ont une faible résistance et que l'on est dans la possibilité de disposer la pile comme il convient, cette pile doit être combinée de manière à fournir une résistance intérieure égale à la *résistance totale de toutes les dérivations.*

8° Lorsqu'au lieu d'un électro-aimant introduit sur l'une des dérivations, chaque dérivation en possède un particulier, dont la force doit être la plus grande possible, la résistance de ces électro-aimants, au lieu d'être individuellement moins grande que celle de la dérivation métallique sur laquelle il est interposé, doit être au contraire plus grande, dans le rapport du nombre des dérivations, si elles sont toutes d'égale résistance, et dans un rapport qui peut être aisément calculé, si elles sont de résistance différente. Ce rapport pour deux dérivations u et H conduit à l'équation (1) :

$$H = \frac{\alpha R u}{u \beta - \alpha R}$$

Or, ces différentes lois permettent de poser les bases d'un calcul facile

---

(1) Dans cette équation ainsi que dans celles qui vont suivre, les lettres ont les significations suivantes :

a = L'épaisseur de l'hélice.

b = La longueur totale des deux bobines.

c = Le diamètre du canon de la bobine, que l'on supposera être le même que celui du noyau magnétique.

e = La force électro-motrice d'un seul élément de pile.

f = Le coefficient par lequel il faut diviser g pour avoir le diamètre du fil sans sa couverture isolante.

pour déterminer tous les éléments de construction des relais ou électro-aimants suivant les différents cas de leur application. En effet, des 4 premières lois on déduit les relations suivantes :

$$t = \frac{m\,c^2}{g^2};\ \text{H ou R} = \frac{2\,\pi\,c^3\,m}{g^2},\ \text{ou}\ t = \frac{12\,c^2}{g^2};\ \text{R} = \frac{75,4\,c^3}{g^2}.$$

$$g = \sqrt{f\sqrt{\frac{c^3}{\text{R}}}\ .\ 0,00020106}\ \ \text{.... mètres}$$

et si on fait intervenir la loi de Muller qui dit que, *pour développer dans deux électro-aimants la même partie aliquote de leur maximum magnétique, il faut que les intensités des courants qui les animent, multipliées par les nombres des tours de spires, soient entre elles comme les puissances $\frac{3}{2}$ du diamètre de ces électro-aimants*, on se trouve avoir tous les éléments de calcul nécessaires pour résoudre le problème dans tous les cas qui peuvent se présenter; car on peut prendre comme terme de comparaison un électro-aimant type placé dans ses conditions de maximum pour des conditions données, et dont l'état magnétique est convenablement surexcité. Un électro-aimant de 200 kilomètres de résistance dont chacune des branches a 6 centimètres de longueur avec un diamètre de 1 centimètre, et qui est interposé

---

g = Le diamètre du fil de l'hélice y compris sa couverture isolante.

m = Le nombre par lequel il faut multiplier le diamètre c pour fournir la longueur b.

n = Le nombre des éléments de la pile.

r = La résistance métallique de R.

t = Le nombre des tours de spires.

u = La résistance d'une dérivation.

x = Le nombre des dérivations.

A = La force attractive.

E = La force électro-motrice de la pile.

F = La force propre de l'électro-aimant.

H = La longueur du fil de l'hélice.

I = L'intensité du courant.

R = La résistance du circuit extérieur.

ρ = La résistance d'un élément de pile.

α = Le nombre des éléments de pile en tension.

β = Le nombre des éléments de pile en quantité.

sur un circuit d'une résistance totale de 118620 mètres avec une pile de 20 éléments Daniell pour l'animer, est à peu près dans ce cas. Or, en partant des différentes formules qui sont la conséquence de ces lois, on arrive aux déductions suivantes :

1° Pour calculer les dimensions d'un électro-aimant dans ses conditions de maximum par rapport à une force électro-motrice donnée E et à un circuit extérieur R également donné, on commence par en calculer le diamètre c au moyen de la formule.

$$c = \frac{E}{\sqrt{R}} \cdot K,$$

K étant une constante dont la valeur est 0,173, quand la force électro-motrice E de la pile employée est estimée par son rapport avec celle de l'élément Daniell pris comme unité, et quand R est évalué en mètres de fil télégraphique de 4 millimètres de diamètre. Le chiffre que l'on obtient alors représente des fractions de mètre (1). La quantité c étant ainsi calculée, la longueur de chaque branche devient égale à $b\ c$, et le diamètre du fil recouvert de son enveloppe isolante est donné par la formule :

$$g = \sqrt{f \sqrt{\frac{c^3}{R} \cdot 0{,}00020106}}$$

Il suffit alors de diviser par f, c'est-à-dire par 1,4 ou 1,6, suivant que le fil doit être de moyenne ou de petite grosseur, pour obtenir ce diamètre dépourvu de sa couverture isolante.

Le nombre des tours de spires est ensuite donné par la formule $t = \frac{12\,c^2}{g^2}$, et la longueur du fil de l'hélice par $\frac{75{,}4\,c^3}{g^2}$. Pour en calculer la force P à 1 millimètre de distance attractive, et l'obtenir en grammes, on a la formule :

$$P = \frac{I^2\,t^2\,c^{\frac{3}{2}}}{0{,}0000855},$$

et dans cette formule la valeur de I est égale à $\frac{2\,R}{E}$

(1) En rapportant les valeurs de E et de R au système coordonné des mesures électriques de l'Association britannique, c'est-à-dire au *Volt* et à l'*Ohm*, cette constante devient 0,015957; et si on veut estimer le diamètre en *mils*, il faut la changer en 628,223. Enfin, si on prend pour représentation de la force électro-motrice de l'élément Daniell le chiffre 5973, comme je l'ai souvent pratiqué, la valeur K devient 0,0000288.

2° Pour calculer la force à donner à une pile et les dimensions d'un électro-aimant pour fournir une force donnée P, estimée en grammes, à une distance attractive de 1 millimètre, on commence par calculer le nombre n des éléments de la pile au moyen de l'équation :

$$n = \frac{Q^2 \rho}{2 e^2} + \sqrt{\left(\frac{Q^2 \rho}{2 e^2}\right)^2 + \frac{Q^2 r}{e^2}}$$

dans laquelle la quantité Q est donnée par la formule :

$$Q = \left(0{,}0225 \sqrt[3]{\sqrt[3]{f^4 P^2}}\right)^2$$

La valeur de n étant connue, les quantités E et R se trouvent obtenues, et le problème est ramené au cas précédent.

3° Si la résistance r est assez petite pour que l'on ait avantage à disposer a pile en séries, c'est-à-dire à la composer de plusieurs groupes dont les éléments sont réunis en quantité, on obtient la valeur du nombre total des éléments $\alpha\beta$ au moyen de la formule

$$\alpha\beta = \frac{2\rho}{e^2}\left(0{,}0225 \sqrt[3]{\sqrt[3]{P^2 + f^4}}\right)^2,$$

qui se trouve divisée par 2, si r est nul, et multipliée par x, si on a un nombre x de dérivations égales, sur chacune desquelles est interposé un électro-aimant.

Dans ces différents cas, la valeur de c est donnée par l'équation :

$$c = \frac{e\sqrt{\alpha\beta}}{\sqrt{\rho}}\, 0{,}173,$$

ρ se trouvant multiplié par x dans le cas des dérivations égales.

Quand r n'est pas nul, cas auquel correspond l'avant dernière équation, la valeur de β, c'est-à-dire le nombre des éléments, en quantité, comprenant chaque groupe, est donné par la formule : $\beta = \sqrt{\frac{n\rho}{r}}$, et le nombre des groupes α, qui sont alors disposés en tension, par la formule : $\alpha = \sqrt{\frac{nr}{\rho}}$.

4° Pour calculer la force d'une pile et son meilleur arrangement avec un électro-aimant donné pour fournir une force donnée P, on calcule d'abord la valeur de I à l'aide de la formule

$$I = \sqrt{\frac{P \times 0{,}0000855}{f^2 \cdot c^{\frac{3}{2}}}}$$

Dès lors on a

$$\alpha = \frac{2lH}{E} \text{ et } \beta = \frac{\alpha\rho}{H} \text{ ou } \frac{\alpha x \rho}{H},$$

si on a x dérivations égales.

Ces différentes formules conduisent, par extension, à reconnaître quelques lois nouvelles qui ont leur importance dans les applications électriques et qui peuvent être formulées de la manière suivante :

1° Pour des résistances de circuit égales, les diamètres d'un électro-aimant établi dans ses conditions de maximum, doivent être proportionnels aux forces électro-motrices;

2° Pour des forces électro-motrices égales, ces diamètres doivent être en raison inverse de la racine carrée de la résistance du circuit extérieur, y compris la résistance de la pile ;

3° Pour des diamètres égaux, les forces électro-motrices doivent être proportionnelles aux racines carrées des résistances des circuits.

4° Pour une force électro-magnétique donnée et avec des électro-aimants placés dans leurs conditions de maximum, les forces électro-motrices des piles qui doivent les animer, doivent être proportionnelles aux racines carrées des résistances du circuit.

Quelques exemples feront mieux comprendre la manière d'appliquer pratiquement les différentes formules qui précèdent.

1er *Exemple.* — Un électro-aimant doit être interposé sur une ligne de 100 kilomètres, laquelle, avec la résistance de la pile qui devra l'animer et qui se composera de 20 éléments Daniell, constituera un circuit de 118620 mètres de résistance; quelles sont les valeurs des éléments de construction de cet électro-aimant?

$$c = \frac{20}{\sqrt{118620}} \cdot 0{,}173 = 0^{m}{,}01.$$

$$b = 12\,c = 0^{m}{,}12 \qquad H = 1116^{m}.$$

$$g = 0^{m}{,}0002597 \qquad t = 17792$$

$$\frac{g}{f} = 0^{m}{,}0001583 \qquad A = 26^{gr}.85.$$

2e *Exemple.* — On veut avoir une force attractive, à 1 millimètre, de 273 grammes, sur un circuit de 50 kilomètres avec une pile à bichromate de potasse, à sable et à écoulement constant (système Chutaux), dont la force électro-motrice et la résistance, pour chaque élément, est 2 et 1000 mètres; quels sont les éléments de construction de l'électro-aimant qui devra fournir cet effet?

$$Q = 0,0225 \sqrt[3]{\sqrt[3]{1,37}^4 \times \overline{273}^2} = 0,09 \quad \text{et} \quad Q^2 = 0,0081$$

$$n = \frac{0,0081 \times 1000}{2 \times 2^2} + \sqrt{\left(\frac{8,1}{8}\right)^2 + \frac{0,0081 \times 50000}{4}} = 11,125$$

d'où

$$c = \frac{11,125 \times 2}{\sqrt{61125}} \cdot 0,173 = 0^m,01553$$

$$b = 2 \times 0^m,0932 \qquad H = 1861^m \qquad \overset{\frac{3}{2}}{c} = 0,001935$$

$$g = 0^m,0003894 \qquad l = 19078$$

$$\frac{g}{f} = 0^m,0002842 \qquad I = 0,0001859$$

$$A = \frac{\overline{0,0001859}^2 \times \overline{19078}^2 \times \overline{0,001935}^2}{0,002297} \times 25,75 = 273 \text{ gr.}$$

Dans cette dernière expression les chiffres 0,002297 et 25,75 représentent les forces de l'électro-aimant type, l'une estimée en valeurs algébriques, l'autre en grammes.

3e *Exemple*. — On veut obtenir séparément de la part de six électro-aimants directement mis en rapport avec la pile, une force de 200 grammes en employant la même pile que précédemment : quel est le nombre des éléments qu'on devra employer et les conditions de construction de l'électro-aimant?

on a

$$\alpha\beta = \frac{6 \times 1000}{4}\left(0,0225 \cdot \sqrt[3]{\sqrt[3]{\overline{200}^2 \times \overline{1,4}^4}}\right)^2 = 10,778$$

Soit 11 éléments ; mais comme 11 éléments ne peuvent se grouper en séries, on supposera que la pile devra se composer de 12 éléments. Avec ce nombre, la pile pourra être disposée en trois éléments de surface quadruple ou en deux éléments de surface sextuple, mais dans tous les cas on aura :

$$c = \frac{\sqrt{12}}{\sqrt{1000 \times 6}} \times 2 \times 0,173 = 0^m,0153$$

Dans le cas ou $\alpha = 3$ et $\beta = 4$ on a :

$$b = 2 \times 0^m,0918 \qquad H = 482^m \qquad \overset{\frac{3}{2}}{C} = 0,001892$$

$$g = 0,0007481 \qquad l = 5015 \qquad A = 247 \text{ gr.}$$

$$\frac{g}{f} = 0,0005346 \qquad I = 0,000666$$

Dans le cas ou $\alpha = 2$ et $\beta = 6$ on a :

$b = 2 \times 0{,}0918$	$H = 321^m$	$C^{\frac{3}{2}} = 0{,}001892$
$g = 0{,}000916$	$t = 3345$	$A = 247$ gr.
$\frac{g}{f} = 0{,}0006543$	$I = 0{,}001$	

Ces exemples suffisent pour qu'on puisse voir l'importance pratique des formules qui précèdent et dont on pourra trouver la théorie dans mon *Mémoire sur la détermination des éléments de construction des électro-aimants*, inséré dans les *Mémoires de la Société des sciences naturelles de Cherbourg* (tome XVIII, année 1874).

On remarquera que puisque les forces électro-motrices, pour un même diamètre des électro-aimants ou pour une même force électro-magnétique, sont proportionnelles aux racines carrées des résistances extérieures du circuit, si on augmente la force électro-motrice dans un pareil rapport alors que la résistance du circuit s'accroîtra, on pourra conserver à un électro-aimant le même diamètre et la même force. Conséquemment si au lieu d'interposer notre électro-aimant de 1 centimètre de diamètre sur un circuit de 100 kilomètres, nous l'introduisons sur un circuit de 400 kilom. avec une pile d'un nombre d'éléments double, nous aurons un même effet produit. Mais il faudra que le diamètre du fil change car celui-ci varie, pour un même diamètre d'électro-aimant, en raison inverse de la racine quatrième de la résistance du circuit extérieur. Il faudra donc, dans l'exemple que nous citons, que ce diamètre soit à $0^m{,}0001583$ comme $\sqrt[4]{100000} : \sqrt[4]{400000}$ ou comme $17{,}8 : 25{,}1$, ce qui le porte à $0^m{,}000112$, avec une longueur de 2125 mètres. On voit par là qu'on peut conserver sans inconvénient aux relais des dimensions assignées, à la condition de faire varier la pile et la résistance de l'hélice conformément aux lois établies précédemment.

M. Haskins dans le *Telegraphic journal* du 31 mai 1873 donne quelques renseignements pratiques intéressants sur la résistance que l'on doit donner aux relais télégraphiques. Suivant lui, on s'attache trop à la résistance des relais et pas assez à la force électro-motrice qui doit les animer. D'après ses expériences, il faudrait, pour placer ces organes dans de bonnes conditions, non-seulement que leur résistance fut égale à celle du circuit extérieur, mais encore que le nombre des éléments de la pile fut dans un rapport constant avec cette résistance combinée, et ce nombre peut être déterminé aisément en *divisant par* 100 *cette résistance combinée*, quand on emploie des éléments de Grove, *ou par* 50, quand on fait usage des éléments

Daniell. Ainsi, par exemple, si la résistance d'une ligne de 200 milles de longueur construite avec du fil n° 9 fournit une résistance de 20 ohms par mille et qu'il y ait 25 stations intercalées sur cette ligne, on aura pour la résistance combinée 8000 ohms, et il faudra par conséquent que la batterie soit constituée par 80 éléments de Grove ou de bichromate de potasse, ou par 160 éléments Daniell, Hill ou Callaud.

Il est certain que l'accroissement de la force électro-motrice, par l'augmentation du nombre des éléments de la pile, peut suppléer à la diminution de résistance que l'on doit donner à un relais, quand il doit être interposé dans un circuit soumis à des dérivations, diminution que la théorie aussi bien que l'expérience indique d'une manière parfaitement nette. En effet, si on considère un circuit ne présentant que deux dérivations a et l, l'intensité I du courant avec un nombre n d'éléments, ayant chacun une force électro-motrice représentée par e et une résistance intérieure ρ, aura pour expression sur la dérivation l qui contiendra l'électro-aimant :

$$I = \frac{nea}{n\rho(a+l)+al} \quad \text{ou} \quad I = \frac{e}{\rho\left(1+\frac{l}{a}\right)+\frac{l}{n}}.$$

Or, l'on voit que si n augmente, l'action définitive se produit comme si on diminuait par le fait l. Maintenant y a-t-il avantage à augmenter la pile plutôt que de diminuer la résistance de l'électro-aimant ?... C'est ce qu'il est difficile de décider, toujours est-il que la règle pratique que donne M. Haskins est plus facile à appliquer que celle qui fixerait la réduction de la résistance de l'hélice suivant la longueur du circuit soumis aux dérivations, règle qui ne peut même pas être établie d'une manière certaine, ainsi qu'on l'a vu.

Nous verrons dans la suite qu'on a proposé et essayé à plusieurs reprises de faire marcher ensemble tous les appareils télégraphiques espacés sur un même fil, au moyen d'une seule pile placée en l'un des points du circuit. On espérait réaliser par ce moyen une certaine simplification dans l'installation des bureaux télégraphiques d'ordre secondaire. Quoique ce système n'ait pas été généralisé, il était intéressant d'étudier, au point de vue théorique, quelle situation devait être donnée à la pile pour produire sur l'appareil récepteur ou le relais le plus grand effet possible. C'est ce travail qu'a entrepris M. Trottin et qui a fait l'objet d'un intéressant article inséré dans les *Annales télégraphiques*, tome 7, p. 375.

Voici d'après ce travail, par ordre de préférence, les diverses dispositions qu'on peut donner à la pile pour deux postes seulement.

1° La pile entière placée au poste expéditeur.

2° La pile partagée également entre les deux postes.

3° La pile divisée en trois parties égales placées l'une au milieu et les deux autres à chaque extrémité de la ligne.

4° La pile divisée en quatre parties égales dont deux placées aux extrémités et les deux autres à une distance des extrémités égale au tiers de la ligne.

5° La pile divisée en 5, 6,... parties égales placées d'une manière analogue à la précédente.

6° La pile répartie également entre tous les points de la ligne.

7° La pile entière placée au milieu de la ligne.

8° La pile entière placée au poste destinataire.

Ainsi la disposition généralement adoptée dans la pratique, laquelle consiste à donner à chacun des postes une pile chargée de faire fonctionner le récepteur du correspondant, est celle qui offre le plus d'avantages, d'autant mieux que c'est la seule qui dispense de faire passer le courant dans l'appareil du poste expéditeur, ce qui diminue la résistance du circuit.

I. — DISPOSITIONS DIVERSES DES RELAIS.

La forme et la disposition des relais ont été variées d'une multitude de manières. Les plus connus sont ceux de MM. Hipp, Siemens, Froment, Boivin, Bourbon, Normann, Lippens, Dujardin, Bradley, Varley, Meyer, Hughes, sans parler des relais sans réglage et inverseurs de MM. Ailhaud, Abel Guyot, Gloesener, Régnard, Renard, etc.

Relais simples les plus usités.

Relais Froment. — Nous donnons comme spécimen, dans la fig. 145, une moitié du relais translateur de M. Froment, qui est le plus employé par l'administration des télégraphes français.

A B est une colonne de cuivre coupée en A par un disque d'ivoire, et portant au-dessous du levier C I l'appendice métallique devant fournir les contacts, soit sur le circuit local, soit sur le second circuit de ligne prolongeant le premier; E est l'électro-aimant; D son armature, et C G le levier qui la porte, lequel oscille en I sur un pivot adapté à une équerre; G H est le ressort antagoniste dont la tension est réglée par la vis S au moyen d'un compas H ; enfin en A est fixée la vis régulatrice qui règle l'écart de l'armature et qui constitue pour la translation la pièce dite l'*isolé*, laquelle pièce communique, par un fil isolé passant à travers la colonne A B, avec l'électro-aimant du second relais. Le système électro-magnétique n'offre d'ailleurs aucune disposition particulière, sauf qu'au lieu d'être enroulé sur un canon de cuivre, le fil enveloppe directement le fer. On comprend facilement le jeu de cet appareil. Sous l'influence du courant de ligne qui fait fonctionner l'électro-aimant E, l'armature D est attirée, et l'extrémité

Fig. 145.

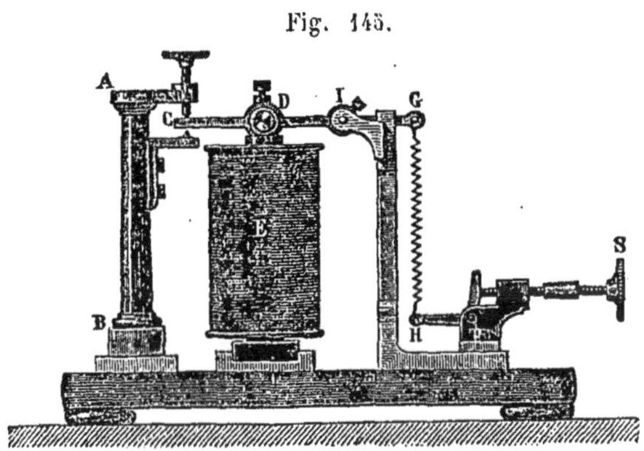

du levier qui la porte touche la pièce de contact. Le circuit local se trouve donc fermé, et peut réagir dès lors comme l'aurait fait le circuit de ligne.

Relais Hipp. — Le relais de M. Hipp, que nous représentons fig. 146, n'a de particulier que le système de ressort antagoniste qu'il a appliqué au levier portant l'armature de l'électro-aimant, et qui se compose de deux ressorts à boudin tirant en sens inverse l'un de l'autre. Ce n'est donc que sous l'influence de la différence de tension de ces deux ressorts que l'armature est ramenée à sa position de départ. Cette disposition a l'avantage de diminuer considérablement l'inertie de la pièce vibrante et, par conséquent, de lui permettre d'exécuter des mouvements plus rapides. Ce système est appliqué à la plupart des télégraphes Allemands. La disposition de l'appareil se comprend d'ailleurs aisément : l'électro-aimant est vertical, et l'armature est disposée en croix à l'extrémité d'un levier qui oscille sur deux couteaux; l'étendue de cette oscillation, comme dans le relais précédent,

Fig. 146.

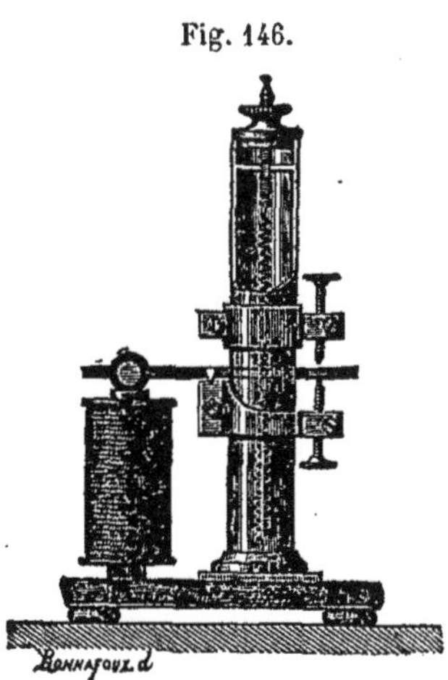

est réglée au moyen de deux vis dont l'une, l'inférieure, est munie d'une pointe d'ivoire. Les ressorts antagonistes sont fixés aux deux extrémités d'une colonne creuse et sont reliés au levier de l'armature par deux boucles; une vis permet de tendre à volonté le ressort supérieur. Enfin la vis de contact, dont la monture est isolée métalliquement de la colonne, est en rapport avec l'un des pôles de la pile locale, dont l'autre pôle est en rapport avec le levier de l'armature.

Relais Siemens. — Le relais de M. Siemens que nous représentons fig. 147, n'est que la répétition du système électro-magnétique que nous avons décrit déjà plusieurs fois (voir tome II, p. 87), et qui est disposé dans

Fig. 147.

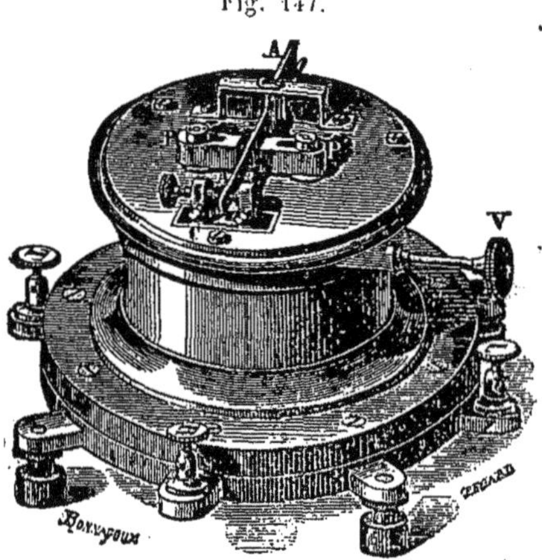

une boîte circulaire de manière à ne présenter extérieurement que l'armature A A, les deux pôles de l'électro-aimant P, P′, et le petit chariot C qui limite la course de l'armature, et dont l'un des points d'arrêt fournit les contacts. Ce chariot, comme dans le système décrit, tome II, peut être reculé ou avancé à l'aide d'une vis V, afin de faire prédominer à volonté l'action du pôle P ou celle du pôle P′.

Relais Cecchi. — Ce relais dont nous avons exposé le principe dans notre tome II, p. 85, a été employé souvent sous une forme ou sous une autre, mais avec des noms différents, qui montrent que les constructeurs qui les ont livrés n'étaient pas au courant de l'histoire de cette invention. Le R. P. Cecchi, en effet, a publié la description de ce système électro-magnétique en mars 1855 dans le *Spettatore*, journal de physique de Florence, et ce n'est que quelque temps après que nous le voyons employé sous différents noms dans plusieurs systèmes télégraphiques. En somme, dans tous ces relais, la pièce mobile est l'électro-aimant qui, à cet effet, est droit, et dont les extrémités polaires, en sortant de la bobine, oscillent entre les pôles opposés de deux aimants en fer à cheval placés l'un en regard de l'autre. Cet électro-aimant pivote sur son axe par l'intermédiaire de deux pointes de vis qui viennent s'appuyer sur ses deux centres polaires, et un levier porté par le noyau magnétique constitue la pièce mobile de contact. Ce système de relais peut fonctionner dans les mêmes conditions que le relais Siemens, avec ou sans courants renversés; il ne s'agit que de régler les deux butoirs entre lesquels oscille la pièce de contact, de manière à faire prédominer sur l'armature l'action de l'aimant qui doit produire la répulsion au moment du passage du courant. Il en résulte que, quand le courant a cessé de passer, l'armature étant désaimantée, est attirée par le pôle de l'aimant dont elle est le plus rapprochée. Il en est de même et à fortiori quand on agit avec des courants renversés.

Relais Meyer. — Le relais de M. Meyer que nous représentons fig. 148, est un diminutif de l'appareil précédent. Il ne met à contribution qu'un aimant fixe A, et la bobine armature, au lieu de pivoter autour de son axe, se meut sur deux pivots verticaux perpendiculaires à cet axe, lesquels permettent au noyau magnétique de faire déplacer angulairement le plan de la bobine sous l'influence de l'effet simultané des deux pôles N et S de l'aimant. Ces pôles sont, à cet effet, d'inégale longueur, et le support de la bobine, entre les deux pivots, porte un levier qui oscille entre les deux vis de contact v, v' reliées aux bornes R et R'. Un ressort antagoniste r dont la tension est réglée par une longue vis V agissant sur une bascule E, maintient toujours la bobine dans une position déterminée, et cette action est facilitée par une lame de ressort q qui appuie sur la bascule. Enfin trois boutons d'attache, L, T et +, qui se trouvent reliés au massif de l'appareil et aux deux extrémités du fil de la bobine, constituent les points de jonction du fil de ligne, du fil de terre et de la pile. Ce système qui est à peu près le même que celui adopté par M. Meyer pour son télégraphe autographique, a fourni de très-bons résultats sur les lignes et est remarquable par sa sensibilité.

Fig. 148.

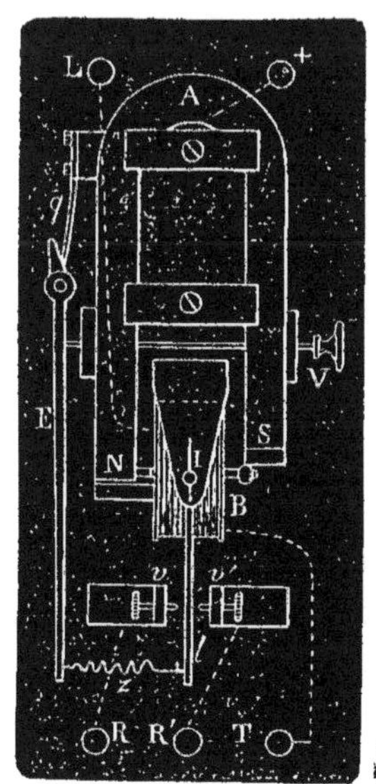

Relais Varley. — Le relais de M. Varley très-employé en Angleterre et que nous représentons fig. 149 ci-dessous, est d'une très-grande sensibilité et fonctionne un peu à la manière des électro-aimants de M. de la Follye que nous avons décrits tome II, p. 86. Il est constitué par une aiguille de fer assez longue, pivotant sur son centre entre deux pointes de vis et enveloppée par deux hélices magnétisantes à l'intérieur desquelles elle peut accomplir un petit mouvement oscillant. Ce mouvement oscillant est déterminé par l'action des deux aimants permanents en fer à cheval dont les branches enveloppent verticalement les deux extrémités de l'aiguille, et

Fig. 149.

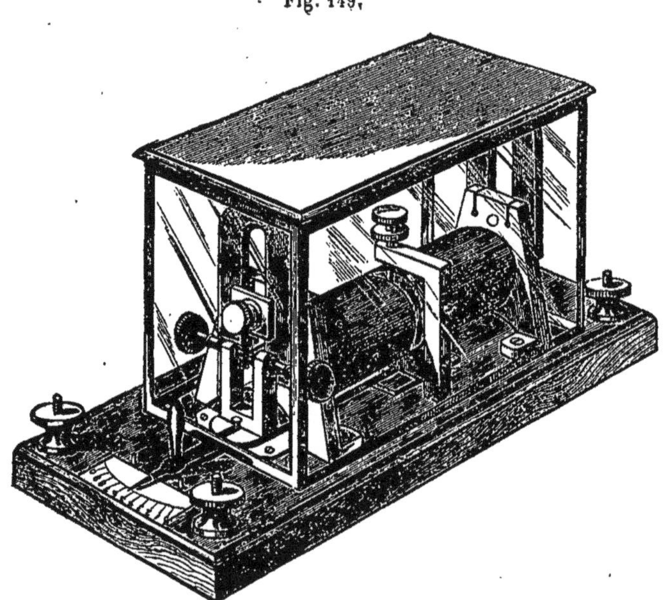

peuvent, par conséquent, la faire osciller dans un sens ou dans l'autre suivant le sens du courant dans les hélices. A l'une de ses extrémités, cette aiguille se termine par un ressort de contact qui, en oscillant entre deux vis butoir dont l'une est en rapport avec le circuit local, peut fournir les fermetures du courant en rapport avec les mouvements accomplis par l'aiguille. Cette disposition, au fond, se rapproche beaucoup de celle de M. Siemens, car la partie mobile du relais est polarisée et subit latéralement la double action magnétique qui doit la faire mouvoir dans un sens ou dans l'autre; seulement au lieu d'être polarisée par son contact avec le pôle d'un aimant permanent, elle l'est directement par les hélices. On peut d'ailleurs, comme dans le système Siemens, employer ces relais sous l'influence de courants renversés ou de courants ordinaires, en employant l'action des aimants eux-mêmes comme force antagoniste pour rappeler le barreau mobile à une position déterminée. On peut même faire prédominer plus ou moins cette force antagoniste, en rapprochant plus ou moins le barreau de l'une ou de l'autre des branches des aimants permanents ; ce que l'on peut faire aisément au moyen de la manette que l'on voit en avant de l'appareil sur la figure, et qui repousse plus ou moins vers la gauche ou vers la droite, le système entier des deux butoirs de contact qui fournissent les fermetures de courant. Une aiguille mobile sur un cadran gradué permet même de connaître exactement la valeur du déplacement que l'on opère.

Relais Normann. —. M Normann, de Naples, a eu l'ingénieuse idée d'utiliser l'uniformité de polarisation de l'armature des électro-aimants boîteux, quand elle est en contact avec la branche sans bobine, pour détruire les effets des courants de retour qui, comme on le sait, sont en sens inverse du courant envoyé. Pour cela, il appuie cette armature sur la branche sans bobine et la fait osciller sur deux couteaux en fer en contact avec cette branche. De cette manière, l'armature, la branche sans bobine et la culasse de l'électro-aimant constituent une prolongation de l'extrémité polaire inactive de celui-ci, laquelle conserve une polarité contraire à celle du pôle actif. Or, il résulte de cette disposition que quand, après une émission de courant à travers l'électro-aimant, un courant de retour vient à succéder, le magnétisme développé au pôle actif se trouve être de même nom que celui qui reste développé dans l'armature alors repoussée, et tend à produire une répulsion de celle-ci, au lieu d'une seconde attraction, comme cela arrive quelquefois. L'armature de ce relais est d'ailleurs sollicitée par deux ressorts antagonistes inégalement tendus, comme dans le système de M. Hipp.

Relais Lippens. — Pour éviter les inconvénients de la seconde attraction, due au courant de retour dans la translation, M. Lippens emploie des relais à armatures aimantées ayant néanmoins un ressort antagoniste. C'est tout simplement un électro-aimant dont les pôles sont prolongés et entre lesquels oscille un barreau aimanté, pivotant sur son centre. Quand un courant traverse cet électro-aimant, le barreau est attiré d'un certain côté et produit le contact de la translation ; quand ce courant cesse, le ressort antagoniste rappelle le barreau dans sa première position, qui établit la communication directe entre la ligne et le récepteur. Or, on comprend aisément que si un courant de retour vient à passer à travers l'électro-aimant du relais, ce courant étant de sens inverse au premier envoyé, tendra à maintenir le barreau dans la position que lui a déjà donnée le ressort antagoniste, au lieu de provoquer une seconde attraction.

Relais de M. Renoir. — Voulant mettre à profit, pour les relais, le principe de l'électro-aimant de Hughes dans lequel l'action électrique n'a qu'à produire le détachement de l'armature, M. Renoir a imaginé un relais dont la réaction se produit exactement comme dans l'appareil Hughes. Seulement, comme dans un relais simple il ne peut y avoir de mécanisme d'horlogerie pour remettre au contact de l'électro-aimant l'armature une fois détachée, il utilise à cette fonction le courant de la pile locale, qui passe dans les premières spires de l'hélice magnétisante sous l'influence d'un contact électrique opéré par l'armature après son détachement de l'électro-aimant. Une fois revenue dans le voisinage des pôles de l'électro-aimant, cette armature y est maintenue par le magnétisme de l'aimant persistant qui se trouve communiqué à l'électro-aimant, et sous cette influence le courant de la pile locale se trouve coupé.

Comme les mouvements accomplis par l'armature d'un électro-aimant de relais sont généralement très-petits, ce système de relais a pu être considérablement simplifié et réduit à l'électro-aimant seul de M. Hughes. De cette manière, c'est la force attractive de l'aimant persistant communiquée à l'électro-aimant qui ramène l'armature une fois détachée à sa position initiale, et comme il suffit, pour un réglage convenable de la force antagoniste, d'un simple amoindrissement dans l'aimantation de l'électro-aimant par le courant pour obtenir le détachement de l'armature, celle-ci peut parfaitement être rappelée quand la cause de cet affaiblissement a disparu.

Relais sans réglage.

Tous les systèmes d'électro-aimants sans réglage que nous avons décrits tome II, p. 97, peuvent être utilisés plus ou moins avantageusement dans la construction des relais; et nous ne revenons ici sur cette question, que parce que plusieurs systèmes de ce genre dont nous n'avons pas encore parlé, présentent des combinaisons trop compliquées pour avoir pu figurer au nombre des dispositions électro-magnétiques simples que nous avons décrites.

Relais à rhéotome. — L'un de ces systèmes, qui a été essayé avec succès sur nos lignes, met à contribution une dérivation à la terre qui est établie par le levier de l'armature aussitôt le contact produit, et qui a pour effet de couper le courant à travers l'électro-aimant en lui ouvrant une voie moins résistante. Dans ces conditions, les contacts ne devraient être qu'instantanés, puisqu'aussitôt la dérivation établie l'armature cesse d'être attirée; par conséquent, des contacts prolongés ne devraient produire que des séries de vibrations de l'armature, analogues à celles des sonneries trembleuses ; mais comme la pièce de contact est rigide et que les transmissions sur les lignes ne sont pas instantanées, ces vibrations sont si peu accentuées que les traces laissées par un appareil Morse soumis à ce genre d'action, forment un trait continu, comme s'il n'y avait pas eu de vibration. Or, on gagne à ce dispositif que les effets, du magnétisme rémanent sont considérablement amoindris, et que l'intensité électrique qui agit sur l'électro-aimant conserve à peu près la même valeur.

M. Aihlaud a, dans le même ordre d'idées, combiné cette dérivation de manière qu'elle ne put se produire que pour des courants forts. A cet effet, il adapte sur le levier de l'armature une pièce munie de deux ressorts, qui oscille entre deux vis butoir, dont l'une produit les contacts électriques et l'autre un arrêt élastique du levier. Celui-ci est d'ailleurs terminé par une lame de ressort qui peut, quand l'appareil fonctionne avec de forts courants, rencontrer une vis butoir mise en rapport avec la dérivation du circuit de ligne dont nous avons parlé. Or, voici ce qui résulte de cette disposition : quand le courant a une intensité convenable, le premier ressort établit les contacts sans difficulté, et le second ressort terminant le levier n'atteint pas la vis butoir qui pourrait conduire le courant de ligne à la terre. Les effets se produisent alors comme avec les relais ordinaires ; mais, si le courant de ligne devient assez intense pour produire des effets de magnétisme rémanent nuisibles, la rencontre de ce dernier ressort avec la vis butoir correspondante a lieu, et le courant de ligne, en se dérivant à la terre, détermine avec celui passant à travers l'électro-aimant une vibration du levier, qui n'empêche pas, il est vrai, le contact du premier ressort de continuer à se faire, mais qui affaiblit considérablement l'intensité définitive du courant de ligne. Par suite, les effets nuisibles du magnétisme rémanent qui auraient pu résulter de cette plus grande intensité du courant, se trouvent annihilés. Si le courant de ligne est très-faible, l'appareil fonctionnera également bien, car le relais a été réglé une fois pour toutes pour fonctionner avec ces courants, et les contacts du premier ressort s'effectueront toujours (1).

Relais de M. Abel Guyot. — Les inconvénients du réglage sont évités dans le relais de M. Abel Guyot au moyen de deux électro-aimants placés verticalement et d'un levier à double armature disposé de manière à pouvoir basculer au-dessus de ces électro-aimants comme le fléau d'une

(1) Voir pour les détails de cet appareil les *Annales télégraphiques*, tome III, p. 672.

balance. A cet effet, ce levier porte deux vis butoir qui touchent, quand l'appareil est inactif, deux lames de ressort placées au-dessus d'eux, et ces lames de ressort, par l'intermédiaire de deux butoirs, établissent la communication, avec la terre, d'une pile locale dont le courant traverse en même temps les deux électro-aimants. La communication de ces électro-aimants avec la pile locale n'a toutefois lieu que par l'intermédiaire des lames de ressort dont nous avons parlé, et cette communication est établie de telle manière, que la fermeture du courant à travers le second électro-aimant B, je suppose, n'a lieu que quand le ressort correspondant au premier électro-aimant A ne fournit plus de contact. L'inverse a lieu pour le premier électro-aimant A, et cet effet se comprend d'ailleurs aisément, si l'on réfléchit que les contacts opérés par les ressorts, en fournissant une dérivation sans résistance au courant de la pile locale, empêchent celui-ci de passer par les électro-aimants.

Ces électro-aimants, du reste, sont en communication directe, l'un avec la ligne de droite, l'autre avec la ligne de gauche, et leur jeu s'effectue de la manière suivante :

Quand l'électro-aimant A devient actif sous l'influence du courant de ligne, la séparation du levier avec le ressort correspondant, que nous appellerons R, a lieu, et le courant de la pile locale passe alors dans l'électro-aimant B ; mais comme l'armature de cet électro-aimant est alors beaucoup plus éloignée que celle du premier, l'action du courant local (s'il n'est pas trop énergique) est sans effet, et le relais fournit une fermeture de courant aussi prolongée que dure le courant de ligne. Quand celui-ci cesse, l'attraction exercée par l'électro-aimant B n'ayant plus à vaincre que le magnétisme rémanent de l'électro-aimant A, peut ramener l'armature de celui-ci à sa première position, et le contact du levier avec le ressort R ayant lieu de nouveau, l'électro-aimant B devient complétement inactif. Les mêmes effets se reproduiraient si le courant de ligne passait à travers l'électro-aimant B.

Relais de M. Chester. — Ce relais consiste dans un électro-aimant tubulaire dont l'armature très-courte et légèrement bombée, est, à l'une de ses extrémités, maintenue appuyée sur le noyau de fer central par l'intermédiaire d'une lame de ressort. Du côté opposé à cette lame de ressort, la même armature porte une tige qui oscille entre deux vis butoir portées par une pièce coudée dont une extrémité est articulée sur un pilier, et dont l'autre correspond à un piston mobile dans un cylindre fermé.

Sous l'influence de l'attraction magnétique, l'armature bascule, en déprimant un peu le ressort qui la porte, relève le levier placé du côté opposé.

Celui-ci rencontre bientôt la vis de contact, et celle-ci, au lieu d'être pour lui un obstacle rigide, détermine un mouvement du levier qui la porte, et, par suite, l'élévation du piston. Comme celui-ci, en s'élevant, rencontre une résistance croissante d'autant plus grande que la force qui est en jeu est plus énergique, cette résistance finit par s'opposer au mouvement de bascule de l'armature, et sert ensuite de repoussoir, quand le courant cesse de circuler à travers l'électro-aimant.

M. Chester prétend que ce système a l'avantage d'éviter les inconvénients du réglage; mais il nous semble, à première vue, que ce problème pourrait être résolu d'une manière beaucoup plus sûre par une disposition plus simple.

Relais galvanométriques. — Bien que les relais constitués par des électro-aimants aient été regardés comme un progrès réalisé sur les relais galvanométriques qui ont été les premiers imaginés, on est revenu pendant quelque temps à leur usage, principalement sur les circuits sous-marins, en raison de l'instabilité de l'état magnétique du fer sous l'influence des courants renversés. On comprend en effet, que si un relais électro-magnétique reçoit par exemple une série de courants positifs et qu'il soit ensuite affecté par un courant négatif, il ne se comportera pas de la même manière que quand les courants positifs et négatifs se succéderont alternativement. Or, dans certains cas, il est plus essentiel d'avoir de la régularité d'action qu'une très-grande sensibilité, et c'est ce qui a engagé M. Varley à construire ses relais galvanométriques à contacts à friction. Toutefois, comme en raison de la faiblesse d'action de ces organes, ces contacts étaient loin d'être parfaits, on a imaginé des relais galvanométriques à contacts mercuriels, et à l'exposition de 1862, M. Ch. Bright en avait présenté un assez intéressant qui, pour éviter les mauvais contacts résultant de l'oxydation du mercure, n'employait ce métal que sous la forme d'un filet toujours en mouvement. Dans cet appareil le mercure allait donc d'un réservoir dans l'autre comme la poudre d'un sablier, les réservoirs se renversant à mesure qu'ils devenaient vides.

Relais sans étincelles. — Dans certains relais, pour éviter les oxydations des contacts, on fait en sorte que la rupture du circuit qui fournit l'étincelle ne se fasse qu'en dehors du relais, par l'intermédiaire du mécanisme du récepteur, qui peut alors affecter à cet usage des pièces métalliques frottant assez énergiquement l'une sur l'autre pour enlever les oxydations qui pourraient en résulter. Ainsi le relais, après avoir mis en action le récepteur, maintient son armature sur contact, jusqu'à ce que le récepteur ait coupé ailleurs le circuit local. Ce système a été employé par M. Allan pour le télégraphe que nous avons décrit page 178.

Relais à réactions multiples.

Nous allons maintenant nous occuper des relais appelés à fournir des réactions multiples, telles que des inversions de courants, des doubles transmissions, des renforcements de courants aux postes de réception, etc. Nous réserverons cependant pour un chapitre spécial les relais disposés pour les transmissions simultanées.

Relais à double contact. — Pour obtenir de la part d'un relais une double action, soit pour la translation, soit pour la répétition de la dépêche sur deux circuits, différents, on emploie quelquefois des relais à double contact; toutefois, comme avec les faibles forces dont on dispose sur les lignes un peu longues, il est difficile d'obtenir le contact parfait d'un levier oscillant avec deux pièces de contact, il a fallu disposer les relais d'une manière particulière, et la solution qui a paru la meilleure, jusqu'à présent, est celle qu'en a donnée M. Sambourg, qui consiste à placer les vis de contact aux deux extrémités d'une petite bascule qui peut pivoter aisément sur son centre. De cette manière, le contact qui est le premier touché par le levier, fait pivoter la bascule et force le second contact à venir buter contre le levier (1). M. Varley, de son côté, a résolu le problème en opérant l'un des contacts avec la partie rigide du levier oscillant, et le second, par l'intermédiaire d'un ressort adapté au bout de ce levier et un peu en avance sur lui; mais pour obtenir, avec ce système, que ce second contact soit bon, il faut que la force électrique soit suffisante pour déprimer un peu la lame de ressort. On a aussi employé de doubles ressorts, mais de tous ces moyens c'est le premier qui paraît le plus sûr et le plus simple.

Relais inverseurs. — Ce genre de relais qui peut avoir beaucoup d'applications, a reçu de M. Dujardin sa disposition la plus simple (2). Nous le représentons fig. 150. Il ressemble un peu, comme dispositif, au relais de M. Varley que nous avons décrit page 409, mais il en diffère essentiellement quant à son mode d'action et même aux effets qu'il doit produire. Il consiste dans deux systèmes magnétiques accouplés, qui fonctionnent simulta-

---

(1) M. Régnard, en 1856, avait imaginé un dispositif semblable qui est décrit dans mon exposé. 2e *édition*, tome III, p. 173.

(2) Avant M. Dujardin, M. Gloesener avait imaginé des relais inverseurs, mais qui fonctionnaient eux-mêmes sous l'influence de courants renversés ; nous les avons décrits dans notre exposé (2e *édition*, tome III, p. 173). Ils exigeaient des armatures aimantées et étaient plus compliqués que celui que nous décrivons.

nément de manière à ce que leurs leviers oscillants forment avec les vis de contact qui en limitent la course, un commutateur inverseur. Chacun de ces systèmes se compose d'un barreau de fer doux mobile à l'intérieur d'une hélice magnétisante, et dont le mouvement se trouve déterminé par l'action d'un aimant en fer à cheval adapté à l'une de ses extrémités. Ce barreau pivote sur celle de ces extrémités qui ne reçoit pas l'action de l'aimant, et cette extrémité se termine elle-même par une longue tige de contact qui oscille entre deux vis A et B. Ce système basculant est d'ailleurs rappelé dans une position déterminée par un ressort antagoniste R, dont la tension est réglée par une vis V.

Le second système est exactement semblable à celui que nous venons de décrire, et les deux systèmes sont disposés parallèlement l'un à côté de l'autre comme l'indique la figure 150. Les communications électriques pouvant être établies de manière que le mouvement des deux tiges s'effectue soit parallèlement, soit en sens contraire l'une de l'autre, quelque soit le sens du courant transmis, il devient possible, par la manière dont les contacts A, A', B, B' sont établis avec la pile locale, d'obtenir des effets très-différents, qui peuvent avoir leur application suivant les différents cas qui peuvent se présenter. On pourra d'abord obtenir, de cette manière, des effets d'inversion de courants sur le circuit local, sous l'influence de courants simplement interrompus sur le circuit de ligne. En effet, supposons que le courant de ligne traverse les bobines E, E' de manière à ce que les deux tiges T, T' marchent en sens contraire l'une de l'autre sous l'influence des fermetures du courant de ligne, et que les pôles de la pile locale communiquent aux contacts A, A', B, B', de manière que les contacts A, A' soient positifs et les contacts B, B' négatifs : il est bien certain que, si les axes d'oscillation des deux tiges T, T' sont en rapport avec les deux extrémités du circuit local, le courant traversera ce circuit dans un sens, sous l'influence des fermetures du circuit de ligne, et dans le sens opposé, sous l'influence des ruptures de ce circuit. Supposons maintenant que l'on veuille soustraire un circuit local à l'action de courants alternativement renversés traversant le relais, ne demandant à celui-ci son action qu'au moment des interruptions du courant de ligne : on disposera les communications de manière à faire osciller les deux tiges dans le même sens, et, sans rien changer aux communications précédentes avec la

Fig. 150.

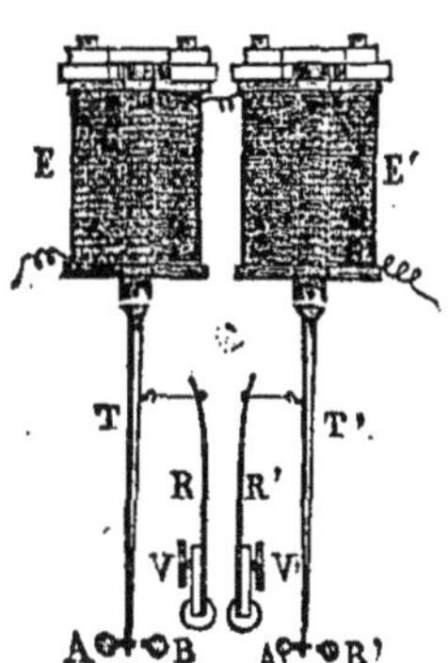

pile locale, on aura résolu le problème; car quelque soit le sens du mouvement des tiges, elles seront toujours en contact soit avec deux pôles positifs, soit avec deux pôles négatifs tant qu'elles seront en mouvement, et ce ne sera que quand le courant de ligne sera interrompu, que le courant local pourra être fermé par le contact simultané des tiges T et T' avec les contacts A' et B. Une disposition analogue à la première de celles que nous venons de décrire avait été appliquée par M. Lenoir à l'un de ses télégraphes autographiques, et la seconde disposition a été employée par M. Dujardin à l'un de ses télégraphes imprimeurs, qui, de cette manière, fournissait les impressions sous l'influence d'une rupture du circuit, tandis que les courants renversés faisaient fonctionner le mécanisme compositeur.

Relais renforceur de M. Parks. — Quand un électro-aimant doit réagir avec énergie à l'extrémité d'une ligne pour provoquer une réaction mécanique quelconque, on peut le disposer de manière à ce qu'il

Fig. 151.

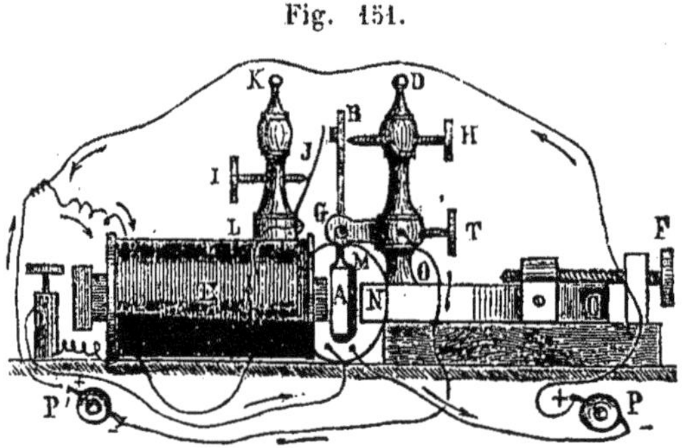

fonctionne en même temps comme relais et comme appareil soumis à l'action du courant local. M. Parks a combiné, à cet effet, un système que nous représentons fig. 151 ci-dessus et dont les fonctions sont, en définitive, de provoquer, sous l'influence du courant de ligne, une première action qui, en fermant un courant local à travers un électro-aimant complémentaire, permet aux deux actions électriques de joindre leurs effets pour fournir une action mécanique plus énergique. Le fil de ligne, qui sur la figure correspond à la pile P, aboutit à une bobine oblongue M, dont le noyau magnétique, mobile à son intérieur, constitue l'armature d'un électro-aimant E et en même temps celle d'un aimant en fer à cheval N, dont la position peut être réglée au moyen d'une vis F. Cette armature porte un levier de contact GB qui oscille en G, et peut, en rencontrant le ressort J, fermer le courant de la pile locale P′ à travers l'électro-aimant E et faire réagir ce courant conjointement avec le courant de ligne, comme l'indique le sens des flèches sur la figure. Sous l'influence du courant de ligne seul, l'armature se déplace assez pour déterminer l'action locale, et celle-ci, se joignant alors à la première, détermine l'effet mécanique voulu. Une inversion du courant de ligne suffit pour ramener l'armature à son point de départ. Avec la disposition indiquée sur la figure, les effets se produisent sous des influences magnétiques répulsives, mais on pourrait les obtenir sous des influences attractives, en intervertissant la place du butoir d'arrêt et celle du ressort de contact.

Relais parleurs.

Quand une ligne est montée en translation et que les stations intermédiaires doivent recevoir des avis particuliers pour le service, il devient nécessaire, pour que l'on puisse distinguer ces avis, que le jeu même du relais fasse assez de bruit pour une réception au son. Plusieurs systèmes ont été proposés dans ce but. Dans les uns, comme ceux que construisent MM. Digney, le levier de l'armature de l'électro-aimant frappe sur un contact établi au-dessus d'une caisse sonore, dont le bruit peut être augmenté ou diminué par l'agrandissement plus ou moins grand d'une large ouverture. Dans d'autres systèmes, comme celui de M. Bradley que nous représentons fig. 152, et qui est employé en Amérique, l'armature frappe contre deux cordes métalliques tendues sur une table d'harmonie. Le plus simple est celui que l'administration des lignes télégraphiques françaises emploie depuis quelque temps, et qui a été construit par M. Breguet. C'est un électro-aimant boîteux monté sur une boîte sonore et dont l'armature, fixée à une lame d'acier, vient frapper sur une pièce métallique rigide formant contact et adaptée sur l'électro-aimant lui-même.

En raison de son originalité, nous devons consacrer quelques lignes au relais américain.

Relais de M. Bradley. — Cet appareil consiste dans un électro-aimant droit, placé verticalement, dont le noyau de fer se prolonge et se recourbe des deux côtés de la bobine, de manière à présenter, l'une devant l'autre, ses deux extrémités N et S. Son armature A, qui est une tige de fer de petit diamètre et qui est soutenue par son centre à l'aide d'une lame de ressort très-flexible I, est disposée de façon à osciller entre les deux pôles prolongés N et S, lesquels sont, à cet effet, placés un peu de côté. Enfin, deux ressorts de rappel, inégalement tendus, réagissent sur cette armature de manière à la maintenir toujours à distance des pôles de l'électro-aimant et à la faire buter contre la vis d'arrêt. La vis de contact est d'ailleurs placée en face de celle-ci, comme dans tous les relais. Les différentes couches de spires de l'électro-aimant sont recouvertes de gomme laque et séparées par une feuille de papier. Toutefois, celles des spires qui se trouvent occuper la partie supérieure de la bobine et qui correspondent à chaque tiers de la résistance de celle-ci, se trouvent dénudées et mises en communication avec de petits contacts adaptés sur la rondelle supérieure de la bobine. Deux ressorts frotteurs E, articulés également sur cette rondelle et mis en rapport avec le circuit de ligne, appuient sur ces contacts, et, suivant qu'ils touchent tels ou tels d'entre eux, ils diminuent ou aug-

Fig. 152.

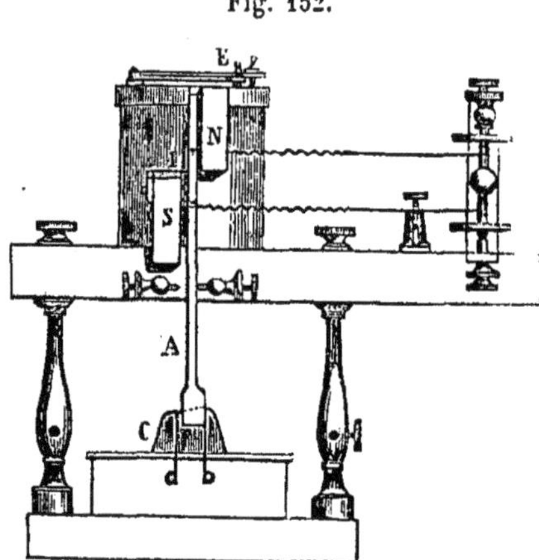

mentent, dans une proportion déterminée, la résistance de l'hélice; de sorte qu'il devient facile d'appliquer ces relais à tous les circuits.

M. Bradley, comme je le disais, a fait avec ce relais un appareil pour recevoir au son, et, à cet effet, le levier oscille entre deux cordes vibrantes tendues sur une table d'harmonie, comme on le voit en C, fig. 152, et, comme ces cordes fournissent deux notes différentes, il devient facile de juger, par l'espacement des deux sons, de la valeur du signal transmis.

Relais électro-chimique de M. Edison. — Tout dernièrement, M. Edison a imaginé un système de relais électro chimique, fondé sur un principe tout à fait nouveau et qui, suivant l'auteur, serait infiniment plus sensible que tous les autres, ne mettant pas à contribution, pour le fonctionnement de la pile locale, l'action d'un électro-aimant.

Ce système est fondé sur cette propriété découverte par M. Edison, que si une feuille de papier entre dans un circuit comme électrolyte, c'est-à-dire dans les conditions où se trouvent placés les télégraphes électro-chimiques ordinaires, la surface de ce papier se modifie sous l'influence électrique de manière à provoquer de la part d'un style frotteur servant d'électrode, et par l'effet de l'entraînement du papier, des mouvements assez caractérisés pour le faire réagir mécaniquement à la manière de la tige d'un relais. En effet, quand, dans ces conditions, le courant ne passe pas à travers le circuit, cette surface du papier *reste rugueuse*, comme elle l'est naturellement, mais elle *devient polie et glissante sous l'action combinée du passage du courant et de l'effet chimique développé;* de sorte que si le style traçant est constitué par un levier basculant muni d'une godille, celui-ci, en passant à travers ces parties rugueuses et lisses, s'élèvera ou s'abaissera en donnant lieu à des contacts qui pourront être utilisés pour la fermeture de courants locaux; et ces mouvements correspondront exactement aux fermetures et interruptions du courant transmis, comme s'ils étaient déterminés par une action électro-magnétique.

Suivant M. Edison, la sensibilité de cet appareil serait même plus grande que celle des récepteurs électro-chimiques, car il pourrait être mis en action alors que les traces électro-chimiques seraient à peine visibles sur ces derniers appareils. Toutefois, toutes les substances chimiques dont le papier doit être imprégné pour produire l'action électro-chimique, ne donnent pas à ce point de vue les mêmes résultats; les solutions les meilleures sont celles d'hydrate de potasse et de sulfate de quinine, et le style frottant doit alors être constitué par une tige d'étain ou de thalium. La nature du métal du tambour, sur lequel est appliquée la bande de papier, paraît indifférente à la production du phénomène.

M. Edison a pu construire de cette manière des relais qui ont fonctionné sur une résistance de un million d'ohms (100,000 kilos. de fil télégraphique), résistance qui ne permettait pas, avec la pile employée, le fonctionnement d'un appareil électro-chimique excité avec de l'iodure de potassium, et qui était suffisante pour annuler toute déviation sur un galvanomètre ordinaire. Cet appareil a pu aussi réagir comme parleur, alors que les électro-aimants des appareils les plus délicats ne pouvaient être impressionnés.

L'auteur fait remarquer que, comme avec ce système, les courants secondaires dus aux réactions des électro-aimants n'existent pas, et que l'action électro-chimique est instantanée, on peut obtenir, en l'employant, une vitesse de transmission beaucoup plus grande qu'avec les systèmes ordinaires; cet appareil aurait pu, en effet, transmettre de cette manière, en fonctionnant comme translateur, plus de 650 mots par minute, et il pourrait même réagir directement sur un récepteur Morse à signaux encrés en se substituant à l'électro-aimant ordinairement employé. (Voir la *Télégraphie journal*, t. II, p. 321).

M. Edison a donné à cet appareil le nom de *Electro-Motograph*.

II. — TRANSLATEURS.

Dans l'origine, les relais proprement dits n'étaient employés que dans le voisinage des appareils qu'ils devaient faire fonctionner, et ne réagissaient, par conséquent, que sur un circuit de petite résistance desservi par une pile d'un petit nombre d'éléments; mais, depuis l'établissement des longues lignes qui existent maintenant dans les divers états, les relais sont devenus de véritables expéditeurs placés aux postes intermédiaires pour porter plus loin l'action du courant primitif, et, pour ne pas avoir recours à de doubles appareils, on a employé à cet usage, dans les postes, les électro-aimants des récepteurs eux-mêmes et les piles de ligne. Dans ces conditions, le relais prend le nom de *translateur*, et c'est M. Steinheil qui paraît avoir imaginé le premier cette disposition.

Au premier abord, on pourrait croire que rien n'est plus simple que la question de la translation, et elle le serait, en effet, si la ligne ne devait être parcourue que par des courants transmis dans un même sens; mais, comme les courants envoyés de deux stations extrêmes sont dans des sens différents, la disposition du relais, qui serait bonne pour une direction de ces courants, ne serait plus bonne pour l'autre, puisqu'alors les courants des deux piles se trouveraient opposés dans le circuit. Force a donc été d'employer de doubles appareils ou de doubles relais, et de disposer ceux-ci de manière que le fil de leur hélice fut relié à leur contact de repos, de l'un à l'autre, c'est-à-dire de manière que le fil du premier relais fut en communication avec le contact de repos du deuxième relais, et réciproquement. Alors le pôle positif de la pile du relais aboutit aux deux contacts de pile, et les fils de ligne, des deux côtés de la station, aux deux armatures. Or, il résulte de cette disposition que le courant transmis par l'une des lignes, ne met pas en action le translateur qui lui correspond, mais bien celui de l'autre ligne, qui transmet à celle-ci le courant local.

Généralement, on n'affecte pas de pile spéciale aux relais, et on emploie à cet usage les piles qui desservent isolément les deux côtés de la ligne; c'est pourquoi, dans la fig. 154, nous avons représenté deux piles; mais on comprend aisément qu'une seule pile pourrait suffire.

Ordinairement, les récepteurs télégraphiques du système Morse sont organisés pour fournir la translation; ils portent à cet effet, comme on l'a vu page 111, trois boutons d'attache destinés à cette fonction, et les contacts s'effectuent par l'intermédiaire du levier imprimeur qui oscille entre deux contacts isolés l'un de l'autre. Ce levier, rencontrant au moment des attractions le contact en rapport avec la pile locale, et communiquant lui-même par le massif de l'appareil à la ligne que l'appareil dessert, effectue de cette manière les contacts nécessaires à la translation, comme s'il constituait lui-même la partie mobile d'un relais. Avec ce système, on peut donc éviter les relais translateurs, mais il faut mettre à contribution les deux appareils qui desservent les deux côtés de la ligne, et les réunir en translation, comme nous l'avons indiqué plus haut. Nous verrons à l'instant la manière dont ces communications ont été établies dans la pratique, non-seulement pour les Morse, mais encore pour les appareils Hughes; mais pour des translations qui doivent s'effectuer sur de longues lignes, il faut toujours en revenir aux relais translateurs, qui sont beaucoup plus sensibles, et qui permettent l'introduction d'un parleur, lequel donne la facilité de pourvoir aux besoins du service, en même temps que la transmission s'effectue. Or, de tous les relais translateurs jusqu'ici employés, le plus parfait est celui de M. d'Arlincourt, dont nous avons déjà exposé le principe dans notre tome II, page 102, et c'est par lui que nous commencerons l'étude de cet accessoire si important de la télégraphie.

Relais translateur de M. d'Arlincourt. — Nous avons vu que dans le relais de M. d'Arlincourt, représenté fig. 153, ci-dessous, l'effet

Fig. 153.

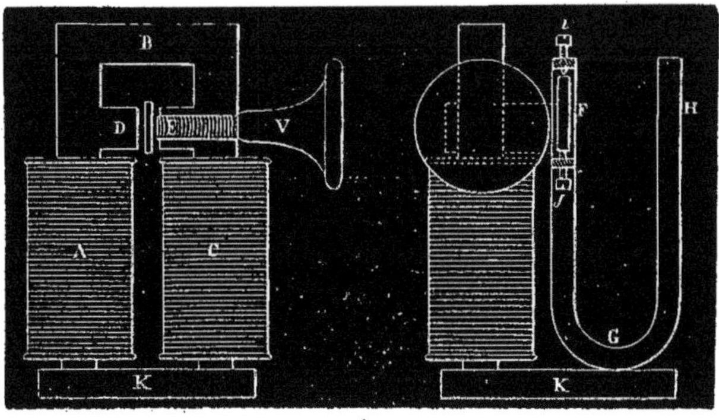

magnétique, provoqué par l'action du courant, fait place à un effet diamétralement opposé aussitôt que le courant est interrompu, lequel effet, pour un réglage convenable de l'armature par rapport à sa distance des pôles de l'aimant, peut n'être qu'instantané, et donner lieu, par conséquent, à une oscillation complète de cette armature pour une simple rupture de circuit. C'est cette oscillation, à laquelle on a donné le nom de *coup de fouet*, qui a été utilisée pour décharger la ligne après chaque émission de courant, et elle a permis au relais translateur de M. d'Arlincourt de fournir des effets que nul autre, avant lui, n'avait pu produire.

Comme nous l'avons dit, tome II, page 105, le relais translateur de M. d'Arlincourt se compose de deux systèmes de doubles relais, un pour chaque côté de la ligne, et chacun d'eux correspond à un électro-aimant parleur qui joue en même temps le rôle de relais local; de sorte que, par le

Fig. 154.

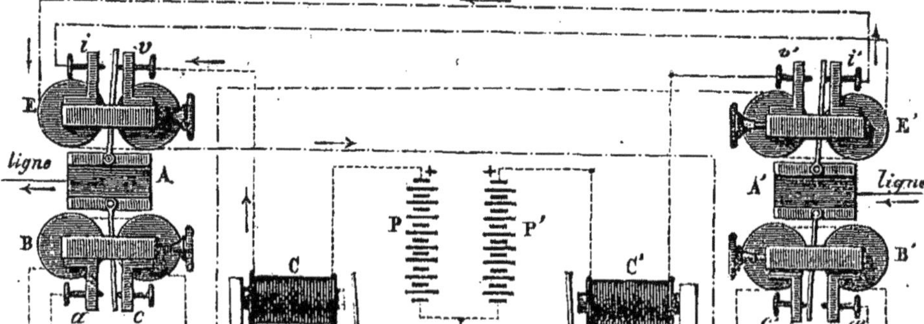

fait, un appareil de ce genre comporte six relais. Deux agissent comme translateurs, deux autres comme déchargeurs des lignes, et les deux derniers comme récepteurs auditifs, et en même temps comme relais locaux. Les relais translateurs et les relais déchargeurs sont disposés exactement de la même manière, et c'est un même aimant fixe qui polarise leur armature; ils sont, en conséquence, placés l'un derrière l'autre, comme l'indique la figure 154. L'aimant en fer à cheval est en A et A', l'électro-aimant du relais translateur en E, E', l'électro-aimant du déchargeur en B, B'. Les relais locaux ou parleurs sont en C, C', à la suite des deux autres.

Les communications électriques sont indiquées sur la figure en lignes pointillées, et l'on distingue en P, P', les piles de ligne, et en *p* la pile locale.

Les deux bouts de la ligne, à gauche et à droite de la station où est installé l'appareil, sont reliés métalliquement aux aimants polariseurs A, A', et, par l'intermédiaire des armatures qui y sont fixées et des contacts *i* ou *i'*, ils peuvent communiquer avec le sol après avoir traversé l'un ou l'autre des relais translateurs E, E'. Comme de la réaction produite par celui-ci résulte la fermeture du circuit correspondant à l'une ou à l'autre des piles de ligne P, P', le courant de cette pile se trouve envoyé sur la ligne, comme si celle-ci constituait un circuit local. Toutefois, comme ce courant traverse le parleur C ou C' correspondant, et que celui-ci, en réagissant comme relais local, ferme le courant de la pile locale *p* à travers l'un ou l'autre des relais déchargeurs B ou B', celui-ci, en fonctionnant, a pour effet de mettre à la terre le bout de ligne qui, un instant auparavant, se trouvait mis en contact avec la pile de ligne P ou P'.

Dans la fig. 154, le courant est supposé venir du côté de droite de la station, et pour peu qu'on suive le sens des flèches, on ne tarde pas à reconnaître, qu'après s'être dirigé en A', il regagne le relais E par l'armature du relais E' et le contact *i'*, pour s'écouler ensuite en terre par l'intermédiaire de l'armature du parleur C' qui est reliée à la plaque de terre et qui touche alors la vis *b'*. L'armature de E touche alors le contact *v*, et le courant de la pile P, après avoir traversé le parleur C, le contact *v*, arrive à l'aimant A, qui le dirige sur la ligne du côté gauche de la station. Sous l'influence de ce courant, le parleur C ferme en *n* le circuit local de la pile *p*, qui fait réagir le déchargeur B en provoquant le *coup de fouet* de son armature sur le contact *a* ; de sorte que pendant un instant très-court, qui a suivi presque instantanément l'émission du courant sur la ligne de gauche, celle-ci s'est trouvée mise en rapport avec le sol par l'intermédiaire du contact *a*.

On comprend aisément que les effets auraient été les mêmes, mais sous l'influence des électro-aimants E' B' et C', si le courant, au lieu de venir du côté droit était venu du côté gauche ; c'eût été alors la pile P' qui eût été mise en jeu.

Comme je l'ai dit, ce système de relais translateur a pu effectuer, sous l'influence d'une pile de 60 éléments Daniell, la transmission entre Londres et Marseille, sans aucun autre relais intermédiaire ; c'est un beau résultat qu'on n'aurait guère osé espérer, et, si l'on considère que, par suite de sa construction particulière, il peut fonctionner beaucoup plus vite que les relais ordinaires, on peut comprendre que les transmissions avec les appareils autographiques, qui étaient très-incertaines sur les longues lignes, sont maintenant réalisables à toute distance.

Translation avec les appareils Morse. — La translation

avec les appareils Morse ordinaires ne présente aucune difficulté du moment où l'on peut y appliquer de doubles appareils; l'organisation en est d'autant plus facile que la plupart des appareils télégraphiques de ce genre possèdent les boutons d'attache convenables pour établir les communications électriques qui doivent les relier ensemble. La fig. 13, pl. III, représente la disposition qui a été adoptée en France, et on peut même y voir la liaison des appareils télégraphiques avec les autres appareils accessoires.

En examinant cette figure, on reconnaît que la liaison de chacun des appareils avec la ligne qu'il dessert, ne s'effectue, comme nous l'avons dit, que par l'intermédiaire de l'autre appareil. Pour qu'on puisse se faire une idée de ces liaisons, il nous suffira de suivre la marche du courant envoyé, par l'une ou l'autre des sections de ligne, ainsi mises en rapport entre elles.

Si c'est la station de gauche qui transmet, le courant arrivant au manipulateur n° 1, après avoir traversé l'appareil à fil préservateur (voir tome II, p. 534) et le galvanomètre n° 1, se trouve dirigé par le contact n° 1 de ce manipulateur, au commutateur A, qui le conduit, par le contact 2, au bouton M du récepteur n° 2, lequel communique au massif de l'appareil ; et, comme le levier imprimeur est en contact avec la vis de repos qui règle en même temps sa position, laquelle vis de repos communique au bouton I, le courant revient sur ses pas par ce bouton et pénètre dans le récepteur n° 1, par le bouton L, où il fait fonctionner, soit le relais, soit l'électro-aimant du récepteur lui-même, s'il n'y a pas de relais ; après quoi il retourne en terre par le bouton T. Par suite du fonctionnement du récepteur, le levier imprimeur agissant comme translateur et rencontrant, dans chacun de ses mouvements, un contact isolé en rapport avec la pile de ligne, dont le pôle positif communique au bouton P, envoie à son tour sur la seconde section de la ligne, c'est-à-dire sur la ligne de droite, un courant qui passe par le massif de l'appareil n° 1, le deuxième contact du commutateur B, le contact 1 du 2e manipulateur, le galvanomètre n° 2, l'appareil à fil préservateur et le fil d'arrivée de la ligne de droite.

Les mêmes effets se reproduisent, mais en sens inverse, quand le courant arrive par la ligne de droite ; il suit alors le chemin suivant : appareil à fil préservateur n° 2, galvanomètre n° 2, manipulateur n° 2, commutateur B, massif du premier récepteur, bouton I, récepteur n° 2 et terre. Il en résulte l'envoi du courant de la seconde pile de ligne, qui va de P en L, puis en M sur le second récepteur, pour être dirigé de là sur la ligne de gauche, par le commutateur A, le manipulateur n° 1, le galvanomètre n° 1 et l'appareil à fil préservateur n° 1.

Translation avec les appareils Morse à courant fermé.

— En Allemagne, où l'on emploie avec succès le système des transmissions à courant fermé, on a disposé la translation d'une manière particulière, dont nous représentons le principe (fig. 155).

Dans ce système, les contacts de fermeture, qui constituent alors les contacts de repos, puisque les signaux ne se font que sous l'influence d'interruptions du circuit, sont reliés directement à la terre, et les contacts d'ouverture sont reliés entre eux par l'intermédiaire d'une pile puissante (supérieure à celle des deux lignes en translation), et dont la disposition, par rapport aux appareils de droite et de gauche, dépend de la manière dont les piles qui leur correspondent sont reliées à la terre. Lorsque l'une des lignes a son pôle cuivre à la terre alors que l'autre ligne y a son pôle zinc, la pile intermédiaire doit être disposée de manière à ce que ses pôles soient en correspondance avec les appareils dont la pile est en communication à la terre par des pôles semblables. Lorsqu'au contraire les deux lignes ont un même pôle à la terre, on doit mettre la ligne qui est

Fig. 155.

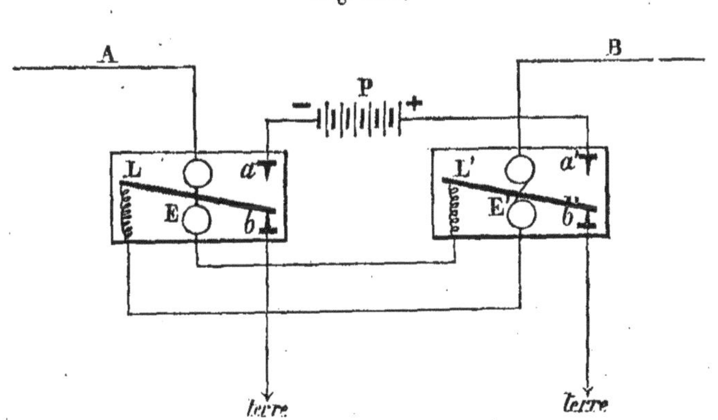

sillonnée par le courant le plus énergique, en rapport avec le côté de l'appareil où aboutit le pôle de la pile intermédiaire qui est semblable au pôle terrestre de cette ligne.

L'étude de la marche du courant, dans cette disposition de translation, fera du reste, mieux comprendre le système que toute autre explication. Considérons donc la fig. 155, et admettons que l'on ferme le courant sur les deux lignes A et B Le courant de la ligne de droite passera à travers l'électro-aimant E', ira de là au massif de l'appareil de gauche, et s'écoulera en terre par le levier L de cet appareil et le contact *b*. Le courant de la ligne de gauche en fera autant, mais en sens inverse; de sorte que les leviers L et L′ seront maintenus en temps ordinaire sur les contacts *b* et *b′* malgré leurs ressorts antogonistes.

Quand une interruption se produira, soit sur la ligne de droite, soit sur la ligne de gauche, les leviers L et L′ se trouveront repoussés contre les contacts *a* et *a′*. En effet, le courant venant de B, je suppose, étant interrompu, l'électro-aimant E′ devient inerte et le levier L′ est repoussé en *a′*; mais le courant venant de B, ne trouvant plus en *b′* un contact à la terre, est par ce seul fait interrompu, et le levier L se trouve également reporté contre le contact *a*. Conséquemment, le signal en rapport avec cette interruption de courant venant de B, se trouve transmis à la ligne A.

Supposons maintenant que, pour fournir un nouveau signal, on ferme le courant sur la ligne B; ce courant traversera comme précédemment l'électro-aimant E′, et arrivera au contact *a* de l'appareil de gauche par le levier L; il traversera la pile P, qui réunit son courant à celui de la pile de B, arrivera au contact *a′*, puis au levier L′, et de là ira rejoindre la ligne A, après avoir mis en action l'électro-aimant E, pour s'écouler ensuite en terre à la station de gauche. Sous cette influence, les leviers L et L′ reviennent à leur position primitive, c'est-à-dire contre les contacts *b* et *b′*. Il importe, toutefois, de considérer comment les piles sont en rapport avec le sol, aux deux stations correspondantes aux lignes A et B.

Il est clair que si, à la station B, le pôle négatif de la pile est en rapport avec le sol, tandis qu'à la station A ce sera le pôle positif, le courant de la pile de la première station, joint au courant de la pile P, n'éprouvera aucune résistance dans sa transmission à travers le circuit A, puisque la pile de cette station se trouvera être alors dans une disposition qui permettra à son courant de circuler, à travers le circuit, dans le même sens que ceux des deux autres piles. Dans ce cas, on pourrait même au besoin se passer de la pile P; mais il n'en sera plus de même si les piles des deux stations extrêmes sont mises en rapport avec le sol par le même pôle; alors le rôle de la pile intermédiaire devient important, car c'est elle qui peut alors annuler la tension contraire qui s'opposerait à l'action de la pile extrême, et, comme, en outre de la force nécessaire à cette annihilation, le courant actif doit avoir un excédant de force pour assurer la translation, il faut dans ce cas que la pile P soit plus puissante que les autres. C'est encore pour la même raison que les liaisons électriques avec les appareils doivent être, dans ce cas, faites de manière que celui des deux courants de ligne qui est le plus fort, puisse être réuni au courant de la pile supplémentaire. Ce système est dû à M. Th. Agte, secrétaire des télégraphes, à Hanovre.

Translation avec les télégraphes Hughes. — Les relais ordinaires permettent bien de mettre en communication deux lignes aériennes desservies par le télégraphe Hughes, mais ils ne se prêtent pas, dans ce cas spécial, à toutes les nécessités du service; ils ne laissent pas, par exemple, à l'employé qui le surveille, la faculté de suivre exactement toutes les phases de la transmission. En outre, on ne peut, avec ces instruments, relier une ligne aérienne à un câble d'une certaine longueur, à cause de l'impossibilité où l'on se trouve de faire suivre chaque courant utile d'un courant de sens contraire, destiné à décharger le câble. M. Hughes a

Fig. 156.

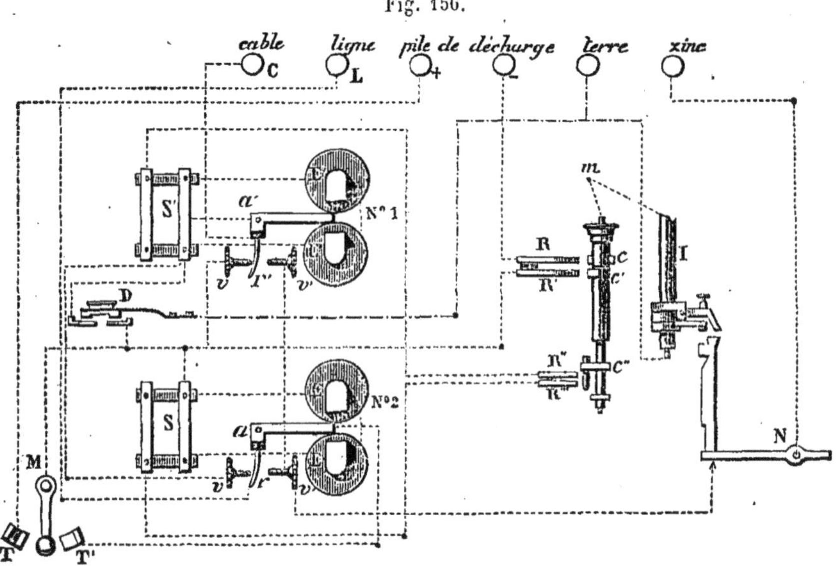

comblé cette lacune en adaptant à son appareil un double système d'électro-aimants, qui fait de son appareil un véritable *translateur*. La fig. 156 donne une idée exacte de ce système.

Comme on le voit, l'axe imprimeur présente quelques modifications dans sa construction, pour fournir des contacts successifs qui sont alors nécessaires. Ces contacts sont fournis par les cames *c*, *c'*, *c''* et les ressorts R, R', R'', R'''. Les contacts fournis par les ressorts R'', R''' sont simultanés et ne durent que très-peu de temps; ils se rapportent aux transmissions simples, échangées entre l'appareil et les deux sections de la ligne. Le contact du ressort R avec la came *c*, vient après, et correspond à la pile de décharge du câble; il est beaucoup plus long, car la came *c* occupe près d'un tiers de la circonférence de l'axe. Enfin, le contact fourni par le ressort R', vient en dernier lieu et établit la communication de la ligne sous-marine avec la terre.

On observera encore que, dans ce système, les lames de ressort du levier *a* de l'armature des deux électro-aimants sont isolées et constituent avec des secondes vis de contact *v*, *v'*, placées en face de celles qui règlent la force antagoniste, deux rhéotomes qui fonctionnent au moment du déclanchement de l'appareil imprimeur. Enfin, on remarquera que l'interrupteur du circuit de ligne M, ne sert que quand la translation doit se faire à travers le câble; alors la manette est portée sur le contact T, quand la transmission se fait de la ligne aérienne au câble, tandis qu'elle est portée sur le contact T', dans le cas contraire.

Une pile de décharge, dont les deux pôles aboutissent aux boutons + et —, un bouton d'attache pour la ligne sous-marine, et un ressort interrupteur D, appelé *dérivateur*, qui a pour fonction d'établir la communication directe des deux sections de ligne à la terre, lorsqu'on met au blanc, complètent le dispositif de l'appareil. Nous ajouterons encore que la pile, au lieu d'avoir son pôle cuivre au bouton d'attache de la pile, n'est mise en communication avec lui que par son pôle zinc. Voici maintenant comment cet appreil fonctionne :

Supposons que Paris veuille correspondre par translation avec Londres, l'appareil translateur étant placé au Havre : La manette M sera placée sur le contact T, et le courant envoyé de Paris, arrivant en L, traversera l'électro-aimant E' E' n° 1, après avoir passé par le rhéotome de l'électro-aimant E E n° 2, c'est-à-dire par le ressort *r* et la vis *v*, qui sont alors en contact, et par le commutateur S' de l'électro-aimant n° 1. De cet électro-aimant, il va regagner le ressort R'', la came *c''* de l'axe imprimeur, alors en contact avec lui, et s'écoule en terre par le massif et le chariot transmetteur I. Sous l'influence du courant ainsi transmis, le ressort *r'* du rhéotome de l'électro-aimant n° 1, se trouve amené en contact avec la vis *v'*, et par suite, avec la plate-forme du clavier N, qui est en rapport avec le pôle négatif de la pile de ligne du translateur, d'où il résulte un courant négatif transmis au câble. Toutefois, comme après cette action, l'axe imprimeur a tourné et a rompu son contact avec le ressort R'', pour le rétablir avec le ressort R, il arrive que le courant de la pile de décharge, jusque-là inactif, trouve une voie pour passer dans le câble, et cette voie lui est ouverte : d'un côté par l'interrupteur M, qui est alors sur T, et par la vis *v* du premier rhéotome, qui, par suite du mouvement de l'axe imprimeur, a commencé à se mettre en contact avec le ressort *r'*, de l'autre côté par le ressort R, qui étant en contact avec l'axe imprimeur, réunit à la terre le pôle zinc de la pile de décharge; mais aussitôt après, le ressort R' venant en contact avec l'axe imprimeur, établit une communication directe entre la terre et le câble par le rhéotome de l'électro-aimant n° 1.

Supposons maintenant que Londres transmet à Paris : On placera alors la manette de l'interrupteur M sur le contact T', et alors le courant arrivant du câble, ira au premier rhéotome, de là au commutateur S du 2e électro-aimant, traversera cet électro-aimant, et ira au ressort R''', qui, étant en ce moment en contact avec l'axe imprimeur, écoulera le courant en terre. Alors le courant de la pile de ligne du translateur, qui sera négatif, ira au rhéotome du 2e électro-aimant, dont le ressort sera en contact avec la vis v', et de là à la ligne; mais bientôt après, quand le ressort R' sera venu en contact avec l'axe imprimeur, le câble se déchargera en terre. Dans cette action, le contact T n'a d'autre rôle que de couper le courant à travers l'électro-aimant n° 2, une fois le déclanchement effectué, et le courant qui continue à être envoyé par le câble, va alors directement en M, puis en T', puis à l'armature a, et de là en terre par le levier de déclanchement avec lequel cette armature est alors en contact.

Le dérivateur D sert, comme nous l'avons déjà dit, à mettre les deux sections de ligne en communication avec la terre; il remplace le ressort de dérivation fixé dans les appareils ordinaires au levier de rappel au blanc. Quand on rappelle la roue des types au blanc, on doit presser sur le dérivateur, mais lorsque ce rappel doit se faire sans interrompre la communication entre les deux postes extrêmes, il faut éviter d'établir cette dérivation. Le dérivateur sert encore pour le réglage du synchronisme; dans ce cas, on fait dériver à la terre le courant venant de la ligne pendant une dizaine de tours du chariot, au lieu d'isoler la ligne, comme on le fait avec l'appareil ordinaire, au moyen de la manette de l'interrupteur.

CHAPITRE VIII

TÉLÉGRAPHES A TRANSMISSIONS MULTIPLES.

Avec la disposition ordinaire des postes télégraphiques, les transmissions ne peuvent se faire en même temps des deux extrémités de la ligne, et il est d'absolue nécessité que la ligne se trouve complétement libre quand on expédie les dépêches; or, sur les lignes très surchargées, ce temps d'arrêt ne laisse pas que d'être souvent assez long. Pour l'abréger on s'est mis à rechercher s'il n'y aurait pas moyen de transmettre simultanément, par un même fil, deux ou plusieurs dépêches différentes, sans augmenter pour cela les frais d'installation des lignes télégraphiques. Ce problème a été réalisé de plusieurs manières par MM. Gintl, Edlund, Wartmann, Frischen, Siemens, Eden, Duncker, Starke, Rouvier et plus complétement dans ces derniers temps, par MM. Stearns, Preece et Meyer.

Au premier abord, on comprend difficilement que le télégraphe puisse faire ce que la parole serait impuissante à réaliser; mais si on réfléchit aux ressources immenses que mettent entre nos mains les réactions électriques, le merveilleux du problème se réduit à de simples combinaisons de courants. On peut en effet résoudre le problème des transmissions simultanées de trois manières : 1° en disposant les appareils de manière que deux courants envoyés à la fois de deux stations opposées, puissent réagir comme s'ils traversaient la lignes sans se confondre; 2° en utilisant les intervalles qui séparent les émissions de courant pendant le passage d'une dépêche; 3° en envoyant des courants de diverses intensités et réglés de manière à correspondre chacun à un appareil déterminé. Au premier de ces genres de solutions appartiennent les systèmes de MM. Gintl, Edlund, Wartmann, Frischen, Siemens, Wan-Kebach, Stearns, Eden, Préece, etc.; au second ceux de MM. Rouvier, Meyer, etc.; enfin au troisième ceux de MM. Duncker, Starke, Wartmann, etc. Nous allons successivement passer en revue ces différents systèmes.

I. Transmissions simultanées dans des directions opposées.

C'est à M. Gintl, physicien allemand, compatriote de l'immortel Ohm, que revient l'honneur d'avoir découvert le premier le système des transmissions simultanées dans un sens opposé, et c'est en 1853 qu'a été faite cette découverte intéressante. A cette époque elle fit beaucoup de bruit dans le monde savant, car outre qu'elle était la solution ingénieuse d'un problème qu'on aurait pu croire insoluble, on pensait qu'elle allait amener une révolution dans l'organisation télégraphique des différents réseaux européens. Mais les essais pratiques qui furent faits alors, n'amenèrent pas des résultats assez avantageux pour qu'on dut penser sérieusement à modifier les systèmes télégraphiques en usage, et, malgré les perfectionnements qu'apporta M. Siemens à cette ingénieuse invention, elle fut à peu près abandonnée dès sa naissance. Ce ne fut que quelques années plus tard que ces systèmes furent de nouveau essayés et perfectionnés, en Hollande, par M. Wan-Kebach. Ils furent même appliqués sur certaines lignes de ce pays. Mais malgré tous les résultats avantageux qu'avait obtenus le télégraphiste hollandais, cette question ne préoccupa sérieusement les administrations télégraphiques que depuis les expériences importantes faites sur une grande échelle, en Amérique, par M. Stearns. On commença alors à trouver que ce système télégraphique valait bien la peine d'une étude sérieuse, et aujourd'hui nous le voyons adopté non-seulement par deux des administrations télégraphiques les plus importantes de l'Amérique et en Angleterre, mais encore préconisé dans la plupart des publications télégraphiques du monde entier. Espérons que les grandes administrations télégraphiques d'Europe ne fermeront pas plus longtemps les yeux à la lumière, et qu'elles adopteront bientôt ce système de transmission aujourd'hui déclaré possible même par les plus récalcitrants.

Pour qu'on puisse se faire une idée du principe sur lequel repose le système des transmissions simultanées, imaginons que le fil partant du pôle positif d'une pile placée à la station A, je suppose, s'enroule autour de deux électro-aimants E, E', placés, l'un à la station A, l'autre à la station B. La communication avec le sol étant établie, d'une part avec le relais de la station B, de l'autre avec le pôle négatif de la station A, le courant circulera à travers les deux électro-aimants, et partant, ceux-ci deviendront actifs. Mais si des deux pôles d'une seconde pile placée à la station A, on fait partir deux conducteurs communiquant avec un second fil dont l'électro-aimant E sera entouré, de manière que le courant issu de cette nouvelle pile traverse l'électro-aimant en sens inverse du premier, il arrivera que les deux courants tendront à développer une action magnétique opposée, et s'ils sont mis simultanément en action et équilibrés au moyen d'un rhéostat introduit dans le circuit le plus court ou par la diminution de la puissance électrique de la pile additionnelle, l'électro-aimant E deviendra complétement inerte, et il n'y aura que l'aimantation de l'électro-aimant E' qui se maintiendra.

Admettons maintenant qu'à la station B on établisse un second circuit à travers l'électro-aimant E', comme on l'a fait à la station A, et que les pôles positifs des piles de ligne des deux stations étant mis en rapport avec le fil de ligne, les courants locaux de ces stations soient mis en action en même temps que les courants de ligne : il arrivera, quand B enverra son courant à la station A sans que la pile de cette dernière soit mise en action, que le relais E' de B sera inerte, tandis que le relais E de A sera actif, absolument de la même manière que quand A, envoyant son courant à B, B, ne transmettait aucun courant. Ainsi, par cette combinaison, le courant envoyé isolément par l'une ou l'autre des stations, ne peut réagir que sur le relais de la station opposée. Voyons maintenant ce qui arrive quand les courants sont transmis en même temps.

Puisque, par suite de la disposition précédemment décrite, disposition qui nécessite pour les transmetteurs un double contact ou un système rhéotomique équivalent, le courant envoyé par l'une des deux stations à travers son propre relais ne le met pas en action, il devra forcément en résulter que, si par une cause quelconque le courant envoyé sur la ligne se trouve annulé, le relais en question devra être actif sous l'influence du courant local qui lui fait équilibre et qui devient alors prépondérant. Quand donc la station A, dans la transmission de sa dépêche, fermera son double courant en même temps que la station B fermera les siens, ceux de ces courants appelés à traverser la ligne se trouveront annulés en présence l'un de l'autre, et les deux courants locaux, n'ayant plus leur action masquée, pourront réagir individuellement de manière à mettre les deux relais en action, absolument comme si les courants de ligne avaient pu passer et produire simultanément leur action. On comprend d'ailleurs que le même résultat pourrait être obtenu, si au lieu de demander à des piles spéciales ces courants locaux, on les avait empruntés aux piles de ligne elles-mêmes par l'intermédiaire d'une dérivation.

Il est facile de comprendre que, quand bien même la durée de l'un des courants serait plus longue que celle de l'autre, les effets résultant de cette inégalité d'action se maintiendraient, car celui des relais sur lequel la fermeture de courant devrait être prolongée serait influencé par le courant de ligne envoyé de la station opposée, courant dont l'action succéderait à celle du courant local alors interrompu. Ainsi, quelque soit le jeu des manipulateurs aux deux stations, un signal, par ce système, est toujours sûr d'être transmis avec sa valeur réelle, soit *directement*, soit *indirectement*, soit à la fois directement et indirectement, et, par conséquent, la transmission simultanée des correspondances peut être effectuée sans confusion.

Nous remarquerons, toutefois, que les raisonnements que nous avons faits jusqu'ici, supposent que les courants reçus et envoyés sont exactement égaux, et par suite, que les courants équilibrants peuvent aussi bien annihiler les courants envoyés que les courants reçus; mais ce cas ne peut se présenter que sur les circuits parfaitement isolés et avec des piles invariables; or, dans la pratique télégraphique, il est loin d'en être ainsi, car les lignes télégraphiques sont affectées, comme on le sait, par des dérivations nombreuses, dont l'effet est variable suivant le temps; elles sont de plus parcourues par des courants accidentels également très-variables; d'un autre côté, les piles sont loin d'être constantes et varient continuellement de force électro-motrice et de résistance. Il arrive donc toujours, qu'avec la disposition décrite précédemment, l'effet neutralisant des deux courants opposés sur le circuit de ligne est incomplet, et que les appareils sont affectés par un courant différentiel plus ou moins énergique. Mais ce courant différentiel peut être sans action fâcheuse, si les appareils sont réglés en conséquence; car les courants locaux étant prépondérants, pourront toujours fournir les signaux voulus, et ces signaux seront aussi bien marqués que dans le cas d'une transmission simple, puisque l'action différentielle qui se produira alors sera à peu près la même que celle qui résultera de l'action directe du courant venant de la station opposée.

Nous remarquerons encore qu'il n'est pas nécessaire que les deux courants transmis des deux bouts de la ligne soient dans des directions opposées; ils pourront être dans le même sens, et l'action différentielle, au lieu de se faire en moins, quand ils seront transmis en même temps, s'effectuera alors en plus; de sorte que les signaux, au lieu d'être marqués sous l'influence des courants locaux, seront alors le résultat de la prédominance des courants de ligne superposés, laquelle pourra fournir, pour un réglement convenable des appareils, une action à peu près la même que celle de l'action directe des courants simples aux extrémités de la ligne.

Enfin on observera que les électro-aimants des relais, au lieu d'être enroulés avec deux fils exactement de même longueur et de même grosseur, pourront avoir des fils de longueur et de résistance très-différentes, si la batterie locale est composée d'un petit nombre d'éléments ou si le circuit de cette batterie est un peu court; il suffira seulement que les spires de l'hélice correspondante à ce circuit soient combinées de manière à fournir une force magnétique inverse égale à celle produite par le courant de ligne.

Théoriquement parlant, ce système ne semblait laisser rien à désirer, mais, comme nous l'avons déjà dit, il en a été tout différemment quand on est venu à l'appliquer pratiquement sur les lignes. Cela provenait, suivant M. Preece, de beaucoup de causes dont il énumère ainsi les principales :

« 1° Il s'écoule toujours un intervalle de temps au moment des ruptures du circuit, c'est-à-dire au moment où l'action des courants de ligne ou des courants locaux équilibrants s'évanouit, et au moment où les traces doivent cesser d'apparaître.

» 2° Les batteries électriques sont essentiellement variables dans leur résistance comme dans leur force électro-motrice, et il est impossible de les rendre assez constantes pour avoir un équilibre d'une certaine durée.

» 3° La résistance du circuit équilibrant est, il est vrai, constante, mais celle de la ligne est essentiellement variable et change presqu'à chaque heure du jour. Il devient alors essentiel d'avoir recours à des rhéostats pour faire la compensation; or, les rhéostats étaient, en 1853, dans de mauvaises conditions et d'un maniement difficile.

» 4° Les effets d'induction statique se produisent manifestement sur les lignes de terre comme sur les lignes sous-marines, et ces effets n'étant pas alors connus, il était impossible d'en prévenir les résultats contraires.

» 5° Enfin les effets de l'inertie magnétique ou de l'induction magnétique sur les appareils étaient également ignorés à cette époque, et on ne pouvait pas davantage se prémunir contre eux.

« Quelques-unes de ces causes d'irrégularité ont pu être atténuées, il est vrai, par le principe de l'action différentielle dont nous avons parlé, mais ce n'est, comme nous l'avons dit, que dans ces derniers temps qu'on a attaché à ces systèmes l'attention qu'ils méritaient et qu'on a pu les placer dans de bonnes conditions. »

Pour être juste, nous devons dire que la combinaison électrique du système des transmissions simultanées n'est pas nouvelle ; M. Wheatstone, dès l'origine de ses recherches sur la télégraphie, l'avait mise à contribution dans un de ses appareils chronographiques pour son application aux expériences de balistique, et depuis cette époque elle a été souvent mise en usage pour des applications du même genre, par MM. Martin de Brettes et Navez.

Nous allons maintenant étudier les différents systèmes qui ont été proposés et dans lesquels l'effet équilibrant peut résulter, soit de l'action de deux courants opposés, soit de l'action de deux dérivations issues d'une pile et disposées d'après le système du galvanomètre différentiel, soit de l'action d'une combinaison de circuits analogue à celle constituant le pont de Wheatstone, soit de l'inégalité de l'action électrique aux différents points d'un circuit dérivé.

Système de M. Gintl. — Les premières expériences du système télégraphique à double transmission, appelé dans ces derniers temps système télégraphique *Duplex,* furent exécutées, ainsi que je l'ai déjà dit, en 1853, par M. Gintl directeur des télégraphes autrichiens, sur la ligne de Prague à Vienne. Les appareils furent d'abord installés dans le système que nous avons décrit plus haut, puis dans un système plus simple pour s'adapter aux télégraphes électro-chimiques. Cette dernière disposition fut

Fig. 157.

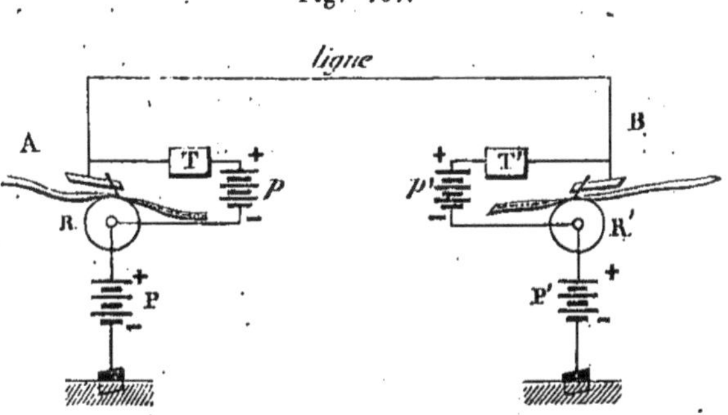

celle qui donna les meilleurs résultats. Dans ces conditions, les courants égaux et opposés étaient employés à empêcher la décomposition des sels électrolysés sur le papier chimique. Toutefois on dut combiner plus tard des dispositions particulières pour éviter les inconvénients résultant : 1° de la difficulté de maintenir pendant un certain temps en équilibre deux piles différentes ; 2° de l'impossibilité dans laquelle on était de produire et de faire cesser à la fois les deux contacts du transmetteur, au moment où la double clef passait du contact de réception à celui d'émission. Ces dispositions ont consisté à supprimer d'abord la pile locale et à régler le rhéostat de telle sorte, que le courant qui y passait ne pouvait produire de marque électro-chimique qu'à la condition d'être renforcé par le courant venant de la station opposée; en second lieu à relier métalliquement l'enclume de la clef du transmetteur au contact de repos. Grâce à cette combinaison les courants reçus pouvaient passer en terre alors même que la clef du transmetteur était abaissée pour transmettre de son côté; mais comme, par suite de cette disposition, le circuit de la batterie était fermé lorsque la clef était au repos, M. Gintl supprimait cette liaison métallique quand la correspondance était terminée. (Voir la note de M. Gintl-Zeitschrift des télégraphen vereins, § 136, 1855.)

La disposition de M. Gintl fut perfectionnée en 1855, par M. Preece, qui, au lieu de chercher à obtenir les effets par des courants équilibrés, ne chercha à réagir que par des actions différentielles. On peut se faire une idée de son système appliqué aux télégraphes électro-chimiques par l'inspection de la figure 157. Les deux piles sont en P, P', *p*, *p'*, les transmetteurs en T, T', les récepteurs en R, R'. Quand la station A envoie un courant au moment où B est au repos, le courant de la pile *p* augmenté d'une grande partie de celui de la pile P est envoyé à travers la ligne ; une petite partie tendrait bien à se dériver à travers le récepteur R, mais il rencontre là une dérivation de la pile P qui est plus forte et qui l'empêche de passer, et, comme cette dérivation circule dans un sens qui ne peut produire l'effet chimique voulu, aucune trace n'est laissée sur le récepteur R ; mais il n'en est pas de même en R' où les deux courants réunis de P et de *p* qui ont traversé la ligne peuvent vaincre facilement le courant de la pile P', ne subissant pas alors de dérivation en T'. Quand les deux stations transmettent en même temps, les courants combinés envoyés de chaque station sur la ligne se rencontrent, et ne trouvant pas, par conséquent, par cette voie une issue facile, ils se dédoublent; les courants des piles P et P', dont les circuits se trouvent alors coupés sont arrêtés, et il n'y a que les courants des piles *p*, *p'* qui peuvent passer en traversant localement les récepteurs R, R'. Mais, comme, dans ces conditions, ces courants locaux sont dans un sens convenable, ils peuvent laisser sur le papier chimique des traces, et ces traces se trouvent effectuées sous une influence électrique à peu près de même énergie que dans le premier cas, car la dérivation qui tend alors à s'établir à travers la ligne, par suite de sa mauvaise isolation, affaiblit le courant effectif à peu près de la même manière que les pertes le long de la ligne dans les transmissions directes.

Système de M. Wartmann. — M. Wartmann est un de ceux, qui dès le début, ont cherché à perfectionner les télégraphes à double transmission des dépêches. Son système, qui se rapproche beaucoup de celui dont nous avons exposé le principe en commençant, est représenté fig. 158.

S, S' sont les clefs des télégraphes des deux stations A et B ; elles possèdent deux contacts isolés M et L, auxquels aboutissent, d'une part (au contact M), le pôle positif de la pile de ligne P, et de l'autre (au contact L), le pôle négatif de la pile locale V. Les vis H et F isolées également l'une de l'autre, et correspondant aux contacts M, L, communiquent, l'une H à l'un des fils O du relais T, par un conducteur extensible, l'autre F avec le fil de ligne. Un troisième contact K établit, quand la clef ne fonctionne pas, une relation électrique entre le relais et le circuit de ligne. Enfin des liaisons métalliques PD, TC, OGRV relient les deux fils des relais aux deux piles, et à deux rhéostats R, R', destinés à régler la compensation des circuits; elles achèvent ainsi le circuit additionnel. Voici quelle est la marche des courants quand les transmetteurs fonctionnent isolément : quand la clef S' est abaissée à la station B, le courant de la pile de ligne va de P' en L', de L' en F', de F' en I à la station A, puis de I en K, de K au relais T à travers le fil N, et revient à la pile par le sol, le relais T' de la station B et le fil P' D'. En même temps le deuxième contact M' de la clef S', fait circuler le courant de la pile V', de M' en H', de H' à travers le relais par le fil O', de là dans le

Fig. 158.

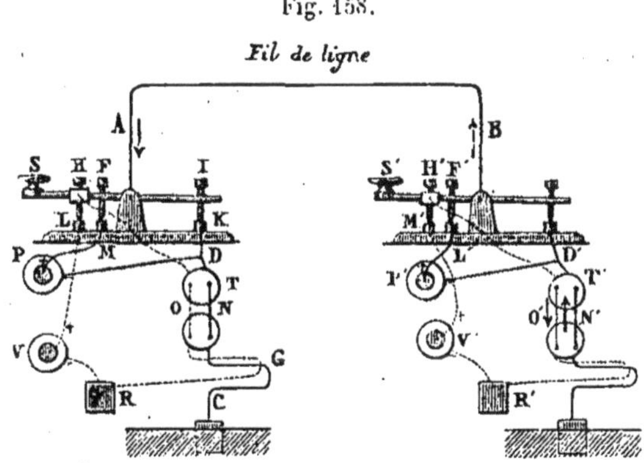

rhéostat R' et du rhéostat à la pile; d'où il résulte la mise en action du relais T et l'inertie du relais T'.

La même marche des courants a lieu quand la clef S de la station A est mise en fonction séparément.

Quand les deux clefs sont abaissées simultanément, les courants envoyés sur la ligne se trouvent annulés, et il n'y a d'effective que l'action des courants locaux qui suivent, d'un côté, le chemin VLHOGRV, de l'autre côté le chemin V'M'H'O'R'V'.

On remarquera qu'avec cette disposition des appareils, l'annulation l'un par l'autre des deux courants envoyés des deux stations, n'est pas nécessaire quand les clefs fonctionnent simultanément; car alors ces courants ne peuvent plus passer à travers les relais, puisque les vis I ne touchent plus les contacts K. Ce système, comme on le comprend aisément, était déjà un perfectionnement eu égard au système primitif. (Voir la *Bibliothèque de Genève, de mars 1856.*)

Systèmes de MM. Frischen et Siemens. — Ce système imaginé un an après celui de M. Gintl (mai 1854), et dont l'invention a été faite simultanément et indépendamment par ces deux savants, est fondé, non pas sur l'équilibrement des courants, mais bien sur une action différentielle.

Dans ce système, le double contact des transmetteurs n'existe pas, et on n'emploie que des clefs ordinaires avec les seules piles de ligne. De plus, les appareils sont disposés de manière à prévenir les effets des charges et des variations de résistance des lignes. C'est dans ce même système, mais avec quelques perfectionnements nouveaux, qu'a été combiné l'appareil de M. Stearns, dont nous avons parlé.

Cela posé, admettons qu'aux deux stations en correspondance, soient

Fig. 159.

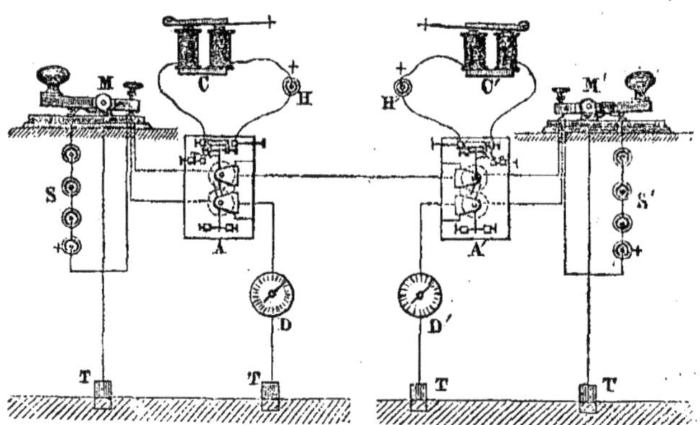

établis deux relais de Siemens A, A', disposés de manière à réaliser les effets d'inertie et d'activité dont nous avons parlé soient C et C', les récepteurs; M et M', deux manipulateurs de télégraphes Morse ordinaires; S et S', les piles de ligne des deux stations ; D et D', deux appareils de résistance introduits dans les circuits locaux : il est certain que si les communications électriques sont établies comme elles sont indiquées sur la fig. 159, chacun des relais sera introduit dans un double circuit issu des pôles mêmes de la pile correspondante et complété, d'un côté par la ligne, de l'autre par le fil correspondant au rhéostat de la station.

Bien que la disposition imaginée par M. Siemens, pourrait être parfaitement applicable au système de relais à deux fils enroulés parallèlement que nous avons déjà décrit, M. Siemens, en raison de la construction particulière de son relais, a préféré employer à cet usage un électro-aimant simple, en isolant l'une de l'autre les deux bobines, et en les introduisant séparément dans chacun des deux circuits. C'est ainsi que les bobines supérieures de A et de A' sont introduites dans le circuit de ligne, et les bobines inférieures dans les circuits locaux. Avec cette disposition de relais, les armatures ont une forme particulière ; elles se composent de deux parties, l'une fixe formant comme l'épanouissement d'un des pôles de l'électro-aimant, l'autre mobile pivotant sur le second pôle et pouvant être attirée ou repoussée suivant la polarité développée en elle par l'hélice correspondante. Les contacts de ces relais se distinguent aisément sur la figure, et les piles locales destinées à animer les récepteurs, sont en H et H'. Voici maintenant comment fonctionnent ces appareils :

1° Quand le manipulateur M est abaissé alors que le manipulateur M' est soulevé, le courant de la pile S passe à travers les deux bobines du relais A en se dirigeant d'un côté vers le relais A' par la ligne télégraphique, et en s'écoulant de l'autre en terre par le rhéostat D et le fil de terre correspondant à celui-ci. La partie de ce courant dirigée sur A' s'écoule ensuite en terre par le contact de repos du manipulateur M' et le levier interrupteur qui communique directement à la terre. La pile S se trouvant alors mise en communication avec le sol par le levier du manipulateur M, alors abaissé sur le contact de pile (correspondant au pôle négatif de la pile S), les deux circuits se trouvent complétés, et si celui qui correspond au rhéostat D a sa résistance convenablement équilibrée avec celle du circuit de ligne, le relais A est inerte alors que le relais A' est actif.

Les mêmes effets se reproduisent, mais en sens inverse, quand la clef M' est abaissée alors que la clef M est soulevée.

2° Quand les deux manipulateurs M, M' sont abaissés en même temps, les deux courants envoyés à travers la ligne ne trouvant pas d'issue pour s'écouler en terre, puisque les leviers des manipulateurs alors séparés de leur contact de repos, sont annihilés, ou du moins à peu près, et dès lors les courants dérivés à travers les rhéostats D, D', en réagissant seuls sur les relais, peuvent les rendre actifs, absolument comme si les deux courants de ligne eussent pu arriver seuls à leur destination.

3° Quand l'un des manipulateurs, M, par exemple, envoie un courant à travers la ligne alors que le second manipulateur M', étant un peu soulevé, n'a pas encore rencontré le contact de pile qui lui correspond, le relais A' ne s'en trouve pas moins mis en activité, car le courant envoyé à travers la ligne, passe alors dans un sens différent à travers les deux bobines de ce rélais, pour s'écouler de là en terre. Dès lors, au lieu d'un effet contradictoire des deux bobines, il se produit un effet conspirant.

M. Siemens a indiqué encore une autre disposition que nous représen-

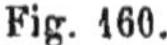

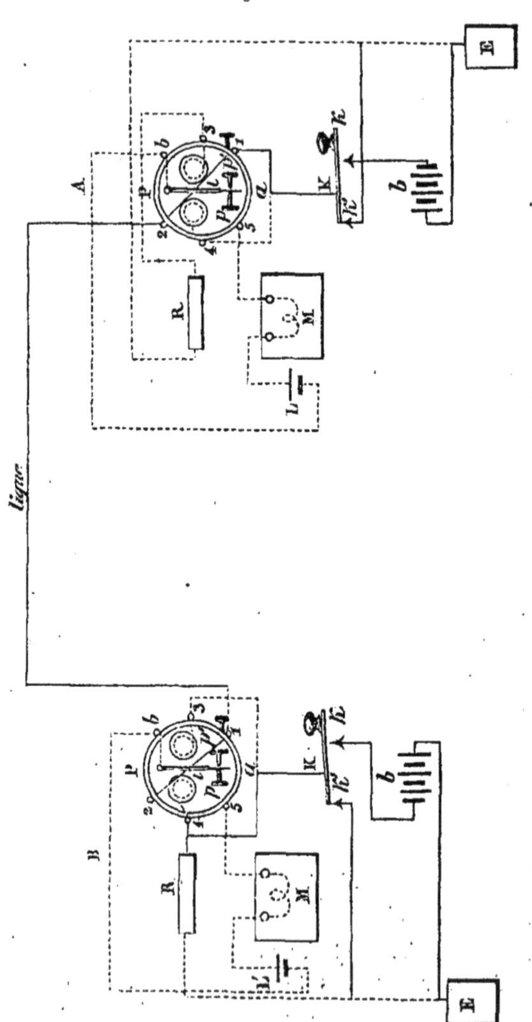

Fig. 160.

tons, fig. 160, et sur lequelle M. Preece attire particulièrement l'attention. Elle se rapporte davantage à la disposition ordinaire de nos lignes, mais les effets sont toujours les mêmes. Dans cette nouvelle disposition, M. Siemens emploie son relais polarisé ordinaire que nous avons décrit page 407, et son électro-aimant est enroulé avec deux fils comme dans le système Wartmann. Les bouts de ces fils sont en 1 et 2, pour l'un, et en 3 et 4 pour l'autre. Les récepteurs sont en M, les piles locales en L, les rhéostats en R, les manipulateurs en K, et les piles de ligne en *b*.

Il est facile de voir, d'après les communications électriques indiquées sur notre dessin que, quand la station A transmet seule, le courant envoyé va de *b* en K et de là en *a*, où il se bifurque pour se partager à travers le relais, entre le circuit de ligne qui s'y rattache aux points 1 et 2, et le circuit local qui se relie égalemeent aux points 3 et 4. Si ce dernier circuit est convenablement équilibré, ces deux courants n'auront aucune action sur le relais, et aucun signal ne sera marqué en B; mais il n'en sera pas de même du relais de l'autre station qui deviendra actif sous l'influence du courant allant de 1 à 2, puis à *a*, à *k'* et à E. Quand les deux stations enverront leur courant en même temps, les deux courants de ligne se trouveront sinon totalement annihilés dans les circuits de ligne, du moins assez affaiblis pour que les courants locaux réagissent sur les appareils par l'excédent de force qu'ils auront alors. Théoriquement, les courants de ligne devraient être, dans ce cas, complètement annihilés puisque les circuits sont coupés en *k'*, mais à cause des dérivations, il n'en n'est pas tout à fait ainsi, et les appareils ne réagissent que sous l'influence d'un courant différentiel dont l'énergie dépend de la résistance rhéostatique interposée sur les circuits locaux, mais qui dans tous les cas est à peu près équivalente à celle que les courants de ligne possèdent à leur arrivée dans le relais.

Les avantages de ces systèmes, par rapport à ceux de MM. Gintl et Wartmann, sont : 1° que le courant n'est pas interrompu pendant l'abaissement des clefs, comme nous l'avons déjà fait remarquer pour le premier système, et comme cela existe également pour le second ; 2° Que chaque station n'ayant qu'une batterie, les variations que celle-ci peut éprouver sont inoffensives, puisquelles agissent de la même manière sur les deux circuits.

Toutefois, ces avantages n'ont pas résolu les difficultés provenant des conditions inégales dans lesquelles se trouvent placés les deux circuits, dont l'un est parfaitement isolé, et l'autre soumis à toutes les vicissitudes du temps, aux effets des courants terrestres, aux variations de température, aux réactions d'induction, etc., etc., et c'est ce résultat qu'a réalisé le système dont nous allons maintenant parler.

Système du pont de Wheatstone. — Pour qu'on puisse bien se faire une idée de ce système, nous allons le réduire à sa plus simple expression dans la fig. 161. K K', sont les clefs généralement adoptées; elles sont reliées au circuit de la manière ordinaire. P, P′ sont les relais ; R, R′, les résistances introduites dans les circuits locaux ; enfin *a*C, *ac*, *bc′*, *b*C′ des résistances que nous supposerons d'abord égales, et représentant une fraction assez grande de celle de la ligne.

Comme on le voit, ce dispositif renferme les éléments d'un pont de Wheatstone, et, par conséquent, on doit y retrouver les rapports géométriques qui relient entre elles les résistances qui le composent.

Supposons maintenant que A voulant transmettre à B, on abaisse la clef K alors que la clef K′ est au repos à la station B. Le courant arrivé en *a*, se partagera entre deux circuits, l'un complété par la résistance *a* C, la

Fig. 161.

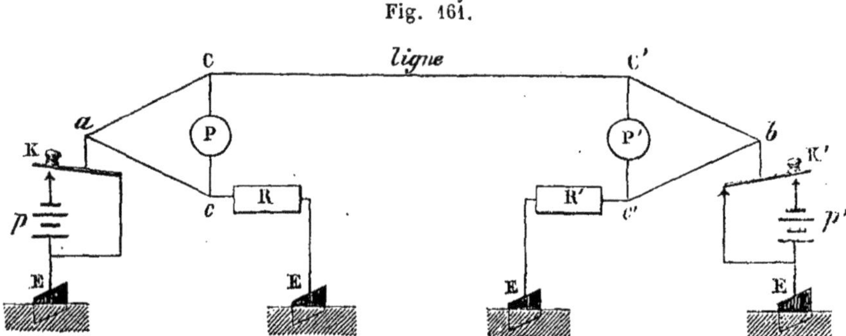

ligne, l'appareil de B et la terre, l'autre par la résistance *a c*, le Rhéostat R et la terre. Comme les deux résistances *a*C, *a c* sont égales, que R a la même résistance que le circuit de ligne entre C et la terre en B, les tensions seront les mêmes en C et en *c*, et, en conséquence, aucun courant ne passera à travers le relais P. On obtient ainsi la première condition de la double transmission, c'est-à-dire le moyen de transmettre un courant à travers un relais sans l'influencer. Maintenant, ce courant, en raison des deux chemins qui lui sont ouverts, pourra faire fonctionner plus ou moins énergiquement le relais P′, suivant les valeurs relatives qui seront données à CC′, C′ *b*, *c′* E, *c′ b*, et *b* E :

Si les résistances des deux branches du pont C′ *b* et *c′ b* sont égales entre elles, et à *c′* E, le courant dérivé à travers C′ *c′* sera bien prêt d'être égal à celui qui passe par C′ *b*, et il lui serait tout à fait égal si la résistance du relais était moitié de la résistance C′ *b*. Mais comme il n'est pas nécessaire que les deux branches du pont soient égales pour obtenir un effet donné, pourvu qu'on respecte l'égalité des rapports qui résultent de l'équation du pont de Wheatstone, on peut faire prédominer à volonté le courant dans la dérivation $C' c'$, en diminuant sa propre résistance ou celle de $c' b$; ce qui entraîne naturellement la diminution de la résistance $a c$, et celle des résistances R et R', si l'on veut maintenir les effets d'annihilation du courant sur le relais de la station qui transmet. Il est toutefois des limites qui ne doivent pas être dépassées pour ces réductions, car si la résistance $C' c'$ était trop petite par rapport à $C' b$, on ne pourrait pas équilibrer les actions du courant au poste expéditeur, et la double transmission serait impossible; il en serait de même si la résistance $c' E$ était trop petite, car il faut toujours que l'on ait : $\frac{b c'}{c' E} = \frac{C' b}{\text{ligne}}$. D'un autre côté, il faut considérer que si la réduction des résistances $c' E$ et $c' b$ est favorable à l'action des courants de la station A, elle est défavorable aux courants envoyés de B, qui traversaient alors la ligne moins facilement qu'ils ne se perdraient en terre. Il faut donc que les résistances de toutes les parties constituant la combinaison se trouvent entre elles dans un rapport convenable pour fournir l'effet maximum sur les relais, et ce rapport variera suivant la nature des circuits, et même suivant les piles que l'on emploie. On peut dire d'une manière générale : 1° que plus la résistance de la batterie sera faible, plus les résistances $b c'$, $c' E$ pourront être réduites, et par conséquent plus la portion de courant passant à travers les relais sera grande; 2° que plus la résistance $c' b$ sera grande par rapport à $C' c'$, plus le courant aura d'énergie à travers ces mêmes relais. Examinons maintenant ce qui se passe, quand avec ce système bien organisé, on transmet simultanément des stations A et B.

Nous avons déjà vu que quand A envoyait son courant à B, son propre relais n'était pas affecté, et que le relais de B en subissait seul l'effet. Il en est de même quand B envoie son courant à A, puisque la disposition du système est symétrique aux deux stations; mais quand A et B envoient en même temps leur courant, les tensions électriques aux points C, c; C', c' ne sont plus égales, car la ligne entière qui, avec les résistances $C a$, $C' b$, réunit en quantité les piles des deux stations, fournit une charge statique uniforme sur tout son parcours, et par conséquent une même tension aux points C, C', tandis que les parties de courant qui passent par les dérivations $a c$ R, $b c'$ R' pour se perdre en terre, ne fournissent que des charges dynamiques et par suite des tensions aux points c et c' moitié moindres. Il doit donc se produire à travers les relais, aux deux stations, deux courants exactement égaux qui font fonctionner ces relais, absolument dans les mêmes conditions que si les stations correspondaient séparément.

Un avantage capital de ce système, c'est qu'il permet de télégraphier avec un appareil quelconque sans nécessiter une disposition particulière des organes électriques. Il peut donc être aussi bien appliqué aux télégraphes automatiques qu'aux télégraphes Morse ordinaires, et même aux télégraphes à miroir.

Système de M. Preece. — Ce système essayé en 1856, entre Southampton et Cowes, et qui n'avait fourni alors que des résultats médiocres, a été perfectionné dans ces derniers temps, et cette fois la réussite a couronné l'œuvre.

Le principe de ce système, diffère essentiellement de ceux basés sur la méthode différentielle et sur celle du pont de Wheatstone. Il est fondé sur l'inégalité d'intensité des courants dans les différentes parties d'un circuit soumis à des dérivations. Supposons qu'à une station A, fig. 162, soit intercalée dans

Fig. 162.

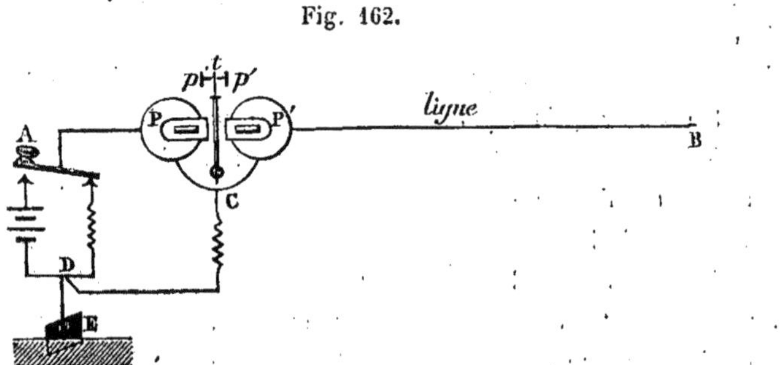

le circuit de ligne, l'hélice d'un électro-aimant P P' à armature polarisée de Siemens, et que le fil reliant l'une à l'autre les deux bobines de cet électro-aimant, se trouve mis en communication avec la terre par un fil CD d'une résistance égale à la partie du circuit de ligne en dehors de cette dérivation : il est clair que l'intensité du courant dans la partie du circuit du côté de la pile, partie dans laquelle se trouve comprise l'une des bobines P de l'électro-aimant, sera deux fois plus forte que dans le circuit de ligne, de l'autre côté, y compris la seconde bobine P' du même électro-aimant.

Conséquemment, l'action de l'un des pôles de l'électro-aimant sera infiniment plus forte que celle de l'autre, et, comme ces deux actions sont inverses, le relais tendra à fonctionner sous l'influence du pôle le plus rapproché de la pile ; toutefois, en disposant convenablement l'armature par rapport aux pôles magnétiques, on pourra faire en sorte d'égaliser les deux actions, et de rendre le relais inerte.

Cela posé, imaginons qu'aux deux stations A et B soient installés deux relais ainsi réglés, et que les piles destinées à les animer se trouvent disposées d'une manière symétrique, eu égard aux pôles mis en communication avec les électro-aimants; voyons ce qui doit arriver, suivant que A et B transmettent séparément ou simultanément.

Dans le premier cas, puisque les actions exercées par l'électro-aimant du relais sur son armature sont égales et de signes contraires, aucun effet ne sera produit sur le relais de la station qui transmet, mais le courant passant à travers la ligne animera l'électro-aimant de l'autre station, qui n'est parcouru par aucun courant, et il se perdra en terre, partie par la dérivation établie en C entre ses bobines, partie par le contact de terre du manipulateur qui est relié à celle des bobines qui est au-delà de la dérivation; mais, comme l'action polaire de cette bobine est déjà réduite par la disposition que nous avons précédemment indiquée, et que la dérivation ne fait que l'affaiblir davantage, le relais fonctionnera sous l'influence de la bobine placée en deçà de la dérivation.

Admettons maintenant que les deux stations, A et B fonctionnent simultanément, et pour qu'il n'y ait pas confusion dans les bobines, appelons celles qui sont directement en rapport avec la ligne *bobines de ligne*, et les deux autres (de l'autre côté des dérivations), *bobines locales*. Il est clair qu'au moment de l'émission des deux courants aux deux stations, les deux bobines de ligne auront leur action considérablement affaiblie, puisque les deux courants se trouveront opposés sur la ligne, et les armatures ne pourront fonctionner que sous l'influence des bobines locales, dont le courant se trouvera encore renforcé de toute la partie du courant dérivé qui n'aura pas passé sur la ligne. Comme ces bobines agissent en sens contraire des bobines de ligne, et que les courants qui animent les bobines locales sont de sens contraire à ceux qui animent les bobines de ligne quand les stations transmettent isolément, l'effet produit sur les relais reste alors exactement le même dans les deux cas.

Nous avons supposé que la dérivation établie à partir de chaque électro-aimant était égale en résistance au circuit de ligne, au-delà de la bifurcation; mais il est aisé de comprendre qu'elle pourrait être de moindre résistance sans qu'il en résultât aucun dérangement dans le jeu du relais que nous avons étudié; ce n'est qu'une question de réglage de l'armature de ces relais; toutefois, on rend par ce moyen les appareils plus sensibles, car l'affaiblissement d'action des bobines de ligne, dans le cas des transmissions simultanées, se trouve plus complet, et leur énergie s'en trouve accrue dans le cas des transmissions simples. D'un autre côté, pour la même raison et aussi pour rendre les résistances égales dans le circuit local au moment de la réception et de la transmission, il est nécessaire que le fil qui joint au sol le contact de repos des manipulateurs, soit d'une résistance à peu près égale à celle de la pile correspondante. L'effet maximum est produit quand ces trois résistances sont égales.

Avec ce système, le choix des appareils n'est pas indifférent, ainsi que pour les systèmes dont nous avons parlé précédemment, le relais polarisé de Siemens est nécessaire, et plusieurs autres dispositions accessoires doivent en assurer le fonctionnement régulier; toujours est-il que, suivant M. Preece, le principe sur lequel est fondé le système en question, remédie à tous les défauts signalés dans la solution primitive de M. Gintl. Ainsi le circuit n'est jamais interrompu, car il est toujours en communication avec la terre par les dérivations des électro-aimants. Il n'y a qu'une batterie et qu'un seul courant de mis à contribution; enfin les résistances intercalées sont constantes. Il est vrai que M. Zetzsche, fidèle à son principe de ne trouver bien que ce qui vient d'Allemagne, ne reconnaît pas ces avantages. Ainsi, il prétend que l'égalisation des trois résistances dont il a été question est une idée malheureuse, car, à cause de cette disposition, les piles se trouvent moins bien utilisées que dans le système Siemens : « A la station d'arrivée, dit-il, le courant de bifurcation après être entré dans la ligne isolée, passe, il est vrai, tout entier par la bobine de ligne du relais, mais il se partage ensuite au point de bifurcation C, en deux parties également fortes qui se contrarient l'une et l'autre et, en conséquence, les $^2/_5$ du courant primitif de la pile ne peuvent produire tout leur effet dans le récepteur. Pendant le moment de la suspension du manipulateur à la station de réception, la partie du courant venant de la station correspondante passe, il est vrai, tout entier par la bobine de ligne P′, mais son intensité ne s'élève plus qu'au tiers de celle du courant total émis actuellement, et au $^3/_{10}$ de celle du courant total qui agissait précédemment. Cet inconvénient s'accroît encore quand la résistance à intercaler entre D et A, est placée entre l'axe du manipulateur et P, parce que cette résistance vient encore affaiblir davantage le courant total. Au lieu d'adopter cette disposition, M. Preece aurait dû plutôt faire infiniment grande la résistance entre le contact de repos du manipulateur et le point D, ou en d'autres termes, il aurait dû supprimer entièrement cette communication; dans ce cas, le courant de bifurcation qui doit agir ne passerait que par la bobine de ligne, pendant le repos et la suspension du levier du manipulateur de la station d'arrivée; mais quand les deux manipulateurs des deux stations fonctionneraient simultanément, en supposant aux piles des deux stations des forces égales et la ligne complétement isolée, un courant d'une intensité double, il est vrai, agirait sur le levier du relais, mais par l'intermédiaire d'une armature plus éloignée (1).

« M. Preece, continue M. Zetzche, signale comme un avantage de sa méthode, que toute variation anormale de résistance dans la ligne télégraphique affaiblit ou augmente, en même temps que la force du courant de bifurcation circulant dans la ligne, non-seulement l'effet de ce courant dans l'hélice de ligne du relais, mais aussi, et dans le même sens, celui qu'il produit dans l'hélice locale, et il croit que pour cela le fonctionnement de son système est moins affecté par les variations d'isolement de la ligne par suite des effets atmosphériques. Mais, M. Preece n'est pas le seul à avoir indiqué le moyen de compenser, au moins partiellement, chaque variation semblable de la résistance et de la force du courant dans l'un des circuits de bifurcation, par un changement simultané d'intensité du courant dans le circuit donnant passage au courant non divisé. J'ai exprimé moi-même cette idée, d'abord dans le journal de l'*Union télégraphique Austro Allemande* (XII année, p. 29), etc... »

Système de M. Winter. — Dans ce système qui date de l'année 1873, l'auteur se propose d'intercaler les piles pour la transmission en sens opposé, de façon à ce qu'elles émettent des deux côtés un courant de repos à travers la ligne, et à ce que ces deux courants annulent réciproquement leur effet, aussi longtemps que les manipulateurs se trouvent à l'état de repos. Les piles, en conséquence, doivent être de force égale et doivent communiquer à la terre par les pôles de même nom. Le relais est un relais ordinaire, seulement une liaison électrique a été établie à l'intérieur des bobines, de manière à isoler au besoin de la masse quelques-unes des couches de spires supérieures. Le nombre des spires ainsi distraites doit être la neuvième partie de leur nombre total. Les communications électriques de ce relais avec la ligne et les appareils sont établies de telle sorte que l'axe de la clef du manipulateur soit en rapport direct avec le fil de jonction introduit à l'intérieur des bobines du relais, lequel fil représente le fil d'embranchement dans les autres systèmes. Le bout extérieur du fil du relais aboutit au pôle positif de la pile, par l'intermédiaire d'une résistance qui

(1) Si l'on supprime le fil de communication entre A et D, l'on pourrait aussi relier à la terre les piles des deux stations par leurs pôles opposés, et faire alors usage d'un relais ordinaire, au lieu d'un relais polarisé. Avec la résistance en C, égale à celle de la ligne, la force efficace du courant se modifie très-sensiblement pendant le moment où le manipulateur passe d'une position à l'autre.

représente la 9e partie de celle de la ligne. L'autre pôle de la pile communique à la terre et au contact de transmission de la clef. Enfin, le bout intérieur du fil du relais correspond directement à la ligne.

Si l'on considère attentivement cette disposition, on reconnaît que le relais, au moment où la clef est abaissée, constitue, quoique simple, un relais à double hélice dont l'une, qui est à l'intérieure, a 9 fois plus de spires que l'autre qui lui est superposée. Quand au contraire la clef est au repos, il constitue un électro-aimant simple isolé de la terre, et qui est relié d'un côté à la ligne, de l'autre côté à la pile. Or, examinons ce qui doit résulter de cette disposition : 1° quand les deux clefs sont au repos; 2° quand l'une d'elles seulement est abaissée; 3° quand toutes les deux sont abaissées.

Quand les deux clefs sont au repos, les courants des deux piles, si l'on suppose la ligne parfaitement isolée, auraient une tendance à traverser les deux relais sans se bifurquer, et par conséquent à déterminer une action maxima; mais comme ces courants sont égaux et opposés, et que les circuits locaux sont symétriques de part et d'autres, ils s'annulent et ne peuvent produire aucun effet. Maintenant, si l'on abaisse l'un des manipulateurs, le relais qui communique avec celui-ci par le fil d'embranchement dont nous avons parlé se dédoublera, l'hélice courte sera mise directement en rapport avec la terre et constituera un court circuit qui écoulera en presque totalité le courant de la pile du poste, en déterminant une action magnétique représentée par $\frac{E}{\frac{1}{9}L+\frac{1}{9}r} \times \frac{t}{9}$ ou par $\frac{Et}{L+r}$, en supposant que les lettres L, r, t, et E représentent la résistance de la ligne, la résistance du relais, le nombre des tours de spires et la force électro-motrice de la pile. En même temps l'hélice longue n'étant plus parcourue par le courant de la pile du poste, pourra donner issue à celui de la station éloignée, puisque cette hélice se trouve être alors en communication avec la terre. Si ce dernier courant traversait seul le relais, il y déterminerait une force magnétique qui aurait pour expression

$$\frac{Et}{\frac{1}{9}L+r+L+\frac{8}{9}r}$$

soit à peu près $\frac{Et}{L+2r}$; mais comme dans le cas qui nous occupe les courants des deux piles circulent simultanément et en sens contraire à travers ce relais, les deux actions magnétiques développées se trouvent à peu près neutralisées; car en raison des dimensions plus petites des spires de l'hélice longue, la résistance de cette hélice est beaucoup moindre, pour un même nombre de spires, que l'hélice courte qui comprend les spires, extérieures. Il ne se produira donc aucun effet à la station qui transmet; mais il n'en sera plus de même à la station de réception; le courant de la pile de cette station qui passera alors seul à travers son relais pourra le faire réagir, et dès lors les transmissions s'effectueront, non plus avec le courant expéditeur, mais avec celui du poste de réception.

Quand les deux clefs sont abaissées simultanément aux deux stations, les courants transmis à travers la ligne sont neutralisés, comme dans le cas où ces clefs sont en repos, mais les courants des deux piles peuvent réagir alors localement sur les deux relais par les hélices extérieures qui se trouvent mises en contact avec la terre. Comme l'intensité magnétique déterminée, dans ce cas, est à peu près le même que celle qui serait déterminée par les courants de ligne, ainsi qu'on l'a vu précédemment, le problème de la double transmission se trouve ainsi résolu, du moins en admettant que la ligne est parfaitement isolée.

Quand la ligne est imparfaitement isolée, ce qui arrive toujours, un courant de faible intensité se produira nécessairement sur les relais aux deux stations, et pour y remédier, M. Winter propose d'employer des relais polarisés en leur donnant une tendance à produire des signaux en sens opposé de ceux qui seraient produits par les courants résultant des pertes à la terre. Toutefois l'intensité de ces derniers courants dépendant de la somme et de la position des dérivations, cette possibilité de compensation pourrait devenir souvent douteuse.

M. Zetzche, prétend encore que cette disposition du système de M. Winter n'est pas nouvelle, et qu'il en a vue l'application à la transmission simple à Vienne, en 1856. M. Winter, a du reste spécifié dans son brevet plusieurs autres dispositions dont on pourra se faire une idée dans l'article publié par M. Zetzche dans le *journal Télégraphique*, de Berne, tome II, p. 482. Mais nous nous contenterons de celle qui précède, car elle seule présente une idée réellement nouvelle.

Systèmes de M. Vaez de Rotterdam. — Comme nous l'avons dit, la Hollande malgré le dédain qu'on avait manifesté dans les autres pays pour les systèmes télégraphiques à double transmission, s'est trouvée satisfaite des résultats obtenus par M. Wan-Kebach, et a souvent employé des dispositions de ce genre dans son service télégraphique ordinaire. C'est pourquoi bon nombre d'inventeurs Hollandais, ne soupçonnant pas la répu gnance qu'on avait généralement pour ces systèmes de transmission, ont nvoyé aux différentes administrations télégraphiques des projets de perfectionnement de ce système télégraphique qui, naturellement, n'ont pas été adoptés. Les plus importants de ces projets ont été imaginés par M. Vaez de Rotterdam, et son système a été adapté au télégraphe Morse comme au télégraphe Hughes. Au moment où nous avons composé le manuscrit de ce volume nous n'avions eu connaissance de ce système que par le dispositif qui avait été envoyé à l'administration des lignes télégraphiques françaises, en 1868, et c'est lui que nous avons représenté fig. 163; mais il paraît qu'il a été donné suite à cette idée, car nous voyons dans un article publié par M. Zetzsche dans le *Journal télégraphique* de Berne, du 25 mai 1874, une description fort longue extraite d'une notice publiée par l'auteur en 1872. Nous allons résumer en quelques mots cette nouvelle disposition, nous réservant de décrire ensuite, pour l'application au télégraphe Hughes, celle qui avait été proposée en 1868, et sur laquelle j'avais fait un rapport à l'administration, le 30 avril 1870.

Suivant M. Vaez, la cause de l'insuccès des tentatives faites dans les différents pays avec les systèmes à transmissions simultanées devrait être attribuée à ce que « la résistance des conducteurs aux différents moments de la transmission télégraphique varie constamment, ce qui rend le réglage des appareils difficile, même sur des lignes très-courtes, et aussi à ce qu'il suffit d'une petite altération dans la résistance de la ligne pour empêcher entièrement le travail des appareils ». Or, M. Vaez prétend que son système, en faisant disparaître ces inconvénients, permet une transmission certaine sur des circuits très-longs, et, suivant lui, dès l'année 1868, ses essais avaient produit d'excellents résultats sur une ligne de 300 kilomètres.

Dans son système appliqué aux télégraphes Morse, M. Vaez n'apporte aucun chargement à l'appareil récepteur. C'est un relais à hélice double qui remplit les fonctions nécessaires à la double transmission, mais il a cherché à n'employer pour diriger la marche des courants et assurer leur action que deux des trois positions différentes que MM. Siemens et Frischen ont donné au manipulateur Morse pour obtenir le même effet, savoir celle de la réception ou du repos et celle des émissions ou du travail. Pour obtenir ce résultat il fait réagir le levier du manipulateur sur un interrupteur de courant qui, au moment de l'émission du courant de ligne, rompt le circuit local réunissant les hélices du relais du poste à la terre. De cette manière, le courant de ligne envoyé à ce relais de la station correspondante, ne peut passer que quand le manipulateur du poste est sur le contact de repos, et, quand il passe, le courant local contraire qui pourrait annihiler cette action ne peut réagir sur le relais, puisqu'il n'y a pas contact entre l'interrupteur et le levier manipulateur; mais quand celui-ci est abaissé en même temps que son correspondant à l'autre station, il n'en est plus de même ; ce contact se produit, et le relais est mis en activité, non sous l'influence du courant qui est transmis de la station opposée et qui ne passe pas, mais sous l'influence du courant local du poste lui-même.

Pour que la transmission dans les deux sens soit possible, il faut, comme on l'a vu, que les deux courants bifurqués, partant de la station qui transmet, puissent se compenser dans le relais de cette même station. Or, comme la partie du courant qui entre dans la ligne parvient au fil de terre de la station d'arrivée, soit par le contact de repos de l'interrupteur supplémentaire, soit par le contact de celui-ci avec le manipulateur suivant que ce dernier est à l'état de repos ou de travail, M. Vaez a cru devoir intercaler sur le fil de jonction du contact de l'interrupteur en question avec le fil de terre, une résistance égale à celle de la batterie, afin que les deux courants rencontrent toujours exactement la même résistance.

Comme on le voit, la disposition de M. Vaez n'offrait en somme de nouveau sur celle de MM. Siemens et Frischen, que l'addition de l'interrupteur auxiliaire qui forme à la fois rhéotome disjoncteur et conjoncteur, et l'installation d'une deuxième résistance égale à celle des batteries de ligne sur le fil réunissant cet interrupteur à la terre.

Suivant M. Zetzche, ces modifications sont inutiles et ne constituent en aucune façon une amélioration du système de MM. Frishen et Siemens ; il essaie même, par une dissertation, il est vrai, très-contestable (voir *Journal télégraphique*, tome II, p. 437), de démontrer que le système de M. Vaez est inférieur à celui de M. Siemens. Mais nous croyons que le jugement de M. Zetzsche se ressent beaucoup d'un parti pris contre tout ce qui n'est pas d'origine prussienne; quoiqu'il en soit, après avoir critiqué le système de M. Vaez, il termine en disant :

« Enfin M. Vaez n'est pas le premier qui ait proposé de supprimer la suspension du manipulateur, et le moyen qu'il propose, à cet égard, n'est pas nouveau. En 1863 déjà, M. Maron de Berlin avait, dans son système de transmission simultanée dont l'appareil de réception avait un électro-aimant enroulé avec un seul fil et se trouvait intercalé sur la diagonale d'un pont de Wheatstone, supprimé la suspension du levier en fermant en court circuit le courant de la pile de ligne, pendant que le levier du manipulateur se trouve en repos (1). Mais pour éviter la fermeture en court

---

(1) Cette disposition avait été prise avant lui, en mai 1855, par M. Gintl ; en octobre 1855, par M. Bosscha de Leyde et en février 1856, par M. Kramer, de Berlin.

circuit qui avait une durée assez longue, Maron transporta, ainsi que M. Schreder, de Vienne, l'avait déjà imaginé en 1861 pour son appareil à double transmission, les contacts de repos et de travail du manipulateur sur un levier à un bras, au moyen duquel l'axe du levier manipulateur, relié à la ligne, était séparé de la terre au moment même où il était mis en communication avec le pôle de la pile de ligne; de sorte qu'il ne se produisait qu'un court circuit momentané. Dans cette même année de 1863, M. F. Schaack fit connaître son système de transmission simultanée, où il avait cherché à éviter une interruption de la ligne pendant la suspension du manipulateur, en munissant le levier métallique de ce dernier, de deux ressorts de contact, qui, dans la position horizontale du levier du manipulateur, reposaient simultanément sur les contacts de repos et de travail. Enfin j'ai imaginé moi-même, en 1865, un groupe de dispositions semblables pour le manipulateur, au moyen desquelles la transmission simultanée en sens contraire pouvait se combiner avec la double transmission, mais qui laissaient également se produire pendant le moment de la suspension du manipulateur une fermeture très-brève de la pile en court circuit. »

La disposition du système de M. Vaez appliquée aux télégraphes Hughes, est représentée fig. 163. Elle nécessite 4 appareils, deux par chaque station, et ces appareils sont reliés l'un à l'autre, de manière que l'un soit affecté à la réception et l'autre à la transmission et à l'impression de contrôle. Il n'y a d'ailleurs aucun relais, mais les bobines de l'électro-aimant de l'appareil affecté à la réception sont isolées l'une de l'autre, et appartiennent, comme dans le système Siemens, à deux circuits distincts. Un rhéotome à la fois conjoncteur et disjoncteur adapté au levier de l'armature de l'électro-aimant de l'appareil affecté à la transmission est le seul changement apporté à la disposition des appareils.

Nous n'avons indiqué dans la fig. 163 que les pièces des appareils Hughes, qui sont reliées d'une manière quelconque au système, c'est-à-dire l'électro-aimant déclancheur E, le commutateur suisse S, le conjoncteur X, le rhéotome *c* constitué par la came correctrice, le rateau tournant T du transmetteur, l'une des touches M du manipulateur, enfin l'équerre D qui ramène les appareils au repère. Un seul poste est indiqué sur la figure, le correspondant étant disposé exactement de la même manière. Le fil de ligne L est indiqué à droite entre les deux appareils de la première station, et, pour comprendre la manière dont il est en communication avec les appareils de la seconde station, il suffit de considérer qu'au lieu d'être attaché au bouton L, en venant de droite, il est attaché au même bouton en venant de gauche. Enfin, nous ferons remarquer que l'électro-aimant est vu de profil dans l'appareil du dessus afin de montrer le rhéotome, tandis

Fig. 163.

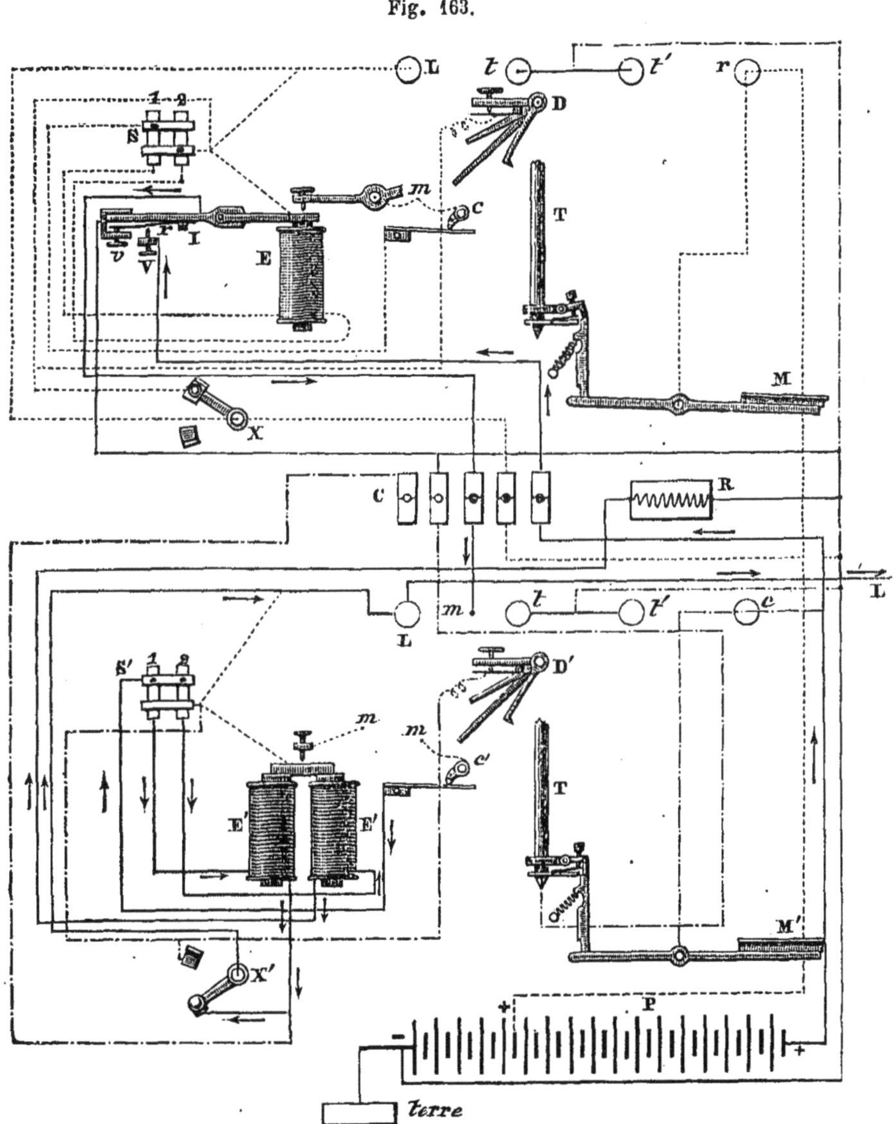

qu'il est vu de face dans l'appareil du dessous pour montrer les communications électriques de ses bobines.

Pour qu'on puisse suivre plus aisément la marche des courants dans ce système de transmission, nous avons représenté les différents circuits par des lignes ponctuées de différentes manières. La pile est en P.

Comme on le voit, ce système ne met à contribution qu'une seule pile à chaque station, mais on emprunte à cette pile quelques éléments pour réagir sur un circuit local (indiqué en lignes ponctuées en points serrés), lequel circuit met en action le récepteur de l'appareil qui transmet. Il y a en plus à chaque station un commutateur C, C′ et un rhéostat R, R′.

Le rhéotome dont nous avons parlé, et qu'on distingue en I sur la fig. 163, est constitué par une lame d'ébonite L, fig. 164, fixée au levier A de l'armature de l'électro-aimant de l'appareil à transmission, au-delà de son point

Fig. 164.

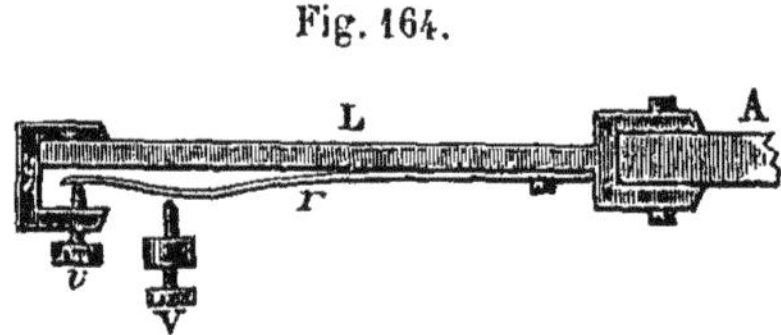

d'articulation, et à l'extrémité de cette lame est fixée une équerre en cuivre avec une vis de contact *v*, qui est en rapport métallique avec la terre. Un ressort *r* fixé au-dessous de la lame L et en contact ordinaire avec la vis *v*, est relié au circuit de ligne. Enfin, au-dessous de ce ressort *r*, est une autre vis V mise en rapport avec le pôle positif de la pile de la station par l'intermédiaire du commutateur C, fig. 163.

Les communications étant établies comme on le voit sur la figure, nous allons étudier ce qui arrive quand les stations transmettent ensemble ou séparément. Nous supposerons d'abord que la station A transmet seule.

Sous l'influence de l'abaissement de l'une ou de l'autre des touches M du clavier fig. 163, le courant de la petite partie de la pile P, ira de M au massif de l'appareil par le chariot T, et de là, par la came correctrice *c* mise en rapport avec ce massif, au commutateur suisse S, puis à l'électro-aimant E, au conjoncteur X, après avoir repassé par le commutateur S, puis enfin à la terre par le quatrième contact du commutateur C. Sous l'influence de ce courant, l'électro-aimant E déclanchera le mécanisme imprimeur, et l'armature en s'élevant fera fonctionner l'interrupteur I, de telle manière que le contact du ressort *r* avec la vis *v* sera rompu pour être rétabli avec la vis V. Alors le courant de la pile P sera envoyé sur la ligne en passant par l'électro-aimant E′ du second télégraphe de la station A, où il ne produira aucun effet, par suite de l'arrangement différentiel de ses bobines. Pour comprendre cet effet, il suffit de suivre le courant dans son trajet. Ce courant au sortir de la vis V se trouve dirigé sur le massif de ce second appareil par le ressort *r* et le troisième contact du commutateur C, et de là sur l'électro-aimant E' par la came correctrice *c'* et le commutateur S'. Là il trouve deux chemins pour circuler; le premier de ces chemins lui est ouvert par la lame 1, qui le conduit à travers la bobine de gauche de l'électro-aimant E' (de gauche à droite), pour aller de là sur la ligne par le conjoncteur X', et le bouton d'attache L. Le second chemin correspond à la lame 2, qui le conduit à la bobine de droite de l'électro-aimant E', où il entre dans un sens opposé, de manière à créer dans celui-ci une action magnétique contraire à celle développée par la première bobine. De là, cette partie du courant va regagner la terre en passant à travers le rhéostat R, dont la résistance est équivalente à celle du circuit de ligne à partir de cet endroit. Comme ces deux courants traversent des résistances égales, l'effet sur l'électro-aimant E' est nul, et on se trouve avoir ainsi résolu la première partie du problème. Mais voyons ce que devient notre courant, après avoir traversé la ligne.

Il entre d'abord dans le second télégraphe de la station B, par le bouton L, et de là il suit, mais en sens inverse, exactement le même chemin qu'il avait parcouru à travers le second appareil de la station A. Seulement arrivé au commutateur S'' (1), il se bifurque à son tour à la lame n° 1, pour entrer dans les deux bobines de l'électro-aimant E'' dans un même sens, c'est-à-dire de manière à fournir deux actions magnétiques conspirantes; et cet effet tient à ce que le courant conserve la même direction dans la dérivation ouverte par la lame 2, tandis qu'il se trouve renversé dans la dérivation ouverte par la lame 1. Comme ces deux dérivations sont complétées, d'une part, par le rhéostat R' et la terre, de l'autre, par la came correctrice *c''*, le massif de l'appareil, la 3e lame du commutateur C', l'interrupteur I' (dont le ressort *r* est en contact alors avec la vis *v*), et la terre ; il en résulte un déclanchement du mécanisme imprimeur du second récepteur de la station B qui réalise l'effet voulu.

Examinons maintenant le cas où les deux stations transmettent en même temps. Cette fois les deux touches M et M''' étant abaissées simultanément,

---

(1) Nous mettons aux lettres deux accents au lieu d'un, pour indiquer que les pièces qu'elles désignent appartiennent à l'appareil du dessous de la 2e station. Par la même raison, trois accents se rapportent aux lettres du 4e appareil qui est en dessus,

les électro-aimants E et E‴ sont mis respectivement en activité par leur courant local, les impressions de contrôle sont produites et les rhéotomes I et I′ sont dans la situation qui convient pour que les courants des piles de ligne P et P′ soient mis en action et dirigés en même temps à travers les circuits de ligne par les chemins que nous avons déjà étudiés. Mais comme ces courants sont égaux et opposés à travers la ligne, ils se neutralisent dans les parties du circuit qui correspondent à la ligne jusqu'aux points où ils se bifurquent, c'est-à-dire jusqu'aux lames n° 1. Mais trouvant dans les lames n° 2 des issues pour s'échapper librement, ils prennent le chemin suivi déjà par les courants dérivés locaux et doublent leur énergie. Il en résulte que les bobines de gauche des électro-aimants E′ E″, ne sont traversées par aucun courant ou du moins que par un courant faible résultant du mauvais isolement de la ligne, tandis que les bobines de droite possèdent un courant d'une intensité presque double. Conséquemment, les électro-aimants deviennent actifs aux deux stations, comme si le courant avait passé à travers les deux bobines, c'est-à-dire, comme s'il avait passé à travers la ligne.

On remarquera que dans ce système, la communication de la ligne au massif à travers le rhéotome constitué par l'armature de l'électro-aimant et le levier déclancheur n'a aucun emploi, puisque la lame du commutateur S′ à laquelle elle aboutit est isolée des autres lames; conséquemment elle ne sert à rien, mais elle ne nuit pas non plus, et son usage peut se retrouver quand on utilise les appareils en transmission simple. Du reste, avec la double transmission, cette communication n'a pas sa raison d'être, puisque l'électro-aimant de la station qui transmet doit être inerte au moment des transmissions, et n'a par conséquent pas besoin d'avoir son courant interrompu plus vite qu'à la station de réception, pour faire effectuer les deux déclanchements dans les mêmes conditions de force magnétique.

Nous ne parlerons pas ici des autres combinaisons accessoires de courants que M. Vaez a ajoutées à son système, car elles embrouilleraient un peu la question; elles ont été imaginées pour la mise au repère des appareils, et pour se servir de ceux-ci en transmission simple, si on le désire (1).

---

(1) Pour comprendre comment on arrive à ces effets, il nous suffira de dire que si le courant de ligne arrive au récepteur de la station qui transmet au moment où la touche D de la mise au repère est abaissée, le courant va de L en X, et de là dans la bobine de gauche de E′, mais dans un sens qui n'est pas convenable pour l'action de cet électro-aimant, puis il se bifurque en 1, pour aller, en terre, d'un côté par la

Ce système, comme on le voit, est simple et ingénieux, et maintenant que le problème des transmissions simultanées est à l'ordre du jour dans les administrations télégraphiques, et que les lignes télégraphiques sont mieux isolées, il faut espérer qu'on l'expérimentera plus sérieusement qu'on ne l'a fait fait jusqu'ici; il renferme d'ailleurs en lui les perfectionnements de détails qui ont été introduits par M. Stearns, et rien ne s'oppose plus à son application.

Nous ferons toutefois remarquer que, par suite de la disposition particulière que M. Hughes a donnée à son électro-aimant, le système d'équilibrement des courants adopté primitivement par M. Vaez, et qui réussit fort bien avec les électro-aimants ordinaires, comme l'ont prouvé les expériences de M. Siemens, est tout à fait impropre pour les appareils Hughes. On comprend, en effet, qu'avec une aimantation normale communiquée aux noyaux magnétiques par un aimant persistant en fer à cheval, la désaimantation complète d'un de ces noyaux n'entraîne nullement celle de l'autre, comme cela aurait lieu pour l'aimantation avec les électro-aimants ordinaires; il faut pour cela que l'effet désaimantant s'effectue simultanément par les deux bobines, et on se trouve dès lors obligé d'avoir recours au système des doubles hélices dont il a été parlé en commençant. Ceci

---

came c' et le massif, et d'un autre côté par le fil de la mise au repère qui est alors en contact avec la terre, par suite de l'abaissement de la pédale D. La seconde bobine de l'électro-aimant ne reçoit donc aucun courant, et celui-ci reste inerte; ce qui résout le premier point de la question quand l'appareil est disposé en double transmission. En cas de transmission simple une liaison établie entre le fil de la mise au repère et le second contact de X, résout le problème, comme dans le cas ordinaire sans rien changer au commutateur S'.

Pour employer les appareils en transmission simple, il suffit d'adapter les chevilles aux deux premières lames de gauche du commutateur C, et de retirer celles des autres lames, ainsi que la jonction au rhéostat R. De cette manière, la communication de la partie inférieure de l'axe du chariot avec la terre est rétablie sur la seconde lame du commutateur comme dans le cas ordinaire, et, comme le commutateur X est alors sur le second contact, le courant envoyé par le manipulateur M' va à la came c', comme à l'ordinaire, puis à la bobine de gauche de l'électro-aimant E, et de celle-ci au commutateur C par le fil complémentaire pointillé ; il va ensuite par le fil du rhéostat à la bobine de droite de E', puis à la lame 2 du commutateur, au second contact de X, et par X à la ligne. Les deux bobines sont donc traversées à la fois par le même courant, et cette fois dans le sens convenable pour produire le déclanchement, comme cela a lieu dans les transmissions simples.

ne change d'ailleurs en rien la disposition du système, car au lieu que la bobine de gauche de l'électro-aimant E' communique à la lame 1 et à la ligne, et la bobine de droite à la lame 2 et à la terre, par l'intermédiaire du rhéostat R, on peut faire en sorte de substituer à la première bobine l'un des fils des hélices doubles de l'électro-aimant et à l'autre bobine le second fil qui est enroulé en sens contraire; on peut d'ailleurs s'arranger de manière que ces hélices ne présentent pas individuellement une résistance plus grande que chacune des bobines. Il est probable que M. Vaez avait donné la préférence à la disposition que nous avons décrite, afin d'employer, sans leur faire subir de changement, les appareils Hughes existants, et c'est sans doute là la raison pour laquelle les premiers essais de ce système n'ont pas été avantageux; mais nous ne voyons pas pourquoi on ne réussirait pas en lui faisant subir la légère modification que nous indiquons, puisque le système de M. Stearns qui ressemble beaucoup à celui de M. Vaez est aujourd'hui reconnu excellent.

Cette description, comme je l'ai déjà dit, a été faite avant que je n'aie entendu parler de la brochure de M. Vaez. N'ayant pas en ma possession cette brochure, et le système de M. Vaez n'étant décrit que très-sommairement dans l'article de M. Zetzsche, j'ignore si la modification indiquée précédemment a été adoptée par M. Vaez. On pourrait le croire, d'après les quelques lignes qui suivent et qui terminent l'article de M. Zetzsche.

« En terminant, je ferai observer que pour la transmission simultanée en sens opposé avec l'appareil Hughes, M. Vaez fait usage dans chaque station de deux appareils, dont l'un sert comme appareil de transmission, et l'autre comme appareil de réception. L'électro-aimant du premier n'est enroulé que d'un seul fil, et celui de l'appareil récepteur de deux. Par une des extrémités de ces enroulements, l'un est relié avec la ligne, et l'autre établit la communication avec la résistance de compensation, tandis que par les deux autres extrémités, ils sont reliés chacun avec un ressort fixé à la came de correction de l'appareil de réception qui communique avec le massif de l'appareil. Le courant de départ passe ainsi par les deux bobines de l'électro-aimant de l'appareil de réception, et le courant d'arrivée par une seule. »

Système de M. Stearns. — Le système de M. Stearns, directeur de la compagnie américaine du *Franklin télégraph*, qui a été essayé en premier lieu entre New-York et Boston, est fondé exactement sur le même principe que ceux de MM. Siemens et Vaez, et il se recommande plus par la manière dont son auteur est parvenu à écarter l'action des causes perturbatrices que par l'originalité de sa conception.

La fig. 165 représente la disposition qui a été définitivement adoptée ; elle ne se rapporte qu'à un seul poste, l'autre étant exactement dans les mêmes conditions, sauf la disposition de la pile qui est contraire pour les deux postes en correspondance. Pour que l'on distingue tout d'abord les organes essentiels du système, nous dirons que M représente le relais enroulé avec deux fils, comme ceux déjà décrits, R le récepteur, L_2 la pile locale pour le fonctionnement de ce récepteur, B la batterie de ligne, L_1 une seconde pile locale pour la marche d'un parleur local S dont nous verrons à l'instant les fonctions, enfin K, D et N trois interrupteurs reliés les uns

Fig. 165.

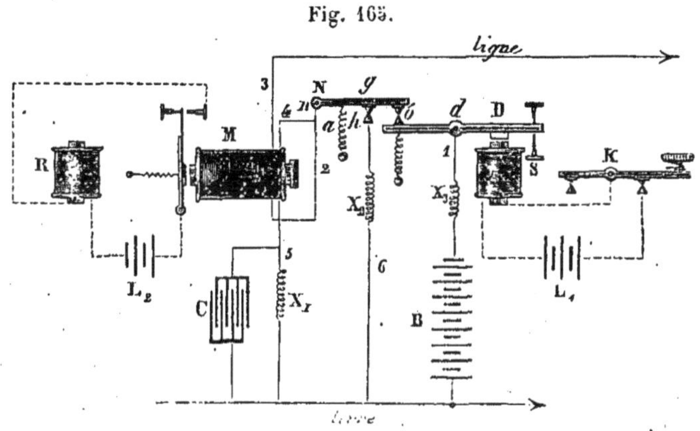

aux autres, et dont la combinaison réalise les effets que nous avons annoncés.

Le premier de ces interrupteurs K, est une clef Morse ordinaire, qui, au lieu d'agir sur le circuit de ligne, ne fait que mettre en action l'électro-aimant S du parleur sous l'influence de la pile locale L_1 ; l'employé qui transmet entend de la sorte sa propre transmission. Ce parleur en réagissant sur l'armature D, provoque le jeu du levier *b* D qui pivote en *d*, et qui se trouve de cette manière mis en contact avec l'extrémité *b* du levier *nb*. Celui-ci pivote en N et fournit un second contact en *h* avec une pièce mise en rapport avec un rhéostat X_2 et le sol. C'est ce levier qui étant relié au relais M par les deux fils de son hélice, comme on le voit sur la figure, réagit sur le fil de ligne par le fil n° 3, et sur le fil du circuit local, en écoulant en terre par le fil n° 5, et la résistance X_1 le courant de la pile B. Le fil n° 5 est d'ailleurs mis en rapport, d'autre part, avec un condensateur C. Enfin la batterie de ligne B communique avec le levier *b* D par l'intermédiaire d'une troisième résistance X_3. La résistance X_1 doit être égale à celle du circuit de ligne; la résistance X_2 à celle du relais, enfin la résistance X_3 à celle de la batterie. Voici maintenant ce qui se passe quand l'une des stations transmet seule :

Sous l'influence des fermetures du courant local opérées par la clef K, le parleur est mis en action et constitue avec le levier D *b* une seconde clef qui répète tous les signaux. Or, à chaque attraction de ce levier, c'est-à-dire à chaque abaissement de la clef K, un contact s'établit entre lui et le levier *nb*, d'où il résulte : d'abord la séparation de ce dernier du contact *h*, et en second lieu, la transmission du courant positif de la batterie B aux deux fils de la bobine M, lesquels fils, en conduisant le courant dans un sens opposé à travers l'électro-aimant, rendent son action nulle sur le relais M, mais effective sur le relais M' de la 2e station. En effet, à cette station, le levier *nb* n'étant pas soulevé, le courant sort du relais M' pour s'écouler en terre par le fil 2, le contact *h*, la résistance X_2 et le fil 6. Une petite portion de ce courant se dérivera bien en *a* pour s'écouler aussi en terre par la résistance X_1 et le fil 5, mais en raison de la grande résistance de X_1, il s'en écoulera fort peu, et cette partie même, traversant le relais dans la même direction que le courant principal, ajoutera son effet à celui de ce dernier. Comme à ce moment le relais n'est parcouru par aucun courant opposé, le courant d'arrivée produira naturellement, dans la station considérée, les signaux émis par le manipulateur de la station correspondante.

Quand, au contraire, les manipulateurs sont fermés en même temps aux deux extrémités de la ligne, les deux piles principales se trouvent à la fois dans le circuit de la ligne, et un courant d'une force double traversera la ligne ainsi que l'un des fils du relais de chaque station. Ce courant ne sera en conséquence, contrarié dans son effet sur les relais, que par celui qui circulera dans le second fil de chaque relais, et comme celui-ci provient uniquement de la pile avec laquelle il est en correspondance, il se trouvera être beaucoup plus faible que l'autre. Il en résultera que les relais ne seront affectés que par des courants différentiels, qui, pour la station A, en désignant par B la pile de A et par B' la pile de la station B, sera représenté par $\left(\frac{P}{2} + \frac{P'}{2}\right) - \frac{P}{2}$ et pour la station B, par $\left(\frac{P}{2} + \frac{P'}{2}\right) - \frac{P'}{2}$. Ainsi, dans ce cas; chaque station reçoit un signal par le seul effet de la pile de l'autre station.

On remarquera que la pile B est momentanément réduite à un court circuit, pendant le temps qui s'écoule entre le moment où se produit le contact en *b* et celui de l'interruption du contact entre *g* et *h*; or, c'est pour éviter les perturbations qui pourraient résulter de cette cause de dérangement que l'on a intercalé les résistances X_2 et X_3, qui sont calculées de manière que la résistance que rencontre le courant de la station en correspondance, reste la même, que la communication à la terre s'effectue par le fil 1, ou par le fil 6.

Le rapport que doivent avoir ces résistances, les unes à l'égard des autres, est une question de la plus haute importance pour assurer une division égale du courant de départ entre les deux fils opposés des relais par lesquels il est émis.

Par exemple, si les résistances des différentes parties du circuit sont les suivantes :

Ligne. . , ...	=	200 000 mètres
Relais (chaque fil). . .	=	20 000
Pile.	=	5 000
Rhéostat X_3	=	5 000

L'on devra donner au rhéostat X_1 une résistance de 240 000^m et au rhéostat X_2 une résistance de 20 000^m.

Le courant de départ, à son arrivée au point *a*, rencontrera alors une résistance égale pour chacune des deux routes, savoir :

1° Pour la 1re route

Fil du relais de la station de départ.	20 000^m
Ligne.	200 000
Fil du relais de la station d'arrivée.	20 000
Rhéostat X_2 à la station d'arrivée.	20 000
Total. . .	260 000

2° Pour la 2e route

Un fil du relais de la station de départ . . .	20 000
Rhéostat X_1	240 000
Total. . .	260 000

Dans la pratique, la résistance X_1 devrait être un peu plus faible que le chiffre ci-dessus indiqué, puisqu'une petite partie du courant d'arrivée s'écoule en terre à partir de *a* par les fils 4 et 5, et le rhéostat X_1. Cela réduit, dans le cas ci-dessus, d'environ 4 p. %, la résistance effective à offrir à la pile de la station correspondante X_1 devra donc être réduite dans la même proportion. En manœuvrant pratiquement l'appareil, il est aisé de régler la résistance X_1 de façon à égaliser les courants parcourant le relais M dans des directions opposées. Quand le relais n'est en rien affecté par l'ouverture et la fermeture du manipulateur K, l'on reconnaît que la résistance X_1 est convenablement réglée.

Quand on introduisit pour la première fois cet appareil entre New-York et Buffalo, dont la distance est de près de 500 milles (environ 800 kilomètres), on observa un trouble considérable provenant des effets de l'induction latérale ou statique, phénomène qui n'avait jusqu'alors que peu attiré l'attention sur les lignes terrestres. Le courant de retour venant de la ligne n'étant pas compensé par un courant égal dans le second fil du relais, il se produisit une grande confusion. M. Stearns triompha de cette difficulté d'une manière très ingénieuse en employant le condensateur C formé de couches alternées de feuilles d'étain et de papier imprégné de paraffine, et disposées comme les feuillets d'un livre. Les feuilles métalliques étaient reliées alternativement les unes aux autres, de façon à former deux séries distinctes, isolées chacune l'une de l'autre, et dont l'une communiquait avec le fil 5, et l'autre avec la terre, ainsi que le montre la figure. Ce condensateur présentait une surface suffisante pour produire un effet d'induction précisément égal à celui de la ligne. M. Stearns, toutefois, a reconnu qu'il n'est pas absolument nécessaire d'employer des condensateurs pour les lignes d'une longueur ordinaire, c'est-à-dire de 250 à 300 milles (400 à 480 kilomètres); mais pour les longues lignes ils deviennent très-utiles, et leur adoption a toujours été suivie du succès le plus prompt. Entre New-York et Chicago, il y a une ligne en service tous les jours, avec un seul translateur à Buffalo, et depuis que des condensateurs ont été introduits, l'on n'a plus éprouvé aucune difficulté provenant des effets de l'induction.

Au lieu d'employer un relais de forme ordinaire muni de deux fils, on peut construire le relais différentiel avec l'intermédiaire de deux aimants égaux, disposés de façon à agir dans des directions opposées sur la même armature. En principe l'effet est exactement le même que dans l'autre cas; mais, suivant M. Stearns, il y a quelques considérations pratiques qui militent en faveur de la forme précédente, car avec ce dernier système les réglages rendus nécessaires par les variations de la résistance de la ligne, peuvent s'obtenir par le rapprochement ou l'éloignement de l'un des aimants de l'armature, au lieu de nécessiter le changement de la résistance du rhéostat X_1.

« L'appareil que nous venons de décrire, dit le *journal Télégraphique*, tome II, p. 160, se rapproche, comme on le voit, beaucoup plus que tout autre de celui de MM. Frischen et Siemens. L'amélioration introduite par M. Stearns, consiste à disposer l'appareil de transmission de telle sorte, que la communication avec la pile s'établisse en même temps ou même avant que la communication avec la terre soit interrompue, et à compenser la résistance de la pile; ces dispositions ont pour résultat de donner, dans l'appareil de Stearns, aux résistances et par conséquent à la force du courant, une uniformité constante, ce qui était bien loin d'être obtenu avec le système de MM. Frischen et Siemens. L'on a également reconnu que la mise en jeu du frappeur d'émission par le manipulateur et l'emploi d'une pile locale étaient très-favorables à la manœuvre de l'appareil. Enfin, l'adjonction du condensateur a écarté le dernier obstacle qui pouvait s'opposer à la généralisation de l'usage des appareils à double transmission sur des lignes de toute longueur, et dans le cas où l'activité du trafic rend son adoption désirable.

« La compagnie de *Western-Union*, donne à l'emploi de l'appareil de M. Stearns une rapide extension, et dans très-peu de temps il desservira probablement le plus grand nombre de lignes directes appartenant à cette compagnie, car les résultats obtenus depuis quatre ans sur les lignes de la compagnie *Franklin*, en ont démontré toute l'importance pratique. Grâce à ce système, en effet, le travail de chaque ligne peut être presque doublé. »

Cette appréciation du *journal Télégraphique*, de Berne, a été combattue, comme on devait s'y attendre, par M. Zetzche, puisqu'en somme, sauf l'emploi du condensateur, ce système n'est que la reproduction avec quelques variantes du système de M. Vaez ; il le regarde même, précisément à cause de ces variantes, comme inférieur à celui de ce dernier inventeur, et son seul mérite, suivant lui, est l'adjonction du condensateur. Encore fait-il ses réserves à ce sujet : « car, dit-il, M. Stearns ne peut s'attribuer en » principe le mérite de l'application du condensateur à la télégraphie. Le » premier brevet pour ce genre d'application a été délivré à M. Isham » Baggs, le 22 mai 1858, et c'est M. Werner Siemens qui en a fait la pre-» mière application pratique, sans avoir eu connaissance de l'idée de » Baggs; la preuve, c'est que M. Siemens était déjà, dès l'automne 1858, » parti avec l'expédition chargée de l'immersion du câble de la mer Rouge, » et cette même année 1858, il remplaça la terre à l'extrémité du câble sur » laquelle la transmission devait s'opérer par une grande bouteille de » Leyde (un morceau du câble destiné à prolonger la ligne jusqu'aux Indes), » et forma ainsi ce qu'il appela le *sac électrique*. »

Quant à nous, sans être aussi affirmatif que M. Zetzche, et aussi enthousiaste que le *journal Télégraphique*, de Berne, nous croyons que M. Stearns, quoique n'ayant, en somme, imaginé rien de bien nouveau, a rendu un véritable service à la télégraphie en sachant vaincre, par son opiniâtreté et des essais nombreux faits dans de bonnes conditions, les préjugés fâcheux attachés dès l'origine à ce genre de transmission électrique. Cette invention, comme toutes celles qui se rattachent à la télégraphie, est une œuvre collective à laquelle chacun à apporté son contingent, et il est arrivé que quand cette œuvre a pu atteindre un assez grand degré de perfection, il a suffi d'un homme hardi et entreprenant pour la faire adopter. Or, M. Stearns a été précisément cet homme pour les transmissions simultanées.

Nous n'avons décrit qu'un seul des systèmes exposés par M. Stearns dans son brevet, mais il en mentionne plusieurs autres, et notamment un basé sur l'emploi d'une combinaison de circuits reproduisant un pont de Wheatstone. Nous avons décrit précédemment, p. 442, un système de ce genre, mais M. Zetzche fidèle à son principe de tout attribuer à l'Allemagne, rapporte cette disposition à M. Maron, de Berlin, qui, suivant lui, l'aurait imaginée en 1863. Dans le système de M. Stearns, les résistances qui se trouvent, des deux côtés du pont, placées entre la diagonale et la pile de ligne, sont égales, et naturellement la troisième résistance qui est celle de compensation est égalisée avec celle de la ligne. Pour compenser la variation éventuelle de la résistance de la ligne, M. Stearns recommande l'emploi d'un rhéostat dont le bras mobile soit relié avec le fil communiquant au pôle de la pile, et dont le mouvement permette de changer simultanément les deux premières résistances dans le même rapport que les deux dernières.

Les condensateurs employés dans le système à double transmission de M. Stearns, ont généralement une capacité électro-état ique de cinq microfarads, et sont composés de cinq plateaux réunies par l'intermédiaire d'un commutateur, afin de pouvoir en faire varier à volonté la puissance condensante. Ces cinq plateaux ont des capacités différentes et représentées, pour l'un par deux microfarads, pour un autre par un microfarad, pour un autre par la moitié d'un microfarad, pour un autre encore par un quart de microfarad; enfin le dernier a un huitième de microfarad.

La matière employée pour les surfaces inductrices de ces condensateurs est toujours de l'étain, et le diélectrique, du papier trempé dans de la paraffine de cire. Ce papier est de la même qualité que celui des billets de banque et a pour dimensions, 21^{c}, 76 en longueur, 18^{c}, 5 en largeur. Le papier d'étain dont l'épaisseur ne dépasse pas 14 millièmes de millimètre est un peu plus petit, et n'a que 18^{c}, 4 en longueur, sur 15^{c}, 24 en largeur. L'un des coins est coupé sur une longueur de 6 centimètres.

L'une des armures constituées par les feuilles d'étain est en rapport avec la ligne, l'autre est reliée à la terre, et le nombre des feuilles qui constituent cette dernière dépasse celui des autres feuilles d'une unité. Comme les feuilles de papier ont deux coins coupés, il résulte de la superposition alternative de ces feuilles et des feuilles d'étain, tournées successivement dans un sens différent, que celles-ci peuvent se trouver réunies métalliquement par les coins non coupés, soit à droite, soit à gauche, suivant qu'elles appartiennent à l'armure de la ligne ou à l'armure de la terre.

Cette réunion est assurée au moyen de petits morceaux de cuivre étamé, qui sont eux-mêmes réunis par un fil, et qui communiquent, du moins d'un côté, avec un plateau servant d'enveloppe à l'appareil, lequel plateau est en métal très-poli. Quand les feuilles ont été disposées convenablement sur ce plateau, on le chauffe en dessous au moyen d'un appareil Bunsen ou d'un chauffeur à gaz, et on laisse écouler dans une rainure qu'il porte tout autour, l'excédent de la paraffine qui ressort de la pile de feuilles superposées. On soumet ensuite cette pile avec les deux plaques métalliques qui la recouvrent à une pression d'environ 450 kilogrammes, et, quand chaque pile est ainsi formée, chacune des plaques du plateau est en rapport à chaque bout avec une lame appartenant à l'armature de terre. Enfin le tout est consolidé par une couche de paraffine fondue dont on enduit les bords de la pile.

Généralement la surface condensante des condensateurs de un microfarad de capacité électro-statique est à peu près de 9, 86 pieds carrés.

Des expériences entreprises par M. Culley et plusieurs autres (1), montrent, qu'après une certaine limite, l'augmentation de la surface condensante des condensateurs employés pour les doubles transmissions, est sans effet sur les résultats obtenus ; et, s'il faut en croire M. Marson, on peut obtenir les mêmes effets avec des condensateurs variant en capacité électro-statique de 2 à 5 microfarads. On a cherché à expliquer cette particularité par des réactions d'induction secondaires échangées entre les plateaux des condensateurs, mais M. Culley ne l'a pas reconnu dans ses expériences.

Système de M. C. Varley. — Ce système qui est basé sur les effets particuliers des condensateurs à grande surface, ne change en rien la disposition ordinaire des lignes télégraphiques établies dans le système Morse. On correspond donc, comme à l'ordinaire, et la transmission multiple s'effectue par l'addition, aux deux extrémités de la ligne, d'un ou de deux condensateurs qui permettent de superposer aux courants ordinaires traversant la ligne, des courants statiques qui agissent isolément sur des récepteurs spéciaux combinés en conséquence.

---

(1) Voir *le Télégraphic Journal*, tome II, p. 154.

Ces récepteurs sont auditifs et constitués par un électro-aimant droit dont le noyau assez petit, mobile dans sa bobine magnétisante, est influencé par un aimant persistant, et peut, par conséquent, vibrer assez rapidement sous l'influence de courants fréquemment interrompus. De plus, si cet électro-aimant est placé sur une caisse sonore, et si son noyau peut buter contre un timbre, il pourra fournir des sons brefs ou des sons composés de roulements, selon que le courant statique qui l'impressionnera sera court ou prolongé; ce qui permettra, par conséquent, l'usage de l'alphabet Morse pour la correspondance. Enfin, on comprend aisément que, si l'aimant agissant sur le noyau magnétique est placé différemment pour deux récepteurs du même genre, l'un de ces récepteurs sera impressionné par les courants dirigés dans un sens déterminé, l'autre par les courants contraires.

Cela posé, admettons qu'aux deux stations opposées, les armures homologues de deux condensateurs soient mises directement en rapport avec la ligne, et que les deux autres armures soient mises en rapport avec le levier basculant d'une clef Morse ordinaire, le contact de repos de ce levier étant en rapport avec le récepteur auditif que nous avons décrit : il arrivera que, par suite de la manœuvre de cette clef à l'un ou l'autre des postes, les deux condensateurs se trouveront chargés et déchargés successivement, comme dans les transmissions à travers les appareils sous marins, et, sous l'influence des flux repoussés, le récepteur auditif de la station opposée fonctionnera de manière à fournir la dépêche sans que la transmission avec l'appareil Morse en soit en aucune façon gênée, puisque les courants provoqués par les condensateurs ne peuvent passer à travers cet appareil. De plus, comme les deux charges provenant d'une pile sont solidaires l'une de l'autre, si au lieu d'un seul condensateur à chaque station, il y en a deux, avec une disposition inverse de la pile par rapport à un second transmetteur qui correspondra au second condensateur, et avec une disposition inverse de l'aimant permanent sur les deux récepteurs auditifs, on pourra obtenir simultanément trois systèmes de correspondance. Il faudra avoir soin seulement que le courant des piles desservant les appareils auditifs soit fréquemment interrompu au moyen d'un rhéotome particulier. Celui qui a été adopté par M. Varley accomplissait 200 vibrations par seconde, et la pile qu'il employait pour obtenir ce résultat était composée de 40 éléments Daniell disposés en dix séries, de quatre éléments chacune.

Système de M. Wheatstone. — Le *Télégraphic journal*, dans son numéro de mars 1873, annonce que ce système a été mis en essai par M. Culley sur les lignes des télégraphes postaux desservies par le télégraphe Wheatstone, et que le service de ces lignes, grâce à ce système, a été presque doublé. Ce journal donne les dispositions des communications électriques qui ont été alors établies entre les appareils; mais il ne décrit pas le système, de sorte qu'il est assez difficile de pouvoir s'en faire une idée bien nette. Tout ce que j'ai pu comprendre, à défaut d'autres renseignements que je n'ai pu obtenir, c'est qu'à chaque station existe, en outre des appareils déjà en fonction, un système rhéostatique composé de 5 bobines de résistance en rapport avec 5 boutons d'attache. Ces boutons d'attache communiquent séparément à chaque station, 1° avec celui des contacts du manipulateur magnéto-électrique qui ne correspond pas à la terre, 2° avec le fil de ligne, 3° avec le commutateur de l'alarme, 4° avec le récepteur, 5° avec la terre. De plus, la communication à la terre du transmetteur est effectuée dans un sens inverse aux deux stations. Quand tout est réglé convenablement, le récepteur de la station qui transmet ne fonctionne pas sous l'influence du courant envoyé par son transmetteur, comme cela a lieu dans les autres systèmes de ce genre, mais il suffit de rompre la communication à la terre des rhéostats, pour que la partie de l'appareil fournissant la double transmission soit mise hors du circuit, et alors les appareils fonctionnent dans les conditions ordinaires.

Système de M. Vianisi. — Le *Journal télégraphique* de Berne (tome II, p. 500) donne une description détaillée de ce système qui ne paraît pas avoir été expérimenté et sur lequel nous devrons en conséquence, glisser un peu rapidement. Voici, suivant l'auteur, le principe sur lequel est fondé ce système : « Si l'on place un pôle d'une pile en communication avec une ligne télégraphique et qu'on relie l'autre pôle de la même pile à celui de même nom d'une seconde pile, composée d'un plus petit nombre d'éléments en faisant communiquer l'autre pôle de cette seconde pile à l'électro-aimant d'un récepteur relié à la terre, on annule le courant de la petite pile, et il ne reste que celui de la plus grande pile réduit à la différence des deux courants opposés. Ce reste de courant de la plus grande pile, en passant à travers la petite pile, peut avoir une intensité suffisante pour développer du magnétisme dans l'électro-aimant du récepteur qu'il doit traverser avant de se rendre à la terre; mais lorsqu'il y a un autre conducteur qui établit une communication entre le point où se relient ces deux pôles de même nom et la terre, on peut, en faisant varier la résistance de ce conducteur au moyen d'un rhéostat, partager le courant de la plus grande pile entre ces deux conducteurs, jusqu'à ce que le courant opposé de la plus petite soit nul, et que de même soit nul aussi celui de la plus grande pile dans la branche du circuit où ces deux courants sont opposés. De cette manière, il ne se développe aucune action dans le récepteur.

« Lorsqu'on oppose au courant de la plus grande pile d'un poste un autre courant du même nom et de force égale d'un poste correspondant, les courants des grandes piles seront nuls, ce qui n'arrivera pas aux courants des petites piles qui continueront à circuler indépendamment des autres, et ces derniers courants, en agissant sur les électro-aimants des récepteurs, feront marcher ceux-ci. On peut en même temps établir ou rompre les communications de la plus grande pile avec la ligne et celles du circuit de la plus petite pile au moyen d'un arrangement particulier du manipulateur. »

Conclusions. — Suivant M. Zetzche les nouveaux perfectionnements apportés aux appareils de transmission en sens opposé ne sont pas plus parfaits aujourd'hui qu'il y a 20 ans, et s'ils réussissent mieux aujourd'hui, il faut en rechercher la cause dans les conditions de l'installation des lignes et dans les nécessités du service qui forcent les administrations à se préoccuper davantage de la célérité de transmission des dépêches.

« La construction des lignes, dit-il, a été améliorée d'une manière notable pendant ces 20 dernières années. Quoique les dérivations d'une ligne n'entravent pas le fonctionnement des appareils à double transmission aussi longtemps qu'elles restent invariables, des changements brusques dans ces dérivations ou des passages intermittents de courants d'une ligne à une autre tendue sur le même parcours, nécessitent cependant un réglage répété des résistances de compensation, et augmentent ainsi sensiblement la difficulté de la transmission en sens contraire. Mais ce sont justement ces variations qui ont été considérablement diminuées par la meilleure isolation de nos lignes actuelles, et cette amélioration a naturellement une grande importance pour la réussite de la correspondance en sens contraire.

« En outre, le besoin d'une utilisation aussi complète que possible des lignes télégraphiques est aujourd'hui beaucoup plus urgent qu'auparavant. Tandis que l'appareil de transmission en sens opposé n'avait pu arriver dans l'origine à être appliqué utilement, parce qu'il est moins simple et que sa compréhension et sa manipulation supposent et exigent des connaissances plus approfondies et une plus grande attention, le personnel actuel dont l'aptitude et l'instruction générale ont considérablement progressé depuis lors, grâce à la pratique de l'appareil Hughes, des appareils automatiques, etc., doit trouver l'appareil de transmission en sens contraire assez simple pour ne pas en entraver l'introduction par sa répugnance, et assez attrayant pour la faciliter au contraire par ses bonnes dispositions.

« Enfin, diverses transformations qui se sont opérées pendant ce temps dans le système d'exploitation des télégraphes sont aussi de nature à favoriser la vulgarisation de l'appareil de transmission en sens opposé. On ne cherche plus, par exemple, à faire transmettre directement à la station d'arrivée chaque télégramme par la station de départ, en les mettant en communication, sans intermédiaires, aux plus grandes distances possibles ; mais on donne, une fois pour toutes, l'instruction à certains bureaux, séparés les uns des autres par des distances convenables, de recevoir tous les télégrammes qui leur parviennent. Or, pour la transmission en sens opposé, ainsi que pour la transmission par l'appareil Hughes, le changement fréquent des stations qui correspondent ensemble est une cause d'embarras et de retards, par suite de la nécessité de changer les résistances de compensation, tandis qu'une communication permanente entre les mêmes stations contribue au contraire pour beaucoup à les faciliter. En outre, la faculté d'interrompre immédiatement, à un instant donné, l'émission des signaux (ce qui ne peut avoir lieu avec la transmission en sens opposé) ne paraît plus présenter, dans les conditions actuelles du service télégraphique, un avantage essentiel ni même bien appréciable.

« L'amélioration des lignes, la meilleure instruction et l'aptitude plus grande du personnel, le tout joint à la nécessité urgente d'utiliser autant que possible les lignes télégraphiques, telles sont donc les principales causes qui ont fait attacher au système de transmission en sens opposé dont l'invention et l'application pratique datent déjà de 20 ans, tout l'intérêt et le prix qui lui sont dus, et la justice ainsi que la vérité historique exigent que l'on ne méconnaisse point à cet égard les mérites des premiers inventeurs. »

Suivant M. J. W. Hagers, inspecteur des télégraphes à Rotterdam, l'une des principales causes pour lesquelles les anciens systèmes n'ont pas donné des résultats assez satisfaisants pour qu'on s'y soit arrêté, serait l'état du relais du bureau qui transmet au moment de la suspension du manipulateur de l'autre bureau. « On sait, dit-il, que ce relais doit à ce moment être à l'état neutre ; cependant la force du courant dans la partie du relais qui est reliée à la ligne ne sera que la moitié de la force du courant dans l'autre partie du relais et c'est là où est le défaut. Il est clair que le relais doit être réglé de manière que cette différence des deux courants ne puisse pas le faire agir. On pourra remplir cette condition quand le fil est bien isolé, mais quand il y a des pertes sur ce fil, ce n'est plus le cas. On sera alors forcé de régler le relais par des courants plus faibles, et ainsi la différence susdite peut acquérir assez de force relative pour faire parler le relais. »

M. Hagers croit d'ailleurs que les autres raisons mentionnées précédemment ont également contribué pour une part assez notable aux résultats défavorables qui ont été obtenus ; mais il pense que c'est au système d'exploitation télégraphique usité en Amérique et en Angleterre que le système de M. Stearns doit surtout son succès (voir le *Journal télégraphique* de Berne, tome II, p. 498.)

II. Transmissions simultanées dans une même direction.

Le problème des transmissions simultanées au moyen de courants dans une même direction s'applique essentiellement à des transmissions effectuées simultanément à partir d'un même poste pour fournir des dépêches différentes sur plusieurs récepteurs établis sur des lignes différentes. Il a pu être résolu, soit par l'envoi de courants de différente puissance, soit en mettant à contribution les instants d'inaction des lignes pendant les transmissions ordinaires. Le premier système dont les types les plus connus sont ceux de MM. Duncker, Starcke et Wartmann est plutôt théorique que pratique, mais le second, grâce aux ingénieuses dispositions de M. Meyer, a pu fournir les résultats les plus avantageux.

Système de M. Duncker. — Dans le système de M. Duncker, les dépêches sont d'abord expédiées par des manipulateurs en communication avec des piles de force régulièrement croissante, comme les chiffres 1, 2, 3, 4, etc ; puis on établit à la station de réception, avant le relais des récepteurs, un appareil auquel M. Duncker donne le nom de *distributeur*. Nous représentons p. 472 cet appareil.

Cet appareil consiste dans une série de marteaux de fer doux, *a*, *b*, *c* (fig. 166 et 168), en nombre égal à celui des stations avec lesquelles on doit correspondre, et qui sont interposés entre les pôles d'un électro-aimant E, de manière à pouvoir subir de leur part une double réaction en sens contraire. Ces marteaux sont fixés à l'extrémité de tiges articulées oscillant entre deux appendices à ressort *c* et *d*, lesquels sont mis en relation, du moins pour le marteau *a*, l'un *c* avec la terre, l'autre *d* avec le relais correspondant. Des ressorts antagonistes et des butoirs d'arrêt rappellent ces marteaux dans une position fixe, mais la tension des ressorts est différente pour chaque marteau, et se trouve mise en rapport avec les forces croissantes des piles différentes appelées à réagir sur le distributeur. Il résulte de cette disposition que, si le fil de l'électro-aimant communique avec le fil de ligne et la tige de ces marteaux, ceux-ci pourront être attirés, mais dans des conditions différentes et dépendantes de l'énergie de la force électrique transmise. Ainsi *a* pourra être attiré lorsque la force de la pile électrique sera représentée par 1, tandis que *b* ne pourra l'être que quand cette force électrique sera représentée par 2. Dans tous les cas, par suite d'une disposition particulière que nous indiquerons, il n'y aura jamais qu'un marteau d'attiré à la fois, et la tige de ce marteau, en réagissant sur l'appendice *d*, opérera les liaisons métalliques nécessaires pour la transmission simultanée. Comment cette tige pourra-t-elle atteindre cet appendice alors que le courant qui anime l'électro-aimant E aura cessé de circuler par suite de l'écar-

Fig. 166. Fig. 167. Fig. 168.

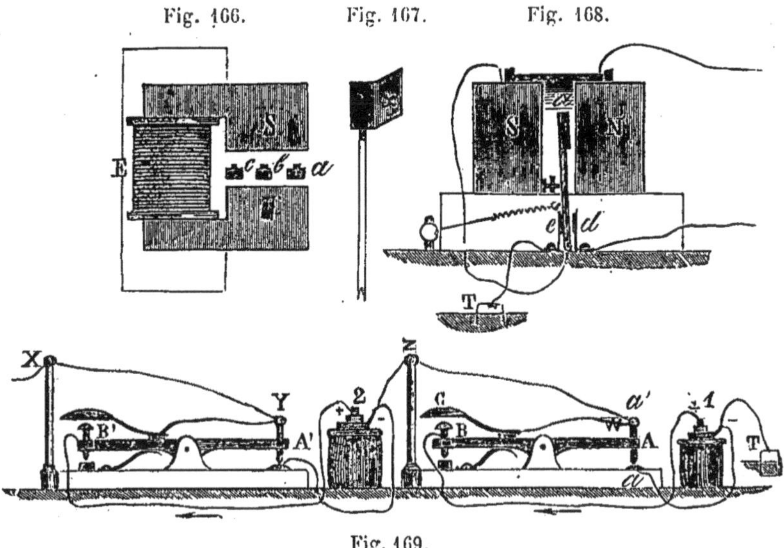

Fig. 169.

tement du marteau de sa position initiale? C'est ce que l'on comprendra facilement si l'on considère que l'appendice *d* est très-rapproché de la tige des marteaux, et que l'appendice *e* accompagnant celle-ci dans une partie de sa course lui permet d'acquérir une quantité de mouvement suffisante pour vaincre la solution de continuité entre *e* et *d*.

Quant aux liaisons métalliques que doivent établir les tiges des marteaux *a*, *b*, *c*, etc., elles sont assez complexes, et nous ne les considérerons que pour trois marteaux seulement. Elles peuvent d'abord mettre la ligne en rapport avec le relais de la station où se trouve le distributeur, mais il faut pour cela qu'un commutateur particulier avec lequel les appendices *d* sont en relation permette leur liaison avec ce relais; autrement, en temps ordinaire, l'appendice *d* du marteau *a* correspondrait seul à ce relais, tandis que l'appendice *d* du marteau *b* correspondrait au fil de ligne, et l'appendice *d* du marteau *c* à la fois au fil de ligne et au relais. Sur cette dernière communication est interposée une bobine de résistance dont l'utilité sera expliquée plus tard.

Quand le courant envoyé représente une force électrique faible, on comprend facilement qu'il n'y aura d'attiré, par l'électro-aimant E, que le marteau dont la résistance à l'action électro-magnétique sera en rapport avec la force électrique transmise. Mais quand ce courant est assez fort pour vaincre une beaucoup plus grande résistance, deux ou plusieurs marteaux peuvent être attirés à la fois. Or, nous avons vu qu'il était nécessaire qu'il n'y en eût jamais qu'un seul de suffisamment attiré pour réagir sur les appendices *d*. Pour obtenir cet effet, M. Duncker avait pensé d'abord à adapter à ces marteaux un petit volet *x*, fig. 167, placé du côté du marteau voisin le moins résistant, et devant s'interposer entre l'électro-aimant et ce dernier marteau; mais pour des raisons sur lesquelles nous ne nous étendrons pas, M. Duncker a supprimé ces volets, et c'est un rhéotome combiné avec des piles locales *ad hoc* qui intervient pour arrêter ces marteaux en temps convenable. Nous ne nous arrêterons pas à ce système rhéotomique, car il peut être considérablement simplifié; toujours est-il que par un moyen ou par un autre le problème peut être facilement résolu.

Pour terminer avec ce distributeur, il nous reste à expliquer les raisons de la disposition des marteaux entre les deux pôles de l'électro-aimant E. Si on a bien saisi la description précédente, on aura pu comprendre que toute la régularité du jeu du distributeur dépend du rapport exact existant entre l'intensité des courants transmis et la résistance des marteaux à l'action magnétique. Or, nous savons qu'une intensité électrique d'une valeur constante est impossible à obtenir. Si les marteaux n'avaient eu pour régler leur résistance que leurs ressorts antagonistes, l'appareil en question n'aurait donc jamais pu fonctionner d'une manière régulière. Mais par la disposition des marteaux entre les pôles de l'électro-aimant E, il n'en est plus ainsi; car deux réactions contraires sont exercées sur eux. Il est vrai que, par suite du plus grand rapprochement des marteaux du pôle N, l'action de ce pôle est prépondérante; mais la réaction du pôle S n'en intervient pas moins, et cette intervention s'effectue dans le sens des ressorts antagonistes. Si donc la force électrique destinée à agir sur le marteau *b*, je suppose, est plus forte que celle qui aurait dû lui correspondre d'après le réglage de son ressort antagoniste, la force contraire, venant en aide à ce ressort, est aussi plus forte, et l'irrégularité se trouve corrigée. Si, au contraire, la force électrique est trop faible, la force antagoniste devient plus faible, et la cause d'irrégularité se trouve détruite. Ce système est, comme on le voit, très-ingénieux et peut être appliqué d'une manière très-avantageuse aux relais pour éviter le réglage des ressorts antagonistes.

Au moyen du distributeur que nous venons de décrire, une station intermédiaire peut donc, sans préjudice des autres avantages que nous allons étudier, recevoir directement une dépêche de diverses stations et savoir par le numéro d'ordre du marteau mis en action celle de ces stations qui a parlé; car les piles de ces diverses stations peuvent être combinées par rapport aux diverses résistances de la ligne, de manière à réagir isolément sur les différents marteaux de l'appareil. Nous allons voir à l'instant que ce même système permet la transmission simultanée de deux dépêches. Mais auparavant il est essentiel d'étudier la forme du manipulateur que M. Duncker a combiné à cet effet.

La fig. 169 représente deux manipulateurs de ce genre, et ces manipulateurs ayant chacun leur pile doivent être en nombre égal à celui des stations avec lesquelles on veut correspondre simultanément. AB est un levier-clef de Morse dont l'extrémité B porte une vis-butoir isolée communiquant au pôle positif de la pile correspondante, et dont l'extrémité A se termine par une tige *a*, *a'*, appuyant à l'état ordinaire contre un butoir métallique *a* en rapport avec le pôle négatif de la même pile. Au-dessus de la vis B se trouve une touche à ressort C, reliée par un fil à la tige *aa'*, laquelle est reliée elle-même au second manipulateur et à la pile de ce manipulateur, comme on le voit sur la figure. Du reste, pour un plus grand nombre de manipulateurs, les liaisons métalliques seraient les mêmes, et c'est en X qu'aboutit toujours le fil de ligne.

La marche du courant dans ces appareils se comprend aisément. Quand ils sont à l'état de repos, le fil de ligne est en relation directe avec les récepteurs et la terre par le circuit X Y Z W T, qui se trouve alors complet. Le récepteur interposé entre T et W peut donc recevoir les dépêches. Si on abaisse la clef AB au moyen de la touche C, le pôle positif de la pile n° 1 arrive en W par le contact de C avec B, et le courant suit le circuit W Z Y X, entre dans la ligne et revient à la pile par T; il réagit sur celui des distributeurs des stations échelonnés sur cette ligne, dont la résistance des marteaux est en rapport avec sa tension. Ce sera, je suppose, celui de la station B, et ce sera le marteau *a*, fig. 166, qui sera mis en jeu. Supposons maintenant que la clef AB soit revenue à son état normal, et que la clef A' B' soit abaissée, le courant de la pile n° 2 (deux fois plus forte que celle n° 1) ira de Y en X, et de là par le fil de ligne au distributeur de la station B, où il provoquera l'abaissement du marteau *b*; comme ce marteau établit la communication directe avec la station suivante C, le courant réagira sur le relais de cette station, sans exercer aucun effet sur celui de la station B, attendu que l'abaissement du marteau *b* a empêché le marteau *a* de fonctionner. Quand donc les deux clefs agiront séparément, les deux stations B et C pourront recevoir des signaux différents sans aucun dérangement. Voyons maintenant ce qui arrivera quand les deux clefs fonctionneront en même temps : le courant envoyé résultera alors des deux piles 1 et 2 réunies en tension, car il suivra le circuit suivant : + (de la pile 1) WZ — (de la pile 2) + (de cette même pile) YX fil de ligne T et — (de la pile 1) ; il aura donc pour effet de faire fonctionner le marteau *c* du distributeur de la station B. Mais ce marteau n'ayant pour effet que d'établir une dérivation du circuit sur le relais de la station B, une partie du courant ira en B, l'autre en C ; et si une résistance convenable est interposée dans la dérivation, les relais des stations B et C fonctionneront comme s'ils recevaient également le courant qui les avait mis en jeu, alors que les manipulateurs avaient fonctionné séparément. Ainsi quels que soient les mouvements exécutés en même temps par l'un ou par l'autre des manipulateurs, les réactions électriques produites ne peuvent se détruire réciproquement et arrivent forcément à leur destination.

Nous n'avons jusqu'ici raisonné que pour deux manipulateurs, mais il est facile de comprendre qu'il en serait de même pour 3, 4, 5 ; seulement les marteaux des distributeurs seraient plus nombreux, et les réactions produites seraient plus compliquées, pour se prêter aux combinaisons qui pourraient résulter des accouplements de piles plus nombreuses.

Système de M. Starcke. — Le système de M. Starcke est fondé sur le même principe que celui de M. Duncker, car il emploie également des manipulateurs ou clefs en nombre égal à celui des stations, des piles de tension différente et des relais dont les armatures sont inégalement résistantes à l'action électro-magnétique.

La disposition du système est indiquée, fig. 170, et dans les expériences faites à Vienne en 1857, les stations desservies par le bureau de Vienne étaient Trieste et Graetz. Le but que se proposait M. Starcke était de faire réagir les récepteurs de ces deux stations isolément ou simultanément en n'employant qu'un seul fil.

Au poste expéditeur, c'est-à-dire à Vienne, étaient placées deux clefs Morse disposées comme on le voit fig. 170, c'est-à dire renfermant un second contact de travail disposé en rhéotome disjoncteur. Dans l'une de ces clefs T_1 le contact ordinaire du travail et celui du repos n'avaient aucune fonction électrique à remplir, et la pile était divisée de manière à constituer trois groupes de force différente et proportionnée aux distances de Graetz et de Trieste. L'un *a* correspondait à Graetz ; l'autre, composé des deux groupes *c* et *b*, correspondait à Trieste, et l'ensemble de ces trois groupes pouvait faire réagir simultanément les deux stations.

Pour peu qu'on suive la marche des courants sur la figure 170, on comprendra aisément, qu'en faisant fonctionner seul le manipulateur supérieur T_1, le courant positif de la pile *a* était transmis à Graetz par le ressort *fm*, le rhéotome disjoncteur *z k*, la ligne L et revenait au pôle négatif de la pile *a* par la terre et le ressort *ks* du 2e manipulateur T_2. En manœuvrant seul ce dernier, le courant positif de la pile *bc* se trouvait transmis à Trieste par le contact de travail *zz'*, le levier de la clef et son support, le ressort *s h* et la lame *k* du premier appareil, enfin par la ligne L. Puis il revenait au pôle négatif de la pile *cb* par la terre, le rhéotome disjoncteur *kf* du second appareil et le ressort *fm'*. Enfin en manœuvrant simultanément les deux clefs, le courant de la pile entière traversait la ligne en passant par le ressort

Fig. 170.

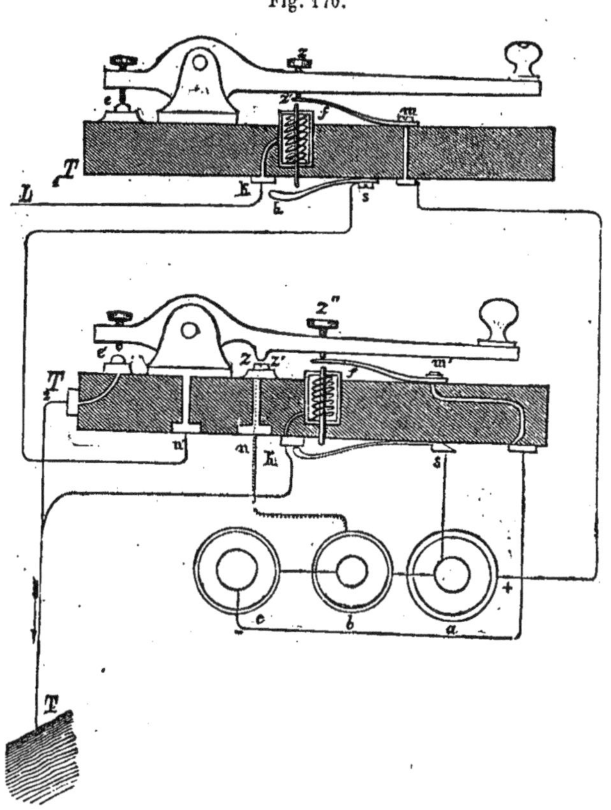

fm de la première clef, le rhéotome disjoncteur *z k*, et revenait à la pile par la terre et les mêmes organes de la seconde clef.

Pour éviter toute confusion dans la réception des signaux, M. Starcke employait à la station intermédiaire de Graetz trois relais, un pour cette station, un autre pour la station de Trieste et un troisième pour les deux stations réunies Les deux derniers remplissaient donc les fonctions de translateurs, et le troisième n'agissait que sous l'action du courant que l'on obtenait en pressant simultanément sur les deux manipulateurs. Ce dernier n'avait donc par le fait qu'à faire fonctionner les deux autres relais, et tout le succès de l'opération dépendait, comme on le voit, de la différence d'intensité des courants, différence qu'on assurait au moyen d'un régulateur, et qu'on vérifiait au moyen d'un galvanomètre. Il fallait seulement que les relais fussent bien réglés pour ne fonctionner que sous l'influence électrique qui leur était attribuée. C'était une opération très-délicate et qui demandait des employés attentifs et habiles. Aussi ce système est-il plutôt théorique que pratique.

Système de M. Wartmann. — Le système de M. Wartmann réalise le même problème que celui que s'étaient proposés MM. Duncker et Starcke.

Pour transmettre simultanément un nombre quelconque de dépêches, le poste expéditionnaire doit être pourvu d'autant de manipulateurs qu'il y a de dépêches à envoyer. Les manipulateurs sont indépendants les uns des autres, et peuvent fonctionner, soit isolément, soit plusieurs à la fois.

Le premier manipulateur lance sur la ligne le courant d'une pile formée d'un nombre d'éléments *a*; le second ferme le circuit d'une pile d'un nombre plus grand d'éléments, *b*, par exemple, *b* étant au moins égal à 2 *a*. La troisième clef ferme le circuit d'une pile d'un nombre *c* d'éléments, *c* étant au moins égal à 4 *a*, et ainsi de suite. Les manipulateurs sont disposés de telle manière, que les leviers de deux quelconques d'entre eux étant abaissés, les piles auxquelles ils correspondent s'ajoutent en tension.

Le poste de réception doit contenir autant de relais qu'on peut établir de *combinaisons* avec les manipulateurs ; ces relais, placés tous dans le même circuit que la ligne, commandent autant d'appareils à signaux qu'il y a de dépêches à recevoir.

Ainsi, pour transmettre *m* dépêches simultanément, il faut, à chacune des stations, *m* piles, *m* manipulateurs, et un récepteur composé de *m* appareils à signaux et (2*m*-1) relais.

Nous allons nous borner à examiner en détail le cas où le nombre des dépêches à envoyer simultanément est de deux ; c'est, du reste, le seul que M. Wartmann regarde comme matériellement applicable.

La figure 171 ci-dessous montre deux stations S et S′ réunies par un fil conducteur DD. Pour la première, on a représenté les deux manipulateurs M et N et les deux piles de la ligne A et B ; le récepteur Q est seulement indiqué.

Pour la seconde station, on a supprimé les deux manipulateurs, et l'on ne voit que le récepteur, composé de trois relais, R′, R″ et R‴, les deux appareils à signaux X et Y, et les deux piles locales R et U.

Le levier du manipulateur M, dont l'extrémité est terminée par deux vis

Fig. 171.

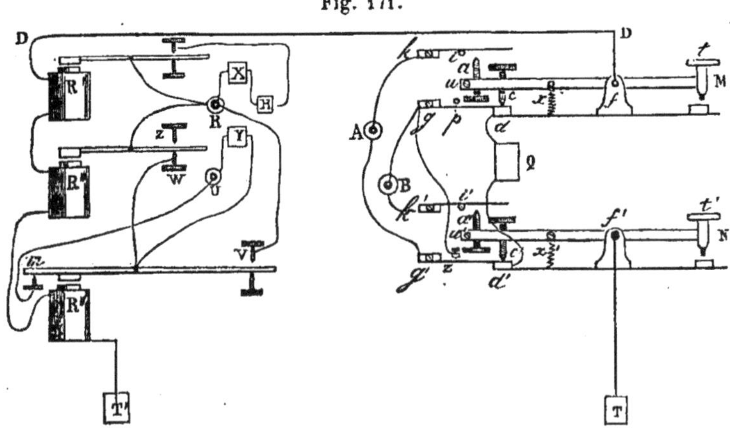

platinées *a* et *c*, pivote autour du point *f* situé au tiers de sa longueur, à partir de la poignée *t*. La pression de la main sur cette poignée donne au levier un mouvement, dont la rapidité est à son maximum au bout d'un instant très-court, avant qu'il ait dépassé le milieu de sa course. Le levier M appuie sur le ressort *g* qu'il déprime sur l'enclume *d*, et ce ressort accompagne la vis *c* jusqu'à ce qu'il soit arrêté par le butoir *p*, quand le levier possède sa plus grande vitesse. Alors la vis *a* soulève le ressort *k*. La distance des extrémités de contact des vis *a* et *c* est réglée de telle sorte, qu'elle équivaut à peu près à celle que les butoirs maintiennent entre les ressorts.

Ainsi, le circuit n'est ouvert que pendant une fraction de seconde si petite, qu'elle ne permet pas même le retrait de l'armature d'un relais récepteur mis au point de sa plus grande sensibilité. Pour qu'au retour du levier la même condition se représente, il faut donner une tension suffisante au ressort *x* qui le ramène.

L'autre levier N est semblable à M, sauf le remplacement du butoir inférieur isolant *p* par une vis d'arrêt métallique *z*, nécessaire comme conducteur dans le cas où les deux piles sont en activité. Les ressorts *k*, *g*, *k′* *g′*, et les butoirs *i*, *p*, *i'* et *z* sont fixés contre une paroi métallique verticale dont ils sont isolés.

En suivant les communications sur la figure, on voit que, lorsque les deux manipulateurs sont au repos, le courant de la ligne peut arriver au récepteur Q et se rendre à la terre après l'avoir traversé; si le levier M est abaissé, le courant de la pile A passe seul sur la ligne; si, au contraire, le levier N est abaissé, c'est le courant de la pile B qui est envoyé; enfin, quand les deux leviers sont abaissés ensemble, le courant est produit par les deux piles, dont les pôles contraires sont réunis.

La pile B est composée de deux fois autant d'éléments que la pile A, de sorte que, si l'on désigne par I le courant obtenu dans le premier cas de la transmission, il sera 2 I dans le second et 3 I dans le troisième.

Les trois relais R', R'', R''' du récepteur, sont tous dans le circuit; ils sont réglés de telle sorte que l'armature de R''' ne peut être attirée que par un courant d'intensité égale au moins à celle que donnent les deux piles réunies ou 3 I, celle de R'', par un courant d'intensité égale à 2 I, et enfin celle de R', par le courant I.

Lorsqu'on transmet à l'aide du premier manipulateur, le relais R' marche seul, ferme le circuit de la pile R, et fait fonctionner l'appareil écrivant X.

Si l'on abaisse le levier du second manipulateur, les armatures des relais R' et R'' sont attirées, mais la pile R est enlevée du circuit de l'appareil X avant qu'il ait eu le temps de donner le signal. Pour obtenir ce résultat, M. Wartmann prolonge la tige de l'armature du relais R'', de manière qu'elle vienne toucher le bouton V avant que l'armature de R' ait fermé le circuit de la pile locale; ce qui est toujours possible, bien que le mouvement de l'armature de R soit un peu plus rapide que celui de l'armature de R'', dont la sensibilité est moindre.

Par suite de ce contact, le circuit de la pile R se trouve fermé directement par l'intermédiaire des leviers de R''' et de R'', et des boutons W et V; le courant ne passe donc plus dans l'appareil X. Le circuit de la pile locale U se complète d'ailleurs à travers l'appareil Y par le prolongement *m* de l'armature du levier R'' et un bouton métallique placé en face.

Lorsque le courant 3 I parcourt le récepteur, les trois armatures de R', R'' et R''', sont attirées, et les deux circuits des piles locales sont fermés à travers les appareils X et Y, la pile R étant rendue active par suite de la séparation de la tige du levier de R''' et de la vis W.

On peut reconnaître qu'en passant d'une position des manipulateurs à l'autre, la transition s'opère tout naturellement dans les récepteurs, à part la rupture du circuit aux manipulateurs, rupture que M. Wartmann a rendue assez courte pour être sans influence.

M. Wartmann indique encore une autre disposition qui consiste à supprimer un des relais, et à rendre la tige de l'armature assez flexible pour toucher une vis sous l'influence d'un courant plus intense que celui qui produit l'attraction ordinaire; mais celle que nous venons d'indiquer nous paraît préférable.

L'appareil de M. Wartmann a été essayé au bureau télégraphique de Genève par M. Berzin, chef de ce bureau, et l'on a pu transmettre simultanément deux dépêches en signaux Morse, distinctes et lisibles.

Le procédé de transmission de plusieurs dépêches dans une même direction peut se combiner, comme l'a fait observer M. Wartmann, avec celui de la transmission simultanée en sens opposé. Il suffirait, pour réaliser cette double transmission, de placer le récepteur Q sur le parcours du fil de la ligne, et de disposer autour de chacun des électro-aimants dont se compose ce récepteur, deux fils enroulés en sens contraire, l'un d'eux étant destiné à recevoir un courant local pour paralyser celui qui est envoyé sur la ligne.

On pourrait ainsi arriver à transmettre par un seul fil quatre dépêches en même temps, deux allant dans un sens et deux en sens contraire; et en étendant la combinaison proposée par M. Wartmann à plus de deux appareils, on aurait la solution la plus générale de la transmission simultanée; mais il est difficile d'y voir autre chose que la solution théorique d'un problème intéressant et sans application possible dans la pratique.

III. Transmissions multiples alternées.

La troisième catégorie des télégraphes à transmissions multiples qui nous reste à étudier se rapporte aux transmissions dans lesquelles on utilise à la marche d'appareils différents les intervalles de temps pendant lesquels une ligne télégraphique n'est sillonnée par aucun courant. Pendant ces intervalles, chaque appareil est donc en possession de la ligne, comme s'il était seul à l'utiliser.

Système de M. Rouvier. — Pour pouvoir utiliser les intervalles des émissions de courants produites pour l'envoi d'une dépêche à la transmission d'une autre dépêche, M. Rouvier admet en principe qu'il faut : 1° imprimer aux appareils destinés à réaliser cet effet aux deux extrémités de la ligne, deux mouvements parallèles identiques; 2° subordonner à ces mouvements le jeu des manipulateurs.

Pour résoudre le premier problème, M. Rouvier a recours à un moyen analogue à celui que M. Caselli a employé pour son télégraphe autographique. Il prend deux pendules de même longueur, de même forme, de même poids, et charge l'électricité d'entretenir leurs mouvements, une fois abandonnés à eux-mêmes, et de régler leur marche de telle manière que, s'écartant également de la verticale, ils abandonnent leur position extrême précisément au même instant. Il arrive à ce résultat par un moyen analogue à celui de M. Caselli, mais beaucoup moins sûr.

Pour résoudre la seconde partie du problème, M. Rouvier adapte au pendule deux petits leviers destinés à réagir comme frotteurs, et qui se trouvent mis alternativement en action, à chaque demi-oscillation du pendule, par l'intermédiaire d'une bascule adaptée également à l'axe de celui-ci et qui conserve une position différente suivant que le pendule se meut de gauche à droite ou de droite à gauche. Cette bascule sert en même temps de conjoncteur de courant pour animer les électro-aimants destinés à l'en-

Fig. 172.

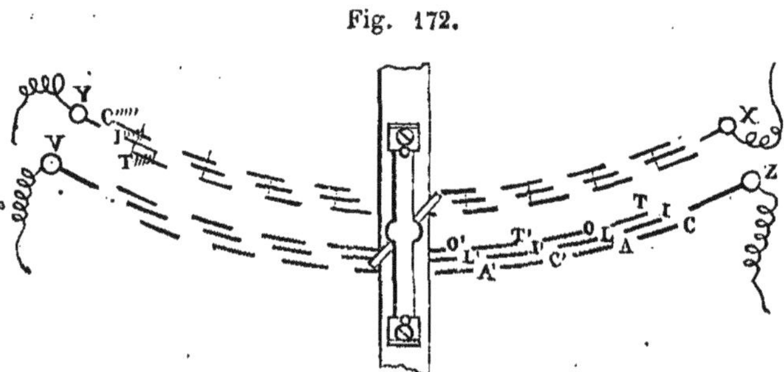

tretien du mouvement du pendule, absolument comme dans le système de M. Caselli.

En face des leviers dont nous venons de parler, et placées sur deux circonférences concentriques, sont adaptées huit séries de lames métalliques isolées, disposées par groupes de trois et en retrait les unes sur les autres, comme dans la figure 172, ci-dessus.

Les lames d'une même série n'ont entre elles aucune communication; mais, par suite de leur disposition, il arrive forcément que le frotteur du pendule ne peut quitter une série pour glisser sur la suivante que lorsqu'il a déjà eu un contact avec celle-ci. D'un autre côté, ces lames communiquent d'une série à l'autre suivant le numéro d'ordre des groupes par rapport à la verticale.

Ces différentes lames sont reliées métalliquement à deux systèmes de claviers destinés à réagir sur deux récepteurs Morse différents, et leur liaison avec ces claviers, composés chacun de huit touches, est faite de telle manière que l'un des claviers correspond aux groupes pairs et l'autre aux groupes impairs.

Avec cette disposition, il suffit, au commencement d'une oscillation du pendule, de toucher, soit isolément, soit collectivement, par deux, par trois ou par quatre, etc., les différentes touches de l'un ou l'autre des claviers, pour transmettre les différentes lettres de l'alphabet sur le récepteur correspondant ; et, comme la réaction du frotteur conduit par le pendule ne s'opère pas en même temps sur les touches paires et sur les touches impaires, les deux claviers peuvent être touchés en même temps par deux expéditeurs et fournir des dépêches différentes sur les deux récepteurs, pourvu que l'abaissement des touches correspondant à telle ou telle lettre soit prolongé sur les deux claviers tout le temps de l'oscillation entière du pendule.

Afin d'éviter à l'employé la recherche des combinaisons de touches nécessaires pour la transmission des différentes lettres, M. Rouvier a disposé un système de transmetteur à clavier et à lettres, qui fournit immédiatement cette combinaison, par l'effet de l'abaissement de celle des touches qui correspond à la lettre que l'on veut transmettre. De cette manière, la corrélation du temps de transmission des signaux avec les mouvements du pendule est plus facile, et la manœuvre de l'appareil plus aisée.

L'idée de la transmission, par un manipulateur à huit touches, de tous les signaux Morse correspondant aux différentes lettres de l'alphabet, étant nouvelle et ingénieuse, nous croyons devoir entrer dans quelques détails à ce sujet.

Les lames métalliques rencontrées par le frotteur du pendule sont, comme on l'a vu, au nombre de trois pour chaque groupe et sont en retrait l'une sur l'autre. Si l'on considère deux touches contiguës d'un même clavier comme représentant un système particulier dont l'une des touches est solidaire de l'autre électriquement, et qu'on suppose ces deux touches reliées aux lames consécutives C et I, par exemple, on comprendra qu'il pourra arriver, quand on abaissera la touche *indépendante*, que la pile sera mise à la fois en rapport avec les deux plaques précédentes, et alors il se produira, au moment du passage du frotteur pendulaire, deux fermetures de courant qui se succéderont, il est vrai, mais sans interruption, et qui pourront fournir le trait sur le récepteur. Si on abaisse à la fois les deux touches, la communication de l'une des plaques précédentes avec la pile sera coupée, et on n'obtiendra qu'une fermeture de courant correspondant à l'autre plaque, qui ne fournira sur le récepteur que le point. Ainsi, en abaissant l'une des deux touches, on obtient le trait, et en abaissant les deux à la fois on a le point.

On conçoit facilement que le même effet se reproduisant avec le second système de doubles touches du manipulateur, on pourra, par l'abaissement des touches 1 et 3, obtenir deux traits, et par l'abaissement des quatre touches, deux points ; de sorte que toutes les combinaisons binaires de points et de traits entrant dans l'alphabet Morse pourront déjà être reproduites avec les quatre premières touches du manipulateur. Par des raisons analogues, les combinaisons ternaires et quaternaires pourront être fournies par les quatre dernières touches combinées avec les quatre premières.

La figure 173 ci-dessous montre comment les deux touches de chaque système doivent être disposées pour produire l'effet dont nous venons de parler.

La touche C communique aux plaques C et C'''' (fig. 172) de l'appareil pendulaire, la touche A aux plaques I et I'''' du même appareil ; le contact I (fig. 173), sur lequel repose le ressort de la tige C, correspond au récepteur,

Fig. 173.

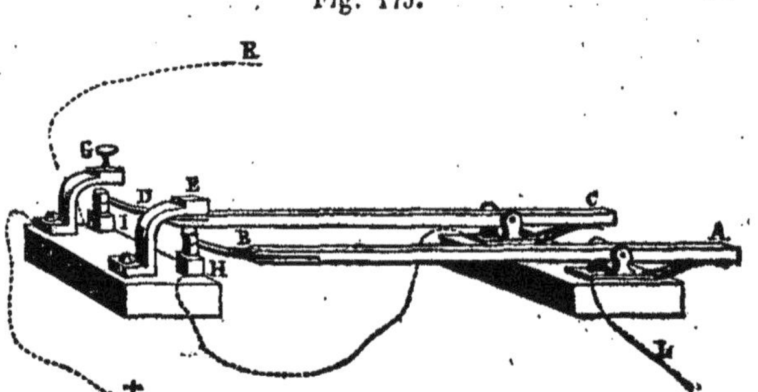

tandis que celui H, sur lequel appuie le ressort de A, communique à la touche C. Enfin, le butoir G est en relation avec le pôle positif de la pile, et le frotteur du pendule avec le fil de ligne. La touche C est celle que nous avons appelée *indépendante*. Quand on l'abaisse, le courant de la pile passe de G en C, de C en C et C'''' (fig. 172), et par A et L (fig. 173) arrive à I et I''' (fig. 172) ; d'où résulte la double fermeture du courant produisant le trait. Quand on abaisse A et C (fig. 173) à la fois, le circuit entre I, I'''' et C est coupé, et le courant de la pile ne peut plus rejoindre les plaques I et I''''.

On comprend aisément que c'est pour ne pas trop rapprocher les seize groupes de plaques les unes des autres qu'on les a disposées sur deux rangées.

La disposition du transmetteur à clavier et à lettres est assez simple avec ce système ; car il suffit de placer en croix, sous les huit touches dont nous venons de parler et qui peuvent être alors très-longues et très-effilées, les vingt-huit touches correspondant aux vingt-six lettres de l'alphabet, aux blancs et à l'attaque, et de munir ces touches d'un nombre de chevilles nécessaire pour soulever à la fois celles des huit touches qui doivent fournir les différentes lettres.

Il nous reste maintenant à indiquer le rôle des troisièmes lames O et T (fig. 172) de chaque groupe du commutateur. Ces lames n'ont qu'un rôle passif et ne sont nullement nécessaires pour les transmissions; elles ne servent qu'à mettre la ligne en communication avec la terre après chaque émission de courant, et, par conséquent, à décharger la ligne.

M. Rouvier, dans un mémoire très-intéressant qu'il a publié sur son système dans les *Annales télégraphiques*, tome III, page 5, entre dans de longs détails sur la manière de disposer ses appareils pour la translation; mais nous ne le suivrons pas dans ces détails, qui n'ont qu'un intérêt très-secondaire.

Système de M. Meyer. — Le système que nous venons de décrire, bien que très-ingénieux et très-étudié par son auteur, ne pouvait avoir cependant une application pratique, en raison de la difficulté de l'établissement du synchronisme, entre deux appareils en correspondance, avec des pendules obligés de fournir directement des contacts doubles et successifs résultant de frottements forcément inégaux. M. Meyer, en faisant effectuer ces contacts par des mécanismes d'horlogerie dont il devenait possible de régler le synchronisme de marche, a pu non-seulement rendre tout à fait pratique l'idée de M. Rouvier, mais encore faire fonctionner six appareils au lieu de deux. Aujourd'hui ce système n'est plus dans la période des essais, il est employé sur plusieurs lignes françaises et étrangères, et on en est de plus en plus satisfait. Nous ne serions pas étonné qu'il remplaçât un jour tous les systèmes jusqu'ici employés, car, outre sa facilité de manipulation, il est avec l'automatique de M. Wheatstone celui de tous les télégraphes jusqu'à présent mis en usage, qui peut débiter le plus de dépêches dans un temps donné à travers un même fil. On prétend même que quand les appareils seront disposés pour 6 transmissions, il débitera plus de dépêches que celui de M. Wheatstone. Quoiqu'il en soit, voici en quoi consiste cet ingénieux appareil.

Qu'on imagine, aux deux stations en correspondance, quatre ou six appareils récepteurs Morse mis en mouvement par un même mécanisme d'horlogerie, dont le mouvement pourra être réglé de manière à obtenir un synchronisme parfait dans la marche des appareils aux deux stations. Qu'on imagine encore ce mécanisme disposé de manière à faire tourner, aux deux stations, un système interrupteur ayant pour effet de mettre successivement chacun des appareils télégraphiques (récepteur et manipulateur) successivement en rapport avec la ligne pendant un certain intervalle de temps qui pourra être calculé : il est bien certain, que, si le synchronisme a été bien réglé et que les deux appareils soient déclanchés en même temps, les deux premiers systèmes télégraphiques, aux deux stations, seront d'abord mis en correspondance, puis les seconds, puis les troisièmes, etc., et pendant ce temps on pourra transmettre tel signe qu'on voudra. Si l'interrupteur tourne avec une vitesse qui ne dépasse pas, pour chaque appareil, le temps moyen de la transmission d'une lettre, c'est-à-dire le temps nécessaire pour produire cinq émissions de courants successives, chaque employé

Fig. 174.

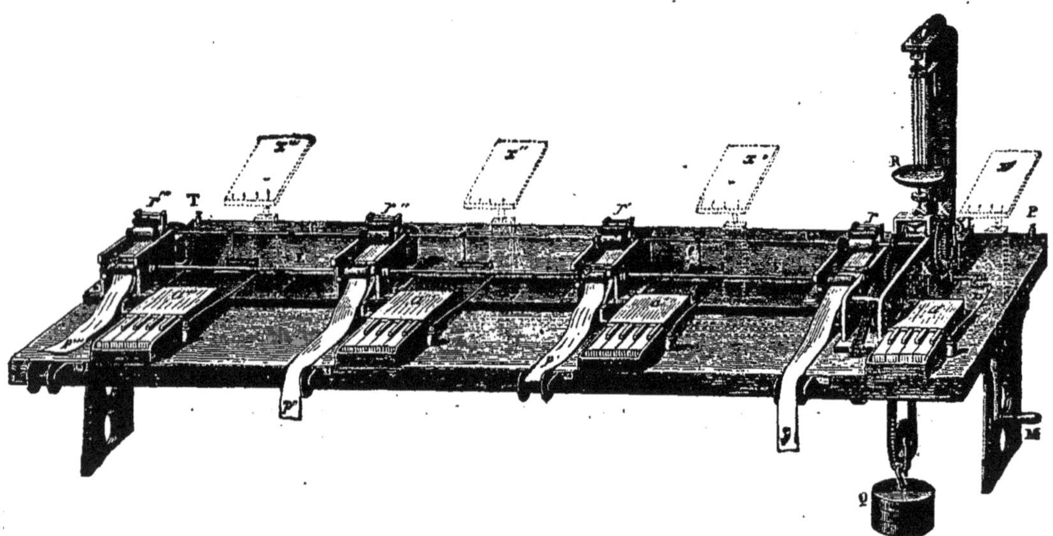

pourra transmettre à chaque tour de cet interrupteur une lettre différente, et il pourra être averti du moment où il doit faire fonctionner son manipulateur, par un coup de marteau, qui sera produit au moment où la partie de l'interrupteur qui est reliée à son appareil établit la liaison de celui-ci avec la ligne. Tel est le principe de l'appareil de M. Meyer; nous allons maintenant en étudier la disposition.

Il s'agissait d'abord de savoir combien il serait possible, avec ce système, de faire fonctionner d'appareils télégraphiques. Si l'on admet qu'un travail de 25 dépêches à l'heure, qui est le travail d'un employé exercé, exige, comme l'expérience semble l'avoir démontré, 5 émissions de courant en moyenne par seconde, le nombre de récepteurs qu'il sera possible d'établir sur le même fil sera représenté par le nombre n de courants qui peuvent physiquement se succéder dans ce fil divisé par 5, soit $\frac{n}{5}$. Si on admet que ce nombre est de 20 on pourra donc établir quatre appareils ; c'est dans cette hypothèse qu'ont été établis les premiers appareils de M. Meyer. Mais il est facile de comprendre que ce nombre 20 est minimum, car l'expérience a montré, avec les télégraphes autographiques, que l'on pouvait obtenir en ligne des empreintes très-nettes avec des courants dont la durée ne dépassait pas un cinq centième de seconde. On pourra donc porter à 6 le nombre des récepteurs de chaque station sans aucun inconvénient, puisque ce nombre ne supposerait encore à n qu'une valeur de 30 émissions par seconde.

La fig. 174 représente le premier appareil de M. Meyer. Le mécanisme d'horlogerie est en K ; les récepteurs en r, r', r'', et les manipulateurs en a, a', a'', a'''. Cette disposition a été depuis perfectionnée comme on le verra à l'instant.

Distributeur. — L'interrupteur appelé *distributeur* est représenté séparément, fig. 175, et s'aperçoit en K, fig. 174. C'est, comme on le voit, un disque K K constitué à sa circonférence par 48 lames de cuivre, isolées les unes des autres et recourbées à angle droit de manière à former dans leur ensemble un anneau $o\,o'$. Ces 48 plaques sont réparties en quatre groupes, et chacun de ces groupes est relié à des appareils télégraphiques et à la terre par des fils de communication qui s'alternent de deux en deux ; c'est-à-dire qu'après deux fils communiquant à l'appareil correspondant, il y en a un qui communique à la terre. Il y a donc par groupe 8 fils de liaison avec les appareils télégraphiques et 4 avec la terre. C'est sur l'anneau $o\,o'$ qu'appuie le frotteur de l'interrupteur qui est porté par un bras I et qui est mis en mouvement par un axe G faisant partie du mécanisme d'horlogerie ; de sorte que pour une révolution entière accomplie par lui, chacun des appareils a été mis en rapport avec la ligne pendant un quart de tour, et par l'intermédiaire de huit fils qui, suivant la manière dont le manipulateur correspondant est touché, peut fournir simultanément des combinaisons différentes d'émissions de courants représentant les différentes lettres du vocabulaire Morse.

Manipulateur. — Le manipulateur que nous représentons en partie fig. 176 ci-contre, est une sorte de clavier à huit touches, quatre blanches et quatre noires qui sont reliées au distributeur, comme on le voit sur la figure, et qui basculent entre la pile et le fil de terre.

Une touche blanche étant abaissée, la pile est mise simultanément en rapport avec deux lames contiguës du distributeur par les fils *f* et *g* qui se trouvent réunis en *f* par le contact de repos de la touche noire adjacente. Conséquemment, quand le frotteur de l'interrupteur passe au-dessus de ces deux lames, l'action de la pile se fait sentir pendant un intervalle de temps double de celui qui serait nécessaire au passage du frotteur au-dessus d'une seule lame, et on aura, par conséquent, un trait. Au contraire, quand une touche noire est abaissée, la pile ne correspond qu'à une seule lame du distributeur, et le frotteur en passant ne peut déterminer qu'un point. Les intervalles vides entre les plaques, mises deux par deux en communication avec les manipulateurs, correspondent naturellement aux intervalles qui séparent les signaux, traits ou points, mais l'on conçoit, d'après le système de liaison qui a été adopté, que, pour que ces intervalles soient égaux, il faut que la manipulation se fasse de gauche à droite pour les lettres.

Fig. 175.

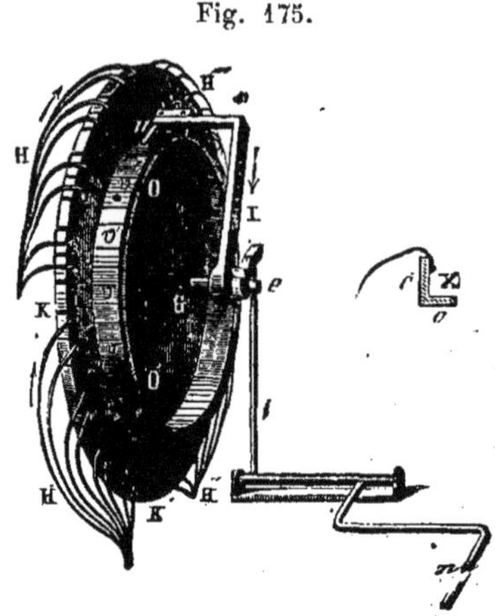

Il est maintenant facile de comprendre qu'en abaissant simultanément le

Fig. 176.

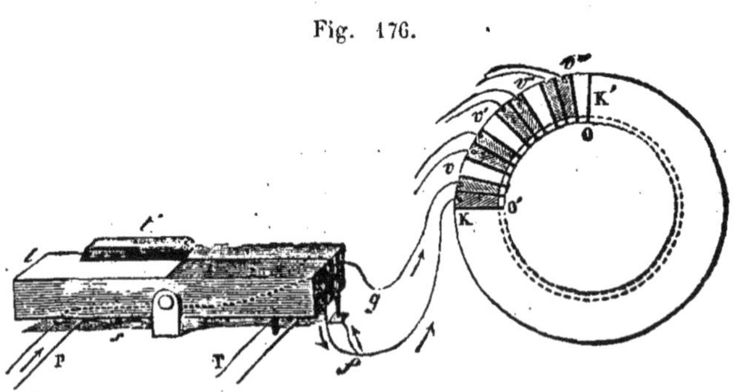

nombre de touches noires et blanches nécessaire pour la formation d'une lettre (en partant de la gauche), au moment même où l'on sera prévenu de l'arrivée du frotteur interrupteur sur la partie du distributeur qui correspond, et en maintenant quelques instants ces touches abaissées, l'interrupteur devra produire successivement par son passage à travers les lames v, v', v'', v''', le nombre d'émissions de courant nécessaire à la formation de la lettre sur les récepteurs en correspondance; de sorte que cette lettre se trouvera imprimée sous l'influence d'une manipulation faite d'un seul coup. Pour obtenir cet avertissement de la position du frotteur, chaque manipulateur est accompagné, à droite, d'une espèce de petit frappeur que l'on distingue aisément sur la figure 174 et qui est mis en action par un système de leviers sur lequel réagit une excentrique adaptée à l'arbre moteur de tous les appareils.

Récepteur. — La figure 177 ci-dessous représente l'un des récepteurs de

Fig. 177.

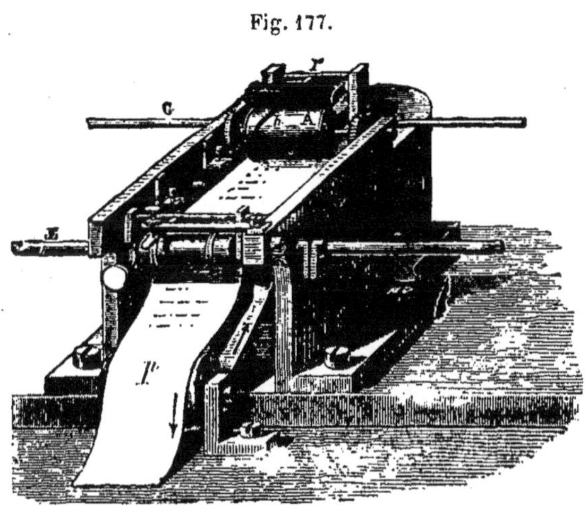

l'appareil Meyer. La disposition de cette partie du système a été un peu modifiée dans ces derniers temps, comme nous le verrons à l'instant, mais le principe est toujours le même. C'est un appareil disposé un peu comme un récepteur Morse, mais l'organe traceur, au lieu d'être une molette, est un cylindre A muni d'une portion d'hélice saillante h, comme dans le système autographique de M. Meyer que nous avons décrit page 357. Cette portion d'hélice A est, pour chaque appareil, le quart d'une spire complète, et sa position sur les cylindres est telle que l'une est la suite de celle qui la précède ; de sorte que les 4 portions de spires, si elles étaient rapprochées les unes des autres, constitueraient une spire entière.

L'hélice du récepteur et le frotteur du distributeur opèrent leur rotation dans le même temps, celui-ci passant sur le premier quart de cercle pendant que la première hélice passe en face de la bande de papier, et ainsi des autres.

Un tampon encreur tourne librement sur chacune des hélices, et au-dessous d'elles se déroulent, à tirage continu d'environ 3 millimètres par tour, quatre bandes de papier sans fin p glissant chacune, avec une parfaite adhérence, sur la tringle d'un levier en équerre qui porte l'armature de l'électro-aimant que nous avons déjà décrit p. 361 et 408. La bande de papier, comme dans le système autographique de M. Meyer, suit les oscillations du levier dont les amplitudes, limitées par deux vis de réglage, ne dépassent guère $^1/_{10}$ de millimètre; cette bande se trouve de plus entraînée par un système de laminoir analogue à celui des appareils Morse et que l'on aperçoit en avant de la figure. Les lettres s'y impriment de gauche à droite dans le sens transversal par points et traits, comme dans le système autographique du même auteur; mais elles ne se reproduisent qu'isolément les unes au-dessous des autres. Cette disposition présente un double avantage : elle évite toute confusion entre deux lettres consécutives et réduit considérablement la longueur de bande d'une dépêche. On sépare d'ailleurs les mots entre eux en laissant passer à volonté un ou plusieurs tours d'hélice.

Synchronisme de marche des appareils en correspondance. — D'après le principe sur lequel M. Meyer a basé son système, la transmission exige, dans les appareils placés à distance, une marche tout à fait synchronique des frotteurs du distributeur et des mécanismes récepteurs. Dans le premier système de M. Meyer, le dispositif employé pour réaliser cet effet et qui était un pendule conique représenté en K R fig. 174, laissait un peu à désirer, mais il a été perfectionné de la manière la plus heureuse dans les nouveaux appareils, et pour ne pas ennuyer le lecteur de descriptions inutiles, nous allons décrire seulement ce dernier système dont nous représentons fig. 178 ci-dessous le dispositif principal.

Dans cette figure, M représente une portion de la boîte renfermant le mécanisme moteur, laquelle boîte s'aperçoit en K dans la fig. 174; P est la boule du pendule conique, et K son support, qui a été brisé pour ne pas donner à la figure de trop grandes dimensions.

La pièce principale de ce système est un échappement à double effet qui réagit, sous l'influence du mécanisme d'horlogerie et d'un système électro-magnétique, sur une sorte de minuterie à roues satellites, qui a pour effet de corriger sans cesse la vitesse d'impulsion communiquée au pendule par le mécanisme d'horlogerie, soit en l'accélérant, soit en la retardant. Si le mouvement est parfaitement uniforme, l'avance produite d'un côté est détruite par le retard déterminé de l'autre côté, mais à chaque tour de l'arbre moteur la double correction est effectuée, et l'une des deux prédomine sur l'autre, selon que le mouvement est en avance ou en retard.

Pour obtenir ce résultat, M. Meyer adapte sur la platine interne du mécanisme d'horlogerie M une fourchette d'encliquetage F, dont les bras munis de cliquets peuvent réagir, suivant le sens de l'inclinaison de la fourchette, sur deux roues à rochet r placées l'une derrière l'autre et dentées en sens inverse l'une de l'autre. Ces roues à rochet sont fixées à l'extrémité d'un arbre horizontal portant une vis sans fin qui engrène avec la roue R de la minuterie; et la fourchette elle-même F est disposée de manière à

Fig. 178.

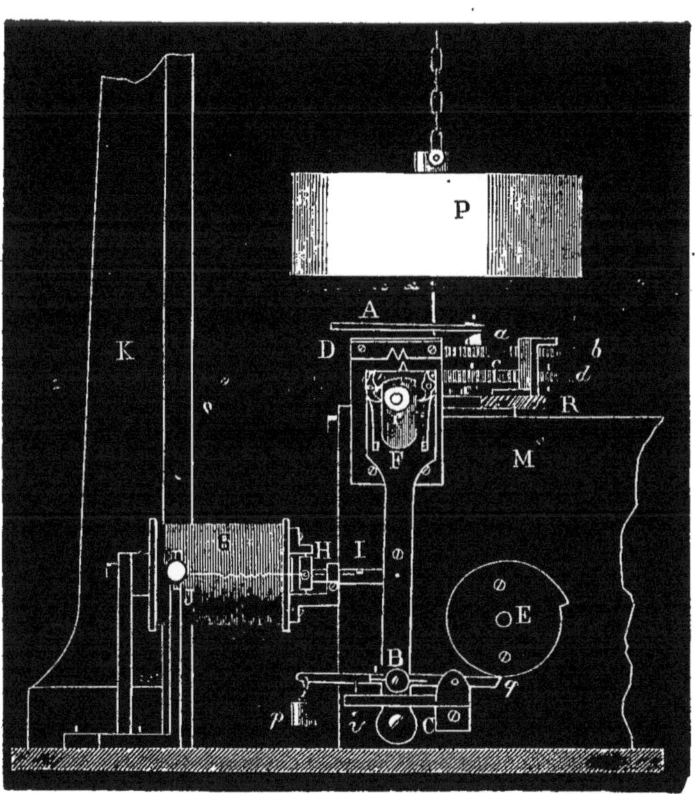

pouvoir se mouvoir de haut en bas, sous l'influence d'une bascule pq qui la porte, et de droite à gauche, sous l'influence de l'action électro-magnétique qui peut par l'intermédiaire d'une pièce I, la faire osciller autour du pivot B sur lequel elle est articulée à sa partie inférieure. Un contre-poids p et un ressort antagoniste J rappellent toujours cette pièce dans une position déterminée, qui est celle représentée sur la figure.

Le mécanisme d'horlogerie réagit sur ce système d'encliquetage au moyen d'une excentrique à limaçon E qui, à chaque tour de l'arbre moteur des appareils, abaisse la partie *q* de la bascule *pq* et soulève la fourchette. Si en ce moment l'électro-aimant G est inactif, le cliquet de gauche de cette fourchette fait avancer d'une dent l'un des rochets *r*, au moment où la fourchette retombe sous l'influence du contre-poids *p*, et la roue R avance d'une certaine quantité. Si, au contraire, l'électro-aimant est actif en ce moment, la fourchette étant inclinée en sens contraire, c'est le rochet de droite qui agit, et la roue R se déplace dans le sens opposé. Des vis calantes *v* et I règlent d'ailleurs l'amplitude des mouvements de la fourchette F.

On voit déjà, d'après la description de ce système d'échappement, que si la roue R pouvait commander directement le mouvement du pendule P, et que, si à chaque tour de l'arbre moteur à la station de départ un courant était lancé à travers l'électro-aimant G à la station qui doit établir le synchronisme, il pourrait se produire deux effets contraires au moment de l'action de l'excentrique E sur la bascule *q*. 1° Si cette action s'effectuait au moment où l'électro-aimant est inactif, la roue R tournant d'une certaine quantité dans le sens de la rotation du pendule conique, tendrait à accroître la vitesse de celui-ci, et il y aurait alors accélération dans le mouvement du mécanisme moteur. 2° Si l'action de l'excentrique E s'effectuait au moment où le courant anime l'électro-aimant G, la roue R tournerait en sens contraire et retarderait la vitesse du moteur. Il en résulterait donc qu'une correction serait toujours produite à chaque tour de l'arbre moteur, soit dans un sens, soit dans l'autre, et par conséquent que le synchronisme de marche des appareils serait sans cesse établi.

Il s'agit de voir maintenant comment on a pu faire en sorte que la roue R put réagir sur le mouvement du pendule soumis directement à l'action du mécanisme d'horlogerie. On a eu pour cela recours à un système d'engrenage, à roues satellites représenté en *a b c d*. Le mouvement est communiqué au pendule P par un levier A muni d'une coulisse dans laquelle est engagée l'extrémité de la tige du pendule, et ce levier A n'est animé de son mouvement de rotation que par l'intermédiaire des quatre roues *a*, *b*, *c*, *d*, dont deux, les roues *b* et *d*, sont montées en roues satellites sur la roue R, dont l'axe creux enveloppe l'axe des roues *a* et *c*. La roue *c* a 80 dents, la roue *d* en a 40, et les deux autres *a* et *b*, 60. La roue *a* est montée sur un axe creux qui sert à la fois de crapaudine à l'axe de la roue *c* et de support à l'axe de A. Le mouvement est communiqué par la roue *c* de telle sorte que le levier A tourne avec une vitesse double de celle de cette roue, du moins pour une position donnée des roues satellites *b* et *d*. Toutefois, si la roue R se déplace et entraîne avec elle, soit d'un côté, soit de l'autre, les deux roues satellites, celles-ci accroissent ou retardent la vitesse de la roue *a* d'une quantité en rapport avec l'arc décrit par leur axe commun, puisque pour se déplacer ainsi, elles sont obligées de tourner sur elles-mêmes en combinant ce mouvement à celui qu'elles reçoivent directement de la roue *c*. Or, nous avons vu que le mouvement de la roue R dépend des rochets *r* dont l'axe de rotation se trouve muni d'une vis sans fin qui engrène avec cette roue. On comprend dès lors comment la vitesse du mouvement du pendule P se trouve réglée par l'action électro-magnétique, et comment, par conséquent, il est possible de régler le synchronisme de marche des appareils en correspondance.

Nous ajouterons que, pour la sûreté de l'échappement des dents du rochet et pour le fonctionnement régulier de l'appareil, on a dû adapter à la fourchette F une lame angulaire qui, suivant l'inclinaison de cette fourchette à gauche ou à droite, doit s'enfoncer dans l'une ou l'autre des deux coches évidées au-dessus d'elle dans la traverse D et qui servent de guide.

Le commutateur destiné à faire fonctionner ce système est placé directement sur l'arbre moteur. Il consiste dans un disque en ébonite sur la circonférence duquel est placée une traverse métallique qui, en se présentant devant deux lames de ressort isolées, en rapport avec le circuit de ligne, les réunit par contact et ferme le courant à travers le relais appelé à animer l'électro-aimant correcteur et l'électro-aimant récepteur.

Nous ne parlerons pas avec détails du système pendulaire qui est resté à peu près le même que celui que nous avons représenté fig. 174. C'est une tige terminée en pointe et au bas de laquelle se trouve suspendue, par deux chaînes, une masse plus ou moins lourde. Ces chaînes sont fixées supérieurement à une suspension Cardan, qui elle-même est soutenue par un levier horizontal articulé que l'on peut élever plus ou moins à l'aide d'une bielle et d'une vis de rappel. Ce dispositif est très-bien entendu et d'une manœuvre facile.

Les nouveaux perfectionnements apportés à l'appareil de M. Meyer sont assez nombreux et concernent particulièrement les récepteurs et le distributeur.

Au lieu de récepteurs distincts, M. Meyer les établit doubles afin de simplifier les mécanismes et de les rendre moins dispendieux. La fig. 179 ci-contre, représente la dernière disposition qui a été adoptée. X X est le grand arbre moteur relié aux appareils par des boîtes d'engrenage O, O'; M, M' sont les molettes à hélice; R, R' les rouleaux encreurs qui sont renversés pour laisser voir les hélices; B, B' les châssis articulés qui approchent la bande de papier des rouleaux, sous l'influence des armatures électro-aimants E E'. L'un de ces châssis est à découvert sur la figure, l'autre est caché par la bande de papier PP qui l'enveloppe. Les laminoirs entraîneurs de la bande de papier sont en L G G, L′ G′ G′. Les aimants sont en A, A′, et les vis de réglage des ressorts antagonistes des armatures, en V, V′. La pièce en arc-boutant C permet de séparer les deux cylindres du laminoir pour l'introduction et le serrage de la bande de papier, et les vis

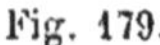

Fig. 179.

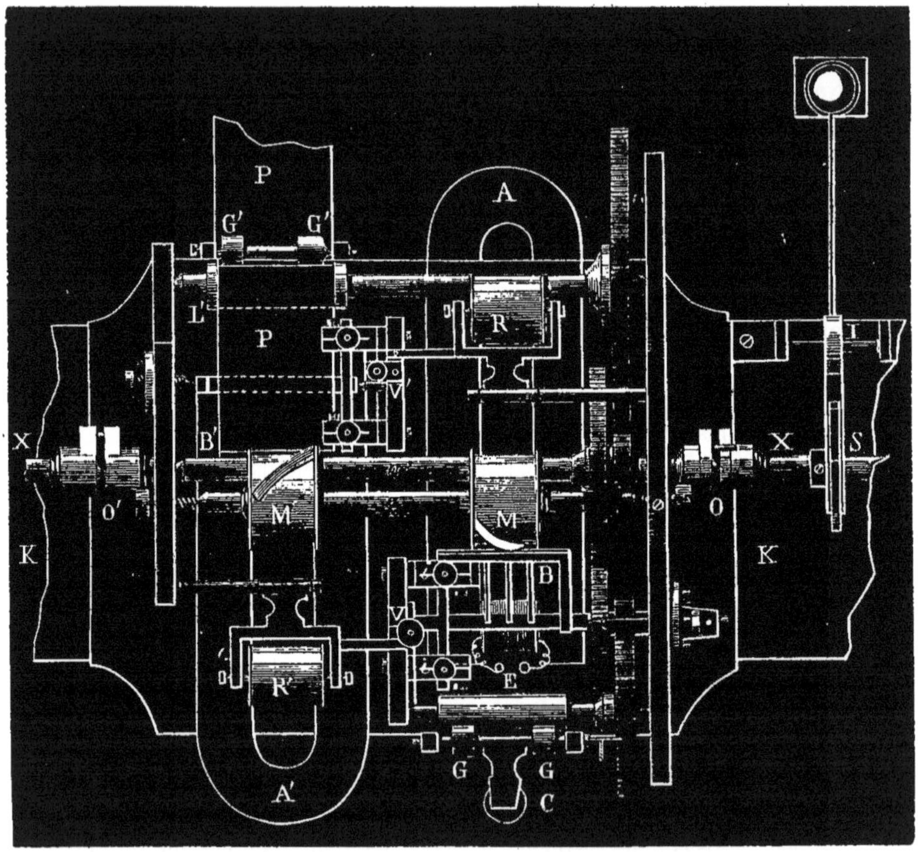

i, *i*, *i′*, *i′*, sont les butoirs d'arrêt qui limitent l'oscillation des châssis B, B′. Le tout est monté sur une plate-forme en fonte KK qui s'étend d'un bout à l'autre de l'appareil.

Avec cette nouvelle disposition, les employés sont placés les uns devant les autres, ayant leur clavier à gauche de leur récepteur, et les appareils sont mis en mouvement à l'aide d'un levier à frotteur qui appuie sur un disque adapté à l'axe moteur et qui joue le rôle de déclancheur. L'un des frappeurs se voit en SI. C'est une bascule articulée en I, sur laquelle réagit une roue à cames S, et qui, après avoir soulevé le marteau, le laisse retomber sur une sorte d'enclume.

Le distributeur a été aussi modifié par suite de la nécessité dans laquelle on s'est trouvé de rendre les appareils indépendants les uns des autres. Dans celui que nous avons décrit, les communications électriques étaient disposées dans l'hypothèse que tous les appareils étaient introduits dans un même circuit; mais, par suite d'inconvénients nombreux qui résultaient de cette disposition, on a été conduit à adapter à l'intérieur de la couronne de contacts dont nous avons parlé, une circonférence métallique divisée en quatre parties égales correspondant en position aux quatre divisions de la couronne de contacts, et communiquant isolément à chacun des appareils. Dans ces conditions, le frotteur est double et, au lieu de se mouvoir parallèlement autour de la circonférence du distributeur, il frotte tangentiellement à sa surface sur les deux anneaux métalliques, constitués d'un côté par les lames de contact reliées au manipulateur, de l'autre par les 4 lames circulaires en rapport avec les récepteurs; un contre-poids placé en sens opposé du frotteur équilibre sa masse, et la continuité du circuit est assurée par un fort ressort qui presse contre l'extrémité de l'axe de rotation.

L'exécution de ces différents appareils a été confiée à M. Hardy, qui a contribué pour beaucoup à leur réussite. Aujourd'hui ils paraissent avoir atteint un degré de perfection suffisant pour leur mise en pratique d'une manière définitive.

Pour établir au commencement de la transmission la concordance entre les deux appareils en correspondance, les deux pendules étant préalablement ramenés au même diapason, l'appareil type qu'on fait dérouler au hasard, envoie au correspondant une émission correctrice à chaque tour, ce qui se traduit à la réception par un trait sur l'une des bandes. On amène ce trait par une légère accélération dans la sphère d'action du système correcteur, puis on rétablit l'équilibre; les deux appareils marchent dès lors ensemble et la correction les y maintient. Après chaque émission de courant, la ligne est mise à la terre par ses deux extrémités, ce qui est, comme on l'a vu, très-favorable pour la célérité des transmissions.

D'après le rapport de la commission chargée d'examiner cet appareil, le maximum par employé a été de 28 dépêches à l'heure, et le produit maximum du fil 110 dépêches à l'heure.

La moyenne par employé, après avoir été le premier jour 19 dépêches à l'heure, s'est élevé à 22 et 23 dépêches. On sait que la moyenne du Morse est de 18 dépêches par employé, et celle du Hughes de 22. La moyenne par fil était donc 92 dépêches à l'heure, celle du Hughes étant 45 avec deux employés à chaque appareil.

Le rendement d'un appareil multiple à quatre transmissions est donc, comme on le voit, double de celui du Hughes et quadruple de celui du Morse. Il donnera trois fois le produit du Hughes quand il sera à 6 récepteurs. Le prix de revient du système multiple peut être évalué à autant de fois le prix du Morse qu'il y a de transmissions. Ce système a été pour son auteur l'objet d'un diplôme d'honneur à l'exposition de Vienne de 1873.

Transmissions simultanées par un même manipulateur.

Il arrive quelquefois, lorsqu'on a une dépêche à répéter sur plusieurs lignes, qu'on ait avantage à disposer les appareils de manière que le même manipulateur puisse fournir une transmission multiple. Plusieurs systèmes ont été proposés dans ce but ; mais le plus simple, suivant nous, est de disposer une clef à contacts multiples, mise en relation avec les différentes lignes. Une semblable clef n'a rien de difficile dans sa construction, puisqu'elle peut consister dans un cylindre de caoutchouc durci, soutenu par deux coussinets, et portant autant de leviers qu'il y a de communications à établir. Les leviers pourraient d'ailleurs être disposés comme les clefs ordinaires, à cette différence près, qu'une lame de ressort servirait d'intermédiaire pour les contacts, et chaque levier correspondrait à une pile et à une ligne différente. Le manche de l'appareil serait établi à l'une des extrémités du cylindre, et par son intermédiaire on ferait fonctionner l'appareil comme une clef ordinaire. Un appareil de ce genre a déjà été établi et essayé par M. Moudurier.

En mettant à contribution les relais des différents récepteurs, et en les faisant fonctionner comme manipulateurs sous l'influence d'un courant local qui les traverserait tous, on pourrait, à l'aide d'une clef ordinaire, arriver au même résultat. Le problème peut, du reste, être résolu d'une foule de manières, et on n'a que l'embarras du choix.

CHAPITRE IX

SONNERIES ET APPELS DES STATIONS.

I. SONNERIES TÉLÉGRAPHIQUES.

Les sonneries ou alarmes ont été la conséquence immédiate de l'invention des télégraphes électriques. Aussi leur invention remonte-t-elle à la même date que ces intéressants appareils.

On comprend, en effet, que quelque soit le système télégraphique que l'on emploie, il est indispensable de prévenir le correspondant que la transmission va commencer, et cet avertissement ne peut être fourni que par un bruit quelconque. Les systèmes qui ont été imaginés sont excessivement nombreux et ont suivi, pour la plupart, les mêmes phases que les télégraphes, quant à la manière dont l'électricité leur a été appliquée. Toutefois, ce n'est guère qu'à l'époque des expériences de M. Wheatstone que les sonneries électriques purent faire assez de bruit pour fournir un avertissement utile, et nous avons vu, p. 3, comment ce savant était arrivé à obtenir ce résultat. Depuis, ce système de sonnerie qui était, comme on l'a vu, à mouvement d'horlogerie et à déclanchement électro-magnétique, les avertisseurs télégraphiques purent être établis beaucoup plus simplement par l'introduction d'un petit mécanisme connu sous le nom de *trembleur*. Dans ces conditions, ils devinrent tellement simples qu'on pût songer sérieusement à les employer dans les usages domestiques. Cette question ayant pris un certain intérêt à cause des procès qu'elle a soulevés et des nombreuses applications qu'on a faites dans ces derniers temps des sonneries électriques, nous croyons devoir entrer dans quelques détails sur les diverses transformations qu'ont subies ces intéressants appareils. Mais auparavant rappelons en quelques mots en quoi consiste le *trembleur de Neef.*

Ce système rhéotomique que nous avons déjà décrit dans notre tome II, p. 249, au sujet des appareils d'induction, consiste dans un ressort de contact placé derrière l'armature d'un électro-aimant et qui, étant relié à l'un des pôles de la pile alors que l'autre pôle communique avec l'armature par l'intermédiaire de l'électro-aimant, ne permet la circulation du courant à travers celui-ci que quand il est en contact avec cette armature. Or, comme il résulte de cette circulation du courant une attraction de ladite armature qui occasionne la rupture du circuit, il doit nécessairement se produire une vibration indéfinie qui, en agitant un marteau placé auprès d'un timbre, provoque des tintements répétés.

L'application du rhéotome de Neef aux sonneries n'est pas nouvelle; elle remonte à une époque bien antérieure à celle où l'on a eu l'idée d'employer les sonneries trembleuses pour les usages domestiques. Nous voyons en effet M. Siemens, dès 1847, l'employer pour son télégraphe à mouvements synchroniques (voir page 65), et plusieurs autres inventeurs, avant lui, les avaient déjà combinées dans des conditions beaucoup moins bonnes. D'où vient donc que ces inventions ne se sont pas répandues dès cette époque?..... On le comprendra facilement, pour peu qu'on étudie la disposition du mécanisme de ces sortes d'appareils.

Dans l'interrupteur de Neef, la pièce contre laquelle bute l'armature de l'électro-aimant, et qui forme interrupteur en lui communiquant le courant, était rigide. C'était une espèce de vis qui pouvait servir en même temps à régler l'écart de cette armature. Or, cette pièce ne pouvant suivre celle-ci dans une partie de sa course attractive, il en résultait d'abord des vibrations excessivement rapides, et en second lieu une très-petite amplitude dans les écarts de la pièce vibrante. On comprend aisément que, dans ces conditions, le vibrateur de Neef ne pouvait être appliqué avantageusement aux sonneries, et c'est en cela qu'avaient échoué les sonneries trembleuses qui avaient précédé celle de M. Siemens.

Pour obtenir une plus grande course de l'armature, et par suite une plus grande oscillation du marteau de la sonnerie, M. Siemens eut l'idée d'appliquer au système de Neef, un mécanisme intermédiaire auquel il donna le nom de navette, et qui, se composant d'une pièce rigide munie de ressorts, oscillant entre deux butoirs de contact, permettait d'obtenir le prolongement des fermetures de courant, tout en diminuant le nombre des vibrations. L'appareil, grâce à ce perfectionnement important, put fonctionner d'une manière à peu près satisfaisante.

Mais il est facile de comprendre que l'introduction d'une pièce compliquée comme une navette à ressorts, sur laquelle l'armature de l'électro-aimant devait réagir par l'intermédiaire d'un levier, rendait l'appareil peu pratique, dispendieux, et susceptible de nombreux dérangements. Il exigeait d'ailleurs une certaine force électrique pour fonctionner, et le marteau en frappant le timbre, ne produisait pas le coup sec et élastique nécessaire pour produire un bruit sonore. Le système avait donc besoin d'être considérablement perfectionné, pour avoir quelques chances d'être adopté dans les usages domestiques. Or, ce perfectionnement a été imaginé dans les conditions les meilleures et les plus simples, par M. Lippens, et la figure 180 ci-dessous représente la sonnerie brevetée le 20 août 1850 par cet inventeur.

Pour augmenter la durée des contacts de l'interrupteur, et par suite, pour rendre les vibrations plus longues et moins nombreuses, M. Lippens substitua au butoir rigide du rhéotome de Neef une lame de ressort F, qui pouvait suivre l'armature dans une partie de sa course; et pour fournir au coup de marteau cette élasticité nécessaire au développement du son produit, il constitua l'armature elle-même avec une seconde lame de ressort en fer G, qu'il fixa sur l'un des pôles de l'électro-aimant. Cette double disposition de ressorts lui donnait en outre l'avantage d'entretenir mécaniquement

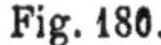
Fig. 180.

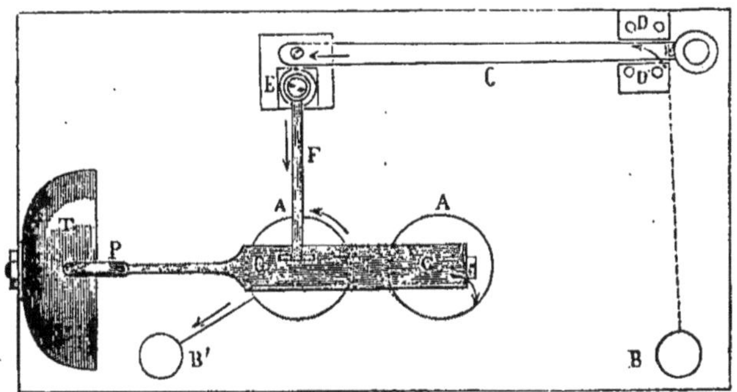

la vibration, et de fournir de bien meilleurs contacts électriques (1). Le problème s'est donc trouvé ainsi résolu de la manière la plus simple et la plus complète. Mais comme beaucoup de belles inventions, celle de M. Lippens devait être pour son auteur l'objet d'ennuis et de tribulations, à la suite desquelles elle tomba dans l'oubli et le domaine public.

---

(1) Voici le texte même du brevet :

« Si, prenant l'alidade C en repos sur la pièce de cuivre D, vous la faites glisser sur celle D', le circuit est établi ; l'électricité passant par l'alidade, monte par la colonne E et *passe du ressort* F *dans celui* G, fixé lui-même à l'électro-aimant A. Le fluide passe ensuite dans le fil de cuivre qui s'y trouve soudé, en parcourt tous les replis pour sortir par le bouton d'attache B'.

« Dans cette action, l'électro-aimant attire le ressort vibrateur G ; mais cette attraction cessant aussitôt que le ressort F n'est plus en contact avec celui G, celui-ci va remonter, refermera le circuit, sera attiré de nouveau et ainsi de suite. »

Ce ne fut que trois ans plus tard, en 1853, que M. Mirand, associé à cette époque avec un architecte de Rouen, M. Parelle, voulant appliquer les sonneries électriques aux usages domestiques, arriva à combiner le système de sonnerie trembleuse aujourd'hui employé partout, et qui ne diffère en rien, du reste, de celui de M. Lippens. A cette époque, M. Mirand, pas plus que moi, n'avait eu connaissance de l'invention de M. Lippens. L'inventeur français ne s'était en effet inspiré que d'un petit mécanisme trembleur, qu'il avait installé devant la boutique de M. Archereau (à cette époque établi boulevard Bonne-Nouvelle), pour attirer l'attention des passants. Ce mécanisme qu'il avait combiné lui même sans connaître le rhéotome de Neef, n'était autre que le mécanisme des sonneries trembleuses d'aujourd'hui; seulement il fonctionnait avec le courant d'une pile de Bunsen, et M. Mirand dut en changer la disposition, pour l'approprier aux courants de Daniell, quand il voulut en faire une sonnerie électrique domestique.

Depuis cette époque, plusieurs mécaniciens ont construit des sonneries électriques, et il en est résulté, comme je le disais, un grand nombre de procès en contrefaçon. Mais ce qui est le plus curieux dans cette affaire, c'est que les premiers procès furent engagés par deux constructeurs qui n'avaient aucuns droits à faire valoir. Ce ne fut qu'après plusieurs jugements qui eurent pour conclusion la mise de l'invention dans le domaine public, que le successeur de M. Mirand recommença, mais sans plus de succès, le procès en attaquant à la fois tous les constructeurs de sonneries électriques. Aujourd'hui tout le monde fait des sonnettes électriques et on ne se préoccupe plus guère du véritable inventeur, mais nous, historien de la science, nous devions bien ces quelques lignes au rétablissement de ses droits.

Les sonneries employées aujourd'hui dans la télégraphie sont de trois espèces : 1° les sonneries à mouvement d'horlogerie dont le type le plus parfait représenté fig. 181 et 182 est dû à M. Breguet, 2° les sonneries à trembleur, 3° les sonneries relais à mouvement continu.

Sonneries à mouvements d'horlogerie.

Les sonneries à mouvement d'horlogerie ont été, comme on l'a déjà vu, découvertes par M. Wheatstone; nous avons même fait remarquer qu'elles avaient été indirectement l'occasion de la découverte des relais. Le problème n'avait du reste rien de difficile, du moment où l'action électrique pouvait déplacer une détente, et le dispositif mécanique pouvait être varié de mille manières différentes.

Dans l'origine de l'application de la télégraphie électrique en France, le modèle construit par M. Breguet se composait d'un mécanisme d'horlogerie, qui, étant déclanché par l'intervention d'un électro-aimant, faisait tourner une traverse dont les extrémités étaient munies de marteaux articulés, et ces marteaux redressés par la force centrifuge sous l'influence de la rotation de la traverse, venaient frapper avec force un timbre placé à portée.

Fig. 181.

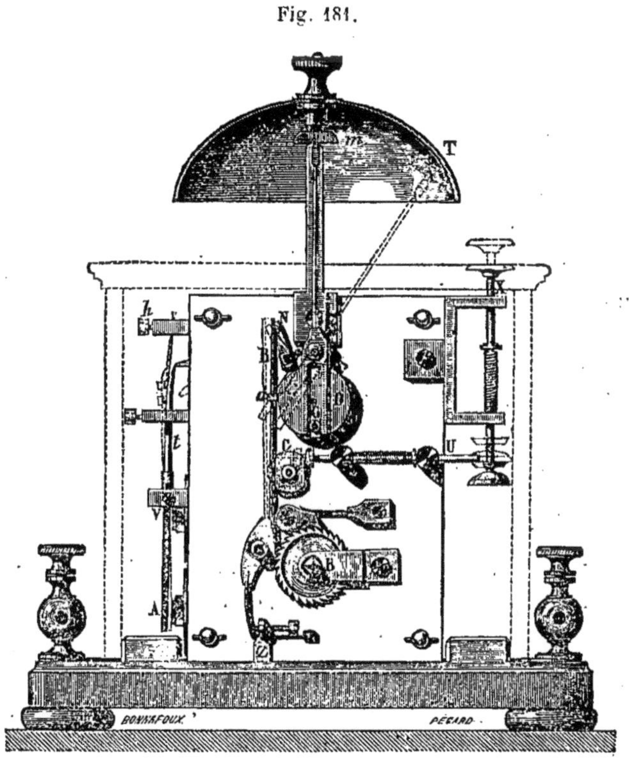

Ce système fut ensuite modifié, et le modèle adopté aujourd'hui en France est celui que nous représentons sous ses deux faces, fig. 181 et 182.

Sonneries de M. Breguet. — Dans ce système, le carillon est constitué par un marteau qui oscille à l'intérieur d'un timbre dont il frappe les bords opposés. Le mécanisme d'horlogerie est composé de trois mobiles, et c'est le dernier portant extérieurement un disque D, fig. 181, muni d'une cheville G, qui, en constituant une sorte d'excentrique fait fonctionner le marteau *m*.

A cet effet, cette cheville, qui est munie d'un galet, est engagée dans une rainure constituée par une fourchette qui termine la tige du marteau et qui pivote un peu au-dessus du disque sur un axe d'acier. Quand le disque D, tourne, la cheville G entraîne cette fourchette, la fait incliner de gauche à droite et de droite à gauche, et détermine par elle l'oscillation du marteau.

L'enclanchement et le déclanchement du mécanisme d'horlogerie de cette sonnerie s'effectuent par l'intermédiaire d'un bras articulé horizontal *l*

Fig. 182.

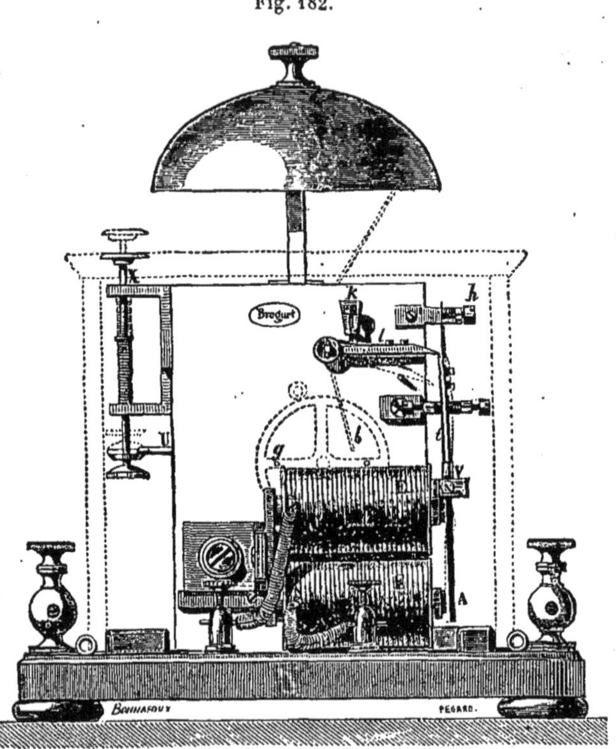

fig. 182, dont on aperçoit l'extrémité pointue sur le côté gauche, de la fig. 181, et qui porte sur son axe d'articulation le doigt N. Ce bras horizontal est, en temps ordinaire, appuyé sur l'extrémité d'une tige *t* articulée en V, laquelle porte l'armature A V de l'électro-aimant. Un ressort antagoniste, pressé par une vis *h*, assure même cette espèce d'enclanchement. De son côté, le doigt N appuie contre une tige B adaptée à une bascule à ressort de rappel qui, au moyen d'un petit arrêt *a*, fait obstacle au mouvement du disque D. Tant que l'électro-aimant est inactif, l'appareil reste immobile ; mais aussitôt qu'un courant vient à l'animer, la tige *t*, en s'écartant, laisse tomber le bras horizontal de déclanchement qui se trouve d'ailleurs sollicité par un ressort, et celui-ci, en inclinant le doigt N, écarte la tige B; le disque D se trouve alors dégagé de l'arrêt *a*, et rien ne s'oppose plus au mouvement du mécanisme d'horlogerie.

Pendant que ce mécanisme défile, une des roues, celle du deuxième mobile, réagit sur le bras horizontal du déclanchement par l'intermédiaire d'une petite tige dont celui-ci est muni, et le replace sur l'extrémité de la tige *t* qu'il avait abandonnée et qui se trouve alors revenue à sa position primitive. Alors la détente se trouve renclanchée de nouveau et le mécanisme est arrêté. Cette réaction est d'ailleurs assurée au moyen d'un disque échancré C fixé également sur l'axe du deuxième mobile et qui, en présentant une partie bombée devant la tige B pendant un demi-tour du deuxième mobile, empêche l'arrêt *a* de revenir en prise avec le disque D avant que l'enclanchement de la tige *t* soit complétement effectué.

Il peut arriver que, la sonnerie ayant fonctionné, la personne qu'elle est destinée à appeler soit absente ou ne l'entende pas; il convient alors qu'un signe très-apparent se produise et montre à l'employé à son retour qu'il a été appelé.

Pour obtenir ce résultat, M. Breguet a adapté à l'appareil une espèce de piston à ressort X muni à sa partie inférieure d'une pièce en forme de tronc de cône qui, en temps ordinaire, est butée contre une traverse horizontale U, dont l'extrémité libre peut être repoussée par le disque C. Ce piston est surmonté d'une plaque sur laquelle est gravé le mot *répondez*. Quand la sonnerie entre en mouvement sous l'influence de l'écartement de la tige B, la traverse U se trouve attirée et dégage le piston X qui, en s'élevant, fait apparaître la plaque; mais aussitôt que la sonnerie est arrêtée, la traverse U, sollicitée par un ressort à boudin, revient à sa position primitive, sans ramener pour cela le piston X qui a échappé et qui reste soulevé jusqu'à ce qu'on l'ait abaissé et renclanché de nouveau.

Nous avons représenté fig. 19, pl. I, la disposition première des sonneries Breguet. La différence principale est dans la disposition qui fait frapper le marteau sur le timbre. La bielle B est attachée par un bout à la queue O du marteau, de l'autre à une vis placée excentriquement sur le disque E, et celui-ci, dans sa rotation, communique un mouvement de va et vient à la bielle et par suite au marteau. La disposition du *répondez* est aussi un peu différente. En temps de repos, le disque portant le mot *répondez* est dans la position représentée sur la figure, et la boîte ne permet pas de le voir; mais chaque fois que la sonnerie fonctionne, ce disque tourne autour de son centre et le mot *répondez*, venant prendre la position horizontale, se présente devant un petit trou ovale pratiqué dans la boîte et au travers duquel on le voit.

Sonneries à trembleur.

L'administration des lignes télégraphiques françaises emploie deux modèles de ces sortes de sonneries; l'un, qui est dit *à grande résistance,* et

Fig. 183.

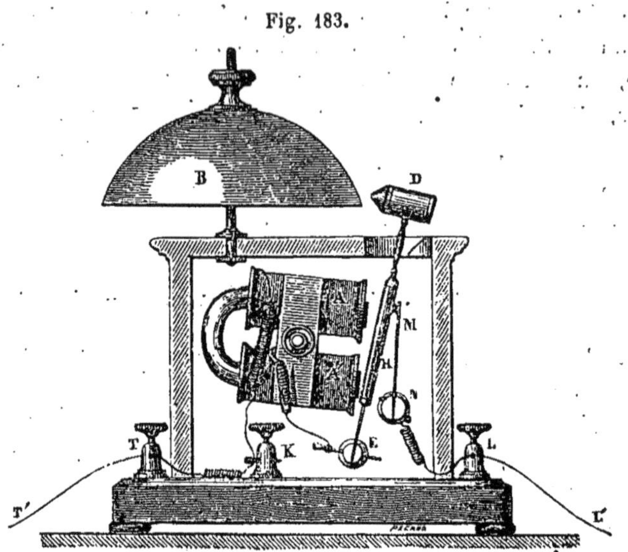

dont la dernière disposition a été combinée par M. Lemoyne, inspecteur des lignes télégraphiques; l'autre, qui est *à moyenne résistance,* et qui rentre dans la disposition des sonneries pour les usages domestiques.

Fig. 184.

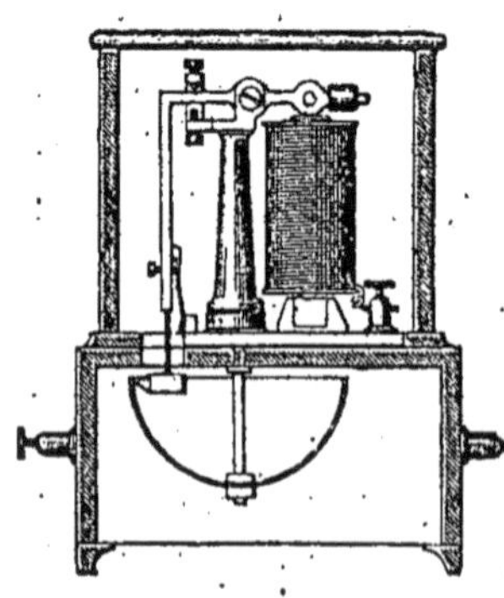

Cette dernière que nous représentons fig. 183, se compose, comme on le voit, d'un électro-aimant A dont l'armature verticale H, fixée à une lame de ressort E, appuie contre une seconde lame de ressort MN en rapport avec la pile. Cette armature porte la tige du marteau D, et le timbre B est fixé sur la boîte qui renferme le mécanisme.

La sonnerie à grande résistance étant obligée de fonctionner sous l'influence d'un courant relativement faible et sur un circuit très-long, a nécessité une disposition plus délicate et une plus grande précision dans l'ajustement des pièces qui la composent. Le modèle de M. Lemoyne adopté par l'administration, est représenté fig. 184. L'électro-aimant, dont la résistance est de 200 kilomètres environ, est monté verticalement d'une manière stable sur une platine métallique, et l'interrupteur, au lieu d'être constitué par l'armature même de cet électro-aimant, est placé à l'extrémité d'un long levier basculant et recourbé à angle droit, sur lequel est fixée cette armature, le levier, d'ailleurs, porte le marteau de la sonnerie et un contre-poids qui fait fonction de ressort antagoniste. Enfin le timbre, au lieu d'être monté sur la boîte, comme dans les sonneries ordinaires, est fixé au-dessous de la platine métallique même qui porte l'électro-aimant ; de sorte que toutes les pièces constituant la sonnerie sont maintenues dans une position invariable, quels que soient les mouvements de la boite de bois qui la supporte.

Sonneries relais à mouvement continu.

Quand il s'agit de fournir à grande distance des appels forts et prolongés, par exemple quand on veut faire des appels de nuit, on a recours à un système de sonnerie trembleuse basé sur le système des sonneries à mouvement d'horlogerie, et dans lequel le courant de ligne, en opérant un déclanchement, établit un courant de pile locale à travers la sonnerie, qui tinte dès lors avec toute la force des sonneries à court circuit.

Système de M. Faure. — Quel est celui qui a construit le premier ces sortes de sonneries ? Il serait assez difficile de le préciser. Dès l'année 1853 j'en avais imaginé une de cette nature pour mon système de moniteur électrique des chemins de fer ; il est vrai que j'employais deux électro-aimants, l'un formant en quelque sorte un relais déclancheur, l'autre qui était appliqué au vibrateur. Plus tard, M. Faure employa un système analogue, mais spécialement affecté aux sonneries télégraphiques et que nous représentons fig. 185. Enfin, en 1859, M. Aubine présenta à la société d'encouragement le modèle qui est maintenant adopté, et dont la disposition a du reste été variée par M. Cuche et autres.

La sonnerie de M. Faure représentée, fig. 185, étant destinée à une station intermédiaire et devant être commune aux deux fils de ligne à gauche et à droite de la station, possède deux relais et une trembleuse ; de sorte que ce sont seulement les deux relais déclancheurs que l'on aperçoit sur la figure ; l'électro-aimant de la trembleuse est en arrière, et on n'en aperçoit que le marteau *m*. Quant au relais, il consiste dans deux électro-aimants EE, EE adossés l'un à l'autre et dont les armatures A A sont terminées supérieurement par deux tiges *t*, *t* munies d'un petit crochet *l* et d'un ressort de contact. En temps ordinaire, ce crochet soutient un levier D*r* terminé par un disque sur lequel est gravé le mot *répondez*, et le ressort appuie contre la pointe d'une vis, de manière à former ressort antagoniste, mais quand un courant traverse l'un ou l'autre des deux électro-aimants, la traverse D*r* tombe, et, en s'appuyant sur une tige *g*, a pour effet de faire apparaître de-

Fig. 185.

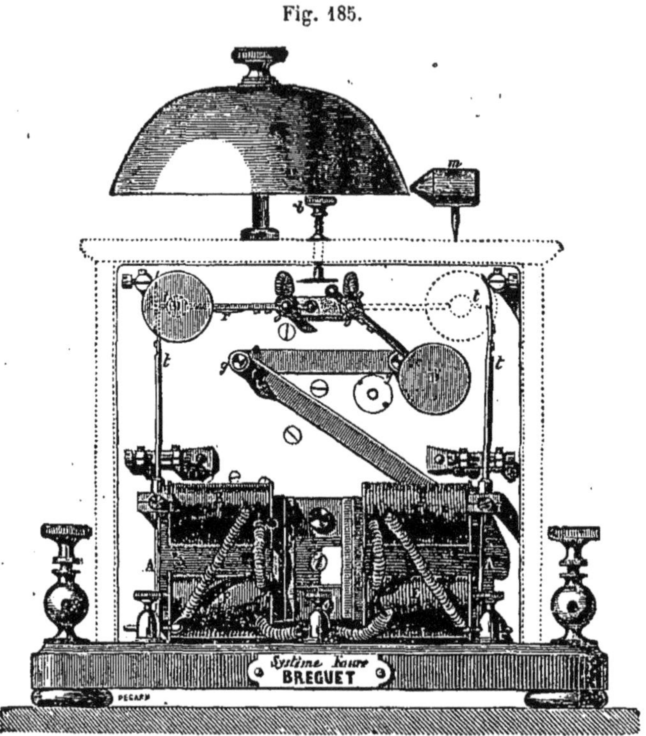

vant un guichet le mot répondez et de fermer le courant local à travers la sonnerie trembleuse, qui sonne jusqu'à ce qu'on ait renclanché la traverse sur le levier *t*. Sur la fig. 185, c'est l'électro-aimant de droite qui a provoqué l'appel, aussi voit-on la traverse tombée; l'électro aimant de gauche n'ayant pas été mis en action, la traverse qui lui correspond reste enclanchée sur la tige de son armature.

Système de M. Aubine. — Le progrès réalisé par M. Aubine dans ces sortes de sonneries a été l'attribution à un même électro-aimant des fonctions de relais déclancheur et de vibrateur. (Voir fig. 186.)

Pour obtenir ce résultat, M. Aubine adapte à l'armature articulée de l'électro-aimant d'une trembleuse ordinaire, une dent sur laquelle vient appuyer un levier articulé, sans cesse sollicité à s'abaisser par l'action d'un ressort. Ce levier articulé est placé entre deux ressorts, dont l'un est en communication avec le fil de la ligne, et l'autre avec la pile locale de la station où se trouve la sonnerie; enfin, le levier lui-même communique avec celui des ressorts du trembleur qui appuie contre l'armature de l'électro-aimant, dont le fil est d'ailleurs en rapport avec la terre.

Fig. 186.

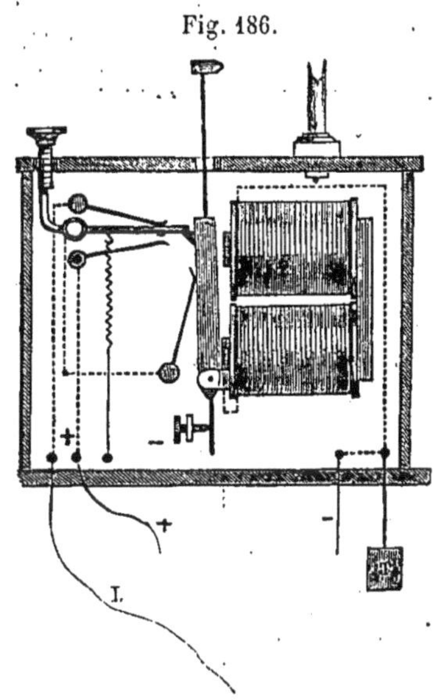

Quand le levier articulé est soutenu par la dent de l'armature de l'électro-aimant, il touche le ressort supérieur, et par cela même, la sonnerie est introduite dans la ligne. Sous l'influence du courant envoyé de la station correspondante, l'armature se trouve attirée, et le levier articulé, en se dégageant de la dent qui le retenait, tombe sur le ressort inférieur. La sonnerie change alors de circuit, et au lieu de rester interposée dans le circuit de la ligne, elle se trouve introduite dans le circuit fermé de la pile locale dont le courant a cette fois l'énergie nécessaire pour la faire vibrer avec force.

Fig. 187.

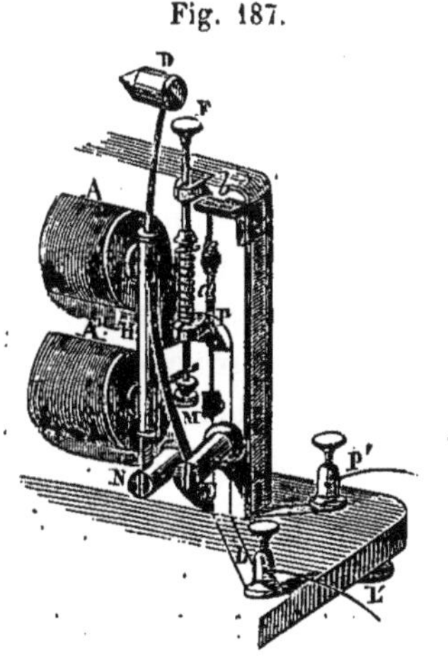

L'innovation dans cet appareil n'est donc simplement, par le fait, que l'addition d'un rhéotome permutateur à la sonnerie ordinaire. Pour mettre cet appareil en état de fonctionner, il suffit, après chaque appel, d'armer le levier articulé du rhéotome, ce qui est facile à l'aide d'une pédale placée extérieurement sur la boîte renfermant l'appareil.

La fig. 187 ci-contre représente la disposition qui a été adoptée par l'administration et qui est due à M. Cuche.

Système de MM. Gaussin et Vinay. — Cette sonnerie, qui est fondée à peu près sur le même principe que celle dont nous venons de parler, est surtout curieuse par les effets qu'elle réalise.

Elle consiste dans un double électro-aimant boiteux, disposé de manière que la branche sans bobine soit commune aux deux électro-aimants, et que leur pôle énergique soit placé en sens inverse l'un de l'autre, comme on le voit fig. 188 ci-dessous. Sur les deux culasses de fer A et B, sont montées, par l'intermédiaire de lames de ressort, deux armatures C et I, dont l'une, C, constitue le vibrateur, et l'autre, I, le déclancheur. Celle-ci est munie à cet effet d'une dent D, sur laquelle appuie le levier K qui porte sur son axe d'articulation la plaque de réponse P. Le ressort R, placé au-dessous, établit la communication entre la pile locale et la bobine M, qui est enroulée avec

Fig. 188.

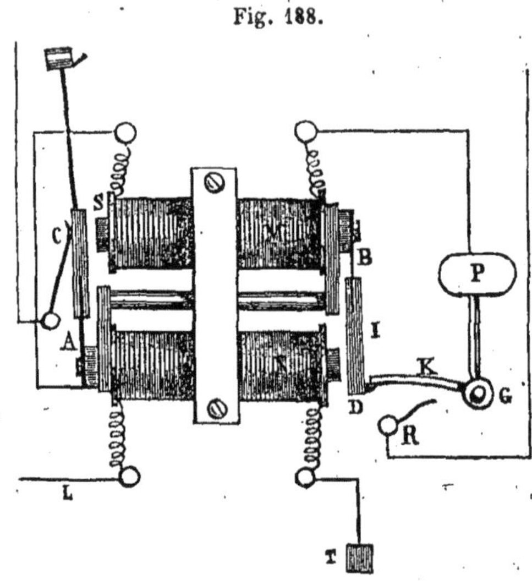

du fil de moyenne grosseur. La bobine N au contraire est munie de fil très-fin, fournissant une résistance de 100 à 150 kilomètres, et se trouve mise en rapport avec le circuit de la ligne. Dès que le courant de ligne vient à passer à travers cette bobine N, l'armature I est attirée et déclanche le levier K, qui, en fermant le circuit de la pile locale sur le ressort R, fait fonctionner le vibrateur représenté par l'armature C. Avec cette disposition, le magnétisme rémanent, si nuisible aux effets électro-magnétiques, se trouve complétement détruit ; ce qui permet d'augmenter sans inconvénient la sensibilité de l'appareil. On peut se rendre compte de la destruction du magnétisme rémanent, de la manière suivante : Si l'on fait fonctionner l'appareil sans pile locale, et qu'on cherche à faire fonctionner plusieurs fois de suite l'armature I, on trouve que le magnétisme rémanent empêche le renclanchement du levier K; mais si l'on a soin de faire passer seulement une fois le courant de la pile locale, ce renclanchement s'opère parfaitement, et, chose extraordinaire en apparence, il se fait aussi bien, quel que soit le sens du courant de la pile locale à travers la bobine M. L'explication de cet effet, quand les polarités déterminées par les deux courants sont différentes, n'a rien de bien difficile; mais dans l'autre cas, elle est beaucoup plus embarrassante. Voici néanmoins comment je me suis rendu compte du phénomène : quand la bobine N, sous l'influence du courant de ligne, développe vis-à-vis de l'armature I un pôle nord, je suppose, toutes les branches en dehors de cette bobine sont polarisées sud ; de sorte que si l'on fait naître, au moyen du courant de la pile locale, un pôle nord dans la bobine M vis-à-vis de l'armature C, il tendra à se développer dans toutes les branches en dehors de M, une polarité sud qui détruira le magnétisme rémanent de la branche N. En revanche la branche intermédiaire sans bobine restera avec une faible polarité sud. Si au contraire on fait naître dans la bobine M une polarité sud vis-à-vis l'armature C, une polarité nord se développe dans tout le système extérieur, et la polarité sud de la branche intermédiaire se trouvera détruite à son tour; la polarité nord rémanente de la branche N, en s'étendant sur la branche intermédiaire passée à l'état neutre, se trouve d'ailleurs en partie dissimulée. Il résulte donc de cette disposition que, suivant le sens du courant à travers la bobine M, l'un ou l'autre des deux pôles agissant sur l'armature I, se trouve perdre son magnétisme rémanent, et par conséquent l'effet doit rester le même; il est vrai que l'un de ces pôles est plus énergique que l'autre, mais comme l'armature est toujours plus rapprochée du pôle le plus faible, il y a compensation.

Système de M. Lippens. — Peu de temps après la prise de son brevet, M. Lippens chercha à appliquer aux télégraphes le système de sonnerie dont nous avons parlé, et qu'il modifia un peu en réduisant à un seul les deux ressorts agissant sur l'armature. Pour cela, il fixait sur une colonne de cuivre, à côté de l'électro-aimant, une lame de ressort sous laquelle il adaptait l'armature de celui-ci, et dont le bout libre, en rencontrant une pièce de contact, constituait le rhéotome. Cette sonnerie était établie dans une petite boîte au devant de laquelle se trouvait le cadran d'une boussole électro-magnétique, dont l'aiguille oscillait entre les pôles d'un deuxième électro-aimant. Enfin un parafoudre, composé de deux lames métalliques séparées l'une de l'autre par une mince feuille de papier, était adapté au fond de la boîte, et ces trois appareils communiquaient à deux commutateurs placés sur les côtés de la même boîte, de manière qu'on pût introduire à volonté dans le circuit, soit la sonnerie, soit le parafoudre, soit la boussole. Ce système a même été essayé dans le temps en Belgique, et avait fort bien réussi.

En dehors de ces différents systèmes de sonneries, il en est une catégorie qui réalise certains effets particuliers ayant leur importance dans l'application. De ce nombre sont les sonneries à coups isolés et les sonneries indiquant automatiquement qu'elles ont été mises en fonction.

Sonneries dont la marche est contrôlée.

Ce système employé sur certaines lignes de chemins de fer était à l'exposition de 1867 représenté par un modèle exposé par M. Bernier. Dans cet appareil le dispositif appelé à indiquer automatiquement à la station qui transmet que son appel a été signalé, consiste à faire réagir le levier de déclanchement de la sonnerie sur un contact qui, en fermant un courant de ligne à travers une sonnerie à coups isolés placée au poste expéditeur, met celle-ci en mouvement aussitôt qu'elle-même est déclanchée. De plus, afin qu'on puisse savoir si c'est bien la sonnerie du poste appelé qui fonctionne, des chevilles en nombre convenable pour désigner le numéro de la station, sont placées sur une des roues du mécanisme d'horlogerie, et fournissent un nombre déterminé de contacts électriques qui se traduisent par autant de coups isolés au poste expéditeur.

Sonneries à coups isolés.

Ce système de sonneries peut être exécuté de plusieurs manières différentes, soit avec des mouvements d'horlogerie, soit avec la disposition des trembleuses ordinaires. Plusieurs modèles dans ces deux dispositions avaient été exposés en 1867, mais la disposition généralement préférée, est celle qui ne nécessite pas de mouvements d'horlogerie. Cette disposition qui avait été combinée dès l'année 1853 par M. Froment, consiste dans un vibrateur de sonnerie ordinaire à mouvement continu, dont l'armature réagit, au moyen d'un cliquet à ressort, sur une grande roue à rochet à dents fines et serrées qu'elle fait tourner. Cette roue porte sur son axe une double came en forme de limaçon qui, en appuyant sur une bascule à l'extrémité de laquelle se trouve placé le marteau de la sonnerie, peut soulever celui-ci, deux fois par tour de roue, d'une quantité aussi considérable que l'on veut. Or, celui-ci, en tombant d'une hauteur aussi grande, peut fournir un coup très-sonore. Pour que l'appareil ne marche pas indéfiniment, le rhéotome déclancheur du circuit local est disposé à portée de la roue à rochet dont il vient d'être question, de manière à être soulevé par elle après un tour entier, et être ramené dans sa position initiale ou de repos.

Les sonneries à coups isolés ne sont guère employées que pour le service des chemins de fer ; pourtant elles sont généralement nombreuses aux diverses expositions. En 1867, on en voyait deux modèles à l'exposition de M. Siemens, dont l'un fonctionnait sous l'influence de la machine magnéto-électrique dont nous avons parlé tome II, p. 202, plusieurs autres figuraient aux expositions de MM. Léopolder, de Vienne, de M Drivers, de M. Fourniers de New-York, etc.

II. APPELS DES STATIONS INTERMÉDIAIRES.

Comme complément des sonneries, on a imaginé certains appareils désignés vulgairement sous le nom *d'appels des bureaux intermédiaires,* et qui sont destinés, sur les lignes omnibus, c'est-à-dire sur les lignes desservant plusieurs postes, à fournir automatiquement les appels à ceux de ces postes qui doivent entrer en correspondance, sans pour cela déranger tous les autres. Ces systèmes, comme on le comprend aisément, sont surtout utiles pour les services de nuit ; toutefois comme ils sont un peu compliqués ils n'ont guère été jusqu'ici mis en pratique, bien qu'on en ait combiné plusieurs dispositions réellement très-ingénieuses.

Quand il n'y a que deux bureaux desservis par une ligne, le problème à résoudre est bien simple, car il suffit pour cela de faire fonctionner la sonnerie par l'intermédiaire d'un simple relais à armature aimantée, placé à chacune des deux stations, et à travers lequel le courant passe dans une direction différente à chaque station. Dans ces conditions, quand le courant sera positif, ce sera l'une des stations, A, je suppose, qui sera appelée ; mais quand le courant sera négatif, ce sera l'autre station B ; car les deux appareils, par suite de l'aimantation de leur armature, ne peuvent fonctionner que sous l'influence de deux actions électriques différentes.

En principe cet appareil est, comme on le voit, bien simple, mais dans l'application, il n'en est plus de même, car les armatures se désaimantent fréquemment et il faut, pour avoir un appareil sur lequel on puisse compter, que les armatures ne soient magnétisées que par influence ou directement par le courant. On a proposé une foule de modèles pour satisfaire à ces conditions. Les plus ingénieux sont ceux de MM. de Lafollye, Bardonnaut, Cecchi et d'un inventeur dont le nom m'échappe en ce moment, mais que l'on pourra reconnaître à la description de son appareil.

Le système de M. de Lafollye est basé sur l'application de son électro-aimant polarisé que nous avons décrit tome II, p. 86; l'auteur a démontré dans son mémoire sur ce sujet que, si on représentait par 1 la force électro-motrice minima nécessaire pour faire fonctionner l'appareil sous l'influence du courant actif, $2 + \frac{1}{2}$ est la limite maxima au delà de laquelle l'appareil, à deux bobines, cesse d'être silencieux ou inerte sous l'influence du courant contraire, et cet effet est encore plus caractérisé avec la disposition à une seule bobine, car la limite minima étant toujours représentée par 1, la limite maxima est exprimée par 4 ou 5. La suppression d'une des bobines a donc doublé la faculté silencieuse du système.

En employant le système polarisé de M. de Lafollye, on ne peut avoir à craindre sa désaimantation, ni que sa faculté silencieuse, quand il doit rester inerte, se trouve altérée par suite des variations de l'intensité du courant de ligne.

Le système électro-magnétique du R. P. Cecchi étant dans les mêmes conditions que celui de M. de Lafollye, on peut également l'employer avec la même sécurité.

Enfin si l'on poussait l'appréhension jusqu'à craindre un affaiblissement notable des faisceaux aimantés destinés à polariser l'armature, on pourrait avoir recours au système anonyme dont nous avons parlé précédemment et dont nous allons faire la description.

Ce système consiste dans un électro-aimant droit interposé dans le circuit de la ligne et dont le noyau magnétique porte, articulée en bascule, une armature cylindrique de fer doux, dont les extrémités sont en regard des pôles d'un second électro-aimant à deux branches.

En face du second pôle du premier électro-aimant, du côté, par conséquent opposé à l'armature articulée, se trouve une petite armature agissant sur un contact de pile locale, dont le courant doit animer le deuxième électro-aimant. Enfin l'armature articulée de ce dernier réagit également sur un contact en rapport avec la sonnerie d'appel ou l'appareil télégraphique lui-même. On comprend d'après ce dispositif ce qui se passe, quand à la station de départ on envoie des courants positifs ou négatifs.

Au moment du passage du courant de ligne à travers l'électro-aimant droit, l'armature articulée au noyau magnétique de celui-ci prend une polarité nord ou sud suivant le sens de ce courant, et en même temps l'autre armature établit le contact qui doit faire circuler le courant local à travers l'électro-aimant à deux branches; sous cette influence, l'armature articulée et polarisée s'incline d'un côté ou de l'autre suivant sa polarité, et ne peut ainsi fournir l'appel que pour un sens déterminé du courant à travers l'électro-aimant droit.

Ce système présente plusieurs avantages : d'abord les effets si nuisibles du magnétisme rémanent se trouvent en grande partie conjurés avec cette disposition, car les électro-aimants droits en ont très-peu ; d'un autre côté, on profite de toute la puissance de ceux-ci; car leur magnétisme polaire, dans le cas qui nous occupe, est surexcité par l'armature de fer doux qui joue le rôle d'une masse de fer adaptée à l'un des pôles. Enfin le courant local qui anime le deuxième électro-aimant n'est fermé qu'au moment même où celui-ci doit fonctionner.

Quand le nombre des bureaux échelonnés sur la ligne omnibus est plus grand que trois, la solution qui a été donnée précédemment ne peut être applicable qu'en faisant intervenir, comme l'a proposé M. de Lafollye, certaines conditions de service qu'il serait difficile souvent d'obtenir des employés. Ces moyens, d'ailleurs, ne pourraient résoudre qu'imparfaitement le problème, puisque les sonneries des postes intermédiaires, sauf celles des deux postes extrêmes, seraient mises en action, et, par conséquent, les employés de ces postes seraient tout aussi bien dérangés pendant la nuit qu'avec le système ordinaire (1). Il était donc à désirer qu'on put combiner des appareils qui effectuassent directement et automatiquement ces appels à la station même où ils devaient être faits, et de plus qui pussent établir la communication directe entre les deux stations. Ce problème a été réalisé plus ou moins complétement par plusieurs inventeurs, entr'autres par MM. Wartmann, Quéval, Callaud, Moulinot, Colombet, etc., etc.

Système de M. Wartmann. — Le premier système de ce genre a été imaginé en 1851, par M. Wartmann. Il était, il est vrai, peu pratique, mais il contenait en lui le germe de tous ceux qui l'ont suivi. Ce système se composait d'un relais dit *silencieux* à armature aimantée, placé à chaque station et disposé de manière à établir la communication directe au poste suivant, par l'action de son armature sur un rhéotome disjoncteur qui coupait la communication à la terre. La disposition électro-magnétique de ce relais était d'ailleurs calculée de manière à ce qu'il ne fût influencé à chaque station que pour une intensité électrique déterminée, qui devait naturellement être d'autant plus grande que la station à laquelle il correspondait était plus éloignée de la station de départ, et comme par suite de la communication directe qui se trouvait établie de cette manière, les relais des premières

(1) Voir le système de M. de Lafollye dans notre 2e édition, tome IV, p. 189.

stations se trouvaient animés par un courant d'une force toujours croissante, ils pouvaient maintenir la communication directe jusqu'à destination.

Mais pour rendre ce système pratique il fallait :

1° Que l'intensité du courant nécessaire pour parvenir à une station désignée fut fournie sans tâtonnements par la pile.

2° Que le télégraphiste put savoir immédiatement si tous les appareils silencieux intermédiaires avaient fonctionné, ou si le courant s'était établi au-delà du point voulu.

3° Que l'attraction des armatures des relais silencieux put subsister pendant les intermittences des courants parcourant la ligne.

4° Que les appareils silencieux permissent d'échanger la correspondance entre les deux postes réunis par une communication directe.

5° Que les armatures des relais silencieux pussent retourner instantanément à leur position primitive une fois la correspondance terminée.

Le premier de ces problèmes a été réalisé au moyen d'un appareil auquel M. Wartmann a donné le nom de *régulateur* de la pile; c'est une sorte de disque sur lequel se trouvent appliqués autant de contacts métalliques qu'il y a de stations interposées sur la ligne, contacts sur lesquels sont gravés les noms de ces stations, et qui, étant séparément en rapport avec un nombre plus ou moins grand d'éléments de la pile, permettent à un frotteur à manette, en rapport avec le fil de ligne, de faire parvenir à telle ou telle station l'intensité électrique qui lui convient pour faire réagir son relais.

Le second problème était résolu au moyen d'un appareil appelé *indicateur*. C'était un électro-aimant droit vertical, dont les rondelles étaient en fer et pouvaient réagir sur des tiges verticales de fer, en nombre égal à celui des stations, en lui servant d'armatures. Ces tiges étant articulées à leur extrémité inférieure et sollicitées à se maintenir écartées de l'électro-aimant par l'action de ressorts antagonistes inégalement tendus, ne pouvaient être attirées qu'autant que la force magnétique qui était communiquée à l'électro-aimant par l'intensité électrique transmise, était suffisante pour vaincre la force antagoniste qui lui était opposée. Par conséquent, pour un réglage convenable des ressorts antagonistes, celle de ces armatures qui était attirée devait indiquer la station appelée; si elle ne l'était pas, la force électrique devait être augmentée; si, au contraire, deux armatures étaient attirées au lieu d'une, il fallait diminuer cette intensité. Dans tous les cas, on pouvait être prévenu du jeu successif des relais intermédiaires par le mouvement passager des armatures correspondantes.

Les troisièmes et quatrièmes problèmes avaient leur solution dans l'action magnétique exercée par les armatures aimantées des relais sur le fer des électro-aimants, action qui maintenait ces armatures dans la position que leur avait fait prendre l'attraction électro-magnétique.

Enfin on résolvait le dernier problème en envoyant à travers la ligne un courant inverse au premier transmis; toutes les armatures se trouvaient dès lors repoussées, et les communications directes des postes intermédiaires entre eux étaient coupées.

Nous n'entrerons pas dans de plus grands détails sur ce premier système qui, comme on peut le reconnaître, est plutôt théorique que pratique; on pourra avoir du reste des renseignements plus complets dans notre seconde édition, tome III, p. 182, et dans la bibliothèque de Genève du mois de mai 1853.

Système de M. Quéval. — Le problème que M. Quéval s'est proposé dans son système, est exactement le même que celui qui avait préoccupé M. Wartmann, seulement la solution en est plus simple et plus pratique.

Dans ce système, chaque station doit avoir l'appareil représenté fig. 189, lequel se compose essentiellement d'un commutateur C mis en action par un mécanisme commandé par un électro-aimant E, dont une bobine communique avec le fil de gauche de la ligne, et l'autre avec le fil de droite. Ce mécanisme consiste dans une espèce de fourchette A L B, adaptée au levier L portant l'armature de l'électro-aimant, et qui, en oscillant avec ce levier au-dessus et au-dessous d'une roue R, mise en mouvement par un mécanisme d'horlogerie, peut faire engrener avec elle l'une ou l'autre des roues A et B qui terminent ses deux branches. La roue B porte une poulie qui, au moyen d'une courroie, communique son mouvement à une autre poulie S, munie d'un contre-poids P, laquelle est destinée à réagir, par l'intermédiaire de ce contre-poids, sur un levier D adapté à l'axe du commutateur C. L'autre roue A, munie également d'un contre-poids T, a pour effet de déplacer, en lui faisant décrire un arc de cercle, un long ressort déclancheur AK, ayant action sur un levier coudé articulé FIJ, destiné à maintenir le commutateur C dans une position déterminée.

Le commutateur C se compose d'un cylindre d'ivoire C, sur les deux bases duquel sont adaptées deux lames métalliques N, N', repliées de manière à venir occuper chacune, en deux points opposés, une partie de la surface du cylindre. Quatre galets, *a*, *b*, *c*, *d*, portés par des supports à ressort, appuient aux deux extrémités de ce cylindre, et sont en rapport avec les fils de ligne et les sonneries d'appel, comme on le voit sur la fig. 189; c'est-à-dire par l'intermédiaire du commutateur et de l'électro-aimant E. Un contre-poids adapté au levier D, et dont on peut augmenter ou diminuer l'action, en le fixant plus ou moins loin de l'axe du commutateur, tend toujours à faire tourner celui-ci vers la gauche, mais une dent O, enclanchée par le levier coudé FIJ, empêche cette action et maintient à l'état normal le commutateur dans la position représentée sur la figure. Les communications électriques sont d'ailleurs établies de la manière suivante : les deux fils de ligne aboutissent aux deux bornes U, Z, qui communiquent, l'une U avec la bobine de droite de l'électro-aimant E et le galet a, l'autre Z avec la bobine de gauche du même électro-aimant et le galet d. Cette dernière bobine est reliée, d'autre part, avec l'un des supports du commutateur C,

Fig. 189.

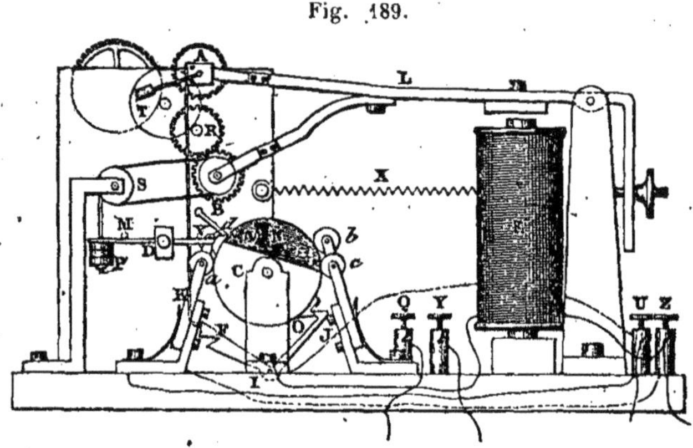

et par suite avec la plaque N, tandis que l'autre bobine communique de la même manière avec la plaque N'. Enfin les galets b et c, par l'intermédiaire des bornes Q, Y, correspondent aux deux sonneries d'appel. Voici maintenant comment cet appareil fonctionne.

En temps ordinaire, le mécanisme d'horlogerie qui fait mouvoir la roue R est arrêté, car le contre-poids P, étant arrivé à l'extrémité supérieure de sa course, a rencontré un levier de détente M placé devant le volant modérateur de ce mécanisme, et en a déterminé l'arrêt. En ce moment la roue B est engrenée avec la roue R. Maintenant si on envoie par l'une ou l'autre des deux lignes, un courant, la roue B se trouvera désengrenée, le contrepoids P tombera en faisant défiler les deux poulies S et B, et la roue A engrènera avec la roue R. Mais par suite de ce mouvement, la lame AK, qui appuyait contre l'extrémité F du levier coudé FIJ, viendra s'engager dans la coche pratiquée à cette extrémité. Or, dans cette position de l'appareil, il peut se produire deux effets différents, suivant la durée du courant envoyé. Si ce courant est de courte durée, la roue A n'a pas le temps de déplacer le ressort AK, et de le faire sortir de la coche F ; alors le relèvement du levier sous l'influence de son ressort antagoniste X, a pour effet de soulever le levier coudé FIJ ; celui-ci, en dégageant la dent O, permet au commutateur C de tourner vers la gauche, et les galets *b* et *c*, qui correspondent aux sonneries, au lieu de toucher les lames N, N', se trouvent isolés, alors que les galets *a* et *d* se trouvent mis en connexion avec ces lames, et établissent la communication directe entre le fil de gauche de la ligne et le fil de droite. Toutefois, dans son mouvement de rotation, le commutateur C, par l'intermédiaire d'un bras V, réagit sur la lame AK, et après l'avoir dégagée du levier FIJ, rend celui-ci parfaitement libre dans ses mouvements. Il en résulte qu'au moment de l'interruption du courant, la roue B, qui est alors engrenée, remonte le poids P, et ramène le commutateur à sa première position ; mais cette action secondaire ne se manifeste qu'après un temps relativement assez long (15 ou 20 secondes), et qui dépend de la longueur de la course du poids P, et de la vitesse de rotation de la roue R.

Quand le courant envoyé est de longue durée, les premiers effets que nous avons décrits précédemment se renouvellent. Mais la lame AK, après avoir été introduite sous le levier FIJ, ne peut y rester, car la roue A en tournant, l'écarte de cette position. Dès lors le commutateur C ne peut plus tourner vers la gauche au moment de la rupture du circuit, puisqu'il reste toujours enclanché en O, et le courant prolongé en passant par les galets *b* ou *c*, fait tinter l'une ou l'autre des sonneries d'appel aussi longtemps qu'on le désire.

Ainsi, sous l'influence de deux émissions de courant d'une durée différente, on peut obtenir avec ce système deux effets différents : avec le courant de courte durée, on obtient l'établissement de la communication directe entre le fil de gauche et le fil de droite de la ligne ; avec le courant prolongé, l'appel de la station.

S'il y a plus de trois stations, le même appareil peut encore fournir les effets précédents; seulement il faudra, pour établir la communication directe, envoyer autant de courants instantanés, qu'il y a de stations sur la ligne, moins deux, et les faire suivre d'une émission prolongée du courant, qui déterminera l'appel de la station avec laquelle on veut définitivement correspondre. On comprend en effet que si la ligne a 10 postes, et qu'on veuille, je suppose, parler au sixième poste, la première émission brève du courant, aura pour effet d'établir la communication directe entre la 3e et la 1re station, mais la seconde émission de la même nature fera communiquer directement la 4e station à la 3e, etc., de sorte que pour arriver à la 6e, il faudra quatre émissions brèves du courant. Si alors on opère une fermeture prolongée du courant, la sonnerie d'appel du sixième poste, sera mise en action.

Dans cet appareil tel qu'on vient de le décrire, le courant nécessaire pour établir la communication directe, si court qu'il soit, passe par la sonnerie, et provoque nécessairement quelques tintements, auxquels l'employé ne devra pas faire attention. Si cependant on voulait éviter ces tintements, ou employer des sonneries qui se déclanchent au moindre passage du courant, il serait nécessaire d'ajouter à l'appareil un rhéotome ayant pour effet de retarder d'une ou de deux secondes l'arrivée du courant dans la sonnerie; mais cette addition, dont il est facile d'imaginer le dispositif, puisqu'on a à son service un mécanisme d'horlogerie, compliquerait inutilement l'appareil, et il est préférable de lui laisser toute sa simplicité.

Avec le système de M. Quéval, l'employé du poste destinataire doit, aussitôt l'appel entendu, mettre son récepteur dans le circuit, et répondre qu'il est prêt à recevoir. Mais s'il s'agit d'un service de nuit, sur une ligne où les employés peuvent être couchés ou absents momentanément, l'expéditeur pourrait souvent être obligé d'attendre assez longtemps le réveil ou le retour de celui qui doit recevoir la dépêche. Pour éviter cet inconvénient, M. Quéval a ajouté à son appareil un mécanisme supplémentaire, qui a pour effet de permettre à l'expéditeur de faire mouvoir lui-même le commutateur destiné à interposer le récepteur dans la ligne, et par suite d'écrire la dépêche sans aucune perte de temps; une sonnerie à déclanchement, mise en même temps en action, avertit tôt ou tard de l'arrivée de la dépêche. Nous ne décrirons pas cette partie de l'appareil de M. Quéval, que nous croyons à peu près inutile; ceux que cette question pourra intéresser, en trouveront une description complète dans le travail de M. Quéval, inséré dans les *Annales télégraphiques*, tome III, page 301.

Système de M. Callaud. — Le système de M. Callaud est un des plus simples, sinon des plus complets, qui aient été présentés. Il se compose d'un manipulateur analogue à ceux des télégraphes à cadran, et d'un récepteur composé de deux électro-aimants mis en rapport, l'un avec le fil de ligne de droite, l'autre avec le fil de ligne de gauche.

Le manipulateur porte un cadran divisé en autant de divisions qu'il y a de stations entre les deux postes extrêmes, et devant chacune de ces divisions, où se trouve inscrit le nom de la station correspondante, est pratiqué un trou d'arrêt pour la manivelle du manipulateur; celle-ci ne sert, par le fait, que de butoir à une aiguille indicatrice qui se meut au-dessous d'elle sous l'influence d'un mécanisme d'horlogerie, lequel fait réagir un interrupteur, de telle façon, que le courant ne se trouve fermé que quand l'aiguille passe devant l'une ou l'autre des stations désignées. Il en résulte que si l'on veut attaquer la troisième station, par exemple, le courant est fermé et ouvert trois fois. Afin de n'employer qu'un seul manipulateur, les noms des stations de gauche et des stations de droite sont inscrits deux par deux, suivant leur numéro d'ordre, et c'est un commutateur qui envoie le courant, soit à gauche, soit à droite.

Le récepteur se compose, comme nous l'avons dit, de deux électro-aimants qui gouvernent la chute de deux plaques disposées de manière à tomber par deux ressauts successifs. A l'état de repos, ces plaques présentent devant les guichets qui leur correspondent le mot *attente;* mais aussitôt qu'une émission de courant a lieu, soit d'un côté, soit de l'autre, l'une d'elles tombe d'un cran, et, tout en faisant arriver devant le guichet correspondant le mot *répondez*, établit un contact qui fait tinter la sonnerie du poste. Si une seule émission de courant a été fournie, l'effet précédent se maintient, et c'est le poste où il se manifeste qui est appelé; mais, si deux ou plusieurs fermetures de courant se succèdent, la plaque dont nous venons de parler tombe d'un second cran, et cette fois elle établit un contact qui fournit la communication directe avec la station suivante. Ce contact, par l'intermédiaire d'un mécanisme d'horlogerie, peut être maintenu pendant cinq ou dix minutes après la rupture du courant; mais après ce temps, la plaque se trouve relevée et replacée à son point de départ.

On comprend maintenant facilement que si, au moyen du manipulateur, on opère trois fermetures successives du courant, ce sera la troisième station qui sera appelée; car la première et la deuxième ayant reçu, l'une trois émissions de courant, l'autre deux, auront établi la communication directe, et ce ne sera que la troisième qui recevra l'émission unique de courant propre à faire fonctionner la sonnerie d'appel. Il est vrai qu'au moment de la descente des plaques des deux premières stations, les sonneries d'appel de celles-ci auront fonctionné, mais ce ne sera que passagèrement, une seconde à peine, tandis que la sonnerie de la troisième station pourra marcher pendant cinq ou dix minutes.

M. Callaud a du reste perfectionné considérablement ce système dans les derniers appareils qu'il a fournis à l'administration des lignes télégraphiques. Dans ces appareils c'est un mécanisme d'horlogerie qui effectue toutes les actions mécaniques, et celles-ci deviennent par cela même plus faciles et plus sûres.

Système de M. Lamothe. — Le système de M. Lamothe n'a pour but que le rappel des stations, et il a cherché, en conséquence, à concentrer tous les mécanismes destinés à produire cet effet dans le mécanisme même de la sonnerie. La sonnerie de M. Lamothe est une sonnerie à rouages ordinaires, dans laquelle le timbre est monté sur une pièce mobile ; à l'état de repos, le timbre est hors de la portée du marteau, et, sous l'influence du premier courant, ce marteau vibre pendant treize minutes sans toucher le timbre et sans faire d'appel ; mais le mouvement d'horlogerie fait tourne en même temps un disque muni d'une saillie qui, à un moment donné, vient presser sur un ressort de contact. Or, si, à ce moment, on envoie un second courant, on ferme le circuit d'une pile locale qui, par le moyen d'un deuxième électro-aimant, rapproche le timbre du marteau, et dès lors la sonnerie se fait entendre. Comme il faut qu'un employé intervienne pour remettre le timbre dans sa première position, cette sonnerie peut fonctionner comme à l'ordinaire.

Ainsi, avec ce système, par une seule émission, point d'appel ; par deux émissions séparées par un intervalle déterminé, appel pendant plusieurs minutes, renouvelé autant de fois qu'on le voudra, jusqu'à ce que l'agent appelé arrive à son poste.

Un cadran divisé, entraîné par le mouvement d'horlogerie, indique d'ailleurs le moment précis où l'on doit envoyer le second courant ; et M. Lamothe pense que les sonneries marcheront d'une manière assez uniforme pour qu'on puisse partager ce cadran en vingt-six parties différentes, susceptibles d'être toujours en concordance entre elles, dans quelque endroit où se trouvent les sonneries. Il en résulte qu'en plaçant le ressort de contact à un cran différent pour chaque station, on pourrait réveiller l'un quelconque des vingt-cinq postes placés sur le même fil, le vingt-sixième étant destiné à les rappeler tous à la fois. La demi-minute réservée à chaque station serait, sans doute, suffisante pour éviter toute erreur provenant des différences de mouvement. Ces erreurs, du reste, ne s'accumulent pas, puisque toutes les sonneries s'arrêtent au même point après les treize minutes de la rotation du cadran.

Système de M. Bellanger. — L'appareil imaginé par M. Bellanger n'est applicable qu'aux télégraphes à cadran, qui doivent se composer, à cet effet, de deux cadrans, l'un destiné pendant le jour aux transmissions ordinaires, l'autre au rappel des postes. Ce dernier doit être mis en état de fonctionner pendant la nuit au moment où les employés quittent le bureau. Ces cadrans, d'ailleurs, portent les mêmes lettres, et leur aiguille est fixée sur le même axe et dans la même position. La seule différence qui existe entre eux, c'est que le cadran de nuit porte au-dessous de chaque lettre un trou destiné à recevoir une fiche à tête ronde, qui peut, étant avancée, être rencontrée par l'aiguille et fournir un contact. Pour que l'appareil puisse fonctionner comme appel des postes, il faut que la fiche soit suffisamment avancée pour fournir le contact dont nous venons de parler, et, à cet effet, le cadran de nuit peut se trouver reculé ou avancé parallèlement à lui-même, à l'aide d'une vis de rappel et de guides convenablement disposés. Chaque poste a son cadran de nuit muni d'une fiche, mais cette fiche est différemment placée, suivant que le numéro de position de ce poste correspond à telle ou telle lettre de l'ordre alphabétique.

Pour qu'il n'y ait qu'un seul poste d'appelé, M. Bellanger adapte à son appareil un premier mécanisme d'horlogerie dont l'une des roues, à mouvement lent, porte une cheville disposée de manière à rencontrer une languette portée par une colonne isolée. Cette languette est disposée de manière à produire un arrêt sur le dernier mobile, et peut en même temps fournir un contact électrique pour faire réagir la sonnerie du poste. Si le rapport de mouvement de cette roue avec le dernier mobile est de 1 à 2,000, ce contact pourra ne se renouveler que toutes les dix minutes.

Avec cette disposition, on comprend aisément que, pour appeler une station, il suffit de porter la manivelle du manipulateur sur la lettre correspondante au numéro d'ordre de cette station, et de la maintenir pendant dix minutes dans cette position. Le courant de la pile locale ne pourra, en effet, réagir sur la sonnerie d'appel des différents postes qu'autant qu'il y aura contact simultané : 1° entre l'aiguille indicatrice du cadran et sa fiche; 2° entre la cheville de la roue qui fait son tour en dix minutes et la languette du mécanisme d'embrayage; or, ce double contact n'aura lieu qu'à la station où l'aiguille indicatrice se sera arrêtée sur la fiche correspondante. Une pédale adaptée à la détente d'embrayage permet, du reste, de faire échapper la cheville une fois le contact opéré.

Afin de ramener automatiquement à la croix les aiguilles des appareils des différents postes après un premier appel, M. Bellanger adapte à son appareil un second mouvement d'horlogerie qui a pour effet de réagir mécaniquement sur la pédale dont il vient d'être question, et sur celle du récepteur télégraphique qui ramène les aiguilles à la croix. Ce second mécanisme d'horlogerie est mis en action sous l'influence d'un électro-aimant spécial qui n'exerce son effet qu'après que l'appel a eu lieu.

Système de M. Bablon. — Le système de M. Bablon a pour effet de rompre simultanément dans tous les postes la communication directe par une première émission d'un courant de sens contraire à celui qui fait fonctionner les appareils télégraphiques et les sonneries, et de la rétablir ensuite successivement à chaque autre émission du même courant jusqu'au poste demandé. Ce résultat est obtenu : 1° à l'aide de deux électro-aimants munis d'une double hélice, dont l'une est parcourue constamment par le courant d'une faible pile locale ; 2° au moyen d'un commutateur assez compliqué, sur lequel réagit un échappement commandé par un régulateur à force centrifuge et l'un des deux électro-aimants précédents.

Ce système, longuement décrit par son auteur dans les *Annales télégraphiques* (tome IV, page 645), n'est pas assez important et est trop compliqué pour que nous en fassions ici une description détaillée.

Système de M. Moulinot. — Le système de M. Moulinot, que nous représentons fig. 190 ci-dessous, se compose essentiellement de deux relais translateurs I, I', dont l'un I réagit sur un mécanisme d'horlogerie à

Fig. 190.

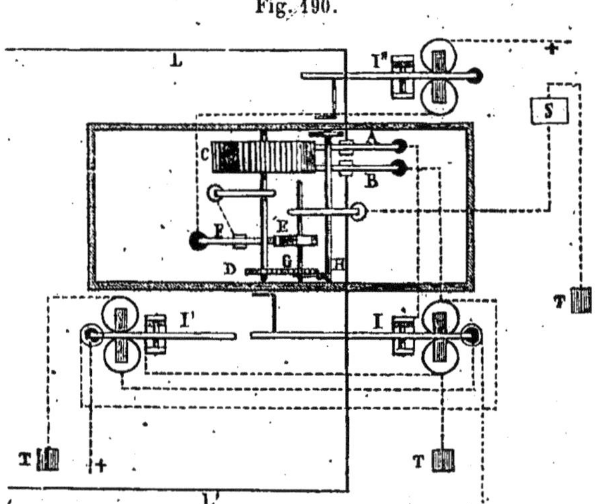

échappement, ayant pour fonction de faire réagir un double interrupteur à travers lequel les courants de la ligne de gauche ou de la ligne de droite doivent passer avant d'arriver aux relais. Cet interrupteur se compose de deux bascules A, B (indiquées en élévation fig. 191), appuyant par l'une de leurs extrémités sur deux contacts en rapport avec les relais, et munies à leur autre extrémité d'une petite came que peuvent rencontrer les dents d'une roue épaisse C montée sur l'axe de la roue d'échappement D du mécanisme d'horlogerie. La disposition de cette came, par rapport à la roue d'échappement, est telle, que cette rencontre ne peut se faire qu'un peu avant l'échappement de chaque dent de cette dernière roue ; c'est-à-dire au moment où le levier du relais, après avoir été attiré, se relève. Cet interrupteur a une double fonction à remplir : il établit d'abord ou supprime les communications des fils de ligne L, L', avec les deux relais ; mais, comme au moment où cette communication est coupée, les deux bascules

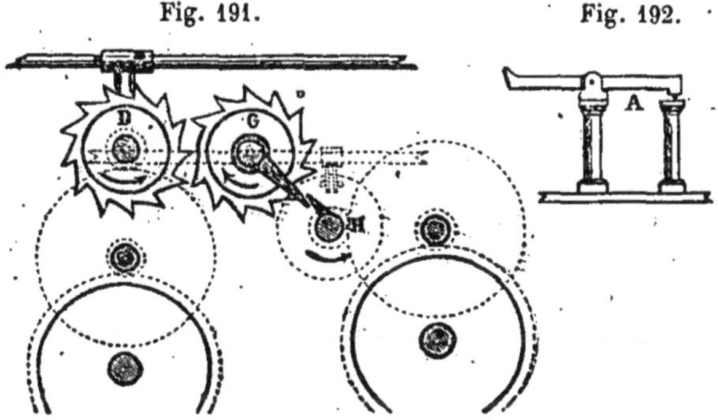

Fig. 191. Fig. 192.

A et B se trouvent en contact métallique avec une même dent de la roue C qui commande le jeu de cet interrupteur, les deux fils de ligne se trouvent réunis par ce seul fait, et la communication directe est établie ; toutefois, cette communication directe n'est que momentanée, ainsi qu'on l'a vu précédemment. Ainsi, toutes les fois que les bascules A et B de l'interrupteur ne sont pas soulevées, la ligne est disposée en translation, et toutes les fois que le contraire a lieu, la communication directe est obtenue. Voyons maintenant comment M. Moulinot a pu profiter de cette disposition pour faire ses appels.

Sur un second axe parallèle à celui de la roue d'échappement se trouve adaptée une seconde roue à rochet G, maintenue par une étoile et disposée de manière à être entraînée par la roue d'échappement quand celle-ci tourne. Toutefois, cet entraînement ne peut avoir lieu que sous certaines conditions ; car à cette nouvelle roue il manque une dent, et en temps ordinaire l'échancrure qui en résulte se trouve placée devant la roue d'échappement, comme on le voit, fig. 191, ci-dessus. Pour que celle-ci puisse, dans ce cas, entraîner la roue G, on a adapté à cette dernière un doigt allongé qui peut être rencontré par une came H faisant partie d'un second mécanisme d'horlogerie commandé par un échappement à deux chevilles (indiqué en pointillé sur la figure 191), et par un électro-aimant supplémentaire I' (fig. 190). Celui-ci est mis en rapport électrique : 1° avec la pile locale de la station où est placé l'appareil ; 2° avec une seconde bascule F formant interrupteur, sur laquelle réagit une came E adaptée à l'axe de la roue échancrée G ; 3° avec l'axe de la roue C du premier interrupteur. Enfin, pour compléter l'appareil, une sonnerie trembleuse à déclancheur S est mise en rapport avec la terre et l'axe portant la roue échancrée G. Voici ce qui résulte de ces diverses dispositions.

Quand à la station qui fait l'appel, on opère une fermeture du circuit, le relais correspondant I ou I' de la première station est mis en action, et celui-ci fait marcher de la même manière les autres relais échelonnés sur la ligne. Sous l'influence de l'attraction produite sur ce relais, la roue d'échappement D, commandant le jeu de l'interrupteur, avance d'une demi-dent, et au moment où on interrompt le circuit, cette roue s'est avancée d'une dent entière ; il en résulte un soulèvement des bascules A et B du double interrupteur de chaque appareil, et une communication directe momentanée est établie sur toute la ligne ; mais comme, une fois l'échappement effectué, les appareils reprennent leur position primitive, on peut télégraphier avec ce système comme à l'ordinaire.

Maintenant, admettons qu'après une première fermeture du courant à la station qui appelle, on établisse une communication de la ligne avec la terre, en même temps qu'on interrompra le courant, il pourra se produire sur les appareils interposés aux stations deux effets : le premier sera d'animer l'électro-aimant supplémentaire I' en complétant son circuit par la roue C du double interrupteur et le fil de ligne, alors établi en communication directe, et il en résultera, par conséquent, le déclanchement de la came H du second mécanisme d'horlogerie, et, par suite, le déplacement de l'échancrure de la roue G commandée par le premier échappement. Le second effet aura pour résultat, si la came E adaptée à l'axe de la roue échancrée G est convenablement placée, de fournir un contact qui fera déclancher la sonnerie d'appel. Or, on comprend immédiatement, d'après cette disposition, que le jeu de la sonnerie d'appel à l'une ou à l'autre des stations dépendra uniquement de la position de la came E, fournissant ce dernier contact, par rapport aux dents de la roue échancrée. Si cette position correspond à la première dent après l'échancrure, c'est la première station qui est appelée ; si, au contraire, elle correspond à la quatrième ou à la cinquième dent, ce seront les quatrième ou cinquième stations qui seront appelées. Mais alors il faudra, comme on le comprend aisément, opérer à la station qui appelle autant de fermetures de courant (après la mise en contact avec le sol) qu'il y a de stations moins une, échelonnées jusqu'à la station appelée.

On a déjà deviné que la position normale des appareils étant celle dans laquelle la roue échancrée présente son entaille devant la première roue d'échappement, il faut nécessairement, pour que les appareils soient en position de fournir un nouvel appel, que le nombre des émissions de courant produites à la station qui appelle soit suffisant pour que ces roues aient accompli une révolution entière. Cet effet, du reste, est obtenu directement par le fait même de la transmission de la dépêche, dont la longueur n'a d'ailleurs aucune influence, puisque la partie échancrée se trouvant revenue à sa position primitive, elle ne peut être déplacée que sous l'influence d'un nouveau contact à la terre.

Ce système, bien qu'un peu compliqué, est réellement ingénieux.

Système de M. Bizot. — Ce système ne se rapporte qu'au simple appel des stations sans entraîner une communication directe et spéciale au service télégraphique. Il est fondé sur ce principe, du reste, démontré expérimentalement par l'auteur, que si plusieurs pendules disposés aux différentes stations d'une ligne sont mis en mouvement par les oscillations répétées de l'aiguille d'un galvanomètre, lequel sera placé à portée de chaque pendule et soumis à l'influence d'un courant électrique régulièrement interrompu par l'un de ces pendules, il se produira toujours au bout de quelques instants une marche synchrone de deux ou plusieurs de ces pendules, si tous les galvanomètres moteurs sont interposés dans le même circuit et si ces *pendules ont exactement la même longueur de tige.* De plus, cet effet se produira quelque soit l'intensité magnétique des galvanomètres. En revanche si ces pendules n'ont pas la même longueur leurs oscillations ne pourront jamais s'effectuer synchroniquement, du moins dans les conditions dont il vient d'être question.

D'après ce principe on comprend aisément qu'en disposant à chaque station un appareil pendulaire dont la longueur de tige peut être raccourcie ou allongée à volonté, il sera possible, en affectant à telle ou telle station une longueur donnée de tige (qui ne sera pas la même aux différentes stations), d'obtenir la marche synchrone des pendules de la station appelante et de la station appelée et de faire en sorte, par un contact électrique établi par ces deux pendules à la fin de leur course, de faire circuler le courant de ligne à travers une sonnerie à déclanchement qui fournira l'appel. Pendant ce temps, il est vrai, les pendules des autres stations intermédiaires seront mis également en mouvement, mais comme leur longueur est différente, le double contact simultané nécessaire au déclanchement de la sonnerie d'appel n'aura pas lieu et il n'y aura que la station dont le pendule aura une longueur égale à celle qui aura été donnée au pendule de la station appelante qui recevra l'appel.

Système de M. Martorey. — Pour réaliser l'effet dont il s'agit, M. Martorey adapte à l'appareil Morse une roue d'échappement ayant un nombre de dents au moins égal à celui des bureaux à desservir. Le levier du style est alors disposé de manière à faire fonction d'une ancre d'échappement, et la roue avance d'une dent seulement pour chacune de ses oscillations. Toutes les dents sont métalliques et isolées l'une de l'autre et du centre de la roue, excepté une seule, qui communique avec ce centre par un fil.

« La ligne, dit M. Bergon, doit avoir deux fils libres pendant la nuit, celui des appareils et celui des appels. Ce dernier entre dans tous les bureaux sans cesser d'être continu, et se borne à passer et à prendre contact sur le levier du style.

« A l'expiration du service de jour, les leviers sont engagés dans les roues de façon que la dent à rayon conducteur suive celle qui touche le levier et aille en sens inverse du mouvement de la roue, la première dans le premier bureau, la deuxième dans le second bureau, et ainsi de suite.

« Toutes ces dispositions étant prises, si on veut rappeler le $n^{\text{ième}}$ bureau, on commence par faire passer n courants consécutifs, dans les fils des appareils ; la dent à rayon conducteur vient se placer sous le levier dans le $n^{\text{ième}}$ bureau ; dans tous les autres elle est isolée. On émet ensuite un courant sur le fil des appels, et la sonnerie du $n^{\text{ième}}$ bureau est la seule qui soit mise en mouvement. La dépêche une fois passée, on revient au point de départ en envoyant m-n courants sur le fil des appareils, m étant le nombre des dents de chaque roue. »

Ce système n'est pas en progrès sur ceux que nous venons de décrire.

Système de M. Amiot. — Dans le système de M. Amiot, on envoie encore n courants consécutifs, pour appeler le $n^{\text{ième}}$ bureau ; mais ces émissions doivent être de courte durée, excepté la dernière, qu'il faut prolonger 4 ou 5 minutes. La première de ces émissions, en soulevant le levier du porte-style, dégage un mécanisme d'horlogerie qui met en mouvement une glissière formant commutateur, laquelle établit successivement la communication directe entre le premier bureau et les autres, pour des émissions successives et rapides du courant, et ce n'est que quand la fermeture de ce courant est maintenue suffisamment longtemps, que la glissière, arrivant à l'extrémité de sa course, met en jeu dans le bureau correspondant à cette fermeture, un électro-aimant fonctionnant sous l'influence de la pile locale et ayant action sur la sonnerie d'appel.

Ce procédé, comme le fait observer M. Bergon, n'exige, il est vrai, que l'emploi d'un seul fil, mais, comme dans l'appareil précédent, il exige qu'on compte avec exactitude le nombre des émissions de courants que la ligne a reçues, et qu'on pratique ces émissions avec une vitesse déterminée, ce système est donc encore inférieur à ceux par lesquels nous avons commencé.

Système de M. Guez. — Le système de M. Guez n'est autre chose que la rentrée d'heure en heure des bureaux intermédiaires, telle qu'on l'avait établie dans l'origine de l'établissement des lignes télégraphiques, mais obtenue par des moyens électriques qui indiquent quand cette rentrée est nécessaire. Suivant M. Bergon, ces moyens répondent suffisamment aux besoins du service, surtout depuis les modifications qui leur ont été apportées par la commission de perfectionnement.

Dans ce système, les pendules des stations interrogent, pour ainsi dire, le circuit télégraphique aux heures voulues, pour faire savoir si les appareils doivent être ou non introduits dans le circuit de ligne. Pour réaliser cet effet, l'axe de l'aiguille des minutes de ces pendules porte un disque d'ivoire sur la circonférence duquel se trouvent établis 1, 2, 3 ou 4 interrupteurs métalliques, suivant le nombre de fois que la station doit être appelée dans une heure, et qui se composent chacun de trois dents de platine espacées d'une quantité en rapport avec un temps déterminé (quinze secondes par exemple). Ces dents communiquent métalliquement avec l'axe de l'aiguille des heures, et par lui, ainsi que par le corps de la pendule, avec le fil de ligne. Seulement la dent du milieu est en dehors du plan des deux autres, de manière que deux frotteurs juxtaposés, destinés à réagir sur elles, puissent les rencontrer alternativement. Celui de ces deux frotteurs qui doit rencontrer la dent du milieu correspond à un relais du genre de celui du Père Cecchi, et le second à la pile de ligne de la station par l'intermédiaire d'un contact établi entre l'armature d'une sonnerie trembleuse et un butoir d'arrêt.

Le relais a pour fonction de fermer le courant de la pile locale à travers la sonnerie trembleuse, et celle-ci, par sa disposition, forme un rhéotome qui réagit sur le circuit de la ligne en provoquant aux stations extrêmes une série de fermetures de courant dont nous verrons à l'instant l'utilité. Voici maintenant comment ce système fonctionne :

Toutes les fois que les ressorts de l'interrupteur de l'horloge rencontrent les dents métalliques dont nous avons parlé, c'est-à-dire aux heures où la station intermédiaire doit être introduite dans le circuit, un courant de ligne se trouve d'abord envoyé aux stations extrêmes et traverse leur récepteur. On sait alors à ces stations que la station intermédiaire en question est disposée à entrer dans le circuit, et l'on a 15 secondes pour décider s'il y a ou non opportunité à ce que cette introduction ait lieu. Si elle ne doit pas se faire, on laisse les appareils au repos aux stations extrêmes, et les contacts successifs opérés par l'horloge de la station intermédiaire n'exercent aucun effet : le dernier seulement, en réagissant de nouveau sur les récepteurs des stations extrêmes, prévient qu'il n'est plus temps, pour le moment, d'établir la communication avec la station intermédiaire. Si au contraire cette communication doit se faire, on ferme, soit à l'une, soit à l'autre des stations extrêmes, le courant de la pile de ligne, et au moment où s'opère le contact de la dent du milieu des commutateurs de l'horloge, un courant traverse le relais de la station intermédiaire et met en mouvement la sonnerie d'alarme qui tinte indéfiniment, car le relais étant à armature aimantée, cette armature reste inclinée du côté où l'attraction l'a conduite, et ferme par conséquent le courant de la pile locale jusqu'à ce que l'employé du poste ait rompu ce courant. Toutefois, après que cette réaction a eu lieu, le dernier contact opéré par l'interrupteur de l'horloge, au lieu de fermer le courant d'une manière continue à travers les récepteurs des stations extrêmes, fournit une série de fermetures successives résultant du mouvement de l'armature de la sonnerie d'alarme, et qui avertissent les stations extrêmes que l'appel qu'elles ont envoyé a été exécuté.

Système de M. Ailhaud. — Le système de M. Ailhaud n'est autre chose que le communicateur Breguet, devenu, au moyen d'une pendule et d'une disposition particulière qu'il est aisé de deviner, susceptible de se prêter au service des appels de plusieurs bureaux intermédiaires; ce système, du reste, n'offre en lui rien de particulier, et ne paraît pas supérieur à celui dont nous venons de parler.

Système de M. Caël. — Ce système, du reste très-simple, ne peut s'appliquer que dans les conditions où l'on emploie les appareils silencieux à armatures aimantées dont nous avons déjà parlé ; seulement il réalise ses effets avec des appareils ordinaires, et il a l'avantage d'avoir été appliqué avec succès sur la ligne de Bar-le-Duc à Verdun.

Pour l'application de ce système, on suppose que les deux stations extrêmes, par exemple Bar-le-Duc et Verdun, doivent toujours être, en temps de repos, en communication directe l'une avec l'autre, et que cette communication ne doit être interrompue que pendant la correspondance avec le poste intermédiaire qui sera, je suppose, Saint-Mihiel. Or, pour fournir des appels à cette dernière station quand il est nécessaire, M. Caël introduit, à cette station dans le circuit de ligne qui réunit les deux autres, une sonnerie trembleuse ou un relais de sonnerie à parleur d'une faible résistance (20 kil. au plus), et ces appareils sont réglés de manière à être insensibles aux courants qui sont habituellement échangés entre les deux stations extrêmes pour la correspondance. Conséquemment ces deux stations peuvent correspondre entre elles comme si rien n'avait été changé à la disposition du circuit ; c'est un simple accroissement dans la résistance de celui-ci qui a été opéré. Toutefois, si les sonneries placées aux postes intermédiaires sont silencieuses en temps ordinaire, elles peuvent tinter et fournir un appel, si le courant transmis est de beaucoup plus énergique que les courants ordinaires qui les traversent, et pour obtenir ce courant plus énergique il suffit d'un commutateur qui permette à l'un des postes de changer le mode de liaison de sa pile avec le circuit. Dès lors un contact simultané, effectué par les manipulateurs aux deux stations extrêmes, permet aux deux piles d'additionner leurs courants respectifs, et de fournir par conséquent une intensité électrique suffisante pour provoquer l'appel en question, appel qui peut être suivi de la désignation du poste appelé, soit par l'intermédiaire du parleur, soit par une combinaison de tintements de la sonnerie d'appel. (Voir le mémoire de M. Caël dans les *Annales télégraphiques*, tome VIII, p. 106.)

Du reste M. Caël, en reliant la sonnerie au récepteur des stations, et en fermant le circuit à travers cette sonnerie, par le contact du levier qui dégage le mécanisme entraîneur de la bande de papier contre son butoir d'arrêt, est arrivé à obtenir que le fonctionnement des sonneries puisse se faire sans qu'on soit obligé d'interposer ces organes d'avertissement dans le circuit de la ligne, soin que les employés ne prennent pas toujours. C'est alors en dégageant le mécanisme entraîneur de la bande de papier qu'on fait taire la sonnerie pendant la transmission ; et comme on est forcé d'arrêter ce mécanisme après que la correspondance est terminée, l'interposition de la sonnerie dans le circuit s'effectue naturellement et sans exiger une attention spéciale de la part des employés.

CRYPTOGRAPHES.

Dès l'origine de la télégraphie, on a cherché les moyens de rendre secrètes certaines dépêches des gouvernements, et on a employé pour cela divers moyens en rapport avec les systèmes télégraphiques employés. La plus simple méthode est de changer l'interprétation des lettres alphabétiques, en les soumettant à une clef déterminée, variable suivant le caprice de ceux qui en font usage. C'est le moyen qu'on emploie le plus souvent; mais il est facile de comprendre que si la même lettre a la même interprétation dans tout le cours d'une dépêche, il sera possible, avec de l'habitude et de la perspicacité, de finir par deviner la clef et de lire la dépêche. Plusieurs personnes ont cherché à écarter cet inconvénient par des combinaisons numériques et mécaniques plus ou moins ingénieuses, et parmi elles nous citerons MM. Régnard, Wheatstone et Mouilleron. Nous allons décrire successivement ces différents systèmes en appelant surtout l'attention sur celui de M. Wheatstone, qui a pour interprète un petit mécanisme renfermé dans une espèce de petite tabatière.

Premier système de MM. Mouilleron et Gaussin. — Dans le grand modèle, l'appareil mécanique, destiné à réaliser la traduction et la composition de la dépêche, se compose essentiellement d'une espèce de tambour constitué par cinq systèmes de doubles bandes de cuir, sur lesquelles sont inscrites les différentes lettres de l'alphabet. L'une des bandes de chacun de ces systèmes est fixe, l'autre est mobile sur deux poulies et forme une espèce de courroie continue sur laquelle se trouvent imprimés deux alphabets complets; de telle sorte qu'en la faisant tourner dans un sens ou dans l'autre, on peut toujours amener au-dessous des lettres de l'alphabet fixe inscrit sur la première bande, les lettres de l'alphabet mobile, et cela dans un ordre qui peut être déterminé. Ce mouvement de chaque bande mobile est obtenu au moyen d'une roue d'engrenage que l'on tourne à l'aide d'une manivelle, et qui n'a d'action que sur celui des systèmes de bandes qui se présente devant l'observateur; encore faut-il, pour que cet effet ait lieu, que l'on repousse un ressort embrayeur au moment même où l'on tourne la manivelle.

Le tambour constitué par ces cinq systèmes de bandes, est mis en mouvement lui-même par une roue à rochet sur laquelle réagit un encliquetage que l'on manœuvre à l'aide d'une pédale. Par ce moyen, on peut faire arriver successivement devant un guichet les différents systèmes de bandes, qui, pour qu'on ne les confonde pas, portent un numéro d'ordre.

Tout ce mécanisme est monté sur un pupitre, de telle sorte que, sans qu'on ait à se déranger, on puisse composer les dépêches dans des conditions qui les rendent indéchiffrables et les traduire ensuite. Voici maintenant comment on se sert de cet appareil.

On choisit pour clef un mot de cinq lettres dont on convient d'avance ou qu'on transmet d'une manière indirecte en convenant que ce mot sera le deuxième ou le troisième d'une dépêche. Par exemple, on dira, je suppose : *Je partirai de Paris à la fin du mois.* Si on est convenu que la mot de la clef est le troisième, *Paris* sera précisément ce mot dans la dépêche en question. Alors on écrira sur une feuille de papier, et l'un au-dessous de l'autre, deux alphabets en sens inverse comme ci-dessous :

a b c d e f g h i j k l m n o p q r s t u v w x y z
z y x w v u t s r q p o n m l k j i h g f e d c b a

puis on prendra pour lettres de la clef, celles qui correspondent aux lettres du mot Paris dans l'alphabet du dessous ; ce seront *k, z, i, r, h.* On placera alors les alphabets mobiles de l'appareil de manière que les lettres *k, z, i, r, h* correspondent à la lettre *a* de chaque alphabet fixe. L'appareil sera ainsi mis à la clef, et il ne s'agira plus, pour composer la dépêche, que de noter celles des lettres de l'alphabet mobile qui correspondent aux lettres de l'alphabet fixe entrant dans cette dépêche, en ayant soin de faire tourner d'un cran, après chaque lettre notée, le tambour portant les alphabets. Voici un exemple. Supposons qu'il s'agisse de transmettre la phrase suivante : *La victoire est à nous*, sur la clef *Paris*. La composition de la dépêche sera :

Vz dzjdnqil orb r nyta.

Dans la phrase originale, les lettres *a, i, o, t, s* se répètent deux fois, et dans la traduction, la première de ces lettres est représentée par *z* et *r*, la seconde par *z* et *q*, la troisième par *n* et *y*, la quatrième par *d* et *b*, et la cinquième par *r* et *a*.

Pour traduire une dépêche envoyée, on dispose comme précédemment les alphabets mobiles sous les alphabets fixes, par rapport à la clef qui a été transmise, et on lit sur les alphabets fixes les lettres des alphabets mobiles qui entrent dans la dépêche.

Nouveau cryptographe de MM. Vinay et Gaussin. — Depuis la construction de l'appareil précédent, MM. Vinay et Gaussin ont imaginé un nouveau système de cryptographe de dimensions beaucoup plus petites, fournissant des dépêches encore plus indéchiffrables, et dont on peut du reste augmenter à volonté les difficultés d'interprétation.

Ce système se compose essentiellement : 1° d'un cadran mobile sur lequel sont inscrites les lettres de l'alphabet ; 2° d'un disque en verre dépoli placé au-dessus de ce cadran et mobile avec lui ; 3° d'une roue des types analogue à celle des télégraphes imprimeurs, placée sur le même axe que le cadran mobile et disposée de manière que les types en relief et les lettres du cadran se correspondent ; 4° enfin d'un cadran extérieur enveloppant le cadran mobile, lequel doit rester fixe pour la composition d'une même dépêche, mais qui peut être déplacé, quand on veut changer l'ordre des lettres pour plusieurs dépêches consécutives. Un tampon imprimeur, un rouleau encreur et un laminoir entraînant une bande de papier en provision sur un rouleau, complètent le système. Cette dernière partie de l'appareil ressemble, du reste, complétement au mécanisme imprimeur des télégraphes de ce genre, sauf que c'est une pédale ressortant en dehors de l'appareil, et sur laquelle on appuie le doigt, qui est substituée au levier imprimeur de ces derniers appareils. Voici maintenant comment on fait usage de cet instrument.

On prend pour clef un mot quelconque dont le nombre de lettres est d'ailleurs indéterminé, puis on inscrit au crayon sur le disque de verre dépoli, et au-dessus des diverses lettres du cadran mobile, une série de numéros d'après l'ordre dans lequel se présentent les lettres dans le mot de la clef. Supposons, pour fixer les idées, que ce mot soit *Paris*. On inscrira le n° 1 au-dessus du *p*, le n° 2 au-dessus de l'*a*, le n° 3 au-dessus de l'*r*, le n° 4 au-dessus de l'*i*, le n° 5 au-dessus de l'*s*. Un repère étant marqué au-dessus du cadran fixe, il ne s'agira plus, pour composer la dépêche, que d'amener successivement devant les différentes lettres du cadran fixe qui composent la dépêche, celles du cadran mobile qui sont placées sous les numéros inscrits sur le disque de verre, et cela dans leur ordre numérique. Une fois ces lettres arrivées dans la position qu'elles doivent avoir, on appuiera le doigt sur le mécanisme imprimeur, et les lettres qui composent la dépêche traduite se trouveront ainsi successivement imprimées sur la bande de papier. Prenons pour exemple la phrase : *Venez à mon secours*, et supposons que le mot de la clef est *Paris*. Au moment où l'on commencera à composer la dépêche, le cadran mobile devra être placé devant le repère fixe, c'est-à-dire de manière que le blanc de la roue des types se trouve devant le tampon imprimeur; mais le cadran, qui doit rester fixe pendant la composition de la dépêche, pourra être placé de telle manière qu'on voudra : par exemple, la lettre P, ou la lettre M, ou la croix, pourront correspondre au repère; seulement, il faudra qu'on en soit averti. Les nos 1, 2, 3, 4 et 5 de la clef étant inscrits sur le disque de verre dépoli, ainsi qu'on l'a vu plus haut, on fera arriver successivement devant les lettres V, E, N, E, Z du cadran fixe, les nos 1, 2, 3, 4 et 5, et à chaque déplacement du cadran mobile on appuiera sur le mécanisme imprimeur, puis on amènera le cadran mobile au répère pour l'impression du blanc, et on recommencera pour les autres mots de la dépêche de la même manière. Ainsi on amènera le n° 1 devant l'A du cadran fixe, puis on imprimera le blanc, puis on fera arriver le n° 2 devant l'M, puis le n° 3 devant l'O, etc., etc., en recommençant après l'épuisement de chaque série de numéros une nouvelle série. Les croix des deux cadrans étant placées devant le repère, la dépêche précédente donnerait, avec la clef *Paris* :

UWDDT O OCV SKQCOAX.

On comprend combien, avec cette méthode, il est facile de compliquer les combinaisons, puisqu'on peut les faire varier, non-seulement par les mots de la clef, mais par les nombres de lettres qui les composent, et par la position du cadran fixe, qui peut à elle seule fournir vingt-huit combinaisons différentes.

Pour traduire une dépêche composée d'après cette méthode, il ne s'agit que d'opérer d'une manière inverse. On inscrit d'abord les numéros de la clef sur le verre dépoli, et on les fait arriver successivement devant les différentes lettres du cadran fixe correspondantes à celles qui composent la dépêche, puis on imprime chaque fois, comme on l'avait fait pour la composition de cette même dépêche. On obtient alors, imprimée en lettres romaines, la phrase :

VENEZ A MON SECOURS.

Cryptographe de M. Wheatstone. — M. Wheatstone a aussi combiné un cryptographe indéchiffrable, qui est surtout remarquable par sa simplicité. Il se compose uniquement d'une petite boîte de la taille d'une tabatière, dans laquelle se trouve adaptée une espèce de minuterie qui a pour effet de faire tourner autour de deux cadrans concentriques, portant les différentes lettres de l'alphabet, deux aiguilles disposées comme dans une pendule. Cette minuterie est combinée de manière qu'à chaque tour du cadran, l'une des aiguilles soit en retard sur l'autre d'une division, c'est-à-dire d'une lettre, et de plus, les lettres des cadrans, imprimées sur de petits carrés de carton, peuvent être déplacées à volonté. Or, il est facile de comprendre qu'avec cette disposition il suffit, pour obtenir une dépêche indéchiffrable, de pointer successivement l'une des aiguilles sur les différentes lettres (du cadran correspondant) qui entrent dans la dépêche, en ayant soin, après chaque pointage, de faire accomplir un tour complet à l'aiguille, et de noter les différentes lettres désignées par l'autre aiguille sur le second cadran. En dérangeant l'ordre des lettres sur ce dernier cadran et d'après un système convenu d'avance, il devient impossible, sans instrument, de pouvoir déchiffrer les dépêches ainsi composées. Quant à leur traduction, elle s'effectue en faisant précisément l'inverse de ce qui avait été fait primitivement, c'est-à-dire en portant successivement la seconde aiguille sur les différentes lettres (du second cadran) correspondantes à celles de la dépêche transmise, et en lisant les indications fournies par la première aiguille sur l'autre cadran.

Moyens proposés par M. Régnard pour rendre les dépêches secrètes. — « La télégraphie aérienne, dit M. Régnard, assurait le secret des correspondances par la multiplicité des signaux qui représentaient des mots et même des phrases tout entières. Les employés des stations transmettaient et recevaient la dépêche sans la comprendre. Il fallait, pour la traduire, être en possession des volumineux vocabulaires que les frères Chappe avaient élaborés avec tant de peine.

« En employant exclusivement les lettres de l'alphabet ou quelques signaux qui les représentent, la télégraphie électrique livre les dépêches à la connaissance de tous ceux qui sont employés à leur transmission. Le gouvernement ne peut ainsi adresser un avis à ses hauts fonctionnaires en France ou à l'étranger, sans que cet avis soit connu de tous les employés des stations télégraphiques que la dépêche a traversées, et les personnes qui ont recours à la télégraphie privée sont aussi obligées de livrer à découvert le contenu des dépêches qu'elles envoient.

« On pourrait peut-être rendre les dépêches secrètes en compliquant les signaux de la télégraphie électrique comme l'étaient ceux de la télégraphie aérienne. Mais il importe de conserver à son alphabet toute sa simplicité, parce que c'est d'elle que dépend la célérité de la transmission des correspondances. Il faut donc chercher ailleurs le moyen d'arriver au but. J'ai pensé que le moyen le plus simple et le plus sûr serait de disposer les lettres des dépêches dans un certain ordre indiqué par un nombre convenu entre l'expéditeur et le destinataire, et connu d'eux seuls. Ce nombre constituerait ce que j'appellerai la *clef de la dépêche secrète*. Il n'y aurait dès lors que celui qui connaîtrait ce nombre, qui pourrait rétablir les lettres dans leur ordre véritable, comme il n'y a que celui qui connaît le mot sur lequel une serrure à combinaisons a été fermée qui puisse l'ouvrir.

« La dispersion des lettres d'après un nombre peut avoir lieu de plusieurs manières. Je me borne à indiquer celles qui paraissent les plus simples.

« 1er *système par séries sur une seule ligne.* — Les lettres de la dépêche au lieu d'être placées dans leur ordre naturel, sont disposées suivant un ordre indiqué par les chiffres du nombre convenu et par séries égales à la somme de ces chiffres. Si nous convenons, par exemple, du nombre 3542, les séries comprendront quatorze lettres. La première lettre de la dépêche sera écrite au 3e rang, la seconde au 5e rang à partir de celle-ci, la troisième au 4e rang à partir de la précédente, et la quatrième au 2e rang qui suivra et qui terminera la première série. On place ensuite les dix autres lettres de cette série dans les intervalles laissés par les quatre premières, qui servent pour ainsi dire de jalons, et on les distribue d'un intervalle à l'autre (par mêmes numéros d'ordre) jusqu'à ce que tous soient remplis. On forme une seconde série avec les quatorze lettres suivantes, puis une troisième, et ainsi de suite. On ajoute quelques lettres inutiles pour compléter la dernière série, s'il y a lieu. On peut marquer la fin de chaque mot par un point.

« Je suppose, pour me faire bien comprendre, qu'il s'agit de transmettre secrètement les phrases qui suivent :

Les . Français . ont . pris . d'assaut . Malakoff . Sébastopol . est . en . leur . pouvoir .

« Elles se disposeraient ainsi sur les chiffres du nombre 3542 :

f c l r a s o o a i . s n . r d n i a s u t s s a : .
p l f t a f s b . k . e m o a p c a o s . n s l t e t .
o r u . . v i . l p o r e o u ——

« Pour traduire la dépêche, le destinataire commence par compter les lettres en séparant les séries à l'encre rouge. Il pointe ensuite les lettres indiquées par les chiffres du nombre; ces lettres lui servent de jalons pour dégager les autres, et la traduction se fait alors sans aucune difficulté

« 2e *système par séries sur plusieurs lignes.* — Au lieu de placer les lettres les unes à la suite des autres sur une seule ligne horizontale, on les dispose verticalement sur un nombre de lignes convenable. Les lettres de la première série se placent ainsi au commencement des lignes; celles de la seconde série sont disposées à la suite dans le même ordre, puis celles de la troisième, et ainsi des autres. Les séries marchent pour ainsi dire de front sur un nombre de lignes égal à celui des lettres qui les composent. On place ainsi dix, vingt ou trente séries, puis on recommence une nouvelle période.

« 3e *système par dizaines sur un certain nombre de lignes.* — La clef de la dépêche comprend deux nombres : les chiffres du premier indiquent dans quel ordre les lettres sont disposées sur un nombre de lignes égal à celui de ces chiffres ; le second indique à quel rang se trouve la première lettre placée dans chaque ligne qui comprend dix lettres. Les neuf autres se placent à la suite de celle-ci jusqu'à ce que les dizaines soient entièrement remplies.

« Ainsi, si nous prenons pour clef les nombres 2143 et 5728, la première lettre de la dépêche se placera au 5e rang sur la 2e ligne ; la seconde au 7e rang sur la 1re ligne ; la troisième au 2e rang sur la 4e, et la quatrième au 8e rang sur la 3e. Ces quatre premières lettres servent de jalons pour la distribution des autres, et comme le nombre des dizaines est égal à celui des chiffres des nombres de la clef, la série tout entière comprendra quarante lettres. On emploie le chiffre 0 pour la 10e ligne ou le 10e rang. On peut comprendre dans chaque série jusqu'à cent lettres.

« Dans ce système, les phrases que nous avons prises pour exemples seraient disposées de la manière suivante sur les nombres 2143 et 5728, en deux séries.

```
p . s . a f e r a o
s t l f l f c . . s
t i a u a o s : n s
l s a i n r d a m k
l : v . n . b o . .
u r i o e t l t . r
n u o i f . a s o s
i a p e e e p o . v
```

« Ce moyen de voiler la dépêche en dispersant les lettres suivant un ordre indiqué par un nombre, est d'un emploi sûr et facile pour les correspondances écrites de la guerre ou de la diplomatie. Le papier rayé verticalement que fournit le commerce faciliterait le placement des lettres, qui se ferait sans qu'il fût besoin de compter les rangs et sans qu'il y eût de chances d'erreur.

« Pour la transmission télégraphique, il ne faudrait pas se borner à donner les lettres sans précaution dans leur ordre mystérieux ; le défaut d'une seule pourrait rendre la traduction impossible. Pour éviter cet obstacle et agir avec une sécurité suffisante, il suffirait d'envoyer la dépêche par groupes séparés de dix lettres. L'expéditeur fournirait les lettres de la dépêche préalablement groupées par dizaines. Après la transmission de chaque dizaine, on donnerait un signal qui marquerait la séparation des groupes. De cette manière les erreurs, qu'il est difficile d'éviter, ne se perpétueraient pas d'une dizaine à l'autre, et n'apporteraient pas d'obstacle sensible à la traduction de la dépêche. »

La lettre électrique de M. Arnoux. — M. Arnoux, chef d'escadron d'artillerie, a publié dans une brochure intéressante, sur une organisation nouvelle du service télégraphique, la description de certains dispositifs ingénieux, à l'aide desquels on peut rendre les dépêches secrètes en les plaçant dans les conditions des lettres ordinaires, c'est-à-dire en les faisant parvenir toutes cachetées à destination et sans qu'aucun employé n'en ait pris connaissance. Il a adapté ce dispositif aux appareils Morse, aux appareils Caselli et aux appareils Hughes.

Appliqué aux appareils Caselli, ce dispositif consiste dans une sorte d'enveloppe semi cylindrique, très-légère, mobile sur un châssis, qui renferme des plaques cylindriques destinées à la réception et à la transmission. Cette enveloppe a une longueur double de la plaque qu'elle recouvre, et se trouve percée dans sa partie moyenne, d'une rainure transversale dans laquelle s'engage le porte-style de l'appareil. A l'état normal, le cylindre enveloppe est placé de manière que la rainure corresponde à la partie du cylindre transmetteur ou récepteur où commence la dépêche, et par suite de la marche latérale de la pointe traçante, après chaque oscillation accomplie par elle, ce cylindre enveloppe se déplace en maintenant toujours cachée la dépêche reçue, ou a transmettre, puisque sa longueur est double de celle de cette dépêche. Le secret est même encore assuré à l'aide de franges de soie dont on munit les lèvres de la rainure. Le cylindre à dépêche, dans cette combinaison, au lieu d'être adapté directement sur l'appareil, n'y est fixé que par l'intermédiaire du châssis qui porte le cylindre enveloppe. Or, il résulte de cet arrangement, que ce cylindre à dépêche peut être glissé par l'expéditeur lui-même dans le châssis, et comme il peut être en même temps enclanché mécaniquement avec un pène à ressort, dont le bouton de déclanchement peut être mis sous les scellés, le destinataire et l'expéditeur peuvent être sûrs du secret de la dépêche envoyée. Cette mise sous les scellés du bouton de déclanchement ne présente, d'ailleurs, aucune difficultés, puisqu'on peut la produire à l'aide d'un timbre gommé, qui joue alors le rôle du pain à cacheter des lettres ordinaires.

Dans son application au télégraphe Hughes, le système est moins simple, car il exige, pour la transmission et la réception, un appareil spécial que l'on doit placer à côté du mécanisme imprimeur, et l'employé doit forcément prendre connaissance des différentes lettres de la dépêche pour pouvoir les transmettre; il est vrai que ces lettres ne se font voir qu'isolément et instantanément à travers un petit guichet, mais ce moyen suffirait-il pour empêcher un employé curieux de saisir le sens de la dépêche? Nous ne le croyons pas. Quoiqu'il en soit, voici comment est combiné ce dispositif.

L'appareil spécial dont nous avons parlé se compose de deux boîtes, l'une cylindrique et verticale, qui est percée à sa partie inférieure, d'une fente à visière à travers laquelle passe la bande imprimée, au sortir de la roue des types, pour s'enrouler sur un petit tambour placé à l'intérieur de cette boîte; l'autre carrée, placée en arrière de la première, et portant également un tambour sur lequel est enroulée la dépêche à expédier. Cette dépêche doit être écrite en caractères un peu gros, sur une bande de papier quadrillé, de manière que chaque caractère y occupe une position déterminée. Devant cette bande se trouve un guichet ouvert dans la boîte, afin de laisser voir successivement, et une par une, les différentes lettres de la dépêche. Si les tambours de ces deux boîtes sont mis en mouvement par un mécanisme d'horlogerie convenablement combiné, c'est-à-dire avec des engrenages qui peuvent tourner à la manière de roues folles, quand un obstacle se présente, on comprend aisément que l'un de ces tambours pourra enrouler la dépêche reçue au fur et à mesure de son impression, tandis que l'autre déroulera la dépêche à transmettre, en faisant passer successivement devant le guichet les différentes lettres qui la composent. Il suffira donc, pour que les dépêches soient secrètes, que l'expéditeur place lui-même, dans la boîte au guichet, la dépêche qu'il aura enroulée préalablement sur une bague susceptible de s'adapter au tambour de cette boîte, et que la boîte cylindrique à la station de réception, soit détachée de l'appareil et remise au destinataire. Des bandes de scellement peuvent, d'ailleurs, être collées sur les parties ouvrantes des deux boîtes, et prouver par leur état intact, que le secret a été gardé.

La même disposition peut être appliquée au Morse; mais le bruit cadencé de l'armature électro-magnétique, permetterait toujours la lecture au son de la dépêche; de sorte que, quoiqu'invisible, cette dépêche pourrait être parfaitement déchiffrée.

Dans la brochure qu'il a publiée sur ces appareils, M. Arnoux entre dans de longs détails sur la manière d'organiser le service, pour ce mode de correspondance, mais nous ne le suivrons pas sur ce terrain qui est du domaine administratif; nous renverrons le lecteur que cette question intéresse, au travail de M. Arnoux, publié chez M. Arthus Bertrand, en 1867.

Si nous voulions traiter à fond la question de la télégraphie électrique, nous aurions encore beaucoup de choses à dire, notamment sur la disposition des appareils et l'organisation des communications électriques dans les postes, sur la manipulation des appareils, sur les transmissions à courant fermé et à courant ouvert, enfin sur l'organisation pratique des accessoires télégraphiques; mais toutes ces questions sont du domaine des traités de télégraphie électrique, et celui que nous avons publié les résume suffisamment bien. Nous préférons, pour le grand ouvrage que nous publions aujourd'hui, nous en tenir à l'histoire complète de tous les appareils successivement inventés; c'est à ce titre que cet ouvrage a dû son succès, et, comme il s'adresse plutôt aux inventeurs et aux constructeurs qu'aux télégraphistes, nous pouvons passer sous silence ces détails de métier, qui n'ont d'ailleurs aucun intérêt.

FIN DU TROISIÈME VOLUME.

TABLE DES MATIÈRES

CONTENUES DANS CE VOLUME

TROISIÈME PARTIE

TÉLÉGRAPHIE ELECTRIQUE

CHAPITRE III

TÉLÉGRAPHES ÉCRIVANTS

CHAPITRE IV

TÉLÉGRAPHES IMPRIMEURS.

CHAPITRE V

TÉLÉGRAPHES AUTOGPAPHIQUES

CHAPITRE VI

TÉLÉGRAPHES SOUS-MARINS

CHAPITRE VII

RELAIS ET TRANSLATEURS

CHAPITRE VIII

TÉLÉGRAPHES A TRANSMISSIONS MULTIPLES

CHAPITRE IX

SONNERIES ET APPELS DES STATIONS

CRYPTOGRAPHES

TABLE DES NOMS D'AUTEURS

ERRATA

Page 95, au haut de la page, la lettre F doit être représentée par . . — . au lieu de — .

— 134, 3e alinéa, au lieu de *Miriesse*, lisez *Mairesse*.

— 203, 4e ligne en descendant, au lieu de : *le courant de la pile de la station B*, etc., lisez : *le courant de la pile de cette station*.

— 245, 6e ligne en descendant, après les lettres I K, on doit lire, *fig. 14*.

— — 8e ligne, au lieu de OPME lisez OPML.

— — 2e alinéa, 5e ligne, au lieu de S lisez *s*.

— 320, 19e ligne en descendant, au lieu de *M. Etiénaud*, lisez : *M. Etenaud*.

— 376, 10e ligne en descendant, au lieu de *t. II, p. 8*, lisez : *t. II, p. 87*.

— 399, dernière ligne avant la note, au lieu de $\frac{2R}{E}$ lisez $\frac{E}{2R}$.

— 400, 2e formule, le premier membre Q de l'équation doit être lu Q^2.

— — 3e formule, le signe + qui réunit les quantités $P^2 f^1$ sous le second radical ne doit pas exister.

— 402, 1re formule, le signe × s'est trouvé surhaussé au tirage, et la partie du radical située au-dessus a été inopinément enlevée.

— 421, 2e ligne en descendant, au lieu de *voir la Télégraphic journal*, etc. lisez : *voir le Télégraphic journal*, etc.

Paris. — Imprimerie et librairie de E. Lacroix, rue des Saints-Pères, 54.

Imp. Delaplace, Paris.   Dulos sc.
Paris, Eugène LACROIX Éditeur Rue des Saints Pères 54.

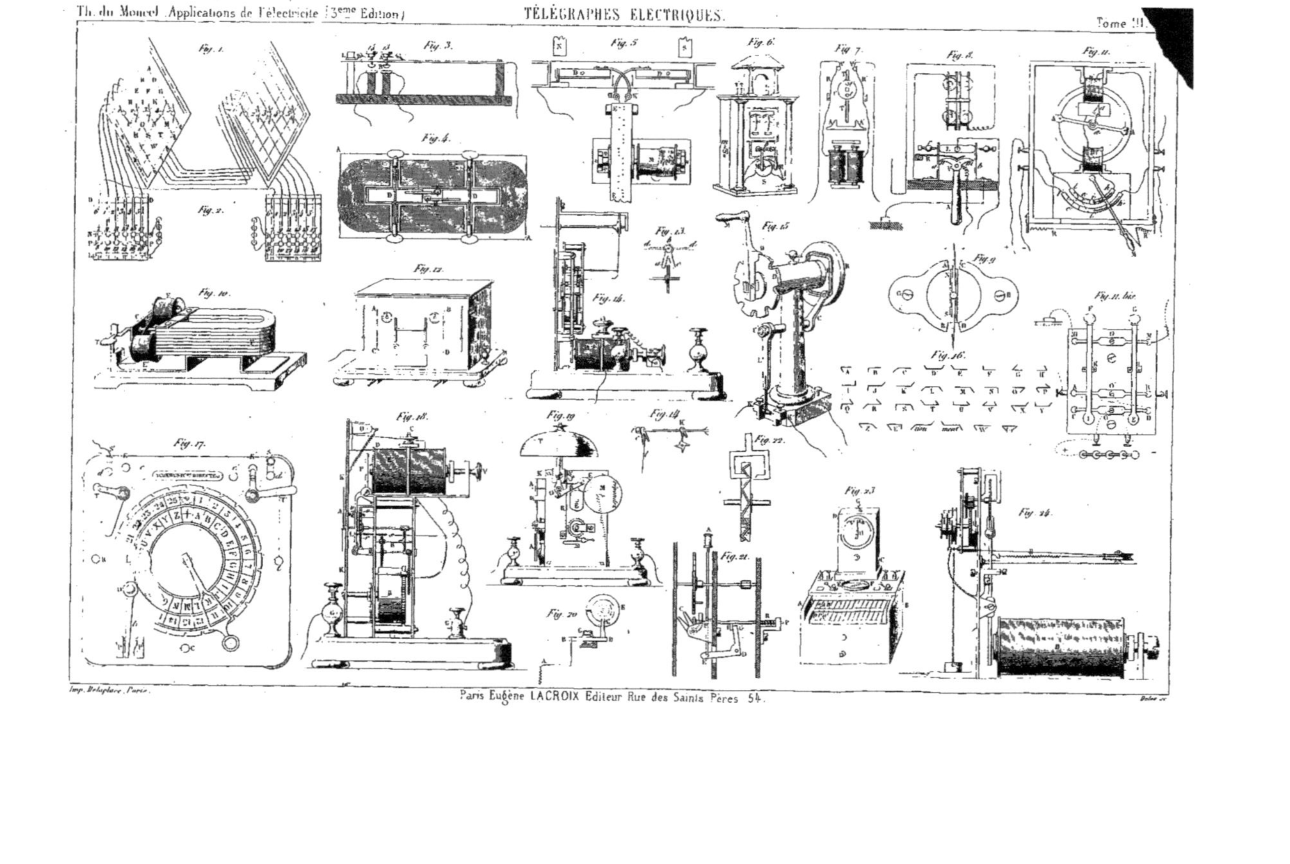

Imp. Delaplace, Paris.
Paris Eugène LACROIX Éditeur Rue des Saints Pères 54.
Dulos sc.

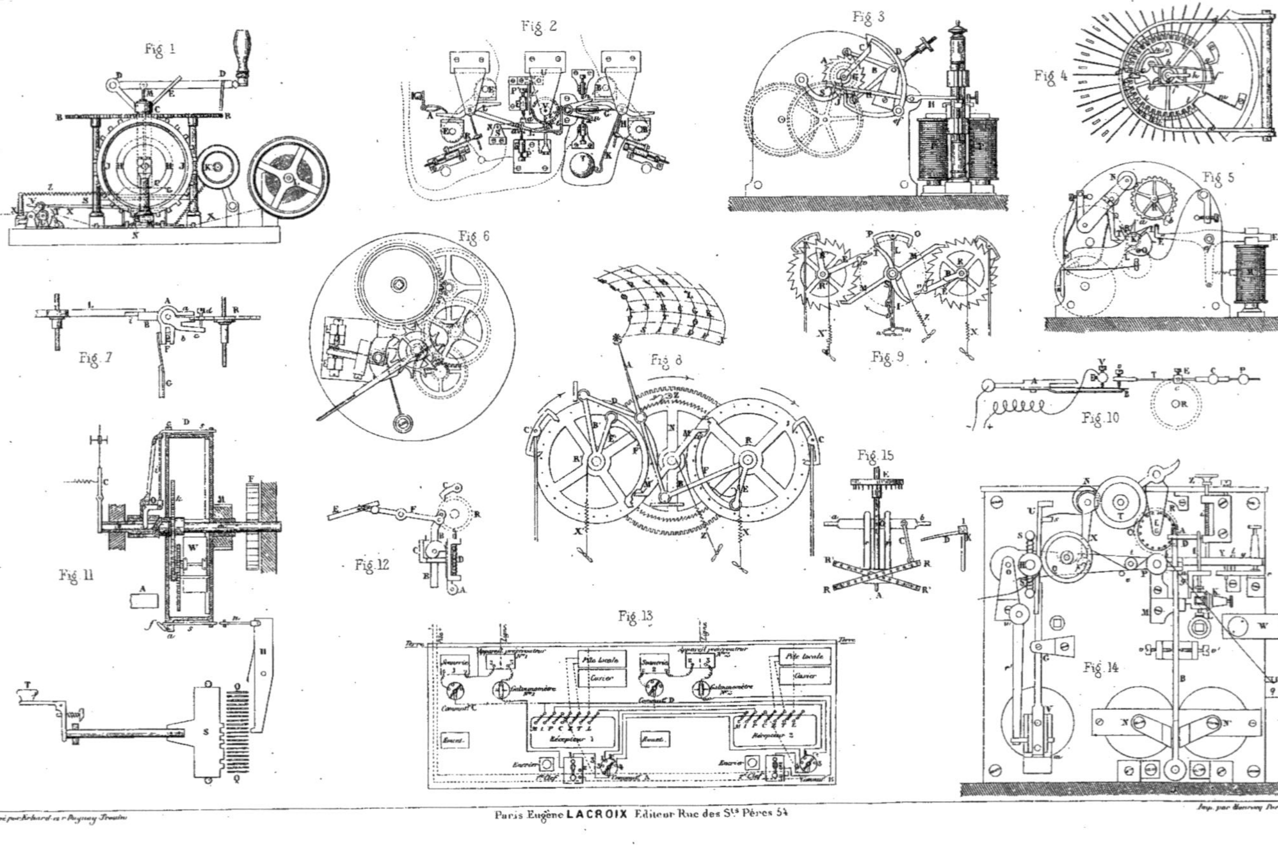

Paris Eugène LACROIX Éditeur Rue des Sts Pères 54

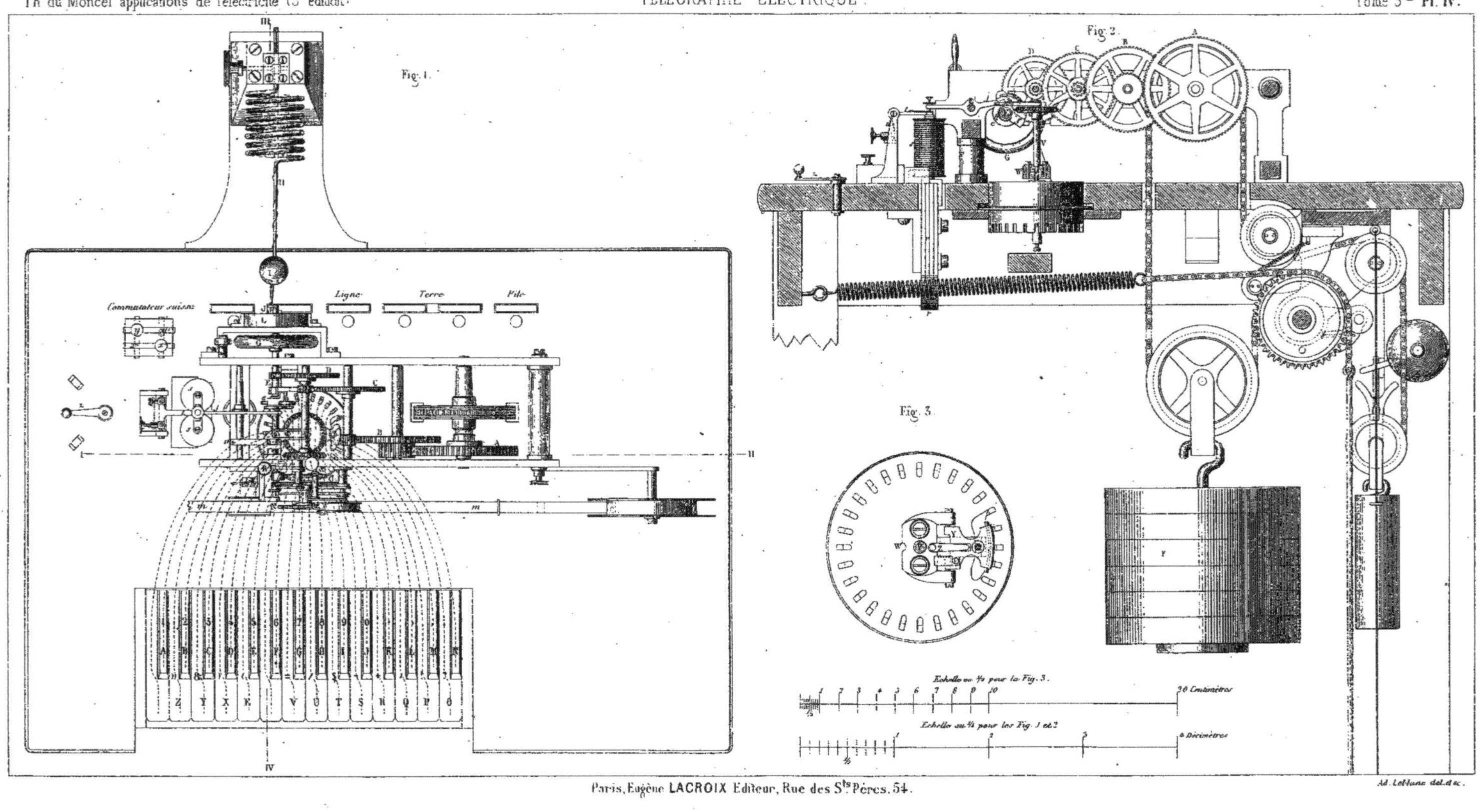

Paris, Eugène LACROIX Editeur, Rue des Sts Pères, 54.
Ad. Leblanc del. et sc.

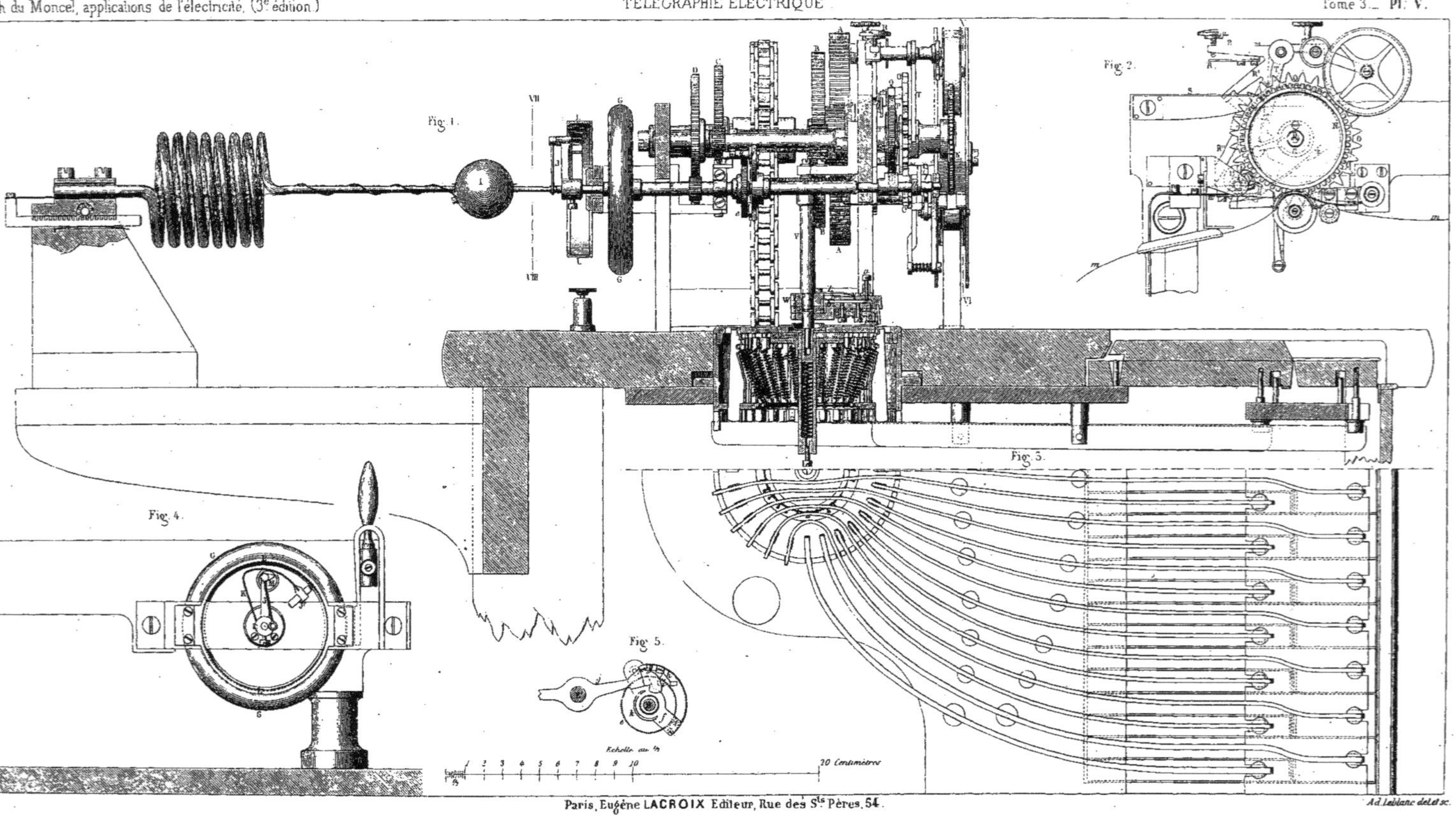

Paris, Eugène LACROIX Editeur, Rue des Sts Pères, 54.

Ad. Leblanc del. et sc.

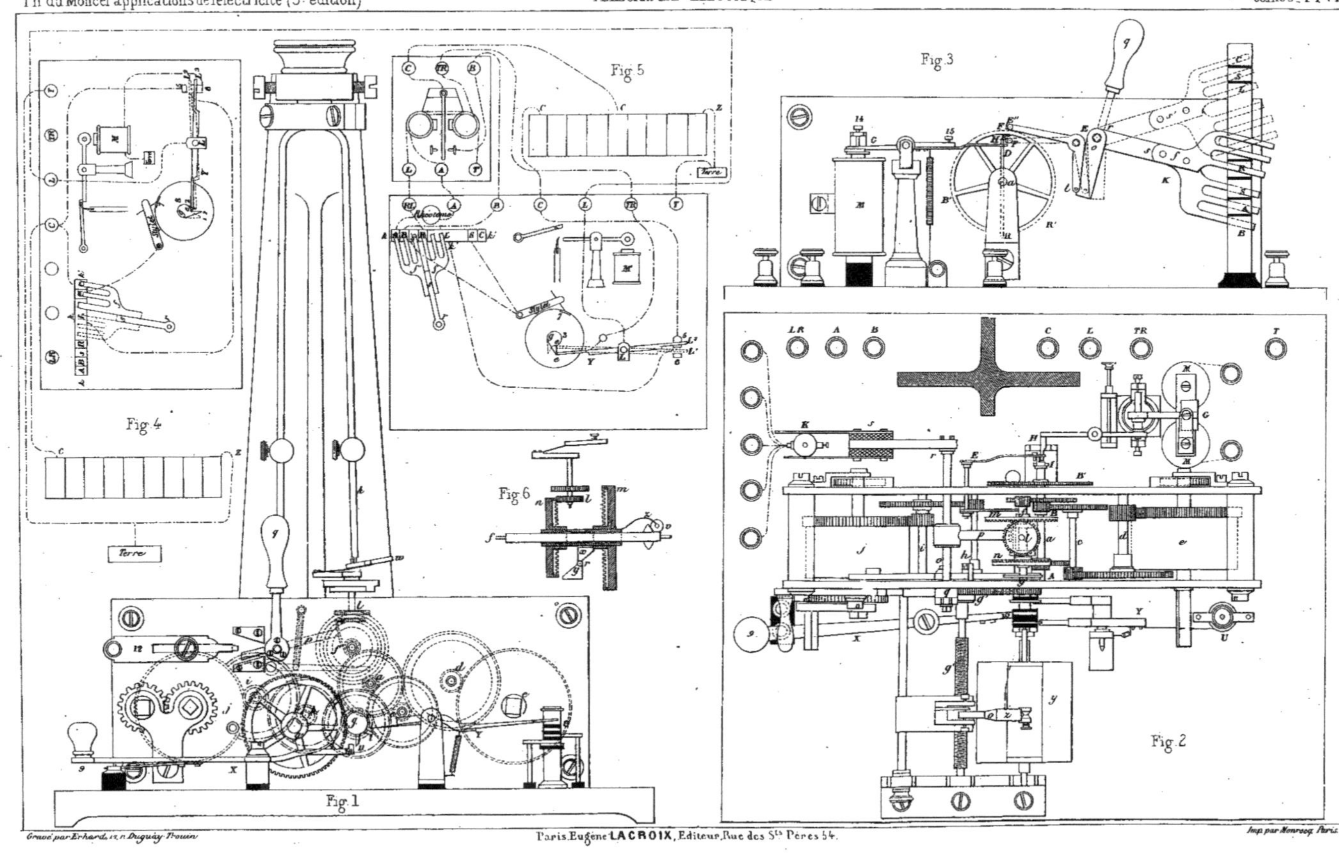

Gravé par Erhard, 12, r. Duguay Trouin
Paris, Eugène LACROIX, Éditeur, Rue des Sts Pères 54.
Imp. par Monrocq, Paris.

Th. du Moncel _ Applications de l'électricité (3ème Edition) TÉLÉGRAPHIE ÉLECTRIQUE Tome III. Pl. VII.

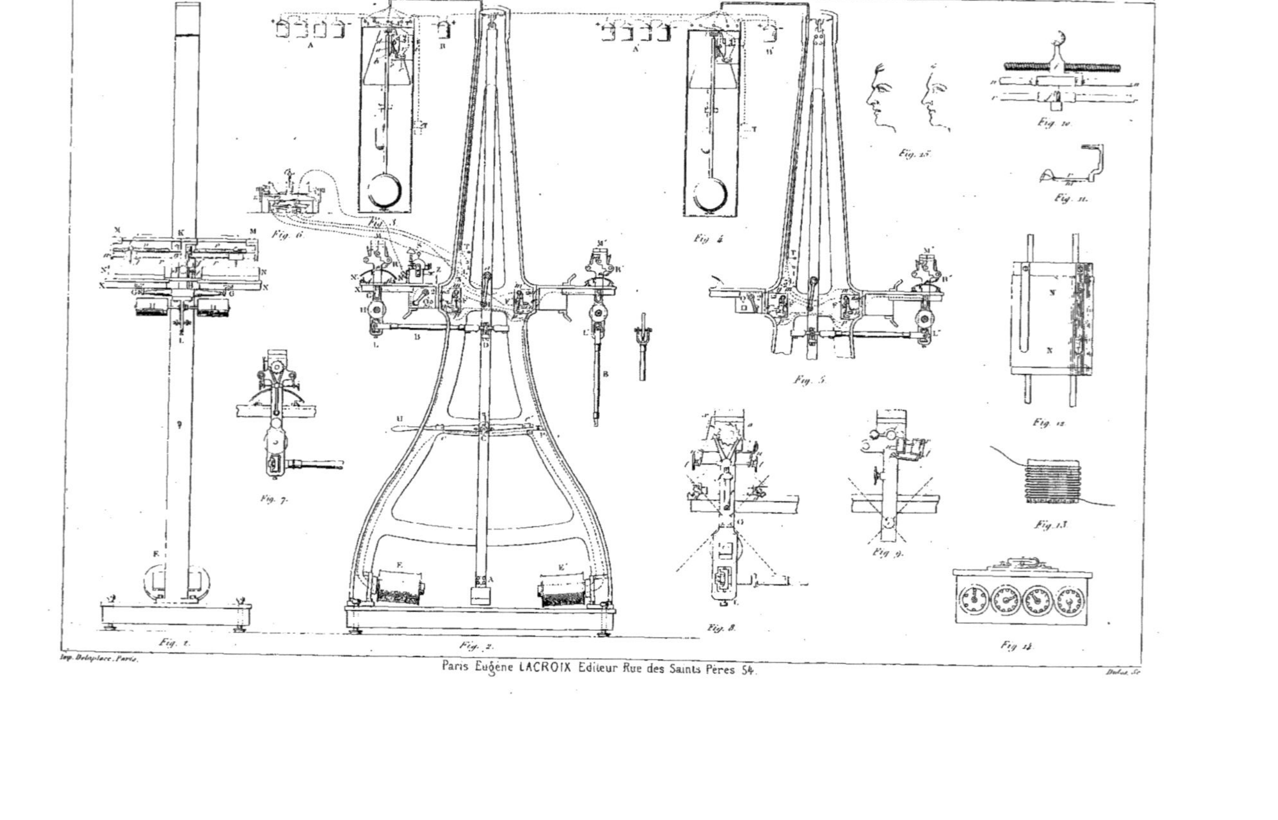

Imp. Delaplace, Paris.
Paris Eugène LACROIX Editeur Rue des Saints Pères 54.
Dulos Sc.

LIBRAIRIE SCIENTIFIQUE, INDUSTRIELLE ET AGRICOLE

EUGÈNE LACROIX, IMPRIMEUR-ÉDITEUR, 54, RUE DES SAINTS-PÈRES, PARIS

ENSEIGNEMENT PROFESSIONNEL

BIBLIOTHÈQUE DES PROFESSIONS SCIENTIFIQUES,

INDUSTRIELLES ET AGRICOLES

Fondée et publiée

PAR **M. E. LACROIX** ❄, INGÉNIEUR CIVIL

MEMBRE DE L'INSTITUT ROYAL DES INGÉNIEURS DE HOLLANDE. — MEMBRE DE LA SOCIÉTÉ DES INGÉNIEURS DE HONGRIE, ETC.

Avec la collaboration de MM. les Rédacteurs des ANNALES DU GÉNIE CIVIL et le concours de Savants, de Professeurs et d'Ingénieurs français et etrangers.

Catalogue des ouvrages publiés

NOMS DES AUTEURS	TITRES DES OUVRAGES.	Vol. ou Atlas.	Prix.
Albiot	Conseillers généraux (Manuel des)	1	4 »
Barbot	Joaillerie et traité des pierres précieuses.	1	10 »
Basset	Chimie agricole	1	5 »
Id.	Culture de la betterave et alcoolisation.	1	4 »
Birot	Guide pratique du conducteur des Ponts et Chaussées	2	10 »
Bona	Jardins d'agrément	1	4 »
Id.	Constructions rurales	1	5 »
Id.	Tissage et préparation des étoffes	2	10 »
Bousquet	Architecture navale	1	3 »
Bouniceau	Constructions à la mer	2	18 »
Bourgoin d'Orli	Culture de la canne à sucre, du caféier et du cacaoyer	1	5 »
Brun	Fraudes et maladies du vin	1	3 »
Cailletet	Essai et dosage des huiles	1	4 »
Carbonnier	Pisciculture	1	3 »
Carnet de l'ingénieur	de l'architecte, etc.	1	5 »
Carnet	de papier quadrillé	1	4 »
Château	Les corps gras industriels	1	5 »
Chevalier	L'Etudiant photographe	1	4 »
Clausius	Théorie mécanique de la chaleur	2	15 »
Cornet	Album graphique des chemins de fer	1	10 »
Courten (L. de)	Collodion sec au tannin	1	4 »
Courtois-Gérard	Jardinage	1	5 »
Id.	Culture maraîchère	1	5 »
Demanet (A.)	Maçonnerie	1	6 »
Demanet fils	Houille (gisement et exploitation)	1	6 »
Dessoye	Emploi de l'acier	1	4 »
Dictionnaire industriel	(Voir E. LACROIX).		
Dinée	Tracé des engrenages	1	5 »
D'Omalius d'Halloy	Études des races humaines	1	4 »

NOMS DES AUTEURS.	TITRES DES OUVRAGES.	Vol. ou Atlas.	Prix.
Doneaud	Droit maritime et international	1	3 »
Drapiez	Minéralogie *(nouvelle édit. sous presse)*.		
Dromart	Pin maritime et matières résineuses	1	4 »
Dubief	Traité de la fabrication des liqueurs	1	5 »
Id.	Le Liquoriste des dames	1	3 »
Id.	Traité des vins factices	1	2 »
Id.	Le Féculier et l'amidonnier	1	5 »
Id.	Le Trésor des vigner. et des march. de vins	1	5 »
Dubos	Choix des vaches laitières	1	3 »
Dufréné	Droits des inventeurs	1	3 »
Emion	Exploitation des chemins de fer	1	8 »
Id.	Traité de l'expropriation	1	2 »
Id.	Courtage des marchandises	1	2 »
Fairbairn	Métallurgie du fer	1	6 »
Flamm	Économie du combustible	1	4 »
Fleury-Lacoste	Le Vigneron	1	3 »
Fol	Manuel du teinturier	1	8 »
Fraiche	Ostréiculture	1	4 »
Francon	Cubage des bois	1	4 »
Frésénius	Soudes, potasses, cendres, etc.	1	3 »
Garnault	Leçons sur l'électricité	1	3 »
Gayot	Habitations des animaux, écuries, bergeries, porcheries, etc.	1	8 »
Gobin (H)	Insectes nuisibles. Entomologie agricole.	1	4 »
Gobin (A)	Culture des plantes fourragères	1	8 »
Id.	Agriculture générale	1	4 »
Gossin	Conférences agricoles	1	2 »
Guettier	Alliages des métaux	1	4 »
Guy	Art du géomètre-arpenteur	1	4 »
Hamet	Apiculture	1	5 »
Hétet	Chimie générale	2	12 »
Jaunez	Manuel du chauffeur	1	3 »
Kielmann	Drainage	1	2 50
Koltz	Culture du saule	1	3 »
Lacroix (E)	Dictionnaire industriel	2	20 »
Laffineur	L'Ingénieur agricole, et hydraulique urbaine	1	6 »
Id.	Hydraulique urbaine (*séparément*, 3 fr.).		
Id.	Construction des roues hydrauliques	1	3 50
Landrin	Traité de l'acier	1	5 »
Lenoir	Calculs et comptes faits	1	4 »
Lerolle	Traité de botanique	1	6 »
Lescure	Cours de géographie	1	3 »
Leroux	Filature de la laine	1	15 »
Liébig	Introduction à l'étude de la chimie	1	2 50
Lincol	Comptabilité des entreprises industrielles.	1	5 »
Lunel	Épiceries et denrées coloniales	1	3 »
Id.	Économie domestique	1	3 »
Id.	Parfumerie	1	3 »
Id.	Acclimatation des animaux	1	3 »
Id.	Hygiène et médecine usuelle	1	2 »
Id.	Dictionnaire des falsifications	1	3 »
Mailand	Vernis italiens	1	5 »
Malo	Asphaltes et bitumes	1	5 »
Marcel de Serres	Traité des roches	1	5 »
Mariot-Didieux	Basse-cour : poules, oies, canards	1	6 »

NOMS DES AUTEURS.	TITRES DES OUVRAGES.	Vol. ou Atlas.	Prix.
Mariot-Didieux	Oies et canards (*séparément*, 3 fr.)		
Id.	Education des lapins.	1	2 50
Id.	Maladies du chien	1	3 »
Merly.	Guide du charpentier.	1	6 »
Miège.	Télégraphie.	1	3 »
Monier	Analyse des sucres.	1	3 »
Moreau.	Guide du bijoutier	1	3 »
Mulder	Fabrication de la bière.	1	6 »
Noguès.	Minéralogie appliquée.	2	12 »
Ortolan (A).	L'Ouvrier mécanicien	2	12 »
— et Mesta.	Dessin linéaire industriel.	2	6 »
Perdonnet	Chemins de fer (*nouvelle édit. s. presse*)		
Pernot et Tronquoy	Dictionnaire du constructeur.	1	6 »
Perronne.	Tracé des courbes sur le terrain.	1	3 »
Pouriau	Traité des sciences physiques.	2	14 »
Id.	Le Chimiste agriculteur	1	7 »
Prouteaux	Fabrication du papier et du carton.	1	5 »
Rambosson.	La Science populaire.	2	16 »
Reynaud	Culture de l'olivier.	1	4 »
Roux.	Armes et poudres de chasse	1	3 »
Rozan	Géométrie élémentaire	2	6 »
Saco.	Eléments de chimie.	2	7 »
Sella	Théorie et emploi de la règle à calcul.	1	4 »
Sicard	Culture et préparation du coton	1	3 »
Soulié	Exploitation du pétrole	1	4 »
Steerk.	Fabrication des poudres et salpêtres.	1	6 »
Tartara.	Code des bris et naufrages.	1	7 »
Tarade	Elevage et éducation du chien.	1	4 »
Ternant.	Télégraphie sous-marine.	1	4 »
Tissier	Extraction et fabrication de l'aluminium.	1	5 »
Tondeur	Sténographie	1	1 »
Touchet	Vidange agricole, engrais humain.	1	2 »
Vanalphen.	Tarif du poids des métaux.	1	5 »
Vinot.	(Voir Lenoir).		
Violette	Fabrication des vernis	1	6 »
Will	Analyse qualitative.	1	3 »
Wolff.	Fumiers de ferme et engrais.	1	3 »

Total : 123 volumes du format grand in-18. — Prix : 606 fr.

Tous les volumes de la **Bibliothèque** sont reliés en toile, solidement et élégamment à la manière anglaise et les tranches non rognées. Ils sont accompagnés de planches et de nombreuses figures dans le texte.

Prix de la collection complète : 550 fr.

Le Catalogue illustré et détaillé des ouvrages de la Bibliothèque, indiquant le nombre de pages, de figures dans le texte, de planches, etc., et donnant une analyse succinte de chacun des ouvrages, sera expédié *franco* aux personnes qui en feront la demande par lettre affranchie, accompagnée d'un timbre-poste de 0,25 cent.

BIBLIOTHÈQUE DES PROFESSIONS INDUSTRIELLES ET AGRICOLES

Publiée par **E. LACROIX**, Ingénieur civil

IMPRIMEUR-ÉDITEUR

54, rue des Saints-Pères, à Paris

BULLETIN DE SOUSCRIPTION

Je soussigné déclare souscrire aux ouvrages ci-après désignés, et j'en joins ici le montant en un mandat sur la poste, ou j'autorise M. Lacroix à faire traite sur moi pour ladite somme. (Les traites sur l'étranger étant onéreuses et difficiles à recouvrer, nos clients *hors de France* sont priés de nous envoyer une valeur sur Paris.)

Au-dessus d'une somme de *cinquante francs*, on peut solder sa facture en deux paiements, soit 1/2 au comptant et 1/2 à 3 mois, et au-dessus d'une somme de *cent francs*, en trois paiements : 1/3 à 3 mois, 1/3 à 6 mois.

TITRE DES OUVRAGES.	**PRIX.**

TOTAL ____________

Nom ____________

Qualité ____________

Rue ____________

Ville ____________

Département ____________

____________ le ____________

Signature :

www.ingramcontent.com/pod-product-compliance
Ingram Content Group UK Ltd.
Pitfield, Milton Keynes, MK11 3LW, UK
UKHW012001240726
13965UKWH00001B/81